제선

기능사 필기+실기

시대에듀

합격에 윙크[Win-Q]하다

Win-Q

[제선기능사] 필기+실기

Always with you

사람이 길에서 우연하게 만나거나 함께 살아가는 것만이 인연은 아니라고 생각합니다.

책을 펴내는 출판사와 그 책을 읽는 독자의 만남도 소중한 인연입니다.

시대에듀는 항상 독자의 마음을 헤아리기 위해 노력하고 있습니다.

늘 독자와 함께하겠습니다.

우리나라는 1973년에 연 103만 톤 규모의 시설을 갖춘 포항 종합 제철의 고로 1기가 완료됨에 따라 획기적인 철 생산 전환기를 맞이하게 되어, 현재에는 ㈜포스코, ㈜현대제철 등에서 연 6,000만 톤의 조강을 생산함으로써 세계 철강국으로 발돋움하게 되었습니다. 철광석에서부터 최종 제품인 강재를 만들기까지의 공정은 제선, 제강, 압연으로 구분할 수 있으며, 이 중 제선작업은 철광석에 석회석, 코크스 등의 부원료, 연료 등을 넣어 선철을 생산하는 과정으로 철강산업의 발전에 중요한 역할을 하는 직무를 수행합니다.

제선기능사는 1976~1994년까지 제선(소결) · 제선(고로) · 코크스기능사로 나뉘어져 있던 자격을 1995년 말 제선기능사 하나로 통합한 자격증입니다. 주요 항목은 제선 연 · 원료처리, 소결광 제조, 코크스 제조, 고로 설비 및 조업, 금속재료, 금속제도 등으로 이루어져 있으며, 넓은 범위의 금속 지식 전반을 필요로 하고 있습니다. 또한 제선, 제강, 압연 분야는 실제 철강업체의 작업 현장을 볼 수 없어 이해하기에 무척이나 어렵습니다. 이에 따라 최대한 필요한 이론만 간추려 정리하였으며, 삽화를 통해 이해하기 쉽도록 구성하였습니다.

2020년부터는 NCS 내용이 포함되기 때문에 본 교재로 이론이 부족한 분들은 NCS 홈페이지를 활용하여 추가 설명을 보는 것이 전체적인 흐름을 이해하는 데 더욱 도움이 될 것이라 생각합니다.

끝으로, 제선기능사를 편찬하며 집필에 물심양면으로 지원해 주신 시대에듀의 임직원분들께 감사를 드리며, 본 교재로 공부하는 모든 수험생들이 합격하기를 기원합니다.

편저자 씀

시험안내

개요

철광석에서 최종 제품인 강재를 만들기까지의 공정은 크게 제선, 제강, 압연의 단계로 구분할 수 있는데, 이 중 제선작업은 선철을 만드는 것으로 철강산업의 발전에 중요한 역할을 하는 작업이다. 이에 따라 철강산업의 발달로 증가하고 있는 제선 분야의 기능인력에 대한 수요를 충족시키고자 자격제도를 제정하였다.

수행직무

철강석 및 기타 원료를 예비 처리(파쇄, 체질, 선광, 가소, 배소, 소결, 펠레타이징, 균광)한 후 용광로에 넣어 각종 부대시설(송풍기, 열풍로, 가스제진기, 청정기)로 용해 · 환원하여 용융 선철을 생산하는 작업을 수행한다.

진로 및 전망

금속재료에 대한 이론적 지식과 함께 제선조업에 대한 숙련기능인으로 활동하며, 주로 용광로(BF)가 있는 제철소에서 제선업무를 담당하는 분야에 취업한다.

시험일정

구분	필기원서접수 (인터넷)	필기시험	필기합격 (예정자)발표	실기원서접수	실기시험	최종 합격자 발표일
제1회	1월 초순	1월 하순	1월 하순	2월 초순	3월 중순	4월 중순
제3회	5월 하순	6월 중순	6월 하순	7월 중순	8월 중순	9월 하순
제4회	8월 중순	9월 초순	9월 하순	9월 하순	11월 초순	12월 중순

※ 상기 시험일정은 시행처의 사정에 따라 변경될 수 있으니, www.q-net.or.kr에서 확인하시기 바랍니다.

시험요강

❶ 시행처 : 한국산업인력공단
❷ 시험과목
  ㉠ 필기 : 금속재료, 금속제도, 소결 및 코크스 제조, 고로작업
  ㉡ 실기 : 제선 실무
❸ 검정방법
  ㉠ 필기 : 전 과목 혼합, 객관식 60문항(60분)
  ㉡ 실기 : 필답형(1시간 30분)
❹ 합격기준(필기 · 실기) : 100점 만점에 60점 이상

합격의 공식 Formula of pass ㅣ 시대에듀 www.sdedu.co.kr

검정현황

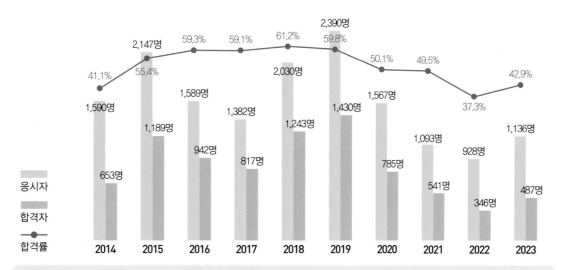

응시자
합격자
합격률

필기시험

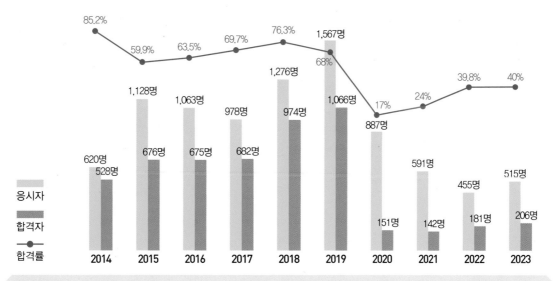

응시자
합격자
합격률

실기시험

시험안내

출제기준(필기)

필기과목명	주요항목	세부항목
금속재료, 금속제도, 소결 및 코크스 제조, 고로작업	제선 연·원료처리 기본작업	• 제선 원료와 예비처리 • 내화물의 종류 및 용도 • 제선 연·원료 사전처리
	코크스 제조 기본작업	• 제선 연료 판별 • 코크스 제조설비 운전 • 코크스 제조 조업
	소결광 제조 기본작업	• 소결 원료 판별 • 소결설비 운전 • 소결 조업 • 펠릿 제조
	고로 기본작업	• 고로 연·원료 장입 • 고로 조업 • 고로 및 원료 장입설비 • 파이넥스 조업
	출선 작업	• 출선 준비 • 출선 • 슬래그 처리
	고로설비관리 기본작업	• 고로설비 점검 • 고로설비 이상 시 조치
	제선 환경관리	• 환경관리
	제선 안전관리	• 안전관리
	도면 검토	• 제도의 기초 • 투상법 • 도형의 표시방법 • 치수기입 방법 • 공차 및 도면 해독 • 재료기호 • 기계요소 제도
	합금함량 분석	• 금속의 특성과 상태도
	재료설계 자료 분석	• 금속재료의 성질과 시험 • 철강재료 • 비철금속재료 • 신소재 및 그 밖의 합금

출제기준(실기)

실기과목명	주요항목	세부항목
제선 실무	제선 연 · 원료처리 기본작업	• 제선 원료 선별하기 • 제선 연료 선별하기 • 제선 연 · 원료 사전처리하기
	코크스 제조 기본작업	• 제선 연료 판별하기 • 코크스 제조설비 운전하기 • 코크스 조업하기
	소결광 제조 기본작업	• 소결 원료 판별하기 • 소결설비 운전하기 • 소결 조업하기
	고로 기본작업	• 고로 연 · 원료 장입하기 • 고로 조업하기
	출선 작업	• 출선 준비하기 • 출선하기 • 슬래그 처리하기 • 주상설비 운전하기 • 주상 작업하기
	고로설비관리 기본작업	• 고로설비 점검 • 고로설비 운전하기 • 고로설비 이상 시 조치하기
	제선 환경관리	• 환경관리 법규 이행하기 • 환경보건 관리하기 • 위험성 평가하기
	제선 안전관리	• 법규 이행하기 • 안전교육하기 • 안전점검하기

CBT 응시 요령

기능사 종목 전면 CBT 시행에 따른

CBT 완전 정복!

"CBT 가상 체험 서비스 제공"

한국산업인력공단
(http://www.q-net.or.kr) 참고

01 수험자 정보 확인

시험장 감독위원이 컴퓨터에 나온 수험자 정보와 신분증이 일치하는지를 확인하는 단계입니다. 수험번호, 성명, 생년월일, 응시종목, 좌석번호를 확인합니다.

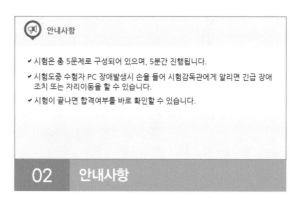

02 안내사항

시험에 관한 안내사항을 확인합니다.

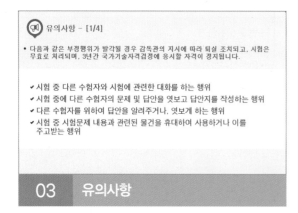

03 유의사항

부정행위에 관한 유의사항이므로 꼼꼼히 확인합니다.

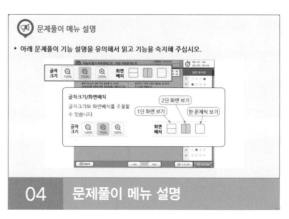

04 문제풀이 메뉴 설명

문제풀이 메뉴의 기능에 관한 설명을 유의해서 읽고 기능을 숙지해 주세요.

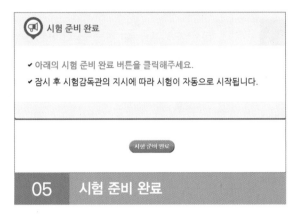

05 시험 준비 완료

시험 안내사항 및 문제풀이 연습까지 모두 마친 수험자는 시험 준비 완료 버튼을 클릭한 후 잠시 대기합니다.

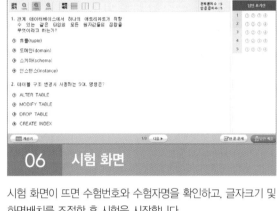

06 시험 화면

시험 화면이 뜨면 수험번호와 수험자명을 확인하고, 글자크기 및 화면배치를 조절한 후 시험을 시작합니다.

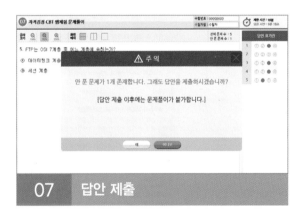

07 답안 제출

[답안 제출] 버튼을 클릭하면 답안 제출 승인 알림창이 나옵니다. 시험을 마치려면 [예] 버튼을 클릭하고 시험을 계속 진행하려면 [아니오] 버튼을 클릭하면 됩니다. 답안 제출은 실수 방지를 위해 두 번의 확인 과정을 거칩니다. [예] 버튼을 누르면 답안 제출이 완료되며 득점 및 합격여부 등을 확인할 수 있습니다.

CBT 완전 정복 Tip

내 시험에만 집중할 것
CBT 시험은 같은 고사장이라도 각기 다른 시험이 진행되고 있으니 자신의 시험에만 집중하면 됩니다.

이상이 있을 경우 조용히 손을 들 것
컴퓨터로 진행되는 시험이기 때문에 프로그램상의 문제가 있을 수 있습니다. 이때 조용히 손을 들어 감독관에게 문제점을 알리며, 큰 소리를 내는 등 다른 사람에게 피해를 주는 일이 없도록 합니다.

연습 용지를 요청할 것
응시자의 요청에 한해 연습 용지를 제공하고 있습니다. 필요시 연습 용지를 요청하며 미리 시험에 관련된 내용을 적어놓지 않도록 합니다. 연습 용지는 시험이 종료되면 회수되므로 들고 나가지 않도록 유의합니다.

답안 제출은 신중하게 할 것
답안은 제한 시간 내에 언제든 제출할 수 있지만 한 번 제출하게 되면 더 이상의 문제풀이가 불가합니다. 안 푼 문제가 있는지 또는 맞게 표기하였는지 다시 한 번 확인합니다.

구성 및 특징

---

01 금속재료 일반

핵심이론 01 | 금속재료의 기초

(1) 금속의 특성
① 고체 상태에서 결정 구조를 가진다.
② 전기 및 열의 양도체이다.
③ 전·연성이 우수하다.
④ 금속 고유의 색을 가지고 있다.

(2) 경금속과 중금속
비중 4.5(5)를 기준으로 이하를 경금속(Al, Mg, Ti, Be),
이상을 중금속(Cu, Fe, Pb, Ni, Sn)

(3) 금속재료의 성질
① 기계적 성질 : 강도, 경도, 인성, 취성, 연성, 전성
② 물리적 성질 : 비중, 용융점, 전기전도율, 자성
③ 화학적 성질 : 부식, 내식성
④ 재료의 가공성 : 주조성, 소성가공성, 절삭성, 접합성

(4) 결정 구조
① 체심입방격자(Body Centered Cubic) : Ba, Cr, Fe,
K, Li, Mo, Nb, V, Ta
　㉠ 배위수 : 8, 원자 충진율 : 68%, 단위 격자 속 원자
　　수 : 2

② 면심입방격자(Face Centered Cubic) : Ag, Al, Au,
Ca, Ir, Ni, Pb, Ce
　㉠ 배위수 : 12, 원자 충진율 : 74%, 단위 격자 속
　　원자수 : 4

③ 조밀육방격자(Hexagonal Centered Cubic) : Be, Cd,
Co, Mg, Zn, Ti
　㉠ 배위수 : 12, 원자 충진율 : 74%, 단위 격자 속
　　원자수 : 2

(5) 탄소강에 함○
① 탄소(C) : 탄소
　열전도율, 열
　항자력, 경도
② 인(P) : Fe과
　조대화를 촉진
　만 연신율을
　켜 상온메짐의
③ 황(S) : FeS도
　취약하고 가공
　의 원인이 됨
④ 규소(Si) : 선철
　유동성, 주조
　를 높이며 연

2 ■ PART 01 핵심이론

---

(8) 코크스 벙커
코크스로에서 만들어진 코크스를 25mm 벙커 스크린에
서 체질한 후 괴코크스와 분코크스를 분리한 다음 적치되는
저장조

4. 코크스로 내화물

(1) 내화물의 화학 성분에 의한 분류
① 산성 내화물
　㉠ 규석질 : SiO_2
　㉡ 반규석질 : $SiO_2(Al_2O_3)$
　㉢ 샤모트질 : SiO_2-Al_2O_3
② 중성 내화물
　㉠ 고알루미나질 : $Al_2O_3(SiO_2)$
　㉡ 탄소질 : C
　㉢ 탄화규소질 : SiC
　㉣ 크로뮴질 : Cr_2O_3, Al_2O_3, MgO, FeO
③ 염기성 내화물
　㉠ 포스터라이트질 : MgO, SiO_2
　㉡ 크로마그질 : MgO, Cr_2O_3
　㉢ 마그네시아질 : MgO
　㉣ 돌로마이트질 : CaO, MgO

(2) 내화물의 조건
① 사용 온도에서 연화 변형이 되지 않을 것
② 상온 및 사용 온도에서 압축강도가 클 것
③ 팽창 수축이 작을 것
④ 온도의 급격한 변화에 의한 파손이 적을 것
⑤ 내마모성을 가질 것
⑥ 사용 목적에 따른 열전도율을 가질 것

10년간 자주 출제된 문제

4-1. 염기성 내화물에 해당되는 것은?
① 규석질　　　　　　② 납석질
③ 샤모트질　　　　　④ 마그네시아질

4-2. 다음 중 산성 내화물의 주성분으로 옳은 것은?
① SiO_2　　　　　　② MgO
③ CaO　　　　　　　④ Al_2O_3

4-3. 코크스로 내에서 석탄을 건류하는 설비는?
① 연소실　　　　　　② 축열실
③ 가열실　　　　　　④ 탄화실

4-4. 코크스의 제조공정 순서로 옳은 것은?
① 원료 분쇄 → 압축 → 장입 → 가열 건류 → 배합 → 소화
② 원료 분쇄 → 가열 건류 → 장입 → 배합 → 압출 → 소화
③ 원료 분쇄 → 배합 → 장입 → 가열 건류 → 압출 → 소화
④ 원료 분쇄 → 장입 → 가열 건류 → 배합 → 압출 → 소화

|해설|
4-1
염기성 내화물
• 포스터라이트질 : MgO, SiO_2
• 크로마그질 : MgO, Cr_2O_3
• 마그네시아질 : MgO
• 돌로마이트질 : CaO, MgO

4-2
산성 내화물
• 규석질 : SiO_2
• 반규석질 : $SiO_2(Al_2O_3)$
• 샤모트질 : SiO_2-Al_2O_3

4-3
탄화실 : 원료탄을 장입하여 건류시키는 곳

4-4
코크스 제조 공정
파쇄(3mm 이하 85~90%) → 블렌딩 빈(Blending Bin) → 믹서
(Mixer) → 콜 빈(Coal Bin) → 탄화실 장입 → 건류 → 압출
→ 소화 → 와프(Wharf) 적치 및 커팅

정답 4-1 ④ 4-2 ① 4-3 ④ 4-4 ③

CHAPTER 03 제선법 ■ 61

핵심이론

필수적으로 학습해야 하는 중요한 이론들을 각
과목별로 분류하여 수록하였습니다.
시험과 관계없는 두꺼운 기본서의 복잡한 이론은
이제 그만! 시험에 꼭 나오는 이론을 중심으로 효
과적으로 공부하십시오.

10년간 자주 출제된 문제

출제기준을 중심으로 출제 빈도가 높은 기출문제
와 필수적으로 풀어보아야 할 문제를 핵심이론당
1~2문제씩 선정했습니다. 각 문제마다 핵심을
찌르는 명쾌한 해설이 수록되어 있습니다.

과년도 + 최근 기출복원문제

지금까지 출제된 과년도 기출문제와 최근 기출복원문제를 수록하였습니다. 각 문제에는 자세한 해설이 추가되어 핵심이론만으로는 아쉬운 내용을 보충학습하고 출제경향의 변화를 확인할 수 있습니다.

2024년 제1회 최근 기출복원문제

01 금속의 소성변형에서 마치 거울에 나타나는 상이 거울을 중심으로 하여 대칭으로 나타나는 것과 같은 현상을 나타내는 변형은?

① 벽계변형 　　② 전위변형
③ 쌍정변형 　　④ 딤플변형

해설
쌍정(Twin) : 소성변형 시 상이 거울을 중심으로 대칭으로 나타나는 것과 같은 현상으로 슬립이 일어나지 않는 금속이나 단결정에서 주로 일어난다.

02 Fe-C 평형상태도에서 보기와 같은 반응식은?

보기
$\gamma(0.76\% \text{ C}) \leftrightarrows \alpha (0.22\% \text{ C}) + Fe_3C(6.70\% \text{ C})$

① 포정반응 　　② 편정반응
③ 공석반응 　　④ 공정반응

해설
상태도에서 일어나는 불변 반응
• 공석점(723℃) : $\gamma-Fe \leftrightarrow \alpha-Fe+Fe_3C$
• 공정점(1,130℃) : $Liquid \leftrightarrow \gamma-Fe+Fe_3C$
• 포정점(1,490℃) : $Liquid + \delta-Fe \leftrightarrow \gamma-Fe$

03 오스테나이트계 스테인리스강에 첨가되는 주성분으로 옳은 것은?

① Pb-Mg 　　② Cr-Ni
③ Cu-Al 　　④ P-Sn

해설
Austenite계 스테인리스강 : 18% Cr-8% Ni이 대표적인 강이다. 비자성체이며, 산과 알칼리에 강하다.

04 다음 중 베어링용 합금이 아닌 것은?

① 문쯔메
③ 켈 멧

해설
• 문쯔메탈 :
• 딜라연 부서
　내부가 해수
　녹아버리는

05 순철에서 등

① 210℃
③ 1,600℃

해설
중요 변태점
• A_0 변태(2
• A_1 상태(72
• A_2 변태(76
• A_3 변태(91
• A_4 변태(1,4

---

01 실기(필답형)

※ 실기 필답형 문제는 수험자의 기억에 의해 복원된 것입니다. 실제 시행문제와 상이할 수 있음을 알려 드립니다.

합 / 격 / 포 / 인 / 트

제선 실기 필답형 시험의 경우 연·원료 처리, 소결광 제조, 코크스 제조, 고로 작업에서 80% 이상이 실제와 유사한 형태로 출제될 가능성이 높으며, 그 외 단원 및 각 단원별 'NCS'로 표시되어 있는 문제는 2020년부터 적용되는 새로운 영역과 출제방식으로 문제를 재구성하여 정리하였다. 출제 문제의 모든 부분은 핵심이론별로 정리되어 있고, 해설의 경우 주관식으로 작성되는 부분이므로 답을 참고하여 관련 이론에서 보충 공부를 할 수 있도록 한다.

제1절 제선 연·원료

1 제선 연·원료의 개요

01 고로에 가장 많이 장입되는 철광석을 쓰시오.

정답
적철광

해설 철광석의 종류에는 자철광, 적철광, 갈철광, 능철광이 있으며, 이 중 피환원성 및 품위가 좋은 적철광이 주로 사용된다.

02 고로 원료 중에서 피환원성이 가장 좋은 철광석을 쓰시오.

정답
적철광(Fe_2O_3)

해설 적철광 : 자원이 풍부하고 환원능이 우수, 붉은색을 띠는 적갈색, 피환원성이 가장 우수

실기(필답형)

실기(필답형) 기출문제를 복원하고 모범답안과 함께 수록하여 출제경향을 파악하고 문제의 유형을 익혀 실전에 대비할 수 있도록 하였습니다.

이 책의 목차

빨리보는 간단한 키워드

PART 01	핵심이론	
CHAPTER 01	금속재료 일반	002
CHAPTER 02	금속제도	026
CHAPTER 03	제선법	041

PART 02	과년도 + 최근 기출복원문제	
2012년	과년도 기출문제	096
2013년	과년도 기출문제	110
2014년	과년도 기출문제	137
2015년	과년도 기출문제	166
2016년	과년도 기출문제	209
2017년	과년도 기출복원문제	237
2018년	과년도 기출복원문제	265
2019년	과년도 기출복원문제	292
2020년	과년도 기출복원문제	320
2021년	과년도 기출복원문제	333
2022년	과년도 기출복원문제	346
2023년	과년도 기출복원문제	360
2024년	최근 기출복원문제	374

PART 03	실기(필답형)	
실기(필답형)		390

빨간키

CHAPTER 01 금속재료 일반

▍금속의 특성

고체 상태에서 결정구조, 전기 및 열의 양도체, 전·연성 우수, 금속 고유의 색

▍경금속과 중금속

비중 4.5(5)를 기준으로 이하를 경금속(Al, Mg, Ti, Be), 이상을 중금속(Cu, Fe, Pb, Ni, Sn)

▍비중 : 물과 같은 부피를 갖는 물체와의 무게 비

Au	19.3	Cu	8.9	Cr	7.19
W	19.2	Co	8.8	Zn	7.1
Ag	10.5	Fe	7.86	Al	2.7
Mo	10.2	Mn	7.43	Mg	1.74
Ni	8.9	Sn	7.28		

▍용융 온도 : 고체 금속을 가열시켜 액체로 변화되는 온도점

Cr	1,890℃	Au	1,063℃	Bi	271℃
Fe	1,538℃	Al	660℃	Sn	231℃
Co	1,495℃	Mg	650℃	Hg	−38.8℃
Ni	1,455℃	Zn	420℃		
Cu	1,083℃	Pb	327℃		

▍열전도율

물체 내의 분자 열에너지의 이동(kcal/m·h·℃)

▍융해 잠열

어떤 물질 1g을 용해시키는 데 필요한 열량

▌ 비 열

어떤 물질 1g의 온도를 1℃ 올리는 데 필요한 열량

▌ 선팽창계수

어떤 길이를 가진 물체가 1℃ 높아질 때 길이의 증가와 늘기 전 길이와의 비

• 선팽창계수가 큰 금속 : Pb, Mg, Sn 등
• 선팽창계수가 작은 금속 : Ir, Mo, W 등

▌ 자성체

• 강자성체 : 자기포화 상태로 자화되어 있는 집합(Fe, Ni, Co)
• 상자성체 : 자기장 방향으로 약하게 자화되고, 제거 시 자화되지 않는 물질(Al, Pt, Sn, Mn)
• 반자성체 : 자화 시 외부 자기장과 반대 방향으로 자화되는 물질(Hg, Au, Ag, Cu)

▌ 금속의 이온화

$K > Ca > Na > Mg > Al > Zn > Cr > Fe > Co > Ni$ 암기법 : 카카나마 알아크철코니

▌ 금속의 결정구조

• 체심입방격자(Ba, Cr, Fe, K, Li, Mo)
• 면심입방격자(Ag, Al, Au, Ca, Ni, Pb)
• 조밀육방격자(Be, Cd, Co, Mg, Zn, Ti)

▌ 철-탄소 평형상태도

철과 탄소의 2원 합금 조성과 온도와의 관계를 나타낸 상태도

▌ 변 태

• 동소변태
  – A_3 변태 : 910℃ 철의 동소변태
  – A_4 변태 : 1,400℃ 철의 동소변태
• 자기변내
  – A_0 변태 : 210℃ 시멘타이트 자기변태점
  – A_2 변태 : 768℃ 순철의 자기변태점

▌ 불변 반응

- 공석점 : $\gamma-\text{Fe} \Leftrightarrow \alpha-\text{Fe} + \text{Fe}_3\text{C}(723℃)$
- 공정점 : $\text{Liquid} \Leftrightarrow \gamma-\text{Fe} + \text{Fe}_3\text{C}(1,130℃)$
- 포정점 : $\text{Liquid} +\delta-\text{Fe} \Leftrightarrow \gamma-\text{Fe}(1,490℃)$

▌ 기계적 시험법

인장시험, 경도시험, 충격시험, 연성시험, 비틀림시험, 충격시험, 마모시험, 압축시험 등

▌ 현미경 조직 검사

시편 채취 → 거친 연마 → 중간 연마 → 미세 연마 → 부식 → 관찰

▌ 열처리 목적

조직 미세화 및 편석 제거, 기계적 성질 개선, 피로 응력 제거

▌ 냉각의 3단계

증기막 단계 → 비등 단계 → 대류 단계

▌ 열처리 종류

- 불림 : 조직의 표준화
- 풀림 : 금속의 연화 혹은 응력 제거
- 뜨임 : 잔류응력 제거 및 인성 부여
- 담금질 : 강도, 경도 부여

▌ 탄소강의 조직의 경도 순서

시멘타이트 → 마텐자이트 → 트루스타이트 → 베이나이트 → 소르바이트 → 펄라이트 → 오스테나이트 → 페라이트

▌ 특수강

보통강에 하나 또는 2종의 원소를 첨가해 특수 성질을 부여한 강

▌ 특수강의 종류

강인강, 침탄강, 질화강, 공구강, 내식강, 내열강, 자석강, 전기용 특수강 등

▌ 주 철

2.0% C~4.3% C를 아공정주철, 4.3% C를 공정주철, 4.3~6.67% C를 과공정주철

▌ 마우러 조직도

C, Si량과 조직의 관계를 나타낸 조직도

▌ 구리 및 구리합금의 종류

7 : 3황동(70% Cu-30% Zn), 6 : 4황동(60% Cu-40% Zn), 쾌삭황동, 델타메탈, 주석황동, 애드미럴티 황동, 네이벌 황동, 니켈황동, 베어링 청동, Al청동, Ni청동

▌ 알루미늄과 알루미늄합금의 종류

• Al-Cu-Si : 라우탈   암기법 : 알구시라
• Al-Ni-Mg-Si-Cu : 로엑스   암기법 : 알니마시구로
• Al-Cu-Mn-Mg : 두랄루민   암기법 : 알구망마두
• Al-Cu-Ni-Mg : Y-합금   암기법 : 알구니마와이
• Al-Si-Na : 실루민   암기법 : 알시나실

CHAPTER 02 금속제도

▋ **KS 규격**

KS A : 기본, KS B : 기계, KS C : 전기전자, KS D : 금속

▋ **가는 실선의 용도**

치수선, 치수보조선, 지시선, 회전단면선, 중심선, 수준면선

▋ **2개 이상 선의 중복 시 우선순위**

외형선 − 숨은선 − 절단선 − 중심선 − 무게중심선 − 치수선

▋ **용지의 크기**

- A4 용지 : 210×297mm, 가로 : 세로 $= 1 : \sqrt{2}$
- A3 용지 : 297×420mm
- A2 용지 : 420×597mm
- A3 용지는 A4 용지의 가로와 세로 치수 중 작은 치수값의 2배로 하고, 용지의 크기가 증가할수록 같은 원리로 점차적으로 증가함

▋ **등각 투상도**

정면, 평면, 측면을 하나의 투상면 위에 동시에 볼 수 있도록 두 개의 옆면 모서리가 수평선과 $30°$가 되게 하여 이 세 축이 $120°$의 등각이 되도록 입체도로 투상한 것을 의미함

▋ **전(온) 단면도**

제품을 절반으로 절단하여 내부의 모습을 도시하며 절단선은 나타내지 않음

▋ **한쪽(반) 단면도**

제품을 1/4 절단하여 내부와 외부를 절반씩 보여 주는 단면도

▌ 회전 도시 단면도

핸들, 벨트 풀리, 훅, 축 등의 단면을 표시할 때에는 투상면에 절단한 단면의 모양을 90° 회전하여 안이나 밖으로 그린 단면도

▌ 표면 거칠기의 종류

중심선 평균 거칠기(R_a), 최대 높이 거칠기(R_y), 10점 평균 거칠기(R_z)

▌ 치수공차

- 최대허용치수와 최소허용치수와의 차
- 위 치수허용차와 아래 치수허용차와의 차

▌ 틈새, 죔새

- 틈새 : 구멍의 치수가 축의 치수보다 클 때, 여유 공간이 발생
- 죔새 : 구멍의 치수가 축의 치수보다 작을 때의 강제적으로 결합시켜야 할 때

▌ 끼워맞춤

- 헐거운 끼워맞춤 : 항상 틈새가 생기는 상태로 구멍의 최소 치수가 축의 최대 치수보다 큰 경우
- 억지 끼워맞춤 : 항상 죔새가 생기는 상태로 구멍의 최대 치수가 축의 최소 치수보다 작은 경우
- 중간 끼워맞춤 : 상황에 따라서 틈새와 죔새가 발생할 수 있는 경우

▌ 나사의 요소

- 나사의 피치 : 나사산과 나사산 사이의 거리
- 나사의 리드 : 나사를 360° 회전시켰을 때 상하 방향으로 이동한 거리

L(리드) $= n$(줄수) $\times P$(피치)

▌ 묻힘키(성크키)

보스와 축에 키 홈을 파고 키를 견고하게 끼워 회전력을 전달함

▌ 모 듈

모듈 = 피치원 지름/잇수

▌ 베어링 안지름

베어링 안지름 번호 두 자리가 00, 01, 02, 03일 경우 10, 12, 15, 17mm가 되고, 04부터 ×5를 하여 안지름을 계산함

▌ 금속재료의 호칭

- GC100 : 회주철
- SS400 : 일반구조용 압연강재
- SF340 : 탄소 단강품
- SC360 : 탄소 주강품
- SM45C : 기계구조용 탄소강
- STC3 : 탄소공구강

▌ **철강 제조 공정**

- 선강 일관 공정 : 제선(고로) → 제강(전로) → 압연
- 전기로 제강 공정 : 제강(전기로) → 압연

▌ **제선에 쓰이는 연·원료** : 주원료(철광석), 부원료(석회석), 연료(코크스)

▌ **철광석 구비 조건** : 다량의 철 함유량, 우수한 피환원성, 적은 유해성분, 적절한 입도와 강도

▌ **코크스의 역할** : 열원, 환원제, 통기성 향상

▌ **용제(석회석)의 역할** : 불순물 제거 및 슬래그의 분리, 부상

▌ **원료 야적 및 운송 설비**

- 언로더(Unloader) : 원료가 적재된 선박이 입하하면 원료를 배에서 불출하여 야드(Yard)로 보내는 설비
- 스태커(Stacker) : 해송 및 육송으로 수송된 광석이나 석탄, 부원료 등이 벨트컨베이어를 통해 운반되어 최종 저장 야드에 적치하는 장비
- 리클레이머(Reclaimer) : 원료탄 또는 코크스를 야드에서 불출하여 하부에 통과하는 벨트컨베이어에 원료를 실어 주는 장비

▌ **원료의 사전 처리방법**

- 입도 조정 : 정립, 괴상화(소결)
- 품위 향상 : 선광, 하소, 배소

■ **철광석 형태 및 입도에 따른 분류**

- 괴광(Run of Mine) : 광산에서 채광된 상태에서 크게 가공하지 않은 상태
- 정립광(Sized Ore) : 괴광을 1차 파쇄하여 30mm 이하로 선별된 광석
- 분광(Fine Ore) : 8mm 이하의 철광석
- 소결광(Sinter Ore) : 분광을 고로에 사용하기 적합하게 소성 과정을 거쳐 생산되는 광석으로 5~50mm의 입도를 가짐
- 펠릿(Pellet) : 미분을 사용하여 고로에 직접 장입할 수 있도록 구슬 모양의 입도를 가짐

■ **자용성 소결광** : 염기도 조절을 위해 석회석을 첨가한 소결광으로 피환원성 향상, 연료비 절감, 생산성 향상을 목적으로 사용

■ **소결광의 장점** : 원료비 절감, 피환원성 향상, 용선 성분 안정화 등

■ **소결 설비의 종류**

- 단식 – 그리나발트식(GW식, Greenawalt Pan)
- 연속식 – 드와이트 로이드식(DL식, Dwight Lloyd Machine)

■ **소결 작업 순서** : 원료 절출 → 혼합 및 조립 → 원료 장입 → 점화 → 소결 → 배광 → 1차 파쇄 및 스크린 → 2차 파쇄 및 스크린 → 소결

■ **정량 절출 장치(CFW)** : 소결용 원료, 부원료를 적정 비율로 배합하기 위해 종류별로 정해진 목표치에 따라 불출량이 제어되도록 하는 계측 제어 장치

■ **소결 결합**

- 확산 결합 : 비교적 저온에서 소결이 이루어진 경우로 입자가 용융하지 않고 입자 표면 접촉부의 확산 반응으로 결합이 이루어지며, 피환원성이 우수하나 강도가 약함
- 용융 결합 : 고온에서 소결한 경우로 원료 중 슬래그 성분이 용융하여 쉽게 결합, 강도는 우수하나 피환원성이 좋지 않음

■ **낙하 강도 지수와 환원 분화 지수**

- 낙하 강도 지수 : 소결광을 낙하시켰을 때 분이 발생하기 직전까지의 소결광 강도
- 환원 분화 지수 : 피환원성이 좋을수록 환원 강도가 저하되는 원리를 이용

▌ **염기도** : 슬래그 성분상의 목표로 성질을 나타내는 계수

- 염기도$(P) = \dfrac{\text{염기성 성분}}{\text{산성 성분}} = \dfrac{CaO + MgO + FeO + MnO}{SiO_2 + Al_2O_3}$

- 염기도$(P') = \dfrac{CaO}{SiO_2}$

▌ **코크스로의 구조**

- 탄화실 : 원료탄을 장입하여 건류시키는 곳
- 연소실 : 가스를 연소시켜 발생되는 열을 벽면을 통하여 탄화실에 전달하여 필요한 열량을 공급하는 곳
- 축열실 : 열교환 작용을 하는 곳으로 연소된 고온의 폐가스가 통과하며 쌓여 있는 연와와 열교환이 이루어짐

▌ **코크스 소화법**

- 습식 소화 : 압출된 적열 코크스를 소화차에 받아 소화탑으로 냉각한 후 와프(Wharf)에 배출하는 작업
- 건식 소화 : CDQ(Coke Dry Quenching)라고 불리며, 압출된 코크스에 불활성가스를 통입시켜 질식 소화시키는 작업

▌ **고로 제선 설비의 개요**

- 원료 장입 설비 : 고로 조업에 적합하도록 사전 처리한 원료를 원료 빈(Bin)에서 광석 및 코크스를 불출하여 체질(Screen)하여 노정까지 운반하는 설비
- 고로 : 철광석과 코크스를 넣어 용선을 생산하는 설비
- 열풍로 : 열풍을 고로 내로 공급하여 산화, 환원 반응시키는 설비
- 주상 설비 : 생산된 용선과 슬래그를 배출하는 설비
- 가스청정 설비 : 고로 내 발생된 폐가스를 집진처리해 주는 설비

▌ **벨트컨베이어 연결 설비**

- 슈트(Chute) : 상부 라인의 수송물을 하부 라인으로 이어 주는 설비
- 트리퍼(Tripper) : 수송물을 벨트컨베이어에서 빼내는 설비
- 피더 컨베이어(Feeder Conveyor) : 호퍼에 있는 수송물을 컨베이어에 장입하는 설비

▌ **고로의 노정 설비 종류**

- 벨 타입 : 노정에 있는 상종과 하종, 2개의 종을 통해 원료를 장입하는 방식
- 벨리스 타입 : 노정 장입 호퍼와 슈트(Chute)에 의해 원료를 장입하는 방식

■ **고로 본체 구조** : 노구(Throat), 노흉(Shaft), 노복(Belly), 조안(Bosh), 노상(Hearth)

■ **연소대(레이스 웨이, Race Way)** : 풍구에서 들어온 열풍이 노 내를 강하하여 내려오는 코크스를 연소시켜 환원 가스를 발생시키는 영역

■ **노심** : 선철 및 슬래그(Slag)가 출선구로 배출된 후 노의 중심부에 남아 있는 코크스

■ **고로 내화물 구비 조건**
  • 고온에서 용융, 연화, 휘발하지 않을 것
  • 고온·고압에서 상당한 강도를 가질 것
  • 열 충격이나 마모에 강할 것
  • 용선·용재 및 가스에 대하여 화학적으로 안정할 것
  • 적당한 열전도를 가지고 냉각 효과가 있을 것

■ **고로 노체 지지장치의 종류** : 철대식, 철피식, 철골 철피식, 자립식

■ **고로 노체 냉각장치 종류** : 스테이브(Stave) 냉각기, 냉각반 냉각기(Cooling Plate)

■ **열풍로** : 공기를 노 내에 풍구를 통하여 불어 넣기 전 1,100~1,300℃로 예열하기 위한 설비
  • 내연식(Cowper) 열풍로 : 예열실과 축열실이 분리되어 있지 않고 하나의 돔 내에 위치한 열풍로
  • 외연식(Koppers) 열풍로 : 축열실과 연소실이 독립되어 있는 열풍로

■ **고로 내 취입하는 연료의 종류** : 중유, 타르, 미분탄 등

■ **미분탄 취입법(PCI)** : 원료탄을 분해(~200mesh)하여 고로 풍구 선단으로 취입하는 방법이며, 코크스 사용비와 생산비 절감 및 높은 연소 속도에 의한 연소 효율이 증가하는 장점이 있음

■ **주상 설비**
  • 개공기 : 고로 내 용선을 에어 모터, 해머 등을 이용하여 출선하는 설비
  • 머드건 : 출선 완료 후 선회, 경동하여 머드재로 충진하는 설비

▌ 출선구의 자파

- 원인 : 심도 저하 및 가스 과다 현상으로 발생
- 대책 : 출선구 위치 및 각도를 일정하게 유지, 머드건 정비, 슬래그 과다 출재 지양, 고 염기도 조업, 양질의 머드재 사용

▌ 탕도의 종류

- 대탕도 : 출선구에서 배출되는 용융물을 스키머로 용선과 슬래그로 분리
- 용선 탕도(소탕도) : 대탕도에서 분리된 용선을 레이들까지 유도하는 탕도
- 슬래그 탕도 : 슬래그가 이동하는 탕도

▌ 스키머(Skimmer) : 비중 차에 의해 용선 위에 떠 있는 슬래그를 분리하는 설비

▌ 가스 청정 설비의 종류

- 제진기(Bag Filter) : 노정 가스의 유속을 떨어뜨리고, 가스의 방향을 전환시켜 가스 중 조립 먼지를 침강시키는 설비
- 벤투리 스크러버 : 가스 배출관의 일부를 좁게 하여 가스 유속을 증가시킨 후 분무함으로써 비중이 크게 된 분진을 침강시켜 포집하는 설비
- 전기집진기 : 방전 전극판(+)과 집진 전극봉(-) 간에 고압의 직류전압을 걸게 되면 연진은 코로나 방전을 일으키게 되고, 이때 가스 중의 먼지 입자가 이온화되어 집진극에 달라붙는 설비
- 비숍 스크러버 : 분진 함량이 높은 고로가스(BFG)를 연료로 사용하도록 가스에 혼입된 분진을 지정된 청정도로 제거하는 습식 청정 설비
- 수봉밸브 : 제철소 부생 가스 배관 내 유체의 흐름에 물을 채워 차단하는 장치

▌ 입열과 출열

- 입열 : 산화철의 간접 환원열, 코크스 연소열, 열풍(송풍)의 현열, 슬래그 생성열, 장입물 중 수분의 현열 등
- 출열 : 용선 현열, 노정 가스 현열, 석회석 분해열, 코크스 용해 손실, 장입물(Si, Mn, P)의 환원열, 슬래그 현열, 수분의 분해열, 연진의 현열, 냉각수가 가져가는 열량(손실열) 등

▌ 고로 내 각 구역별 반응

- 괴상대 : 풍구에 취입된 열풍이 노 상부에서 하강하는 코크스와 반응하여 CO 가스를 생성히고, CO 가스는 산화철과 반응하여 철광석을 환원
- 융착대 : 광석 연화, 융착(1,200~1,300℃)
- 적하대 : 용철, Slag의 용융 적하(1,400~1,500℃)
- 연소대 : Race Way 부근의 반응
- 노상대 : Slag-metal 계면 반응이 일어나며, 탈황 반응 및 선철 내 복규소와 복망간화를 형성

■ **화입과 종풍, 휴풍**
- 화입 : 충진 후 충진물에 점화, 송풍하는 것으로 풍구에서 약 600℃ 정도의 열풍을 노내에 송풍
- 종풍 : 화입 이후 10~15년 경과 후 설비 갱신을 위해 종풍을 통하여 고로 조업을 정지하는 것
- 휴풍 : 노체 및 고로 관련 설비의 보전, 수리, 개조 혹은 원료 수급 조정 등에 의해 고로에 대한 송풍을 중지하는 것

■ **고온 송풍 조업**
- 원료 예비처리, 소결광 고배합, 보조 연료 취입 등으로 900~1,200℃의 고온 송풍을 실시
- 고온 송풍 시 미치는 영향 : 연료 코크스의 절약, 코크스의 회분 감소, 석회석의 절약

■ **조기 출선을 해야 하는 경우** : 출선·출재가 불충분할 경우, 노황 냉기미로 풍구에 슬래그가 보일 때, 전 출선 Tap에서 충분한 배출이 안 되어 양적인 제약이 생길 때, 감압 휴풍이 예상될 때, 장입물 하강이 빠를 때

■ **고로슬래그의 용도** : 비료, 고로시멘트, 슬래그 벽돌, 자갈 대용

■ **고로 가스(BFG ; Blast Furnace Gas)** : N_2, CO, CO_2, H_2로 이루어져 있으며, 이 중 N_2가 가장 많이 함유되어 있음

■ **고로 조업 이상관련 용어**
- 걸림(행잉, Hanging) : 장입물이 용해대에서 노벽에 붙어 양쪽 벽에 걸쳐 얹혀 있는 상태
- 행잉 드롭(Hanging Drop) : 행잉 중에 있던 장입물이 급격히 낙하하는 것
- 내림(Checking) : 걸림 현상 시 장입물을 급강하시키는 작업
- 미끄러짐(슬립, Slip) : 통기성의 차이로 가스 상승차가 생기는 것을 벤틸레이션(Ventilation)이라 하며, 이 부분에서 장입물 강하가 빨라져 크게 강하하는 상태
- 날파람(취발, Channeling) : 노 내 가스가 급작스럽게 노정 블리더(Bleeder)를 통해 배출되면서 장입물의 분포나 강하를 혼란시키는 현상
- 노벽 탈락(벽락) : 노벽에 부착된 부착물이 탈락하는 현상

■ **코렉스법(Corex)** : 철광석 입도 8mm 이상의 괴광석이나 펠릿을 사용하고 탄도 입도 8mm 이하를 사용함으로써 코크스 제조 과정을 생략하여 용선을 생산하는 방법

▌ **파이넥스법(Finex)** : 가루 형태의 분철광석을 유동로에 투입한 후 환원 반응에 의해 철 성분을 분리하여 용융로에서 유연탄과 용해시켜 최종 선철을 제조하는 공법

▌ **윤활의 역할** : 감마작용(마모 감소), 냉각작용, 응력 분산작용, 밀봉작용, 부식방지작용, 세정작용, 방청작용

▌ **물질안전보건자료(MSDS)** : 화학물질 및 화학물질을 함유한 제제의 대상화학물질, 대상화학물질의 명칭, 구성 성분의 명칭 및 함유량, 안전·보건상의 취급 주의사항, 건강 유해성 및 물리적 위험성 등을 설명한 자료

▌ **공정안전관리(PSM)** : 국내에서 발생하는 재해, 산업체에서의 화재, 폭발, 유독물질누출 등의 중대 산업사고를 예방하기 위하여 실천해야 할 12가지 안전관리 요소

▌ **재해발생 시 조치사항** : 긴급조치 → 재해조사 → 원인분석 → 대책수립 → 대책실시

▌ **하인리히의 도미노 이론**
- 1단계 : 선천적 결함
- 2단계 : 개인적 결함
- 3단계 : 불안전한 행동 및 불안전한 상태
- 4단계 : 사고발생
- 5단계 : 재해

▌ **하인리히의 사고예방 대책(기본원리 5단계)**
- 1단계 : 조직
- 2단계 : 사실의 발견
- 3단계 : 평가분석
- 4단계 : 시정책의 선정
- 5단계 : 시정책의 적용

CHAPTER 01	금속재료 일반	✔ 회독 CHECK 1 2 3
CHAPTER 02	금속제도	✔ 회독 CHECK 1 2 3
CHAPTER 03	제선법	✔ 회독 CHECK 1 2 3

핵심이론

금속재료 일반

금속재료의 기초

(1) 금속의 특성

① 고체 상태에서 결정 구조를 가진다.
② 전기 및 열의 양도체이다.
③ 전·연성이 우수하다.
④ 금속 고유의 색을 가지고 있다.

(2) 경금속과 중금속

비중 4.5(5)를 기준으로 이하를 경금속(Al, Mg, Ti, Be), 이상을 중금속(Cu, Fe, Pb, Ni, Sn)

(3) 금속재료의 성질

① 기계적 성질 : 강도, 경도, 인성, 취성, 연성, 전성
② 물리적 성질 : 비중, 용융점, 전기전도율, 자성
③ 화학적 성질 : 부식, 내식성
④ 재료의 가공성 : 주조성, 소성가공성, 절삭성, 접합성

(4) 결정 구조

① 체심입방격자(Body Centered Cubic) : Ba, Cr, Fe, K, Li, Mo, Nb, V, Ta
  ㉠ 배위수 : 8, 원자 충진율 : 68%, 단위 격자 속 원자
    수 : 2

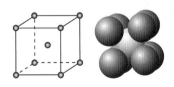

② 면심입방격자(Face Centered Cubic) : Ag, Al, Au, Ca, Ir, Ni, Pb, Ce
  ㉠ 배위수 : 12, 원자 충진율 : 74%, 단위 격자 속
    원자수 : 4

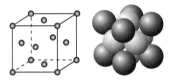

③ 조밀육방격자(Hexagonal Centered Cubic) : Be, Cd, Co, Mg, Zn, Ti
  ㉠ 배위수 : 12, 원자 충진율 : 74%, 단위 격자 속
    원자수 : 2

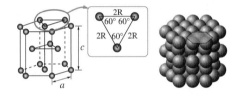

(5) 탄소강에 함유된 원소의 영향

① 탄소(C) : 탄소량의 증가에 따라 인성, 충격치, 비중, 열전도율, 열팽창계수는 감소하고, 전기 저항, 비열, 항자력, 경도, 강도는 증가
② 인(P) : Fe과 결합하여 Fe_3P를 형성하며 결정 입자 조대화를 촉진함. 다소 인장강도, 경도를 증가시키지만 연신율을 감소시키고, 상온에서 충격값을 저하시켜 상온메짐의 원인이 됨
③ 황(S) : FeS로 결합되면, 융접이 낮아지며 고온에서 취약하고 가공 시 파괴의 원인이 된다. 또한 적열취성의 원인이 됨
④ 규소(Si) : 선철 원료 및 탈산제(Fe-Si)로 많이 사용됨. 유동성, 주조성이 양호. 경도 및 인장강도, 탄성 한계를 높이며 연신율, 충격값을 감소시킴

⑤ 망간(Mn) : 적열취성의 원인이 되는 황(S)을 MnS의
형태로 결합하여 Slag를 형성하여 제거되며, 황의 함
유량을 조절하며 절삭성을 개선

(6) 금속의 조직

① 변태점 측정법 : 시차열분석법, 열분석법, 비열법, 전
기 저항법, 열팽창법, 자기분석법, X선 분석법 등

　㉠ 열분석법 : 금속을 가열 냉각 시 열의 흡수 및 방출
로 인한 온도의 상승 또는 하강에 의해 온도와 시간
과의 관계의 곡선으로 변태점을 결정

　㉡ 전기 저항법 : 금속의 변태점에서 전기 저항이 불
연속으로 변화하는 성질을 이용

　㉢ 열팽창법 : 온도가 상승하며 팽창이나 변태가 있을
시 팽창 곡선에서 변화하는 성질을 이용

　㉣ 자기분석법 : 강자성체가 상자성체로 되며 자기강
도가 감소되는 성질을 이용

　㉤ X선 분석법 : X선의 회절 성질을 이용하여 변태점
을 측정

(7) 상(Phase)

① 계 : 한 물질 또는 몇 개의 물질이 집합의 외부와 관계
없이 독립해서 한 상태를 이루고 있는 것

② 상 : 1계의 계에 있어 균일한 부분(기체, 액체, 고체는
각각 하나의 상으로 물에서는 3상이 존재함)

③ 상률(Phase Rule) : 계 중의 상이 평형을 유지하기
위한 자유도의 법칙

④ 자유도 : 평형상태를 유지하며 자유롭게 변화시킬 수
있는 변수의 수

⑤ 깁스(Gibbs)의 상률

$$F = C - P + 2$$

여기서, F : 자유도, C : 성분 수
P : 상의 수, 2 : 온도, 압력

⑥ 상평형 : 하나 이상의 상이 존재하는 계의 평형, 시간
에 따라 상의 특성이 불변

⑦ 평형상태도 : 온도와 조성 및 상의 양 사이의 관계

1-1. 탄소량의 증가에 따른 탄소강의 물리적·기계적 성질에
대한 설명으로 옳은 것은?

① 열전도율이 증가한다.
② 탄성계수가 증가한다.
③ 충격값이 감소한다.
④ 인장강도가 감소한다.

1-2. 다음 금속의 결정구조 중 전연성이 커서 가공성이 좋은 격
자는?

① 조밀육방격자　　　　② 체심입방격자
③ 단사정계격자　　　　④ 면심입방격자

1-3. 금속의 변태점을 측정하는 방법이 아닌 것은?

① 비열법　　　　　　　② 열팽창법
③ 전기 저항법　　　　　④ 자기탐상법

1-4. 상률(Phase Rule)과 무관한 인자는?

① 자유도　　　　　　　② 원소 종류
③ 상의 수　　　　　　　④ 성분 수

|해설|

1-1
탄소량이 증가할수록 강도는 증가하고 인성은 감소하므로 충격
값은 감소한다.

1-2
• 면심입방격자 : 큰 전연성
• 체심입방격자 : 강한 성질
• 조밀육방격자 : 전연성이 작고 취약

1-3
자기탐상법은 표면결함을 검출하는 방법으로 강자성체에만 적용
할 수 있다.
변태점 측정법 : 시차열분석법, 열분석법, 비열법, 전기 저항법,
열팽창법, 자기분석법, X선 분석법 등
• 열분석법 : 금속을 가열 냉각 시 열의 흡수 및 방출로 인한
온도의 상승 또는 하강에 의해 온도와 시간과의 관계의 곡선으
로 변태점을 결정
• 전기 저항법 : 금속의 변태점에서 전기 저항이 불연속으로 변화
하는 성질을 이용
• 열팽창법 : 온도가 상승하며 팽창이나 변태가 있을 시 팽창
곡선에서 변화하는 성질을 이용
• 자기분석법 : 강자성체가 상자성체로 되며 자기강도가 감소되
는 성질을 이용
• X선 분석법 : X선의 회절 성질을 이용하여 변태점을 측정

1-4

상률(Phase Rule)

$F = C - P + 2$

여기서, F : 자유도

C : 성분 수

P : 상의 수

2 : 온도, 압력

핵심이론 02 | 철강재료

(1) 철과 강

① 철강의 제조 : 주로 Fe_2O_3이 주성분인 철광석을 이용하여 제선법과 제강법으로 나누어진다.

　㉠ 제선법 : 용광로에서 코크스, 철광석, 용제(석회석) 등을 첨가하여 선철을 제조한다.

　㉡ 제강법 : 선철의 함유 원소를 조절하여 강으로 제조하기 위해 평로 제강법, 전로 제강법, 전기로 제강법 등의 방법을 사용한다.

　㉢ 강괴 : 제강 작업 후 내열 주철로 만들어진 금형에 주입하여 응고시킨 것이다.

　　• 킬드강 : 용강 중 Fe-Si, Al분말 등 강탈산제를 첨가하여 산소가 거의 없는 완전 탈산된 강으로 기포가 없고 편석이 적은 장점이 있고, 기계적 성질이 양호하다.

　　• 세미킬드강 : 탄산 정도가 킬드강과 림드강의 중간 정도인 강으로 구조용강, 강판재료에 사용된다.

　　• 림드강 : 탈산 처리가 중간 정도된 용강을 그대로 금형에 주입하여 응고시킨 강이다.

　　• 캡트강 : 용강을 주입 후 뚜껑을 씌어 내부 편석을 적게한 강으로 내부결함은 적으나 표면결함이 많다.

② 철강의 분류

　㉠ 제조방법에 따른 분류 : 전로법, 평로법, 전기로법

　㉡ 탈산도에 따른 분류 : 킬드강, 세미킬드강, 림드강, 캡트강

　㉢ 용도에 의한 분류

　　• 구조용강 : 보통강, 저합금강, 침탄강, 질화강, 스프링강, 쾌삭강

　　• 공구용강 : 탄소공구강, 특수공구강, 다이스강, 고속도강

　　• 특수용도용강 : 베어링강, 자석강, 내식강, 내열강

② 조직에 의한 분류
- 순철 : 0.025% C 이하
- 아공석강(0.025~0.8% C 이하), 공석강(0.8% C), 과공석강(0.8~2.0% C)
- 아공정주철(2.0~4.3% C), 공정주철(4.3% C), 과공정주철(4.3~6.67% C)

(2) 순 철

① 정의 : 탄소 함유량이 0.025% C 이하인 철
  - ㉠ 해면철(0.03% C) > 연철(0.02% C) > 카르보닐철(0.02% C) > 암코철(0.015% C) > 전해철(0.008% C)

② 순철의 성질
  - ㉠ A_2, A_3, A_4 변태를 가짐
  - ㉡ A_2 변태 : 강자성 α-Fe $\Leftrightarrow$ 상자성 α-Fe
  - ㉢ A_3 변태 : α-Fe(BCC) $\Leftrightarrow$ γ-Fe(FCC)
  - ㉣ A_4 변태 : γ-Fe(FCC) $\Leftrightarrow$ δ-Fe(BCC)
  - ㉤ 각 변태점에서는 불연속적으로 변화한다.
  - ㉥ 자기 변태는 원자의 스핀 방향에 따라 자성이 바뀐다.
  - ㉦ 고온에서 산화가 잘 일어나며, 상온에서 부식된다.

- ◎ 내식력이 약하다.
- ㉧ 강·약산에 침식되고, 비교적 알칼리에 강하다.

(3) 철-탄소 평형상태도

① Fe-C 2원 합금 조성(%)과 온도와의 관계를 나타낸 상태도로 변태점, 불변반응, 각 조직 및 성질을 알 수 있다.

② 변태점
  - ㉠ A_0 변태(210℃) : 시멘타이트 자기 변태점
  - ㉡ A_1 상태(723℃) : 철의 공석 온도
  - ㉢ A_2 변태(768℃) : 순철의 자기 변태점
  - ㉣ A_3 변태(910℃) : 철의 동소 변태
  - ㉤ A_4 변태(1,400℃) : 철의 동소 변태

③ 불변반응
  - ㉠ 공석점 : γ-Fe $\Leftrightarrow$ α-Fe + Fe₃C(723℃)
  - ㉡ 공정점 : Liquid $\Leftrightarrow$ γ-Fe + Fe₃C(1,130℃)
  - ㉢ 포정점 : Liquid + δ-Fe $\Leftrightarrow$ γ-Fe(1,490℃)
  - ㉣ Fe-C 평형상태도 내 탄소 함유량 : α-Fe(0.025% C), γ-Fe(2.0% C), Fe₃C(금속간 화합물, 6.67% C)

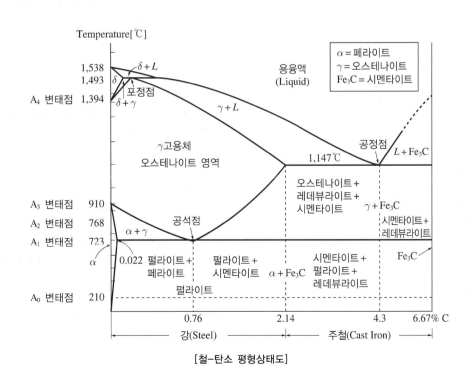

[철-탄소 평형상태도]

④ 탄소강의 조직

　㉠ 페라이트(Ferrite)
　　• α-Fe, 탄소 함유량 0.025% C까지 함유한 고용체로 강자성체이며 전연성이 크다.
　　• 체심입방격자(BCC)의 결정구조를 가지며, 순철에 가까워 전연성이 뛰어나다.

　㉡ 오스테나이트(Auestenite)
　　• γ-Fe, 탄소 함유량이 2.0% C까지 함유한 고용체로 비자성체이며 인성이 크다.
　　• 면심입방격자(FCC)의 결정구조를 가지며, A₁ 변태점 이상 가열 시 얻을 수 있다.

　㉢ 펄라이트
　　• α철 + 시멘타이트, 탄소 함유량이 0.85% C일 때 723℃에서 발생하며, 내마모성이 강하다.
　　• 페라이트와 시멘타이트가 층상 조직으로 관찰되어지며, 강자성체이다.

　㉣ 레데뷰라이트
　　γ-철 + 시멘타이트, 탄소 함유량이 2.0% C와 6.67% C의 공정주철의 조직으로 나타난다.

　㉤ 시멘타이트
　　Fe₃C, 탄소 함유량이 6.67% C인 금속간 화합물로 매우 강하며 메짐이 있다. 또한 A₀ 변태를 가져 210℃에서 시멘타이트의 자기 변태가 일어나며, 백색의 침상 조직을 가진다.

(4) 각종 취성(메짐)

① 저온취성 : 0℃ 이하 특히 -20℃ 이하의 온도에서는 급격하게 취성을 갖게 되어 충격을 받으면 부서지기 쉬운 성질을 말한다.

② 상온취성 : P이 다량 함유한 강에서 발생하며 Fe₃P로 결정입자가 조대화된다. 경도, 강도는 높아지나 연신율이 감소하는 메짐으로 특히 상온에서 충격값이 감소된다.

③ 청열취성 : 냉간가공 영역 안, 210~360℃ 부근에서 기계적 성질인 인장강도는 높아지나 연신이 갑자기 감소하는 현상을 말한다.

④ 적열취성 : 황이 많이 함유되어 있는 강이 고온(950℃ 부근)에서 메짐(강도는 증가, 연신율은 감소)이 나타나는 현상을 말한다.

⑤ 백열취성 : 1,100℃ 부근에서 일어나는 메짐으로 황이 주 원인, 결정입계의 황화철이 용해하기 시작하는 데 따라서 발생한다.

⑥ 수소취성 : 고온에서 강에 수소가 들어간 후 200~250℃에서 분자 간의 미세한 균열이 발생하여 취성을 갖는 성질을 말한다.

10년간 자주 출제된 문제

2-1. 순철에 대한 설명으로 틀린 것은?
① 비중은 약 7.8 정도이다.
② 상온에서 비자성체이다.
③ 상온에서 페라이트 조직이다.
④ 동소 변태점에서는 원자의 배열이 변화한다.

2-2. 순철의 자기 변태(A₂)점 온도는 약 몇 ℃인가?
① 210℃
② 768℃
③ 910℃
④ 1,400℃

2-3. 전로에서 생산된 용강을 Fe-Mn으로 가볍게 탈산시킨 것으로 기포 및 편석이 많은 강은?
① 림드강
② 킬드강
③ 캡트강
④ 세미킬드강

2-4. 공석조성을 0.80% C라고 하면, 0.2% C 강의 상온에서 초석 페라이트와 펄라이트의 비는 약 몇 %인가?
① 초석 페라이트 75% : 펄라이트 25%
② 초석 페라이트 25% : 펄라이트 75%
③ 초석 페라이트 80% : 펄라이트 20%
④ 초석 페라이트 20% : 펄라이트 80%

2-5. Fe-C 평형상태도에서 용융액으로부터 γ고용체와 시멘타이트가 동시에 정출하는 공정물을 무엇이라 하는가?

① 펄라이트(Pearlite)

② 마텐자이트(Martensite)

③ 오스테나이트(Austenite)

④ 레데뷰라이트(Ledeburite)

2-6. 다음 금속의 결정 구조 중 전연성이 커서 가공성이 좋은 격자는?

① 조밀육방격자

② 체심입방격자

③ 단사정계격자

④ 면심입방격자

2-7. 강에서 취성을 유발하는 주원소로 옳은 것은?

① 망간, 탄소

② 규소, 칼슘

③ 크롬, 구리

④ 황, 인

2-8. 탄소강은 200~300℃에서 연신율과 단면수축률이 상온보다 저하되어 단단하고 깨지기 쉬우며, 강의 표면이 산화되는 현상은?

① 적열메짐   ② 상온메짐

③ 청열메짐   ④ 저온메짐

|해설|

2-1

② 순철은 상온에서 자성체이다.

2-2

순철의 변태

• A_2 변태(768℃) : 자기 변태(α-강자성 $\Leftrightarrow$ α-상자성)

• A_3 변태(910℃) : 동소 변태(α-BCC $\Leftrightarrow$ γ-FCC)

• A_4 변태(1,400℃) : 동소 변태(γ-FCC $\Leftrightarrow$ δ-BCC)

2-3

① 림드강 : 망간의 탈산제를 첨가한 후 주형에 주입하여 응고시킨 강으로 잉곳(Ingot)의 외주부와 상부에 다수의 기포가 발생함

② 킬드강 : 규소 혹은 알루미늄의 강력 탈산제를 사용하여 충분히 탈산시킨 강

④ 세미킬드강 : 킬드와 림드의 중간으로 탈산한 강으로 탈산 후 뚜껑을 덮고 응고시킨 강

2-4

• 초석 페라이트 = (0.8 − 0.2)/0.8 = 75%

• 펄라이트 = 100 − 75 = 25%

2-5

레데뷰라이트 : 탄소함유량 4.3% 주철에서 발생할 수 있는 공정조직으로 γ고용체와 시멘타이트가 평형을 이루어 동시에 정출된다.

2-6

• 면심입방격자 : 큰 전연성

• 체심입방격자 : 강한 성질

• 조밀육방격자 : 전연성 작고 취약

2-7

첨가 원소의 영향

• Ni : 내식·내산성 증가

• Mn : 황(S)에 의한 메짐 방지

• Cr : 적은 양에도 경도, 강도가 증가하며 내식·내열성이 커짐

• W : 고온강도, 경도가 높아지며 탄화물 생성

• Mo : 뜨임메짐을 방지하며 크리프 저항이 좋아짐

• Si : 전자기적 성질을 개선

• S : 고온취성 유발

• P : 상온취성 유발

2-8

③ 청열메짐 : 강이 약 200~300℃ 가열되면 경도, 강도가 최대로 되나 연신율, 단면수축은 감소하여 일어나는 메짐 현상으로 이때 표면에 청색의 산화피막이 생성되고 인(P)에 의해 발생한다.

① 적열메짐 : 황(S)이 많이 포함된 경우 열간가공의 온도 범위에서 발생하게 된다.

정답 2-1 ② 2-2 ② 2-3 ① 2-4 ① 2-5 ④ 2-6 ④ 2-7 ④ 2-8 ③

(1) 금속의 가공

① 금속 가공법 : 용접, 주조, 절삭가공, 소성가공, 분말 야금 등

   ⊙ 용접 : 동일한 재료 혹은 다른 재료를 가열, 용융 혹은 압력을 주어 고체 사이의 원자 결합을 통해 결합시키는 방법

   ⓛ 절삭가공 : 절삭 공구를 이용하여 재료를 깎아 가공하는 방법

   ⓒ 소성가공 : 단조, 압연, 압출, 플레스 등 외부에서 힘이 가해져 금속을 변형시키는 가공법

   ② 분말야금 : 금속 분말을 이용하여 열과 압력을 가함으로써 원하는 형태를 만드는 방법

② 탄성변형과 소성변형

   ⊙ 탄성변형 : 외부로부터 힘을 받은 물체의 모양이나 체적의 변화가 힘을 제거했을 때 원래로 돌아가는 성질(스펀지, 고무줄, 고무공, 강철 자 등)

   ⓛ 소성변형 : 탄성한도보다 더 큰 힘(항복점 이상)이 가해졌을 때 재료가 영구히 변형을 일으키는 것

③ 응력-변형률 곡선

   ⊙ 금속재료가 외부에 하중을 받을 때 응력과 변형률의 관계를 나타낸 곡선

   ⓛ 응력이 증가함에 따라 변형률도 증가하며, E점 이내까지는 응력을 가하였다 제거하면 원상태로 돌아가게 된다. 이러한 관계가 형성되는 최대한의 응력을 비례한도라 하며 다음의 공식이 성립된다.

혹의 법칙(비례한도) : $\sigma = E \times \varepsilon$

여기서, σ : 응력

      E : 탄성률(영률)

      ε : 변형률

   ⓒ A지점인 상부항복점으로부터 소성변형이 시작되며, 항복점이란 외력을 가하지 않아도 영구변형이 급격히 시작되는 지점을 의미한다.

   ② M지점은 최대응력점을 나타내며 Z는 파단 시 응력점을 나타내고 있다.

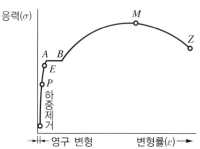

- P : 비례한도   • E : 탄성한도
- A : 상부항복점   • B : 하부항복점
- M : 최대응력점   • Z : 파단응력점

[연강의 응력-변형률 곡선]

④ 전위 : 정상적인 위치에 있던 원자들이 이동하여 비정상적인 위치에서 새로운 줄이 생기는 결함(칼날전위, 나선전위, 혼합전위)

⑤ 냉간가공 및 열간가공 : 금속의 재결정 온도를 기준(Fe : 450℃)으로 낮은 온도에서의 가공을 냉간가공, 높은 온도에서의 가공을 열간가공

⑥ 재결정 : 가공에 의해 변형된 결정입자가 새로운 결정입자로 바뀌는 과정

⑦ 슬립 : 재료에 외력이 가해지면 격자면에서의 미끄러짐이 일어나는 현상

   ⊙ 슬립면 : 원자 밀도가 가장 큰 면[BCC : (110), FCC : (110), (101), (011)]

   ⓛ 슬립 방향 : 원자 밀도가 최대인 방향[BCC : (111), FCC : (111)]

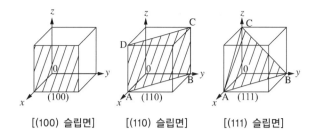

[(100) 슬립면]　　[(110) 슬립면]　　[(111) 슬립면]

⑧ 쌍정 : 슬립이 일어나기 어려울 때 결정 일부분이 전단 변형을 일으켜 일정한 각도만큼 회전하여 생기는 변형

(2) 금속의 소성변형과 재결정

① 냉간가공과 열간가공의 비교

냉간가공	열간가공
• 재결정 온도보다 낮은 온도에서 가공	• 재결정 온도보다 높은 온도에서 가공
• 변형 응력이 높음	• 변형 응력이 낮음
• 치수 정밀도가 양호	• 치수 정밀도가 불량
• 표면 상태가 양호	• 표면 상태가 불량
• 연강, Cu합금, 스테인리스강 등 가공	• 압연, 단조, 압출 가공에 사용

※ 가공이 쉬운 결정 격자 순서 : 면심입방격자 > 체심입방격자 > 조밀육방격자

② 금속의 강화 기구

　㉠ 결정립 미세화에 의한 강화 : 소성변형이 일어나는 과정 시 슬립(전위의 이동)이 일어나며, 미세한 결정을 갖는 재료는 굵은 결정립보다 전위가 이동하는데 방해하는 결정립계가 더 많으므로 더 단단하고 강하다.

　㉡ 고용체 강화 : 침입형 혹은 치환형 고용체가 이종 원소로 들어가며 기본 원자에 격자 변형률을 주므로 전위가 움직이기 어려워져 강도와 경도가 증가하게 된다.

　㉢ 변형 강화 : 가공 경화라고도 하며, 변형이 증가(가공이 증가)할수록 금속의 전위 밀도가 높아지며 강화된다.

③ 재결정 온도 : 소성가공으로 변형된 결정 입자가 변형이 없는 새로운 결정이 생기는 온도

금 속	재결정 온도	금 속	재결정 온도
W	1,200℃	Fe, Pt	450℃
Ni	600℃	Zn	실 온
Au, Ag, Cu	200℃	Pb, Sn	실온 이하
Al, Mg	150℃	–	–

(3) 기계적 시험

인장, 경도, 충격, 연성, 비틀림, 충격, 마모, 압축 시험 등

① 인장 시험 : 재료의 인장강도, 연신율, 항복점, 단면수축률 등의 정보를 알 수 있음

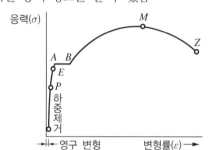

• P : 비례한도　　• E : 탄성한도
• A : 상부항복점　• B : 하부항복점
• M : 최대응력점　• Z : 파단응력점

(a) 연강에서의 인장 시험 결과

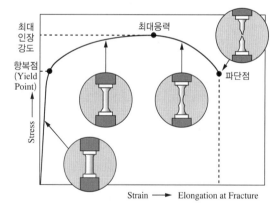

(b) 일반적인 인장 시험 결과

[인장 시험 결과값]

　㉠ 인장강도 : $\sigma_{\max} = \dfrac{P_{\max}}{A_0}\,(\mathrm{kg/mm^2})$, 파단 시 최대인장하중을 평형부의 원단면적으로 나눈 값

ⓛ 연신율 : $\varepsilon = \dfrac{(L_1 - L_0)}{L_0} \times 100(\%)$, 시험편이 파

단되기 직전의 표점거리(L_1)와 원표점거리 L_0와

의 차의 변형량

ⓒ 단면수축률 : $a = \dfrac{(A_0 - A_1)}{A_0} \times 100(\%)$, 시험편

이 파괴되기 직전의 최소단면적(A_1)과 시험 전 원

단면적(A_0)과의 차

② 에릭센 시험(커핑 시험)

재료의 전·연성을 측정하는 시험으로 Cu판, Al판 및

연성 판재를 가압 성형하여 변형 능력을 시험

③ 경도 시험

㉠ 브리넬 경도 시험(HB, Brinell Hardness Test)

일정한 지름(D)의 강구 또는 초경합금을 이용하

여 일정한 하중(P)을 주어 시험편에 구형의 오목

부를 만든 후 하중을 제거하고 오목부의 표면적으

로 하중을 나눈 값으로 측정하는 시험

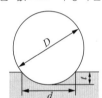

$$\text{HB} = \frac{P}{A} = \frac{2P}{\pi D(D - \sqrt{D^2 - d^2})} = \frac{P}{\pi Dt}$$

여기서, P : 하중(kg)

D : 강구의 지름(mm)

d : 오목부의 지름(mm)

t : 들어간 최대깊이(mm)

A : 압입 자국의 표면적(mm^2)

㉡ 로크웰 경도 시험(HRC, HRB, Rockwell Hardness Test)

• 강구 또는 다이아몬드 원추를 시험편에 처음 일정

한 기준 하중을 주어 시험편을 압입하고, 다시

시험하중을 가하여 생기는 압흔의 깊이 차로 구

하는 시험

• HRC와 HRB의 비교

스케일	누르개	기준하중 (kg)	시험하중 (kg)	적용 경도
HRC	원추각 120°의 다이아몬드	10	150	0~70
HRB	강구 또는 초경 합금, 지름 1.588mm		100	0~100

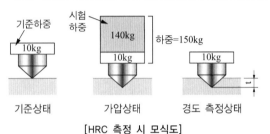

[HRC 측정 시 모식도]

$$\text{HRC} : 100 - 500h$$
$$\text{HRB} : 130 - 500h$$

여기서, h : 압입 자국의 깊이(mm)

㉢ 비커스 경도 시험(HV, Vickers Hardness Test)

• 정사각추(136°)의 다이아몬드 압입자를 시험편

에 놓고 1~150kg까지 하중을 가하여 시험편에

생긴 피라미드 자국의 표면적으로 하중을 나눈

값으로 경도를 구하는 시험

• 비커스 경도는 HV로 표시하고, 미소 부위의 경

도를 측정하는데 사용한다.

• 가는 선, 박판의 도금층 깊이 등 정밀하게 측정

시 마이크로 비커스, 누프 경도 시험기를 사용

한다.

• 압입 흔적이 작으며 경도 시험 후 평균 대각선

길이의 1/1,000mm까지 측정 가능하다.

• 하중의 대소가 있더라도 값이 변하지 않으므로

정확한 결과 측정이 가능하다.

• 침탄층, 완성품, 도금층, 금속, 비철금속, 플라스

틱 등에 적용 가능하나 주철재료에는 적용이 곤

란하다.

$$HV = \frac{W}{A} = \frac{2W \cdot \sin \cdot \frac{a}{2}}{d^2} = 1.8544 \frac{W}{d^2}$$

여기서, W : 하중(kg)

d : 압입 자국의 대각선 길이(mm),

$$d = \frac{(d_1 + d_2)}{2}$$

a : 대면각(136°)

A : 압입 자국의 표면적(mm^2)

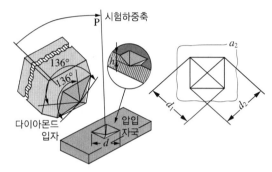

㉣ 쇼어 경도 시험(HS, Shore Hardness Test)
- 압입 자국이 남지 않고 시험편이 클 때, 비파괴적으로 경도를 측정할 때 사용한다.
- 일정한 중량의 다이아몬드 해머를 일정한 높이에서 떨어뜨려 반발되는 높이로 경도를 측정한다.
- 쇼어 경도는 HS로 표시하며, 시험편의 탄성 여부를 알 수 있다.
- 휴대가 간편하고 완성품에 직접 측정이 가능하다.
- 시험편이 작거나 얇아도 가능하다.
- 시험 시 5회 연속으로 하여 평균값으로 결정하며, 0.5 눈금까지 판독한다.

$$HS = \frac{10,000}{65} \times \frac{h}{h_0}$$

여기서, h : 낙하시킨 해머의 반발된 높이

h_0 : 해머의 낙하 높이

㉤ 기타 방법 : 초음파, 마텐스, 하버트 진자 경도 등

④ **충격치 및 충격 에너지를 알기 위한 시험** : 샤르피 충격시험, 아이조드 충격시험

⑤ **열적 성질** : 적외선 서모그래픽검사, 열전 탐촉자법

⑥ **분석 화학적 성질** : 화학적 검사, X선 형광법, X선 회절법

⑦ **육안검사**

㉠ 파면검사 : 강재를 파단시켜 그 파면의 색, 조밀, 모양을 보아 조직이나 성분 함유량을 추정하며, 내부결함 유무를 검사하는 방법

㉡ 매크로 조직검사 : 재료를 직접 육안으로 관찰하거나 저배율(10배 이하)의 확대경을 사용하여 재료의 결함 및 품질 상태를 판단하는 검사. 염산수용액을 사용하여 75~80℃에서 적당 시간동안 부식시킨 후 알칼리 용액으로 중화시켜 건조 후 조직을 검사하는 방법

(4) 현미경 조직검사

① 금속은 빛을 투과하지 않으므로, 반사경 현미경을 사용하여 시험편을 투사, 반사하는 상을 이용하여 관찰하게 된다.

② 조직검사의 관찰 목적 : 금속조직 구분 및 결정 입도 측정, 열처리 및 변형 의한 조직 변화, 비금속 개재물 및 편석 유무, 균열의 성장과 형상 등이 있다.

③ 금속 현미경

㉠ 광학 금속 현미경 : 광원으로부터 광선을 시험편에 투사하여 시험체 표면에서 반사되어 나오는 광선을 현미경의 렌즈를 통하여 관찰

㉡ 주사 전자 현미경(SEM) : 시험편 표면을 전자선으로 주사하여 나오는 이차 전자를 브라운관에 영상으로 표시하여 재료조직, 상변태, 미세조직, 거동 관찰, 성분분석 등을 하며 고배율의 관찰이 가능

④ **현미경 조직검사 방법** : 시험편 채취 → 거친 연마 → 중간 연마 → 미세 연마 → 부식 → 관찰

⑤ 부식액의 종류

재료	부식액
철강재료	질산 알코올(질산 + 알코올)
	피크린산 알코올(피크린산 + 알코올)
귀금속	왕수(질산 + 염산 + 물)
Al 합금	수산화나트륨(수산화나트륨 + 물)
	플루오린화수소산(플루오린화수소 + 물)
Cu 합금	염화제2철 용액(염화제2철 + 염산 + 물)
Ni, Sn, Pb 합금	질산 용액
Zn 합금	염산 용액

(5) 불꽃 시험

강을 그라인더로 연삭할 때 발생하는 불꽃의 색과 모양에 따라 탄소량과 특수 원소를 판별하는 시험으로 탄소 함량이 높을수록 길이가 짧아지고, 파열 및 불꽃의 양은 많아진다.

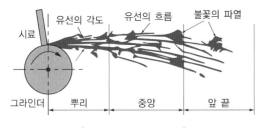

[불꽃의 유선 모양 구분]

(6) 비파괴 시험

① 파괴검사와 비파괴검사의 차이점
  ㉠ 파괴검사 : 시험편이 파괴될 때까지 하중, 열, 전류, 전압 등을 가하거나, 화학적 분석을 통해 소재 혹은 제품의 특성을 구하는 검사
  ㉡ 비파괴검사 : 소재 혹은 제품의 상태, 기능을 파괴하지 않고 소재의 상태, 내부 구조 및 사용 여부를 알 수 있는 모든 검사

② 비파괴검사 목적
  ㉠ 소재 혹은 기기, 구조물 등의 품질관리 및 평가
  ㉡ 품질관리를 통한 제조 원가 절감

  ㉢ 소재 혹은 기기, 구조물 등의 신뢰성 향상
  ㉣ 제조 기술의 개량
  ㉤ 조립 부품 등의 내부 구조 및 내용물 검사
  ㉥ 표면처리 층의 두께 측정

③ 비파괴검사의 분류
  ㉠ 내부결함검사 : 방사선(RT), 초음파(UT)
  ㉡ 표면결함검사 : 침투(PT), 자기(MT), 육안(VT), 와전류(ET)
  ㉢ 관통결함검사 : 누설(LT)
  ㉣ 검사에 이용되는 물리적 성질

물리적 성질	비파괴 시험법의 종류
광학적 및 역학적 성질	육안, 침투, 누설
음향적 성질	초음파, 음향방출
전자기적 성질	자분, 와전류, 전위차
투과 방사선의 성질	X선 투과, γ선 투과, 중성자 투과
열적 성질	적외선 서모그래픽, 열전 탐촉자
분석 화학적 성질	화학적 검사, X선 형광법, X선 회절법

④ 침투탐상검사
  ㉠ 침투탐상의 원리
    • 모세관 현상을 이용하여 표면에 열려있는 개구부(불연속부)에서의 결함을 검출하는 방법
  ㉡ 침투탐상으로 평가 가능한 항목
    • 불연속의 위치
    • 크기(길이)
    • 지시의 모양
  ㉢ 침투탐상 적용 대상
    • 용접부
    • 주강부
    • 단조품
    • 세라믹
    • 플라스틱 및 유리(비금속재료)

⑤ 자기탐상검사
강자성체 시험체의 결함에서 생기는 누설자장을 이용하여 표면 및 표면 직하의 결함을 검출하는 방법

⑥ 초음파탐상검사

시험체에 초음파를 전달하여 내부에 존재하는 불연속으로부터 반사한 초음파의 에너지량, 초음파의 진행 시간 등을 Screen에 표시, 분석하여 불연속의 위치 및 크기를 알아내는 검사 방법

⑦ 방사선탐상검사

X선, γ선 등 투과성을 가진 전자파로 대상물에 투과시킨 후 결함의 존재 유무를 필름 등의 이미지(필름의 명암도의 차)로 판단하는 비파괴검사 방법

⑧ 와전류탐상검사

㉠ 코일에 고주파 교류 전류를 흘려주면 전자유도현상의 의해 전도성 시험체 내부에 맴돌이 전류를 발생시켜 재료의 특성을 검사

㉡ 맴돌이 전류(와전류 분포의 변화)로 거리·형상의 변화, 합금성분, 재질의 선별, 균열, 불균질 부분, 도금층 두께 측정, 치수 변화, 열처리 상태 등을 확인 가능

3-1. 금속의 소성변형을 일으키는 원인 중 원자 밀도가 가장 큰 격자면에서 잘 일어나는 것은?

① 슬 립　　　　　② 쌍 정
③ 전 위　　　　　④ 편 석

3-2. 항복점이 일어나지 않는 재료는 항복점 대신 무엇을 사용하는가?

① 내 력
② 비례한도
③ 탄성한도
④ 인장강도

3-3. 대면각이 136°인 다이아몬드 압입자를 사용하는 경도계는?

① 브리넬 경도계
② 로크웰 경도계
③ 쇼어 경도계
④ 비커스 경도계

3-4. 로크웰 경도 시험기의 압입자 각도와 비커스 경도 시험기의 압입자 대면각은 각각 몇 도인가?

① 로크웰 경도 : 126°, 비커스 경도 : 130°
② 로크웰 경도 : 130°, 비커스 경도 : 126°
③ 로크웰 경도 : 120°, 비커스 경도 : 136°
④ 로크웰 경도 : 136°, 비커스 경도 : 120°

3-5. 다음 중 10배 이내의 확대경을 사용하거나 육안으로 직접 관찰하여 금속조직을 시험하는 것은?

① 라우에법
② 에릭센 시험
③ 매크로 시험
④ 전자 현미경 시험

3-6. 금속의 현미경 조직 시험에 사용되는 구리, 황동, 청동의 부식제는?

① 염화제2철 용액
② 피크린산 알코올 용액
③ 왕수 글리세린
④ 질산 알코올 용액

3-7. 강을 그라인더로 연삭할 때 발생하는 불꽃의 색과 모양에 따라 탄소량과 특수 원소를 판별할 수 있어 강의 종류를 간편하게 판정하는 시험법을 무엇이라고 하는가?

① 굽힘 시험
② 마멸 시험
③ 불꽃 시험
④ 크리프 시험

3-8. 압연제품의 표면결함에 대한 비파괴 시험방법은?

① 현미경 조직검사
② 초음파탐상검사
③ 피로응력 시험
④ 자기탐상검사

3-9. 기계적 파괴 시험이 아닌 것은?

① 단면수축 시험
② 와전류 시험
③ 연신율 측정 시험
④ 항복점 측정 시험

|해설|

3-1
슬립(Slip)
원자 간 사이가 미끄러지는 현상으로 원자 밀도가 가장 큰 격자면에서 잘 발생한다.

3-2
내력(Proof Stress)으로 항복점이 뚜렷하지 않은 재료의 경우 0.2% 변형률에서의 하중을 원래의 단면적으로 나눈 값

3-3
브리넬(구형 압입자), 로크웰(원추형 압입자), 쇼어(구 낙하시험)

3-4
• 브리넬 : 구형 압입자
• 로크웰 : 120° 원추형 압입자
• 비커스 : 136° 사각뿔 압입자

3-5
③ 매크로 시험 : 육안 혹은 10배 이내의 확대경을 이용하여 결정 입자 또는 개재물 등을 검사하는 시험
② 에릭센 시험법 : 재료의 연성을 파악하기 위하여 구리 및 알루미늄판재와 같은 연성 판재를 가압 성형하여 변형 능력을 알아보기 위한 시험방법

3-6
부식액의 종류

재 료	부식액
철강재료	나이탈, 질산 알코올 (질산 5mL + 알코올 100mL)
	피크랄, 피크린산 알코올 (피크린산 5g + 알코올 100mL)
귀금속(Ag, Pt 등)	왕수(질산 1mL + 염산 5mL + 물 6mL)
Al 및 Al 합금	수산화나트륨 (수산화나트륨 20g + 물 100mL)
	플루오린화수소산 (플루오린화수소 0.5mL + 물 99.5mL)
Cu 및 Cu 합금	염화제2철 용액 (염화제2철 5g + 염산 50mL + 물 100mL)
Ni, Sn, Pb 합금	질산 용액
Zn 합금	염산 용액

3-7
• 불꽃 시험 : 강을 그라인더로 연삭할 때 발생하는 불꽃의 색과 모양으로 특수원소의 종류를 판별하는 시험
• 굽힘 시험(굽힘강도)과 마멸 시험(마모량) 그리고 크리프 시험 (온도와 시간에 따른 변형)은 기계적 특성을 알기 위한 시험

3-8
• 표면결함탐상 : 자분탐상, 침투탐상
• 내부결함탐상 : 레이저탐상, 초음파탐상, 방사선탐상

3-9
② 와전류 시험은 비파괴 시험이다.

정답 3-1 ① 3-2 ① 3-3 ④ 3-4 ③ 3-5 ③ 3-6 ① 3-7 ③ 3-8 ④ 3-9 ②

(1) 열처리

금속재료를 필요로 하는 온도로 가열, 유지, 냉각을 통해 조직을 변화시켜 필요한 기계적 성질을 개선하거나 얻는 작업

① 열처리의 목적
  ㉠ 담금질 후 높은 경도에 의한 취성을 막기 위한 뜨임 처리로 경도 또는 인장력을 증가
  ㉡ 풀림 혹은 구상화 처리로 조직의 연화 및 적당한 기계적 성질을 맞춤
  ㉢ 조직 미세화 및 편석 제거 : 냉간가공으로 인한 피로, 응력 등의 제거
  ㉣ 사용 중 파괴를 예방
  ㉤ 내식성 개선 및 표면 경화 목적

(2) 가열방법 및 냉각방법

① 가열방법 : A_1 변태점 이하의 가열(뜨임) 및 A_3, A_2, A_1 변태점 및 A_{cm}선 이상의 가열(불림, 풀림, 담금질) 등
② 냉각방법
  ㉠ 계단 냉각 : 냉각 시 속도를 바꾸어 필요한 온도 범위에서 열처리 실시
  ㉡ 연속 냉각 : 필요 온도까지 가열 후 지속적으로 냉각
  ㉢ 항온 냉각 : 필요 온도까지 급랭 후 특정 온도에서 유지시킨 후 냉각

(3) 냉각의 3단계

증기막 단계(표면의 증기막 형성) → 비등 단계(냉각액이 비등하며 급랭) → 대류 단계(대류에 의해 서랭)

(4) 일반 열처리 방법

① **불림(Normalizing)** : 조직의 표준화를 위해 하는 열처리이며, 결정립 미세화 및 기계적 성질을 향상시키는 열처리
  ㉠ 불림의 목적
    • 주조 및 가열 후 조직의 미세화 및 균질화
    • 내부 응력 제거
    • 기계적 성질의 표준화
  ㉡ 불림의 종류 : 일반 불림, 2단 노멀라이징, 항온 노멀라이징, 다중 노멀라이징 등
② **풀림** : 금속의 연화 혹은 응력 제거를 위해 하는 열처리이며, 가공을 용이하게 하는 열처리 방법이다.
  ㉠ 풀림의 목적
    • 기계적 성질의 개선
    • 내부 응력 제거 및 편석 제거
    • 강도 및 경도의 감소
    • 연율 및 단면수축률 증가
    • 치수 안정성 증가
  ㉡ 풀림의 종류 : 완전풀림, 확산풀림, 응력제거풀림, 중간풀림, 구상화풀림 등
③ **뜨임** : 담금질에 의한 잔류 응력 제거 및 인성을 부여하기 위하여 재가열 후 서랭하는 열처리 방법이다.
  ㉠ 뜨임의 목적
    • 담금질 강의 인성을 부여
    • 내부 응력 제거 및 내마모성 향상
    • 강인성 부여
  ㉡ 뜨임의 종류 : 일반 뜨임, 선택적 뜨임, 다중 뜨임 등
④ **담금질** : 금속을 급랭하여 원자 배열 시간을 막아 강도, 경도를 높이는 열처리 방법이다.
  ㉠ 담금질의 목적 : 마텐자이트 조직을 얻어 경도를 증가시키기 위한 열처리
  ㉡ 담금질의 종류 : 직접 담금질, 시간 담금질, 선택 담금질, 분사 담금질, 프레스 담금질 등

(5) 탄소강 조직의 경도

시멘타이트 → 마텐자이트 → 트루스타이트 → 베이나이트 → 소르바이트 → 펄라이트 → 오스테나이트 → 페라이트

(6) 열처리 조직

① 오스테나이트

　㉠ A_1 변태점 이상에서 안정된 조직으로 상온에서는 불안하다.

　㉡ 탄소를 2% 고용한 조직으로 연신율이 크다.

　㉢ 18-8 스테인리스강을 급랭하면 얻을 수 있는 조직이다.

　㉣ 오스테나이트 안정화 원소로는 Mn, Ni 등이 있다.

② 마텐자이트

　㉠ α 철에 탄소를 과포화 상태로 존재하는 고용체이다.

　㉡ A_1 변태점 이상 가열한 강을 수중 담금질하면 얻어지는 조직으로 열처리 조직 중 가장 경도가 크다.

③ 트루스타이트

　㉠ 마텐자이트보다 냉각속도를 조금 적게 하였을 때 나타나는 조직으로 유랭 시 500℃ 부근에서 생기는 조직이다.

　㉡ 마텐자이트 조직을 300~400℃에서 뜨임할 때 나타나는 조직이다.

④ 소르바이트

　㉠ 트루스타이트보다 냉각속도가 조금 적을 때 나타나는 조직이다.

　㉡ 마텐자이트 조직을 600℃에서 뜨임했을 때 나타나는 조직이다.

　㉢ 강도와 경도는 작으나 인성과 탄성을 지니고 있어서 인성과 탄성이 요구되는 곳에 사용된다.

(7) 항온열처리

① 오스템퍼링 : 베이나이트 생성

　강을 오스테나이트 상태로부터 M_s 이상 S곡선의 코 온도(550℃) 이하인 적당한 온도의 염욕에서 담금질하여 과랭 오스테나이트가 염욕 중에서 항온 변태가 종료할 때까지 항온을 유지하고, 공기 중으로 냉각하여 베이나이트를 얻는 조작이다.

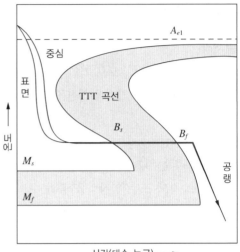

② 마템퍼링 : 마텐자이트 + 베이나이트 생성

　강을 오스테나이트 영역에서 M_s와 M_f 사이에서 항온 변태 처리를 행하며 변태가 거의 종료될 때까지 같은 온도로 유지한 다음 공기 중에서 냉각하여 마텐자이트와 베이나이트의 혼합조직을 얻는 조작이다.

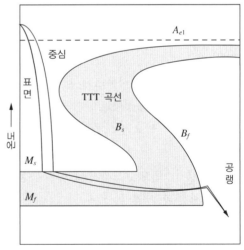

③ 마퀜칭 : 마텐자이트 생성

　오스테나이트 상태로부터 M_s 바로 위 온도의 염욕 중에 담금질하여 강의 내외가 동일한 온도가 되도록 항온을 유지하고, 과랭 오스테나이트가 항온 변태를 일으키기 전에 공기 중에서 Ar″ 변태가 천천히 진행되도록 하여 균열이 일어나지 않는 마텐자이트를 얻는 조작이다.

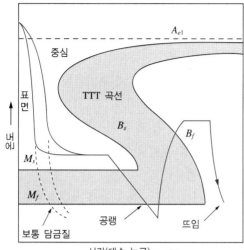

④ M_s 퀜칭 : 마퀜칭과 동일한 방법으로 진행되나 항온 변태가 일어나기 전, M_s~M_f 사이에서 급랭하여 잔류 오스테나이트를 적게 하는 조작이다.

⑤ **오스포밍** : 오스테나이트강을 재결정 온도 이하와 M_s 점 이상의 온도 범위에서, 변태가 일어나기 전에 과랭 오스테나이트 상태에서 소성가공을 한 다음 냉각하여 마텐자이트화하는 열처리 조작으로 인장강도가 높은 고강인성강을 얻는데 사용된다.

(8) 분위기 열처리

열처리 후 산화나 탈탄을 일으키지 않고 열처리 전후의 표면 상태를 그대로 유지시켜 광휘 열처리라고도 한다.

① **보호가스 분위기 열처리** : 특수성분의 가스분위기 속에서 열처리를 하는 것을 지칭한다.

② **분위기 가스의 종류**

성 질	종 류
불활성 가스	아르곤, 헬륨
중성 가스	질소, 건조 수소, 아르곤, 헬륨
산화성 가스	산소, 수증기, 이산화탄소, 공기
환원성 가스	수소, 일산화탄소, 메탄가스, 프로판가스
탈탄성 가스	산화성 가스, DX가스
침탄성 가스	일산화탄소, 메탄(CH_4), 프로판(C_3H_8), 부탄(C_4H_{10})
질화성 가스	암모니아가스

㉠ 발열성 가스 : 메탄, 부탄, 프로판 등 가스에 공기를 가하여 완전연소 또는 부분연소를 시켜 연소열을 이용하여 변형시킬 수 있는 가스이다.

㉡ 흡열형 가스 : 원료인 탄화수소와 공기를 혼합하여 고온의 니켈 촉매에 의해 분해되어 가스를 변성시키며, 가스침탄에 많이 사용한다.

㉢ 암모니아가스 : $2NH_3 \rightarrow N_2 + 3H_2 + 10.95cal$로 분해된다.

㉣ 중성 가스 : 아르곤, 네온 등의 불활성 가스는 철강과 화학반응을 하지 않기 때문에 광휘열처리를 위한 보호가스로 이상적이다.

㉤ 화염커튼 : 분위기로에 열처리품을 장입하거나 꺼낼 때 노 안의 공기가 들어가는 것을 방지하게 위해 가연성 가스를 연소시켜 불꽃의 막을 생성하는 것을 의미한다.

㉥ 그을림(Sooting) : 변성로나 침탄로 등의 침탄성 분위기 가스에서 유리된 탄소가 열처리품, 촉매, 노벽에 부착되는 현상이다.

㉦ 번아웃 : 그을림을 제거하기 위해 정기적으로 공기를 불어 넣어 연소시켜 제거함을 의미한다.

㉧ 노점 : 수분을 함유한 분위기 가스를 냉각시킬 때 이슬이 생기는 점의 온도이다.

(9) 표면경화 열처리

※ 화학적 경화법 : 침탄법, 질화법, 금속침투법

※ 물리적 경화법 : 화염경화법, 고주파경화법, 숏피닝, 방전경화법

① **침탄법** : 강의 표면에 탄소를 확산, 침투한 후 담금질하여 표면을 경화시킴

㉠ 침탄강의 구비조건
  • 저탄소강일 것
  • 고온에서 장시간 가열 시 결정 입자의 성장이 없을 것
  • 주조 시 완전을 기하며 표면의 결함이 없을 것

② 질화법 : 500~600℃의 변태점 이하에서 암모니아 가스를 주로 사용하여 질소를 확산, 침투시켜 표면층을 경화

　㉠ 질화층 생성 금속 : Al, Cr, Ti, V, Mo 등을 함유한 강은 심하게 경화된다.

　㉡ 질화층 방해 금속 : 주철, 탄소강, Ni, Co

　㉢ 질화법의 종류

　　• 가스질화 : 암모니아 가스 중에 질화강을 500~550℃ 약 2시간 가열 암모니아 가스를 주로 사용하여 질소를 확산, 침투시켜 표면층을 경화시킴

　　• 액체질화 : NaCN, KCN의 액체침질용 혼합염을 사용하여 500~600℃로 가열하여 질화시킴

　　• 이온질화(플라스마질화) : 저압의 N 분위기 속에 직류전압을 걸고 글로방전을 일으켜 표면에 음극 스퍼터링을 통해 질화시킴

　　• 연질화 : 암모니아와 이산화가스를 주성분으로 하는 흡열성 변성 가스(RX가스)를 이용하여 짧은 처리시간에 처리하며 경도 증가보다는 내식성·내마멸성 개선을 위해 처리함

③ 금속침투법

　㉠ 제품을 가열한 후 표면에 다른 종류의 금속을 피복시키는 동시에 확산에 의해 합금층을 얻는 방법을 말한다.

　㉡ 종 류

종 류	침투원소	종 류	침투원소
세라다이징	Zn	실리코나이징	Si
칼로라이징	Al	보로나이징	B
크로마이징	Cr	–	–

④ 화염경화법

산소 아세틸렌 화염을 사용하여 강의 표면을 적열 상태가 되게 가열한 후, 냉각수를 뿌려 급랭시키므로 강의 표면층만 경화시키는 열처리 방법이다.

⑤ 고주파경화법

　㉠ 고주파 전류에 의하여 발생한 전자 유도 전류가 피가열체의 표면층만을 급속히 가열 후 물을 분사하여 급랭시킴으로써 표면층을 경화시키는 열처리 방법이다.

　㉡ 경화층이 깊을 경우 저주파, 경화층이 얇은 경우 고주파를 걸어서 열처리한다.

⑥ 금속용사법

강의 표면에 용융 또는 반용융 상태의 미립자를 고속도로 분사시킨다.

⑦ 하드페이싱

금속 표면에 스텔라이트 초경합금 등의 금속을 용착시켜 표면층을 경화하는 방법을 말한다.

⑧ 도금법

제품을 가열하여 그 표면에 다른 종류의 금속을 피복시키는 동시에 확산에 의하여 합금 피복층을 얻는 방법이다.

4-1. 불안정한 마텐자이트 조직에 변태점 이하의 열로 가열하여 인성을 증대시키는 등 기계적 성질의 개선을 목적으로 하는 열처리 방법은?

① 뜨 임
② 불 림
③ 풀 림
④ 담금질

4-2. 강의 표면경화법이 아닌 것은?

① 풀 림
② 금속용사법
③ 금속침투법
④ 하드페이싱

4-3. 냉간압연 후의 풀림(Annealing)의 주목적은?

① 가공하기에 필요한 온도로 올리기 위해서
② 경도를 증가시키기 위해서
③ 냉간압연에서 발생한 응력변형을 제거하기 위해서
④ 냉간압연 후의 표면을 미려하게 하기 위해서

4-4. 베이나이트 조직은 강의 어떤 열처리로 얻어지는가?

① 풀림 처리
② 담금질 처리
③ 표면강화 처리
④ 항온 변태 처리

|해설|

4-1

① 뜨임 : 담금질 이후 A₁ 변태점 이하로 재가열하여 냉각시키는 열처리로 경도는 다소 작아질 수 있으나 인성을 증가시키는 열처리 방법이다.
② 불림 : 강을 오스테나이트 영역으로 가열한 후 공랭하여 균일한 구조 및 강도를 증가시키는 열처리 방법이다.
③ 풀림 : 시편을 오스테나이트와 페라이트보다 40℃ 이상에서 필요시간 동안 가열한 후 서랭하는 열처리 방법이다.
④ 담금질 : 강을 변태점 이상의 고온인 오스테나이트 상태에서 급랭하여 A₁ 변태를 저지하여 경도와 강도를 증가시키는 열처리 방법이다.

4-2

풀림은 경도를 낮추는 열처리 방법이다.

4-3

풀림 : 금속의 연화 혹은 응력 제거를 위해 하는 열처리이며, 가공을 용이하게 하는 열처리 방법이다.

• 풀림의 목적
 - 기계적 성질의 개선
 - 내부 응력 제거 및 편석 제거
 - 강도 및 경도의 감소
 - 연율 및 단면수축률 증가
 - 치수 안정성 증가
• 풀림의 종류 : 완전풀림, 확산풀림, 응력제거풀림, 중간풀림, 구상화풀림 등

4-4

베이나이트 처리 : 등온의 변태 처리

정답 4-1 ① 4-2 ① 4-3 ③ 4-4 ④

핵심이론 05 | 특수강

(1) 특수강

보통강에 하나 또는 2종의 원소를 첨가하여 특수한 성질을 부여한 강

① 특수강의 분류

분 류	강의 종류	용 도
구조용	강인강(Ni강, Mn강, Ni-Cr강, Ni-Cr-Mo강 등)	크랭크축, 기어, 볼트, 피스톤, 스플라인 축 등
	표면경화용 강(침탄강, 질화강)	
공구용	절삭용 강(W강, Cr-W강, 고속도강)	절삭 공구, 프레스 금형, 고속 절삭 공구 등
	다이스강(Cr강, Cr-W강, Cr-W-V강)	
	게이지강(Mn강, Mn-Cr-W강)	
내식·내열용	스테인리스강(Cr강, Ni-Cr강)	칼, 식기, 주방용품, 화학 장치
	내열강(고Cr강, Cr-Ni강, Cr-Mo강)	내연 기관 밸브, 고온 용기
특수 목적용	쾌삭강(Mn-S강, Pb강)	볼트, 너트, 기어 등
	스프링강(Si-Mn강, Si-Cr강, Cr-V강)	코일 스프링, 판 스프링 등
	내마멸강	파쇄기, 레일 등
	영구 자석강(담금질 경화형, 석출 경화형)	항공, 전화 등 계기류
	전기용강(Ni-Cr계, Ni-Cr-Fe계, Fe-Cr-Al계)	고온 전기 저항재 등
	불변강(Ni강, Ni-Cr강)	바이메탈, 시계 진자 등

② 첨가 원소의 영향

㉠ Ni : 내식·내산성 증가

㉡ Mn : 황(S)에 의한 메짐 방지

㉢ Cr : 적은 양에도 경도·강도가 증가하며 내식·내열성이 커짐

㉣ W : 고온강도·경도가 높아지며 탄화물 생성

㉤ Mo : 뜨임메짐을 방지하며 크리프 저항이 좋아짐

㉥ Si : 전자기적 성질을 개선

③ 첨가 원소의 변태점, 경화능에 미치는 영향
  ㉠ 변태 온도를 내리고 속도가 늦어지는 원소 : Ni
  ㉡ 변태 온도가 높아지고 속도가 늦어지는 원소 : Cr, W, Mo
  ㉢ 탄화물을 만드는 것 : Ti, Cr, W, V 등
  ㉣ 페라이트 고용을 강화시키는 것 : Ni, Si 등

(2) 특수강의 종류

① 구조용 특수강 : Ni강, Ni-Cr강, Ni-Cr-Mo강, Mn강 (듀콜강, 해드필드강)
② 내열강 : 페라이트계 내열강, 오스테나이트계 내열강, 테르밋(탄화물, 붕화물, 산화물, 규화물, 질화물)
③ 스테인리스강 : 페라이트계, 마텐자이트계, 오스테나이트계
④ 공구강 : 고속도강(18% W, 4% Cr, 1% V)
⑤ 스텔라이트 : Co-Cr-W-C, 금형 주조에 의해 제작
⑥ 소결 탄화물 : 금속 탄화물을 코발트를 결합제로 소결하는 합금, 비디아, 미디아, 카볼로이, 당갈로이
⑦ 전자기용 : Si강판, 샌더스트(5~15% Si, 3~8% Al), 퍼멀로이(Fe-70~90% Ni) 등
⑧ 쾌삭강 : 황쾌삭강, 납쾌삭강, 흑연쾌삭강
⑨ 게이지강 : 내마모성, 담금질 변형 및 내식성이 우수한 재료
⑩ 불변강 : 인바, 엘린바, 플래티나이트, 코엘린바로 탄성계수가 적을 것

5-1. Ni-Fe계 합금으로서 36% Ni, 12% Cr, 나머지는 Fe로 온도에 따른 탄성률 변화가 거의 없어 고급시계, 압력계, 스프링 저울 등의 부품에 사용되는 것은?

① 인바(Invar)
② 엘린바(Elinvar)
③ 퍼멀로이(Permalloy)
④ 플래티나이트(Platinite)

5-2. 오스테나이트계 스테인리스강이 되기 위해 첨가되는 주원소는?

① 18% 크롬(Cr) - 8% 니켈(Ni)
② 18% 니켈(Ni) - 8% 망간(Mn)
③ 17% 코발트(Co) - 7% 망간(Mn)
④ 17% 몰리브덴(Mo) - 7% 주석(Sn)

5-3. 고 Mn강으로 내마멸성과 내충격성이 우수하고, 특히 인성이 우수하기 때문에 파쇄 장치, 기차 레일, 굴착기 등의 재료로 사용되는 것은?

① 엘린바(Elinvar)
② 디디뮴(Didymium)
③ 스텔라이트(Stellite)
④ 해드필드(Hadfield)강

| 해설 |

5-1
① 인바(Invar) : Ni-Fe계 합금으로 열팽창계수가 작은 불변강
③ 퍼멀로이(Permalloy) : Ni-Fe계 합금으로 투자율이 큰 자심 재료
④ 플래티나이트(Platinite) : Ni-Fe계 합금으로 열팽창계수가 작은 불변강으로 백금 대용으로 사용

5-2
오스테나이트계(크롬·니켈계) 스테인리스강은 18% 크롬(Cr) - 8% 니켈(Ni)의 합금으로, 내식·내산성이 우수하다.

5-3
해드필드(Hadfield)강 또는 오스테나이트 망간(Mn)강
• 0.9~1.4% C, 10~14% Mn 함유
• 내마멸성과 내충격성이 우수
• 열처리 후 서랭하면 결정립계에 M_3C가 석출하여 취약
• 높은 인성을 부여하기 위해 수인법 이용

정답 5-1 ② 5-2 ① 5-3 ④

(1) 주 철

① Fe-C 상태도적으로 봤을 때 2.0~6.67% C가 함유된 합금을 말하며, 2.0~4.3% C를 아공정주철, 4.3% C를 공정주철, 4.3~6.67% C를 과공정주철이라 한다. 주철은 경도가 높고, 취성이 크며, 주조성이 좋은 특성을 가진다.

② 주철의 조직도

　　㉠ 마우러 조직도 : C, Si량과 조직의 관계를 나타낸 조직도

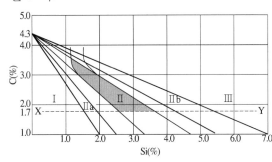

　　• Ⅰ : 백주철(펄라이트 + Fe₃C)

　　• Ⅱa : 반주철(펄라이트 + Fe₃C + 흑연)

　　• Ⅱ : 펄라이트주철(펄라이트 + 흑연)

　　• Ⅱb : 회주철(펄라이트 + 페라이트)

　　• Ⅲ : 페라이트주철(페라이트 + 흑연)

　　㉡ 주철 조직의 상관 관계 : C, Si량 및 냉각 속도

(2) 주철의 성질

① Si와 C가 많을수록 비중과 용융 온도는 저하하며, Si, Ni의 양이 많아질수록 고유 저항은 커지며, 흑연이 많을수록 비중이 작아짐

② 주철의 성장 : 600℃ 이상의 온도에서 가열 및 냉각을 반복하면 주철의 부피가 증가하여 균열이 발생하는 것

　　㉠ 주철의 성장 원인 : 시멘타이트의 흑연화, Si의 산화에 의한 팽창, 균열에 의한 팽창, A₁ 변태에 의한 팽창 등

　　㉡ 주철의 성장 방지책

　　　• Cr, V을 첨가하여 흑연화를 방지

　　　• 구상 조직을 형성하고 탄소량 저하

　　　• Si 대신 Ni로 치환

(3) 주철의 분류

① 파단면에 따른 분류 : 회주철, 반주철, 백주철

② 탄소함량에 따른 분류 : 아공정주철, 공정주철, 과공정주철

③ 일반적인 분류 : 보통주철, 고급주철, 합금주철, 특수주철(가단주철, 칠드주철, 구상흑연주철)

(4) 주철의 종류

① 보통주철 : 편상 흑연 및 페라이트가 다수인 주철로 기계 구조용으로 쓰인다.

② 고급주철 : 인장강도가 높고 미세한 흑연이 균일하게 분포된 주철이다.

③ 가단주철 : 백심가단주철, 흑심가단주철, 펄라이트 가단주철이 있으며, 탈탄, 흑연화, 고강도를 목적으로 사용한다.

④ 칠드주철 : 금형의 표면부위는 급랭하고 내부는 서랭시켜 표면은 경하고 내부는 강인성을 갖는 주철로 내마멸성을 요하는 롤이나 바퀴에 많이 쓰인다.

⑤ 구상흑연주철 : 흑연을 구상화하여 균열을 억제시키고 강도 및 연성을 좋게 한 주철로 시멘타이트형, 펄라이트형, 페라이트형이 있으며, 구상화제로는 Mg, Ca, Ce, Ca-Si, Ni-Mg 등이 있다.

6-1. 구상흑연주철의 물리적·기계적 성질에 대한 설명으로 옳은 것은?

① 회주철에 비하여 온도에 따른 변화가 크다.
② 피로한도는 회주철보다 1.5~2.0배 높다.
③ 감쇄능은 회주철보다 크고 강보다는 작다.
④ C, Si량의 증가로 흑연량은 감소하고 밀도는 커진다.

6-2. 마우러 조직도에 대한 설명으로 옳은 것은?

① 주철에서 C와 P양에 따른 주철의 조직관계를 표시한 것이다.
② 주철에서 C와 Mn양에 따른 주철의 조직관계를 표시한 것이다.
③ 주철에서 C와 Si량에 따른 주철의 조직관계를 표시한 것이다.
④ 주철에서 C와 S양에 따른 주철의 조직관계를 표시한 것이다.

6-3. 다음 중 주철에 관한 설명으로 틀린 것은?

① 비중은 C와 Si 등이 많을수록 작아진다.
② 용융점은 C와 Si 등이 많을수록 낮아진다.
③ 주철을 600℃ 이상의 온도에서 가열 및 냉각을 반복하면 부피가 감소한다.
④ 투자율을 크게 하기 위해서는 화합 탄소를 적게 하고, 유리 탄소를 균일하게 분포시킨다.

|해설|

6-1
구상흑연주철
• 회주철에 비해 온도에 따른 변화가 작음
• 인장강도가 증가하고 피로한도는 회주철보다 1.5~2배 높음
• 회주철에 비해 주조성, 피삭성, 감쇄능, 열전도도가 낮음
• C, Si 증가로 흑연량이 증가함

6-2
마우러 조직도 : 주철에서 C와 Si와의 관계를 나타낸 것이다.

6-3
주철의 성장
주철을 600℃ 이상의 온도에서 가열 및 냉각조작을 반복하면 점차 부피가 커지며 변형되는 현상이다. 성장의 원인은 시멘타이트(Fe_3C)의 흑연화와 규소가 용적이 큰 산화물을 만들기 때문이다.

정답 6-1 ② 6-2 ③ 6-3 ③

핵심이론 07 │ 비철금속재료

(1) 구리 및 구리합금

① 구리의 성질
  ㉠ 면심입방격자
  ㉡ 용융점 : 1,083℃
  ㉢ 비중 : 8.9
  ㉣ 내식성 우수

② 구리합금의 종류
  ㉠ 황 동
    • Cu-Zn의 합금, α상 면심입방격자, β상 체심입방격자
    • 황동의 종류 : 7-3황동(70% Cu-30% Zn), 6-4황동(60% Cu-40% Zn)
  ㉡ 특수황동의 종류
    • 쾌삭황동 : 황동에 1.5~3.0% 납을 첨가하여 절삭성이 좋은 황동
    • 델타메탈 : 6-4황동에 Fe 1~2% 첨가한 강. 강도, 내산성 우수, 선박, 화학기계용에 사용
    • 주석황동 : 황동에 Sn 1% 첨가한 강. 탈아연부식 방지
    • 애드미럴티 : 7-3황동에 Sn 1% 첨가한 강. 전연성 우수, 판, 관, 증발기 등에 사용
    • 네이벌 : 6-4황동에 Sn 1% 첨가한 강. 판, 봉, 파이프 등 사용
    • 니켈황동 : Ni-Zn-Cu 첨가한 강, 양백이라고도 함. 전기 저항체에 주로 사용
  ㉢ 청동 : Cu-Sn의 합금, α, β, γ, δ 등 고용체 존재, 해수에 내식성 우수, 산·알칼리에 약함
  ㉣ 청동합금의 종류
    • 애드미럴티 포금 : 8~10% Sn-1~2% Zn 첨가한 합금
    • 베어링 청동 : 주석청동에 Pb 3% 정도 첨가한 합금. 윤활성 우수

- Al청동 : 8~12% Al 첨가한 합금. 화학공업, 선박, 항공기 등에 사용
- Ni청동 : Cu-Ni-Si합금. 전선 및 스프링재에 사용
- Be청동 : 0.2~2.5% Be 첨가한 합금. 시효경화성이 있으며 내식성·내열성, 피로한도 우수

(2) 알루미늄과 알루미늄합금

① 알루미늄의 성질
  - ㉠ 비중 : 2.7
  - ㉡ 용융점 : 660℃
  - ㉢ 내식성 우수
  - ㉣ 산, 알칼리에 약함

② 알루미늄합금의 종류
  - ㉠ 주조용 알루미늄합금
    - Al-Cu : 주물 재료로 사용하며 고용체의 시효경화가 일어남
    - Al-Si : 실루민, Na을 첨가하여 개량화 처리를 실시
    - Al-Cu-Si : 라우탈, 주조성 및 절삭성이 좋음
  - ㉡ 가공용 알루미늄합금
    - Al-Cu-Mn-Mg : 두랄루민, 시효경화성 합금(용도 : 항공기, 차체 부품)
    - Al-Mn : 알민
    - Al-Mg-Si : 알드레이
    - Al-Mg : 하이드로날륨, 내식성이 우수
  - ㉢ 내열용 알루미늄합금
    - Al-Cu-Ni-Mg : Y합금, 석출 경화용 합금(용도 : 실린더, 피스톤, 실린더 헤드 등)
    - Al-Ni-Mg-Si-Cu : 로엑스, 내열성 및 고온 강도가 큼

(3) 니켈합금

① 니켈합금의 성질
  - ㉠ 면심입방격자에 상온에서 강자성
  - ㉡ 알칼리에 잘 견딤

② 니켈합금의 종류
  - ㉠ Ni-Cu합금
    - 양백(Ni-Zn-Cu) : 장식품, 계측기
    - 콘스탄탄(40% Ni) : 열전쌍
    - 모넬메탈(60% Ni) : 내식·내열용
  - ㉡ Ni-Cr합금
    - 니크롬(Ni-Cr-Fe) : 전열 저항성(1,100℃)
    - 인코넬(Ni-Cr-Fe-Mo) : 고온용 열전쌍, 전열 기부품
    - 알루멜(Ni-Al)-크로멜(Ni-Cr) : 1,200℃ 온도 측정용

7-1

③ 두랄루민은 고강도 알루미늄 합금으로서, 시효경화성이 가장 우수하다.

- 용체화 처리 : 합금 원소를 고용체 용해 온도 이상으로 가열하여 급랭시켜 과포화 고용체로 만들어 상온까지 유지하는 처리로 연화된 이후 시효에 의해 경화된다.
- 시효경화성 : 용체화 처리 후 $100\sim200\,℃$의 온도로 유지하여 상온에서 안정한 상태로 돌아가며 시간이 지나면서 경화가 되는 현상이다.

7-2

① 니켈황동(양은, 양백) : 7-3황동에 7~30% Ni 첨가한 것으로 기계적 성질 및 내식성 우수하여 정밀 저항기에 사용

② 톰백 : Zn을 5~20% 함유한 황동으로, 강도는 낮으나 전연성이 좋고, 색깔이 금색에 가까워 모조금이나 판 및 선 등에 사용

③ 네이벌황동 : 6-4황동에 1% 주석을 첨가한 황동으로 내식성 개선

④ 애드미럴티황동 : 7-3황동에 1% 주석을 첨가한 황동으로 내식성 개선

7-3

④ 베릴륨구리합금 : 구리에 베릴륨 2~3%를 넣어 만든 합금으로 열처리에 의해서 큰 강도를 가지며 내마모성도 우수하여 고급 스프링 재료나 전기 접점, 용접용 전극 또는 플라스틱 제품을 만드는 금형재료로 사용

① 타이타늄구리합금 : Ti과 Cu와의 합금으로 비철합금의 탈산제로 사용

② 규소청동합금 : 4% 이하의 규소를 첨가한 합금으로 내식성과 용접성이 우수하고 열처리 효과가 작으므로 700~750℃에서 풀림하여 사용

③ 망간구리합금 : 망간을 25~30% 함유한 Mn-Cu합금으로 비철합금 특히 황동 혹은 큐폴라 니켈의 탈산을 위하여 사용

정답 7-1 ③ 7-2 ① 7-3 ④

핵심이론 08 | 새로운 금속재료

(1) 금속복합재료

① 섬유강화 금속복합재료

   섬유에 Al, Ti, Mg 등의 합금을 넣어 복합시킨 재료

② 분산강화 금속복합재료

   금속에 $0.01\sim0.1\,\mu m$ 정도의 산화물을 분산시킨 재료

③ 입자강화 금속복합재료

   금속에 $1\sim5\,\mu m$ 비금속 입자를 분산시킨 재료

(2) 클래드 재료

두 종류 이상의 금속 특성을 얻는 재료

(3) 다공질 재료

다공성이 큰 성질을 이용한 재료

(4) 형상기억합금

Ti-Ni이 대표적이며, 힘에 의해 변형되더라도 특정 온도에 올라가면 본래의 모양으로 돌아오는 합금

(5) 제진재료

진동과 소음을 줄여주는 재료

(6) 비정질합금

금속을 용해 후 고속 급랭시켜 원자가 규칙적으로 배열되지 못하고 액체 상태로 응고되어 금속이 되는 것

(7) 자성재료

① 경질자성재료

알니코, 페라이트, 희토류계, 네오디뮴, Fe-Cr-Co계 반경질 자석 등

② 연질자성재료

Si강판, 퍼멀로이, 센더스트, 알펌, 퍼멘듈, 슈퍼멘듈 등

8-1. 철에 Al, Ni, Co를 첨가한 합금으로 잔류 자속밀도가 크고 보자력이 우수한 자성재료는?

① 퍼멀로이
② 센더스트
③ 알니코 자석
④ 페라이트 자석

8-2. 다음 중 비감쇠능이 큰 제진합금으로 가장 우수한 것은?

① 탄소강
② 회주철
③ 고속도강
④ 합금공구강

|해설|

8-1

③ 알니코 자석 : 철-알루미늄-니켈-코발트합금으로 온도 특성이 뛰어난 자석
① 퍼멀로이 : 니켈-철계 합금으로 투자율이 큰 자심재료
② 센더스트 : 철-규소-알루미늄계 합금의 연질자성재료
④ 페라이트 자석 : 철-망간-코발트-니켈합금으로 세라믹 자석이라고도 함

8-2

방진합금(제진합금)

편상흑연주철(회주철)의 경우 편상흑연이 분산되어 진동감쇠에 유리하고 이외에도 코발트-니켈합금 및 망간구리합금도 감쇠능이 우수하다.

정답 8-1 ③ 8-2 ②

핵심이론 01 | 제도의 규격과 통칙

- KS A : 기본
- KS B : 기계
- KS C : 전기전자
- KS D : 금속

① 선의 종류와 용도

용도에 의한 명칭	선의 종류		선의 용도
외형선	굵은 실선	——————	대상물이 보이는 부분의 모양을 표시하는 데 쓰인다.
치수선	가는 실선	——————	치수를 기입하기 위하여 쓰인다.
치수 보조선			치수를 기입하기 위하여 도형으로부터 끌어내는 데 쓰인다.
지시선			기술·기호 등을 표시하기 위하여 끌어들이는 데 쓰인다.
회전 단면선			도형 내에 그 부분의 끊은 곳을 90° 회전하여 표시하는 데 쓰인다.
중심선			도형의 중심선을 간략하게 표시하는 데 쓰인다.
수준면선			수면, 유면 등의 위치를 표시하는 데 쓰인다.
숨은선 (파선)	가는 파선 또는 굵은 파선	— — — —	대상물의 보이지 않는 부분의 모양을 표시하는 데 쓰인다.
중심선	가는 일점쇄선	—·—·—·—	• 도형의 중심을 표현하는 데 쓰인다. • 중심이 이동한 중심궤적을 표시하는 데 쓰인다.
기준선			특히 위치 결정의 근거가 된다는 것을 명시할 때 쓰인다.
피치선			되풀이하는 도형의 피치를 취하는 기준을 표시하는 데 쓰인다.

용도에 의한 명칭	선의 종류		선의 용도
특수 지정선	굵은 일점쇄선	—·—·—	특수한 가공을 하는 부분 등 특별한 요구사항을 적용할 수 있는 범위를 표시
가상선	가는 이점쇄선	—··—··—	• 인접부분을 참고로 표시하는 데 사용한다. • 공구, 지그 등의 위치를 참고로 나타내는 데 사용한다. • 가동부분을 이동 중의 특정한 위치 또는 이동 한계의 위치로 표시하는 데 사용한다. • 가공 전후의 모양을 표시하는 데 사용한다. • 되풀이하는 것을 나타내는 데 사용한다. • 도시된 단면의 앞쪽에 있는 부분을 표시하는 데 사용한다.
무게 중심선			단면의 무게중심을 연결한 선을 표시하는 데 사용한다.
광축선			렌즈를 통과하는 광축을 나타내는 선에 사용한다.
파단선	불규칙한 파형의 가는 실선 또는 지그재그선	〜〜〜	대상물의 일부를 파단한 경계 또는 일부를 떼어낸 경계를 표시하는 데 사용한다.
절단선	가는 일점쇄선으로 끝부분 및 방향이 변하는 부분을 굵게 한 것	⌐_⌐	단면도를 그리는 경우, 그 절단 위치를 대응하는 그림에 표시하는 데 사용한다.
해 칭	가는 실선으로 규칙적으로 줄을 늘어놓은 것	/////////	도형의 한정된 특정부분을 다른 부분과 구별하는 데 사용한다. 예를 들면 단면도의 절단된 부분을 나타낸다.

용도에 의한 명칭	선의 종류	선의 용도
특수한 용도의 선	가는 실선	• 외형선 및 숨은선의 연장을 표시하는 데 사용한다. • 평면이란 것을 나타내는 데 사용한다. • 위치를 명시하는 데 사용한다.
	아주 굵은 실선	얇은 부분의 단선 도시를 명시하는 데 사용한다.

※ 2개 이상의 선이 중복될 때 우선순위
　　외형선 – 숨은선 – 절단선 – 중심선 – 무게중심선 – 치수선

② **척도** : 실제의 대상을 도면상으로 나타낼 때의 배율

　척도 A : B = 도면에서의 크기 : 대상물의 크기

　㉠ 현척 : 실제 사물과 동일한 크기로 그리는 것

　　　예 1 : 1

　㉡ 축척 : 실제 사물보다 작게 그리는 경우

　　　예 1 : 2, 1 : 5, 1 : 10, …

　㉢ 배척 : 실제 사물보다 크게 그리는 경우

　　　예 2 : 1, 5 : 1, 10 : 1, …

　㉣ NS(None Scale) : 비례척이 아님

③ **도면의 크기**

　㉠ A4 용지 : 210×297mm(가로 : 세로 = $1 : \sqrt{2}$)

　㉡ A3 용지 : 297×420mm

　㉢ A2 용지 : 420×594mm

　㉣ A3 용지는 A4 용지의 가로와 세로 치수 중 작은 치수값의 2배로 하고 용지의 크기가 증가할수록 같은 원리로 점차적으로 증가한다.

　㉤ A0 용지 면적 : 1m^2

　㉥ 큰 도면을 접을 때는 A4 용지 사이즈로 한다.

④ **투상법** : 어떤 물체에 광선을 비추어 하나의 평면에 맺히는 형태, 즉 형상, 크기, 위치 등을 일정한 법칙에 따라 표시하는 도법을 투상법이라 한다.

　㉠ 투상도의 종류

　　• 정투상도 : 투상선이 평행하게 물체를 지나 투상면에 수직으로 닿고 투상된 물체는 투상면에 나란하기 때문에 어떤 물체의 형상도 정확하게 표현할 수 있다.

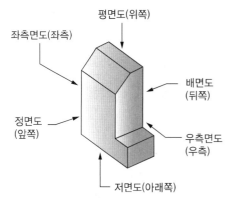

[정투상법의 배치]

투시 방향	명 칭	내 용
앞 쪽	정면도	기본이 되는 가장 주된 면으로, 물체의 앞에서 바라본 모양을 나타낸 도면
위 쪽	평면도	상면도라고도 하며, 물체의 위에서 내려다본 모양을 나타낸 도면
오른쪽	우측 면도	물체의 우측에서 바라본 모양을 나타낸 도면
왼 쪽	좌측 면도	물체의 좌측에서 바라본 모양을 나타낸 도면
아래쪽	저면도	하면도라고도 하며, 물체의 아래쪽에서 바라본 모양을 나타낸 도면
뒤 쪽	배면도	물체의 뒤쪽에서 바라본 모양을 나타낸 도면을 말하며, 사용하는 경우가 극히 적다.

• 등각 투상도 : 정면, 평면, 측면을 하나의 투상면 위에 동시에 볼 수 있도록 두 개의 옆면 모서리가 수평선과 30°가 되게 하여 이 세 축이 120°의 등각이 되도록 입체도로 투상한 것을 의미한다.

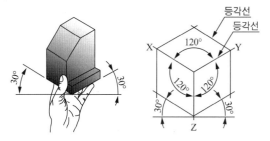

• 사투상도 : 투상선이 투상면을 사선으로 평행하도록 무한대의 수평 시선으로 얻은 물체의 윤곽을 그리게 되면 육면체의 세 모서리는 경사 축이 a각을 이루는 입체도가 되며, 이를 그린 그림을 의미한다. 45°의 경사 축으로 그린 카발리에도,

60°의 경사 축으로 그린 캐비닛도 등이 있다.

ⓛ 1각법과 3각법의 정의

- 제1각법의 원리 : 제1면각 공간 안에 물체를 각각의 면에 수직인 상태로 중앙에 놓고 '보는 위치'에서 물체 뒷면의 투상면에 비춰지도록 하여 처음 본 것을 정면도라 하고, 각 방향으로 돌아가며 비춰진 투상도를 얻는 원리(눈 – 물체 – 투상면)
- 제3각법의 원리 : 제3면각 공간 안에 물체를 각각의 면에 수직인 상태로 중앙에 놓고 '보는 위치'에서 물체 앞면의 투상면에 반사되도록 하여 처음 본 것을 정면도라 하고, 각 방향으로 돌아가며 보아서 반사되도록 하여 투상도를 얻는 원리(눈 – 투상면 – 물체)
- 제1각법과 제3각법 기호

[1각법]　　　　　　　[3각법]

- 1각법과 3각법의 배치도

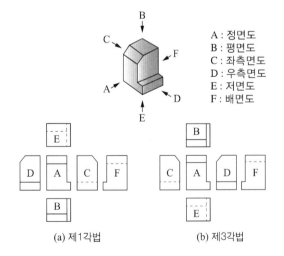

A : 정면도
B : 평면도
C : 좌측면도
D : 우측면도
E : 저면도
F : 배면도

(a) 제1각법　　　　　(b) 제3각법

ⓒ 투상도의 표시방법

- 주투상도 : 대상을 가장 명확히 나타낼 수 있는 면으로 나타낸다.
- 보조 투상도 : 경사부가 있는 물체는 그 경사면의 실제 모양을 표시할 필요가 있을 때 경사면과 평행하게 전체 또는 일부분을 그린다.

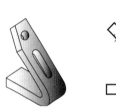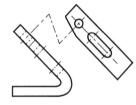

[경사면의 보조 투상도]

- 부분 투상도 : 그림의 일부를 도시하는 것으로도 충분한 경우에는, 필요한 부분만을 투상하여 도시한다.

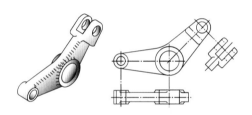

- 국부 투상도 : 대상물의 구멍, 홈 등과 같이 한 부분의 모양을 도시하는 것으로 충분한 경우에는 그 필요한 부분만을 국부 투상도로 도시한다.

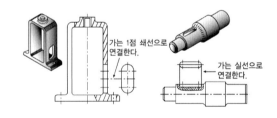

가는 1점 쇄선으로 연결한다.

가는 실선으로 연결한다.

• 회전 투상도 : 대상물의 일부가 어느 각도를 가지고 있기 때문에 그 실제 모양을 나타내기 위해서는 그 부분을 회전해서 실제 모양을 나타낸다. 작도에 사용한 선을 남겨서 잘못 볼 수 있는 우려를 없앤다.

[회전 투상도]

• 부분 확대도 : 특정한 부분의 도형이 작아서 그 부분을 자세하게 나타낼 수 없거나 치수 기입을 할 수 없을 때에는, 가는 실선으로 에워싸고 영자의 대문자로 표시함과 동시에 그 해당 부분의 가까운 곳에 확대도를 같이 나타내고, 확대를 표시하는 문자 기호와 척도를 기입한다.

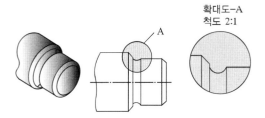

⑤ 단면도 작성

단면도란, 물체 내부의 보이지 않는 부분을 나타낼 때 물체를 절단하여 그 뒤쪽이나 내부 모양을 그리는 것이다.

㉠ 단면도 작성 원칙

• 절단면은 해칭이나 스머징으로 표시한다.
  - 해칭은 45°로 일정한 간격의 가는 실선으로 채워 절단면을 표시한다.
  - 스머징은 색을 칠하여 절단면을 표시한다.

• 서로 떨어진 위치에 나타난 동일 부품의 단면에는 동일한 각도와 간격으로 해칭을 하거나 같은 색으로 스머징을 한다. 또, 인접한 부품의 해칭은 서로 구분할 수 있도록 서로 다른 방향으로 하거나 해칭선의 간격 및 각도를 30°, 60° 또는 임의의 각도로 달리 한다.

• 단면도의 종류
  - 온 단면도 : 제품을 절반으로 절단하여 내부 모습을 도시하며 절단선은 나타내지 않는다.

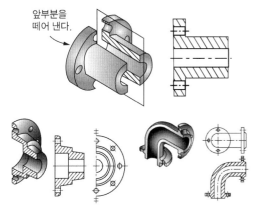

[온 단면도의 원리 및 예시]

  - 한쪽(반) 단면도 : 제품을 1/4 절단하여 내부와 외부를 절반씩 보여 주는 단면도이다.

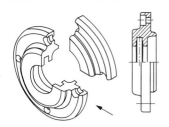

  - 부분 단면도 : 일부분을 잘라 내고 필요한 내부 모양을 그리기 위한 방법이며, 파단선을 그어서 단면 부분의 경계를 표시한다.

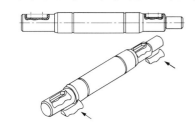

– 회전 도시 단면도 : 핸들, 벨트 풀리, 훅, 축 등의 단면을 표시할 때에는 투상면에 절단한 단면의 모양을 90° 회전하여 안이나 밖에 다음과 같이 그린다.

(a) 투상도의 일부를 잘라 내고 그 안에 그린 회전 단면

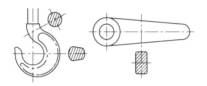

(b) 절단 연장선 위의 회전 단면

(c) 투상도 안의 회전 단면

– 계단 단면도 : 2개 이상의 절단면으로 필요한 부분을 선택하여 단면도로 그린 것으로, 절단 방향을 명확히 하기 위하여 일점쇄선으로 절단선을 표시하여야 한다.

⑥ 단면 표시를 하지 않는 기계요소

단면으로 그릴 때 이해하기 어려운 경우(리브, 바퀴의 암, 기어의 이), 또는 절단을 하더라도 의미가 없는 것(축, 핀, 볼트, 너트, 와셔)은 절단하여 표시하지 않는다.

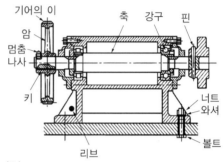

⑦ 치수기입

㉠ 치수보조기호

종 류	기 호	사용법	예
지 름	ϕ(파이)	지름 치수 앞에 쓴다.	ϕ30
반지름	R(아르)	반지름 치수 앞에 쓴다.	R15
정사각형의 변	□(사각)	정사각형 한 변의 치수 앞에 쓴다.	□20
구의 반지름	SR (에스아르)	구의 반지름 치수 앞에 쓴다.	SR40
구의 지름	Sϕ (에스파이)	구의 지름 치수의 앞에 쓴다.	Sϕ20
판의 두께	$t =$(티)	판 두께의 치수의 앞에 쓴다.	$t = 5$
원호의 길이	⌒(원호)	원호의 길이 치수 앞에 붙인다.	⌒10
45° 모따기	C(시)	45° 모따기 치수 앞에 붙인다.	C8
이론적으로 정확한 치수	☐ (테두리)	이론적으로 정확한 치수의 치수 수치에 테두리를 그린다.	20
참고 치수	( ) (괄호)	치수보조기호를 포함한 참고 치수에 괄호를 친다.	(ϕ20)
비례 치수가 아닌 치수	── (밑줄)	비례 치수가 아닌 치수에 밑줄을 친다.	15

ⓛ 치수기입원칙

- 치수는 되도록 주투상도(정면도)에 집중한다.
- 치수는 중복 기입을 피한다.
- 치수는 되도록 계산해서 구할 필요가 없도록 한다.
- 치수는 필요에 따라 기준으로 하는 점, 선 또는 면을 기준으로 하여 기입한다.
- 관련되는 치수는 되도록 한 곳에 모아서 기입한다.
- 치수는 되도록 공정마다 배열을 분리하여 기입한다.
- 치수 중 참고 치수에 대하여는 치수 수치에 괄호를 붙인다.

ⓒ 치수보조선과 치수선의 활용

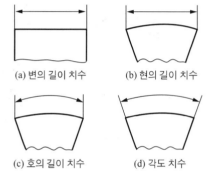

(a) 변의 길이 치수　　(b) 현의 길이 치수

(c) 호의 길이 치수　　(d) 각도 치수

ⓔ 치수기입 방법

- 직렬 치수기입 : 직렬로 나란히 치수를 기입하는 방법

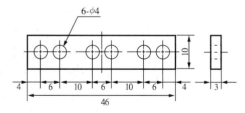

- 병렬 치수기입 : 기준면을 기준으로 나열된 치수를 기입하는 방법

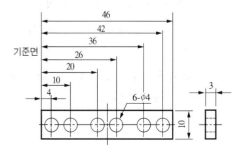

- 누진 치수기입 : 치수의 기점 기호(○)를 기준으로 하여 누적된 치수를 기입할 때 사용됨

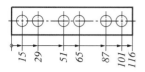

- 좌표 치수기입 : 해당 위치를 좌표상으로 도식화하여 나타내는 방법

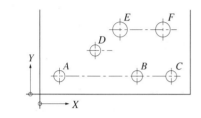

	X	Y	ϕ
A	20	20	14
B	140	20	14
C	200	20	14
D	60	60	14
E	100	90	26
F	180	90	26
G			
H			

⑧ 표면 거칠기와 다듬질 기호

ⓐ 표면 거칠기의 종류

- 중심선 평균 거칠기(R_a) : 중심선 기준으로 위쪽과 아래쪽의 면적의 합을 측정 길이로 나눈 값
- 최대 높이 거칠기(R_y) : 거칠면의 가장 높은 봉우리와 가장 낮은 골 밑의 차잇값으로 거칠기를 계산
- 10점 평균 거칠기(R_z) : 가장 높은 봉우리 5곳과 가장 낮은 골 5번째의 평균값의 차이로 거칠기를 계산
- R_a, R_y, R_z값이 높을수록 거친 표면을 나타내고, 작으면 매끈한 표면을 나타낸다.

ⓛ 면의 지시 기호

[제거가공을 함]   [제거가공을 하지 않음]

- a : R_a(중심선 평균 거칠기)의 값
- b : 가공 방법, 표면처리
- c : 컷오프값, 평가 길이
- d : 줄무늬 방향의 기호
- e : 기계가공 공차
- f : R_a 이외의 파라미터(t_p일 때에는 파라미터/절단 레벨)
- g : 표면파상도

ⓒ 가공 방법의 기호(b 위치에 해당)

가공방법	약 호		가공방법	약 호	
	I	II		I	II
선반가공	L	선 삭	호닝가공	GH	호 닝
드릴가공	D	드릴링	용 접	W	용 접
보링머신 가공	B	보 링	배럴연마 가공	SP BR	배럴 연마
밀링가공	M	밀 링	버프 다듬질	SP BF	버 핑
평삭 (플레이닝) 가공	P	평 삭	블라스트 다듬질	SB	블라 스팅
형삭 (셰이핑) 가공	SH	형 삭	랩 다듬질	FL	래 핑
브로칭 가공	BR	브로칭	줄 다듬질	FF	줄 다듬질
연삭가공	G	연 삭	페이퍼 다듬질	FCA	페이퍼 다듬질
다듬질	F	다듬질	프레스가공	P	프레스
벨트연삭 가공	GBL	벨트 연삭	주 조	C	주 조

ⓓ 줄무늬 방향의 기호(d 위치에 해당)

기 호	뜻	모 양
=	가공으로 생긴 앞줄의 방향이 기호를 기입한 그림의 투상면에 평형	커터의 줄무늬 방향
⊥	가공으로 생긴 앞줄의 방향이 기호를 기입한 그림의 투상면에 직각	커터의 줄무늬 방향
×	가공으로 생긴 선이 2방향으로 교차	커터의 줄무늬 방향
M	가공으로 생긴 선이 다방면으로 교차 또는 방향이 없음	∇/M
C	가공으로 생긴 선이 거의 동심원	∇/C
R	가공으로 생긴 선이 거의 방사상	∇/R

⑨ 치수공차

ⓐ 관련 용어

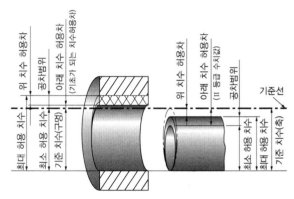

ⓑ $20^{+0.025}_{-0.010}$라고 치수를 나타낼 경우

- 기준치수 : 치수공차에 기준에 되는 치수, 20을 의미함
- 최대 허용치수 : 형체에 허용되는 최대 치수, $20 + 0.025 = 20.025$

- 최소 허용치수 : 형체에 허용되는 최소 치수, 20 − 0.010 = 19.990
- 위 치수 허용차
  - 최대 허용치수와 대응하는 기준치수와의 대수차, 20.025 − 20 = + 0.025
  - 기준치수 뒤에 위쪽에 작은 글씨로 표시되는 값, + 0.025
- 아래 치수 허용차
  - 최소 허용치수와 대응하는 기준치수와의 대수차, 19.990 − 20 = −0.010
  - 기준치수 뒤에 아래쪽에 작은 글씨로 표시되는 값, − 0.010
- 치수공차
  - 최대 허용치수와 최소 허용치수와의 차, 20.025 − 19.990 = 0.035
  - 위 치수 허용차와 아래 치수 허용차와의 차, 0.025 − (−0.010) = 0.035

ⓛ 틈새와 죔새 : 구멍, 축의 조립 전 치수의 차이에서 생기는 관계

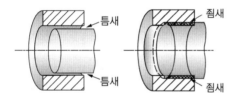

- 틈새 : 구멍의 치수가 축의 치수보다 클 때, 여유적인 공간이 발생
- 죔새 : 구멍의 치수가 축의 치수보다 작을 때의 강제적으로 결합시켜야 할 때

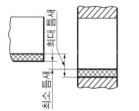
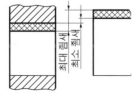

- 최소 틈새
  - 틈새가 발생하는 상황에서 구멍의 최소 허용치수와 축의 최대 허용치수의 차이
  - 구멍의 아래 치수 허용차와 축의 위 치수 허용차와의 차
- 최대 틈새
  - 틈새가 발생하는 상황에서 구멍의 최대 허용치수와 축의 최소 허용치수와의 차
  - 구멍의 위 치수 허용차와 축의 아래 치수 허용차와의 차
- 최소 죔새 : 죔새가 발생하는 상황에서 조립 전의 구멍의 최대 허용치수와 축의 최소 허용치수와의 차
- 최대 죔새
  - 죔새가 발생하는 상황에서 구멍의 최소 허용치수와 축의 최대 허용치수와의 차
  - 구멍의 아래 치수 허용차와 축의 위 치수 허용차와의 차

ⓒ 끼워맞춤
- 헐거운 끼워맞춤 : 항상 틈새가 생기는 상태로 구멍의 최소 치수가 축의 최대 치수보다 큰 경우

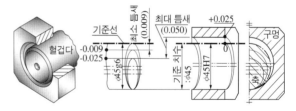

- 억지 끼워맞춤 : 항상 죔새가 생기는 상태로 구멍의 최대 치수가 축의 최소 치수보다 작은 경우

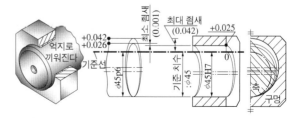

- 중간 끼워맞춤 : 상황에 따라서 틈새와 죔새가 발생할 수 있는 경우

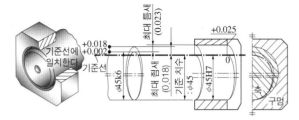

- IT기본 공차
  - 기준치수가 크면 공차를 크게 적용, 정밀도는 기준치수와 비율로 표시하여 나타내는 것, IT 01에서 IT 18까지 20등급으로 나눔
  - IT 01~IT 4는 주로 게이지류, IT 5~IT 10은 끼워맞춤 부분, IT 11~IT 18은 끼워맞춤 이외의 공차에 적용

ⓒ 기하공차

적용하는 형체	기하편차(공차)의 종류		기 호
단독형체	모양공차	진직도(공차)	—
		평면도(공차)	▱
		진원도(공차)	○
		원통도(공차)	⌭
단독형체 또는 관련 형체		선의 윤곽도(공차)	⌒
		면의 윤곽도(공차)	⌓
관련 형체	자세공차	평행도(공차)	∥
		직각도(공차)	⊥
		경사도(공차)	∠
	위치공차	위치도(공차)	⊕
		동축도(공차) 또는 동심도(공차)	◎
		대칭도(공차)	⩵
	흔들림공차	원주흔들림 (공차)	↗
		온흔들림 (공차)	↗↗

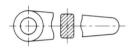

1-3

표면 거칠기의 종류

- 중심선 평균 거칠기(R_a) : 중심선 기준으로 위쪽과 아래쪽의 면적의 합을 측정길이로 나눈 값
- 최대 높이 거칠기(R_y) : 거칠면의 가장 높은 봉우리와 가장 낮은 골 밑의 차잇값으로 거칠기를 계산
- 10점 평균 거칠기(R_z) : 가장 높은 봉우리 5곳과 가장 낮은 골 5번째의 평균값의 차이로 거칠기를 계산

1-4

치수기입원칙

- 치수는 되도록 주투상도(정면도)에 집중한다.
- 치수는 중복 기입을 피한다.
- 치수는 되도록 계산해서 구할 필요가 없도록 한다.
- 치수는 필요에 따라 기준으로 하는 점, 선 또는 면을 기준으로 하여 기입한다.
- 관련되는 치수는 되도록 한곳에 모아서 기입한다.
- 치수는 되도록 공정마다 배열을 분리하여 기입한다.
- 치수 중 참고 치수에 대하여는 치수 수치에 괄호를 붙인다.

정답 1-1 ④ 1-2 ④ 1-3 ③ 1-4 ④

핵심이론 02 | **도면그리기**

① 스케치 방법

㉠ 프리핸드법 : 자유롭게 손으로 그리는 스케치 기법으로 모눈종이를 사용하면 편하다.

㉡ 프린트법 : 광명단 등을 발라 스케치 용지에 찍어 그 면의 실형을 얻거나 면에 용지를 대고 연필 등으로 문질러서 도형을 얻는 방법

㉢ 본뜨기법 : 불규칙한 곡선 부분이 있는 부품은 납선, 구리선 등을 부품의 윤곽에 따라 굽혀서 그 선의 윤곽을 지면에 대고 본뜨거나 부품을 직접 용지 위에 놓고 본뜨는 기법

㉣ 사진 촬영법 : 복잡한 기계의 조립 상태나 부품을 여러 방향에서 사진을 찍어 두어서 제도 및 도면에 활용한다.

② 기계요소 제도

㉠ 나사의 제도

- 나사의 기호

구 분		나사의 종류		나사의 종류를 표시하는 기호
일반용	ISO 표준에 있는 것	미터보통나사		M
		미터가는나사		
		미니추어 나사		S
		유니파이보통나사		UNC
		유니파이가는나사		UNF
		미터사다리꼴나사		Tr
		관용테이퍼나사	테이퍼 수나사	R
			테이퍼 암나사	Rc
			평행암나사	Rp
	ISO 표준에 없는 것	관용평행나사		G
		30°사다리꼴나사		TM
		29°사다리꼴나사		TW
		관용테이퍼나사	테이퍼나사	PT
			평행암나사	PS
		관용평행나사		PF

- 나사의 종류
  - 결합용 나사
    - ⓐ 미터나사 : 나사산 각이 60°인 삼각나사이며, 미터계 나사로 가장 많이 사용하고 있다.
    - ⓑ 유니파이나사 : 나사산 각이 60°이며, ABC 나사라고 하며 인치계를 사용한다.
    - ⓒ 관용나사 : 나사산 각이 55°이며, 나사의 생성으로 인한 파이프 강도를 작게 하기 위해 나사산의 높이를 작게 하기 위해 사용된다.
  - 운동용 나사
    - ⓐ 사각나사 : 나사산이 사각형 모양으로 효율은 좋으나 가공이 어려운 단점이 있으며, 나사잭, 나사프레스, 선반의 이송나사 등으로 사용된다.
    - ⓑ 사다리꼴나사 : 애크미나사라고 하며 사각나사의 가공이 어려운 단점을 보안하며, 공작기계의 이송나사로 사용된다.
    - ⓒ 톱니나사 : 하중의 작용방향이 항상 일정한 압착기 바이스 등과 같은 곳에 사용한다.
    - ⓓ 둥근나사 : 먼지 모래, 녹가루 등이 들어갈 염려가 있는 곳에 사용한다.
    - ⓔ 볼나사
- 나사의 요소

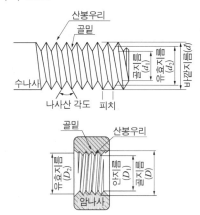

  - 나사의 피치 : 나사산과 나사산 사이의 거리
  - 나사의 리드 : 나사를 360° 회전시켰을 때 상하방향으로 이동한 거리

  $$L(\text{리드}) = n(\text{줄수}) \times P(\text{피치})$$

- 나사의 도시방법

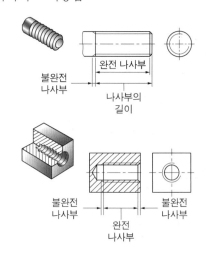

  - 수나사의 바깥지름과 암나사의 안지름을 표시하는 선은 굵은 실선으로 그린다.
  - 수나사 · 암나사의 골을 표시하는 선은 가는 실선으로 그린다.
  - 완전 나사부와 불완전 나사부의 경계선은 굵은 실선으로 그린다.
  - 불완전 나사부의 골을 나타내는 선은 축선에 대하여 30°의 가는 실선으로 그리고 필요에 따라 불완전 나사부의 길이를 기입한다.
  - 암나사의 단면 도시에서 드릴 구멍이 나타날 때에는 굵은 실선으로 120°가 되게 그린다.
  - 수나사와 암나사의 결합부의 단면은 수나사로 나타낸다.
  - 수나사와 암나사의 측면 도시에서 각각의 골지름은 가는 실선으로 약 3/4 원으로 그린다.
- 나사의 호칭 방법

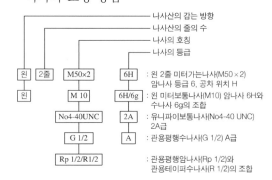

ⓛ 키 : 회전축에 벨트 풀리 기어 등을 고정하여 회전력을 전달할 때 쓰인다.
- 묻힘키(성크키) : 보스와 축에 키 홈을 파고 키를 견고하게 끼워 회전력을 전달한다.
- 안장키 : 키를 축과 같이 동일한 오목한 원형 모양 가공하고 축에는 가공하지 않는다.
- 평키 : 축의 상면을 평평하게 깎아서 올린 키이다.
- 반달키 : 반달 모양의 키로 테이퍼 축의 작은 하중에 사용된다.
- 접선키 : 120°로 벌어진 2개의 키를 기울여 삽입하여 큰 동력을 전달할 때 사용한다.
- 원뿔키 : 보스를 축의 임의의 위치에 헐거움 없이 고정하는 것이 가능하며, 편심이 없다.
- 스플라인 : 축에 원주방향으로 같은 간격으로 여러 개의 키 홈을 가공한 것으로 큰 동력을 전달한다.
- 세레이션 : 축과 보스에 삼각형 모양의 작은 홈을 원형을 따라 가공한 후 결합시켜 큰 동력을 전달한다.
※ 전달 동력의 크기 : 세레이션 > 스플라인 > 접선키 > 반달키 > 평키 > 안장키

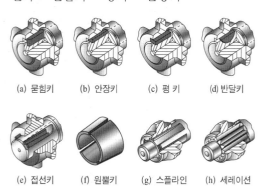

(a) 묻힘키　(b) 안장키　(c) 평 키　(d) 반달키

(e) 접선키　(f) 원뿔키　(g) 스플라인　(h) 세레이션

ⓒ 핀 : 하중에 작을 때 간단한 설치로 고정할 때 사용된다.
- 종 류
  - 테이퍼핀 : 일반적으로 1/50의 테이퍼 값을 사용하고 호칭지름은 작은 쪽의 지름으로 한다.
  - 평행핀 : 기계부품의 조립 시 안내하는 역할로 위치결정에 사용된다.

- 분할핀 : 두 갈래로 나눠지며 너트의 풀림방지용으로 사용되며 호칭지름은 핀 구멍의 지름으로 한다.
- 스프링핀 : 얇은 판을 원통형으로 말아서 만든 평행핀의 일종이다. 억지끼움을 했을 때 핀의 복원력으로 구멍에 정확히 밀착되는 특성이 있다.

ⓓ 기 어
- 두 축이 평행할 때의 기어

(a) 스퍼(평)기어　(b) 헬리컬기어　(c) 이중헬리컬기어

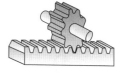

(d) 랙과 작은 기어　(e) 안기어와 바깥기어

- 두 축이 교차할 때의 기어

(a) 스퍼(직선) 베벨
기어　(b) 헬리컬 베벨
기어　(c) 스파이럴 베벨
기어

(d) 제롤 베벨
기어　(e) 크라운기어　(f) 앵귤러 베벨
기어

- 두 축이 어긋난 경우의 기어

원통웜　장고형 웜

(a) 나사(스크루)
기어　(b) 원통웜기어　(c) 장고형 웜기어

(d) 하이포이드기어　(e) 헬리컬크라운기어

• 기어의 각부 명칭

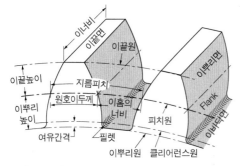

- 이끝높이 = 모듈(m)
- 이뿌리높이 = $1.25 \times$ 모듈(m)
- 이높이 = $2.25 \times$ 모듈(m)
- 피치원 지름 = 모듈(m) × 잇수

• 기어의 제도

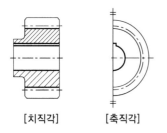

[치직각]　　[축직각]

- 이끝원은 굵은 실선으로 그리고 피치원은 가
  는 일점쇄선으로 그린다.
- 이뿌리원은 축에 직각방향으로 도시할 때는
  가는 실선으로, 치에 직각방향으로 도시할 때
  는 굵은 실선으로 그린다.
- 맞물리는 한 쌍 기어의 도시에서 맞물림부의
  이끝원은 모두 굵은 실선으로 그린다.
- 기어의 제작상 필요한 중요한 치형, 압력각,
  모듈, 피치원 지름 등은 요목표를 만들어서
  정리한다.

㉤ 스프링
• 코일스프링의 제도
  - 스프링은 원칙적으로 무하중인 상태로 그린
    다. 만약, 하중이 걸린 상태에서 그릴 때에는
    선도 또는 그때의 치수와 하중을 기입한다.

- 하중과 높이(또는 길이) 또는 처짐과의 관계
  를 표시할 필요가 있을 때에는 선도 또는 항
  목표에 나타낸다.
- 특별한 단서가 없는 한 모두 오른쪽 감기로
  도시하고, 왼쪽 감기로 도시할 때에는 '감긴
  방향 왼쪽'이라고 표시한다.
- 코일 부분의 중간 부분을 생략할 때에는 생략
  한 부분을 가는 일점쇄선으로 표시하거나 또
  는 가는 이점쇄선으로 표시해도 좋다.
- 스프링의 종류와 모양만을 도시할 때에는 재
  료의 중심선만을 굵은 실선으로 그린다.
- 조립도나 설명도 등에서 코일스프링은 그 단
  면만으로 표시하여도 좋다.

㉥ 베어링
• 베어링 표시 방법 : 구름베어링의 호칭번호는 베
  어링의 형식, 주요치수와 그 밖의 사항을 표시하
  며, 기본번호와 보조기호로 구성되고 다음 표와
  같이 나타내며 호칭번호는 숫자·글자로 각각 숫
  자와 영문자의 대문자를 써서 나타낸다.

기본번호			보조기호					
베어링계열기호	안지름번호	접촉각기호	내부치수	밀봉기호 또는 실드기호	궤도륜 모양기호	조합기호	내부틈새 기호	정밀도 등급기호

※ 6308 Z NR의 표시 예
• 63 : 베어링 계열기호
  - 단열 깊은 홈 볼베어링 6
  - 치수 계열 03(너비 계열 0, 지름 계열 3)
• 08 : 안지름 번호(호칭 베어링 안지름 $8 \times 5 = 40$mm)
• Z : 실드 기호(한쪽 실드)
• NR : 궤도륜 모양기호(멈춤링 붙이)

- 베어링 안지름
  - 베어링 안지름 번호가 한 자리일 경우에 한 자리가 그대로 안지름이 됨
    예 638 안지름 8mm
  - 베어링 안지름 번호가 '/숫자 두 자리'로 표시될 경우 '/두 자리'가 안지름
    예 63/28 안지름 28mm
  - 베어링 안지름 번호 두 자리가 00, 01, 02, 03일 경우 10, 12, 15, 17mm가 되고 04부터 ×5를 하여 안지름을 계산한다.

※ 금속재료의 호칭
- 재료를 표시하는 경우 대개 3단계 문자로 표시
  - 첫 번째 재질의 성분을 표시하는 기호
  - 두 번째 제품의 규격을 표시하는 기호로 제품의 형상 및 용도를 표시
  - 세 번째 재료의 최저인장강도 또는 재질의 종류기호를 표시
- 강종 뒤에 숫자 세 자리 최저인장강도 N/mm^2
- 강종 뒤에 숫자 두 자리 + C 탄소함유량
  예 금속재료의 약호
  - GC100 : 회주철
  - SS400 : 일반구조용 압연강재
  - SF340 : 탄소 단강품
  - SC360 : 탄소 주강품
  - SM45C : 기계구조용 탄소강
  - STC3 : 탄소공구강

2-1. 다음 중 나사의 리드(Lead)를 구하는 식으로 옳은 것은?
(단, 줄수 : n, 피치 : P)

① $L = \dfrac{n}{P}$

② $L = n \times P$

③ $L = \dfrac{P}{n}$

④ $L = \dfrac{n \times P}{2}$

2-2. 기어제도에서 피치원을 나타내는 선은?

① 굵은 실선
② 가는 일점쇄선
③ 가는 이점쇄선
④ 은 선

2-3. 나사의 종류 중 미터사다리꼴나사를 나타내는 기호는?

① Tr
② PT
③ UNC
④ UNF

2-4. 나사의 일반 도시에서 수나사의 바깥지름과 암나사의 안지름을 나타내는 선은?

① 가는 실선
② 굵은 실선
③ 일점쇄선
④ 이점쇄선

|해설|

2-1
- 나사의 피치 : 나사산과 나사산 사이의 거리
- 나사의 리드 : 나사를 360° 회전시켰을 때 상하방향으로 이동한 거리
  L(리드) = n(줄수)×P(피치)

2-2
기어의 제도
이끝원은 굵은 실선으로 그리고 피치원은 가는 일점쇄선으로 그린다.

2-3

기계요소 제도의 나사의 기호

구 분		나사의 종류		나사의 종류를 표시하는 기호
일반용	ISO 표준에 있는 것	미터보통나사		M
		미터가는나사		
		미니추어 나사		S
		유니파이보통나사		UNC
		유니파이가는나사		UNF
		미터사다리꼴나사		Tr
		관용테이퍼 나사	테이퍼 수나사	R
			테이퍼 암나사	Rc
			평행암나사	Rp
	ISO 표준에 없는 것	관용평행나사		G
		30°사다리꼴나사		TM
		29°사다리꼴나사		TW
		관용테이퍼 나사	테이퍼나사	PT
			평행암나사	PS
		관용평행나사		PF

2-4

나사의 도시 방법

• 수나사의 바깥지름과 암나사의 안지름을 표시하는 선은 굵은 실선으로 그린다.
• 수나사·암나사의 골을 표시하는 선은 가는 실선으로 그린다.
• 완전 나사부와 불완전 나사부의 경계선은 굵은 실선으로 그린다.
• 불완전 나사부의 골을 나타내는 선은 축선에 대하여 30°의 가는 실선으로 그리고 필요에 따라 불완전 나사부의 길이를 기입한다.
• 암나사의 단면 도시에서 드릴 구멍이 나타날 때에는 굵은 실선으로 120°가 되게 그린다.
• 수나사와 암나사의 결합부의 단면은 수나사로 나타낸다.
• 수나사와 암나사의 측면 도시에서 각각의 골지름은 가는 실선으로 약 3/4 원으로 그린다.

정답 2-1 ② 2-2 ② 2-3 ① 2-4 ②

CHAPTER 03 제선법

핵심이론 01 | 제선 연·원료 선별하기

1. 철강 제조 공정의 개요

(1) 철강 제조 공정

① 제선 공정 : 용광로에 철광석, 코크스 및 석회석 등을 장입하여 코크스의 연소열에 의하여 철광석을 용해하고 환원하여 선철을 만드는 과정

② 제강 공정 : 전로, 전기로 등에서 탄소 함유량이 2% 이하인 강을 제조하는 작업으로, 강의 기계적 성질을 악화시키는 불순한 원소 제거 및 합금원소를 첨가한 후 강을 만드는 과정

③ 압연 공정 : 제강 공정에서 생산된 철강 반제품을 두 개의 롤 사이로 통과시켜 여러 가지 판재, 형재, 관재 등의 압연재(제품)를 만드는 과정

(2) 제철 공정별 장단점 비교

구 분	선강 일관 공정	전기로제강 공정
장 점	• 우수한 열효율(용선 사용, COG, BFG, LDG 활용) • 생산비 저렴(높은 생산능률, 수송비 절약) • 전 공정의 총괄 제어 가능	• 소규모(Mini-mill) 공장 운영 가능 • 다품종 소량생산 가능 • 생산의 유연성 우수
단 점	• 높은 설비 투자비 • 고급 원료탄 사용 • 생산의 유연성 미흡	• 상대적으로 높은 생산원가 • 고철 가격변동에 민감 • 원료(고철)의 성분 및 품질 불균질

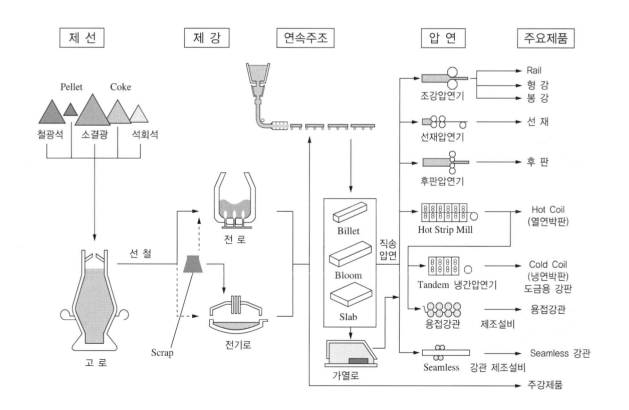

2. 제선 연·원료 선별하기

(1) 제선 연·원료의 개요

① 광석 : 경제적 이윤을 고려하여 채광하는 광물 또는 광물의 집합체

② 제선 원료 : 선철 제조에 필요한 철광석, 코크스, 석회석, 기타 원료를 용광로에 장입할 수 있도록 사전 처리 과정을 거친 것

③ 고로 장입 주원료 : 철광석, 코크스, 석회석

④ 부원료의 종류 및 용도

종 류	용 도
석회석	슬래그 조재제, 탈황 작용
망간 광석	탈황, 강재의 인성 향상
규 석	슬래그 성분 조정
백운석	슬래그 성분 조정
사문암	MgO 함유, 슬래그 성분 조정, 노저 보호

(2) 주원료

① 철광석의 종류

종 류	Fe 함유량	특 징
적철광(Fe_2O_3), Hematite	45~65%	• 자원이 풍부하고 환원 능이 우수 • 붉은색을 띠는 적갈색 • 피환원성이 가장 우수
자철광(Fe_3O_4), Magnetite	50~70%	• 불순물이 많음 • 조직이 치밀하며, 강자성체 • 배소 처리 시 균열 발생하는 경향 • 소결용 펠릿 원료로 사용
갈철광($Fe_2O_3 \cdot nH_2O$), Limonite	35~55%	• 다량의 수분 함유 • 배소 시 다공질의 Fe_2O_3가 됨
능철광($FeCO_3$), Siderite	30~40%	• 소결 원료로 주로 사용 • 배소 시 이산화탄소(CO_2)를 방출하고 철의 성분이 높아짐

② 철광석의 구비 조건

㉠ 철 함유량 : 철분이 많을수록 좋으며 맥석 중 산화칼슘, 산화망간의 경우 조재제와 탈황 역할을 함

㉡ 피환원성 : 기공률이 클수록, 입도가 작을수록, 산화도가 높을수록 좋음

㉢ 유해성분 : 황(S), 인(P), 구리(Cu), 비소(As) 등이 적을 것

㉣ 적당한 강도와 크기 : 고열, 고압에 잘 견딜 수 있으며 노 내 통기성, 피환원성을 고려하여 적당한 크기를 가질 것

㉤ 가채광량, 균일한 품질 및 성분 : 매장량이 풍부하고 성분이 균일할수록 구입비용이 절감되고 사전 처리를 줄일 수 있음

㉥ 맥석의 함량이 적을 것 : 맥석 중에 SiO_2, Al_2O_3 등은 조재제와 연료 사용량 증가 및 슬래그양의 증가도 가져오므로 적을수록 좋음

③ 코크스

㉠ 코크스의 역할
- 바람구멍 앞에서 연소하여 필요한 열량을 공급
- 고체 탄소로 철 성분을 직접 환원
- 일부 선철 중에 용해되어 선철 중 탄소함량을 높임
- 고로 안의 통기성을 좋게 하는 통로 역할
- 철의 용융점을 낮추는 역할

㉡ 코크스의 성질
- 견고해야 하며 운반 및 취급 중에 고로 안에서 분쇄되지 않아야 함
- 다공질로 표면적이 크고 바람구멍부에서 거의 전부가 급속 연소되어야 함
- 입도가 적당하고 그 밖의 성질이 모두 균일할 것
- 인, 황 등의 유해성분이 적을 것

㉢ 코크스의 품질
- 코크스 품질을 좌우하는 성질 : 강도, 회분, 황, 입도, 반응성 등

- 강도 : 코크스 분쇄 시 통풍이 나빠지므로 회전시험, 낙하시험 등을 진행하여 사전 품질을 확인
- 황 : 취성을 일으키므로 코크스 중 0.8% 이하로 함량 관리
- 반응성 : $C + CO_2 \rightarrow 2CO$로 탄소 용해(용해 손실)가 일어나며, 코크스 반응성이라고 한다. 흡열 반응으로 반응성이 낮은 것이 좋다.
  - 반응성 지수 $R = CO / CO + CO_2$

(3) 부원료

① 용제(Flux)

  ㉠ 용제 : 슬래그의 생성과 용선, 슬래그의 분리를 용이하게 하고, 불순물의 제거를 돕는 역할

  ㉡ 용제의 구비 조건
  - 용융점이 낮을 것
  - 유해성분이 적을 것
  - 조금속과 비중 차가 클 것
  - 불순물의 용해도가 클 것

  ㉢ 용제의 분류
  - 산성 용제 : 규석, 규암, 모래 등
  - 염기성 용제 : 석회석, 백운석, 망간광석, 감람석, 사문암
  - 중성 용제 : 형석

② 석회석($CaCO_3$)

  ㉠ CaO 60%와 불순물인 SiO_2, Al_2O_3, MgO 등이 함유되어 있음

  ㉡ 석회석의 용도 : 슬래그 염기도 조정, 슬래그의 유동성 향상 및 탈황, 탈인

  ㉢ 코크스가 연소하며 발생하는 열에 의해 산화칼슘(생석회, CaO)과 이산화탄소(CO_2)로 분해되며, 산화칼슘은 SiO_2와 반응하여 규산염 슬래그를 형성

③ 생석회(산화칼슘, CaO)

  ㉠ 석회석을 950℃ 이상 하소하여 제조한 것으로 염기성로에서 사용

  ㉡ 소성 후 대기 중 수분을 흡수하므로 관리가 필요

  ㉢ 이산화규소 및 황이 적은 것이 좋음

④ 형석(CaF_2)

  ㉠ 담녹색의 중성으로 불순물은 $CaCO_3$, SiO_2, Fe_2O_3, S 등을 함유

  ㉡ 염기성 강재 중 CaO와 SiO_2의 결합을 용이하게 함

  ㉢ 용융점을 저하시키며, 유동성을 좋게 하고 탈황 효과가 있음

  ㉣ 고가이며, 노 내벽을 침식시키므로 소량 사용

⑤ 백운석(Dolomite)

  ㉠ $CaCO_3 \cdot MgCO_3$ 주성분으로 장입 시 슬래그의 유동성을 활발하게 함

  ㉡ 탈황 및 탈산 역할

  ㉢ MgO의 공급원이며, 연와 클링커(Clinker)로 사용
  ※ 클링커(Clinker) : 용융 상태에서 굳어진 생성물

  ㉣ 고품위강 제조 시 사용

⑥ 망간 광석(Manganese Ore)

  ㉠ 선철, 용강, 슬래그 등에서 슬래그 유동성 향상

  ㉡ 탈황 및 탈산 역할

⑦ 감람암((Mg·Fe)O·$2SiO_2$) 및 사문암($3MgO \cdot 2SiO_2 \cdot 2H_2O$) : 고로의 MgO 공급원으로 슬래그(Slag) 유동성 개선 및 탈황용으로 사용

(4) 잡원료

① 사 철

  ㉠ 사층 중 사상 혹은 사암상을 이루는 함철 광물의 총칭

  ㉡ 슬래그 점성을 높이며, 출선 시 유선 현상을 일으킴

② 밀 스케일(Mill Scale)

  ㉠ 압연 공정에서 발생하는 산화철 표피

  ㉡ 강의 산화로 생긴 것으로 화학적 불순물이 적고 T·Fe, FeO 비율이 높음

③ 고로 분진(고로 Dust)
  ㉠ 고로 분진으로 분광, 분코크스, 분석회석이 가스에 포함되어 배출된 것
  ㉡ 건식 제진기에서 걸러진 건Dust를 고로 Dust라 하며, 광석, 코크스 등 미분을 함유
④ 황산소광
  ㉠ 황화정광을 배소한 소광으로, 철분 50~60%, 구리 0.2~0.5%를 함유한 것
  ㉡ 소결광에 배합하여 사용하지만, 황(S), 구리(Cu)를 제거한 후 사용
⑤ 전로 분진(전로 Dust) : 제강 공정에서 나온 배기가스 중 포집된 미립 산화철분

(5) 제선 연료

① 석탄의 생성
  땅속에 매몰되어 생물, 물리화학적 반응에 의해 변질되어 생성된 가연성 화석상 물질이며, 지각변동 → 퇴적작용 → 탄화작용 → 산소감소 → 탄소농축의 과정을 거쳐 석탄으로 탄생
② 석탄의 분류

이탄 (Peat)		역청탄 (Bituminous Coal)	
아탄 (Lignite)		무연탄 (Anthracite)	
갈탄 (Brown Coal)			

  ㉠ 이탄(Peat) : 식물질의 주성분인 리그닌, 셀룰로스 등 석탄이 되지 못한 초기 단계 상태
  ㉡ 아탄(Lignite) : 유연탄의 일종으로 탄화도가 낮은 저품위 갈탄의 일종
  ㉢ 갈탄(Brown Coal) : 유연탄의 일종으로, 고정탄소 함량이 적으며, 가연 연료 또는 기타 연료로 사용
  ㉣ 역청탄(Bituminous Coal) : 유리광택이 있는 석탄으로, 특유한 악취가 나고, 탄소 함유량이 80~90%로 제철용 코크스, 도시가스에 이용
  ㉤ 무연탄(Anthracite) : 탄화가 가장 잘되는 것으로, 고정탄소 함유량이 85~95%로 화력이 강하며, 일정한 온도로 유지가 가능하고, 연기를 내지 않고 연소하는 석탄
③ 석탄의 이용
  ㉠ 기 체
    • 건류 가스 : 석탄을 건류함으로 얻어지는 코크스로 가스(COG ; Coke Oven Gas)
    • 가스화 : 발생로가스, 수성가스, 증열수성가스, 혼성가스 등. 이후 석유계 가스로 변화
  ㉡ 고 체
    • 건류 코크스 : 석탄을 고온 건류하여 코크스, 가스 및 타르를 생산
    • 활성탄 : 목탄(숯)으로 탈색, 탈가스 등 흡착 작용을 이용한 공업제 제조
    • 탄소제 : 탄소를 포함하는 공업제 제조에 이용
  ㉢ 액 체
    • 건류 타르 : 고로용 연료와 알루미늄 제련용 전극, 제트연료용으로 사용
    • 수소화 : 석탄을 액체화 후 액체 연료, 화학 원료로 사용
    • 할로겐화 및 용제 처리 : 특수 윤활유, 유기 플루오린(불소) 화합물 등에 사용
④ 석탄의 건류
  ㉠ 건류 : 석탄을 공기와 차단하여 1,000℃ 내외로 가열, 분해하여 가스와 코크스를 얻는 조작
  ㉡ 원료탄 : 석탄을 고온 건류 시 서로 점결하여 괴상의 코크스가 되는 성질을 점결성이라 하며, 이러한 점결성을 가진 석탄
⑤ 석탄의 특성을 결정하는 물리·화학적 시험
  ㉠ 입도 분석 : 석탄의 입도는 3mm 이하인 것 80~90%가 적당

ⓛ 파쇄성(HGI ; Hardgrove Grindability Index) : 표준 석탄과 비교하여 상대적인 파쇄능을 비교 결정하는 방법

ⓒ 점결성 시험(자유팽창 지수, FSI ; Free Swelling Index) : 60mesh 이하의 시료 1g을 측정 조건에서 가열하여 자유팽창 정도를 측정

ⓔ 수분 : 일정 입도의 시료를 수분 측정기에 넣고 105~110℃의 온도로 일정 시간 가열 후 감량된 수분을 나타낸 것

ⓜ 휘발분(VM ; Volatile Matter) : 일정한 입도로 만든 일반 시료 1g을 용기에 넣어 105~106℃로 1시간 가열한 후 건조할 때의 시료 감량(%)에서 수분이 없어진 값

ⓗ 회분 : 항습 시료를 800℃에서 1시간 동안 가열하고, 연소시켜 무기물을 태운 후의 잔류물

ⓢ 고정탄소 : 수분, 휘발분, 회분의 합을 100으로부터 뺀 나머지 양

ⓞ 전팽창(TD ; Total Dilatation) : 석탄의 점결성을 나타내는 지수로 연화-용융 과정에서 팽창, 수축 정도를 나타내는 것

⑥ 가 스

ⓐ 코크스로 가스(Coke Oven Gas)
- 코크스로에서 코크스를 제조할 때 발생하는 가스로 타르 성분을 함유하며, 암갈색을 나타냄
- 무색으로 발열량 17,000~20,000kJ/Nm^{3}이며, 연소 온도는 2,000℃ 정도임
- 코크스로용, 제선용, 제강용, 압연용으로 이용

ⓑ 고로가스(Blast Furnace Gas)
- 용광로에서 선철 제조 시 발생하는 가스로 주성분은 CO임
- 연진이 함유되어 노정 가스라고도 하며, 연진을 제거한 가스는 연료로 사용 가능

- 발열량 3,700~4,200kJ/Nm^{3}이며, 가스 성분 중 함량은 $N_2 > CO > CO_2 > CH_4 > H_2$ 순임

ⓒ 혼합 가스(Mixed Gas)
- 고로가스와 코크스로 가스를 혼합한 것으로 사용 목적에 맞게 배합하여 사용
- 가스 취급 시 폭발 및 유독성을 조심

ⓓ 전로 가스(LD Gas)
- LD 전로에서 산소 취련하여 제강 작업 후 얻는 가스로 주성분은 CO임
- 보일러, 화학 원료로 사용하며, 가스 성분 중 함량은 $CO_2 > CO > N_2 > H_2$ 순임
- 발열량은 8,300~10,500kJ/Nm^3 정도임

3. 선탄 공정

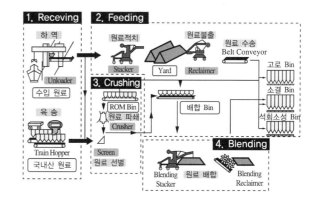

(1) 언로더(Unloader)

원료가 적재된 선박이 입하하면 원료를 배에서 불출하여 야드(Yard)로 보내는 설비

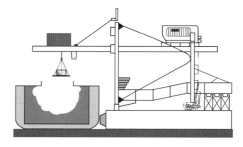

[일반 언로더]

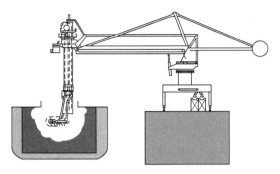

[연속식 언로더]

(2) 스태커(Stacker)

해송 및 육송으로 수송된 광석이나 석탄, 부원료 등이 벨트 컨베이어를 통해 운반되어 최종 저장 야드에 적치하는 장비

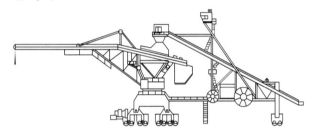

(3) 리클레이머(Reclaimer)

원료탄 또는 코크스를 야드에서 불출하여 하부에 통과하는 벨트컨베이어에 원료를 실어 주는 장비

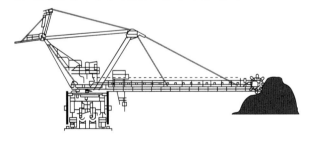

(4) 크러셔(Crusher)

브랜드별 일정 입도로 파쇄하는 설비로 고속 회전하는 회전체에 원료탄을 통과시켜 필요한 입도까지 파쇄하는 설비

(5) 야드(Yard)

원료탄 또는 코크스를 적치하는 장소로 스태커와 불출용 리클레이머를 배치

(6) 정량 절출기(CFW)

Bin 하부에 설치되어 주·부원료를 연속적으로 일정한 양을 불출할 수 있도록 하며 목적하는 양의 원료를 정량 절출(Constant Feed Weigher)하여 수송하는 장치

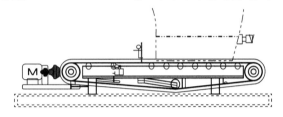

(7) 콜 믹서

정량 절출기에서 불출된 원료를 균일하게 혼합하는 것을 목적으로 설치된 설비

4. 야드(Yard)

(1) 야드의 기능

원료탄 또는 코크스를 적치하는 장소

(2) 원료탄 적재 방법

① Coal Bedding Method : 원료탄 하역 시 스태커가 주행을 하면서 처음에 한 더미씩 쌓아 그 위에 똑같은 방법으로 계속해서 연속 적재하는 방식
② 산 적재 방법 : 스태커가 한 지점에서 계속적으로 적재하는 방법
③ Blend 저탄법 : 야드 공간이 적고, 부족할 때 활용하며, 품위 검토 후 두 가지 탄종을 적당한 비율로 혼합해서 저탄하는 방법

(3) 야드 비산탄 방지 대책

① 야드 살수장치인 레인 건(Rain Gun)을 이용해 살수
② 야드 중앙 부분에 비산이 많은 탄종을 적치
③ 석탄 파일(Pile)의 높이를 13m 이하로 제한하여 사용
④ 석탄 파일 표면에 표면경화제를 살포
⑤ 야드 주위에 방풍벽 또는 방풍림을 조성

(4) 저장탄 품질 관리

① 석탄의 풍화 요인

석탄을 장기간 저장 시 대기 중 산소에 의해 풍화하며
품질 열화 및 자연 발화하는 경우가 있음

㉠ 석탄 자체의 성질 : 탄화도가 낮은 석탄일수록 풍
화되기 쉬움
㉡ 석탄의 입도 : 미분 표면적이 커 풍화되기 쉬움
㉢ 분위기 온도 : 온도가 높을 시 풍화되기 쉬움
㉣ 환기 상태 : 환기 양호 시 열 방산이 좋으나 산소
농도가 높아져 발열하기 쉬움

② 석탄 발열 방지 대책

㉠ 석탄으로부터 발생하는 수증기
㉡ 석탄 표면의 탄 입자에 생기는 액체 방울과 흐림
㉢ 석탄 위 적설의 일부 용해
㉣ 석탄 표면의 탄 입자의 부분적 이상 건조
㉤ 취 기

10년간 자주 출제된 문제

1-1. 고로에 사용되는 철광석의 구비조건으로 틀린 것은?

① 성분이 균일해야 한다.
② 철 함유량이 높아야 한다.
③ 피환원성이 우수해야 한다.
④ 노 내에서 환원분화성이 좋아야 한다.

1-2. 고정탄소(%)를 구하는 식으로 옳은 것은?

① 100% − [수분(%) + 회분(%) + 휘발분(%)]
② 100% − [수분(%) + 회분(%) × 휘발분(%)]
③ 100% + [수분(%) × 회분(%) × 휘발분(%)]
④ 100% + [수분(%) × 회분(%) − 휘발분(%)]

1-3. 용제에 대한 설명으로 틀린 것은?

① 슬래그의 용융점을 높인다.
② 맥석같은 불순물과 결합한다.
③ 유동성을 좋게 한다.
④ 슬래그를 금속으로부터 잘 분리되도록 한다.

1-4. 다음 중 코크스의 반응성을 나타내는 식으로 옳은 것은?

① $\dfrac{CO_2}{CO_2 + CO} \times 100\%$ ② $\dfrac{CO}{CO_2 + CO} \times 100\%$

③ $\dfrac{CO_2 - CO}{CO} \times 100\%$ ④ $\dfrac{CO}{CO_2 - CO} \times 100\%$

|해설|

1-1
철광석의 구비 조건
• 철 함유량 : 철분이 많을수록 좋으며 맥석 중 산화칼슘, 산화망
간의 경우 조재제와 탈황 역할을 함
• 피환원성 : 기공률이 클수록, 입도가 작을수록, 산화도가 높을
수록 좋음
• 유해성분 : 황(S), 인(P), 구리(Cu), 비소(As) 등이 적을 것
• 적당한 강도와 크기 : 고열, 고압에 잘 견딜 수 있으며, 노 내
통기성, 피환원성을 고려하여 적당한 크기를 가질 것
• 가채광량, 균일한 품질 및 성분 : 매장량이 풍부하고 성분이
균일할수록 구입비용이 절감되고 사전 처리를 줄일 수 있음
• 맥석의 함량이 적을 것 : 맥석 중에 SiO_2, Al_2O_3 등은 조재제와
연료사용량 증가 및 슬래그양의 증가도 가져오므로 적을수록
좋음

1-2
고정탄소(%) = 100% − [수분(%) + 회분(%) + 휘발분(%)]

1-3
용제는 슬래그의 생성과 용선, 슬래그의 분리를 용이하게 하고,
불순물의 제거를 돕는 역할을 한다.

1-4
반응성 : $C + CO_2 \rightarrow 2CO$로 탄소 용해(용해 손실)가 일어나며,
코크스 반응성이라고 한다. 흡열 반응으로 반응성이 낮은 것이
좋다.
반응성 지수 $R = CO / CO + CO_2$

정답 1-1 ④ 1-2 ① 1-3 ① 1-4 ②

1. 사전 처리의 의의와 방법

(1) 사전 처리의 의의

고로 조업에 적합하도록 함

(2) 장입 원료의 사전 처리 방법

① 입도 조정 : 정립(Sizing), 괴상화(소결, Pelletizing)
② 품위 향상법 : 선광(Dressing), 배소(Roasting), 침출(Leaching)
③ 품질 균질화(균광, Ore Blending, Ore Bedding)

2. 입도 조정

(1) 광석의 사전 처리(입도조정, 정립)

① 분쇄 : 광석을 필요에 따라 큰 것을 작게 부수는 것
② 단계 파쇄(Stage Crushing) : 단계적으로 파쇄하는 것

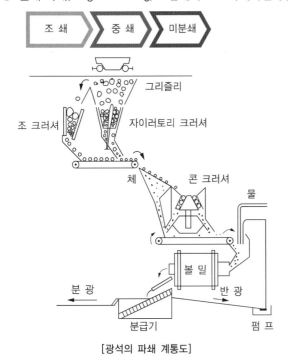

[광석의 파쇄 계통도]

ㄱ 조쇄(Coarse Crushing)
  • 상당히 큰 괴광을 50~100mm의 크기까지 부수는 작업
  • 조 크러셔(Jaw Crusher), 자이러토리 크러셔(Gyratory Crusher)
ㄴ 중쇄(Intermediate Crushing)
  • 50~100mm의 것을 6~20mm로 부수는 작업
  • 콘 크러셔(Cone Crusher), 사이몬드 디스크 크러셔, 임팩트 크러셔 등
ㄷ 미분쇄(Fine Grinding)
  • 6~20mm의 것을 1mm 정도 이하로 부수는 것으로, 중쇄와 분쇄 중간 산물을 포함시키는 경우도 있음
  • 볼밀(Ball Mill), 로드밀(Rod Mill), 도광기(Stamp)

(2) 광석의 사분 작업

① 분립 : 광립의 대소를 크기에 따라 분류하는 작업
② 체질(Screening) : 일정한 크기의 구멍을 가진 체를 통해 광립의 대소 두 부분으로 분리하는 방법(타일러 표준체)
③ 분급(Classifying) : 수중이나 공기 중에서 광립의 낙하 속도에 따라 크기를 분류하는 것

3. 품위 향상법

(1) 광석의 선별

① 선광법
  비중, 자성 등과 같은 물리적 성질과 계면의 물리 화학적 성질을 이용하여 불필요한 맥석류를 제거시켜 정광을 얻는 공정
  ㄱ 장 점
    • 선광 비용이 저렴하고, 광석의 용융 비용을 절감
    • 광석의 운반 거리에 따라 정광 수송이 경제적
    • 혼합 광석을 처리 시 선별 제련에 더욱 경제적

② 선광법의 종류

    ⊙ 비중 선광 : 물을 이용하여 유용 광석과 맥석의 비중 차로 광석을 분리하는 것으로 지그 요동 테이블, 스파이럴 선광기 등이 있음

    ⓛ 자력 및 정전기 선광 : 전기전도율 및 정전 특성을 이용하여 선별

    ⓒ 부유 선광 : 광물의 계면 성질을 이용하여, 표면의 친수성, 소수성의 차이를 이용하는 선별법

    ⓔ 세광 및 수선법

      • 세광 : 수중에서 간단히 씻어 점토 등을 제거하는 것

      • 수선 : 조광 중 유용 광물과 맥석 등을 미리 광석의 색, 광택, 무게 등에 의하여 수작업으로 선별하는 방법

    ⓜ 중액 선광 : 물 대신 두 광물의 비중이 중간 정도의 것을 가지는 액체를 이용하여 비중이 액체보다 큰 광립은 가라앉고 작은 광립은 뜨게 하는 선별법

(2) 철광석의 예비 처리

① 건조 및 하소

    ⊙ 건조 : 낮은 온도에서 광석의 수분을 제거하는 공정

    ⓛ 하소 : 높은 온도에서 가열에 의해 수화물, 탄산염과 같이 화학적으로 결합되어 있는 물과 이산화탄소를 제거하는 공정

② 배소법

금속 황화물을 가열하여 금속 산화물과 이산화황으로 분해시키는 작업

    ⊙ 산화 배소

      • 황화광 내 황을 산화시켜 SO_2로 세서하는 방법으로, 비소(As), 안티모니(Sb) 등을 휘발 제거하는 데 적용

      • 반응식 : $2ZnS + 3O_2 = 2ZnO + 2SO_2$, $2PbS + 3O_2 = 2PbO + 2SO_2$

    ⓛ 황산화 배소 : 황화 광석을 산화시켜 수용성의 금속 환산염을 만들어 습식 제련하는 배소

    ⓒ 그 밖의 배소

      • 환원 배소 : 광석, 중간 생성물을 석탄, 고체 환원제와 같은 기체 환원제를 사용하여 저급의 산화물이나 금속으로 환원하는 것

      • 나트륨 배소 : 광석 중 유가금속을 나트륨염으로 만들어 침출 제련하는 것

(3) 괴상화 작업

① 괴상화 광석이 가져야 할 성질

    ⊙ 장시간 저장에도 풍화되지 않을 것

    ⓛ 운반 또는 노 내에서 강하할 때 부서지지 않는 강도를 가질 것

    ⓒ 금속에 유해한 불순물이나 노 벽의 내화물에 손상을 주는 성분이 포함되지 않을 것

    ⓔ 다공질로 노 내에서 환원성이 좋을 것

    ⓜ 열팽창, 수축에 따라 붕괴하지 않을 것

② 단 광

    ⊙ 상온에서 압축 성형만으로 덩어리를 만들거나 이것을 다시 구워 단단한 덩어리로 만드는 방법

    ⓛ 종류 : 다이스(Dise)법, 프레스(Press)법, 플런저(Plunger)법 등

③ 펠레타이징

Pellet	Mini Pellet

    ⊙ 자철광과 적철광이 맥석과 치밀하게 혼합된 광석으로 마광 후 서광하여 고품위화한 것

    ⓛ 제조법 : 원료의 분쇄(마광) → 생펠릿 성형 → 소성

    ⓒ 소성 작업로

      • 직립로(Shaft Furnace) : 자철광을 원료로 열효율은 좋으나 균일한 소성이 불가

- 격자식로(이동 그레이트식) : 격자 원통식로와 그레이트-킬른로가 있으며, DL식 소결기와 동일한 구조를 가짐
- ② 생펠릿을 조립하기 위한 조건
  - 분 입자 간 수분이 적당할 것
  - 미세한 원료를 가질 것
  - 원료분이 균일하게 가습되는 혼련법일 것
  - 균등하게 조립될 수 있는 전동법일 것
- ⑩ 생펠릿의 강도를 높이기 위해 첨가하는 것 : 생석회(CaO), 염화나트륨(NaCl), 붕사(B_2O_3), 벤토나이트 등
- ⑭ 펠릿의 품질 특성
  - 분쇄한 원료로 만들어지므로 야금 반응에 민감함
  - 입도가 일정하고, 입도 편석을 일으키지 않으며, 공극률이 적음
  - 황 성분이 적고, 해면철 상태로 용해되어 규소 흡수가 적음
  - 순도가 높고 고로 안에서 반응성이 뛰어남
- ④ 소결(Sintering)
  - ⊙ 분말 광석을 완전 용융이 일어나지 않는 온도까지 가열하여 입자 표면의 일부가 용해하여 괴상화가 일어나도록 하는 방법
  - ⓒ 소결법
    - 회분식 : 포트(Pot)소결법, 그리나발트(Greenawalt)소결법, AIB소결법
    - 연속식 : 드와이트-로이드(Dwight-Lloyd)소결법
  - ⓒ 소결광 강도 측정 방법 : 낙하강도 측정법, 회전강도 측정법

4. 품질 균질화(Ore Blending)

(1) 블렌딩(Blending)

소결광 제조 시 야드에 적치된 광석을 불출할 때, 부분 불출로 인한 편석 방지 및 필요로 하는 원료 배합을 위하여 1차적으로 야드에 적치된 분광 및 파쇄 처리된 사하분을 적당한 비율로 배합하여 블렌딩 야드에 적치하는 공정

(2) 블렌딩 설비

정량절출장치, 스태커, 리클레이머

(3) 블렌딩의 이점

① 장입 시 입도를 균일하게 조정
② 원료의 적치 시 편석이 잘 일어나도록 함
③ 양이 적은 광종도 적절히 사용 가능

2-1. 두 광물의 비중이 중간 정도되는 비중을 갖는 액체 속에서 광물을 선별하는 선광법은?

① 자기 선광
② 부유 선광
③ 자력 선광
④ 중액 선광

2-2. 생펠릿에 강도를 주기 위해 첨가하는 물질이 아닌 것은?

① 붕 사
② 규 사
③ 벤토나이트
④ 염화나트륨

2-3. 배소에 의해 제거되는 성분이 아닌 것은?

① 수 분
② 탄 소
③ 비 소
④ 이산화탄소

2-4. 미세한 분광을 드럼 또는 디스크에서 입상화한 후 소성경화해서 얻는 괴상법은?

① AIB법
② 그리나발트법
③ 펠레타이징법
④ 스크레이퍼법

2-5. 고로 원료의 균일성과 안정된 품질을 얻기 위해 여러 종류의 원료를 배합하는 것을 무엇이라 하는가?

① 블렌딩(Blending)
② 워싱(Washing)
③ 정립(Sizing)
④ 선광(Dressing)

|해설|

2-1

중액 선광 : 물 대신 두 광물의 비중이 중간 정도의 것을 가지는 액체를 이용하여 비중이 액체보다 큰 광립은 가라앉고 작은 광립은 뜨게 하는 선별법

2-2

생펠릿의 강도를 높이기 위해 첨가하는 것 : 생석회(CaO), 염화나트륨(NaCl), 붕사(B_2O_3), 벤토나이트 등

2-3

배소법 : 금속 황화물을 가열하여 금속 산화물과 이산화황으로 분해시키는 작업

• 산화 배소 : 황화광 내 황을 산화시켜 SO_2로 제거하는 방법으로, 비소(As), 안티모니(Sb) 등을 휘발 제거하는 데 적용
• 황산화 배소 : 황화 광석을 산화시켜 수용성의 금속 환산염을 만들어 습식 제련하는 배소
• 그 밖의 배소
  – 환원 배소 : 광석, 중간 생성물을 석탄, 고체 환원제와 같은 기체 환원제를 사용하여 저급의 산화물이나 금속으로 환원하는 것
  – 나트륨 배소 : 광석 중 유가금속을 나트륨염으로 만들어 침출 제련하는 것

2-4

펠레타이징

• 자철광과 적철광이 맥석과 치밀하게 혼합된 광석으로 마광 후 선광하여 고품위화한 것
• 제조법 : 원료의 분쇄(마광) → 생펠릿 성형 → 소성

2-5

블렌딩(Blending)

소결광 제조 시 야드에 적치된 광석을 불출할 때, 부분 불출로 인한 편석 방지 및 필요로 하는 원료 배합을 위하여 1차적으로 야드에 적치된 분광 및 파쇄 처리된 사하분을 적당한 비율로 배합하여 블렌딩 야드에 적치하는 공정

정답 2-1 ④ 2-2 ② 2-3 ② 2-4 ③ 2-5 ①

1. 소결광 제조 개요

(1) 소결(Sintering)이 필요한 이유

① 철광석 산지에서의 선광 및 파쇄, 체질로 인한 분광이 많이 발생

② 소결광의 고배합률로 적당한 성상을 가짐

③ 소결광의 고배합률은 출선 능률을 향상시키며, 코크스비를 낮춤

④ 석회석을 배합하여 자용성 소결광을 만들어 제선 능률을 향상

⑤ 원료 중 비소(As), 인(P) 등의 불용 성분 제거

(2) 소결광의 고로 사용 시 장점

① 기공률이 높고 입도가 균일

② 고로 내에서 환원이 유리(피환원성 향상)

③ 결합수, 탄산염, 유해성분 제거로 고로 원료비 절감

④ 용선 성분 안정화

⑤ 대량생산에 유리

(3) 소결용 연·원료

① 주원료 : 분철광석(적철광, 자철광, 갈철광, 능철광 사용)

　㉠ 철광석 형태 및 입도에 따른 분류

　　• 괴광(Run of Mine) : 광산에서 채광된 상태에서 크게 가공하지 않은 상태

　　• 정립광(Sized Ore) : 괴광을 1차 파쇄하여 8~30mm로 선별된 광석

　　• 분광(Fine Ore) : 8mm 이하의 철광석

　　• 소결광(Sinter Ore) : 분광을 고로에 사용하기 적합하게 소성 과정을 거쳐 생산되는 광석으로 5~50mm의 입도를 가짐

　　　- 자용성 소결광 : 염기도 조절을 위해 석회석을 첨가한 소결광으로 피환원성 향상, 연료비 절감, 생산성 향상이 목적

　　• 펠릿(Pellet) : 미분을 사용하여 고로에 직접 장입할 수 있도록 구슬 모양으로 6~18mm의 입도를 가진 것

② 부원료 : 염기도 조정 및 결합제로 사용(석회석, 규사, 생석회, 백운석, 사문암, 망간광)

③ 잡원료 : 고로 분진, 전로 분진, 밀 스케일, 미니 펠릿 등

④ 반 광

　㉠ 자체 반광 : 적정한 입도의 성품 소결광을 제조하기 위해 필연적으로 발생하는 것으로 성품 처리 계통에서 발생되는 반광

　㉡ 고로 반광 : 고로에 장입되기 전 최종적으로 발생되는 반광

　㉢ 반광의 입도 : 5mm 이하

⑤ 연료 : 분코크스, 무연탄

2. 소결 설비의 종류

(1) 소결 설비의 종류

① 그리나발트식(GW식, Greenawalt Pan)

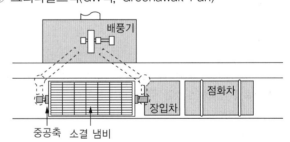

　㉠ 설비 : 소결 냄비, 장입차, 점화차, 원료 혼합기, 배풍기

　㉡ 단속식(Batch Process)으로 소결 원료 장입 및 점화차의 전복 등 시간적 손실이 많아 거의 사용하지 않음

② 드와이트-로이드식(DL식, Dwight Lloyd Machine)

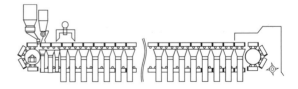

ⓐ 설비 : 원료 장입 장치, 점화장치, 대차

ⓑ 연속식 소결기로 대량 생산 및 조업 자동 제어가 가능하여 많이 사용

③ GW식 및 DL식 비교

종 류	장 점	단 점
GW식	• 항상 동일한 조업 상태로 작업 가능 • 배기 장치 누풍량이 적음 • 소결 냄비가 고정되어 장입 밀도에 변화없이 조업 가능 • 1기 고장이라도 기타 소결 냄비로 조업 가능	• DL식 소결기에 비해 대량 생산 부적합 • 조직이 복잡하여 많은 노력 필요
DL식	• 연속식으로 대량 생산 가능 • 인건비가 저렴 • 집진 장치 설비 용이 • 코크스 원단위 감소 • 소결광 피환원성 및 상온 강도 향상	• 배기 장치 누풍량 많음 • 소결 불량 시 재점화 불가능 • 1개소 고장 시 소결 작업 전체가 정지

3. 소결 작업하기 및 소결 설비

※ 소결 순서 : 원료 절출 → 혼합 및 조립 → 원료 장입 → 점화 → 소결 → 배광 → 냉각 → 1차 파쇄 및 스크린 → 2차 파쇄 및 스크린 → 3차 파쇄 및 스크린 → 소결

※ 하단 그림 참조

(1) 원료 절출

벨트컨베이어로 이송된 분광석, 냉반광, 고로 반광 등 주원료 및 부원료를 정량절출기(CFW)를 이용해 목표 성분 및 품질에 따라 적정 배합 비율로 절출

(2) 혼합 및 조립

① 혼합과 조립

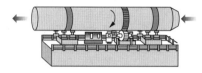

ⓐ 혼합기 : 소결 원료를 소정의 배합비로 절출하여 반광, 수분 등을 첨가 및 혼합한 후 균일한 배합 원료를 소결기에 장입하는 설비

ⓑ 혼합 : 여러 가지의 소결 원료를 균일하게 잘 섞이도록 하는 것

ⓒ 조립 : 혼합된 원료를 드럼(Drum) 내에서 혼합되게 한 후 미립 입자가 조대한 입자에 모여들어 서로 부착되게 하여 입도를 크게 하는 것

② 배합 과정에서 원료의 조립 상태(의사 입화)는 소결 베드(Bed) 내의 통기성을 향상시켜야 함

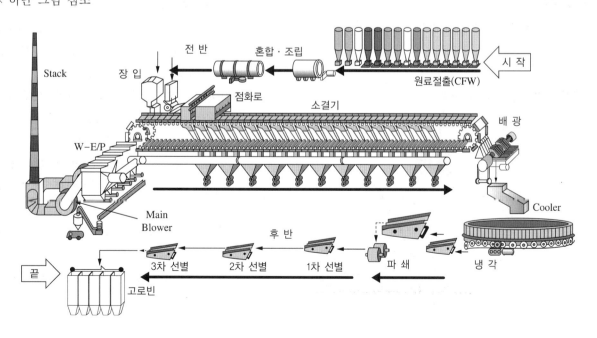

③ 의사 입자

　㉠ 의사 입화 : 원료 배합 시 적정 수분 첨가 및 회전시켜 원료 중 입자가 큰 대립이 핵이 되어 미립이 핵입자 주위에 부착되도록 하여 의사 입자를 형성하는 것

　㉡ 의사 입자 형태

구 분		특 징
S형		• 핵입자 : 코크스 • 부착층 : 미분 철광석, 반광, 석회석 등 • S형 입자 증가 시 열교환 시간이 늦어져 연소 시간이 늘어나며, 열 패턴(Heat Pattern)을 불균일화시킴
C형		• 핵입자 : Ore, 반광 • 부착층 : 미분 철광석, 반광, 석회석 등 • 미분 코크스 부착으로 인한 연소 표면적 증가 • 연소 속도가 증가하며, 열교환 시간이 감소 • C형 입자 증가 시 소결 Bed 내 열 패턴(Heat Pattern)을 균일화시킴
P형		• 철광석, 반광, 석회석 등의 미분이 혼합된 입자 • 코크스 연소성 악화로 인해 열 패턴(Heat Pattern)의 불균일 발생 • 의사 입자 중 가장 불량한 입도

④ **생석회 첨가** : 의사 입화 촉진, 의사 입자 강도 향상, 소결 베드(Bed) 내 의사 입자 붕괴량 감소, 환원 분화 개선 및 성분 변동을 감소시킴

⑤ **수분 첨가** : 미분 원료가 응집하여 통기성 향상, 열효율 향상, 소결층의 연진 흡입과 비산을 방지함

(3) 원료 장입

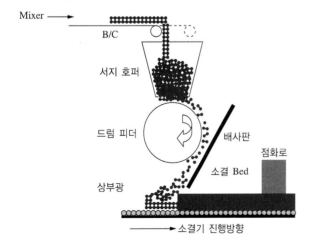

① 셔틀 컨베이어

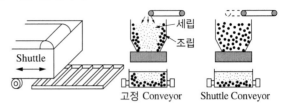

고정 Conveyor　　　Shuttle Conveyor

　㉠ 조립된 원료를 서지 호퍼에 장입 시 대차 폭 방향으로 편석이 일어나지 않고 균일하게 장입하기 위한 장치

　㉡ 서지 호퍼(Surge Hopper) : 혼합기(Mixer)에서 배합된 원료를 소결기 대차(Pallet)에 장입시키기 위한 호퍼로 소결기 주행 속도 변경에 대응하도록 배합 원료를 일시 저장하는 저광 역할

　㉢ 정량 절출 장치(CFW ; Constant Feed Weigher) : 소결용 원료, 부원료를 적정 비율로 배합하기 위해 종류별로 정해진 목표치에 따라 불출량이 제어되도록 하는 계측 제어 장치

　㉣ 드럼 피더(Drum Feeder) : 서지 호퍼에 저광된 배합 원료를 드럼 회전에 따라 일정한 두께에 적정 속도로 소결기에 장입시키는 기기

　㉤ 배사판(Deflector)

　　• 배사판과 원료와의 마찰 및 원료 입도의 크기에 따른 낙하거리 차이를 이용하여 굵은 입자는 대차 하부, 가는 입자는 대차 상부에 장입하게 되는 수직 편석을 이루어지게 하는 설비

　　• 수직 편석 : 점화로에서 착화가 용이하도록 상층부는 세립, 하층부는 조립으로 장입

　　• 편석이 쌓이는 위치와 발생 요인
　　　– 입도가 클수록 경사면을 굴러 하층에 쌓임
　　　– 입자가 구상일수록 하층에 쌓이며, 요철이 많을수록 상층에 쌓임
　　　– 수분 및 부착력이 클수록 점성이 커서 상층에 쌓임
　　　– 배사판의 경사도가 작을수록 편석의 정도가 크게 됨

ⓗ 통기봉 및 층후 조절기(Cut Off Plate)

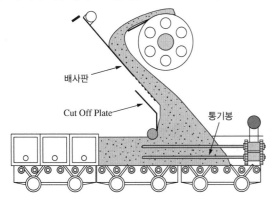

배사판

Cut Off Plate

통기봉

• 통기봉 : 장입 원료의 통기성 확보를 위하여 설치하는 설비
• 층후 조절기 : 대차에 장입된 원료층이 폭방향으로 일정한 두께를 갖도록 표면을 깎아 주는 설비
• 장입 밀도 : 통기성 확보를 위해 통기바를 집어넣어 강제적으로 공간을 만들 수 있음

(4) 점 화

① 장입 원료 표면을 착화시켜 상층에서 하층으로 연소
② **열원** : 코크스로 가스(COG ; Coke Oven Gas), 고로가스(BFG ; Blast Furnace Gas), 혼합 가스(BFG + COG)
③ **점화 강도** : 장입 원료 표면 $1cm^2$당 얼마만큼의 가스 양(COG)을 부여했는지 표시하는 척도

$$C = QG / PS \times W$$

여기서, C : 점화 강도
  PS : 대차 속도
  W : Pallet 폭(m)
  QG : COG 사용량(Nm^3/m^2)

④ **화염 전진 속도**(FFS ; Flame Front Speed)
  층후(mm)×Pallet Speed(m/min) / 유효 화상 길이(m)

⑤ **전화 설비**
  ㉠ 대차(Pallet)

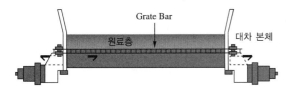

Grate Bar

원료층

대차 본체

• 배합 원료를 담는 용기로서 양측에 레일 위를 주행할 수 있도록 바퀴가 있으며 대차 하부에는 통기 장치가 설치되어 있음
• 상부광 : 소결기 대차 하부 면에 깔아 주는 8~15mm의 소결광
  – Grate Bar에 소결광 융착을 방지
  – 소결광 덩어리가 대차에서 쉽게 분리하도록 도움
  – Grate Bar 사이로 세립 원료가 새어 나감을 방지
  – 신원료에 의한 화격자의 구멍 막힘을 방지
㉡ 화격자(Grate Bar) : 대차의 바닥면으로 하부 쪽으로 공기가 강제 흡인될 수 있도록 설치하는 것으로 고온 강도 및 내산화성이 좋아야 함
  • 화격자의 구비 조건
    – 고온 내산화성을 가질 것
    – 고온 강도를 가질 것
    – 반복 가열 시 변형이 적을 것
㉢ 점화로
  • 소결기에 장입된 원료 표면의 분 코크스에 착화를 위한 설비
  • 연료는 코크스로 가스(COG ; Coke Oven Gas), 고로 가스(BFG ; Blast Furnace Gas), 타르, 미분탄 등을 사용
⑥ **통기 장치**(Wind Box)
  ㉠ 소결기 대차 위 소결 원료층을 통하여 공기를 흡인하는 상자
  ㉡ 소결 대차에서 공기를 하부 방향으로 강제 흡인하는 송풍 장치
  ㉢ 풍상(Wind Box)의 구비 조건
    • 흡인 용량이 충분할 것
    • 열팽창률이 작고, 내부식성이 뛰어날 것
    • 분광이나 연진이 퇴적하지 않는 형태일 것
    • 내산화성을 가질 것

(5) 소 결

① 소결 반응

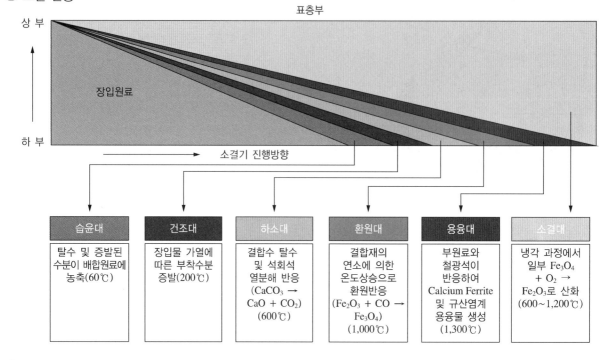

습윤대	건조대	하소대	환원대	용융대	소결대
탈수 및 증발된 수분이 배합원료에 농축(60℃)	장입물 가열에 따른 부착수분 증발(200℃)	결합수 탈수 및 석회석 열분해 반응 ($CaCO_3 \rightarrow$ $CaO + CO_2$) (600℃)	결합재의 연소에 의한 온도상승으로 환원반응 ($Fe_2O_3 + CO \rightarrow$ Fe_3O_4) (1,000℃)	부원료와 철광석이 반응하여 Calcium Ferrite 및 규산염계 용융물 생성 (1,300℃)	냉각 과정에서 일부 Fe_3O_4 $+ O_2 \rightarrow$ Fe_2O_3로 산화 (600~1,200℃)

② 소결 결합

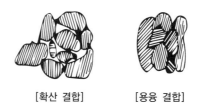

[확산 결합] [용융 결합]

ㄱ 확산 결합
- 비교적 저온에서 소결이 이루어진 경우이며 입자가 용융하지 않고 입자 표면 접촉부의 확산 반응으로 결합이 이루어짐
- 피환원성은 좋으나 부서지기 쉬움

ㄴ 용융 결합
- 고온에서 소결한 경우이며 원료 중 슬래그 성분이 용융하여 쉽게 결합
- 저융점의 슬래그 성분일수록 용융 결합을 함
- 강도는 좋으나 피환원성이 좋지 않으므로 기공률과 환원율 저하를 방지해야 함

(6) 1차 파쇄

① 괴성화된 소결광(Sinter Cake)은 1차 파쇄, 선별되어 다음 공정으로 수송

② 소결 완료된 소결광은 괴광으로, 250mm 이하로 1차 파쇄된 소결광은 냉각기로 수송

③ 1차 파쇄기(핫 크러셔, Hot Crusher) : 소결광의 냉각 효율 향상을 위하여 250mm 이하로 파쇄하는 설비

(7) 냉 각

① 1차 파쇄된 소결광 온도는 800℃ 정도이므로 벨트컨베이어의 보호를 위하여 소결광 표면 온도를 100℃ 이하로 급랭할 필요가 있음

② 냉각기(Cooler) : 핫 크러셔에서 파쇄된 소결광에 공기를 강제 흡인 및 송풍하여 소결광을 냉각하는 설비

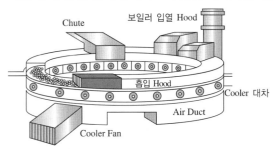

③ 냉각기 팬(Cooler Fan)

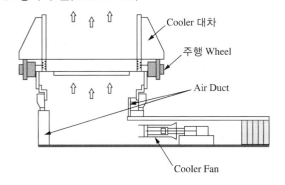

(8) 2차 파쇄

① 1차 파쇄기에서 250mm 이하로 파쇄되어 냉각된 소결광 중 냉간 스크린에서 체질된 50~250mm의 괴 소결광을 50mm 이하로 파쇄하여 고로에서 요구하는 입도를 유지

② 2차 파쇄기(콜드 크러셔, Cold Crusher) : 1차 파쇄된 소결광 중 50~250mm의 괴 소결광을 50mm 이하로 파쇄하는 설비

③ 스크린(Screen)

  ㉠ 열간 스크린(Hot Screen) : 열간 파쇄된 소결광을 50mm 이상으로 체질하는 것

  ㉡ 냉간 스크린(Cold Screen) : 냉각기에서 냉각된 소결광을 50mm 이상으로 체질하는 것

  ㉢ 성품 스크린 : 스크린에서 1차(15mm 이하), 2차(10mm 이하), 3차(5mm 이하)로 각 성품을 선별하여 고로 저장소에 입조

4. 소결광 품질관리하기

(1) 소결광이 고로 품질에 미치는 영향

① 낙하 강도 지수(SI ; Shatter Index)

  ㉠ 소결광을 낙하시켰을 때 발생하기 직전까지의 소결광 강도

  ㉡ 고로 장입 시 분율은 적을수록 유리

  ㉢ 낙하 강도 저하 시 분 발생이 많아 통기성을 저해

  ㉣ 낙하 강도 = 시험 후 +10mm 중량 / 시험 전 총중량

② 입도 및 분율 : 노 내 통기성 및 가스 분포에 영향

③ 환원 강도(환원 분화 지수)

  ㉠ 소결광은 환원 분위기의 저온에서 분화하는 성질을 가짐

  ㉡ 피환원성이 좋은 소결광일수록 분화가 용이하여 환원 강도는 저하

  ㉢ 환원 분화가 적을수록 피환원성이 저하하여 연료비가 상승

  ㉣ 환원 분화가 많아지면 고로 통기성 저하에 의한 노황 불안정으로 연료비 상승

  ㉤ 환원 분화를 조장하는 화합물 : 재산화 적철광(Hematite)

④ 염기도 : 염기도 변동 폭이 클수록 고로 슬래그 염기도 변동도 증가됨

염기도 계산식 : $\dfrac{CaO}{SiO_2}$

(2) 소결광 품질관리

① 물리적 성질

    ㉠ 상온 강도 : 분화 방지를 위한 낙하 강도(SI) 88% 이상, 회전 강도(TI) 60% 이상

    ㉡ 입도 : 소결 통기성이 저해되지 않는 입도 수준

    ㉢ 열간 환원성(RI ; Reducibility Index) : 열간 환원성을 나타내는 지수

② 화학적 성질

    ㉠ CaO / SiO_2 : 조건에 따라 다르나 1.6~2.0의 범위가 적당

    ㉡ SiO_2 : 4.5~6% 범위가 적당

    ㉢ FeO : 상온 강도 및 열간 환원성과 관계되며, 6~11% 범위가 적당

    ㉣ 기타 성분 : 철분 55~58%이고, 슬래그 성분인 $SiO_2 + CaO + MgO$은 18.0% 이하일 것

(3) 소결 조업 수식

항 목	단 위	공 식
총생산량	t	(신원료 사용량 + 고로 반광 사용량) / Ore Ratio
순생산량	t	총생산량 × (1 − 고로 반광 발생비) / 100
생산성	$t/d/m^3$	총생산량 × 역시간(24h)/화상 면적 × 가동 시간
생산 능률	t/h	총생산량 / 가동 시간
조업률	%	(역시간 − 계획 휴지) / 역시간 × 100
작업률	%	가동 시간 / (역시간 − 계획 휴지) × 100
가동률	%	가동 시간 / 역시간 × 100
FFS	mm/min	층후(mm) × Pallet Speed(m/min) / 유효 화상 길이(m)
장입 밀도	t/m^3	배합 원료 / (층후 − 상부광 높이) × P.S × 가동 시간 × Pallet 폭 × 60
통기성	KPU	주배풍량 / 화상면적 × 층후 / 부압
소결 회수율	%	총생산량 / (신원료 사용량 + 고로 반광 사용량) × 100
코크스비	%	소결 연료 사용량 / 배합 원료 사용량 × 100
염기도		CaO / SiO_2

1. 코크스 제조 개요

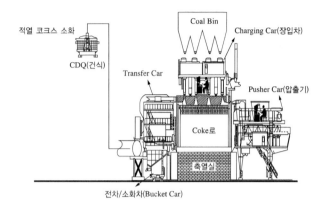

[코크스 제조]

점결성 있는 원료탄을 밀폐된 코크스로(Coke Oven)에 장입한 후 원료탄을 건류시켜 코크스와 부생 가스(COG)를 제조하는 공정

(1) 코크스 연·원료

① 석 탄

    ㉠ 원료탄은 탄화 정도에 따라 이탄, 아탄, 갈탄, 유연탄(역청탄), 무연탄으로 분류

    ㉡ 대부분 점결성이 높은 유연탄을 많이 이용

② 코크스

    ㉠ 회색을 띤 흑색으로 고정탄소가 주성분

    ㉡ 회분, 휘발분을 약간 함유

    ㉢ 발열량 1kg당 6,000~7,500kcal

    ㉣ 착화 온도 : 400~600℃

(2) 원료탄(Coking Coal)

① 원료탄의 일반적인 성질

    ㉠ 원료탄 : 점결성을 가진 석탄

    ㉡ 점착성 : 원료탄이 건류 과정에서 서로 결합하고 고체화되어 괴가 되는 성질

    ㉢ 코크스 화성 : 코크스 괴가 되는 과정에서 코크스의 강도를 더욱 높여 주는 성질로 코크스 화성이 큰 것을 강점결탄, 작은 것을 약점결탄이라고 함

② 원료탄 배합

    ⊙ 산지별로 다른 특성인 원료를 목표로 하는 코크스 품질을 얻기 위해 적절 배율로 혼합하는 과정

    ⓛ 강점결탄, 준강점결탄, 약비점결탄을 적정 비율로 혼합하여 입자 간의 점결력과 강도를 유지하도록 하여야 함

2. 코크스화 원리

(1) 석탄의 열분해

분쇄한 점결탄을 공기 차단 후 가열 시 온도 상승에 따라 다음과 같은 변화를 가짐

① 100~200℃ 부근에서 석탄에 흡착된 수분, CO_2, CH_4 를 방출한다.

② 300~400℃가 되면 열분해를 시작하여 가수, 분해수 및 타르(Tar)가 급격히 발생한다.

③ 500℃ 정도까지 열분해가 왕성하게 일어나며 타르의 발생은 거의 없어지고 괴상이 된다.

④ 600℃에서 반성코크스(Semi-Coke)가 얻어진다.

⑤ 1,000℃ 부근에서 분해가스의 발생은 거의 완료되고 잔분은 코크스가 된다.

⑥ 1,000~1,300℃에서 코크스(Coke)화한다.

(2) 탄화실 내에서 코크스 생성 원리

① 1,000~1,300℃로 가열된 규석연와에서 전해진 열에 의해 열분해 진행

② 열전도율의 차이로 인해 중심부 온도 상승은 늦어짐

③ 일정시간 경과 후 벽에 가까운 부분은 코크스화되어짐

④ 내측은 용융대, 연화대가 존재

⑤ 연화 용융대에서 발생한 가스, 타르의 대부분은 고온의 코크스 사이를 통과하여 코크스 또는 적열 연와벽에 접촉하여 2차 반응을 일으킨다.

3. 코크스 제조 공정 및 설비

※ 코크스 제조 공정 순서

야드 → 서지 빈(Surge Bin) → 목편 분리기 → 철편 분리기 → 파쇄(3mm 이하 85~90%) → 블렌딩 빈(Blending Bin) → 믹서(Mixer) → 콜 빈(Coal Bin) → 탄화실 장입 → 건류 → 압출 → 소화 → 와프(Wharf) 적치 및 커팅 (25mm 이상 고로, 75mm 이상 Cutter) → 코크스 벙커 (Coke Bunker) → 고로 코크스 빈

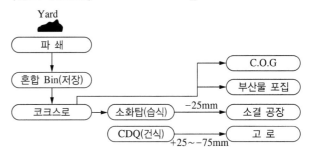

(1) 야 드

스태커(Stacker)를 이용하여 탄종이 저탄되는 것

(2) 목편 분리기 및 철편 분리기

① 목편 분리기 : 광산 채탄 시 혼입되는 이물질에 의한 슈트(Chute) 막힘이나 벨트컨베이어의 손상을 막기 위하여 설치된 것

② 철편 분리기 : 석탄 중에 혼입된 철편물을 사전에 제거하고 기기를 보호하며 벨트컨베이어의 손상을 방지하기 위해 설치

(3) 파 쇄

코크스 야드에서 이송된 석탄을 Impact Crusher로 적절한 장입탄의 크기로 파쇄하는 단계

(4) 블렌딩 빈(Blending Bin), 믹서, 콜빈

블렌딩 빈에 혼합, 저장 후 코크스 공장으로 보내 주는 설비

(5) 코크스로 작업

① 코크스로 장입 작업 : 코크스를 압출한 후 장입차로 탄화실에 석탄을 장입하는 작업

② 탄화시간과 건류온도

    ㉠ 탄화시간 : 장입에서 압출까지 석탄 코크스가 노 내에 머무는 시간

    ㉡ 탄화실의 폭이 일정한 경우 탄화시간은 건류온도, 즉 노온과 일정한 관계로, 이에 따라 탄화시간이 결정됨

③ 압출작업 : 13~18시간 후 건류가 완료되어 1~2시간 후 탄화실에서 배출하는 작업

④ 코크스로의 구조

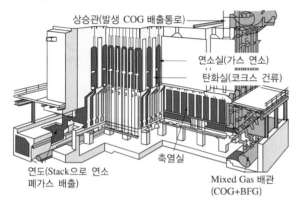

상승관(발생 COG 배출통로)
연소실(가스 연소)
탄화실(코크스 건류)
축열실
연도(Stack으로 연소 폐가스 배출)
Mixed Gas 배관 (COG+BFG)

    ㉠ 탄화실 : 원료탄을 장입하여 건류시키는 곳

    ㉡ 연소실 : Gas를 연소시켜 발생되는 열을 벽면을 통하여 탄화실에 전달하여 필요한 열량을 공급하는 곳

    ㉢ 축열실 : 열교환 작용을 하는 곳으로 연소된 고온의 폐가스가 통과하며 쌓여 있는 연와와 열교환이 이루어짐

    ㉣ Sole 플루(Flue) : 축열실 하부에 위치하며 공기와 Gas가 외부에서 노 내로 들어가는 통로

    ㉤ 상승관(Stand Pipe) : Gas 통로 역할과 탄화실의 노 내압을 조절하는 역할

    ㉥ 집합본관(Gas Collecting Main) : 건류 중 발생되는 탄화실 Raw Gas가 모이는 곳으로 화성 송풍기의 부압에 의해 정제 설비로 보내지게 됨

    ㉦ 배출장치 : 냉각 체임버에서 순환 가스에 의해 냉각된 코크스를 정량 불출하는 장치

    ㉧ 집진 설비 : 오븐에서 코크스 압출 시 발생되는 비산 분진과 CDQ에서 적열 코크스 장입 및 불출 시 발생되는 비산 분진 등을 포집하는 설비

(6) 소 화

① 습식 소화작업 : 압출된 적열 코크스를 소화차에 받아 소화탑으로 냉각한 후 와프(Wharf)에 배출하는 작업

② 건식 소화작업 : CDQ(Coke Dry Quenching)란 압출된 코크스를 Bucket에 받아 Cooling Shaft에 장입한 후 불활성가스를 통입시켜 질식 소화시키는 방법으로 습식 소화과정에서 발생된 비산분진을 억제시켜 대기 오염을 방지함

(7) 와프(Wharf) 적치 및 커팅

① Cutter 및 Screen으로 구성된 사분 장치로 보냄

    ㉠ 75mm 이상의 대괴는 Cutter에서 파쇄

    ㉡ 25~75mm 코크스(Coke)는 고로용으로 저장조에 입조

    ㉢ 25mm 이하의 코크스(Coke)는 소결용 연료로 사용

② 와프(Wharf) : 코크스의 일부 정지 기능 및 완전 소화하지 않은 잔여 적열 코크스를 소화하고, 코크스 수분을 유지

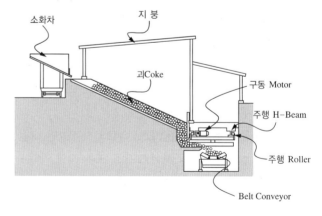

소화차
지 붕
괴Coke
구동 Motor
주행 H-Beam
주행 Roller
Belt Conveyor

(8) 코크스 벙커

코크스로에서 만들어진 코크스를 25mm 벙커 스크린에서 체질한 후 괴코크스와 분코크스를 분리한 다음 적치되는 저장조

4. 코크스로 내화물

(1) 내화물의 화학 성분에 의한 분류

① 산성 내화물

　　㉠ 규석질 : SiO_2

　　㉡ 반규석질 : $SiO_2(Al_2O_3)$

　　㉢ 샤모트질 : $SiO_2-Al_2O_3$

② 중성 내화물

　　㉠ 고알루미나질 : $Al_2O_3(SiO_2)$

　　㉡ 탄소질 : C

　　㉢ 탄화규소질 : SiC

　　㉣ 크로뮴질 : Cr_2O_3, Al_2O_3, MgO, FeO

③ 염기성 내화물

　　㉠ 포스터라이트질 : MgO, SiO_2

　　㉡ 크로마그질 : MgO, Cr_2O_3

　　㉢ 마그네시아질 : MgO

　　㉣ 돌로마이트질 : CaO, MgO

(2) 내화물의 조건

① 사용 온도에서 연와 변형이 되지 않을 것

② 상온 및 사용 온도에서 압축강도가 클 것

③ 팽창 수축이 작을 것

④ 온도의 급격한 변화에 의한 파손이 적을 것

⑤ 내마모성을 가질 것

⑥ 사용 목적에 따른 열전도율을 가질 것

1. 고로 제선 설비 개요

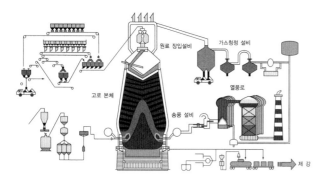

(1) 원료 장입 설비
고로 조업에 적합하도록 사전 처리한 원료를 원료 빈(Bin)에서 광석 및 코크스를 불출하여 체질(Screen)하여 노정까지 운반하는 설비

(2) 고 로
철광석과 코크스를 넣어 용선을 생산하는 설비

(3) 열풍로
고로 내에 산화, 환원 반응을 위해 열풍을 고로 내에 공급하는 설비

(4) 주상 설비
생산된 용선과 슬래그를 배출하는 설비

(5) 가스청정 설비
고로 내 발생된 폐가스를 집진처리해 주는 설비

2. 원료 장입 설비

(1) 원료 절출 설비
① 원료 빈(Bin)
  ㉠ 연료(코크스)와 원료(소결광, 정립광, 펠릿) 및 부원료(석회석, 규석, 망간) 등을 각각의 저장조(Bin)에 저장하는 설비
  ㉡ 저장조(Bin) 내부는 마모 방지를 위해 내마모성 강판과 버솔트(Basalt)로 라이닝(Lining) 시공이 되어 있음
② 스크린(Screen)
  ㉠ 장입 계산에 따라 일정량을 스크린(Screen)을 통하여 괴와 분으로 분리하면서 괴를 OWH(Ore Weighing Hopper)로 절출시키는 설비
  ㉡ 스크린 상부 전동 진동기(Vibrator)가 진동하며, 그리즐리 바(Grizzly Bar)에서 걸러진 8~13mm 이하의 미립광과 분광이 2상인 와이어 클로스(Wire Cloth) 위로 낙하
    ※ 그리즐리 바 : 고로에 장입되는 연·원료 스크린 중 상부 소결광 스크린으로 사용하는 설비
    ※ 와이어 클로스 : 고로에 장입되는 연·원료 스크린 중 하부 소결광 스크린으로 사용하는 설비
  ㉢ 와이어 클로스(Wire Cloth)에 떨어진 미립광과 분광은 다시 스크린되어 분 소결 호퍼에 저장
③ 피더(Feeder)
  ㉠ 부원료 빈에 있는 부원료를 OWH(Ore Weighing Hopper)에 절출하는 설비
  ㉡ 절출되지 않는 경우 조치 방법 : 고착분 제거, 피더 각도 조정, 빈 수동 게이트 개도 조정, 바이브레이터 전압 조정 등
④ OWH(Ore Weighing Hopper), CWH(Coke Weighing Hopper)
  ㉠ 광석 저장조(Bin) 스크린에서 절출된 소결광 및 피더에서 절출된 부원료를 평량하는 호퍼
  ㉡ 평량 시 중량 검출은 로드 셀(Load Cell)로 측정

⑤ 노정 장입 장치의 요구 조건

　　㉠ 노 내 고압가스에 대한 기밀성이 뛰어날 것

　　㉡ 노 내 적정한 분포의 장입물 유도해야 할 것

　　㉢ 노정 장입 장치의 내구성이 좋을 것

　　㉣ 보수 및 점검이 용이할 것

(2) 벨트컨베이어(Belt Conveyor)

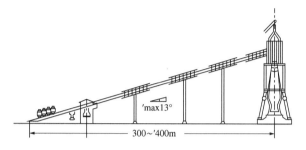

① 벨트컨베이어의 특징

　　㉠ 고로에 사용하는 연·원료를 호퍼에 임시 저장 후 노정 호퍼까지 운반해 주는 장치

　　㉡ 장거리 운반 시 경제적

　　㉢ 구조와 설비가 간단

　　㉣ 다량의 연·원료 적재와 운반, 하적이 가능

② 벨트컨베이어 절출 장치

　　㉠ 정량 절출 장치(CFW ; Constant Feed Weigher) : 원료의 절출량에 의한 벨트의 처지는(하중) 상태와 벨트의 속도를 검출하고 그 변화에 따라서 자동적으로 벨트의 속도를 가감하여 절출량을 자동제어하는 장치

　　㉡ 벨트 공급기(Belt Feeder) : Gate의 간격 또는 벨트의 속도에 의하여 절출량을 가감하는 것

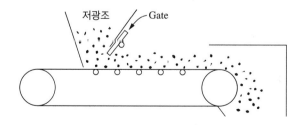

㉢ 테이블 공급기(Table Feeder) : 원판을 회전시켜 그 위에 원추형으로 쌓이는 원료를 스크래퍼(Scraper)로 걸어서 떨어뜨리는 장치로서 스크래퍼의 걸쳐 놓는 깊이로 가감

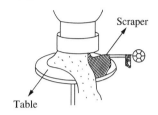

㉣ 진동 공급기(Vibrating Feeder) : 작은 호퍼(Hopper)의 하부에 약간 경사를 두고 슈트를 설치하여 전자적 진동을 주어 유출시키는 장치

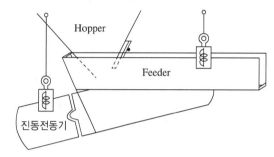

③ 벨트컨베이어(Belt Conveyor) 연결 설비

　　㉠ 슈트(Chute) : 상부 라인의 수송물을 하부 라인으로 이어 주는 설비

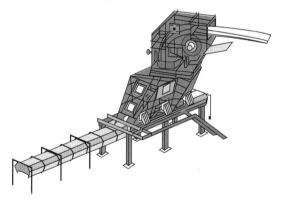

ⓒ 트리퍼(Tripper) : 수송물을 벨트컨베이어에서 빼내는 설비

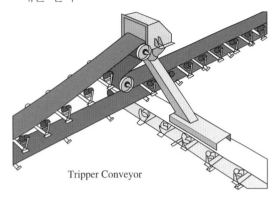

Tripper Conveyor

ⓒ 피더 컨베이어(Feeder Conveyor) : 호퍼에 있는 수송물을 컨베이어에 장입하는 설비

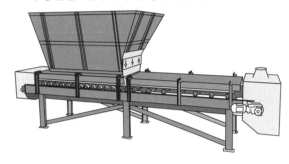

3. 노정 설비

(1) 노정 장입 설비

수송된 원료를 고로 내에 장입하는 설비

(2) 노정 장입 설비가 구비해야 할 조건

① 고압가스에 대한 기밀 유지가 가능할 것
② 장입물의 적정한 분포가 유지 가능할 것
③ 내구성이 있을 것
④ 장치가 간단 및 보수·점검이 용이할 것

(3) 노정 설비 종류

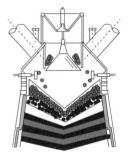

[2벨식]   [벨리스식(슈트식)]

① 2벨(2 Bell Valve Seal Type) 타입 : 노정에 있는 상종과 하종, 2개의 종을 통해 원료를 장입하는 방식

ⓒ 2벨 타입 설비 구조 : 대·소벨, 벨 호퍼, 균·배압 장치, 검측 장치, 선회 슈트, 가스 Seal밸브, 호퍼 게이트, 무버블 아머 등으로 구성

• 대벨 : 원추형으로 노구부를 차단하는 구조로 노 내 발생 가스를 차단하는 역할

• 소벨 : 대벨과 비슷하나 Seal성 향상을 위해 2분 할로 구성되어 기밀을 유지할 수 있으며, 내마모 주철재가 사용

• Bell 개폐 구동 장치 : 기동식, 전동 크랭크식, 유압식

• 균·배압 장치 : 호퍼 내 압력을 일정치로 유지하며, Seal성 확보를 위해 실리콘 러버가 부착되어 있음

• 검측 장치(사운딩, Sounding) : 고로 내 원료의 장입 레벨을 검출하는 장치로서 측정봉식, Weigh식, 방사선식, 초음파식이 있음

• 무버블 아머(Movable Armour) : 베리어블 아머(Variable Armour) 또는 아머 플레이트(Armour Plate)라고도 하며, 대벨에서 낙하하는 원료의 낙하 위치를 변경시키는 장치

② 벨리스(Bell-less Top Type) 타입

    ㉠ 노정 장입 호퍼와 슈트(Chute)에 의해 원료를 장입하는 방식

    ㉡ 장입물 분포 조절이 용이

    ㉢ 설비비가 저렴

    ㉣ 대형 고로에 적합

    ㉤ 중심부까지 장입물 분포 제어 가능

(4) 노정 장입 설비 역할

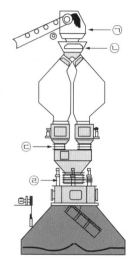

① 노정 방산밸브(에어 블리더, Air Bleeder, ㉠) : 노정 압력에 의한 설비를 보호하기 위해 설치

② Receiving Chute(㉡) : 벨트컨베이어에서 실려 온 연·원료를 호퍼로 유도하는 장치

③ 균압장치(㉢) : 노정 호퍼의 연·원료를 고로 내부로 투입하기 전 노정 호퍼의 압력을 고로 내부의 압력과 같게 해 주는 장치

④ 배압 장치 : 노정 호퍼에 연·원료를 저장하기 위해 호퍼의 내압을 대기압과 같게 해 주는 장치로 방산 혹은 회수하여 재사용하는 방법을 사용. 셉텀밸브 (Septum Valve), 소음기(Silencer), 사이클론(Cyclone) 등의 장치가 설치되어 있음

⑤ 사운딩(Sounding, ㉣) : 고로 내 장입물 높이를 측정하기 위한 장치로 노구부에도 있음

⑥ 상승광, 하강관 : 배가스된 고로가스가 통과하는 곳으로 제진기로 유입

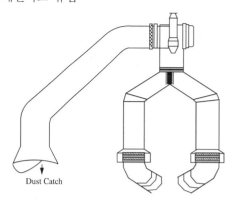

4. 고로 본체

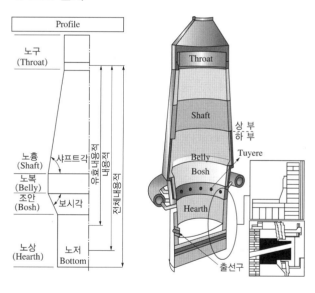

(1) 고로의 개요

① 고로 : 원통형으로 외부는 철피, 내부는 내화물로 구성되어 있으며, 냉각장치가 있음

② 고로의 생산 능력 : 1일 출선량(ton/day)

③ 고로의 크기

    ㉠ 전체 내용적(m^3) : 고로 장입 기준선에서 노저 바닥 연와 상단까지의 노체의 용적

    ㉡ 내용적(m^3) : 고로 장입 기준선에서 출선구 내측 중심선까지의 체적으로 고로의 크기 비교 시 사용

ⓒ 유효 내용적(m^3) : 고로 장입 기준선에서 풍구 중심선까지의 체적

(2) 노구(Throat)

① 고로 본체 제일 윗부분으로 원료가 장입되는 곳
② 높이 1.5~2.0m, 노 구경 10~10.5m 정도의 크기를 가짐
③ 노구 지름은 가스의 유속과 관계가 있으며, 연진을 줄이기 위해 유속을 알맞게 조절
④ 노구 지름이 너무 크면 장입물이 고로의 단면에 불균일하게 분포

(3) 노흉(샤프트, Shaft)

① 노구부 하단에서 노복 상단까지의 구역으로 상부에서 하부로 내려오면서 넓어지는 형상
② 장입된 장입물의 예열과 환원이 이루어지는 구역
③ 장입물 강하 및 예열된 장입물의 팽창을 고려하여 83~85°범위의 각을 설정
④ 노흉각이 너무 클 시 : 노벽과 장입물과의 마찰이 커져 노벽 손상 가능
⑤ 노흉각이 너무 작을 시 : 가스압의 상승으로 균일한 가스 분포가 불가

(4) 노복(벨리, Belly)

① 고로에서 장입물의 열팽창으로 체적이 가장 큰 부분
② 노상의 지름과 보시 각도에 따라 노복의 지름이 결정

(5) 조안(보시, Bosh)

① 노복 하단부에서 노상 상단부까지의 구간
② 노흉, 노복으로부터 강하된 장입물이 용해되어 용적이 수축하는 부분
③ 하부 직경이 상부 직경보다 80~83° 정도 작게 형성
④ 노상부의 송풍관 공기 공급으로 연와 침식이 가장 심한 부분으로 냉각 설비가 필수임

(6) 노상(Hearth)

① 노의 최하부이며 출선구, 풍구가 설치되어 있는 곳
② 용선, 슬래그를 일시 저장하며 생성된 용선과 슬래그를 배출시키는 출선구가 설치
③ 출선 후 어느 정도 용융물이 남아 있도록 만들며, 노 내 열량을 보유하고 노 저 연와에 적열(균열) 현상이 일어나지 않도록 제작
④ 풍 구
  ㉠ 열풍로의 열풍을 일정한 압력으로 고로에 취입하는 곳
  ㉡ 연소대(레이스 웨이, Race Way) : 풍구에서 들어온 열풍이 노 내를 강하하여 내려오는 코크스를 연소시켜 환원 가스를 발생시키는 영역
⑤ 노저(Bottom) : 고로의 바닥 부분이며, 내화벽돌 내 냉각수를 순환시켜 냉각하는 방식으로 수명 연장
  ㉠ 노심(Dead Man)
    • 선철 및 슬래그(Slag)가 출선구로 배출된 후 노의 중심부에 남아 있는 코크스
    • 미연소 코크스로 비중이 가벼워 노상에 고여 있는 용융물상에 부상되어 있음

(7) 고로 수명을 결정하는 요인

① 노의 설계
② 원료의 상태
③ 노의 조업 현황
④ 노체를 구성하는 내화물의 품질과 축로 기술

(8) 고로 내화물 구비 조건

① 고온에서 용융, 연화, 휘발하지 않을 것
② 고온·고압에서 상당한 강도를 가질 것
③ 열 충격이나 마모에 강할 것
④ 용선·용재 및 가스에 대하여 화학적으로 안정할 것
⑤ 적당한 열전도를 가지고 냉각 효과가 있을 것

5. 고로 노체 지지 장치

(1) 철대식
노정 하중을 철탑으로 지지하며, 노체 상부는 철제 기둥, 하부는 노 바닥을 기초로 지지하는 장치

(2) 철피식
강판으로 노 외벽을 제작 후 내부를 내화물로 쌓은 장치

(3) 철골 철피식
노정 하중은 철탑으로 지지하며, 상부 하중은 이중 거더, 하부 하중은 노 바닥을 기초로 지지하는 장치

(4) 자립식
노정 하중은 철탑으로 지지하며, 노체 철피 및 내화물 하중은 노 바닥을 기초로 지지하는 장치

6. 고로 노체 냉각장치

(1) 스테이브(Stave) 냉각기

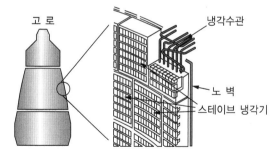

고 로

냉각수관

노 벽

스테이브 냉각기

① 철피 내면에 일정한 간격으로 강관이 설치되어 냉각하는 방식
② 냉각수를 자연 순환시키는 증발 냉각 방식과 강제 순환하는 수랭식이 있음
③ 냉각수 : 담수, 담수 순환수, 해수, 정수

④ 재 질
　㉠ 구리 : 뛰어난 열전도율, 낮은 변형률, 냉각 능력 우수
　㉡ 주철 : 기계적 성질 우수, 구리 대비 가격 저렴, 내마모성 우수

(2) 냉각반 냉각기(Cooling Plate)
① 내화벽돌 내부에 냉각기를 넣어 냉각하는 방식
② 냉각수 : 담수, 담수 순환수, 해수
③ 재질 : 순동

7. 고로 부대 설비

(1) 열풍로
① 열풍로 개요
　㉠ 열풍로 : 공기를 노 내의 풍구를 통하여 불어 넣기 전 1,100~1,300℃로 예열하기 위한 설비
　㉡ 일정 시간이 경과하면 축열실 온도가 낮아지므로 다른 축열실로의 열풍으로 사용
　㉢ 열풍 사용으로 코크스 사용량을 줄이며 연소의 속도를 높여 생산 능률이 향상
　㉣ 가동 방식 : 고로가스(BFG) 및 코크스로 가스(COG)를 연소 → 축열실 가열 → 반대 방향에서 냉풍 공급 → 출열실 열로 냉풍 가열 → 가열기와 방열기 반복 → 다른 열풍로로 교환 송풍

② 열풍로 종류

　　㉠ 내연식 열풍로(Cowper Type)

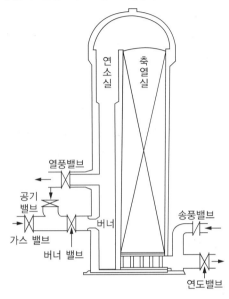

[내연식 열풍로(Cowper Type)]

　　• 예열실과 축열실이 분리되어 있지 않고 하나의
　　돔 내에 위치한 열풍로

　　• 구조가 복잡하고 연소실과 축열실 사이 분리벽
　　이 손상되기 쉬움

　　㉡ 외연식 열풍로(Koppers Type)

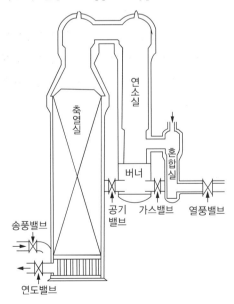

[외연식 열풍로(Koppers Type)]

　　• 축열실과 연소실이 독립되어 있는 열풍로

　　• 온도차에 의한 균열 문제가 없어 고온 송풍 가능

③ 열풍로 설비

　　㉠ 연소실 : 혼합된 연소 산소와 연소 가스가 연소하
　　는 곳

　　㉡ 축열실 : 연소된 열이 축열되는 곳

　　㉢ 혼랭실 : 열풍을 고로 조건에 맞게 온도를 조절하
　　는 곳

　　㉣ 연락관 : 연소된 열이 축열실로 이동 혹은 열풍이
　　연소실로 이동하는 곳

④ 송풍기 : 증기 터빈식 또는 전동 모터식으로 열풍을
　송풍해 주는 설비

(2) 연료 취입 설비

① 연료 종류 : 중유, 타르, 미분탄 등

② 연소 효율을 극대화 및 코크스비 절감을 목적으로 열
　풍과 함께 용광로에 취입

③ 취입 방법 : 파이프 취입식(Pipe Blowing), 풍구 삽입
　식(Tuyere Insert)

④ 취입 연료 분무 방법 : 기계적 분무, 송풍 분무

⑤ 미분탄 취입(PCI ; Pulverized Coal Injection)

　　㉠ 미분탄 : 원료탄을 분쇄(~200mesh)하여 고로 풍
　　구 선단으로 취입하는 코크스 대체 연료

　　㉡ PCI 설비 : 수송 설비, 제조 설비, 취입 설비로
　　구성

　　㉢ 미분탄 취입 특징

　　　• 미분탄 연소 분위기가 높을수록 연소 속도에 의
　　　해 연소 효율 증가

　　　• 코크스 사용비 감소

　　　• 코크스 생산비 감소

(3) 주상 설비

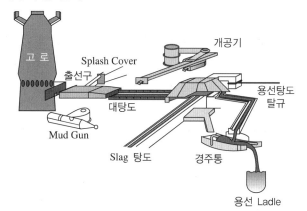

① 개공기(Tap Hole Opener) : 고로 내 용선을 에어 모터, 해머 등을 이용하여 출선하는 설비
② 폐쇄기 : 머드건을 이용하여 내화재로 출선구를 막는 설비

　㉠ 머드건 : 출선 완료 후 선회, 경동하여 머드재로 충진하는 설비
　㉡ 머드재 : 출선구 내부에 충진 후 경화시키는 재료
③ 탕도 : 출선된 용선을 토페도 레이들로 유도하는 설비

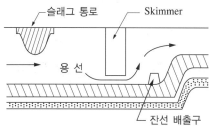

[스키머(Skimmer)]

　㉠ 대탕도 : 출선구에서 배출된 용선과 슬래그를 유도하는 설비
　㉡ 용선 탕도 및 경주통(소탕도) : 대탕도에서 분리된 용선을 레이들까지 유도하는 탕도
　㉢ 슬래그 탕도 : 슬래그가 이동하는 탕도

　㉣ 스키머(Skimmer) : 비중 차에 의해 용선 위에 떠 있는 슬래그를 분리하는 설비

(4) 가스청정 설비

① 가스청정 설비 개요
　㉠ 고로에서 발생하는 폐가스와 분진을 냉각, 청정화하여 유용 가스를 회수하는 설비
　㉡ 여러 원리를 이용하여 분진 입도별로 순차적으로 제거
　㉢ 제진기 → 벤투리 스크러버 → 전기집진기를 많이 사용
　㉣ 최근 설비에는 비숍 스크러버를 많이 사용
② 가스청정 순서
　㉠ 제진기 → 1차 벤투리 스크러버 → 2차 벤투리 스크러버
　㉡ 제진기 → 벤투리 스크러버 → 전기 집진기
③ 건식 제진기
　㉠ 노정 가스의 유속을 떨어뜨림과 동시에 가스의 방향을 전환함으로써 가스 중 조립 먼지를 침강시켜 집진하는 설비
　㉡ 중력에 의한 방식 : 함진 입자를 중력에 의한 자연 침강으로 분리시켜 포집하는 것
　㉢ 관성에 의한 방식 : 함진 가스를 충돌판에 충돌하면 기류가 급격히 방향 전환하게 되고, 이때 입자의 관성력을 이용하여 분진을 분리·포집하는 방식
　㉣ 원심력에 의한 방식 : 함진 가스를 선회시키면 먼지에 작용하는 원심력이 작용하게 되고, 이때 입자를 가스로부터 분리하는 방식
④ 벤투리 스크러버 : 가스 배출관의 일부를 좁게 하여 가스 유속을 증가시킨 후 분무함으로써 비중이 크게 된 분진을 침강시켜 포집하는 습식 집진 설비

⑤ 전기집진기
　　㉠ 방전 전극판(+)과 집진 전극봉(−) 간에 고압의 직
　　　류전압을 걸게 되면 연진은 코로나 방전을 일으키
　　　게 되고 이때 이온화된 연진을 집진극에 달라붙도
　　　록 하여 집진하는 설비
　　㉡ 집진극에 부착된 분진 입자는 타격에 의한 진동으
　　　로 하부 호퍼에 모아진 후 외부로 배출
⑥ 비숍 스크러버(Bischoff Scrubber) 운전 : 분진 함량이
　　높은 고로가스(BFG ; Blast Furnace Gas)를 연료로
　　사용하도록 가스에 혼입된 분진을 지정된 청정도로
　　제거하는 습식 청정 설비로 1단 스크러버와 2단 스크
　　러버로 구성

(5) 수봉밸브

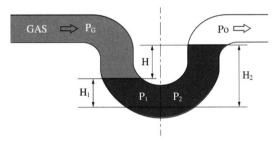

① 제철소 부생 가스 배관 내 유체의 흐름에 물을 채워
　　차단하는 장치
② 구조로는 V, U형태의 배관과 수봉이나 해봉을 위한
　　급배수 밸브가 설치되어 있음
③ 수봉밸브 하부 바닥 부위에는 배관 내 이물질이나 가
　　스 중 타르(Tar) 등의 불순물을 배출시키기 위한 실
　　포트(Seal Pot)가 설치되어 있음

(6) 노정압 발전기(TRT ; Top Pressure Recovery Turbine)

① 노정압 발전기 : 고로 대형화에 따라 가스의 양과 압력
　　이 높게 발생되며 이 가스는 청정 설비를 거쳐 제진되
　　며 노정압 발전기로 감압하여 열풍로의 연료 및 연소
　　용 연료로 사용
② 노정압 발전기 터빈 형식
　　㉠ 폭류식(Radial) : 임펠러(Impeller) 타입으로 가
　　　스 흐름에 의해 임펠러가 회전하고 동일 축에 연결
　　　된 제너레이터(Generator)가 회전하며 발전하는
　　　구조
　　㉡ 축류식 : 로터에 작은 블레이드가 몇 단으로 나뉘
　　　어 여러 매 취부되어 있는 형식으로 가스가 블레이
　　　드에 충돌할 때 발생되는 회전력을 이용하여 발전
　　　하는 방식
③ 설비 구성 : 회전 동체, 밸브, 블레이드(Blade), 베어링

5-1. 저광조에서 소결원료가 벨트컨베이어 상에 배출되면 자동적으로 벨트컨베이어 속도를 가감하여 목표량만큼 절출하는 장치는?
① 벨트 피더(Belt Feeder)
② 테이블 피더(Table Feeder)
③ 바이브레이팅 피더(Vibrating Feeder)
④ 콘스탄트 피더 웨이어(Constant Feed Weigher)

5-2. 고로의 노정설비 중 노 내 장입물의 레벨(Level)을 측정하는 것은?
① 사운딩(Sounding)
② 라지 벨(Large Bell)
③ 디스트리뷰터(Distributer)
④ 서지 호퍼(Surge Hopper)

5-3. 고로의 장입설비에서 벨리스형(Bell-less Type)의 특징을 설명한 것 중 틀린 것은?

① 대형 고로에 적합하다.
② 성형원료 장입에 최적이다.
③ 장입물 분포를 중심부까지 제어가 가능하다.
④ 장입물의 표면 형상을 바꿀 수 없어 가스 이용률은 낮다.

5-4. 고로의 장입장치가 구비해야 할 조건으로 틀린 것은?

① 장치가 간단하여 보수하기 쉬워야 한다.
② 장치의 개폐에 따른 마모가 없어야 한다.
③ 원료를 장입할 때 가스가 새지 않아야 한다.
④ 조업속도와는 상관없이 최대한 느리게 장입되어야 한다.

5-5. 고로의 유효 내용적을 나타낸 것은?

① 노저에서 풍구까지의 용적
② 노저에서 장입 기준선까지의 용적
③ 출선구에서 장입 기준선까지의 용적
④ 풍구 수준면에서 장입 기준선까지의 용적

5-6. 그림과 같은 고로에서 미환원의 철, 규소, 망간이 직접환원을 받는 부분은?

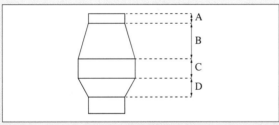

① A
② B
③ C
④ D

5-7. 고로의 풍구로부터 들어오는 압풍에 의하여 생기는 풍구 앞의 공간을 무엇이라고 하는가?

① 행잉(Hanging)
② 레이스 웨이(Race Way)
③ 플러딩(Flooding)
④ 슬로핑(Slopping)

5-8. 고로 노체냉각 방식 중 고압 조업하에서 가스 실(Seal)면에서 유리하며 연와가 마모될 때 평활하게 되는 장점이 있어 차츰 많이 채용되고 있는 냉각방식은?

① 살수식
② 냉각판식
③ 재킷(Jacket)식
④ 스테이브(Stave) 냉각방식

5-9. 출선 시 용선과 같이 배출되는 슬래그를 분리하는 장치는?

① 스키머(Skimmer)
② 해머(Hammer)
③ 머드 건(Mud Gun)
④ 무버블 아머(Movable Armour)

5-10. 그림과 같은 내연식 열풍로의 축열실에 해당되는 곳은?

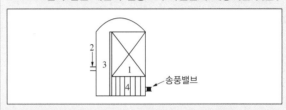

송풍밸브

① 1
② 2
③ 3
④ 4

5-11. 미분탄 취입(Pulverized Coal Injection) 조업에 대한 설명으로 옳은 것은?

① 미분탄의 입도가 작을수록 연소 시간이 길어진다.
② 산소부화를 하게 되면 PCI 조업 효과가 낮아진다.
③ 미분탄 연소 분위기가 높을수록 연소 속도에 의해 연소 효율은 증가한다.
④ 휘발분이 높을수록 탄(Coal)의 열분해가 지연되어 연소 효율은 감소한다.

5-12. 고로가스 청정설비로 노정 가스의 유속을 낮추고 방향을 바꾸어 조립연진을 분리, 제거하는 설비명은?

① 백필터(Bag Filter)
② 제진기(Dust Catcher)
③ 전기집진기(Electric Precipitator)
④ 벤투리 스크러버(Venturi Scrubber)

5-1

정량 절출 장치(CFW ; Constant Feed Weigher)
소결용 원료 부원료를 적정 비율로 배합하기 위해 종류별로 정해진 목표치에 따라 불출량이 제어되도록 하는 계측 제어 장치

5-2

검측 장치(사운딩, Sounding) : 고로 내 원료의 장입 레벨을 검출하는 장치로서 측정봉식, Weigh식, 방사선식, 초음파식이 있음

5-3

벨리스(Bell-less Top Type) 타입
• 노정 장입 호퍼와 슈트(Chute)에 의해 원료를 장입하는 방식
• 장입물 분포 조절이 용이
• 설비비가 저렴
• 대형 고로에 적합
• 중심부까지 장입물 분포 제어 가능

5-4

노정 장입장치의 요구 조건
• 노 내 고압가스에 대한 기밀성이 뛰어날 것
• 노 내 적정한 분포의 장입물 유도해야 할 것
• 노정 장입장치의 내구성이 좋을 것
• 보수 및 점검이 용이할 것

5-5

고로의 크기
• 전체 내용적(m³) : 고로 장입 기준선에서 노저 바닥 연와 상단까지의 노체의 용적
• 내용적(m³) : 고로 장입 기준선에서 출선구 내측 중심선까지의 체적으로 고로의 크기 비교 시 사용
• 유효 내용적(m³) : 고로 장입 기준선에서 풍구 중심선까지의 체적

5-6

조안(보시, Bosh)
• 노복 하단부에서 노상 상단부까지의 구간
• 노흉, 노복으로부터 강하된 장입물이 용해되어 용적이 수축하는 부분
• 하부 직경이 상부 직경보다 80~83° 정도 작게 형성
• 노상부의 송풍관 공기 공급으로 연와 침식이 가장 심한 부분이므로 냉각 설비가 필수

5-7

노상(Hearth)
• 노의 최하부이며, 출선구, 풍구가 설치되어 있는 곳
• 용선, 슬래그를 일시 저장하며, 생성된 용선과 슬래그를 배출시키는 출선구가 설치
• 출선 후 어느 정도 용융물이 남아 있도록 만들며, 노 내 열량을 보유하고, 노 저 연와에 적열(균열) 현상이 일어나지 않도록 제작

• 풍 구
  – 열풍로의 열풍을 일정한 압력으로 고로에 취입하는 곳
  – 연소대(레이스 웨이, Race Way) : 풍구에서 들어온 열풍이 노 내를 강하하여 내려오는 코크스를 연소시켜 환원 가스를 발생시키는 영역

5-8

냉각반 냉각기(Cooling Plate)
• 내화벽돌 내부에 냉각기를 넣어 냉각하는 방식
• 냉각수 : 담수, 담수 순환수, 해수
• 재질 : 순동

5-9

스키머(Skimmer) : 비중 차에 의해 용선 위에 떠 있는 슬래그를 분리하는 설비

5-10

내연식 열풍로(Cowper Type)

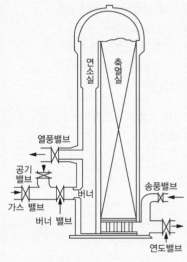

5-11

미분탄 취입 특징
• 미분탄 연소 분위기가 높을수록 연소 속도에 의해 연소 효율 증가
• 코크스 사용비 감소
• 코크스 생산비 감소

5-12

제진기 : 노정 가스의 유속을 떨어뜨림과 동시에 가스의 방향을 전환함으로써 가스 중 조립 먼지를 침강시켜 집진하는 설비

정답 5-1 ④ 5-2 ① 5-3 ④ 5-4 ④ 5-5 ④ 5-6 ④ 5-7 ②
　　　 5-8 ② 5-9 ① 5-10 ① 5-11 ③ 5-12 ②

1. 고로 장입 계산

(1) 장입물 및 장입법

① 원료의 처리

　㉠ 사전 처리 : 파쇄에 의해 정립과 분광 제거, 균광 설비의 품질 균일화, 분광의 소결 및 펠릿화

　㉡ 소결광 : 광석 빈에서 평량 전 체질(Screen)하여 분소결광을 제거

　㉢ 코크스 : 커터(Cutter)로 정립하고, 평량 전 체질하여 분코크스를 제거

　㉣ 코크스는 1일 3회 정도 회분, 수분 및 강도 등을 측정

② 장입물 배합

　㉠ 배합률 결정 : 선철 함유 성분 설정 후 광석의 함유 원소에 의한 원소를 감안하여 결정

　㉡ 선철 톤(t)당 소요 원료량을 각각 광석비, 코크스비, 석회석, 잡원료비라고 함

　㉢ 1회 장입량은 코크스 양을 기준으로 결정

　㉣ 코크스에 대한 광석량

　　• 경장입(Light Charge) : 노황에 따라 가감되며, 광석량이 적은 경우

　　• 중장입(Heavy Charge) : 광석량이 많은 경우

　　• 공장입(Blank Charge) : 노황 조정을 위해 코크스만을 장입하는 경우

　　• 코크스비는 광석 중 철 함유량에 따라 변동하며, 철 함유량이 높을수록 코크스비는 낮아지며, 고로의 조업률은 높아짐

③ 장입 원료 취급

　㉠ 소결광 : 철 함유량과 염기도, Al_2O_3, 강도(회전강도, SI), 분율(~5mm) 및 환원 분화지수 등을 사전 품질 관리

　㉡ 펠릿 : 균일한 입도와 화학 성분 및 고품위가 이점이나, 노벽 손상이 커지는 단점이 있으므로 팽창률과 압축강도, 환원율 및 텀블러 강도 등을 사전 품질 관리

　㉢ 철광석 : 괴의 크기는 5~25mm, 분은 5mm 이하로 파쇄 및 체질하며, 입도가 작을 경우 통기성 저하와 걸림의 원인, 가스 분포 불균일 및 환원성 저하 등이 일어남

　㉣ 코크스 : 선철 톤(t)당 사용량(코크스비)이 고로 성적의 표시 기준이 되므로, 수분 관리에 중성자 수분계를 이용하고 1회 장입 시마다 측정하여 관리하며, 입도 50mm 전후에서 드럼 회전 강도로 강도 측정 시 강도가 낮으면 분 코크스 발생이 쉽고 행잉, 슬립의 원인이 됨

　　• 코크스 관리 항목 : 균열 강도, 낙하 시험, 텀블러 지수 등

(2) 장입법 및 장입 계산

① 장입법

　㉠ 장입물 노 내 분포 : 장입물 성상(입도, 비중, 점성 등) 장입 장치에 따라 변동

　㉡ 권상 장입 방식 : 스킵(Skip)식, 벨트컨베이어식 등

② 장입 계산

　㉠ 출선량 : 고로에서 생산된 용선의 총량(t)을 말하며, 일별 광석 장입량 중 철분 함량에서 노정 Dust, 슬래그중 용선 혼입 등으로 철원 손실분을 차감한 후 용선 중의 불순물을 감안하여 계산된 용선 생산량

　㉡ 코크스비(Coke Ratio) : 선철 1t을 생산하는 데 소요된 코크스 사용량($kg/t-p$)

　㉢ 송풍 원단위 : 용선 1t을 생산하는 데 소요된 송풍량($Nm^3/t-p$)

$$\frac{풍량(Nm^3) \times 1,440(min/D) + \{(산소취입량(Nm^3) \times 24) \div 0.21\}}{이론\ 출선량(T/D)}$$

ⓔ 염기도 : 슬래그의 염기성 정도를 나타낸 지수로 유동성 및 탈황 능력의 정도를 판단(CaO/SiO₂)

ⓜ 출선비($t/d/m^3$) : 일별 단위 용적(m^3)당 용선 생산량(t)

$$\frac{출선량(t/d)}{내용적(m^3)}$$

ⓗ 원료비(광석비) : 고로에서 선철 1톤(t)을 생산하기 위해 소요된 주원료(철광석) 사용량($t/t-p$)

ⓢ 고정탄소(%) : 100% - [수분(%) + 회분(%) + 휘발분(%)]

③ 열정산

ⓖ 입열 : 산화철의 간접 환원열, 코크스 연소열, 열풍(송풍)의 현열, 슬래그 생성열, 장입물 중 수분의 현열 등

ⓛ 출열 : 용선 현열, 노정 가스 현열, 석회석 분해열, 코크스 용해 손실, 장입물(Si, Mn, P)의 환원열, 슬래그 현열, 수분의 분해열, 연진의 현열, 냉각수에 의한 손실열 등

(3) 제강 용선과 주물 용선의 조업상 비교

구 분	제강 용선(염기성 평로)	주물 용선
선철 성분	• Si : 낮다. • Mn : 높다. • S : 될 수 있는 한 적게	• Si : 높다. • Mn : 낮다. • P : 어느 정도 혼재
장입물	• 강의 유해 성분이 적은 것 • Mn : Mn광, 평로재 • Cu : 황산재의 사용 제한	• 주물의 유해 성분, 특히 Ti가 적은 것 • Mn : Mn광 사용 • Ti : 사철의 사용
조업법	• 강염기성 슬래그 • 저열 조업 • 풍량을 늘리고, 장입물 강하 시간을 빠르게 함	• 저염기도 슬래그 • 고열 조업 • 풍량을 줄이고, 장입물 강하 시간을 느리게 함

※ Ti 함량이 높을 시 슬래그의 유동성 저하, 용선과 슬래그의 분리가 어려워짐, 불용성 화합물 형성

2. 고로 노황 관리

(1) 고로 내 반응의 개요

① 고로를 하강하는 장입 물질과 상승하는 노 내 발생 가스 간의 역류식 열교환 화학 반응

② 노 내 발생 가스에 의해 하강하는 장입물의 상태

ⓖ 철광석 : 건조 → 예열 → 환원(고체 Fe 생성) → 철(Fe) → 흡탄(Fe-C) → 용해

ⓛ 석회석 : 열분해($CaCO_3$ → CaO + CO_2) → 유리 CaO은 SiO_2 등과 반응하여 Slag화

ⓒ 기타 금속산화물 : 일부 환원하여 용철에 용해되고 나머지는 CaO 등과 반응하여 Slag화

(2) 고로 내 반응

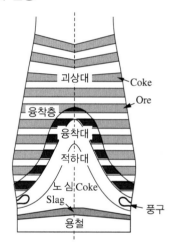

① 장입물의 변화 상황

ⓖ 예열층(200~500℃) : 상승 가스에 의해 장입물이 부착 수분을 잃고 건조하는 층

ⓛ 환원층(500~800℃) : 산화철이 간접 환원되어 해면철로 변하며, 샤프트 하부에 다다를 때까지 거의 모든 산화철이 해면철로 되어 하강하는 층

ⓒ 가탄층(800~1,200℃)

• 해면철은 일산화탄소에 의해 침탄되어 시멘타이트를 생성하고 용융점이 낮아져 규소, 인, 황이 선철 중에 들어가 선철이 된 후 용융하여 코크스 사이를 적하하는 층

- 석회석의 분해에 의해 산화칼슘이 생기며, 불순물과 결합해 슬래그를 형성
  - ㉣ 용해층(1,200~1,500℃) : 선철과 슬래그가 같이 용융 상태로 되어 노상에 고이며, 선철과 슬래그의 비중 차로 2개의 층으로 나뉘어짐
  - ㉤ 연소층 : 취입 열풍에 의해 레이스 웨이(Race Way)를 형성
  - ㉥ 노상부 : 용선과 슬래그가 고이는 부분
- ② 고로 내 각 구역별 반응
  - ㉠ 괴상대
    - 풍구에 취입된 열풍이 노 상부에서 하강하는 코크스와 반응하여 CO 가스를 생성하고, CO 가스는 산화철과 반응하여 철광석을 환원
    - 산화철의 간접환원
      - $3Fe_2O_3 + CO \rightarrow 2Fe_3O_4 + CO_2$
      - $Fe_3O_4 + CO \rightarrow 3FeO + CO_2$
    - 융착대 부근 : 온도 급상승(900~1,000℃)
      $FeO + CO \rightarrow Fe + CO_2$
    - 코크스의 용해 손실 반응 : $CO_2 + C \rightarrow 2CO$
    - 겉보기 반응 : 직접환원($FeO + C \rightarrow Fe + CO$)
  - ㉡ 융착대 : 광석 연화, 융착(1,200~1,300℃)
    - FeO 간접환원($FeO + CO \rightarrow Fe + CO_2$)
    - 용융 FeO 직접환원($FeO + C \rightarrow Fe + CO$)
    - 환원철 : 침탄 → 융점 저하 → 용융 적하
  - ㉢ 적하대 : 용철, Slag의 용융 적하(1,400~1,500℃)
    - 탈황, 탈규 반응 : 용철과 Slag는 상승 가스로부터 S, Si 흡수
    - 침탄 반응 : $SiO + C \rightarrow Si + CO$

- ㉣ 연소대 : Race Way 부근의 반응

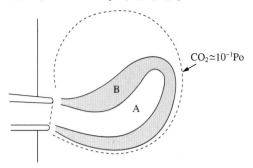

$CO_2 \simeq 10^{-1} Po$

- 영역 A : CO_2, H_2O 생성
- 영역 B : $CO_2 + C \rightarrow 2CO$, $H_2O + C \rightarrow H_2 + CO$
- $SiO_2 + C \rightarrow SiO + CO$
- ㉤ 노상대 : Slag-metal 계면 반응이 일어나며, 탈황 반응 및 선철 내 복규소와 복망간화를 형성

(3) 슬래그

① 장입물 중의 석회석은 600℃에서 분해를 시작하고 800℃에서 활발히 분해하며, 1,000℃에서 완료됨 ($CaCO_3 \rightarrow CaO + CO_2$)

② 해리된 산화칼슘은 광석 중의 맥석과 코크스 회분 중의 이산화규소, 산화알루미늄 및 미환원의 일산화철, 산화망간 등과 반응하여 슬래그를 생성함($CaO + SiO_2 + Al_2O_3 \rightarrow$ 규산염 슬래그)

③ 성 분
  - ㉠ 주성분 : 산화칼슘(CaO), 이산화규소(SiO_2), 산화알루미늄(Al_2O_3)
  - ㉡ 슬래그 생성 산화물의 분류

분 류	종 류
염기성	FeO, MnO, CaO, MgO, Na$_2$O, K$_2$O
산 성	SiO$_2$, P$_2$O$_5$, Cr$_2$O$_3$, WO$_3$, V$_2$O$_5$, MoO$_3$
중 성	Al$_2$O$_3$, TiO$_2$

④ 염기도

　ⓐ 염기도 : 슬래그 성분상의 목표로 성질을 나타내는 계수

　　• 염기도(P) $= \dfrac{염기성\ 성분}{산성\ 성분}$

　　　　　$= \dfrac{CaO + MgO + FeO + MnO}{SiO_2 + Al_2O_3}$

　　• 염기도(P') $= \dfrac{CaO}{SiO_2}$

　ⓑ 염기성 슬래그 : 염기성 성분이 많고, $P(P')$가 1(1.3)보다 큰 것

　ⓒ 산성 슬래그 : $P(P')$가 1(1.3)보다 작은 것을 산성 슬래그라 함

(4) 노 황 판정과 그 지침

① 노정 가스

　ⓐ 성분 : CO, CO_2, H_2, N_2가 있으며, 일산화탄소, 이산화탄소, CO/CO_2비는 노 내 반응의 지침으로 광석/코크스비가 클수록 이산화탄소비는 커지게 됨

　ⓑ 온도 : 노정 온도 상승은 가스 상승 불균열 및 광석량이 작기 때문에 발생

　ⓒ 압력 : 가스 발생량과 관계되며, 노의 변조 시 압력 이상 발생

② 슬래그

　ⓐ 판정 항목 : 유동성, 색깔, 파면, 성분

　ⓑ 이산화규소가 많을 경우 : 점성이 크고 유동성이 나쁘며, 파면은 유리 모양

　ⓒ 적절한 슬래그 : 색은 회색이며 유동성이 좋고, 파면은 암석 모양

　ⓓ 고염기도 슬래그의 색은 흰색이며, 냉각 후 부서짐

③ 용선 : 출선 온도 측정, 성분 분석, 불꽃 가스에 의하여 노 황을 판정

④ 바람 구멍 선단의 연소 상황 : 백열 코크스가 순환로(Race Way)를 따라 선회하며, 노 황이 좋지 않을 때에는 밝기가 떨어지고 움직임이 둔화

⑤ 장입물 강하 속도

　ⓐ 강하 속도 : 코크스 연소량 및 연소 이외에 소비되는 코크스 양에 좌우

　ⓑ 슬립, 행잉 등의 장해 현상을 강하 속도로 파악 가능

3. 고로의 화입 및 종풍

(1) 화 입

고로 조업은 화입에서 시작하여 종풍으로 종료되며, 열풍로 및 고로의 건조 → 충진 → 장입물 분포 조사 → 화입 → 종풍(클리닝, 감척, 노저 출선, 주수 냉각, 노 해체)

① 노체 건조

　ⓐ 축로 후 첫 조업 전 급격한 온도 상승에 의한 연와 스폴링과 균열 방지를 위해 건조

　ⓑ 노저 연와를 건조 후 노벽 연와를 건조하며 노구까지 순차적으로 건조

　ⓒ 건조의 종료는 노정 배출 수분이 없어지는 시점을 기준으로 함

　ⓓ 고로 본체 및 각 부속설비에 고압 누설시험을 실시

② 충 진

　ⓐ 노체 건조 후 장입물을 노 내로 장입하는 단계

　ⓑ 충진은 화입 초기 노 내 통기성 및 노열 조기 확보와 슬래그 유동성 확보를 위한 슬래그의 조정 및 적정 Profile 확보에 따른 가스류 안정 유지를 위해 실시

　ⓒ 노저에서 풍구선까지의 충진 : 코크스를 충분히 예열시킬 수 있는 침목적(나무)을 행함

　ⓓ 상부 벨리부까지는 코크스와 조재제를 장입

　ⓔ 샤프트(Shaft)부에는 광석을 장입

③ 장입물 분포 조사 : 노 내 장입물 충진 시 설비적 특성을 파악하는 단계

④ 화입 조업

　　㉠ 화입 : 충진 후 충진물에 점화, 송풍하는 것

　　㉡ 풍구에서 약 600℃ 정도의 열풍을 노 내에 송풍

　　㉢ 노열 확보 → 통기성 확보 → 풍량 확보 → 증광

　　㉣ 초기 발생하는 BFG(Blast Furnace Gas)는 수소와 수분이 많으므로 청정 설비를 통과한 후 대기로 방산

(2) 종 풍

① 화입 이후 10~15년 경과 후 설비 갱신을 위해 고로 조업을 정지하는 것

② 종풍 전 고열 조업을 실시하여 노벽 및 노저부의 부착물을 용해, 제거한 후 안정된 종풍을 위해 클리닝(Cleaning) 조업 및 감척 종풍 조업을 실시

③ 남아 있는 용선을 배출시킨 뒤 노 내 장입물을 냉각

④ 냉각 완료 후 보시(Bosh)부를 해체하여 잔류 내용물을 해체

(3) 고로 조업 기술 발전

① 고온 송풍

　　㉠ 원료 예비처리, 소결광 고배합, 보조 연료 취입 등으로 900~1,200℃의 고온 송풍을 실시

　　㉡ 고온 송풍 시 미치는 영향
　　　　• 연료 코크스의 절약
　　　　• 코크스의 회분 감소
　　　　• 석회석의 절약

② 복합 송풍 : 조습송풍, 산소부화송풍, 연료 첨가 송풍 등을 복합 송풍이라 함

　　㉠ 조습송풍 : 공기 내 습분의 조절이 노황 안정에 영향을 미쳐 공기 중 수증기를 첨가하여 송풍

　　㉡ 산소부화 : 풍구부의 온도 보상 및 연료의 연소 효율 향상을 위해 이용하며, 풍구 앞의 온도가 높아지고, 코크스 연소 속도가 빨라 출선량을 증대시킴

　　㉢ 연료 취입 : 조습송풍 시 풍구 입구의 온도가 낮아지므로 증기 취입 대신 연료(타르, 천연가스, COG, 미분탄 등)를 첨가하여 취입하는 방법

③ 고압 조업

　　㉠ 노정 가스 압력을 높이면 가스 압력이 상승하며, 노 내 가스 유속을 감소시켜 조업하는 방식

　　㉡ 송풍량만을 증가시켰을 경우 발생되는 문제점
　　　　• 노 내 가스 증가로 압력 손실이 커짐
　　　　• 행잉, 날파람 등이 발생

　　㉢ 고압 조업의 효과
　　　　• 출선량 증가
　　　　• 연료비 저하
　　　　• 노황 안정
　　　　• 가스압 차 감소
　　　　• 노정압 발전량 증대

4. 고로 주상 작업

(1) 노전 작업

적정 시기에 출선구를 개공하여 용선을 출선하고, 탕도(Runner)로 용선의 흐름을 유도한 뒤, 다음 공정인 제강 또는 주선기로 운반하기 위해 용선 운반차에 주입하는 작업

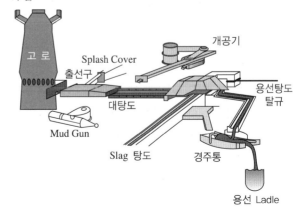

① 출선 작업

    ⊙ 출선구 개공 : 압축공기 및 유압을 이용한 개공기를 이용하여 일정한 위치, 각도, 깊이로 개공

    ⓒ 출선구 내 지금 : 출선구 내부 금속 때문에 개공이 불가능할 경우 산소를 사용하여 개공

    ⓒ 조기 출선을 해야 할 경우

      • 출선, 출재가 불충분할 경우

      • 노황 냉기미로 풍구에 슬래그가 보일 때

      • 전 출선 Tap에서 충분한 배출이 안 되어 양적인 제약이 생길 때

      • 감압 휴풍이 예상될 때

      • 장입물 하강이 빠를 때

    ⓔ 출선 시 용선 온도 측정 및 시료를 채취

② 폐쇄 작업

    ⊙ 출선구 폐쇄 : 머드건(Mud Gun)을 이용하여 폐쇄

    ⓒ 머드건의 동작 : 선회, 경동, 충진 운동

    ⓒ 출선구 폐쇄 시기 : 출선 종료 시 배출 용선량이 줄고 노 내 풍압에 의해 가스와 잔량 슬래그 비산이 발생했을 때

    ⓔ 출선구 폐쇄 실패 시 : 감풍 또는 휴풍을 실시

③ 출선구 이상의 종류

    ⊙ 출선구 폐쇄 실패 : 기기적 결함, 출선구 면 탈락, 면압 부위 이물 혼입 시 발생

    ⓒ 출선구 이상 확대(공 확대) : 머드재의 재질 변화로 인한 슬래그 분리와 동시에 공 확대 현상이 발생

    ⓒ 철봉 타입 중 자파 : 가스 분출 과다 및 심도 저하로 혈절 등에 의한 자파

    ⓔ 출선구 자파 : 심도 저하 및 가스 과다 현상으로 발생

      ※ 자파 대책 : 출선구 위치 및 각도를 일정하게 유지하고 머드건 정비, 슬래그 과다 출재 지양, 고염기도 조업 및 양질의 머드재 사용

    ⓜ 혈절 : 출선구 주변에 균열이 발생하여 슬래그 또는 용선이 유입되는 현상

    ⓗ 적열 개공 : 머드재 접착성이 불량하거나 결합 부족으로 인해 누출이 발생되고 가스 흐름으로 인한 적열 공취가 발생

      • 적열 : 노벽이 국부적으로 얇아져 노 안으로부터 가스 또는 용해물이 분출하는 현상

      • 대책 : 냉각판 장입, 스프레이 냉각, 바람구멍 지름 조절 및 장입물 분포 상태의 변경 등 노벽 열작용을 피해야 함

(2) 출선 종료 후 작업

① 출선 종료 작업 : 배재구를 확인한 뒤 스키머로 슬래그 제거

② 경주통 내의 잔류 용선을 TLC로 수선 후 경동각을 5~7°로 조정

(3) 고로 생성물

① 선 철

    ⊙ 종류 : 제강용 선철, 주물용 선철

      • 선철의 파면에 의한 분류 : 백선철, 반선철, 회선철

      • 선철 내 함유 원소 : $Fe > C > Si > S, P, Cu$

    ⓒ 주물 용선 : 고탄소, 고규소, 저망간

    ⓒ 냉선(형선) : 용선을 주선기에 넣어 응고시킨 것으로 제강용 및 주물용선에 따라 알맞은 중량으로 공급

② 고로슬래그 및 부산물

    ⊙ 고로슬래그의 용도 : 비료, 고로시멘트, 슬래그 벽돌, 자갈 대용으로 사용

    ⓒ 고로슬래그 성분 : CaO가 가장 많으며, SiO_2, Al_2O_3 순임

③ 고로가스(BFG ; Blast Furnace Gas)

    ⊙ 고로가스 주성분 : N_2, CO, CO_2, H_2 등이 있으며, 이 중 N_2가 가장 많이 함유

ⓛ 철광석 환원에 이용하는 가스 : CO, H_2

④ 고로 연진(Blast Dust)

  ⓐ 고로에서 나오는 분진을 배가스 처리 설비에서 처리

  ⓑ 중유 사용 시 풍구 앞에서 완전히 가스화되지 않은 것이 매연으로 배출

  ⓒ Zn, Na_2O, K_2O, S 등 함유

5. 조업상 사고와 대책

(1) 고로 조업상 사고

① 고로 설비 고장 : 권양기, 크러셔 등 고장과 풍구 파손, 출재구 파손 등

② 고로 상황 장해 : 벤틸레이션, 슬립, 행잉, 행잉 드롭, 석회 과잉, 노상 냉각 등

(2) 노황 변동 및 노화 이상 시 조치

※ 장입 심도계 : 고로 내 장입물 강하 상황을 측정하는 계기

① 걸림(Hanging) : 장입물이 용해대에서 노벽에 붙어 양쪽 벽에 걸쳐 얹혀 있는 상태

  ⓐ 원인 : 코크스 부족, 회분 및 분코크스 양이 많을 때, 염기도 조정 불량, 노벽 이상, 고로의 급열 및 급랭

  ⓑ 대책 : 광석 장입량의 장소 및 석회석 양 조절, 송풍량과 온도 조절, 장입물 입도 분포 적정화

  ⓒ 행잉 드롭(Hanging Drop) : 행잉 중에 있던 장입물이 급격히 낙하하는 것

  ⓓ 내림(Checking) : 걸림 현상 시 장입물을 급강하시키는 작업

② 미끄러짐(슬립, Slip) : 통기성의 차이로 가스 상승 차가 생기는 것을 벤틸레이션(Ventilation)이라 하며, 이 부분에서 장입물 강하가 빨라져 크게 강하하는 상태

  ⓐ 원인 : 장입물 분포 불균일, 바람구멍에서의 통풍 불균일, 노벽 이상

  ⓑ 대책 : 송풍량을 감하고 온도를 높임, 슬립부의 송풍량을 감소, 슬립부에 코크스를 다량 장입

③ 날파람(취발, Channeling) : 노 내 가스가 급작스럽게 노정 블리더(Bleeder)를 통해 배출되면서 장입물의 분포나 강하를 혼란시키는 현상

④ 노벽 탈락(벽락) : 노벽에 부착된 부착물이 탈락하는 현상

⑤ 샤프트(Shaft) 온도 관리 : 샤프트부에는 연와 내부의 냉각반 선단선에 맞추어 원주 방향으로 열전대가 삽입되어 온도를 관리

(3) 휴풍 및 설비 이상 시 조치

① 휴풍 : 노체 및 고로 관련 설비의 보전, 수리, 개조 혹은 원료 수급 조정 등에 의해 고로에 대한 송풍을 중지하는 것

② 휴풍의 종류

  ⓐ 예정 휴풍 : 월 생산 계획 및 정비 계획에 의하여 예정된 휴풍

  ⓑ 임시 예정 휴풍 : 월 생산 계획 및 정비 계획 외의 미리 계획된 단시간 휴풍

  ⓒ 임시 휴풍 : 정비, 보수, 수리로 원료 수급상 정지하지 않고 실시하는 휴풍

  ⓓ 긴급 휴풍 : 돌발 사고로 즉시 하는 휴풍

③ 냉입 : 노상부의 열이 현저하게 저하되어 일어나는 사고로 다수의 풍구를 폐쇄시킨 후 정상 조업까지 복귀시키는 현상

  ⓐ 냉입의 원인

    • 노 내 침수

    • 장시간 휴풍

    • 노황 부조 : 날파람, 노벽 탈락

    • 이상 조업 : 장입물의 평량 이상 등에 의한 열 붕괴, 휴풍 시 침수

ⓛ 대 책
- 노 내 침수 방지 및 냉각수 점검 철저
- 원료 품질의 급변 방지
- 행잉의 연속 방지
- 돌발적 장기간 휴풍 방지
- 장입물의 대폭 평량 방지

④ 노저 용손 : 노상부의 벽돌이 국부적으로 많이 용해 손실되어 철피를 파괴하며 용선, 용재를 분출하는 현상
  ㉠ 노저 용손의 원인
  - 노저 철판의 살수 불충분
  - 노 내 용선의 유동 상태 변동에 의한 카본 연와 침식
  ⓛ 대 책
  - 휴풍하여 응급 처리할 것
  - 본질적인 노저 연와 침식을 관리하여 방지

⑤ 풍구 파손 : 풍구에의 장입물 강하에 의한 마멸과 용선 부착에 의한 파손
  ㉠ 풍구 손상의 원인
  - 장입물, 용융물 또는 장시간 사용에 따른 풍구 선단부 열화로 인한 파손
  - 냉각수 수질 저하로 인한 이물질 발생으로 내부 침식에 의한 파손
  - 냉각수 수량, 유속 저하에 의한 변형 및 용손
  ⓛ 대 책
  - 선단부에 의한 용손을 피하기 위해 세라믹 코팅, 특수 합금 가공 등
  - 수류 속도를 상승시키는 구조의 풍구 설계

⑥ 출선구 파손
  ㉠ 출선구 파손 원인
  - 출선구 위치 및 각도 불량
  - 머드재 및 재질 불량
  - 출선구 냉각반 파손
  - 출선 시 개공 불량

ⓛ 예 방
- 출선구 위치 및 각도를 일정하게 유지
- 머드재를 적정량 충분히 충진
- 양질의 머드재를 사용
- 머드 건 정비
- 슬래그 과다 출재 지양
- 염기도를 높게 하고 열 기미로 조업

ⓒ 대 책
- 휴풍한 후 파손 부위를 파고 용해물을 제거
- 머드재로 막고 성형
- 출선구 상부의 풍구를 샤모트로 폐쇄

10년간 자주 출제된 문제

6-1. 고로 조업 시 화입할 때나 노황이 아주 나쁠 때 코크스와 석회석만 장입하는 것은 무엇이라 하는가?

① 연장입(蓮裝入)　　　② 중장입(重裝入)
③ 경장입(輕裝入)　　　④ 공장입(空裝入)

6-2. 고로의 내용적은 $4,500\text{m}^3$이고, 출선량이 $12,000t/d$이면, 출선능력(출선비)은 얼마인가?

① $2.22t/d/\text{m}^3$　　　② $2.67t/d/\text{m}^3$
③ $3.22t/d/\text{m}^3$　　　④ $3.67t/d/\text{m}^3$

6-3. 고로의 열수지 항목 중 입열 항목에 해당되는 것은?

① 슬래그 현열　　　② 열풍 현열
③ 노정 가스의 현열　　　④ 산화철 환원열

6-4. 주물용선을 제조할 때의 조업방법이 아닌 것은?

① 슬래그를 산성으로 한다.
② 코크스 배합비율을 높인다.
③ 노 내 장입물 강하시간을 짧게 한다.
④ 고온 조업이므로 선철 중에 들어가는 금속원소의 환원율을 높게 생각하여 광석 배합을 한다.

6-5. 고로를 4개의 층으로 나눌 때 상승 가스에 의해 장입물이 가열되어 부착 수분을 잃고 건조되는 층은?

① 예열층　　　② 환원층
③ 가탄층　　　④ 용해층

6-6. 고로의 영역(Zone) 중 광석의 환원, 연화 융착이 거의 동시에 진행되는 영역은?

① 적하대　　　　　　　② 괴상대
③ 용융대　　　　　　　④ 융착대

6-7. 고로 슬래그의 염기도에 큰 영향을 주는 소결광 중의 염기도를 나타낸 것으로 옳은 것은?

① $\dfrac{SiO_2}{Al_2O_3}$　　　　　② $\dfrac{Al_2O_3}{MgO}$

③ $\dfrac{SiO_2}{CaO}$　　　　　④ $\dfrac{CaO}{SiO_2}$

6-8. 고로 노체의 건조 후 침목 및 장입원료를 노 내에 채우는 것을 무엇이라 하는가?

① 화 입　　　　　　　② 지 화
③ 충 전　　　　　　　④ 축 로

6-9. 노황이 안정되었을 때 좋은 슬래그의 특징이 아닌 것은?

① 색깔이 회색이다.
② 유동성이 좋다.
③ SiO_2가 많이 포함되어 있다.
④ 파면이 암석모양이다.

6-10. 개수 공사를 위해 고로의 불을 끄는 조업의 순서로 옳은 것은?

① 클리닝 조업 → 감척 종풍 조업 → 노저 출선 작업 → 주수 냉각 작업
② 클리닝 조업 → 노저 출선 작업 → 감척 종풍 조업 → 주수 냉각 작업
③ 감척 종풍 조업 → 노저 출선 작업 → 클리닝 조업 → 주수 냉각 작업
④ 감척 종풍 조업 → 주수 냉각 작업 → 클리닝 조업 → 노저 출선 작업

6-11. 산소부하 조업의 효과가 아닌 것은?

① 바람구멍 앞의 온도가 높아진다.
② 고로의 높이를 낮추며, 저로법을 적용할 수 있다.
③ 코크스 연소속도가 빠르고 출선량을 증대시킨다.
④ 노정 가스의 온도가 높게 되고, 질소를 증가시킨다.

6-12. 조기 출선을 해야 할 경우에 해당되지 않는 것은?

① 출선, 출재가 불충분할 때
② 감압 휴풍이 예상될 때
③ 장입물의 하강이 느릴 때
④ 노황 냉기미로 풍구에 슬래그가 보일 때

6-13. 노벽이 국부적으로 얇아져서 결국은 노 안으로부터 가스 또는 용해물이 분출하는 것을 무엇이라 하는가?

① 노상 냉각　　　　　② 노저 파손
③ 적열(Hot Spot)　　　④ 바람구멍류 파손

6-14. 용광로 조업 시 노 내 장입물이 강하(降下)하지 않고 정지된 상태는?

① 걸림(Hanging)　　　② 슬립(Slip)
③ 드롭(Drop)　　　　　④ 냉입(冷入)

6-15. 고로 조업 시 바람구멍의 파손 원인으로 틀린 것은?

① 슬립이 많을 때
② 회분이 많을 때
③ 송풍온도가 낮을 때
④ 코크스의 균열 강도가 낮을 때

|해설|
6-1
코크스에 대한 광석량
• 경장입(Light Charge) : 노황에 따라 가감되며, 광석량이 적은 경우
• 중장입(Heavy Charge) : 광석량이 많은 경우
• 공장입(Blank Charge) : 노황 조정을 위해 코크스만을 장입하는 경우
• 코크스비는 광석 중 철 함유량에 따라 변동하며, 철 함유량이 높을수록 코크스비는 낮아지며, 고로의 조업률은 높아짐

6-2
출선비$(t/d/m^3)$: 일별 단위 용적(m^3)당 용선 생산량(t)

$$\frac{출선량(t/d)}{내용적(m^3)} = \frac{12,000}{4,500} = 2.67\,t/d/m^3$$

6-3
열정산
• 입열 : 산화철의 간접 환원열, 코크스 연소열, 열풍(송풍)의 현열, 슬래그 생성열, 장입물 중 수분의 현열 등
• 출열 : 용선 현열, 노정 가스 현열, 석회석 분해열, 코크스 용해 손실, 장입물(Si, Mn, P)의 환원열, 슬래그 현열, 수분의 분해열, 연진의 현열, 냉각수에 의한 손실열 등

|해설|

6-4

구 분	제강 용선(염기성 평로)	주물 용선
선철 성분	• Si : 낮다. • Mn : 높다. • S : 될 수 있는 한 적게	• Si : 높다. • Mn : 낮다. • P : 어느 정도 혼재
장입물	• 강의 유해 성분이 적은 것 • Mn : Mn광, 평로재 • Cu : 황산재의 사용 제한	• 주물의 유해 성분, 특히 Ti 가 적은 것 • Mn : Mn광 사용 • Ti : 사철의 사용
조업법	• 강염기성 슬래그 • 저열 조업 • 풍량을 늘리고, 장입물 강 하 시간을 빠르게 함	• 저염기도 슬래그 • 고열 조업 • 풍량을 줄이고, 장입물 강 하 시간을 느리게 함

6-5

장입물의 변화 상황

• 예열층(200~500℃) : 상승 가스에 의해 장입물이 부착 수분을 잃고 건조하는 층
• 환원층(500~800℃) : 산화철이 간접 환원되어 해면철로 변하며, 샤프트 하부에 다다를 때까지 거의 모든 산화철이 해면철로 되어 하강하는 층
• 가탄층(800~1,200℃)
  – 해면철은 일산화탄소에 의해 침탄되어 시멘타이트를 생성하고 용융점이 낮아져 규소, 인, 황이 선철 중에 들어가 선철이 된 후 용융하여 코크스 사이를 적하하는 층
  – 석회석의 분해에 의해 산화칼슘이 생기며, 불순물과 결합해 슬래그를 형성
• 용해층(1,200~1,500℃) : 선철과 슬래그가 같이 용융 상태로 되어 노상에 고이며, 선철과 슬래그의 비중 차로 2개의 층으로 나뉘어짐

6-6

융착대 : 광석 연화, 융착(1,200~1,300℃)
• FeO 간접환원(FeO + CO → Fe + CO₂)
• 용융 FeO 직접환원(FeO + C → Fe + CO)
• 환원철 : 침탄 → 융점 저하 → 용융 적하

6-7

염기도 : 염기도 변동 폭이 클수록 고로 슬래그 염기도 변동도 증가

염기도 계산식 : $\dfrac{CaO}{SiO_2}$

6-8

충 진

• 노체 건조 후 장입물을 노 내로 장입하는 단계
• 충진은 화입 초기 노 내 통기성 및 노열 조기 확보와 슬래그 유동성 확보를 위한 슬래그의 조정 및 적정 Profile 확보로 가스류 안정 유지를 위해 실시
• 노저에서 풍구선까지의 충진 : 코크스를 충분히 예열시킬 수 있는 침목적(나무)을 행함

6-9

슬래그

• 판정 항목 : 유동성, 색깔, 파면, 성분
• 이산화규소가 많을 경우 : 점성이 크고 유동성이 나쁘며, 파면은 유리 모양
• 적절한 슬래그 : 색은 회색이며, 유동성이 좋고, 파면은 암석 모양
• 고염기도 슬래그의 색은 흰색이며, 냉각 후 부서짐

6-10

종 풍

• 화입 이후 10~15년 경과 후 설비 갱신을 위해 고로 조업을 정지하는 것
• 종풍 전 고열 조업을 실시하여 노벽 및 노저부의 부착물을 용해, 제거한 후 안정된 종풍을 위해 클리닝(Cleaning) 조업 및 감척 종풍 조업을 실시
• 남아 있는 용선을 배출시킨 뒤 노 내 장입물을 냉각
• 냉각 완료 후 보시(Bosh)부를 해체하여 잔류 내용물을 해체

6-11

복합 송풍 : 조습송풍, 산소부화송풍, 연료 첨가 송풍 등을 복합 송풍이라 한다.

• 조습송풍 : 공기 내 습분의 조절이 노황 안정에 영향을 미쳐 공기 중 수증기를 첨가하여 송풍
• 산소부화 : 풍구부의 온도 보상 및 연료의 연소 효율 향상을 위해 이용
• 연료 취입 : 조습송풍 시 풍구 입구의 온도가 낮아지므로 증기 취입 대신 연료(타르, 천연가스, COG, 미분탄 등)를 첨가하여 취입하는 방법

6-12

조기 출선을 해야 할 경우

• 출선, 출재가 불충분할 경우
• 노황 냉기미로 풍구에 슬래그가 보일 때
• 전 출선 Tap에서 충분한 배출이 안 되어 양적인 제약이 생길 때
• 감압 휴풍이 예상될 때
• 장입물 하강이 빠를 때

| 해설 |

6-13
적열
- 노벽이 국부적으로 얇아져 노 안으로부터 가스 또는 용해물이 분출하는 현상
- 대책 : 냉각판 장입, 스프레이 냉각, 바람구멍 지름 조절 및 장입물 분포 상태의 변경 등 노벽 열작용을 피해야 함

6-14
걸림(행잉, Hanging) : 장입물이 용해대에서 노벽에 붙어 양쪽 벽에 걸쳐 얹혀 있는 상태

6-15
풍구 파손
- 풍구에의 장입물 강하에 의한 마멸과 용선 부착에 의한 파손
- 풍구 손상의 원인
  - 장입물, 용융물 또는 장시간 사용에 따른 풍구 선단부 열화로 인한 파손
  - 냉각수 수질 저하로 인한 이물질 발생으로 내부 침식에 의한 파손
  - 냉각수 수량, 유속 저하에 의한 변형 및 용손

정답 6-1 ④　6-2 ①　6-3 ②　6-4 ③　6-5 ①　6-6 ①　6-7 ④　6-8 ④
　　　6-9 ③　6-10 ①　6-11 ④　6-12 ③　6-13 ③　6-14 ①　6-15 ③

핵심이론 07 │ 용융환원 제철법(Smelting Reduction Process)

1. 용융환원 제철법의 필요성

(1) 고로공정의 장점
① 대량생산에 적합
② 높은 열효율
③ 우수한 야금적 특성(탈황 능력)

(2) 고로공정의 문제점
① 고가의 Coking Coal 사용
② 정립광 사용(괴광, 소결광, Pellet)
③ 조업의 신축성 부족
④ 설비 투자비 과다(열풍로, 배가스 설비, 소결 및 코크스 설비)
⑤ Coke Oven 및 소결공장의 공해 발생
　※ 철광석, 일반탄을 사용하며 신축성 있는 무공해 제철기술로 용융환원 제철법을 개발

(3) 고로법과 용융환원 제철법의 비교

구 분	고로법	용융환원법	용융환원법의 효과
원 료	정립광(괴광, 소결광)	분광 및 정립광	• 소결 공장 불필요 • 설비 투자비 절감
연 료	점결탄	일반탄	• Coke Oven 불필요 • 선철 제조원가 25% 절감
설비 구성	• 고 로 • 소결공장 • Coke Oven	• 예비환원로 • 용융환원로 • 산소공장	• 설비 Compact 배치 • 대기오염 저감
조 업	연속조업	단속조업 가능	조업 및 생산의 신축성
환 원	가스 환원(직접 & 간접환원)	• 가스 예비환원 • 용융환원	• 빠른 반응속도 • 높은 생산성

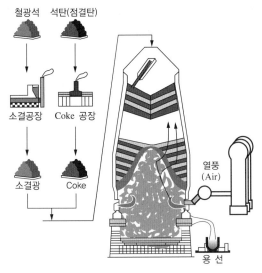

[기존의 고로제선법]

2. 코렉스법(Corex)

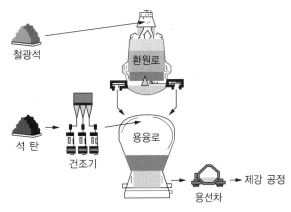

(1) 코렉스법

철광석 입도 8mm 이상의 괴광석이나 펠릿을 사용하고
탄도 입도 8mm 이하를 사용함으로써 코크스 제조 과정
을 생략하여 용선을 생산

(2) 코렉스 설비

① 환원로 : 고로의 상부 기능을 담당, 용융로에서 발생된
   가스를 이용하여 광석을 환원시켜 직접환원철 제조

② 용융로 : 장입된 석탄은 건조 및 탈가스화가 되며, 환
   원된 직접환원철은 용선과 슬래그로 생성

3. 파이넥스법(Finex)

(1) 파이넥스법

가루 형태의 분철광석을 유동로에 투입한 후 환원 반응에
의해 철 성분을 분리하고 용융로에서 유연탄과 용해시켜
최종 선철을 제조하는 공법

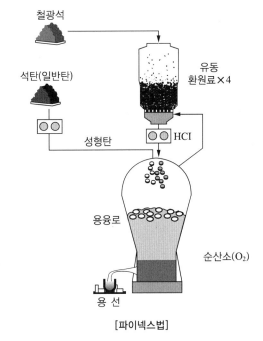

[파이넥스법]

(2) 파이넥스 설비

① 유동 환원로 : 분철광석이 4개의 유동로에 장입되어
   순차적으로 다음의 반응을 거치면서 용융로로 이동
   ㉠ 고온의 가스(CO)에 의해 건조, 예열, 환원
   ㉡ $Fe + H_2S \rightarrow FeS + H_2$
   ㉢ $Fe_2O_3 + 3CO \rightarrow 2Fe + 3CO_2$

② 성형탄 제작 설비 : 가루 형태의 미점결탄을 점결제와
   혼합 후 압착 롤에 의해 괴상화하여 입도 약 50mm의
   성형탄을 제조

③ 용융로 : 유동 환원로에서 제조된 직접 환원철과 성형탄을 용융로에 장입 후 순산소를 불어 넣어 이때의 반응열로 용선 및 슬래그가 생성

4. 각종 제철법의 특징 비교

구 분	고로법	코렉스법	파이넥스법
주원료	소결광, 정립광, 펠릿	정립광, 펠릿	분광(8mm 이하)
연 료	코크스, 미분탄	일반탄(8mm 이하)	일반탄(8mm 이하)
노 내 반응	동일 용기 내 환원과 용융	환원료, 용융로 분리	유동 환원, 용융로 분리
송 풍	열 풍	산 소	산 소
장단점	• 소결 공장, 코크스 제조 공장 필요 • 초기 투자비 고가 • 공해 방지 시설 필요	• 고가의 괴광, 괴탄 필요 • 쇳물 생산원가 높음	• 소결 공장, 코크스 제조 공정 생략 • 저렴한 철광석, 석탄 사용 • 초기 투자비 저렴 • 원가 경쟁력 우수 • 환경친화적 공법

7-1. 다음 중 고로제선법의 문제점을 보완하여 저렴한 분광석, 분탄을 직접 노에 넣어 용선을 생산하는 차세대 제선법은?

① BF법　　　　　　② LD법
③ 파이넥스법　　　④ 스트립 캐스팅법

7-2. 파이넥스 조업 설비 중 환원로에서의 반응이 아닌 것은?

① 부원료의 소성 반응

② $C + \frac{1}{2}O_2 \rightarrow CO$

③ $Fe + H_2S \rightarrow FeS + H_2$

④ $Fe_2O_3 + 3CO \rightarrow 2Fe + 3CO_2$

7-3. 용융 환원로(COREX)는 환원로와 용융로 두 개의 반응기로 구분한다. 이때 용융로의 역할이 아닌 것은?

① 슬래그의 용해
② 환원가스의 생성
③ 철광석의 간접환원
④ 석탄의 건조 및 탈가스화

|해설|

7-1

파이넥스법 : 가루 형태의 분철광석을 유동로에 투입한 후 환원 반응에 의해 철 성분을 분리하고 용융로에서 유연탄과 용해시켜 최종 선철을 제조하는 공법

7-2

유동 환원로 : 분철광석이 4개의 유동로에 장입되어 순차적으로 다음의 반응을 거치면서 용융로로 이동

• 고온의 가스(CO)에 의해 건조, 예열, 환원
• $Fe + H_2S \rightarrow FeS + H_2$
• $Fe_2O_3 + 3CO \rightarrow 2Fe + 3CO_2$

7-3

코렉스법 : 철광석 입도 8mm 이상의 괴광석이나 펠릿을 사용하고 탄도 입도 8mm 이하를 사용함으로써 코크스 제조 과정을 생략하여 용선을 생산

• 코렉스 설비
 − 환원로 : 고로의 상부 기능을 담당, 용융로에서 발생된 가스를 이용하여 광석을 환원시켜 직접환원철 제조
 용융로 : 장입된 석탄은 건조 및 탈가스화가 되며, 환원된 직접환원철은 용선과 슬래그로 생성

정답 7-1 ③　**7-2** ②　**7-3** ③

1. 설비 관리의 개요

(1) 설비 관리의 목적
① 생산계획의 달성
② 품질의 향상
③ 원가의 절감
④ 환경개선 및 재해예방

(2) 설비 관리 부재로 인한 손실
① 제품 불량
② 품질 불량
③ 불시 고장 시 수리비
④ 생산 정지 시 감산

(3) 설비 점검의 종류
① 일상점검
  ㉠ 진동과 소음 등의 설비 진단을 통해 고장을 사전에 방지
  ㉡ 운전자의 감에 의한 설비 상태를 확인
② 정기점검
  ㉠ 설비를 중단시킨 후 점검
  ㉡ 다양한 전문 계측 설비를 통해 점검
  ㉢ 설비의 열화측정, 정밀도 유지, 부품의 사전교체를 목적(관리·유지보수)

(4) 정비계획
① 정비계획의 조건
  ㉠ 정비비용의 소요가격
  ㉡ 수리시기 및 수리시간
  ㉢ 수리인원
  ㉣ 생산계획 및 수리계획
  ㉤ 일상점검, 주간, 월간, 연간 등의 정기수리 계획

② 정비계획 수립방법
  ㉠ 생산계획 : 전 기간보다 증산체제에 있는가와 감산 체제에 있는가를 파악한 후 관리
  ㉡ 설비능력 : 설비의 가동률과 실제 가동률을 계산하여 설비능력 파악
  ㉢ 수리형태 : 각 설비의 점검, 수리에 어느 정도 시간이 필요한가를 과거의 경험을 통해 파악
  ㉣ 수리요원 : 점검 수리요원의 수가 제한되어 있으므로 집중 작업량을 억제해서 작업을 평균화하여 정비계획 수립

2. 설비 유지보수

(1) 설비보전의 종류
① **사후보전** : 평소에는 관리를 하지 않다가 고장이 발생하여 설비가 정지하거나 이상이 발생한 후 행하는 보전방식
② **예방보전(PM)** : 사후보전의 개선된 방식으로 일상보전, 정기검사, 설비진단 등의 관리방법
③ **생산보전(PM)** : 모든 유지비와 설비의 열화에 의한 손실의 합계를 낮추는 것에 따라 기업의 생산성을 올리려는 관리방법
④ **개량보전(CM)** : 설비의 보전성, 조작성, 신뢰성, 안정성 등의 향상을 목적으로 설비의 재질이나 형상을 개량하는 보전방식
⑤ **보전예방(MP)** : 설비의 신뢰성, 보전성, 안정성, 조작성 등의 향상을 목적으로 설비의 보전 비용이나 열화 손실을 줄이는 활동
⑥ **종합적 생산보전(TPM)** : 최고 경영자로부터 신입 사원까지 전원이 참가하여 생산보전(PM)을 실천

(2) 설비의 유지관리

① 설비 열화의 원인

  ㉠ 사용에 의한 열화 : 운전조건, 조작방법 등

  ㉡ 자연열화 : 녹, 노후화 등

  ㉢ 재해에 의한 열화 : 풍해, 침수, 지진 등

② 열화의 종류

  ㉠ 기술적 열화

   • 성능 저하형 : 설비의 성능이 점차 저하하는 형태

   • 돌발 고장형 : 돌발적 고장정지 및 부분적 교체가 이루어지는 형태

  ㉡ 경제적 열화 : 설비는 시간의 경과에 따라 그 가치가 감소

(3) 설비의 진단

① 진동법을 이용한 진단기술

  ㉠ 회전기계 등에 발생하는 이상 검출

  ㉡ 회전기계의 밸런싱 진단 조정기술

  ㉢ 유압 밸브의 누수진단기술

  ㉣ 온도, 압력 등의 설비이상 원인 해석기술

② 오일 분석법

  ㉠ 페로그래피법 : 채취된 오일 샘플링을 통해 마모된 입자를 분석하여 이상부위나 원인을 규명

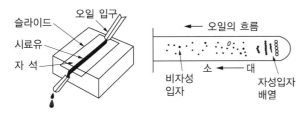

  ㉡ SOAP법 : 채취한 샘플을 연소할 때 발생하는 금속 특유의 발광 분석을 통해 마모성분과 농도를 파악

③ 응력법 : 과대한 응력 또는 반복응력에 대한 피로 등이 원인으로 발생하는 균열에 대하여 각 부재의 실제 응력을 측정한 후, 응력 분포 해석을 통해 파악하는 방법

④ 간이진단법

  ㉠ 설비가 정상적으로 작동하고 있는지 이상이 발생하였는지의 진단을 목적으로 사용

  ㉡ 진동의 평가지수를 정량화된 값으로 사용

  ㉢ 설비의 이상부위, 이상내용에 대한 진단을 목적으로 사용

  ㉣ 진동의 주파수 해석을 통하여 각종 해석기기를 사용하여 분석

(4) 진단 가능한 이상 현상

① 언밸런스(Unbalance)

② 미스얼라인먼트(Misalignment)

③ 기계적 풀림(Mechanical Looseness)

④ 편 심

⑤ 공 진

3. 윤활 관리

(1) 윤활의 역할

① 감마작용(마모의 감소)

② 냉각작용

③ 응력 분산작용

④ 밀봉작용

⑤ 부식방지작용

⑥ 세정작용

⑦ 방청작용

(2) 윤활유가 갖추어야 할 성질

① 충분한 점도

② 한계윤활상태에서의 유성

③ 내식, 내열성

④ 청정, 균질

(3) 윤활의 상태

① 유체윤활 : 완전윤활, 후막윤활이라고도 하며, 유제에 의해 마찰면이 완전히 분리된 이상적 윤활 상태

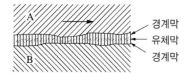

② 경계윤활 : 불완전 윤활 또는 박막윤활이라고도 하며, 하중이 증가할 시 유압으로 하중을 지탱할 수 없는 상태

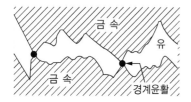

③ 극압윤활 : 하중 증가와 마찰 온도 증가로 하중을 버틸 수 없어 금속과 금속의 접촉이 발생하는 상태

(4) 윤활제의 종류

① 액체 윤활제의 종류

종 류	용 도
스핀들유	고속 기계, 방적기계 등에 사용
냉동기유	냉동기, 개방형 냉동기에 사용
터빈유	증기터빈, 수력터빈 등에 사용
실린더유	각종 증기기관의 실린더 및 밸브 등에 사용
기계유	각종 기계에 사용
유압 작동유	유압 장치의 작동유에 사용

② 그리스 유(반고체)

　ㄱ 기기의 감마작용을 도움

　ㄴ 방식 및 방청작용

　ㄷ 고온에서 사용 가능

　ㄹ 외부 침입 방지

　ㅁ 누설이 없음

(5) 윤활제의 급유방식

① 순환 급유법 : 윤활유를 사용 후 폐기하지 않고, 반복하여 마찰면에 공급하는 것

② 비순환 급유법 : 기계 구조상 순환 급유를 사용할 수 없거나 윤활제의 열화가 심할 우려가 있는 경우에 사용

(6) 오일(Oil)의 점도 관리

① 점도가 클 경우

　ㄱ 유동 저항이 큼

　ㄴ 마찰손실로 인한 동력 소모 발생

　ㄷ 배관 내의 압력 손실 발생

　ㄹ 마찰열이 발생

② 점도가 작을 경우

　ㄱ 누유 손실 발생

　ㄴ 윤활 불량

　ㄷ 마찰에 의한 마모 발생

1. 환경보건 관리

(1) 환경관련 법규

① 산업안전보건법

  ㉠ 산업안전·보건에 관한 기준을 확립하고 그 책임의 소재를 명확하게 함

  ㉡ 산업재해를 예방하고 쾌적한 작업환경을 조성함

  ㉢ 노무를 제공하는 자의 안전과 보건을 유지·증진함을 목적

② 대기환경보전법

  ㉠ 대기오염으로 인한 국민건강이나 환경에 관한 위해(危害)를 예방

  ㉡ 대기환경을 적정하고 지속가능하게 관리·보전

  ㉢ 모든 국민이 건강하고 쾌적한 환경에서 생활할 수 있게 하는 것을 목적

③ 폐기물관리법

  ㉠ 폐기물의 발생을 최대한 억제

  ㉡ 발생한 폐기물을 친환경적으로 처리

  ㉢ 환경보전과 국민생활의 질적 향상에 이바지하는 것을 목적

④ 화학물질관리법

  ㉠ 화학물질로 인한 국민건강 및 환경상의 위해(危害)를 예방하고 화학물질을 적절하게 관리

  ㉡ 화학물질로 인하여 발생하는 사고에 신속히 대응

  ㉢ 화학물질로부터 모든 국민의 생명과 재산, 환경을 보호하는 것을 목적

(2) 물질안전보건자료(MSDS)

① 개 요

  화학물질 및 화학물질을 함유한 제제의 대상화학물질, 대상화학물질의 명칭, 구성 성분의 명칭 및 함유량, 안전·보건상의 취급 주의사항, 건강 유해성 및 물리적 위험성 등을 설명한 자료

② MSDS 그림문자

	폭발성 자기반응성 유기과산화물		금속부식성 피부부식성 심한눈손상성
	인화성 물반응성 자연발화성		급성독성
	수생환경 유해성		산화성
	호흡기과민성 발암성 표적장기독성		고압가스
	경 고		

2. 위험성 평가

(1) 재해조사

① 재해발생 시 조치사항

  ㉠ 긴급조치

  ㉡ 재해조사

  ㉢ 원인분석

  ㉣ 대책수립

  ㉤ 대책실시

② 재해율 분석방법

  ㉠ 재해율 : 임금근로자수 100명당 발생하는 재해자 수

$$재해율 = \frac{재해자수}{임금근로자수} \times 100$$

※ 연천인율 : 근로자 1,000명당 1년간 발생하는 사상자 수

$$연천인율 = \frac{1년간의\ 사상자수}{1년간의\ 평균근로자수} \times 1,000$$

ⓒ 도수율 : 노동 시간에 대한 재해의 발생빈도

$$도수율 = \frac{재해건수}{연근로(노동)시간수} \times 10^6$$

ⓒ 환산도수율 : 근로시간 10만 시간당 발생하는 재해건수

$$환산도수율 = 도수율 \times \frac{1}{10}$$

$$= \frac{재해건수}{연근로(노동)시간수}$$

$$\times 평생근로시간수(= 10^5)$$

※ 평생근로시간수 = (평생근로연수 × 연근로시간수) + 평생작업시간

ⓒ 강도율 : 연근로시간 1,000시간당의 재해로 인한 근로(노동)손실일수

$$강도율 = \frac{총근로손실일수}{연근로시간수} \times 1,000$$

ⓜ 환산강도율 : 근로시간 10만 시간당 재해로 인한 근로(노동)손실일수

$$환산강도율 = 강도율 \times 100$$

③ 단위작업 및 요소작업 위험 분석

ⓐ 4단계 작업개선(Job Method Training) 기법
- 1단계 : 작업분해
- 2단계 : 세부내용 검토
- 3단계 : 작업분석
- 4단계 : 새로운 방법 적용

ⓑ 작업분석 방법
- 제거(Eliminate)
- 결합(Combine)
- 재조정(Rearrange)
- 단순화(Simplify)

ⓒ 작업위험분석(Job Hazard Analysis)
- 면접방식 : 작업자들과 면담을 통해 위험요인을 색출
- 관찰방식 : 전문가의 관찰을 통해 위험요인을 색출
- 설문방식 : 설문을 통해 위험요인을 색출
- 혼합방식 : 면접, 관찰, 설문 등을 상황에 맞게 적용하여 위험요인을 색출

④ 하인리히의 법칙

ⓐ 재해예방의 4가지 원칙
- 손실 우연의 원칙
- 원인 계기의 원칙
- 예방 가능의 원칙
- 대책 선정의 원칙

ⓑ 도미노 5단계 이론
- 1단계 : 선천적 결함 – 유전적 요소, 선천적 기질
- 2단계 : 개인적 결함 – 무모함, 안전무시, 흥분, 기술 및 숙련도 부족
- 3단계 : 불안전한 행동 및 불안전한 상태
- 4단계 : 사고발생
- 5단계 : 재해

ⓒ 사고예방 대책 기본원리 5단계
- 1단계 : 조직
- 2단계 : 사실의 발견
- 3단계 : 평가분석
- 4단계 : 시정책의 선정
- 5단계 : 시정책의 적용

(2) 무재해 운동

① 사업장 내의 모든 잠재적 위험요인을 사전에 발견하여 파악하고, 사전예방대책을 수립하여 산업재해를 예방하는 것

② 무재해 운동

ⓐ 무재해 운동의 3대 원칙
- 무의 원칙 : 산업재해의 근원적 요소 제거

- 안전제일의 원칙 : 재해 예방
- 참여의 원칙 : 전원이 일치 협력
ⓒ 무재해 운동의 3요소
- 최고경영자의 경영자세
- 안전활동의 라인화
- 직장의 자율 안전활동화
ⓒ 브레인스토밍의 4원칙
- 비판금지
- 자유분방
- 대량발언
- 수정발언
③ 무재해 소집단 활동
㉠ 위험 예지 훈련
- 현상파악
- 본질추구
- 대책수립
- 목표설정
㉡ 지적확인 : 위험 요인에 대해 큰 소리로 재창 확인
㉢ TBM 위험예지훈련
- 1단계 : 도입
- 2단계 : 점검정비
- 3단계 : 작업지시
- 4단계 : 위험예측
- 5단계 : 확인

(3) 공정안전관리(PSM)

① 정의 : 국내에서 발생하는 재해, 산업체에서의 화재, 폭발, 유독물질누출 등의 중대 산업사고를 예방하기 위하여 실천해야 할 12가지 안전관리 요소

② PSM 제도의 효과
㉠ 산업재해 및 재산손실 감소
㉡ 안전한 작업환경의 조성
㉢ 생산성 향상
㉣ 각종 비용의 감소와 효과의 증대

③ PSM 제도의 주요 내용(4문)
㉠ 공정안전자료
㉡ 위험성 평가
㉢ 안전운전계획
㉣ 비상조치계획

3. 안전사항 점검

(1) 안전보호구

구 분	종 류	사용목적
안전 보호구	안전모	비래 또는 낙하하는 물건에 대한 위험성 방지
	안전화	물품이 발등에 떨어지거나 작업자가 미끄러짐을 방지
	안전장갑	감전 또는 각종 유해물로부터의 예방
	보안경	유해광선 및 외부 물질에 의한 안구 보호
	보안면	열, 불꽃, 화학약품 등의 비산으로부터 안면 보호
	안전대	작업자의 추락 방지
보건 보호구	귀마개/귀덮개	소음에 의한 청력장해 방지
	방진마스크	분진의 흡입으로 인한 장해 발생으로부터 보호
	방독마스크	유해가스, 증기 등의 흡입으로 인한 장해 발생으로부터 보호
	방열복	고열 작업에 의한 화상 및 열중증 방지

(2) 유해화학물질 취급 및 숙지

① 유해화학물질의 종류

분 류	정 의	종 류
가연성 물질	적당한 조건하에서 산화할 수 있는 성분을 가진 물질	수소, 일산화탄소, 에틸렌, 메탄, 에탄, 프로판, 부탄
인화성 물질	대기압에서 인화점이 65℃ 이하인 가연성 액체	등유, 경유, 에탄, 메틸알코올, 에틸알코올, 아세톤, 메틸에틸케톤 등
부식성 물질	직접 또는 간접적으로 재료를 침해하는 물질	염산, 질산, 황산, 플루오린화수소산(불산), 수산화나트륨, 수산화칼륨 등
산화성 물질	산화반응이 촉진되어 폭발적 현상을 생성하는 물질	염소산, 플루오린산 염류, 초산, 과망간산염류, 중크롬산 등
발화성 물질	공기에 닿아서 발화하는 물질	황화인, 적린, 유황, 마그네슘, 칼륨, 나트륨, 알칼리금속 등
폭발성 물질	산소나 산화제 공급 없이 폭발하는 물질	질산에스테르류, 나이트로화합물, 나이트로소화합물, 유기과산화물 등

② 화재의 종류

구 분	명 칭	내 용
A급	일반화재	• 연소 후 재가 남는 화재 • 나무, 솜, 종이, 고무 등
B급	유류화재	• 연소 후 재가 없는 화재(유류 및 가스) • 석유, 벙커C유, 타르, 페인트, LNG, LPG 등
C급	전기화재	• 전기 기구 및 기계에 의한 화재 • 전기스파크, 개폐기 등
D급	금속화재	• 금속(철분, 마그네슘, 나트륨, 알루미늄 등) 에 의한 화재 • 소화 시 팽창질석, 마른모래, 팽창진주암 등 사용

(3) 안전보건표지

① 금지표지

출입금지	보행금지	차량통행금지
사용금지	탑승금지	금연
화기금지	물체이동금지	

② 경고표지

인화성물질 경고	산화성물질 경고	폭발성물질 경고
급성독성물질경고	부식성물질경고	발암성 · 변이원성 · 생식독성 · 전신독성 · 호흡기 과민성 물질 경고
방사성물질 경고	고압전기 경고	매달린 물체 경고
낙하물 경고	고온 경고	저온 경고
몸균형 상실 경고	레이저광선 경고	위험장소 경고

③ 지시표지

보안경 착용	방독마스크 착용	방진마스크 착용
보안면 착용	안전모 착용	귀마개 착용
안전화 착용	안전장갑 착용	안전복 착용

④ 안내표지

녹십자표지	응급구호표지	들것
세안장치	비상용기구	비상구
	비상용 기구	
좌측비상구		우측비상구

2012~2016년	과년도 기출문제	회독 CHECK 1 2 3
2017~2023년	과년도 기출복원문제	회독 CHECK 1 2 3
2024년	최근 기출복원문제	회독 CHECK 1 2 3

PART

02

과년도+최근
기출복원문제

#기출유형 확인   #상세한 해설   #최종점검 테스트

01 다음 중 두랄루민과 관련이 없는 것은?

① 용체화 처리를 한다.

② 상온시효처리를 한다.

③ 알루미늄합금이다.

④ 단조경화 합금이다.

해설

- $Al - Cu - Mn - Mg$: 두랄루민, 시효경화성 합금으로 용도는 항공기, 차체 부품이다.
- 용체화 처리 : 합금원소를 고용체 용해 온도 이상으로 가열하여 급랭시켜 과포화 고용체로 만들어 상온까지 유지하는 처리로 연화된 이후 시효에 의해 경화된다.
- 시효경화 : 용체화 처리 후 100~200℃의 온도로 유지하여 상온에서 안정한 상태로 돌아가며 시간이 지나면서 경화되는 현상

02 다음 중 반도체 제조용으로 사용되는 금속으로 옳은 것은?

① W, Co

② B, Mn

③ Fe, P

④ Si, Ge

해설

반도체란 도체와 부도체의 중간 정도의 성질을 가진 물질로, 반도체 재료로는 인, 비소, 안티몬, 실리콘, 게르마늄, 붕소, 인듐 등이 있지만 실리콘을 주로 사용하는 이유는 고순도 제조가 가능하고 사용한계 온도가 상대적으로 높으며, 고온에서 안정한 산화막(SiO_2)을 형성하기 때문이다.

03 Y합금의 일종으로 Ti과 Cu를 0.2% 정도씩 첨가한 합금으로 피스톤에 사용되는 합금의 명칭은?

① 라우탈

② 엘린바

③ 두랄루민

④ 코비탈륨

해설

Y합금 $-$ Ti $-$ Cu : 코비탈륨, Y합금에 Ti, Cu를 0.2% 정도씩 첨가한 것으로 피스톤에 사용

04 용탕을 금속 주형에 주입 후 응고할 때, 주형의 면에서 중심 방향으로 성장하는 나란하고 가느다란 기둥 모양의 결정을 무엇이라고 하는가?

① 단결정

② 다결정

③ 주상 결정

④ 크리스탈 결정

해설

- 결정 입자의 미세도 : 응고 시 결정핵이 생성되는 속도와 결정핵의 성장 속도에 의해 결정되며, 주상 결정과 입상 결정 입자가 있음
- 주상 결정 : 용융 금속이 응고하며 결정이 성장할 때 온도가 높은 방향으로 길게 뻗은 조직이다.
  $G \geq V_m$(G : 결정입자의 성장 속도, V_m : 용융점이 내부로 전달되는 속도)
- 입상 결정 : 용융 금속이 응고하며 용융점이 내부로 전달하는 속도가 더 클 때 수지 상정이 성장하며 입상정을 형성한다.
  $G < V_m$(G : 결정입자의 성장 속도, V_m : 용융점이 내부로 전달되는 속도)

05 주물용 Al – Si 합금 용탕에 0.01% 정도의 금속 나트륨을 넣고 주형에 용탕을 주입함으로써 조직을 미세화시키고 공정점을 이동시키는 처리는?

① 용체화 처리

② 개량 처리

③ 접종 처리

④ 구상화 처리

해설
• Al – Si : 실루민, Na을 첨가하여 개량화 처리를 실시
• 개량화 처리 : 금속 나트륨, 수산화나트륨, 플루오린화 알칼리, 알칼리 염류 등을 용탕에 장입하면 조직이 미세화되는 처리

06 아공석강의 탄소 함유량(% C)으로 옳은 것은?

① 0.025~0.8% C

② 0.8~2.0% C

③ 2.0~4.3% C

④ 4.3~6.67% C

해설
탄소강의 조직에 의한 분류
• 순철 : 0.025% C 이하
• 아공석강(0.025~0.8% C 이하), 공석강(0.8% C), 과공석강(0.8~2.0% C)
• 아공정주철(2.0~4.3% C), 공정주철(4.3% C), 과공정주철(4.3~6.67% C)

07 금속 중에 0.01~0.1μm 정도의 산화물 등 미세한 입자를 균일하게 분포시킨 금속 복합재료는 고온에서 재료의 어떤 성질을 향상시킨 것인가?

① 내식성　　　　　② 크리프

③ 피로강도　　　　④ 전기전도도

해설
크리프시험
• 크리프 : 재료를 고온에서 내력보다 작은 응력으로 가해 주면 시간이 지나면서 변형이 진행되는 현상
• 기계 구조물, 교량 및 건축물 등 긴 시간에 걸쳐 하중을 받는 재료에 시험
• 용융점이 낮은 금속(Pb, Cu)인 순금속, 연한 합금 등은 상온에서 크리프 현상이 발생

08 공구용 재료로서 구비해야 할 조건이 아닌 것은?

① 강인성이 커야 한다.

② 내마멀성이 직아야 한다.

③ 열처리와 공작이 용이해야 한다.

④ 상온과 고온에서의 경도가 높아야 한다.

해설
공구용 재료는 강인성과 내마모성이 커야 하며, 경도와 강도가 높아야 한다.

09 다음 중 황동 합금에 해당되는 것은?

① 질화강　　　　　② 톰 백

③ 스텔라이트　　　④ 화이트메탈

해설
황동은 Cu와 Zn의 합금으로 Zn의 함유량에 따라 α상 또는 $\alpha + \beta$상으로 구분되며, α상은 면심입방격자이며 β상은 체심입방격자를 가지고 있다. 황동의 종류로는 톰백(8~20% Zn), 7 : 3황동(30% Zn), 6 : 4황동(40% Zn) 등이 있으며, 7 : 3황동은 전연성이 크고 강도가 좋으며, 6 : 4황동은 열간가공이 가능하고 기계적 성질이 우수한 특징이 있다.

10 강괴의 종류에 해당되지 않는 것은?

① 쾌삭강   ② 캡트강

③ 킬드강   ④ 림드강

해설

강괴 : 제강 작업 후 내열주철로 만들어진 금형에 주입하여 응고시킨 것

• **킬드강** : 용강 중 Fe – Si, Al분말 등 강탈산제를 첨가하여 산소가 거의 없는 완전 탈산된 강으로 기포가 없고 편석이 적은 장점이 있고, 기계적 성질이 양호하다.
• **세미킬드강** : 탈산 정도가 킬드강과 림드강의 중간 정도인 강으로, 구조용강, 강판 재료에 사용된다.
• **림드강** : 미탈산된 용강을 그대로 금형에 주입하여 응고시킨 강
• **캡트강** : 용강을 주입 후 뚜껑을 씌워 내부 편석을 적게 한 강으로 내부 결함은 적으나 표면 결함이 많다.

11 다음의 금속 상태도에서 합금 m을 냉각시킬 때 m_2점에서 결정 A와 용액 E와의 양적 관계를 옳게 나타낸 것은?

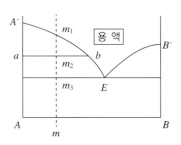

① 결정 A : 용액 $E = \overline{m_1 \cdot b} : \overline{m \cdot A'}$

② 결정 A : 용액 $E = \overline{m_1 \cdot A'} : \overline{m_1 \cdot b}$

③ 결정 A : 용액 $E = \overline{m_2 \cdot a} : \overline{m_2 \cdot b}$

④ 결정 A : 용액 $E = \overline{m_2 \cdot b} : \overline{m_2 \cdot a}$

해설

지렛대의 원리를 이용하면, 결정 A : 용액 $E = m_2 \cdot b : m_2 \cdot a$ 이다.

12 독성이 없어 의약품, 식품 등의 포장형 튜브 제조에 많이 사용되는 금속으로 탈색효과가 우수하며, 비중이 약 7.3인 금속은?

① 주석(Sn)   ② 아연(Zn)

③ 망간(Mn)   ④ 백금(Pt)

해설

주석과 그 합금 : 비중 7.3, 용융점 232℃, 상온에서 재결정, SnO_2를 형성해 내식성 증가

13 다음 중 Mg 합금에 해당하는 것은?

① 실루민   ② 문쯔메탈

③ 일렉트론   ④ 배빗메탈

해설

실루민(Al – Si), 문쯔메탈(6 : 4황동), 일렉트론(Mg – Al – Zn), 배빗메탈(Sn – Sb – Cu)

14 다음 중 슬립(Slip)에 대한 설명으로 틀린 것은?

① 원자 밀도가 가장 큰 격자면에서 잘 일어난다.

② 원자 밀도가 최대인 방향으로 잘 일어난다.

③ 슬립이 계속 진행하면 결정은 점점 단단해져서 변형이 쉬워진다.

④ 다결정에서는 외력이 가해질 때 슬립방향이 서로 달라 간섭을 일으킨다.

해설

슬립이 일어나는 면으로 재료의 변형이 발생하기 때문에 결정의 단단함과 거리가 멀다.

15 구상흑연 주철품의 기호표시에 해당하는 것은?

① WMC 490

② BMC 340

③ GCD 450

④ PMC 490

해설
구상흑연주철은 GCD로 표시하며, 450은 인장강도를 나타낸다.

16 도면의 척도를 "NS"로 표시하는 경우는?

① 그림의 형태가 척도에 비례하지 않을 때

② 척도가 두 배일 때

③ 축척임을 나타낼 때

④ 배척임을 나타낼 때

해설
도면의 척도
• 현척 : 실제 사물과 동일한 크기로 그리는 것 예 1 : 1
• 축척 : 실제 사물보다 작게 그리는 경우 예 1 : 2, 1 : 5, 1 : 10
• 배척 : 실제 사물보다 크게 그리는 경우 예 2 : 1, 5 : 1, 10 : 1
• NS(None Scale) : 비례척이 아님

17 제도에서 치수 숫자와 같이 사용하는 기호가 아닌 것은?

① ϕ ② R

③ □   ④ Y

해설
치수 숫자와 같이 사용하는 기호
• □ : 정사각형의 변
• t : 판의 두께
• C : 45° 모따기
• SR : 구의 반지름
• ϕ : 지름
• R : 반지름

18 GC 200이 의미하는 것으로 옳은 것은?

① 탄소가 0.2%인 주강품

② 인장강도 $200N/mm^2$ 이상인 회주철품

③ 인장강도 $200N/mm^2$ 이상인 단조품

④ 탄소가 0.2%인 주철을 그라인딩 가공한 제품

해설
금속재료의 호칭
• 재료를 표시하는데, 대개 3단계 문자로 표시한다.
  – 첫 번째 : 재질의 성분을 표시하는 기호
  – 두 번째 : 제품의 규격을 표시하는 기호로 제품의 형상 및 용도를 표시
  – 세 번째 : 재료의 최저인장강도 또는 재질의 종류기호를 표시
• 강종 뒤에 숫자 세 자리 : 최저인장강도(N/mm^2)
• 강종 뒤에 숫자 두 자리＋C : 탄소 함유량(%)

19 제3각법에 따라 투상도의 배치를 설명한 것 중 옳은 것은?

① 정면도, 평면도, 우측면도 또는 좌측면도의 3면 도로 나타낼 때가 많다.

② 간단한 물체는 평면도와 측면도의 2면도로만 나타낸다.

③ 평면도는 물체의 특징이 가장 잘 나타나는 면을 선정한다.

④ 물체의 오른쪽과 왼쪽이 같을 때도 우측면도, 좌측면도 모두 그린다.

해설
제3각법 투상도 배치
• 간단한 물체는 정면도와 평면도, 또는 정면도와 우측면도의 2면 도로만 나타낼 수 있다.
• 정면도는 물체의 특징이 잘 나타나는 면을 선정한다.
• 물체에 따라서 정면도 하나로 그 형태의 모든 것을 나타낼 수 있을 때에는 다른 투상도는 그리지 않아도 된다.

20 치수가 $\phi15^{+0.005}_{0}$인 구멍과 $\phi15^{-0.001}_{-0.005}$인 축을 끼워 맞출 때는 어떤 끼워맞춤이 되는가?

① 헐거운 끼워맞춤
② 중간 끼워맞춤
③ 억지 끼워맞춤
④ 축 기준 끼워맞춤

해설

구멍이 축보다 크므로 헐거운 끼워맞춤이다.

끼워맞춤의 종류

• 헐거운 끼워맞춤 : 구멍이 축보다 클 경우
• 중간 끼워맞춤 : 구멍과 축이 같을 경우
• 억지 끼워맞춤 : 축이 구멍보다 클 경우
※ 저자 의견 : 문제 오류로 축의 치수를 $\phi15^{+0.006}_{+0.001}$에서 $\phi15^{-0.001}_{-0.005}$로 수정하였습니다.

21 대상물의 좌표면이 투상면에 평행인 직각 투상법은 어느 것인가?

① 정투사법
② 사투상법
③ 등각투상법
④ 부등각투상법

해설

정투상도

투상선이 평행하게 물체를 지나 투상면에 수직으로 닿고 투상된 물체가 투상면에 나란하기 때문에 어떤 물체의 형상도 정확하게 표현할 수 있다.

22 리드가 12mm인 3줄 나사의 피치는 몇 mm인가?

① 3
② 4
③ 5
④ 6

해설

• 나사의 피치 : 나사산과 나사산 사이의 거리
• 나사의 리드 : 나사를 360° 회전시켰을 때 상하 방향으로 이동한 거리

$L(리드) = n(줄수) \times P(피치)$

$12mm = 3줄 \times P$

$P = 4mm$

23 다음 중 치수 기입의 기본 원칙에 대한 설명으로 틀린 것은?

① 치수는 계산할 필요가 없도록 기입해야 한다.
② 치수는 될 수 있는 한 주투상도에 기입해야 한다.
③ 구멍의 치수 기입에서 관통 구멍이 원형으로 표시된 투상도에는 그 깊이를 기입한다.
④ 도면에 길이의 크기와 자세 및 위치를 명확하게 표시해야 한다.

해설

관통 구멍이 반복되어 있는 경우에는 구멍의 지름과 개수를 기입한다.

치수기입원칙

• 치수는 되도록 주투상도(정면도)에 집중한다.
• 치수는 중복 기입을 피한다.
• 치수는 되도록 계산해서 구할 필요가 없도록 한다.
• 치수는 필요에 따라 기준으로 하는 점, 선 또는 면을 기준으로 하여 기입한다.
• 관련되는 치수는 되도록 한곳에 모아서 기입한다.
• 치수는 되도록 공정마다 배열을 분리하여 기입한다.
• 치수 중 참고 치수에 대하여는 치수 수치에 괄호를 붙인다.

24 투상도 중에서 화살표 방향에서 본 투상도가 정면도이면 평면도로 적합한 것은?

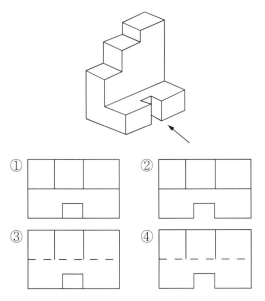

해설

평면도 : 상면도라고도 하며, 물체의 위에서 내려다 본 모양을 나타낸 도면을 말한다.

25 제도에 사용되는 문자의 크기는 무엇으로 나타내는가?

① 문자의 굵기
② 문자의 넓이
③ 문자의 높이
④ 문자의 장평

해설

도면에 사용되는 문자는 될 수 있는 대로 적게 쓰고, 기호로 나타내며, 글자의 크기는 문자의 높이로 나타낸다.

26 다음 도면의 크기가 $a = 594$, $b = 841$일 때 그림에 대한 설명으로 옳은 것은?

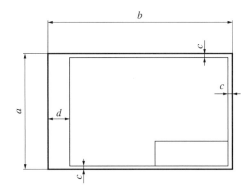

① 도면 크기의 호칭은 A0이다.
② c의 최소 크기는 10mm이다.
③ 도면을 철할 때 d의 최소 크기는 25mm이다.
④ 중심 마크와 윤곽선이 그려져 있다.

해설

도면 크기의 종류 및 윤곽의 치수

크기의 호칭			A0	A1	A2	A3	A4
도면의 윤곽	$a \times b$		841 × 1,189	594 × 841	420 × 594	297 × 420	210 × 297
	c(최소)		20	20	10	10	10
	d (최소)	철하지 않을 때	20	20	10	10	10
		철할 때	25	25	25	25	25

27 대상물의 일부를 파단한 경계 또는 일부를 떼어 낸 경계를 표시할 때의 선의 종류는?

① 가는 실선
② 굵은 실선
③ 가는 파선
④ 굵은 1점쇄선

해설

파단선

용도에 의한 명칭	선의 종류		선의 용도
파단선	불규칙한 파형의 가는 실선 또는 지그재그선	〰〰〰 ～/\～	대상물의 일부를 파단한 경계 또는 일부를 떼어낸 경계를 표시하는 데 사용한다.

28 열풍로의 축열실 내화벽돌의 조건으로 옳은 것은?

① 비열이 낮아야 한다.

② 열전도율이 좋아야 한다.

③ 가공률이 30% 이상이어야 한다.

④ 비중이 1.0 이하이어야 한다.

해설

축열실은 열교환 작용을 하는 곳으로, 열전도율이 높아야 연소된 열이 빠르게 축열될 수 있다.

29 고로가스 청정설비로 노정 가스의 유속을 낮추고 방향을 바꾸어 조립연진을 분리, 제거하는 설비 명은?

① 백필터(Bag Filter)

② 제진기(Dust Catcher)

③ 전기집진기(Electric Precipitator)

④ 벤투리 스크러버(Venturi Scrubber)

해설

- 백필터 : 여러 개의 여과포에 배가스를 통과시켜 먼지를 제거하는 방식
- 전기집진기 : 방전 전극을 양(+)으로 하고 집진극을 음(−)으로 하여 고전압을 가해 놓은 뒤 분진을 함유한 가스가 통과하면 분진이 양극으로 대전하여 집진극에 부착되고, 전극에 쌓인 분진은 제거하는 방식
- 벤투리 스크러버 : 기계식으로 폐가스를 좁은 노즐(Venturi)에 통과시킨 후 고압수를 분무하여 가스 중의 분진을 포집

30 다음 반응 중 직접환원 반응은?

① $Fe_3O_4 + CO \rightleftharpoons 3FeO + CO_2$

② $FeO + CO \rightleftharpoons Fe + CO_2$

③ $3Fe_2O_3 + CO \rightleftharpoons 2Fe_3O_4 + CO_2$

④ $FeO + C \rightleftharpoons Fe + CO$

해설

- 직접환원 : 산화철이 코크스와 직접 반응하는 환원(④)
- 간접환원 : 철광석이 다량의 일산화탄소와 간접적으로 반응하는 환원(①, ②, ③)

31 고로 내 열수지 계산 시 출열에 해당하는 것은?

① 열풍 현열

② 용선 현열

③ 슬래그 생성열

④ 코크스 발열량

해설

열정산

- 입열 : 산화철의 간접 환원열, 코크스 연소열, 열풍(송풍)의 현열, 슬래그 생성열, 장입물 중 수분의 현열 등
- 출열 : 용선 현열, 노정가스 현열, 석회석 분해열, 코크스 용해 손실, 장입물(Si, Mn, P)의 환원열, 슬래그 현열, 수분의 분해열, 연진의 현열, 냉각수가 가져가는 열량 등

32 다음 중 고정탄소(%)를 구하는 식으로 옳은 것은?

① 고정탄소(%)

= 100% − [수분(%) + 회분(%) + 휘발분(%)]

② 고정탄소(%)

= 100% + [수분(%) × 회분(%) × 휘발분(%)]

③ 고정탄소(%)

= 100% − [수분(%) + 회분(%) × 휘발분(%)]

④ 고정탄소(%)

= 100% + [수분(%) × 회분(%) − 휘발분(%)]

해설
고정탄소(%) = 100% − [수분(%) + 회분(%) + 휘발분(%)]

33 고로를 4개의 층으로 나눌 때 상승 가스에 의해 장입물이 가열되어 부착 수분을 잃고 건조되는 층은?

① 예열층 　　② 환원층
③ 가탄층 　　④ 용해층

해설
장입물의 변화 상황
• 예열층(200~500℃) : 상승 가스에 의해 장입물이 부착 수분을 잃고 건조
• 환원층(500~800℃) : 산화철이 간접 환원되어 해면철로 변하며, 샤프트 하부에 다다를 때까지 거의 모든 산화철이 해면철로 되어 하강
• 가탄층(800~1,200℃)
  − 해면철은 일산화탄소에 의해 침탄되어 시멘타이트를 생선하고 용융점이 낮아져 규소, 인, 황이 선철 중에 들어가 선철이 된 후 용융하여 코크스 사이를 적하
  − 석회석의 분해에 의해 산화칼슘이 생기며, 불순물과 결합해 슬래그를 형성
• 용해층(1,200~1,500℃) : 선철과 슬래그가 같이 용융 상태로 되어 노상에 고이며, 선철과 슬래그의 비중 차로 2층으로 나뉘어짐

34 고로 내에서의 코크스 역할이 아닌 것은?

① 열 원
② 환원제
③ 통기성
④ 탈 황

해설
코크스의 역할
• 바람구멍 앞에서 연소하여 필요한 열량을 공급
• 고체 탄소로 철 성분을 직접 환원
• 일부 선철 중에 용해되어 선철 중 탄소함량을 높임
• 고로 안의 통기성을 좋게 하는 통로 역할
• 철의 용융점을 낮추는 역할

35 선철 중에 Si를 높이기 위한 조치 방법이 아닌 것은?

① SiO_2의 투입량을 늘린다.
② 염기도를 낮게 한다.
③ 노상의 온도를 높게 한다.
④ 일정량의 코크스량에 대하여 광석장입량을 많게 한다.

해설
• 염기도$(P') = \dfrac{CaO}{SiO_2}$ 이므로 Si를 높게 하려면 SiO_2 장입량을 늘려 염기도를 낮게 한다.
• 코크스에 대한 광석의 비율을 작게 하고 고온 송풍을 한다.

36 고로의 풍구로부터 들어오는 압풍에 의하여 생기는 풍구 앞의 공간을 무엇이라고 하는가?

① 행잉(Hanging)

② 레이스 웨이(Race Way)

③ 플러딩(Flooding)

④ 슬로핑(Slopping)

해설

노상(Hearth)

• 노의 최하부이며, 출선구, 풍구가 설치되어 있는 곳
• 용선, 슬래그를 일시 저장하며, 생성된 용선과 슬래그를 배출시키는 출선구가 설치
• 출선 후 어느 정도 용융물이 남아 있도록 만들며, 노 내 열량을 보유, 노 저 연와에 적열(균열) 현상이 일어나지 않도록 제작
• 풍 구
  – 열풍로의 열풍을 일정한 압력으로 고로에 송입 하는 장치
  – 연소대(레이스 웨이, Race Way) : 풍구에서 들어온 열풍이 노 내를 강하하여 내려오는 코크스를 연소시켜 환원 가스를 발생시키는 영역

37 다음 중 고로 원료로 가장 많이 사용되는 적철광을 나타내는 화학식은?

① Fe_3O_4

② Fe_2O_3

③ $Fe_3O_4 \cdot H_2O$

④ $2Fe_2O \cdot 3H_2O$

해설

철광석의 종류

종 류	Fe 함유량	특 징
적철광(Fe_2O_3), Hematite	45~65%	• 자원이 풍부하고 환원능이 우수 • 붉은색을 띠는 적갈색 • 피환원성이 가장 우수
자철광(Fe_3O_4), Magnetite	50~70%	• 불순물이 많음 • 조직이 치밀 • 배소 처리 시 균열 발생하는 경향 • 소결용 펠릿 원료로 사용
갈철광($Fe_2O_3 \cdot nH_2O$), Limonite	35~55%	• 다량의 수분 함유 • 배소 시 다공질의 Fe_2O_3가 됨
능철광($FeCO_3$), Siderite	30~40%	• 소결 원료로 주로 사용 • 배소 시 이산화탄소(CO_2)를 방출하고 철의 성분이 높아짐

38 고로의 생산물인 선철을 파면에 의해 분류할 때 이에 해당되지 않는 것은?

① 백선철

② 은선철

③ 반선철

④ 회선철

해설

선철의 파면에 의한 분류 : 백선철, 반선철, 회선철

39 고로에서 용선을 빼내는 곳은?

① 밸리부

② 열풍구

③ 출선구

④ 장입 기준선

해설

노상(Hearth)

• 노의 최하부이며, 출선구, 풍구가 설치되어 있는 곳
• 용선, 슬래그를 일시 저장하며, 생성된 용선과 슬래그를 배출시키는 출선구가 설치

40 고로 조업에서 출선할 때 사용되는 스키머의 역할은?

① 용선과 슬래그를 분리하는 역할

② 용선을 레이들로 보내는 역할

③ 슬래그를 레이들에 보내는 역할

④ 슬래그를 슬래그피트(Slag Pit)로 보내는 역할

해설

스키머(Skimmer) : 비중 차에 의해 용선 위에 떠 있는 슬래그 분리

41 품위 47%의 광석에서 철분 93%의 선철 1톤을 만드는 데 필요한 광석의 양은 몇 kg인가?(단, 철분이 모두 환원되어 철의 손실은 없다)

① 1,400kg   ② 1,525kg

③ 1,979kg   ④ 2,276kg

해설
광석량 계산
(광석량) × 0.47 = 1,000kg × 0.93
광석량 = 1,978.7kg

42 정상적인 조업일 때 노정가스 성분 중 가장 적게 함유되어 있는 것은?

① H_2 ② N_2

③ CO   ④ CO_2

해설
노정가스 성분 : CO, CO_2, H_2, N_2가 있으며, H_2가 가장 적다.

43 선철 중의 P을 적게 하기 위한 사항으로 옳은 것은?

① 노상온도를 낮춘다.

② 염기도를 낮게 한다.

③ 속도 늦은 조업을 실시한다.

④ 장입물 중 P 함유량이 많은 것을 선정한다.

해설
탈인을 유리하게 하는 조건
• 염기도(CaO/SiO_2)가 높아야 함(Ca양이 많아야 함)
• 용강 온도가 높지 않아야 함(높을 경우 탄소에 의한 복인이 발생)
• 슬래그 중 FeO양이 많을 것
• 슬래그 중 P_2O_5양이 적을 것
• Si, Mn, Cr 등 동일 온도 구역에서 산화 원소(P)가 적어야 함
• 슬래그 유동성이 좋을 것(형석 투입)

44 다음 중 고로의 장입물에 해당되지 않는 것은?

① 철광석

② 코크스

③ 석회석

④ 보크사이트

해설
고로 장입 주원료 : 철광석, 코크스, 석회석

45 가연성 물질을 공기 중에서 연소시킬 때 공기 중의 산소 농도를 감소시키면 나타나는 현상 중 옳은 것은?

① 연소가 어려워진다.

② 폭발범위는 넓어진다.

③ 화염온도는 높아진다.

④ 점화 에너지는 감소한다.

해설
공기 중의 산소 농도가 낮으면 연소가 어려워진다.

46 생펠릿(Pellet)을 조립하기 위한 조건으로 틀린 것은?

① 분 입자 간에 수분이 없어야 한다.
② 원료는 충분히 미세하여야 한다.
③ 원료분이 균일하게 가습되는 혼련법이어야 한다.
④ 균등하게 조립될 수 있는 전동법이어야 한다.

해설
생펠릿을 조립하기 위한 조건
• 분 입자 간 수분이 적당할 것
• 미세한 원료를 가질 것
• 원료분이 균일하게 가습되는 혼련법일 것
• 균등하게 조립될 수 있는 전동법일 것

47 저광조에서 소결원료가 벨트상에 배출되면 자동적으로 벨트 속도를 가감하여 목표량만큼 절출하는 장치는?

① Belt Feeder
② Vibrating Feeder
③ Table Feeder
④ Constant Feed Weigher

해설
정량 절출 장치(CFW ; Constant Feed Weigher)

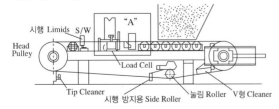

소결용 원료·부원료를 적정 비율로 배합하기 위해 종류별로 정해진 목표치에 따라 불출량이 제어되도록 하는 계측 제어 장치

48 소결조업에 사용되는 용어 중 FFS가 의미하는 것은?

① 고로가스
② 코크스가스
③ 화염진행속도
④ 최고도달온도

해설
화염전진속도(FFS ; Flame Front Speed)
층후(mm) × Pallet Speed(m/min) / 유효화상길이(m)

49 괴상법의 종류 중 단광법에 해당되지 않는 것은?

① 크루프(Krupp)법
② 다이스(Dise)법
③ 프레스(Press)법
④ 플런저(Plunger)법

해설
크루프(Krupp)법은 강철 주물을 만드는 방법이다.
단 광
• 상온에서 압축 성형만으로 덩어리를 만들거나, 이것을 다시 구워 단단한 덩어리로 만드는 방법
• 종류 : 다이스(Dise)법, 프레스(Press)법, 플런저(Plunger)법 등

50 소결조업 중 배합원료에 수분을 첨가하는 이유가 아닌 것은?

① 소결층 내의 온도 구배를 개선하기 위해서
② 배가스 온도를 상승시키기 위해서
③ 미분 원료의 응집에 의한 통기성을 향상시키기 위해서
④ 소결층의 Dust 흡입 비산을 방지하기 위해서

해설
수분 첨가 목적 : 미분 원료가 응집하여 통기성 향상, 열효율 향상, 소결층의 연진 흡입 비산 방지

51 소결 시 조재성분에 대한 설명으로 옳은 것은?

① CaO의 증가에 따라 생산율을 증가시킨다.
② CaO은 제품의 강도를 감소시킨다.
③ Al_2O_3의 결정수를 증가시킨다.
④ Al_2O_3 증가에 따라 코크스량을 감소시킨다.

해설
• 생산율은 CaO, SiO_2의 증가에 따라 향상하고, Al_2O_3, MgO가 증가하면 생산성을 저해한다.
• 제품강도는 CaO, SiO_2는 증가시키고 Al_2O_3, MgO, 결정수는 저하시킨다.

52 자용성 소결광의 사용 시 이점에 대한 설명이 틀린 것은?

① 소결광 중에는 페이얼라이트 함유량이 커서 피환원성이 크다.
② 코크스가 저하되고, 출선량이 증대된다.
③ 노 황이 안정되어 고온 송풍이 가능하다.
④ 노 내의 열량 소비를 감소시킨다.

해설
• 자용성 소결광 : 염기도 조절을 위해 석회석을 첨가한 소결광으로 피환원성 향상, 연료비 절감, 생산성 향상의 목적으로 사용
• 철광석의 피환원성은 기공률이 클수록, 입도가 작을수록, 산화도가 높을수록 좋아지며, 환원이 어려운 철감람석[Fayalite(페이얼라이트), Fe_2SiO_4], 타이타늄($FeO \cdot TiO_2$) 등이 있으면 나빠진다.

53 소결 반응에서 용융 결합이란 무엇인가?

① 저온에서 소결이 행해지는 경우 입자가 기화해서 입자 표면 접촉부의 확산 반응에 의해 결합이 일어난 것
② 고온에서 소결한 경우 원료 중의 슬래그 성분이 기화해서 입자가 슬래그로 단단하게 결합한 것
③ 고온에서 소결한 경우 원료 중의 슬래그 성분이 용융해서 입자가 슬래그 성분으로 단단하게 결합한 것
④ 고온에서 소결이 행해지는 경우 입자가 용융해서 입자 표면 접촉부의 확산 반응에 의해 결합이 일어난 것

해설
용융 결합
• 고온에서 소결한 경우로 원료 중 슬래그 성분이 용융하여 쉽게 결합
• 저융점의 슬래그 성분일수록 용융 결합을 함
• 강도는 좋으나, 피환원성이 좋지 않아 기공률과 환원율 저하를 방지해야 함

54 소결광의 낙하 강도 지수(SI)를 구하는 시험 방법으로 옳은 것은?

① 2m 높이에서 4회 낙하시킨 후 입도가 +10mm인 시료 무게의 시험 전 시료 무게에 대한 백분율로 표시

② 4m 높이에서 2회 낙하시킨 후 입도가 +10mm인 시료 무게의 시험 전 시료 무게에 대한 백분율로 표시

③ 5m 높이에서 6회 낙하시킨 후 입도가 +10mm인 시료 무게의 시험 전 시료 무게에 대한 백분율로 표시

④ 6m 높이에서 5회 낙하시킨 후 입도가 +10mm인 시료 무게의 시험 전 시료 무게에 대한 백분율로 표시

해설
낙하 강도 지수(SI ; Shatter Index)
• 소결광이 낙하 시 분이 발생하기 직전까지의 소결광 강도
• 고로 장입 시 분율은 작을수록 유리
• 낙하 강도 저하 시 분 발생이 많아 통기성을 저해
• 낙하 강도 = 시험 후 +10mm 중량 / 시험 전 총중량

55 야드에 적치된 원료를 불출대상 공장의 소요시점에 불출하는 장비는?

① 스태커(Stacker)
② 리클레이머(Reclaimer)
③ 언로더(Unloader)
④ 크러셔(Crusher)

해설
• 리클레이머(Reclaimer) : 원료탄 또는 코크스를 야드에서 불출하여 하부에 통과하는 벨트컨베이어에 원료를 실어 주는 장비
• 언로더(Unloader) : 원료가 적재된 선박이 입하하면 원료를 배에서 불출하여 야드(Yard)로 보내는 설비
• 스태커(Stacker) : 해송 및 육송으로 수송된 광석이나 석탄, 부원료 등을 벨트컨베이어를 통해 운반하여 최종 저장 야드에 적치하는 장비

56 고로 슬래그의 염기도에 큰 영향을 주는 소결광 중의 염기도를 나타낸 것으로 옳은 것은?

① SiO_2/Al_2O_3
② Al_2O_3/MgO
③ SiO_2/CaO
④ CaO/SiO_2

해설
염기도 : 염기도 변동 폭이 클수록 고로 슬래그 염기도 변동도 증가한다.

염기도 계산식 : $\dfrac{CaO}{SiO_2}$

57 철광석 중 결정수 제거와 CO_2를 제거할 목적으로 금속 원소와 산소와의 반응이 별로 일어나지 않는 온도로 작업하는 것을 무엇이라고 하는가?

① 하소(Calcination)
② 배소(Roasting)
③ 부유선광법(Flotation)
④ 비중 선광법(Gravity Separation)

해설
• 하소 : 높은 온도에서 가열에 의해 수화물, 탄산염과 같이 화학적으로 결합되어 있는 물과 이산화탄소를 제거하는 공정
• 건조 : 낮은 온도에서 광석의 물을 제거하는 공정
• 배소 : 용융점 이하로 가열하면서 화학 반응을 일으켜 광석의 화학 성분과 성질을 개량하고, 해로운 성분(S)을 제거하는 공정

58 [보기]는 소결 장입층의 통기도를 지배하는 식이다. n은 층의 가스류 흐름 상태를 나타내는 값으로 평균값이 얼마일 때 가장 좋은 통기도를 나타내는가?(단, F : 표준 상태의 유량, h : 장입층의 높이, A : 흡인 면적, s : 부압이다)

┌ 보기 ┐
$$P = F/A(h/s)^n$$
└─────┘

① 0.2
② 0.4
③ 0.6
④ 1.2

해설
n값은 가스류 흐름 상태로 평균값이 0.6 정도일 때 가장 우수하다.

59 다음 중 소결기의 급광장치에 속하지 않는 것은?

① Hopper
② Wind Box
③ Cut Gate
④ Shuttle Conveyor

해설
Wind Box는 통기 장치이다.

60 소결기 Grate Bar 위에 깔아 주는 상부광의 기능이 아닌 것은?

① Grate Bar 막힘 방지
② 소결원료의 저부 배출용이
③ Grate Bar 용융부착 방지
④ 배광부에서 소결광 분리용이

해설
상부광 : 소결기 대차 하부 면에 까는 8~15mm의 소결광
• Grate Bar에 소결광 융착을 방지
• 소결광 덩어리가 대차에서 쉽게 분리하도록 도움
• Grate Bar 사이로 세립 원료가 새어 나감을 방지
• 신원료에 의한 화격자의 구멍 막힘을 방지

01 고온에서 사용하는 내열강 재료의 구비조건에 대한 설명으로 틀린 것은?

① 기계적 성질이 우수해야 한다.
② 조직이 안정되어 있어야 한다.
③ 열팽창에 대한 변형이 커야 한다.
④ 화학적으로 안정되어 있어야 한다.

해설
내열강의 구비 조건
• 고온에서 화학적, 기계적 성질이 안정될 것
• 사용 온도에서 변태 혹은 탄화물 분해가 되지 않을 것
• 열에 의한 팽창 및 변형이 발생하지 않을 것

02 고체 상태에서 하나의 원소가 온도에 따라 그 금속을 구성하고 있는 원자의 배열이 변하여 두 가지 이상의 결정구조를 가지는 것은?

① 전 위
② 동소체
③ 고용체
④ 재결정

해설
동소변태 : 동일한 원소가 원자배열이나 결합방식이 바뀌는 변태로 격자변태라고도 한다.
• 일정한 온도에서 비연속적이고 급격히 일어남
• Ce(세륨), Bi(비스무트) 등은 일정압력에서 동소변태가 일어남

03 Ni – Fe계 합금인 인바(Invar)는 길이 측정용 표준자, 바이메탈 VTR 헤드의 고정대 등에 사용되는데 이는 재료의 어떤 특성 때문에 사용하는가?

① 자 성
② 비 중
③ 전기저항
④ 열팽창계수

해설
불변강 : 인바(36% Ni 함유), 엘린바(36% Ni – 12% Cr 함유), 플래티나이트(42~46% Ni 함유), 코엘린바(Cr – Co – Ni 함유)로 탄성계수가 작고, 공기나 물속에서 부식되지 않는 특징이 있어, 정밀계기 재료, 차, 스프링 등에 사용된다.

04 니켈 – 크롬 합금 중 사용한도가 1,000℃까지 측정할 수 있는 합금은?

① 망가닌
② 우드메탈
③ 배빗메탈
④ 크로멜 – 알루멜

해설
Ni – Cr합금
• 니크롬(Ni – Cr – Fe) : 전열 저항성(1,100℃)
• 인코넬(Ni – Cr – Fe – Mo) : 고온용 열전쌍, 전열기 부품
• 알루멜(Ni – Al) – 크로멜(Ni – Cr) : 1,200℃ 온도측정용

05 탄소가 0.50~0.70%이고, 인장강도는 590~690 MPa이며, 축, 기어, 레일, 스프링 등에 사용되는 탄소강은?

① 톰 백
② 극연강
③ 반연강
④ 최경강

해설
최경강 : 탄소량 0.5~0.6%가 함유된 강으로, 인장강도 70kg/mm^2 이상이며, 스프링·강선·공구 등에 사용한다.

06 다음 중 청동과 황동 및 합금에 대한 설명으로 틀린 것은?

① 청동은 구리와 주석의 합금이다.

② 황동은 구리와 아연의 합금이다.

③ 톰백은 구리에 5~20%의 아연을 함유한 것으로 강도는 높으나 전연성이 없다.

④ 포금은 구리에 8~12% 주석을 함유한 것으로 포신의 재료 등에 사용되었다.

해설

톰백의 경우 모조금과 비슷한 색을 내는 것으로 구리에 5~20%의 아연을 함유하여 연성은 높은 재료이다.

07 내마멸용으로 사용되는 애시큘러주철의 기지(바탕)조직은?

① 베이나이트

② 소르바이트

③ 마텐자이트

④ 오스테나이트

해설

애시큘러주철(Acicular Cast Iron) : 보통 주철 + 0.5~4.0% Ni + 1.0~1.5% Mo + 소량의 Cu, Cr로 강인하며 내마멸성이 우수하다. 소형 엔진의 크랭크축, 캠축, 실린더 압연용 롤 등의 재료로 사용된다. 흑연이 보통 주철과 같은 편상 흑연이나 조직의 바탕이 침상조직이다.

08 다음 중 순철의 자기변태 온도는 약 몇 ℃인가?

① 100

② 768

③ 910

④ 1,400

해설

순철의 자기변태 : 768℃에서 강자성체가 상자성체로 변함

09 동일 조건에서 전기전도율이 가장 큰 것은?

① Fe

② Cr

③ Mo

④ Pb

해설

전기전도율 : 1cm^{2}의 단면적인 재료에서 1초에 이동되는 전기량
Ag > Cu > Au > Al > W > Mg > Zn > Mo > Ni > Fe > Cr > Pb > Sb

10 다음 마그네슘에 대한 설명 중 틀린 것은?

① 고온에서 발화되기 쉽고, 분말은 폭발하기 쉽다.

② 해수에 대한 내식성이 풍부하다.

③ 비중이 1.74, 용융점이 650℃인 조밀육방격자이다.

④ 경합금 재료로 좋으며 마그네슘 합금은 절삭성이 좋다.

해설

마그네슘의 성질

• 비중 1.74, 용융점 650℃, 조밀육방자형

• 전기전도율은 Cu, Al보다 낮다.

• 알칼리에는 내식성이 우수하나 산이나 염수에 침식이 진행

• O_2에 대한 친화력이 커 공기 중 가열, 용해 시 폭발이 발생

11 Au의 순도를 나타내는 단위는?

① K(Carat)

② P(Pound)

③ %(Percent)

④ μm(Micron)

해설

귀금속의 순도 단위로는 캐럿(K, Karat)으로 나타내며, 24진법을 사용하여 24K는 순금속, 18K의 경우 $\frac{18}{24} \times 100 = 75\%$가 포함된 것을 알 수 있다.

※ 참 고
- Au(Aurum, 금의 원자기호)
- Carat(다이아몬드 중량표시, 기호 ct)
- Karat(금의 질량표시, 기호 K)
- ct와 K는 혼용되기도 함

12 탄소강 주에 포함된 구리(Cu)의 영향으로 틀린 것은?

① 내식성을 향상시킨다.

② Ar_1의 변태점을 증가시킨다.

③ 강재 압연 시 균열의 원인이 된다.

④ 강도, 경도, 탄성한도를 증가시킨다.

해설

구리 및 구리합금의 성질

면심입방격자, 융점 1,083℃, 비중 8.9, 내식성 우수, 압연 시 균열 원인, 기계적 성질 향상

13 다음 중 비중이 가장 무거운 금속은?

① Mg

② Al

③ Cu

④ W

해설

각 금속별 비중

Mg	1.74	Ni	8.9	Mn	7.43	Al	2.7
Cr	7.19	Cu	8.9	Co	8.8	Zn	7.1
Sn	7.28	Mo	10.2	Ag	10.5	Pb	22.5
Fe	7.86	W	19.2	Au	19.3		

14 주강과 주철을 비교 설명한 것 중 틀린 것은?

① 주강은 주철에 비해 용접이 쉽다.

② 주강은 주철에 비해 용융점이 높다.

③ 주강은 주철에 비해 탄소량이 적다.

④ 주강은 주철에 비해 수축률이 작다.

해설

주강의 수축률은 보통 2%이며, 주철은 1~2% 정도이다.

15 다음의 금속 결함 중 체적 결함에 해당되는 것은?

① 전 위
② 수축공
③ 결정립계 경계
④ 침입형 불순물 원자

해설
- 전위 : 정상 위치에 있던 원자들이 이동하여, 비정상적인 위치에서 새로운 배열을 하는 결함(칼날 전위, 나선 전위, 혼합 전위)
- 점 결함 : 공공(Vacancy)이 대표적인 점 결함이며 자기 침입형 점 결함이 있다.
- 계면 결함 : 결정립계, 쌍접립계, 적층 결함, 상계면 등
- 체적 결함 : 기포, 균열, 외부 함유물, 다른 상 등

16 제도에서 치수 기입법에 관한 설명으로 틀린 것은?

① 치수는 가급적 정면도에 기입한다.
② 치수는 계산할 필요가 없도록 기입해야 한다.
③ 치수는 정면도, 평면도, 측면도에 골고루 기입한다.
④ 2개의 투상도에 관계되는 치수는 가급적 투상도 사이에 기입한다.

해설
치수기입원칙
- 치수는 되도록 주투상도(정면도)에 집중한다.
- 치수는 중복 기입을 피한다.
- 치수는 되도록 계산해서 구할 필요가 없도록 한다.
- 치수는 필요에 따라 기준으로 하는 점, 선 또는 면을 기준으로 하여 기입한다.
- 관련되는 치수는 되도록 한곳에 모아서 기입한다.
- 치수는 되도록 공정마다 배열을 분리하여 기입한다.
- 치수 중 참고 치수에 대하여는 치수 수치에 괄호를 붙인다.

17 나사의 제도에서 수나사의 골 지름은 어떤 선으로 도시하는가?

① 굵은 실선
② 가는 실선
③ 가는 1점쇄선
④ 가는 2점쇄선

해설
나사의 도시 방법
- 수나사의 바깥지름과 암나사의 안지름을 표시하는 선은 굵은 실선으로 그린다.
- 수나사·암나사의 골을 표시하는 선은 가는 실선으로 그린다.
- 완전 나사부와 불완전 나사부의 경계선은 굵은 실선으로 그린다.
- 불완전 나사부의 골을 나타내는 선은 축선에 대하여 30°의 가는 실선으로 그리고, 필요에 따라 불완전 나사부의 길이를 기입한다.
- 암나사의 단면 도시에서 드릴 구멍이 나타날 때에는 굵은 실선으로 120°가 되게 그린다.
- 수나사와 암나사의 결합부의 단면은 수나사로 나타낸다.
- 수나사와 암나사의 측면 도시에서 각각의 골지름은 가는 실선으로 약 3/4 원으로 그린다.

18 다음의 현과 호에 대한 설명 중 옳은 것은?

① 호의 길이를 표시하는 치수선은 호에 평행인 직선으로 표시한다.
② 현의 길이를 표시하는 치수선은 그 현과 동심인 원호로 표시한다.
③ 원호와 현을 구별해야 할 때에는 호의 치수숫자 위에 ⌒표시를 한다.
④ 원호로 구성되는 곡선의 치수는 원호의 반지름과 그 중심 또는 원호와의 접선 위치를 기입할 필요가 없다.

해설
- 현의 치수를 기입할 때 치수 보조선은 현에 직각 방향으로, 치수선은 평행하게 그어 기입한다.
- 호의 치수를 기입할 때 치수 숫자 앞이나 위에 기호 '⌒'를 붙여 기입한다.

19 가공에 의한 커터 줄무늬가 거의 여러 방향으로 교차일 때 나타내는 기호는?

① ⊥　　　　② M
③ R　　　　④ ✕

해설

기 호	뜻	모 양
=	가공으로 생긴 앞줄의 방향이 기호를 기입한 그림의 투상면에 평형	커터의 줄무늬 방향
⊥	가공으로 생긴 앞줄의 방향이 기호를 기입한 그림의 투상면에 직각	커터의 줄무늬 방향
✕	가공으로 생긴 선이 2방향으로 교차	커터의 줄무늬 방향
M	가공으로 생긴 선이 다방면으로 교차 또는 방향이 없음	▽M
C	가공으로 생긴 선이 거의 동심원	▽C
R	가공으로 생긴 선이 거의 방사상	▽R

20 축에 풀리, 기어 등의 회전체를 고정시켜 축과 회전체가 미끄러지지 않고 회전을 정확하게 전달하는 데 사용하는 기계요소는?

① 키　　　　② 핀
③ 벨트　　　④ 볼트

해설

키는 기어, 커플링, 풀리 등의 회전체를 축에 고정하여 회전체가 미끄럼 없이 동력을 전달하도록 돕는 기계요소이다.

21 도면에서 가상선으로 사용되는 선의 명칭은?

① 파 선
② 가는 실선
③ 일점쇄선
④ 이점쇄선

해설

가상선

용도에 의한 명칭	선의 종류		선의 용도
가상선	가는 이점 쇄선	— · · —	• 인접부분을 참고로 표시하는 데 사용한다. • 공구, 지그 등의 위치를 참고로 나타내는 데 사용한다. • 가동부분을 이동 중의 특정한 위치 또는 이동한계의 위치로 표시하는 데 사용한다. • 가공 전 또는 후의 모양을 표시하는 데 사용한다. • 되풀이하는 것을 나타내는 데 사용한다. • 도시된 단면의 앞쪽에 있는 부분을 표시하는 데 사용한다.

22 다음과 같이 물체의 형상을 쉽게 이해하기 위해 도시한 단면도는?

① 반 단면도
② 부분 단면도
③ 계단 단면도
④ 회전 단면도

해설

회전 단면도 : 핸들, 벨트 풀리, 훅, 축 등의 단면을 표시할 때에는 투상면에 절단한 단면의 모양을 90° 회전하여 그린다.

23 제도 용구 중 디바이더의 용도가 아닌 것은?

① 치수를 옮길 때 사용

② 원호를 그릴 때 사용

③ 선을 같은 길이로 나눌 때 사용

④ 도면을 축소하거나 확대한 치수로 복사할 때 사용

해설

디바이더 : 필요한 치수를 자의 눈금에서 따서 제도 용지에 옮기거나 선, 원주 등을 일정한 길이로 등분하는 데 사용하는 제도 용구

24 반지름이 10mm인 원을 표시하는 올바른 방법은?

① t10　　　　　② 10SR

③ ϕ10　　　　　④ R10

해설

치수 보조기호
* □ : 정사각형의 변
* t : 판의 두께
* C : 45° 모따기
* SR : 구의 반지름
* ϕ : 지름
* R : 반지름

25 대상물의 표면으로부터 임의로 채취한 각 부분에서의 표면 거칠기를 나타내는 기호가 아닌 것은?

① S_{tp}　　　　　② S_m

③ R_z　　　　　④ R_a

해설

표면 거칠기의 종류
* 중심선 평균 거칠기(R_a) : 중심선 기준으로 위쪽과 아래쪽의 면적의 합을 측정 길이로 나눈 값
* 최대높이 거칠기(R_y) : 거칠면의 가장 높은 봉우리와 가장 낮은 골 밑과의 차이값으로 거칠기를 계산
* 10점 평균거칠기(R_z) : 가장 높은 봉우리 5곳과 가장 낮은 골 5번째의 평균값의 차이로 거칠기를 계산

26 투상도 중에서 화살표 방향에서 본 정면도는?

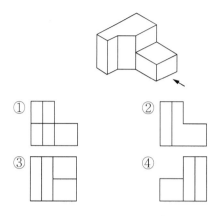

해설

정면도 : 기본이 되는 가장 주된 면으로, 물체의 앞에서 바라본 모양을 나타낸 도면

27 [보기]의 재료 기호의 표기에서 밑줄 친 부분이 의미하는 것은?

┌ 보기 ┐

KS D 3752 <u>SM45C</u>

① 탄소 함유량을 의미한다.

② 제조방법에 대한 수치 표시이다.

③ 최저인장강도가 45kg/mm^{2}이다.

④ 열처리 강도 45kgf/cm^{2}를 표시한다.

해설

금속재료의 호칭
* 재료를 표시하는데, 대개 3단계 문자로 표시한다.
　– 첫 번째 재질의 성분을 표시하는 기호
　– 두 번째 제품의 규격을 표시하는 기호로 제품의 형상 및 용도를 표시
　– 세 번째 재료의 최저인장강도 또는 재질의 종류기호를 표시한다.
* 강종 뒤에 숫자 세 자리 : 최저인장강도(N/mm^2)
* 강종 뒤에 숫자 두 자리+C : 탄소 함유량(%)
* SM25C : 기계구조용 탄소강 0.25%

28 일일 생산량이 8,300t/d인 고로에서 연료로 코크스 3,700ton, 오일 200ton을 사용하고 있다. 이 고로의 출선비($t/d/m^3$)는?(단, 고로의 내용적은 3,900m^3이다)

① 약 1.76
② 약 2.13
③ 약 3.76
④ 약 4.13

해설
출선비($t/d/m^3$) : 단위 용적(m^3)당 용선 생산량(t)

$$\frac{출선량(t/d)}{내용적(m^3)} = \frac{8,300}{3,900} ≒ 2.13$$

29 고로의 어떤 부분만 통기 저항이 작아 바람이 잘 통해서 다른 부분과 가스 상승에 차가 생기는 저항은?

① 슬 립
② 석회 과잉
③ 행잉드롭
④ 벤틸레이션

해설
미끄러짐(슬립, Slip) : 통기성의 차이로 가스 상승 차가 생기는 것을 벤틸레이션(Ventilation)이라 하며, 이 부분에서 장입물 강하가 빨라져 크게 강하하는 상태

30 용광로 노선 작업 중 출선을 앞당겨 실시하는 경우에 해당되지 않는 것은?

① 장입물 하강이 빠른 경우
② 휴풍 및 감압이 예상되는 경우
③ 출선구 심도(深度)가 깊은 경우
④ 출선구가 약하고 다량의 출선량에 견디지 못하는 경우

해설
조기 출선을 해야 할 경우
• 출선, 출재가 불충분할 경우
• 노황 냉기미로 풍구에 슬래그가 보일 때
• 전 출선 Tap에서 충분한 배출이 안 되어 양적인 제약이 생길 때
• 감압 휴풍이 예상될 때
• 장입물 하강이 빠를 때

31 코크스의 강도는 어떤 강도를 측정한 것인가?

① 충격강도
② 압축강도
③ 인장강도
④ 내압강도

해설
코크스 : 선철 t당 사용량(코크스비)이 고로 성적의 표시 기준으로, 수분 관리에 중성자 수분계를 이용하여 1회 장입 시마다 측정하여 관리, 입도 50mm 전후이며, 드럼 회전 강도로 강도 측정 시 강도가 낮으면 분 코크스 발생이 쉽고 행잉, 슬립의 원인이 됨

32 야금용 및 제선용 연료의 구비 조건 중 틀린 것은?

① 인(P)이 적어야 한다.

② 황(S)이 적어야 한다.

③ 회분이 많아야 한다.

④ 발열량이 커야 한다.

해설

제강 용선과 주물 용선의 조업상 비교

구 분	제강 용선(염기성 평로)	주물 용선
선철 성분	• Si : 낮다. • Mn : 높다. • S : 될 수 있는 한 적게	• Si : 높다. • Mn : 낮다. • P : 어느 정도 혼재
장입물	강의 유해 성분이 적은 것 • Mn : Mn광, 평로재 • Cu : 황산재의 사용 제한	주물의 유해 성분, 특히 Ti 가 적은 것 • Mn : Mn광 사용 • Ti : 사철의 사용
조업법	• 강염기성 슬래그 • 저열 조업 • 풍량을 늘리고, 장입물 강하 시간을 빠르게 함	• 저염기도 슬래그 • 고열 조업 • 풍량을 줄이고, 장입물 강하 시간을 느리게 함

33 송풍량이 1,680m³이고 노정가스 중 N₂가 57%일 때 노정가스량은 약 몇 m³인가?(단, 공기 중의 산소는 21%이다)

① 1,212

② 2,172

③ 2,328

④ 2,545

해설

$$가스발생량 = \frac{1,680 \times 0.79}{0.57} = 2,328$$

34 산소부하 조업의 효과가 아닌 것은?

① 바람구멍 앞의 온도가 높아진다.

② 고로의 높이를 낮추며, 저로법을 적용할 수 있다.

③ 코크스 연소속도가 빠르고 출선량을 증대시킨다.

④ 노정 가스의 온도가 높게 되고, 질소를 증가시킨다.

해설

복합 송풍 : 조습송풍, 산소부화송풍, 연료 첨가 송풍 등 복합 송풍이라 지칭

• 조습송풍 : 공기 내 습분의 조절이 노황 안정에 영향을 미쳐 공기 중 수증기를 첨가하여 송풍

• 산소부화 : 풍구부의 온도 보상 및 연료의 연소 효율 향상을 위해 이용

• 연료 취입 : 조습송풍 시 풍구 입구의 온도가 낮아져 증기 취입 대신 연료를 취입(타르, 천연가스, COG, 미분탄)하는 방법

35 고로 조업 시 바람구멍의 파손 원인으로 틀린 것은?

① 슬립이 많을 때

② 회분이 많을 때

③ 송풍온도가 낮을 때

④ 코크스의 균열강도가 낮을 때

해설

• 풍구 파손 : 풍구에의 징입물 강하에 의한 마멸과 용선 부착에 의한 파손

• 풍구 손상의 원인

  – 장입물, 용융물 또는 장시간 사용에 따른 풍구 선단부 열화로 인한 파손

  – 냉각수 수질 저하로 인한 이물질 발생으로 내부 침식에 의한 파손

  – 냉각수 수량, 유속 저하에 의한 변형 및 용손

36 Bell-Less 구동장치를 고열로부터 보호하기 위해 냉각수를 순환시키고 있는데, 정전으로 인해 순환수 펌프 가동 불능 시 구동장치를 보호하기 위한 냉각 방법은?

① 고로가스를 공급한다.
② 질소가스를 공급한다.
③ 고압 담수를 공급한다.
④ 노정 살수작업을 실시한다.

해설
펌프 가동 불능 시 질소가스를 공급한다.

37 선철 중의 Si를 높게 하기 위한 방법이 아닌 것은?

① 염기도를 높게 한다.
② 노상 온도를 높게 한다.
③ 규산분이 장입물을 사용한다.
④ 코크스에 대한 광석의 비율을 작게 하고 고온 송풍을 한다.

해설
염기도$(P') = \dfrac{CaO}{SiO_2}$ 이므로 Si를 높게 하려면 염기도를 낮게 한다.

38 용선의 불순물 중 고로 내에서 조정이 불가능한 성분은?

① Si   ② Mn
③ Ti   ④ P

해설
인은 산소와의 산화반응으로 얻어지는 P_2O_5와 CaO가 결합하여 슬래그 형태로 제거가 되는데, 고로 내 반응은 환원반응이 주로 이루어지므로 고로 내 조정이 힘들다.

39 제선 작업 중 산소가 결핍되어 있는 장소에서 사용할 수 있는 가장 적합한 마스크는?

① 송기 마스크
② 방진 마스크
③ 방독 마스크
④ 위생 마스크

해설
보건 보호구

귀마개/귀덮개	소음에 의한 청력장해 방지
방진 마스크	분진의 흡입으로 인한 장해 발생으로부터 보호
방독 마스크	유해가스, 증기 등의 흡입으로 인한 장해 발생으로부터 보호
방열복	고열 작업에 의한 화상 및 열중증 방지

40 미세한 분광을 드럼 또는 디스크에서 입상화한 후 소성경화해서 얻는 괴상법은?

① A.I.B법
② 그리나발트법
③ 펠레타이징법
④ 스크레이퍼법

해설
펠레타이징
• 자철광과 적철광이 맥석과 치밀하게 혼합된 광석으로 마광 후 선광하여 고품위화
• 제조법 : 원료의 분쇄(마광) → 생펠릿 성형 → 소성

41 합금철을 만들기 위한 장치와 그 제조방법이 옳게 연결된 것은?

① Thermit – 산소 취정
② 고로 – 탄소 환원
③ 전로 – 전해 환원
④ 전기로 – 진공 탈탄

합금철은 광석을 환원제(코크스, 석탄)로 산소를 제거하여 금속을 얻은 공정으로 공정상 철광석을 코크스로 환원하는 고로의 원리와 동일하다. 그러나 전기로가 개발된 후 합금철은 거의 전기로에서 제조되고 있다.

42 파이넥스 조업 설비 중 환원로에서의 반응이 아닌 것은?

① 부원료의 소성 반응
② $C + \frac{1}{2}O_2 \rightarrow CO$
③ $Fe + H_2S \rightarrow FeS + H_2$
④ $Fe_2O_3 + 3CO \rightarrow 2Fe + 3CO_2$

• 파이넥스법 : 가루 형태의 분철광석을 유동로에 투입한 후 환원 반응에 의해 철 성분을 분리하여 용융로에서 유연탄과 용해해 최종 선철을 제조하는 공법
• 파이넥스 설비
  – 유동 환원로 : 분철광석이 4개의 유동로에 장입되어 순차적으로 다음의 반응을 거치며 용융로로 이동
    ⓐ 고온의 가스(CO)에 의해 건조, 예열, 환원
    ⓑ $Fe + H_2S \rightarrow FeS + H_2$
    ⓒ $Fe_2O_3 + 3CO \rightarrow 2Fe + 3CO_2$
  – 성형탄 제작 설비 : 가루 형태의 미점결탄을 점결제와 혼합한 후 압착롤에 의해 괴상화되어 입도 약 50mm의 성형탄을 제조
  – 용융로 : 유동 환원로에서 제조된 직접 환원철과 성형탄을 용융로에 장입 후 순산소를 불어 넣어 이때의 반응열로 용선 및 슬래그가 생성

43 고로에서 고압 조업의 효과가 아닌 것은?

① 연진의 저하　　② 송풍량의 저하
③ 출선량 증가　　④ 코크스비의 저하

고압 조업의 효과
• 출선량 증가
• 연료비 저하
• 노황 안정
• 가스압 차 감소
• 노정압 발전량 증대

44 용광로에 분상 원료를 사용했을 때 일어나는 현상이 아닌 것은?

① 출선량이 증가한다.
② 고로의 통풍을 해친다.
③ 연진 손실을 증가시킨다.
④ 고로 장애인 걸림이 일어난다.

분상 원료를 사용하게 되면 원료 주입 시 비산 등으로 원료 손실이 발생하며, 통기성 저하에 의한 행잉(Hanging) 같은 현상으로 인하여 출선량이 감소하게 된다. 따라서 분상 원료를 펠릿과 같은 형태로 괴성화 처리를 하여 양질의 제품을 생산한다.

45 선철 중에 이 원소가 많이 함유되면 유동성을 나쁘게 하고 노상부착물을 형성시키므로 특별히 관리하여야 할 이 성분은?

① Ti　　　　　　② C
③ P　　　　　　④ Si

Ti 함량이 높을 시
슬래그의 유동성 저하, 용선과 슬래그의 분리가 어려워짐, 불용성 화합물 형성

46 페가스 중 CO 농도는 6% 전후로 알려져 있다. 완전연소, 즉 열효율 향상이란 측면에서 취한 조치의 내용 중 틀린 것은?

① 배합 원료의 조립 강화
② 사하분광 사용 증가
③ 적정 수분 첨가
④ 분광 증가 사용

해설
열효율은 통기성과 연관되어 있으므로 분광 사용을 적게 하는 것이 좋다.

47 펠릿의 성질을 설명한 것 중 옳은 것은?

① 입도 편석을 일으키며, 공극률이 작다.
② 고로 안에서 소결광과는 달리 급격한 수축을 일으키지 않는다.
③ 산화 배소를 받아 자철광으로 변하며, 피환원성이 없다.
④ 분쇄한 원료를 이용한 것으로 야금 반응에 민감한 물성을 갖지 않는다.

해설
펠릿의 품질 특성
• 분쇄한 원료로 만들어 야금 반응에 민감
• 입도가 일정하며, 입도 편석을 일으키지 않고 공극률이 작음
• 황 성분이 적고, 해면철 상태로 용해되어 규소 흡수가 적음
• 순도가 높고 고로 안에서 반응성이 뛰어남

48 코크스(Coke)가 과다하게 첨가(배합)되었을 경우 일어나는 현상이 아닌 것은?

① 소결광의 생산량이 증가한다.
② 배기가스의 온도가 상승한다.
③ 소결광 중 FeO 성분 함유량이 많아진다.
④ 화격자(Grate Bar)에 점착하기도 한다.

해설
코크스 장입량이 많아지면 연소 속도는 증가하지만, 열교환 시간이 줄어들어 소결광 생산량에 영향을 미치게 된다.

49 소결용 집진기로 사용하는 사이클론의 집진 원리는?

① 대전 이용
② 중력 침강
③ 여과 이용
④ 원심력 이용

해설
원심력에 의한 방식(Cyclone) : 함진 가스를 선회시켜 먼지에 작용하는 원심력에 의해서 입자를 가스로부터 분리

50 용제에 대한 설명으로 틀린 것은?

① 슬래그의 용융점을 높인다.
② 맥석같은 불순물과 결합한다.
③ 유동성을 좋게 한다.
④ 슬래그를 금속으로부터 잘 분리되도록 한다.

해설
용제는 슬래그의 생성과 용선, 슬래그의 분리를 용이하게 하고, 불순물의 제거를 돕는 역할을 한다.

51 광산에서 채광된 덩어리 상태의 광석을 크러셔 파쇄 및 스크린 선별 처리 후 고로 및 소결용 원료로 사용하는 것은?

① 분 광   ② 정 광

③ 괴 광   ④ 사하분광

해설
- 소결용 연·원료 : 주원료는 분철광석(적철광, 자철광, 갈철광, 능철광 사용)
- 철광석 형태 및 입도에 따른 분류
  - 괴광(Run of Mine) : 광산에서 채광된 상태에서 크게 가공하지 않은 상태
  - 정립광(Sized Ore) : 괴광을 1차 파쇄하여 30mm 이하로 만든 광석
  - 분광(Fine Ore) : 8mm 이하의 철광석
  - 소결광(Sinter Ore) : 분광을 고로에 사용하기 적합하게 소성 과정을 거쳐 생산되는 광석, 5~50mm의 입도를 가짐
    ※ 자용성 소결광 : 염기도 조절을 위해 석회석을 첨가한 소결 광으로 피환원성 향상, 연료비 절감, 생산성 향상의 목적으로 사용
  - 펠릿(Pellet) : 미분을 사용하여 고로에 직접 장입할 수 있도록 한 구슬 모양의 입도

52 다음의 철광석 중 이론적인 Fe의 품위가 가장 높으며 강자성을 띠는 철광석은?

① 적철광   ② 자철광

③ 갈철광   ④ 능철광

해설

종 류	Fe 함유량	특 징
자철광(Fe_3O_4), Magnetite	50~70%	• 불순물이 많음 • 조직이 치밀 • 배소 처리 시 균열이 발생하는 경향 • 소결용 펠릿 원료로 사용

53 광석을 가열하여 수산화물 및 탄산염과 같이 화학적으로 결합되어 있는 H_2O와 CO_2를 제거하면서 산화광을 만드는 방법은?

① 분 쇄

② 선 광

③ 소 결

④ 하 소

해설
철광석의 예비처리
- 건조 : 낮은 온도에서 광석의 물을 제거하는 공정
- 하소 : 높은 온도에서 가열에 의해 수화물, 탄산염과 같이 화학적으로 결합되어 있는 물과 이산화탄소를 제거하는 공정

54 소결광의 환원 분화에 대한 설명으로 틀린 것은?

① CO 가스보다는 H_2 가스의 경우에 분화가 현저히 발생한다.

② 400~700℃ 구간에서 분화가 많이 일어나며, 특히 500℃ 부근에서 현저하게 발생한다.

③ 저온환원의 경우 어느 정도 진행되면 분화는 그 이상 크게 되지 않는다.

④ 고온환원 시 환원에 의해 균열이 발생하여도 환원으로 생성된 금속철의 소결에 의해 분화가 억제된다.

해설
환원 강도(환원 분화 지수)
- 소결광은 환원 분위기의 저온에서 분화하는 성질을 가짐
- 피환원성이 좋은 소결광일수록 분화가 용이하여 환원 강도는 저하
- 환원 분화가 적을수록 피환원성이 저하하여 연료비가 상승
- 환원 분화가 많아지면 고로 통기성 저하에 의한 노황 불안정으로 연료비 상승
- 환원 분화를 조장하는 화합물 : 재산화 적철광(Hematite)

55 코크스의 생산량을 구하는 식으로 옳은 것은?

① (Oven당 석탄의 장입량 + Coke 실수율) ÷ 압출 문수

② (Oven당 석탄의 장입량 − Coke 실수율) ÷ 압출 문수

③ (Oven당 석탄의 장입량 × Coke 실수율) × 압출 문수

④ (Oven당 석탄의 장입량 × Coke 실수율) ÷ 압출 문수

해설
코크스 생산량 : (Oven당 석탄의 장입량 × Coke 실수율) × 압출 문수

56 배소에 의해 제기되는 성분이 아닌 것은?

① 수 분
② 탄 소
③ 비 소
④ 이산화탄소

해설
배소법 : 금속 황화물을 가열하여 금속 산화물과 이산화황으로 분해시키는 작업
• 산화 배소 : 황화광 내 황을 산화시켜 SO_2로 제거하는 방법으로 비소(As), 안티모니(Sb) 등을 휘발 제거하는 데 적용
• 황산화 배소 : 황화 광석을 산화시켜 수용성의 금속 환산염을 만들어, 습식 제련하기 위한 배소
• 그 밖의 배소
 – 환원 배소 : 광석, 중간 생성물을 석탄, 고체 환원제와 같은 기체 환원제를 사용하여 저급의 산화물이나 금속으로 환원하는 것
 – 나트륨 배소 : 광석 중 유가 금속을 나트륨염으로 만들어 침출 제련하는 것

57 함수 광물로써 산화마그네슘(MgO)을 함유하고 있으며, 고로에서 슬래그 성분 조절용으로 사용하며 광재의 유동성을 개선하고 탈황 성능을 향상시키는 것은?

① 규 암
② 형 석
③ 백운석
④ 사문암

해설
부원료의 종류 및 용도

종 류	용 도
석회석	슬래그 조재제, 탈황 작용
망간 광석	탈황, 강재의 인성 향상
규 석	슬래그 성분 조정
백운석	슬래그 성분 조정
사문암	MgO 함유, 슬래그 성분 조정, 노저 보호

58 화격자(Grate Bar)에 관한 설명으로 틀린 것은?

① 고온에서 내산화성이어야 한다.
② 고온에서 강도가 커야 한다.
③ 스테인리스강으로 제작하여 사용한다.
④ 장기간 반복 가열에도 변형이 작아야 한다.

해설
화격자(Grate Bar) : 대차의 바닥면으로 하부 쪽으로 공기가 강제 흡인될 수 있도록 설치하는 것으로 고온 강도 및 내산화성이 좋아야 함
• 화격자의 구비 조건
 – 고온 내산화성
 – 고온 강도
 – 반복 가열 시 변형이 작을 것

59 DL(드와이트 로이드)소결기의 특징을 설명한 것 중 옳은 것은?

① 기계 부분의 손상과 마멸이 거의 없다.
② 연속식이 아니기 때문에 소량생산에 적합하다.
③ 소결이 불량할 때 재점화가 불가능하다.
④ 1개소의 기계 고장이 있어도 기타 소결냄비로 조업이 가능하다.

해설
GW식과 DL식의 비교

종 류	장 점	단 점
GW식	• 항상 동일한 조업 상태로 작업 가능 • 배기 장치 누풍량이 적음 • 소결 냄비가 고정되어 장입 밀도에 변화없이 조업 가능 • 1기 고장이라도 기타 소결 냄비로 조업 가능	• DL식 소결기에 비해 대량생산 부적합 • 조작이 복잡하여 많은 노력 필요
DL식	• 연속식으로 대량생산 가능 • 인건비가 저렴 • 집진 장치 설비 용이 • 코크스 원단위 감소 • 소결광 피환원성 및 상온 강도 향상	• 배기 장치 누풍량 많음 • 소결 불량 시 재점화 불가능 • 1개소 고장 시 소결 작업 전체가 정지

60 소결 연료용 코크스를 분쇄하는 데 주로 사용되는 기기는?

① 스태커(Stacker)
② 로드 밀(Rod Mill)
③ 리클레이머(Reclaimer)
④ 트레인 호퍼(Train Hopper)

해설
• 코크스 : 선철 t당 사용량(코크스비)이 고로 성적의 표시 기준으로, 수분 관리에 중성자 수분계를 이용하여 1회 장입 시마다 측정하여 관리, 입도 50mm 전후로 관리한다.
• 코크스는 로드 밀에서 3mm 이하로 파쇄되어 각종 철광석 및 부원료와 배합하여 정량절출장치를 이용해 절출하게 된다.

01 순철에서 동소변태가 일어나는 온도는 약 몇 ℃인가?

① 210℃　　　　② 700℃

③ 912℃　　　　④ 1,600℃

해설
- A_0 변태 : 210℃ 시멘타이트 자기변태점
- A_1 변태 : 723℃ 철의 공석변태
- A_2 변태 : 768℃ 순철의 자기변태점
- A_3 변태 : 910℃ 철의 동소변태
- A_4 변태 : 1,400℃ 철의 동소변태

02 다음 중 중금속에 해당되는 것은?

① Al　　　　② Mg

③ Cu　　　　④ Be

해설
비중 4.5(5)를 기준으로 이하를 경금속(Al, Mg, Ti, Be), 이상을 중금속(Cu, Fe, Pb, Ni, Sn)

03 Pb계 청동합금으로 주로 항공기, 자동차용의 고속 베어링으로 많이 사용되는 것은?

① 켈 밋　　　　② 톰 백

③ Y합금　　　　④ 스테인리스

해설
Cu계 베어링 합금 : 포금, 인청동, 납청동계의 켈밋 및 Al계 청동이 있으며 켈밋은 주로 항공기, 자동차용 고속 베어링으로 적합

04 다음의 철광석 중 자철광을 나타낸 화학식으로 옳은 것은?

① Fe_2O_3

② Fe_3O_4

③ Fe_2CO_3

④ $Fe_2O_3 \cdot 3H_2O$

해설
- 적철광 : Fe_2O_3
- 자철광 : Fe_3O_4
- 갈철광 : $Fe_2O_3 \cdot nH_2O$
- 능철광 : $FeCO_3$

05 기지 금속 중에 0.01~0.1μm 정도의 산화물 등 미세한 입자를 균일하게 분포시킨 재료로 고온에서 크리프 특성이 우수한 고온 내열재료는?

① 서멧 재료

② FRM 재료

③ 클래드 재료

④ TD Ni 재료

해설
고온 내열재료 TD Ni(Thoria Dispersion Strengthened Nickel) : Ni 기지 중에 ThO_2입자를 분산시킨 내열재료로 고온 안정성 우수

1 ③　2 ③　3 ①　4 ②　5 ④　**정답**

06 주철의 조직을 C와 Si의 함유량과 조직의 관계로 나타낸 것은?

① 해드필드강

② 마우러 조직도

③ 불스 아이

④ 미하나이트주철

해설
마우러 조직도 : C, Si량과 조직의 관계를 나타낸 조직도

07 7-3황동에 Sn을 1% 첨가한 합금으로, 전연성이 좋아 관 또는 판으로 제작하여 증발기, 열교환기 등에 사용되는 합금은?

① 에드미럴티 황동(Admiralty Brass)

② 네이벌 황동(Navel Brass)

③ 톰백(Tombac)

④ 망간 황동

해설
애드미럴티 황동 : 7-3황동에 Sn 1%를 첨가한 강으로, 전연성 우수하며, 판, 관, 증발기 등에 사용

08 Fe - C 평형상태도에서 [보기]와 같은 반응식은?

┌─보기─────────────────────────────┐
│ $\gamma(0.76\% \text{ C}) \leftrightarrows \alpha(0.22\% \text{ C}) + \text{Fe}_3\text{C}(6.70\% \text{ C})$ │
└──────────────────────────────────┘

① 포정반응   ② 편정반응

③ 공정반응   ④ 공석반응

해설
상태도에서 일어나는 불변 반응
• 공석점 : 723℃ 0.8% C $\gamma - \text{Fe} \leftrightarrow \alpha - \text{Fe} + \text{Fe}_3\text{C}$
• 공정점 : 1,130℃ 4.3% C Liquid $\leftrightarrow \gamma - \text{Fe} + \text{Fe}_3\text{C}$
• 포정점 : 1,490℃ 0.18% C Liquid $+ \delta - \text{Fe} \leftrightarrow \gamma - \text{Fe}$

09 만능재료시험기로 인장시험을 할 경우 값을 구할 수 없는 금속의 기계적 성질은?

① 인장강도

② 항복강도

③ 충격값

④ 연신율

해설
만능시험기로 시험할 수 있는 것으로는 인장시험, 압축시험, 굽힘시험이 있다.

10 다음 중 고투자율의 자성합금은?

① 화이트메탈(White Metal)

② 바이탈륨(Vitallium)

③ 하스텔로이(Hastelloy)

④ 퍼멀로이(Permalloy)

해설
• 경질 자성재료 : 알니코, 페라이트, 희토류계, 네오디뮴, Fe - Cr - Co계 반경질 자석, Nd 자석 등
• 연질 자성재료 : Si강판, 퍼멀로이, 센더스트, 알펌, 퍼멘듈, 슈퍼멘듈 등

11 열처리로에 사용하는 분위기 가스 중 불활성가스로만 짝지어진 것은?

① NH_3, CO

② He, Ar

③ O_2, CH_4

④ N_2, CO_2

해설

분위기 가스의 종류

성 질	종 류
불활성가스	아르곤, 헬륨
중성 가스	질소, 건조 수소, 아르곤, 헬륨
산화성 가스	산소, 수증기, 이산화탄소, 공기
환원성 가스	수소, 일산화탄소, 메탄가스, 프로판가스
탈탄성 가스	산화성 가스, DX가스
침탄성 가스	일산화탄소, 메탄(CH_4), 프로판(C_3H_8), 부탄(C_4H_{10})
질화성 가스	암모니아 가스

12 마그네슘 및 마그네슘 합금의 성질에 대한 설명으로 옳은 것은?

① Mg의 열전도율은 Cu와 Al보다 높다.

② Mg의 전기전도율은 Cu와 Al보다 높다.

③ Mg합금보다 Al합금의 비강도가 우수하다.

④ Mg는 알칼리에 잘 견디나 산이나 염수에는 침식된다.

해설

마그네슘의 성질
• 비중 1.74, 용융점 650℃, 조밀육방격자형
• 전기전도율은 Cu, Al보다 낮다.
• 알칼리에는 내식성이 우수하나 산이나 염수에 침식이 진행
• O_2에 대한 친화력이 커 공기 중 가열, 용해 시 폭발이 발생

13 탄소강 재료에 포함된 5대 원소가 아닌 것은?

① C

② P

③ Mn

④ Al

해설

탄소강에 함유된 5대 원소 : C, P, S, Si, Mn

14 [보기]는 강의 심랭처리에 대한 설명이다. (A), (B)에 들어갈 용어로 옳은 것은?

┌보기┐

심랭처리란, 담금질한 강을 실온 이하로 냉각하여 (A)를 (B)로 변화시키는 조작이다.

① (A) : 잔류 오스테나이트, (B) : 마텐자이트

② (A) : 마텐자이트, (B) : 베이나이트

③ (A) : 마텐자이트, (B) : 소르바이트

④ (A) : 오스테나이트, (B) : 펄라이트

해설

심랭처리 : 퀜칭 후 경도를 증가시킨 강에 시효변형을 방지하기 위하여 0℃ 이하(Sub·zero)의 온도로 냉각하여 잔류 오스테나이트를 마텐자이트로 만드는 처리

15 Al – Mg계 합금에 대한 설명 중 틀린 것은?

① Al – Mg계 합금은 내식성 및 강도가 우수하다.

② Al – Mg계 평형상태도에서는 450℃에서 공정을 만든다.

③ Al – Mg계 합금에 Si를 0.3% 이상 첨가하여 연성을 향상시킨다.

④ Al에 4~10% Mg까지 함유한 강을 하이드로날륨이라 한다.

해설

Al – Mg – Si : 알드리(알드레이), 내식성 우수, 전기전도율 우수, 송전선 등에 사용

16 기계 제작에 필요한 예산을 산출하고, 주문품의 내용을 설명할 때 이용되는 도면은?

① 견적도

② 설명도

③ 제작도

④ 계획도

해설

도면의 분류(용도에 따른 분류)

• 계획도 : 제작도를 작성하기 전에 만들고자 하는 제품의 계획 단계에서 사용되는 도면

• 주문도 : 주문서에 첨부하여 주문하는 사람의 요구 내용을 제작자에게 제시하는 도면

• 견적도 : 제작자가 견적서에 첨부하여 주문하는 사람에게 주문품의 내용을 설명하는 도면

• 제작도 : 설계자의 최종 의도를 충분히 전달하여 제작에 반영하기 위해서 제품의 모양, 치수, 재질, 가공 방법 등이 나타나는 도면

• 승인도 : 제작자가 주문하는 사람 또는 다른 관계자의 검토를 거쳐 승인을 받은 도면

• 설명도 : 제작자가 고객에게 제품의 원리, 기능, 구조, 취급 방법 등을 설명하기 위해 만든 도면

• 공정도 : 제조 과정에서 지켜야 할 가공 방법, 사용 공구 및 치수 등을 상세히 나타내는 도면

• 상세도 : 기계, 건축, 교량, 선박 등의 필요한 부분을 확대하여 모양, 구조, 조립 관계 등을 상세하게 나타내는 도면

17 어떤 기어의 피치원 지름이 100mm이고, 잇수가 20개일 때 모듈은?

① 2.5

② 5

③ 50

④ 100

해설

• 피치원 지름 = 모듈(m) × 잇수

• 모듈(m) = 100mm / 20 = 5

18 다음 그림에서 A 부분이 지시하는 표시로 옳은 것은?

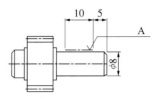

① 평면의 표시법

② 특정 모양 부분의 표시

③ 특수 가공 부분의 표시

④ 가공 전과 후의 모양표시

해설

특수지정선

용도에 의한 명칭	선의 종류		선의 용도
특수 지정선	굵은 일점쇄선	—·—·—·—	특수한 가공을 하는 부분 등 특별한 요구 사항을 적용할 수 있는 범위를 표시하는 데 사용한다.

19 볼트를 고정하는 방법에 따라 분류할 때, 물체의 한쪽에 암나사를 깎은 다음 나사박기를 하여 죄며 너트를 사용하지 않는 볼트는?

① 관통볼트

② 기초볼트

③ 탭볼트

④ 스터드 볼트

해설

• 관통볼트 : 결합하고자 하는 두 물체에 구멍을 뚫고 여기에 볼트를 관통시킨 다음 반대편에서 너트로 죈다.

• 기초볼트 : 여러 가지 모양의 원통부를 만들어 기계 구조물을 콘크리트 기초 위에 고정시키도록 하는 볼트이다.

• 스터드 볼트 : 양 끝에 나사를 깎은 머리가 없는 볼트로서 한쪽 끝은 본체에 박고 다른 끝에는 너트를 끼워 죈다.

20 그림과 같은 단면도를 무엇이라 하는가?

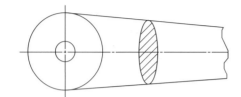

① 반단면도   ② 회전단면도

③ 계단단면도   ④ 은단면도

해설

회전단면도 : 핸들, 벨트 풀리, 훅, 축 등의 단면을 표시할 때에는
투상면에 절단한 단면의 모양을 90° 회전하여 안이나 밖에 그린다.

21 도면의 크기에 대한 설명으로 틀린 것은?

① 제도 용지의 세로와 가로의 비는 1 : 2이다.

② 제도 용지의 크기는 A열 용지 사용이 원칙이다.

③ 도면의 크기는 사용하는 제도 용지의 크기로
나타낸다.

④ 큰 도면을 접을 때는 앞면에 표제란이 보이도록
A4의 크기로 접는다.

해설

제도 용지의 가로와 세로의 비는 1 : $\sqrt{2}$ 이다.

22 KS의 부문별 기호 중 기본 부문에 해당되는 기호는?

① KS A   ② KS B

③ KS C   ④ KS D

해설

KS 규격

KS A : 기본, KS B : 기계, KS C : 전기전자, KS D : 금속

23 다음의 그림에서와 같이 눈 → 투상면 → 물체에
대한 투상법으로 옳은 것은?

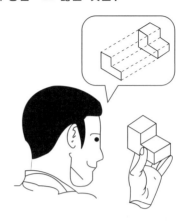

① 제1각법   ② 제2각법

③ 제3각법   ④ 제4각법

해설

• 제1각법의 원리 : 눈 → 물체 → 투상면

• 제3각법의 원리 : 눈 → 투상면 → 물체

24 그림에서 치수 20, 26에 치수 보조기호가 옳은 것은?

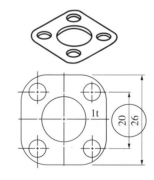

① S   ② □

③ t   ④ ( )

해설

치수 보조기호

• □ : 정사각형의 변   • t : 판의 두께

• C : 45° 모따기   • SR : 구의 반지름

• ϕ : 지름   • R : 반지름

25 표면 거칠기의 값을 나타낼 때 10점 평균 거칠기를 나타내는 기호로 옳은 것은?

① R_a ② R_s

③ R_z ④ R_{max}

해설

표면 거칠기의 종류
- 중심선 평균 거칠기(R_a) : 중심선 기준으로 위쪽과 아래쪽의 면적의 합을 측정 길이로 나눈 값
- 최대높이 거칠기($R_{max} \rightarrow R_y$) : 거칠면의 가장 높은 봉우리와 가장 낮은 골 밑과의 차이값으로 거칠기를 계산
- 10점 평균 거칠기(R_z) : 가장 높은 봉우리 5곳과 가장 낮은 골 5번째의 평균값의 차이로 거칠기를 계산

26 정면, 평면, 측면을 하나의 투상도에서 동시에 볼수 있도록 그린 것으로 직육면체 투상도의 경우 직각으로 만나는 3개의 모서리가 각각 120°를 이루는 투상법은?

① 등각투상도법 ② 사투상도법

③ 부등각투상도법 ④ 정투상도법

해설

등각투상도 : 정면, 평면, 측면을 하나의 투상면 위에 동시에 볼수 있도록 두 개의 옆면 모서리가 수평선과 30°가 되게 하여 이 세 축이 120°의 등각이 되도록 입체도로 투상한 것을 의미함

27 구멍의 최대허용치수 50.025mm, 최소허용치수 50.000mm, 축의 최대허용치수 50.000mm, 최소허용치수 49.950mm일 때 최대 틈새는?

① 0.025mm ② 0.050mm

③ 0.075mm ④ 0.015mm

해설

최대틈새 = 구멍의 최대허용치수 − 축의 최소허용치수
= 50.025 − 49.950 = 0.075mm

28 재해 누발자의 유형 중 상황성과 미숙성으로 분류할 때 미숙성 누발자에 해당되는 것은?

① 심신에 근심이 있을 때

② 환경에 익숙하지 못할 때

③ 기계설비에 결함이 있을 때

④ 환경상 주의력의 집중이 혼란스러울 때

해설

미숙성 재해 누발자 : 새로운 작업에 대해서 기능이 미숙하거나, 작업환경조건에 습관이 되어 있지 않기 때문에 발생하는 재해 누발자를 말한다.

29 고로 내의 국부 관통류(Channeling)가 발생하였을 때의 조치 방법이 아닌 것은?

① 장입물의 입도를 조정한다.

② 장입물의 분포를 조정한다.

③ 장입방법을 바꾸어 준다.

④ 일시적으로 송풍량을 증가시킨다.

해설

날파람(취발, Channeling)
- 노 내 가스가 급작스럽게 노정 블리더(Bleeder)를 통해 배출되면서 장입물의 분포나 강하를 혼란시키는 현상
- 취발 시 송풍량을 줄여 장입물의 강하를 줄인다.

30 고로 조업 시 장입물이 노 안으로 하강함과 동시에 복잡한 변화를 받는데 그 변화의 일반적인 과정으로 옳은 것은?

① 용해 → 산화 → 예열

② 환원 → 예열 → 용해

③ 예열 → 산화 → 용해

④ 예열 → 환원 → 용해

해설
장입물의 변화 상황
- 예열층(200~500℃) : 상승 가스에 의해 장입물이 부착 수분을 잃고 건조
- 환원층(500~800℃) : 산화철이 간접 환원되어 해면철로 변하며, 샤프트 하부에 다다를 때까지 거의 모든 산화철이 해면철로 되어 하강
- 가탄층(800~1,200℃)
  - 해면철은 일산화탄소에 의해 침탄되어 시멘타이트를 생성하고 용융점이 낮아져 규소, 인, 황이 선철 중에 들어가 선철이 된 후 용융하여 코크스 사이를 적하
  - 석회석의 분해에 의해 산화칼슘이 생기며, 불순물과 결합해 슬래그를 형성
- 용해층(1,200~1,500℃) : 선철과 슬래그가 같이 용융 상태로 되어 노상에 고이며, 선철과 슬래그의 비중 차로 2층으로 나뉘어짐

31 최근 관심이 커지고 있는 제선 원료로 미분 철광석을 10~30mm로 구상화시켜 소성한 것을 무엇이라 하는가?

① 소결광(Sinter Ore)

② 정립광(Sizing Ore)

③ 펠릿(Pellet)

④ 단광(Briquetting Ore)

해설
펠레타이징
- 자철광과 적철광이 맥석과 치밀하게 혼합된 광석으로 마광 후 선광하여 고품위화
- 제조법 : 원료의 분쇄(마광) → 생펠릿 성형 → 소성

32 출선 시 용선과 같이 배출되는 슬래그를 분리하는 장치는?

① 스키머(Skimmer)

② 해머(Hammer)

③ 머드 건(Mud Gun)

④ 무버블 아머(Movable Armour)

해설
스키머(Skimmer) : 비중 차에 의해 용선 위에 떠 있는 슬래그 분리

33 고로 원료의 균일성과 안정된 품질을 얻기 위해 여러 종류의 원료를 배합하는 것을 무엇이라 하는가?

① 블렌딩(Blending)

② 워싱(Washing)

③ 정립(Sizing)

④ 선광(Dressing)

해설
블렌딩(Blending)
소결광 제조 시 야드에 적치된 광석을 불출할 때, 부분 불출로 인한 편석 방지 및 필요로 하는 원료 배합을 위하여 1차적으로 야드에 적치된 분광 및 파쇄처리된 사하분을 적당한 비율로 배합하여 블렌딩 야드에 적치하는 공정

34 고로의 영역(Zone) 중 광석의 환원, 연화 융착이 거의 동시에 진행되는 영역은?

① 적하대   ② 괴상대

③ 용융대   ④ 융착대

해설
융착대 : 광석 연화, 융착(1,200~1,300℃)
- FeO 간접환원($FeO + CO \rightarrow Fe + CO_2$)
- 용융 FeO 직접환원($FeO + C \rightarrow Fe + CO$)
- 환원철 : 침탄 → 융점 저하 → 용융 적하

35 재해발생 형태별로 분류할 때 물건이 주체가 되어 사람이 맞은 경우의 분류 항목은?

① 협 착
② 파 열
③ 충 돌
④ 낙하, 비해

해설
• 협착 : 기계의 움직이는 부분 사이 또는 움직이는 부분과 고정부분 사이에 신체 또는 신체의 일부분이 끼이거나, 물리는 것
• 파열 : 외부에 힘이 가해져 갈라지거나 손상되는 것
• 충돌 : 상대적으로 운동하는 두 물체가 접촉하여 강한 상호작용을 하는 것

36 고로의 유효 내용적을 나타낸 것은?

① 노저에서 풍구까지의 용적
② 노저에서 장입 기준선까지의 용적
③ 출선구에서 장입 기준선까지의 용적
④ 풍구 수준면에서 장입 기준선까지의 용적

해설
고로의 크기
• 전체 내용적(m^3) : 고로 장입 기준선에서 노저 바닥 연와 상단까지의 노체의 용적
• 내용적(m^3) : 고로 장입 기준선에서 출선구 내측 중심선까지의 체적, 고로의 크기 비교 시 사용
• 유효 내용적(m^3) : 고로 장입 기준선에서 풍구 중심선까지의 체적

37 다음 중 고로제선법의 문제점을 보완하여 저렴한 분광석, 분탄을 직접 노에 넣어 용선을 생산하는 차세대 제선법은?

① BF법
② LD법
③ 파이넥스법
④ 스트립 캐스팅법

해설
파이넥스법 : 가루 형태의 분철광석을 유동로에 투입한 후 환원반응에 의해 철 성분을 분리하여 용융로에서 유연탄과 용해해 최종 선철을 제조하는 공법

38 고로에서 슬래그의 성분 중 가장 많은 양을 차지하는 것은?

① CaO
② SIO_2
③ MgO
④ Al_2O_3

해설
슬래그 : 장입물 중의 석회석이 600℃에서 분해를 시작해 800℃에서 활발히 분해하며, 1,000℃에서 완료($CaCO_3$ → $CaO+CO_2$)
• 주성분 : 산화칼슘(CaO), 이산화규소(SiO_2), 산화알루미늄(Al_2O_3)

39 고로가스(BFG)의 발열량은 약 몇 $kcal/Nm^3$인가?

① 850
② 1,200
③ 2,500
④ 4,500

해설
고로에서 발생하는 가스는 CO 20~40%, CO_2 18~23%, H 2~5%, N 50% 이상을 함유하며, 발열량은 약 $750kcal/Nm^3$이다.

40 유동로의 가스 흐름을 고르게 하여 장입물을 균일하게 유동화시키기 위하여 고속의 가스 유속이 형성되는 장치는?

① 딥 레그(Dip Leg)
② 분산판 노즐(Nozzle)
③ 차이니스 햇(Chinese Hat)
④ 가이드 파이프(Guide Pipe)

> **해설**
> 유동층이란 기체를 고르게 분사하는 분산판 위에 기체에 의해 매우 격렬한 혼합을 이루는 입자층을 말하며, 이를 가능하게 하는 것을 분산판 노즐이라 한다.

41 고로용 철광석의 입도가 작을 경우, 고로 조업에 미치는 영향과 관련이 없는 것은?

① 통기성이 저하된다.
② 산화성이 저하된다.
③ 걸림(Hanging)사고의 원인이 된다.
④ 가스 분포가 불균일하여 노황을 나쁘게 한다.

> **해설**
> **철광석** : 괴의 크기는 5∼25mm, 분은 5mm 이하로 파쇄 및 체질하며, 입도가 작을 경우 통기성 저하, 걸림의 원인이 되며, 가스 분포 불균일, 환원성 저하 등이 일어난다.

42 용광로의 고압 조업이 갖는 효과가 아닌 것은?

① 연진이 감소한다.
② 출선량이 증가한다.
③ 노정 온도가 올라간다.
④ 코크스의 비가 감소한다.

> **해설**
> **고압 조업의 효과**
> • 출선량 증가
> • 연료비 저하
> • 노황 안정
> • 가스압 차 감소
> • 노정압 발전량 증대

43 다음 중 산성 내화물의 주성분으로 옳은 것은?

① SiO_2
② MgO
③ CaO
④ Al_2O_3

> **해설**
> **산성 내화물**
> • 규석질 : SiO_2
> • 반규석질 : $SiO_2(Al_2O_3)$
> • 샤모트질 : SiO_2 Al_2O_3

44 철광석의 종류와 주성분의 화학식이 틀린 것은?

① 갈철광 : Fe_2SO_4

② 적철광 : Fe_2O_3

③ 자철광 : Fe_3O_4

④ 능철광 : $FeCO_3$

해설

철광석의 종류

종 류	Fe 함유량	특 징
적철광(Fe_2O_3), Hematite	45~65%	• 자원이 풍부하고 환원능이 우수 • 붉은색을 띠는 적갈색 • 피환원성이 가장 우수
자철광(Fe_3O_4), Magnetite	50~70%	• 불순물이 많음 • 조직이 치밀 • 배소 처리 시 균열 발생하는 경향 • 소결용 펠릿 원료로 사용
갈철광($Fe_2O_3 \cdot nH_2O$), Limonite	35~55%	• 다량의 수분 함유 • 배소 시 다공질의 Fe_2O_3가 됨
능철광($FeCO_3$), Siderite	30~40%	• 소결 원료로 주로 사용 • 배소 시 이산화탄소(CO_2)를 방출하고 철의 성분이 높아짐

45 고로의 내용적은 4,500m³이고, 출선량이 12,000 t/d이면, 출선능력(출선비)은 얼마인가?

① $2.22t/d/m^3$

② $2.67t/d/m^3$

③ $3.22t/d/m^3$

④ $3.67t/d/m^3$

해설

출선비($t/d/m^3$) : 단위 용적(m³)당 용선 생산량(t)

$$\frac{출선량(t/d)}{내용적(m^3)} = \frac{12,000}{4,500} = 2.67t/d/m^3$$

46 소결 배합원료를 급광할 때 가장 바람직한 편석은?

① 수직 방향의 점도 편석

② 폭 방향의 점도 편석

③ 길이 방향의 분산 편석

④ 두께 방향의 분산 편석

해설

수직 편석 : 점화로에서 착화가 용이하게 상층부는 세립, 하층부는 조립으로 장입하는 방식으로 통기성 및 환원성이 좋아진다.

47 배합탄의 관리영역을 탄화도와 점결성 구간으로 나눌 때 탄화도를 표시하는 치수로 옳은 것은?

① 전팽창(TD) ② 휘발분(VM)

③ 유동도(MF) ④ 조직평형지수(CBI)

해설

• 휘발분(VM ; Volatile Matter) : 일정한 입도로 만든 일반 시료 1g을 용기에 넣어 105~106℃로 1시간 가열 후 건조할 때의 시료 감량(%)에서 수분이 없어진 값
• 전팽창(TD ; Total Dilatation) : 석탄의 점결성을 나타내는 지수로 연화 – 용융 과정에서 팽창, 수축의 정도를 나타내는 것

48 소결 원료 중 조재(造滓)성분에 대한 설명으로 옳은 것은?

① Al_2O_3는 결정수를 감소시킨다.

② SiO_2는 제품의 강도를 감소시킨다.

③ MgO의 증가에 따라 생산성을 증가시킨다.

④ CaO의 증가에 따라 제품의 강도를 감소시킨다.

해설

• 생산율은 CaO, SiO_2의 증가에 따라 향상하고, Al_2O_3, MgO가 증가하면 생산성을 저해한다.
• 제품강도는 CaO, SiO_2는 증가시키고 Al_2O_3, MgO는 결정수를 저하시킨다.

49 철광석의 피환원성에 대한 설명 중 틀린 것은?

① 산화도가 높은 것이 좋다.

② 기공률이 클수록 환원이 잘된다.

③ 다른 환원조건이 같으면 입도가 작을수록 좋다.

④ 페이얼라이트(Fayalite)는 환원성을 좋게 한다.

해설

철광석의 피환원성 : 기공률이 클수록, 입도가 작을수록, 산화도가 높을수록 좋음

50 코크스(Coke)가 고로 내에서의 역할을 설명한 것 중 틀린 것은?

① 철 중에 용해되어 선철을 만든다.

② 철의 용융점을 높이는 역할을 한다.

③ 고로 안의 통기성을 좋게 하기 위한 통로 역할을 한다.

④ 일산화탄소를 생성하여 철광석을 간접 환원하는 역할을 한다.

해설

코크스 역할 : 환원제, 열원, 통기성 향상을 위한 공간 확보

51 석탄의 풍화에 대한 설명 중 틀린 것은?

① 온도가 높으면 풍화는 크게 촉진된다.

② 미분은 표면적이 크기 때문에 풍화되기 쉽다.

③ 탄화도가 높은 석탄일수록 풍화되기 쉽다.

④ 환기가 양호하면 열방산이 많아 좋으나 새로운 공기가 공급되기 때문에 발열하기 쉬워진다.

해설

석탄의 풍화 요인 : 석탄을 장기간 저장 시 대기 중 산소에 의해 풍화하며, 품질 열화 및 자연 발화하는 경우가 있음
• 석탄 자체의 성질 : 탄화도가 낮은 석탄일수록 풍화되기 쉬움
• 석탄의 입도 : 미분 표면적이 커 풍화되기 쉬움
• 분위기 입도 : 온도가 높을 시 풍화되기 쉬움
• 환기 상태 : 환기 양호 시 열 방산이 좋으나, 산소 농도가 높아져 발열하기 쉬움

52 소결기의 급광 장치 종류가 아닌 것은?

① 호 퍼   ② 스크린
③ 드럼 피더   ④ 셔틀 컨베이어

해설

소결기 내 스크린은 2차 파쇄 직전 사용된다.

53 다음 중 소결광 품질 향상을 위한 대책에 해당되지 않는 것은?

① 분화 방지

② 사전처리 강화

③ 소결 통기성 증대

④ 유효 슬래그 감소

해설

유효 슬래그는 소결광의 재결정화를 통해 강인한 조직을 만든다.

54 제게르 추의 번호 SK33의 용융 연화점 온도는 몇 ℃인가?

① 1,630℃   ② 1,690℃

③ 1,730℃   ④ 1,850℃

해설
- 제게르 추 : 내화물, 내화도를 비교 측정하는 일종의 고온 온도계를 말한다.
- SK31 : 1,690℃, SK32 : 1,710℃, SK33 : 1,730℃
- 번호가 오를수록 20℃씩 상승한다.

55 폐수처리를 물리적 처리와 생물학적 처리로 나눌 때 물리적 처리에 해당되지 않는 것은?

① 자연침전   ② 자연부상

③ 입상물여과   ④ 혐기성소화

해설
물리적 폐수처리의 종류에는 저류·스크린·파쇄·부상·침전·농축·폭기·역삼투·흡착·여과 등이 포함된다. 이 공법은 생물학적 또는 화학적 방법에 속하는 다른 공법과 선택적으로 조합되어 전체적 폐수처리 공정을 이룬다.

56 코크스의 연소실 구조에 따른 분류 중 순환식에 해당되는 것은?

① 카우퍼식   ② 오토식

③ 쿠로다식   ④ 월푸투식

해설
내연식 열풍로(Cowper Type)
- 예열실과 축열실이 분리되어 있지 않고 하나의 돔 내에 위치한 열풍로로, 순환식 구조
- 구조가 복잡하고 연소실과 축열실 사이 분리벽이 손상되기 쉬움

57 고로용 철광석의 구비조건으로 틀린 것은?

① 산화력이 우수해야 한다.

② 적정 입도를 가져야 한다.

③ 철 함유량이 많아야 한다.

④ 물리성상이 우수해야 한다.

해설
철광석의 구비조건
- 많은 철 함유량 : 철분이 많을수록 좋으며, 맥석 중 산화칼슘, 산화망간의 경우 조재제와 탈황 역할을 함
- 좋은 피환원성 : 기공률이 클수록, 입도가 작을수록, 산화도가 높을수록 좋음
- 적은 유해 성분 : 황(S), 인(P), 구리(Cu), 비소(As) 등이 적을 것
- 적당한 강도와 크기 : 고열, 고압에 잘 견딜 수 있으며, 노 내 통기성, 피환원성을 고려하여 적당한 크기를 가질 것
- 많은 가채광량 및 균일한 품질
- 성분 : 성분이 균일할수록 원료의 사전처리를 줄임
- 맥석의 함량이 적을 것 : 맥석 중 SiO_2, Al_2O_3 등은 조재제와 연료를 많이 사용하며, 슬래그양 증가를 가져오므로 적을수록 좋음

58 배소광과 비교한 소결광의 특징이 아닌 것은?

① 충진 밀도가 크다.

② 기공도가 크다.

③ 빠른 기체속도에 의해 날아가기 쉽다.

④ 분말 형태의 일반 배소광보다 부피가 작다.

해설
- 배소광 : 분광
- 소결광 : 괴광
- 빠른 기체속도에 의해 날아가기 쉬운 것은 배소광에 해당된다.

59 코크스의 생산량을 구하는 식으로 옳은 것은?

① (Oven당 석탄의 장입량×코크스 실수율) − 압출문수

② Oven당 석탄의 장입량 − (코크스 실수율×압출문수)

③ Oven당 석탄의 장입량 ÷ 코크스 실수율 ÷ 압출문수

④ Oven당 석탄의 장입량 × 코크스 실수율 × 압출문수

해설
코크스 오븐의 1문당 생산량은 조업조건에 따라 변동하지만, 보통 장입량×코크스 실수율로 계산한다.

60 드와이트 로이드식 소결기에 대한 설명으로 틀린 것은?

① 배기 장치의 누풍량이 많다.

② 고로의 자동화가 가능하다.

③ 소결이 불량할 때 재점화가 가능하다.

④ 연속식이기 때문에 대량생산에 적합하다.

해설
드와이트 로이드 소결기의 장단점

종 류	장 점	단 점
DL식	• 연속식으로 대량생산 가능 • 인건비가 저렴 • 집진 장치 설비 용이 • 코크스 원단위 감소 • 소결광 피환원성 및 상온강도 향상	• 배기 장치 누풍량 많음 • 소결 불량 시 재점화 불가능 • 1개소 고장 시 소결 작업 전체가 정지

01 비중으로 중금속(Heavy Metal)을 옳게 구분한 것은?

① 비중이 약 2.0 이하인 금속
② 비중이 약 2.0 이상인 금속
③ 비중이 약 4.5 이하인 금속
④ 비중이 약 4.5 이상인 금속

해설
경금속과 중금속
비중 4.5(5)를 기준으로 이하를 경금속(Al, Mg, Ti, Be), 이상을 중금속(Cu, Fe, Pb, Ni, Sn)

02 표면은 단단하고 내부는 회주철로 강인한 성질을 가지며 압연용 롤, 철도차량, 분쇄기 롤 등에 사용되는 주철은?

① 칠드주철
② 흑심가단주철
③ 백심가단주철
④ 구상흑연주철

해설
칠드주철 : 금형의 표면 부위는 급랭하고 내부는 서랭시켜 표면은 경하고 내부는 강인성을 갖는 주철로 내마멸성을 요하는 롤이나 바퀴에 많이 쓰인다.

03 자기변태에 대한 설명으로 옳은 것은?

① Fe의 자기변태점은 210℃이다.
② 결정격자가 변화하는 것이다.
③ 강자성을 잃고 상자성으로 변화하는 것이다.
④ 일정한 온도 범위 안에서 급격히 비연속적인 변화가 일어난다.

해설
자기변태는 물질의 자기적 성질이 변화하는 것을 말하며 일정구역에서 점진적으로 연속적으로 일어난다.

04 구조용 합금강과 공구용 합금강을 나눌 때 기어, 축 등에 사용되는 구조용 합금강 재료에 해당되지 않는 것은?

① 침탄강
② 강인강
③ 질화강
④ 고속도강

해설
고속도강은 높은 속도가 요구되는 절삭공구에 사용되는 강이다.

05 다음 중 경질 자성재료에 해당되는 것은?

① Si 강판
② Nd 자석
③ 센더스트
④ 퍼멀로이

> **해설**
> • 경질 자성재료 : 알니코, 페라이트, 희토류계, 네오디뮴, Fe – Cr – Co계 반경질 자석, Nd 자석 등
> • 연질 자성재료 : Si 강판, 퍼멀로이, 센더스트, 알펌, 퍼멘듈, 슈퍼멘듈 등

06 비료 공장의 합성탑, 각종 밸브와 그 배관 등에 이용되는 재료로 비강도가 높고, 열전도율이 낮으며, 용융점이 약 1,670℃인 금속은?

① Ti
② Sn
③ Pb
④ Co

> **해설**
> **타이타늄과 그 합금** : 비중 4.54, 용융점 1,670℃, 내식성 우수, 조밀육방격자, 고온 성질 우수

07 고강도 Al 합금인 초초두랄루민의 합금에 대한 설명으로 틀린 것은?

① Al 합금 중에서 최저의 강도를 갖는다.
② 초초두랄루민을 ESD 합금이라 한다.
③ 자연균열을 일으키는 경향이 있어 Cr 또는 Mn을 첨가하여 억제시킨다.
④ 성분조성은 Al – 1.5~2.5% Cu – 7~9% Zn – 1.2~ 1.8% Mg – 0.3%~0.5% Mn – 0.1~0.4% Cr이다.

> **해설**
> **초초두랄루민**
> 알루미늄합금으로 ESD로 약기된다. Al – Zn – Mg계의 합금으로 열처리에 의해 알루미늄합금 중 가장 강력하게 된다. 보통 두랄루민의 주요 합금원소가 Cu인 데에 비해 Zn이 이에 대신하고 있으므로, 아연두랄루민이라고도 불린다.

08 Ni – Fe계 합금인 엘린바(Elinvar)는 고급시계, 지진계, 압력계, 스프링 저울, 다이얼 게이지 등에 사용되는데, 이는 재료의 어떤 특성 때문에 사용하는가?

① 자 성
② 비 중
③ 비 열
④ 탄성률

> **해설**
> **불변강** : 인바(36% Ni 함유), 엘린바(36% Ni – 12% Cr 함유), 플래티나이트(42~46% Ni 함유), 코엘린바(Cr – Co – Ni 함유)로 탄성계수가 작고, 공기나 물 속에서 부식되지 않는 특징이 있어, 정밀 계기 재료, 차, 스프링 등에 사용된다.

09 용융액에서 두 개의 고체가 동시에 나오는 반응은?

① 포석 반응
② 포정 반응
③ 공석 반응
④ 공정 반응

> **해설**
> **공정 반응** : 일정한 온도의 액체에서 두 종류의 고체가 동시에 정출하여 나오는 반응($L → α + β$)

10 전자석이나 자극의 철심에 사용되는 것은 순철이나, 자심은 교류 자기장에만 사용되는 예가 많으므로 이력손실, 항자력 등이 적은 동시에 맴돌이 전류손실이 적어야 한다. 이때 사용되는 강은?

① Si강　　　　　② Mn강
③ Ni강　　　　　④ Pb강

해설

연질 자성재료는 보자력이 작고 미세한 외부 자기장의 변화에도 크게 자화되는 특성을 가지는 재료로 전동기, 변압기의 자심으로 이용되며, Si강판, 퍼멀로이, 센더스트, 알펌, 퍼멘듈, 슈퍼멘듈 등이 있다.

11 황(S)이 적은 선철을 용해하여 구상흑연주철을 제조할 때 많이 사용되는 흑연구상화제는?

① Zn　　　　　② Mg
③ Pb　　　　　④ Mn

해설

구상흑연주철 : 흑연을 구상화하여 균열을 억제시키고 강도 및 연성을 좋게 한 주철로 시멘타이트형, 펄라이트형, 페라이트형이 있으며, 구상화제로는 Mg, Ca, Ce, Ca – Si, Ni – Mg 등이 있다.

12 다음 중 Mg에 대한 설명으로 옳은 것은?

① 알칼리에는 침식된다.
② 산이나 염수에는 잘 견딘다.
③ 구리보다 강도는 낮으나 절삭성은 좋다.
④ 열전도율과 전기전도율이 구리보다 높다.

해설

마그네슘은 알칼리에는 잘 견디나 산에는 부식되며 열전도율과 전기전도율이 구리보다 낮다.

13 금속의 기지에 1~5μm 정도의 비금속 입자가 금속이나 합금의 기지 중에 분산되어 있는 것으로 내열재료로 사용되는 것은?

① FRM
② SAP
③ Cermet
④ Kelmet

해설

입자강화 금속 복합재료 : 분말야금법으로 금속에 1~5μm 비금속 입자를 분산시킨 재료(서멧, Cermet)

14 열간가공을 끝맺는 온도를 무엇이라 하는가?

① 피니싱 온도
② 재결정온도
③ 변태 온도
④ 용융 온도

해설

피니싱 : 마치는 것을 의미하며, 열간가공이 끝나는 것을 의미함

15 55~60% Cu를 함유한 Ni 합금으로 열전쌍용 선의 재료로 쓰이는 것은?

① 모넬메탈　　　　② 콘스탄탄
③ 퍼민바　　　　　④ 인코넬

해설

Ni – Cu 합금
- 양백(Ni – Zn – Cu) – 장식품
- 계측기, 콘스탄탄(40% Ni–55~60% Cu) – 열전쌍
- 모넬메탈(60% Ni) – 내식 내열용

16 다음 물체를 3각법으로 표현할 때 우측면도로 옳은 것은?(단, 화살표 방향이 정면도 방향이다)

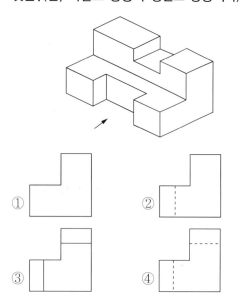

해설

우측면도 : 물체의 우측에서 바라본 모양을 나타낸 도면

17 물품을 구성하는 각 부품에 대하여 상세하게 나타 내는 도면으로 이 도면에 의해 부품이 실제로 제작 되는 도면은?

① 상세도　　　　　② 부품도
③ 공정도　　　　　④ 스케치도

해설

도면의 분류
- 내용에 따른 분류
  - 조립도 : 기계나 구조물의 전체적인 조립상태를 나타내는 도면
  - 부품도 : 물품을 구성하는 각 부품에 대하여 제작에 필요한 모든 정보를 가장 상세하게 나타내는 도면
  - 부분 조립도 : 규모가 크거나 구조가 복잡한 대상물을 몇 개의 부분으로 나누어 나타낸 도면
- 용도에 따른 분류
  - 계획도 : 제작도를 작성하기 전에 만들고자 하는 제품의 계획 단계에서 사용되는 도면
  - 주문도 : 주문서에 첨부하여 주문하는 사람의 요구 내용을 제작자에게 제시하는 도면
  - 견적도 : 제작자가 견적서에 첨부하여 주문하는 사람에게 주문품의 내용을 설명하는 도면
  - 제작도 : 설계자의 최종 의도를 충분히 전달하여 제작에 반영하기 위해서 제품의 모양, 치수, 재질, 가공 방법 등이 나타나는 도면
  - 승인도 : 제작자가 주문하는 사람 또는 다른 관계자의 검토를 거쳐 승인을 받은 도면
  - 설명도 : 제작자가 고객에게 제품의 원리, 기능, 구조, 취급 방법 등을 설명하기 위해 만든 도면
  - 공정도 : 제조 과정에서 지켜야 할 가공 방법, 사용 공구 및 치수 등을 상세히 나타내는 도면
  - 상세도 : 기계, 건축, 교량, 선박 등의 필요한 부분을 확대하여 모양, 구조, 조립 관계 등을 상세하게 나타내는 도면

18 다음 중 "C"와 "SR"에 해당되는 치수 보조기호의 설명으로 옳은 것은?

① C는 원호이며, SR은 구의 지름이다.
② C는 45° 모따기이며, SR은 구의 반지름이다.
③ C는 판의 두께이며, SR은 구의 반지름이다.
④ C는 구의 반지름이며, SR은 구의 지름이다.

해설

치수 보조기호
- □ : 정사각형의 변
- C : 45° 모따기
- ϕ : 지름
- t : 판의 두께
- SR : 구의 반지름
- R : 반지름

19 다음 그림 중에서 FL이 의미하는 것은?

① 밀링가공을 나타낸다.
② 래핑가공을 나타낸다.
③ 가공으로 생긴 선이 거의 동심원임을 나타낸다.
④ 가공으로 생긴 선이 2방향으로 교차하는 것을 나타낸다.

해설
가공방법의 기호

가공방법	약 호	
	Ⅰ	Ⅱ
선반가공	L	선 삭
드릴가공	D	드릴링
보링머신가공	B	보 링
밀링가공	M	밀 링
평삭(플레이닝)가공	P	평 삭
형삭(셰이핑)가공	SH	형 삭
브로칭가공	BR	브로칭
리머가공	FR	리 밍
연삭가공	G	연 삭
다듬질	F	다듬질
벨트연삭가공	GBL	벨트연삭
호닝가공	GH	호 닝
용 접	W	용 접
배럴연마가공	SPBR	배럴연마
버프 다듬질	SPBF	버 핑
블라스트다듬질	SB	블라스팅
랩 다듬질	FL	래 핑
줄 다듬질	FF	줄 다듬질
스크레이퍼다듬질	FS	스크레이핑
페이퍼다듬질	FCA	페이퍼다듬질
프레스가공	P	프레스
주 조	C	주 조

20 나사의 호칭 M20×2에서 2가 뜻하는 것은?

① 피 치
② 줄의 수
③ 등 급
④ 산의 수

해설
나사의 호칭 방법

나사의 종류	나사의 호칭 (지름을 지시하는 숫자)	×	피 치
M	20	×	2

21 척도 1 : 2인 도면에서 길이가 50mm인 직선의 실제 길이는?

① 25mm
② 50mm
③ 100mm
④ 150mm

해설
• $1 : 2 = 50 : x$
• $x = 100mm$

22 다음 그림과 같은 투상도는?

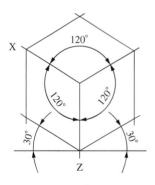

① 사투상도
② 투시 투상도
③ 등각 투상도
④ 부등각 투상도

해설
등각 투상도 : 정면, 평면, 측면을 하나의 투상면 위에 동시에 볼 수 있도록 두 개의 옆면 모서리가 수평선과 30°가 되게 하여 이 세 축이 120°의 등각이 되도록 입체도로 투상한 것을 의미함

23 다음 중 가는 실선으로 사용되는 선의 용도가 아닌 것은?

① 치수를 기입하기 위하여 사용하는 선
② 치수를 기입하기 위하여 도형에서 인출하는 선
③ 지시, 기호 등을 나타내기 위하여 사용하는 선
④ 형상의 부분 생략, 부분 단면의 경계를 나타내는 선

가는 실선의 용도

용도에 의한 명칭	선의 종류		선의 용도
치수선			치수를 기입하기 위하여 쓰인다.
치수 보조선			치수를 기입하기 위하여 도형으로부터 끌어내는 데 쓰인다.
지시선			기술 · 기호 등을 표시하기 위하여 끌어들이는 데 쓰인다.
회전 단면선	가는 실선		도형 내에 그 부분의 끊은 곳을 90° 회전하여 표시하는 데 쓰인다.
중심선			도형의 중심선을 간략하게 표시하는 데 쓰인다.
수준면선			수면, 유면 등의 위치를 표시하는 데 쓰인다.
특수한 용도의 선			• 외형선 및 숨은선의 연장을 표시하는 데 사용한다. • 평면이란 것을 나타내는 데 사용한다. • 위치를 명시하는 데 사용한다.

24 도면에서 치수선이 잘못된 것은?

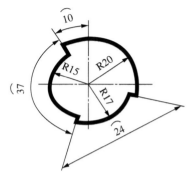

① 반지름(R) 20의 치수선
② 반지름(R) 15의 치수선
③ 원호(⌢) 37의 치수선
④ 원호(⌢) 24의 치수선

치수선을 평행하게 긋는 것은 현의 치수 표시법이다.

25 다음의 단면도 중 위, 아래 또는 왼쪽과 오른쪽이 대칭인 물체의 단면을 나타낼 때 사용되는 단면도는?

① 한쪽 단면도
② 부분 단면도
③ 전 단면도
④ 회전 도시 단면도

한쪽 단면도 : 상하 또는 좌우가 대칭인 제품을 1/4 절단하여 내부와 외부를 절반씩 보여 주는 단면도

26 제도 용지 A3는 A4 용지의 몇 배 크기가 되는가?

① 1/2배

② $\sqrt{2}$ 배

③ 2배

④ 4배

해설
A3 용지는 A4 용지의 가로와 세로 치수 중 작은 치수값의 2배로 하고 용지의 크기가 증가할수록 같은 원리로 점차적으로 증가한다.

27 다음 도면에 [보기]와 같이 표시된 금속재료의 기호 중 330이 의미하는 것은?

┌─ 보기 ─────────────────┐
│   │
│   KS D 3503 SS 330   │
│   │
└──────────────────────────┘

① 최저인장강도

② KS 분류기호

③ 제품의 형상별 종류

④ 재질을 나타내는 기호

해설
금속재료의 호칭
• 재료를 표시하는데, 대개 3단계 문자로 표시한다.
 – 첫 번째 재질의 성분을 표시하는 기호
 – 두 번째 제품의 규격을 표시하는 기호로 제품의 형상 및 용도를 표시
 – 세 번째 재료의 최저인장강도 또는 재질의 종류기호를 표시한다.
• 강종 뒤에 숫자 세 자리 : 최저인장강도(N/mm²)
• 강종 뒤에 숫자 두 자리+C : 탄소 함유량(%)

28 그림과 같은 고로에서 미환원의 철, 규소, 망간이 직접환원을 받는 부분은?

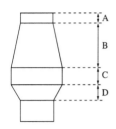

① A   ② B
③ C   ④ D

해설
조안(보시, Bosh)
• 노복 하단부에서 노상 상단부까지의 구간
• 노흉, 노복으로부터 강하된 장입물이 용해되어 용적이 수축하는 부분
• 하부 직경이 상부 직경보다 80~83° 정도 작게 형성
• 노상부의 송풍관 공기 공급으로 연와 침식이 가장 심한 부분으로 냉각 설비 필수

29 코크스 제조에서 사용되지 않는 것은?

① 머드건

② 균열 강도

③ 낙하시험

④ 텀블러 지수

해설
• 코크스 관리 항목 : 균열 강도, 낙하시험, 텀블러 지수
• 폐쇄기 : 머드건을 이용하여 내화재로 출선구를 막는 설비
• 머드건 : 출선 완료 후 선회, 경동하여 머드재로 충진하는 설비

30 고로에 사용되는 내화재의 구비 조건으로 틀린 것은?

① 스폴링성이 커야 한다.

② 열충격이나 마모에 강해야 한다.

③ 고온, 고압에서 상당한 강도를 가져야 한다.

④ 고온에서 연화 또는 휘발하지 않아야 한다.

해설

고로 내화물 구비 조건

- 고온에서 용융, 연화, 휘발하지 않을 것
- 고온·고압에서 상당한 강도를 가질 것
- 열 충격이나 마모에 강할 것
- 용선·용재 및 가스에 대하여 화학적으로 안정할 것
- 적당한 열전도를 가지고 냉각 효과가 있을 것

31 생펠릿에 강도를 주기 위해 첨가하는 물질이 아닌 것은?

① 붕 사   ② 규 사

③ 벤토나이트   ④ 염화나트륨

해설

생펠릿의 강도를 높이기 위해 첨가하는 것으로 생석회(CaO), 염화나트륨($NaCl$), 붕사(B_2O_3), 벤토나이트 등의 첨가제가 있다.

32 고로 부원료로 사용되는 석회석을 나타내는 화학식은?

① $CaCO_3$ ② Al_2O_3

③ $MgCO_3$ ④ SiO_2

해설

석회석($CaCO_3$)

- CaO 60% 함유 및 불순물인 SiO_2, Al_2O_3, MgO 등이 함유
- 석회석의 용도 : 슬래그 염기도 조정, 슬래그 유동성 향상, 탈황, 탈인
- 코크스가 연소하며 발생하는 열로 산화칼슘(생석회, CaO)과 이산화탄소(CO_2)로 분해되며, 산화칼슘은 SiO_2와 반응하여 규산염 슬래그를 형성

33 철광석의 피환원성을 좋게 하는 것이 아닌 것은?

① 기공률을 크게 한다.

② 산화도를 높게 한다.

③ 강도를 크게 한다.

④ 입도를 작게 한다.

해설

철광석의 피환원성 : 기공률이 클수록, 입도가 작을수록, 산화도가 높을수록 좋음

34 황(S) 1kg을 이론 공기량으로 완전연소시켰을 때 발생하는 연소 가스량은 약 몇 Nm^3인가?(단, S의 원자량은 32, O_2의 분자량은 32, 공기 중 산소는 21%이다)

① 0.70

② 2.01

③ 2.63

④ 3.33

해설

S 1kg - O 0.7Nm^3이며 공기 중에는 산소가 21% 있으므로

$$\frac{0.7}{0.21} = 3.33Nm^3$$

35 용융 환원로(COREX)는 환원로와 용융로 두 개의 반응기로 구분한다. 이때 용융로의 역할이 아닌 것은?

① 슬래그의 용해
② 환원가스의 생성
③ 철광석의 간접환원
④ 석탄의 건조 및 탈가스화

해설
• 코렉스법 : 철광석 입도 8mm 이상의 괴광석이나 펠릿을 사용하고 8mm 이하의 탄도를 사용함으로써 코크스 제조 과정을 생략하여 용선을 생산
• 코렉스 설비
  – 환원로 : 고로의 상부 기능을 담당, 용융로에서 발생된 가스를 이용하여 광석을 환원시켜 직접환원철 제조
  – 용융로 : 장입된 석탄은 건조 및 탈가스화가 되며, 환원된 직접환원철은 용선과 슬래그로 생성

36 주물 용선을 제조할 때의 조업방법이 아닌 것은?

① 슬래그를 산성으로 한다.
② 코크스 배합비율을 높인다.
③ 노 내 장입물 강하시간을 짧게 한다.
④ 고온 조업이므로 선철 중에 들어가는 금속원소의 환원율을 높게 생각하여 광석 배합을 한다.

해설
제강 용선과 주물 용선의 조업상 비교

구 분	제강 용선(염기성 평로)	주물 용선
선철 성분	• Si : 낮다. • Mn : 높다. • S : 될 수 있는 한 적게	• Si : 높다. • Mn : 낮다. • P : 어느 정도 혼재
장입물	강의 유해 성분이 적은 것 • Mn : Mn광, 평로재 • Cu : 황산재의 사용 제한	주물의 유해 성분, 특히 Ti가 적은 것 • Mn : Mn광 사용 • Ti : 사철의 사용
조업법	• 강염기성 슬래그 • 저열 조업 • 풍량을 늘리고, 장입물 강하 시간을 빠르게 함	• 저염기도 슬래그 • 고열 조업 • 풍량을 줄이고, 장입물 강하 시간을 느리게 함

37 고로의 장입설비에서 벨리스형(Bell-less Type)의 특징을 설명한 것 중 틀린 것은?

① 대형 고로에 적합하다.
② 성형원료 장입에 최적이다.
③ 장입물 분포를 중심부까지 제어가 가능하다.
④ 장입물의 표면 형상을 바꿀 수 없어 가스 이용률은 낮다.

해설
벨리스(Bell-less Top Type) 타입
• 노정 장입 호퍼와 슈트(Chute)에 의해 원료를 장입하는 방식
• 장입물 분포 조절이 용이
• 설비비가 저렴
• 대형 고로에 적합
• 중심부까지 장입물 분포 제어 가능

38 고로에 사용되는 축류 송풍기의 특징을 설명한 것 중 틀린 것은?

① 풍압 변동에 대한 정풍량 운전이 용이하다.
② 바람 방향의 전환이 없어 효율이 우수하다.
③ 무겁고 크게 세작해야 하므로 설치 면적이 넓다.
④ 터보 송풍기에 비하여 압축된 유체의 통로가 단순하고 짧다.

해설
축류 송풍기는 다량의 풍량이 요구될 때 적합한 송풍기로, 큰 설비가 필요하지 않다.

39 용제에 대한 설명으로 틀린 것은?

① 유동성을 좋게 한다.

② 슬래그의 용융점을 높인다.

③ 슬래그를 금속으로부터 분리시킨다.

④ 산성 용제에는 규암, 규석 등이 있다.

해설
용제 : 슬래그의 생성과 용선, 슬래그의 분리를 용이하게 하고, 불순물의 제거를 돕는 역할

40 다음 중 고로 안에서 거의 환원되는 것은?

① CaO

② Fe_2O_3

③ MgO

④ Al_2O_3

해설
Fe_2O_3의 경우 거의 환원되며, 산화칼슘(CaO), 이산화규소(SiO_2), 산화알루미늄(Al_2O_3) 등은 슬래그화된다.

41 안전 보호구의 용도가 옳게 짝지어진 것은?

① 두부에 대한 보호구 – 안전각반

② 얼굴에 대한 보호구 – 절연장갑

③ 추락방지를 위한 보호구 – 안전대

④ 손에 대한 보호구 – 보안면

해설
안전 보호구

종 류	사용목적
안전모	비래 또는 낙하하는 물건에 대한 위험성 방지
안전화	물품이 발등에 떨어지거나 작업자가 미끄러짐을 방지
안전장갑	감전 또는 각종 유해물로부터의 예방
보안경	유해광선 및 외부 물질에 의한 안구 보호
보안면	열, 불꽃, 화학약품 등의 비산으로부터 안면 보호
안전대	작업자의 추락 방지

42 재해발생의 원인을 관리적 원인과 기술적 원인으로 분류할 때 관리적 원인에 해당되지 않는 것은?

① 노동의욕의 침체

② 안전기준의 불명확

③ 점검보존의 불충분

④ 안전관리조직의 결함

해설
점검보존의 불충분은 기술적 원인에 해당된다.

43 열풍로에서 나온 열풍을 고로 내에 송입하는 부분의 명칭은?

① 노 상

② 장입구

③ 풍 구

④ 출재구

해설
풍 구
• 열풍로의 열풍을 일정한 압력으로 고로에 송입하는 장치
• 연소대(레이스 웨이, Race Way) : 풍구에서 들어온 열풍이 노 내를 강하하여 내려오는 코크스를 연소시켜 환원 가스를 발생시키는 영역

44 노벽이 국부적으로 얇아져서 결국은 노 안으로부터 가스 또는 용해물이 분출하는 것을 무엇이라 하는가?

① 노상 냉각

② 노저 파손

③ 적열(Hot Spot)

④ 바람구멍류 파손

해설
• 적열 : 노벽이 국부적으로 얇아져 노 안으로부터 가스 또는 용해물이 분출하는 현상
• 적열 시 대책 : 냉각판 장입, 스프레이 냉각, 바람구멍 지름 조절 및 장입물 분포 상태의 변경 등 노벽의 열작용을 피해야 함

45 고로 내 열교환 및 온도변화는 상승 가스에 의한 열교환, 철 및 슬래그의 적하물과 코크스의 온도 상승 등으로 나타나고, 반응으로는 탈황 반응 및 침탄 반응 등이 일어나는 대(Zone)는?

① 연소대

② 적하대

③ 융착대

④ 노상대

해설
적하대 : 용철, Slag의 용융 적하(1,400~1,500℃)
• 탈황, 탈규 반응 : 용철과 Slag는 상승 가스로부터 S, Si 흡수
• 침탄 반응 : $SiO + C \rightarrow Si + CO$

46 코크스의 반응성지수를 나타내는 식으로 옳은 것은?

① $\dfrac{CO_2 + CO}{CO} \times 100(\%)$

② $\dfrac{CO_2 + CO}{CO_2} \times 100(\%)$

③ $\dfrac{CO_2}{CO + CO_2} \times 100(\%)$

④ $\dfrac{CO}{CO_2 + CO} \times 100(\%)$

해설
코크스의 반응성 : $C + CO \rightarrow 2CO$로 탄소 용해(용해 손실)가 일어나며, 코크스 반응성이라고 한다. 흡열 반응으로 반응성이 낮은 것이 좋음
• 코크스의 반응성지수 $R = \{CO / (CO + CO_2)\} \times 100(\%)$

47 품위가 57.8%인 광석에서 철분 92%의 선철 1톤을 만드는 데 필요한 광석량은 약 몇 kg인가?(단, 철분이 모두 환원되어 철의 손실이 없다고 가정한다)

① 615kg

② 915kg

③ 1,426kg

④ 1,592kg

해설
광석량 계산
(광석량) × 0.578 = 1,000kg × 0.92
광석량 = 1,591.7kg

48 드와이트 – 로이드(Dwight Lloyd) 소결기에 대한 설명으로 틀린 것은?

① 소결 불량 시 재점화가 불가능하다.
② 방진장치 설치가 용이하다.
③ 연속식이기 때문에 대량생산에 적합하다.
④ 1개소의 고장으로는 기계 전체에 영향을 미치지 않는다.

해설
드와이트 로이드 소결기의 장단점

종 류	장 점	단 점
DL식	• 연속식으로 대량 생산 가능 • 인건비가 저렴 • 집진장치 설비 용이 • 코크스 원단위 감소 • 소결광 피환원성 및 상온 강도 향상	• 배기 장치 누풍량 많음 • 소결 불량 시 재점화 불가능 • 1개소 고장 시 소결 작업 전체가 정지

49 장입 석탄을 코크스로에 장입하기 전에 장입 석탄의 일부를 압축 성형기로 성형하여 브리켓(Bri-quette)으로 만든 다음 30∼40%는 취하고, 나머지는 역청탄과 혼합하는 코크스 제조법은?

① 점결제 첨가법
② 성형탄 배합법
③ 성형 코크스법
④ 예열탄 장입법

해설
성형탄 제작 : 가루 형태의 미점결탄을 점결제와 혼합 후 압착롤에 의해 괴상화하여 입도 약 50mm의 성형탄을 제조

50 배소를 통한 철광석의 유해 성분이 아닌 것은?

① 황(S)
② 물(H₂O)
③ 비소(As)
④ 탄소(C)

해설
배소 : 용융점 이하로 가열하면서 화학 반응시켜 광석의 화학 성분과 성질을 개량하고, 해로운 성분(S) 및 불순물을 제거하는 공정

51 소결의 일반적인 공정 순서로 옳은 것은?

① 혼합 및 조립 → 원료장입 → 소결 → 점화 → 냉각
② 혼합 및 조립 → 원료장입 → 점화 → 소결 → 냉각
③ 원료장입 → 혼합 및 조립 → 소결 → 점화 → 냉각
④ 원료장입 → 점화 → 혼합 및 조립 → 소결 → 냉각

해설
소결광은 원료, 연료, 부원료 등을 잘 배합한 후 소결기에 원료를 장입하여 가열하여 소결한 뒤, 냉각기로 냉각한 후 파쇄하여 제작한다.

52 코크스로 가스 중에 함유되어 있는 성분 중 함량이 많은 것부터 적은 순서로 나열된 것은?

① CO > CH₄ > N₂ > H₂
② CH₄ > CO > H₂ > N₂
③ H₂ > CH₄ > CO > N₂
④ N₂ > CH₄ > H₂ > CO

해설
COG(Coke Oven Gas)는 일반적으로 수소 50∼60%, 메탄 30%, 에틸렌 3%, 그 외 일산화탄소 7%, 질소 4% 등의 조성을 가진다.

53 소성 펠릿의 특징을 설명한 것 중 옳은 것은?

① 고로 안에서 소결광보다 급격한 수축을 일으킨다.

② 분쇄한 원료로 만든 것으로 야금 반응에 민감하지 않다.

③ 입도가 일정하고 입도 편석을 일으키며, 공극률이 작다.

④ 황 성분이 적고, 그 밖에 해면철 상태를 통해 용해되므로 규소의 흡수가 적다.

해설
펠릿의 품질 특성
• 분쇄한 원료로 만들어 야금 반응에 민감
• 입도가 일정하며, 입도 편석을 일으키지 않고 공극률이 작음
• 황 성분이 적고, 해면철 상태로 용해되어 규소 흡수가 적음
• 순도가 높고 고로 안에서 반응성이 뛰어남

54 원료 처리 설비 중 파쇄 설비로 옳은 것은?

① 언로더(Unloader)

② 로드 밀(Rod Mill)

③ 리클레이머(Reclaimer)

④ 벨트컨베이어(Belt Conveyor)

해설
코크스는 로드 밀에서 3mm 이하로 파쇄되어 각종 철광석 및 부원료와 배합하여 정량절출장치를 이용해 절출된다.

55 고로에서 선철 1톤 생산하는 데 소요되는 철광석(소결용분광 + 괴광석)의 양은 일반적으로 약 얼마인가?

① 0.5~0.7톤

② 1.5~1.7톤

③ 3.0~3.2톤

④ 5.0~5.2톤

해설
선철을 1톤 생산하기 위해서는 철광석은 약 1.5~1.7톤이 필요하다.

56 고로에 장입되는 소결광으로 출선비를 향상시키는 데 유용한 자용성 소결광은 어떤 성분이 가장 많이 들어간 것인가?

① SiO_2 ② Al_2O_3

③ CaO ④ TiO_2

해설
자용성 소결광 : 염기도 조절을 위해 석회석을 첨가한 소결광으로 피환원성 향상, 연료비 절감, 생산성 향상의 목적으로 사용

57 적은 열소비량으로 소결이 잘되는 장점이 있어 소결용 또는 펠릿 원료로 적합한 광석은?

① 능철광 ② 적철광

③ 자철광 ④ 갈철광

해설
자철광

종 류	Fe 함유량	특 징
자철광(Fe_3O_4), Magnetite	50~70%	• 불순물이 많음 • 조직이 치밀 • 배소 처리 시 균열이 발생하는 경향 • 소결용 펠릿 원료로 사용

58 광석의 입도가 작으면 소결 과정에서 통기도와 소결시간이 어떻게 변화하는가?

① 통기도는 악화되고, 소결시간이 단축된다.
② 통기도는 악화되고, 소결시간이 길어진다.
③ 통기도는 좋아지고, 소결시간이 단축된다.
④ 통기도는 좋아지고, 소결시간이 길어진다.

해설
광석의 입도는 통기성과 관련이 높은데, 입도가 작으면 작을수록 공기가 통과하는 공간이 작아져 통기도는 악화되고, 그로 인해 소결시간이 길어진다.

59 제철 원료로서 코크스의 역할에 대한 설명으로 틀린 것은?

① 연소 가스는 철광석을 간접 환원한다.
② 일부는 선철 중에 용해해서 선철 중의 탄소가 된다.
③ 연소 가스는 액체 탄소로서 선철 성분을 간접 환원시킨다.
④ 바람구멍 앞에서 연소해서 제선에 필요한 열량을 공급한다.

해설
코크스의 역할
• 바람구멍 앞에서 연소하여 필요한 열량을 공급
• 고체 탄소로 철 성분을 직접 환원
• 일부 선철 중에 용해되어 선철 중 탄소함량을 높임
• 고로 안의 통기성을 좋게 하는 통로 역할
• 철의 용융점을 낮추는 역할

60 분광석의 괴성화 방법이 아닌 것은?

① 세광(Washing)
② 소결법(Sintering)
③ 단광법(Briquetting)
④ 펠레타이징(Pelletizing)

해설
분광석의 괴성화 방법에는 소결법, 펠레타이징법, 단광법, 입철법 등이 있다.

01 현미경 조직 검사를 할 때 관찰이 용이하도록 평활한 측정면을 만드는 작업이 아닌 것은?

① 거친 연마

② 미세 연마

③ 광택 연마

④ 마모 연마

해설

채취한 시험편은 한쪽 면을 연마하여 현미경으로 볼 수 있도록 한다. 시험편은 평면가공 → 거친 연마 → 중간 연마 → 광택(미세) 연마 순으로 한다.

02 게이지용 공구강이 갖추어야 할 조건에 대한 설명으로 틀린 것은?

① HRC 40 이하의 경도를 가져야 한다.

② 팽창계수가 보통강보다 작아야 한다.

③ 시간이 지남에 따라 치수변화가 없어야 한다.

④ 담금질에 의한 균열이나 변형이 없어야 한나.

해설

게이지용 공구강은 내마모성 및 경도가 커야 하며, 치수를 측정하는 공구이므로 열팽창계수가 작아야 한다. 또한 담금질에 의한 변형, 균열이 적어야 하며, 내식성이 우수해야 하기 때문에 C(0.85~1.2%) – W(0.3~0.5%) – Cr(0.36~0.5%) – Mn(0.9~1.45%)의 조성을 가진다.

03 다음 중 가장 높은 용융점을 갖는 금속은?

① Cu

② Ni

③ Cr

④ W

해설

• 용융점 : 고체 금속을 가열시켜 액체로 변화되는 온도점

• 각 금속별 용융점

W	3,410℃	Au	1,063℃
Ta	3,020℃	Al	660℃
Mo	2,620℃	Mg	650℃
Cr	1,890℃	Zn	420℃
Fe	1,538℃	Pb	327℃
Co	1,495℃	Bi	271℃
Ni	1,455℃	Sn	231℃
Cu	1,083℃	Hg	−38.8℃

04 다음 중 베어링용 합금이 아닌 것은?

① 켈 밋

② 배빗메탈

③ 문쯔메탈

④ 화이트메탈

해설

• 문쯔메탈 : 6 – 4황동으로 열교환기나 열간단조용으로 사용된다.

• 탈아연 부식 : 6 – 4황동에서 주로 나타나며 황동의 표면 또는 내부가 해수 혹은 부식성 물질이 있는 액체와 접촉되면 아연이 녹아버리는 현상

05 구리에 대한 특성을 설명한 것 중 틀린 것은?

① 구리는 비자성체다.

② 전기전도율이 Ag 다음으로 좋다.

③ 공기 중에 표면이 산화되어 암적색이 된다.

④ 체심입방격자이며, 동소변태점이 존재한다.

[해설]
구리는 결정구조가 FCC으로 전연성이 우수하며, 동소변태점은 존재하지 않는다.

06 탄소강에 함유된 원소가 철강에 미치는 영향으로 옳은 것은?

① S : 저온메짐의 원인이 된다.

② Si : 연신율 및 충격값을 감소시킨다.

③ Cu : 부식에 대한 저항을 감소시킨다.

④ P : 적열메짐의 원인이 된다.

[해설]
각종 취성에 대한 설명
• 저온취성 : 0℃ 이하 특히 −20℃ 이하의 온도에서는 급격하게 취성을 갖게 되어 충격을 받으면 부서지기 쉬운 성질
• 상온취성 : P을 다량 함유한 강에서 발생하며 Fe_3P로 결정입자가 조대화되며, 경도 강도는 높아지나 연신율이 감소하는 메짐으로 특히 상온에서 충격값이 감소됨
• 청열취성 : 냉간가공 영역 안, 210~360℃ 부근에서 기계적 성질인 인장강도는 높아지나 연신이 갑자기 감소하는 현상
• 적열취성 : 황이 많이 함유되어 있는 강이 고온(950℃ 부근)에서 메짐(강도는 증가, 연신율은 감소)이 나타나는 현상
• 백열취성 : 1,100℃ 부근에서 일어나는 메짐으로 황이 주원인, 결정입계의 황화철이 용해하기 시작하는 데 따라서 발생
• 수소취성 : 고온에서 강에 수소가 들어간 후 200~250℃에서 분자 간의 미세한 균열이 발생하여 취성을 갖는 성질

07 과랭(Super Cooling)에 대한 설명으로 옳은 것은?

① 실내 온도에서 용융상태인 금속이다.

② 고온에서도 고체 상태인 금속이다.

③ 금속이 응고점보다 낮은 온도에서 용해되는 것이다.

④ 응고점보다 낮은 온도에서 응고가 시작되는 현상이다.

[해설]
과랭 : 응고점보다 낮은 온도가 되어야 응고가 시작

08 재료의 강도를 높이는 방법으로 위스커(Whisker) 섬유를 연성과 인성이 높은 금속이나 합금 중에 균일하게 배열시킨 복합재료는?

① 클래드 복합재료

② 분산강화 금속 복합재료

③ 입자강화 금속 복합재료

④ 섬유강화 금속 복합재료

[해설]
섬유강화 금속 복합재료(FRM ; Fiber Reinforced Metals)
• 위스커 같은 섬유를 Al, Ti, Mg 등의 합금 중에 균일하게 배열시켜 복합시킨 재료
• 강화 섬유는 비금속계와 금속계로 구분
• Al 및 Al합금이 기지로 가장 많이 사용되며, Mg, Ti, Ni, Co, Pb 등이 있음
※ 제조법 : 주조법, 확산 결합법, 압출 또는 압연법 등

09 Al – Cu계 합금에 Ni와 Mg를 첨가하여 열전도율, 고온에서의 기계적 성질이 우수하여 내연기관용, 공랭 실린더헤드 등에 쓰이는 합금은?

① Y합금
② 라우탈
③ 알드리
④ 하이드로날륨

해설

Al – Cu – Ni – Mg : Y합금, 석출경화용 합금으로, 용도로는 실린더, 피스톤, 실린더헤드 등이 있다.

10 비중이 약 1.74, 용융점이 약 650℃이며, 비강도가 커서 휴대용 기기나 항공우주용 재료로 사용되는 것은?

① Mg
② Al
③ Zn
④ Sb

해설

마그네슘의 성질
• 비중 1.74, 용융점 650℃, 조밀육방격자형
• 전기전도율은 Cu, Al보다 낮다.
• 알칼리에는 내식성이 우수하나 산이나 염수에 침식이 진행된다.
• O_2에 대한 친화력이 커 공기 중에 가열되며, 용해 시 폭발이 발생한다.

11 다음 중 주철에서 칠드층을 얇게 하는 원소는?

① Co
② Sn
③ Mn
④ S

해설

• 주철에서 칠드층을 깊게 하는 원소 : S, Cr, V, Mn
• 주철에서 칠드층을 얇게 하는 원소 : Co, C

12 다음 중 체심입방격자(BCC)의 배위수(최근접원자 수)는?

① 4개
② 8개
③ 12개
④ 24개

해설

배위수 : 체심입방격자 8개, 면심입방격자 12개, 조밀육방격자 12개

13 주석을 함유한 황동의 일반적인 성질 및 합금에 관한 설명으로 옳은 것은?

① 황동에 주석을 첨가하면 탈아연 부식이 촉진된다.
② 고용한도 이상의 Sn 첨가 시 나타나는 Cu_4Sn상은 고연성을 나타내게 한다.
③ 7-3황동에 1%주석을 첨가한 것이 애드미럴티(Admiralty) 황동이다.
④ 6-4황동에 1%주석을 첨가한 것이 플래티나이트(Platinite)이다.

해설

특수 황동의 종류
• 쾌삭황동 : 황동에 1.5~3.0% 납을 첨가하여 절삭성이 좋은 황동
• 델타메탈 : 6 : 4황동에 Fe 1~2% 첨가한 강. 강도, 내산성 우수, 선박, 화학기계용에 사용
• 주석황동 : 황동에 Sn 1% 첨가한 강. 탈아연 부식 방지
• 애드미럴티 황동 : 7 : 3황동에 Sn 1% 첨가한 강. 전연성 우수, 판, 관, 증발기 등에 사용
• 네이벌 황동 : 6 : 4황동에 Sn 1% 첨가한 강. 판, 봉, 파이프 등 사용
• 니켈황동 : Ni – Zn – Cu 첨가한 강. 양백이라고도 하며 전기저항체에 주로 사용

14 탄소강의 표준조직으로 Fe₃C로 나타내며 6.67%의 C와 Fe의 화합물은?

① 오스테나이트(Austenite)

② 시멘타이트(Cementite)

③ 펄라이트(Pearlite)

④ 페라이트(Ferrite)

> **해설**
> **시멘타이트**
> Fe₃C, 탄소 함유량이 6.67% C인 금속간화합물로 매우 강하며 메짐이 있다. 또한 A_0 변태를 가져 210℃에서 시멘타이트의 자기변태가 일어나며, 백색의 침상 조직을 가진다.

15 담금질한 강은 뜨임 온도에 의해 조직이 변화하는데 250~400℃ 온도에서 뜨임하면 어떤 조직으로 변화하는가?

① α – 마텐자이트

② 트루스타이트

③ 소르바이트

④ 펄라이트

> **해설**
> • 마텐자이트보다 냉각속도를 조금 적게 하였을 때 나타나는 조직으로 유랭 시 500℃ 부근에서 생기는 조직이다.
> • 마텐자이트 조직을 300~400℃에서 뜨임할 때 나타나는 조직이다.

16 다음 중 45° 모따기를 나타내는 기호는?

① R

② C

③ □

④ SR

> **해설**
> **치수 보조기호**
> • □ : 정사각형의 변
> • C : 45° 모따기
> • ϕ : 지름
> • t : 판의 두께
> • SR : 구의 반지름
> • R : 반지름

17 다음 그림과 같은 단면도의 종류는?

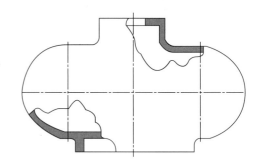

① 온단면도

② 부분단면도

③ 계단단면도

④ 회전단면도

> **해설**
> **부분단면도**
> 일부분을 잘라 내고 필요한 내부 모양을 그리기 위한 방법이며, 파단선을 그어서 단면 부분의 경계를 표시한다.

18 다음 중 도면의 표제란에 표시되지 않는 것은?

① 품명, 도면 내용
② 척도, 도면 번호
③ 투상법, 도면 명칭
④ 제도자, 도면 작성일

해설

도면의 표제란

• 도면에 반드시 마련해야 할 사항으로 윤곽선, 중심마크, 표제란 등이 있다.
• 표제란을 그릴 때에는 도면의 오른쪽 아래에 설치하여 알아보기 쉽도록 한다.
• 표제란에는 도면 번호, 도명, 척도, 투상법, 작성 연월일, 제도자 이름 등을 기입한다.

19 물체의 경사면을 실제의 모양으로 나타내고자 할 경우에 그 경사면과 맞서는 위치에 물체가 보이는 부분의 전체 또는 일부분을 그려 나타내는 것은?

① 보조 투상도
② 회전 투상도
③ 부분 투상도
④ 국부 투상도

해설

• 부분 투상도 : 그림의 일부를 도시하는 것으로도 충분한 경우에는 필요한 부분만을 투상하여 도시한다.
• 부분 확대도 : 특정한 부분의 도형이 작아서 그 부분을 자세하게 나타낼 수 없거나 치수 기입을 할 수 없을 때에는 가는 실선으로 에워싸고 영자의 대문자로 표시함과 동시에 그 해당 부분의 가까운 곳에 확대도를 같이 나타내고, 확대를 표시하는 문자 기호와 척도를 기입한다.
• 국부 투상도 : 대상물의 구멍, 홈 등과 같이 한 부분의 모양을 도시하는 것으로 충분한 경우에는 그 필요한 부분만을 국부 투상도로 도시한다.

20 기어의 피치원의 지름이 150mm이고, 잇수가 50 개일 때 모듈의 값은?

① 1mm
② 3mm
③ 4mm
④ 6mm

해설

• 피치원 지름 = 모듈(m) × 잇수
• 모듈(m) = 150mm / 50 = 3

21 그림과 같은 물체를 1각법으로 나타낼 때 (ㄱ)에 알맞은 측면도는?

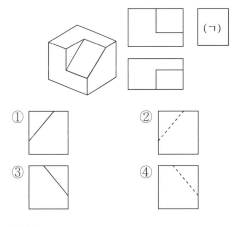

해설

제1각법의 원리 : 눈 – 물체 – 투상면

22 다음 도면에서 3 – 10DRILL 깊이 12는 무엇을 의미하는가?

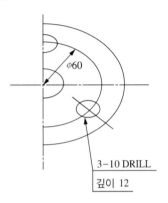

3–10 DRILL
깊이 12

① 반지름이 3mm인 구멍이 10개이며, 깊이는 12mm이다.
② 반지름이 10mm인 구멍이 3개이며, 깊이는 12mm이다.
③ 지름이 3mm인 구멍이 12개이며, 깊이는 10mm이다.
④ 지름이 10mm인 구멍이 3개이며, 깊이는 12mm이다.

해설

도면치수 기입방법

구멍의 개수	–	지름	가공방법
3	–	10	DRILL

23 다음 중 치수 기입방법에 대한 설명으로 틀린 것은?

① 외형선, 중심선, 기준선 및 이들의 연장선을 치수선으로 사용한다.
② 지시선은 치수와 함께 개별 주서를 기입하기 위하여 사용한다.
③ 각도를 기입하는 치수선은 각도를 구성하는 두 변 또는 연장선 사이에 원호를 긋는다.
④ 길이, 높이 치수의 표시는 주로 정면도에 집중하며, 부분적인 특징에 따라 평면도나 측면도에 표시할 수 있다.

해설

외형선, 중심선, 기준선 및 이들의 연장선을 치수보조선으로 사용한다.

24 다음은 구멍을 치수 기입한 예이다. 치수 기입된 11 – ϕ4에서의 11이 의미하는 것은?

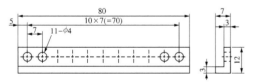

① 구멍의 지름
② 구멍의 깊이
③ 구멍의 수
④ 구멍의 피치

해설

구멍의 치수

구멍의 개수	–	구멍의 지름
11개	–	4mm

25 KS 부문별 분류 기호 중 전기 부문은?

① KS A   ② KS B

③ KS C   ④ KS D

해설

KS 규격
- KS A : 기본
- KS B : 기계
- KS C : 전기전자
- KS D : 금속

26 제도에서 가상선을 사용하는 경우가 아닌 것은?

① 인접 부분을 참고로 표시하는 경우

② 가공부분을 이동 중의 특정한 위치로 표시하는 경우

③ 물체가 단면 형상임을 표시하는 경우

④ 공구, 지그 등의 위치를 참고로 나타내는 경우

해설

물체가 단면 형상임을 표시하는 경우에는 절단선이 쓰인다.

27 자동차용 디젤엔진 중 피스톤의 설계도면 부품표란에 재질 기호가 AC8B라고 적혀 있다면, 어떠한 재질로 제작하여야 하는가?

① 황동합금 주물

② 청동합금 주물

③ 탄소강합금 주강

④ 알루미늄합금 주물

해설

AC8B는 로엑스를 의미하며, 함유 원소로는 Al-Cu-Si이다. 또한, AC8B는 Si 함량이 9.5%, AC8A는 12%이며, AC8C는 잘 이용되지 않는다.

28 고로 풍구 부근에 취입되는 열풍에 의해 Race Way를 형성하는 곳은?

① 예열대

② 연소대

③ 용융대

④ 노상부

해설

연소대(레이스 웨이, Race Way) : 풍구에서 들어온 열풍이 노 내를 강하하여 내려오는 코크스를 연소시켜 환원 가스를 발생시키는 영역

29 냉입 사고 발생의 원인으로 관계가 먼 것은?

① 풍구, 냉각반 파손으로 노 내 침수

② 날바람, 박락 등으로 노황 부조

③ 급작스런 연료 취입증가로 노 내 열 밸런스 회복

④ 돌발 휴풍으로 장시간 휴풍 지속

해설

냉 입

• 노상부의 열이 현저하게 저하되어 일어나는 사고로 다수의 풍구를 폐쇄시킨 후 정상 조업까지 복귀시키는 현상
• 냉입의 원인
  – 노 내 침수
  – 장시간 휴풍
  – 노황 부조 : 날바람, 노벽 탈락
  – 이상 조업 : 장입물의 평량 이상 등에 의한 열 붕괴, 휴풍 시 침수

30 고로 노체 냉각 방식 중 고압 조업하에서 가스 실(Seal)면에서 유리하며 연와가 마모될 때 평활하게 되는 장점이 있어 차츰 많이 채용되고 있는 냉각방식은?

① 살수식

② 냉각판식

③ 재킷(Jacket)식

④ 스테이브(Stave) 냉각방식

해설

냉각반 냉각기(Cooling Plate)

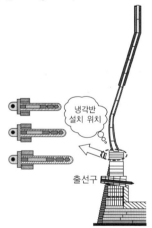

• 내화벽돌 내부에 냉각기를 넣어 냉각하는 방식
• 냉각수 : 담수, 담수 순환수, 해수
• 재질 : 순동

31 염기성 내화물에 해당되는 것은?

① 규석질

② 납석질

③ 샤모트질

④ 마그네시아질

해설

염기성 내화물

• 포스터라이트질 : MgO, SiO_2
• 크로마그질 : MgO, Cr_2O_3
• 마그네시아질 : MgO
• 돌로마이트질 : CaO, MgO

32 다음 중 고로 원료로 가장 많이 사용되는 적철광을 나타내는 화학식은?

① Fe_3O_4 ② Fe_2O_3

③ $Fe_3O_4 \cdot H_2O$ ④ $2Fe_2O_3 \cdot 3H_2O$

해설

종 류	Fe 함유량	특 징
적철광(Fe_2O_3), Hematite	45~65%	• 자원이 풍부하고 환원능이 우수 • 붉은색을 띠는 적갈색 • 피환원성이 가장 우수
자철광(Fe_3O_4), Magnetite	50~70%	• 불순물이 많음 • 조직이 치밀 • 배소 처리 시 균열이 발생하는 경향 • 소결용 펠릿 원료로 사용
갈철광($Fe_2O_3 \cdot nH_2O$), Limonite	35~55%	• 다량의 수분 함유 • 배소 시 다공질의 Fe_2O_3가 됨
능철광($FeCO_3$), Siderite	30~40%	• 소결 원료로 주로 사용 • 배소 시 이산화탄소(CO_2)를 방출하고 철의 성분이 높아짐

33 DL식 소결법의 효과에 대한 설명으로 틀린 것은?

① 코크스 원단위 증가
② 생산성 향상
③ 피환원성 향상
④ 상온 강도 향상

해설
GW식과 DL식의 비교

종 류	장 점	단 점
GW식	• 항상 동일한 조업 상태로 작업 가능 • 배기 장치 누풍량이 적음 • 소결 냄비가 고정되어 장입 밀도에 변화 없이 조업 가능 • 1기 고장이라도 기타 소결 냄비로 조업 가능	• DL식 소결기에 비해 대량생산 부적합 • 조작이 복잡하여 많은 노력 필요
DL식	• 연속식으로 대량생산 가능 • 인건비가 저렴 • 집진 장치 설비 용이 • 코크스 원단위 감소 • 소결광 피환원성 및 상온 강도 향상	• 배기 장치 누풍량 많음 • 소결 불량 시 재점화 불가능 • 1개소 고장 시 소결 작업 전체가 정지

34 광석이 용융해서 생긴 슬래그의 점착 작용은?

① 이온결합
② 공유결합
③ 확산결합
④ 용융결합

해설
용융결합
• 고온에서 소결한 경우로 원료 중 슬래그 성분이 용융하여 쉽게 결합
• 저융점의 슬래그 성분일수록 용융결합을 함
• 강도는 좋으나 피환원성이 좋지 않아 기공률과 환원율 저하를 방지해야 함

35 산소부화송풍의 효과에 대한 설명으로 틀린 것은?

① 풍구 앞의 온도가 높아진다.
② 노정가스의 온도를 낮게 하고 발열량을 증가시킨다.
③ 송풍량을 증가시키는 요인이 되어 코크스비가 증가한다.
④ 코크스의 연소속도를 빠르게 하여 출선량을 증대시킨다.

해설
산소부화 : 풍구부의 온도 보상 및 연료의 연소 효율 향상을 위해 이용

36 고로설비 중 주상설비에 해당되지 않는 것은?

① 출선구 개공기
② 탄화실
③ 주상 집진기
④ 출재구 폐쇄기

해설
탄화실은 소결기의 설비이다.

37 괴상법에 의해 만들어진 괴광에 필요한 성질을 설명한 것 중 틀린 것은?

① 다공질로 노 안에서 환원이 잘되어야 한다.
② 강도가 커서 운반, 저장, 노 내 강하 도중에 분쇄되지 않아야 한다.
③ 점결제를 사용할 때에는 고로벽을 침식시키지 않는 알칼리류를 함유하여야 한다.
④ 장기 저장에 의한 풍화와 열팽창 및 수축에 의한 붕괴를 일으키지 않아야 한다.

해설
괴상화 광석이 가져야 할 성질
• 장시간 저장에도 풍화되지 않을 것
• 운반 또는 노 내에서 강하할 때 부서지지 않는 강도를 가질 것
• 금속에 유해한 불순물이나 노 벽의 내화물에 손상을 주는 성분이 포함되지 않을 것
• 다공질로 노 내에서 환원성이 좋을 것
• 열팽창, 수축에 따라 붕괴하지 않을 것

38 노황이 안정되었을 때 좋은 슬래그의 특징이 아닌 것은?

① 색깔이 회색이다.
② 유동성이 좋다.
③ SiO_2가 많이 포함되어 있다.
④ 파면이 암석 모양이다.

해설
슬래그
• 판정 항목 : 유동성, 색깔, 파면, 성분
• 이산화규소가 많을 경우 : 점성이 크고 유동성이 나쁨, 파면은 유리 모양
• 적절한 슬래그 : 색은 회색, 유동성이 좋고, 파면은 암석 모양
• 고염기도 슬래그의 색은 흰색이며, 냉각 후 부서짐

39 고로가스의 성분 조성 중 가장 많은 것은?

① N_2
② CO
③ H_2
④ CO_2

해설
고로가스 주성분 : N_2, CO, CO_2, H_2 등이 있으며, 이 중 N_2가 가장 많이 함유

40 개수 공사를 위해 고로의 불을 끄는 조업의 순서로 옳은 것은?

① 클리닝 조업 → 감척 종풍 조업 → 노저 출선 작업 → 주수 냉각 작업
② 클리닝 조업 → 노저 출선 작업 → 감척 종풍 조업 → 주수 냉각 작업
③ 감척 종풍 조업 → 노저 출선 작업 → 클리닝 조업 → 주수 냉각 작업
④ 감척 종풍 조업 → 주수 냉각 작업 → 클리닝 조업 → 노저 출선 작업

해설
종풍
• 화입 이후 10~15년 경과 후 설비 갱신을 위해 종풍을 통하여 고로 조업을 정지하는 것
• 종풍 전 고열 조업을 실시하여 노벽 및 노저부의 부착물을 용해, 제거하여 안정된 종풍을 위해 클리닝(Cleaning) 조업 및 감척 종풍 조업을 실시
• 남아 있는 용선을 배출시킨 뒤 노 내 장입물을 냉각
• 냉각 완료 후 Bosh부를 해체하여 잔류 내용물을 해체

41 고로에서 선철 1톤을 얻기 위해 철광석은 약 얼마나 필요한가?

① 0.5t

② 1.0t

③ 1.6t

④ 2.2t

- 원료비(광석비) : 고로에서 선철 1t을 생산하기 위해 소요된 주원료(철광석) 사용량(ton/$t-p$)
- 선철 1톤을 얻기 위해 철광석은 약 1.6t이 필요하다.

42 고로의 열수지 항목 중 입열 항목에 해당되는 것은?

① 슬래그 현열

② 열풍 현열

③ 노정가스의 현열

④ 산화철 환원열

열정산
- 입열 : 산화철의 간접 환원열, 코크스 연소열, 열풍(송풍)의 현열, 슬래그 생성열, 장입물 중 수분의 현열 등
- 출열 : 용선 현열, 노정가스 현열, 석회석 분해열, 코크스 용해 손실, 장입물(Si, Mn, P)의 환원열, 슬래그 현열, 수분의 분해열, 연진의 현열, 냉각수가 가져가는 열량 등

43 재해의 원인을 불안전한 행동과 불안전한 상태로 구분할 때 불안전한 상태에 해당되는 것은?

① 허가 없이 장치를 운전한다.

② 잘못된 작업 위치를 취한다.

③ 개인보호구를 사용하지 않는다.

④ 작업 장소가 밀집되어 있다.

불안전한 상태	불안전한 행동
• 물적 자체의 결함	• 위험장소 접근
• 방호조치의 결함	• 안전장치의 기능 제거
• 물건의 두는 방법, 작업개소의 결함	• 복장·보호구의 잘못 사용
• 보호구, 복장 등의 결함	• 기계기구 잘못 사용
• 작업환경의 결함	• 운전 중인 기계장치의 손질
• 부외적, 자연적 불안전상태	• 불안전한 속도 조작
• 작업방법의 결함	• 위험물 취급속도 조작
	• 불안전한 상태 방치
	• 불안전한 자세 동작

44 제강용으로 공급되는 고로 용선이 배합상 가져야 할 특징으로 옳은 것은?

① Al_2O_3는 슬래그의 유동성을 개선하므로 많아야 한다.

② 자용성 소결광은 통기성을 저해하므로 적을수록 좋다.

③ 생광석은 고품위 정립광석이 많을수록 좋다.

④ P과 As는 유용한 원소이므로 적당량 함유되면 좋다.

① CaO은 슬래그의 유동성을 개선하므로 많아야 한다.
② 자용성 소결광은 통기성을 좋게 하므로 많을수록 좋다.
④ P과 As는 유해한 원소이므로 가능한 한 적을수록 좋다.

45 코크스(Coke)의 고로 내 역할로 맞지 않는 것은?

① 탈 탄
② 열 원
③ 환원제
④ 통기성 향상

해설
코크스의 역할
• 바람구멍 앞에서 연소하여 필요한 열량을 공급
• 고체 탄소로 철 성분을 직접 환원
• 일부 선철 중에 용해되어 선철 중 탄소함량을 높임
• 고로 안의 통기성을 좋게 하는 통로 역할
• 철의 용융점을 낮추는 역할

46 조기 출선을 해야 할 경우에 해당되지 않는 것은?

① 출선, 출재가 불충분할 때
② 감압 휴풍이 예상될 때
③ 장입물의 하강이 느릴 때
④ 노황 냉기미로 풍구에 슬래그가 보일 때

해설
조기 출선을 해야 할 경우
• 출선, 출재가 불충분할 경우
• 노황 냉기미로 풍구에 슬래그가 보일 때
• 전 출선 Tap에서 충분한 배출이 안 되어 양적인 제약이 생길 때
• 감압 휴풍이 예상될 때
• 장입물 하강이 빠를 때

47 좋은 슬래그를 만들기 위한 용제(Flux)의 구비조건이 아닌 것은?

① 용융점이 낮을 것
② 유해성분이 적을 것
③ 조금속과 비중차가 클 것
④ 불순물의 용해도가 작을 것

해설
• 용제 : 슬래그의 생성과 용선, 슬래그의 분리를 용이하게 하고, 불순물의 제거를 돕는 역할
• 용제의 구비 조건
  − 용융점이 낮을 것
  − 유해성분이 적을 것
  − 조금속과 비중차가 클 것
  − 불순물의 용해도가 클 것

48 소결에 사용되는 배합 수분을 결정하는 데 고려하지 않아도 되는 것은?

① 원료의 열량
② 원료의 입도
③ 원료의 통기도
④ 풍압 및 온도

해설
수분 첨가 : 미분 원료가 응집하여 통기성 향상, 열효율 향상, 소결층의 연진 흡입·비산 방지

49 소결기의 속도를 P.S, 장입 층후를 h, 스탠드 길이를 L이라고 할 때, 화염속도(FFS)을 나타내는 식으로 옳은 것은?

① $\dfrac{P.S \times h}{L}$

② $\dfrac{L \times h}{P.S}$

③ $\dfrac{L}{P.S \times h}$

④ $\dfrac{P.S \times L}{h}$

해설

화염 전진 속도(FFS ; Flame Front Speed)
= 층후(mm) × Pallet Speed(m/min) / 유효 화상 길이(m)

50 다음 설명 중 소결성이 좋은 원료라고 볼 수 없는 것은?

① 생산성이 높은 원료

② 분율이 높은 소결광을 제조할 수 있는 원료

③ 강도가 높은 소결광을 제조할 수 있는 원료

④ 적은 원료로서 소결광을 제조할 수 있는 원료

해설

고로 장입 시 분율은 작을수록 유리하다.

51 코크스로 내에서 석탄을 건류하는 설비는?

① 연소실

② 축열실

③ 가열실

④ 탄화실

해설

코크스로의 구조

• 탄화실 : 원료탄을 장입하여 건류시키는 곳
• 연소실 : Gas를 연소시켜 발생되는 열을 벽면을 통하여 탄화실에 전달하여 필요한 열량을 공급하는 곳
• 축열실 : 열교환 작용을 하는 곳으로 연소된 고온의 폐가스가 통과하며 쌓여 있는 연와와 열교환이 이루어짐

52 펠릿 위의 소결 원료층을 통하여 공기를 흡인하는 것은?

① 쿨러(Cooler)

② 핫 스크린(Hot Screen)

③ 윈드 박스(Wind Box)

④ 콜드 크러셔(Cold Crusher)

해설

통기 장치(Wind Box)

• 소결기 대차 위 소결 원료층을 통하여 공기를 흡인하는 상자
• 소결 대차에서 공기를 하부 방향으로 강제 흡인하는 송풍 장치

53 미세한 분철광석을 점결제인 벤토나이트와 혼합하여 구상으로 만들어 소성시킨 것은?

① 펠 릿

② 소결광

③ 정립광

④ 코크스

해설

• 펠릿 : 미분을 사용하여 고로에 직접 장입할 수 있도록 구슬 모양의 입도를 가진 원료
• 소결광 : 분광을 고로에 사용하기 적합하게 소성 과정을 거쳐 생산되는 광석
• 정립광 : 괴광을 1차 파쇄하여 30mm 이하로 만든 광석

54 한국산업표준에서 정한 내화벽돌의 부피 비중 및 참기공률 측정방법에서 참기공률을 구하는 식으로 옳은 것은?(단, D_b는 벽돌의 부피 비중, D_t는 동일 벽돌의 참비중이다)

① $\dfrac{D_t}{D_b} \times 100$

② $\dfrac{D_b}{D_t} \times 100$

③ $\left(1 - \dfrac{D_t}{D_b}\right) \times 100$

④ $\left(1 - \dfrac{D_b}{D_t}\right) \times 100$

해설

참기공률 : $\left(1 - \dfrac{D_b}{D_t}\right) \times 100\%$로 구할 수 있다.

55 일반적으로 철이 산화될 때 산소와 닿는 가장 바깥쪽 표면에 생기는 것은?

① FeO

② Fe₂O₃

③ Fe₃O₄

④ FeS₂

해설

가장 바깥쪽 표면에 생기는 층은 Fe₂O₃이며, 가장 많은 양을 차지하는 층은 FeO이다.

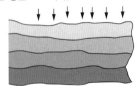

Fe₂O₃(적철광, 2%)
Fe₃O₄(자철광, 3%)
FeO(갈철광, 95%)
Fe(지철)

56 코크스 제조 중에 발생하는 건류 생성물이 아닌 것은?

① 경 유

② 타 르

③ 황산암모늄

④ 소결광

해설

일산화탄소, 메탄, 에틸렌, 경유 외에 나프탈렌, 암모니아, 유화수소 등도 발생한다.

57 소결에서 열정산 항목 중 출열에 해당되지 않는 것은?

① 증 발

② 하 소

③ 환 원

④ 점 화

해설

열정산
• 입열 : 산화철의 간접 환원열, 코크스 연소열, 열풍(송풍)의 현열, 슬래그 생성열, 장입물 중 수분의 현열 등
• 출열 : 용선 현열, 노정가스 현열, 석회석 분해열, 코크스 용해 손실, 장입물(Si, Mn, P)의 환원열, 슬래그 현열, 수분의 분해열, 연진의 현열, 냉각수가 가져가는 열량 등

58 야드 설비 중 하역설비에 해당되지 않는 것은?

① Stacker

② Rod Mill

③ Train Hopper

④ Unloader

해설

로드 밀은 광석을 미분쇄하는 데 사용된다.

59 다음 철광석 중 결정수 등의 함유 수분이 높은 철광석은?

① 자철광

② 갈철광

③ 적철광

④ 능철광

해설

갈철광은 결정수를 포함하고 있는 철광석이다.

철광석의 종류 및 화학식

• 적철광 : Fe_2O_3

• 자철광 : Fe_3O_4

• 갈철광 : $Fe_2O_3 \cdot nH_2O$

• 능철광 : $FeCO_3$

60 균광의 효과로 가장 적합한 것은?

① 노황의 불안정

② 제선 능률 저하

③ 코크스비 저하

④ 장입물 불균일 향상

해설

균광을 통해 코크스비가 저하되며, 품질이 균질화된다.

01 4% Cu, 2% Ni 및 5% Mg이 첨가된 알루미늄합금으로 내연기관용 피스톤이나 실린더헤드 등에 사용되는 재료는?

① Y합금
② 라우탈(Lautal)
③ 알클래드(Alclad)
④ 하이드로날륨(Hydronalium)

해설
Al – Cu – Ni – Mg : Y합금, 석출경화용 합금으로 실린더, 피스톤, 실린더헤드 등에 사용

02 금속의 결정 구조를 생각할 때 결정면과 방향을 규정하는 것과 관련이 가장 깊은 것은?

① 밀러지수
② 탄성계수
③ 가공지수
④ 전이계수

해설
밀러지수 : X, Y, Z의 3축을 어느 결정면이 끊는 절편을 원자 간격으로 측정한 수의 역수의 정수비, 면 : (XYZ), 방향 : [XYZ]으로 표시

03 구리 및 구리합금에 대한 설명으로 옳은 것은?

① 구리는 자성체이다.
② 금속 중에 Fe 다음으로 열전도율이 높다.
③ 황동은 주로 구리와 주석으로 된 합금이다.
④ 구리는 이산화탄소가 포함되어 있는 공기 중에서 녹청색 녹이 발생한다.

해설
구리는 비자성체이며, Ag(은) 다음으로 열전도율이 높다. 또 황동은 구리와 아연의 합금, 청동은 구리와 주석의 합금이다. 공기 중에서 녹청색 녹이 형성된다.

04 Y합금의 일종으로 Ti과 Cu를 0.2% 정도씩 첨가한 합금으로 피스톤에 사용되는 합금의 명칭은?

① 라우탈
② 엘린바
③ 문쯔메탈
④ 코비탈륨

해설
Y합금 – Ti – Cu : 코비탈륨, Y합금에 Ti, Cu를 0.2% 정도씩 첨가한 것으로 피스톤에 사용

05 다음 중 비중(Specific Gravity)이 가장 작은 금속은?

① Mg

② Cr

③ Mn

④ Pb

해설

각 금속별 비중

Mg	1.74	Ni	8.9	Mn	7.43	Al	2.7
Cr	7.19	Cu	8.9	Co	8.8	Zn	7.1
Sn	7.28	Mo	10.2	Ag	10.5	Pb	22.5
Fe	7.86	W	19.2	Au	19.3		

06 다음 비철금속 중 구리가 포함되어 있는 합금이 아닌 것은?

① 황 동

② 톰 백

③ 청 동

④ 하이드로날륨

해설

Al – Mg : 하이드로날륨, 내식성이 우수

07 기체 급랭법의 일종으로 금속을 기체 상태로 한 후에 급랭하는 방법으로 제조되는 합금으로서 대표적인 방법은 진공 증착법이나 스퍼터링법 등이 있다. 이러한 방법으로 제조되는 합금은?

① 제진 합금

② 초전도 합금

③ 비정질 합금

④ 형상기억합금

해설

• 비정질 합금 : 금속을 용해 후 고속 급랭시켜 원자가 규칙적으로 배열되지 못하고 액체 상태로 응고되어 금속이 되는 것

• 제조법 : 기체 급랭법(진공 증착법, 스퍼터링법), 액체 급랭법(단롤법, 쌍롤법, 원심 급랭법, 분무법)

08 저용융점 합금의 용융 온도는 약 몇 ℃ 이하인가?

① 250℃ 이하

② 450℃ 이하

③ 550℃ 이하

④ 650℃ 이하

해설

저용융점 합금 : 250℃ 이하에서 용융점을 가지는 합금

09 특수강에서 다음 금속이 미치는 영향으로 틀린 것은?

① Si : 전자기적 성질을 개선한다.

② Cr : 내마멸성을 증가시킨나.

③ Mo : 뜨임메짐을 방지한다.

④ Ni : 탄화물을 만든다.

해설

Ni : 오스테나이트 구역 확대 원소로 내식·내산성이 증가하며, 시멘타이트를 불안정하게 만들어 흑연화를 촉진시킨다.

10 공석강의 탄소 함유량은 약 얼마인가?

① 0.15%

② 0.8%

③ 2.0%

④ 4.3%

해설
- 순철 : 0.025% C 이하
- 아공석강(0.025~0.8% C 이하), 공석강(0.8% C), 과공석강(0.8~2.0% C)
- 아공정주철(2.0~4.3% C), 공정주철(4.3% C), 과공정주철(4.3~6.67% C)

11 오스테나이트계 스테인리스강에 첨가되는 주성분으로 옳은 것은?

① Pb – Mg

② Cu – Al

③ Cr – Ni

④ P – Sn

해설
Austenite계 스테인리스강 : 18% Cr – 8% Ni이 대표적인 강으로 비자성체에 산과 알칼리에 강하다.

12 용융 금속을 주형에 주입할 때 응고하는 과정을 설명한 것으로 틀린 것은?

① 나뭇가지 모양으로 응고하는 것을 수지상정이라 한다.

② 핵 생성 속도가 핵 성장 속도보다 빠르면 입자가 미세해진다.

③ 주형에 접한 부분이 빠른 속도로 응고하고 차차 내부로 가면서 천천히 응고한다.

④ 주상 결정 입자 조직이 생성된 주물에서는 주상 결정립 내 부분에 불순물이 집중하므로 메짐이 생긴다.

해설
- 수지상 결정 : 생성된 핵을 중심으로 나뭇가지 모양으로 발달하여 계속 성장하며, 결정립계를 형성
- 결정 입자의 미세도 : 응고 시 결정핵이 생성되는 속도와 결정핵의 성장 속도에 의해 결정되며, 주상 결정과 입상 결정 입자가 있음
- 주상 결정 : 용융 금속이 응고하며 결정이 성장할 때 온도가 높은 방향으로 길게 뻗은 조직, $G \geqq V_m$ (G : 결정 입자의 성장 속도, V_m : 용융점이 내부로 전달되는 속도)
- 입상 결정 : 용융 금속이 응고하며 용융점이 내부로 전달하는 속도가 더 클 때 수지 상정이 성장하며 입상정을 형성, $G < V_m$ (G : 결정 입자의 성장 속도, V_m : 용융점이 내부로 전달되는 속도)

13 그림과 같은 소성가공법은?

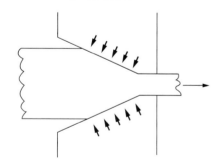

① 압연가공   ② 단조가공

③ 인발가공   ④ 전조가공

해설
인발가공은 단면적이 큰 소재를 단면적이 작은 틈 사이로 통과시키기 위해 가압하면서 앞쪽으로 잡아당겨 가공하는 방법을 의미한다.

14 제진 재료에 대한 설명으로 틀린 것은?

① 제진 합금에는 Mg – Zr, Mn – Cu 등이 있다.

② 제진 합금에서 제진 기구는 마텐자이트 변태와 같다.

③ 제진 재료는 진동을 제어하기 위하여 사용되는 재료이다.

④ 제진 합금이란 큰 의미에서 두드려도 소리가 나지 않는 합금이다.

제진 재료
- 진동과 소음을 줄여 주는 재료. 제진 계수가 높을수록 감쇠능이 좋다.
- 제진 합금 : Mg – Zr, Mn – Cu, Ti – Ni, Cu – Al – Ni, Al – Zn, Fe – Cr – Al 등
- 내부 마찰이 매우 크며 진동에너지를 열에너지로 변환시키는 능력이 크다.
- 제진 기구는 훅의 법칙을 따르며 외부에서 주어진 에너지가 재료에 흡수되어 진동이 감쇠하게 되며 열에너지로 변환된다.

15 다음 철강 재료에서 인성이 가장 낮은 것은?

① 회주철
② 탄소공구강
③ 합금공구강
④ 고속도공구강

인성이 가장 낮은 것은 회주철이다.

16 실물을 보고 프리핸드로 그린 도면은?

① 계획도
② 제작도
③ 주문도
④ 스케치도

도면의 분류(용도에 따른 분류)
- 계획도 : 제작도를 작성하기 전에 만들고자 하는 제품의 계획 단계에서 사용되는 도면
- 주문도 : 주문서에 첨부하여 주문하는 사람의 요구 내용을 제작자에게 제시하는 도면
- 제작도 : 설계자의 최종 의도를 충분히 전달하여 제작에 반영하기 위해서 제품의 모양, 치수, 재질, 가공 방법 등이 나타나는 도면

17 KS B ISO 4287 한국산업표준에서 정한 "거칠기 프로파일에서 산출한 파라미터"를 나타내는 기호는?

① R – 파라미터
② P – 파라미터
③ W – 파라미터
④ Y – 파라미터

18 상면도라 하며, 물체의 위에서 내려다 본 모양을 나타내는 도면의 명칭은?

① 배면도
② 정면도
③ 평면도
④ 우측면도

해설
평면도 : 상면도라고도 하며, 물체의 위에서 내려다 본 모양을 나타낸 도면

19 수면이나 유면 등의 위치를 나타내는 수준면선의 종류는?

① 파 선
② 가는 실선
③ 굵은 실선
④ 1점쇄선

해설
가는 실선의 종류

용도에 의한 명칭	선의 종류	선의 용도
치수선		치수를 기입하기 위하여 쓰인다.
치수 보조선		치수를 기입하기 위하여 도형으로부터 끌어내는 데 쓰인다.
지시선		기술·기호 등을 표시하기 위하여 끌어들이는 데 쓰인다.
회전 단면선	가는 실선	도형 내에 그 부분의 끊은 곳을 90° 회전하여 표시하는 데 쓰인다.
중심선		도형의 중심선을 간략하게 표시하는 데 쓰인다.
수준면선		수면, 유면 등의 위치를 표시하는 데 쓰인다.
특수한 용도의 선		• 외형선 및 숨은선의 연장을 표시하는 데 사용한다. • 평면이란 것을 나타내는 데 사용한다. • 위치를 명시하는 데 사용한다.

20 도면에서 중심선을 꺾어서 연결 도시한 투상도는?

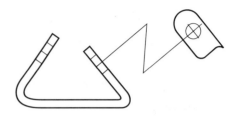

① 보조 투상도
② 국부 투상도
③ 부분 투상도
④ 회전 투상도

해설
• **부분 투상도** : 그림의 일부를 도시하는 것으로도 충분한 경우에는 필요한 부분만을 투상하여 도시한다.
• **부분 확대도** : 특정한 부분의 도형이 작아서 그 부분을 자세하게 나타낼 수 없거나 치수 기입을 할 수 없을 때에는 가는 실선으로 에워싸고 영자의 대문자로 표시함과 동시에 그 해당 부분의 가까운 곳에 확대도를 같이 나타내고, 확대를 표시하는 문자 기호와 척도를 기입한다.
• **국부 투상도** : 대상물의 구멍, 홈 등과 같이 한 부분의 모양을 도시하는 것으로 충분한 경우에는 그 필요한 부분만을 국부 투상도로 도시한다.

21 그림과 같은 물체를 제3각법으로 그릴 때 물체를 명확하게 나타낼 수 있는 최소도면개수는?

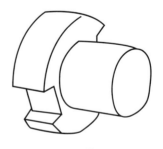

① 1개　　　　② 2개
③ 3개　　　　④ 4개

해설
간단한 물체는 정면도와 평면도, 또는 정면도와 우측면도의 2면도로만 나타낼 수 있다.

22 다음 가공방법의 기호와 그 의미의 연결이 틀린 것은?

① C – 주조

② L – 선삭

③ G – 연삭

④ FF – 소성가공

해설

가공방법의 기호

가공방법	약 호	
	I	II
선반가공	L	선 삭
드릴가공	D	드릴링
보링머신가공	B	보 링
밀링가공	M	밀 링
평삭(플레이닝)가공	P	평 삭
형삭(셰이핑)가공	SH	형 삭
브로칭가공	BR	브로칭
리머가공	FR	리 밍
연삭가공	G	연 삭
다듬질	F	다듬질
벨트연삭가공	GBL	벨트연삭
호닝가공	GH	호 닝
용 접	W	용 접
배럴연마가공	SPBR	배럴연마
버프 다듬질	SPBF	버 핑
블라스트다듬질	SB	블라스팅
랩 다듬질	FL	래 핑
줄 다듬질	FF	줄 다듬질
스크레이퍼다듬질	FS	스크레이핑
페이퍼다듬질	FCA	페이퍼다듬질
프레스가공	P	프레스
주 조	C	주 조

23 제도용지에 대한 설명으로 틀린 것은?

① A0 제도용지의 넓이는 약 $1m^2$이다.

② B0 제도용지의 넓이는 약 $1.5m^2$이다.

③ A0 제도용지의 크기는 594×841이다.

④ 제도용지의 세로와 가로의 비는 $1 : \sqrt{2}$ 이다.

해설

도면 크기의 종류 및 윤곽의 치수

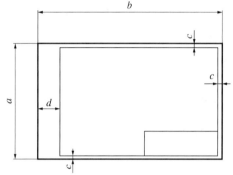

크기의 호칭		A0	A1	A2	A3	A4
도면의 윤곽	$a \times b$	841 × 1,189	594 × 841	420 × 594	297 × 420	210 × 297
	c(최소)	20	20	10	10	10
	d (최소) 철하지 않을 때	20	20	10	10	10
	철할 때	25	25	25	25	25

24 척도가 1 : 2인 도면에서 실제 치수 20mm인 선은 도면상에 몇 mm로 긋는가?

① 5mm

② 10mm

③ 20mm

④ 40mm

해설

$1 : 2 = x : 20 \rightarrow x = 10mm$

25 끼워맞춤에 관한 설명으로 옳은 것은?

① 최대 죔새는 구멍의 최대 허용 치수에서 축의 최소 허용 치수를 뺀 치수이다.

② 최소 죔새는 구멍의 최소 허용 치수에서 축의 최대 허용 치수를 뺀 치수이다.

③ 구멍의 최소 치수가 축의 최대 치수보다 작은 경우 헐거운 끼워맞춤이 된다.

④ 구멍과 축의 끼워맞춤에서 틈새가 없이 죔새만 있으면 억지 끼워맞춤이 된다.

해설
끼워맞춤의 종류
- 헐거운 끼워맞춤 : 구멍이 축보다 클 경우
- 중간 끼워맞춤 : 구멍과 축이 같을 경우
- 억지 끼워맞춤 : 축이 구멍보다 클 경우

26 다음 도형에서 테이퍼 값을 구하는 식으로 옳은 것은?

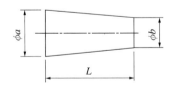

① b/a

② a/b

③ $\dfrac{a+b}{L}$

④ $\dfrac{a-b}{L}$

27 2N M50×2 - 6h이라는 나사의 표시 방법에 대한 설명으로 옳은 것은?

① 왼나사이다.

② 2줄 나사이다.

③ 유니파이 보통 나사이다.

④ 피치는 1인치당 산의 개수로 표시한다.

해설
나사의 호칭 방법

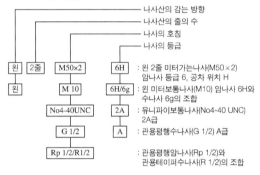

28 파이넥스 유동로의 환원율에 영향을 미치는 인자가 아닌 것은?

① 환원가스 성분 중 CO, H_2 농도

② 광석 1t당 환원가스 원단위

③ 유동로 압력

④ 환원가스 온도

해설
유동 환원로 : 분철광석이 4개의 유동로에 장입되어 순차적으로 다음의 반응을 거치며 용융로로 이동
- 고온의 가스(CO)에 의해 건조, 예열, 환원
- $Fe + H_2S \rightarrow FeS + H_2$
- $Fe_2O_3 + 3CO \rightarrow 2Fe + 3CO_2$

29 고로의 수리를 위하여 일시적으로 송풍을 중지시키는 것은?

① Hanging
② Blowing In
③ Ventilation
④ Blowing Out

해설
휴풍(Blowing Out) : 노체 및 고로 관련 설비의 보전, 수리, 개조 혹은 원료 수급 조정 등에 의해 고로에 대한 송풍을 중지하는 것

30 산업안전보건법에서는 공기 중의 산소 농도가 몇 % 미만인 상태를 "산소결핍"으로 규정하고 있는가?

① 15
② 18
③ 20
④ 23

해설
• 산소결핍 : 공기 중의 산소 농도가 18% 미만인 상태
• 산소결핍증 : 산소가 결핍된 공기를 들이마심으로써 생기는 증상
※ 산업안전보건기준에 관한 규칙 제618조 참고

31 다음 중 염기성 내화물에 해당되는 것은?

① 마그네시아질
② 점토질
③ 샤모트질
④ 규산질

해설
염기성 내화물
• 마그네시아질 : MgO
• 포스터라이트질 : MgO, SiO$_2$
• 크로마그질 : MgO, Cr$_2$O$_3$
• 돌로마이트질 : CaO, MgO

32 고로 조업 중 배가스 처리장치를 통해 가장 많이 배출되는 가스는?

① N$_2$
② H$_2$
③ CO
④ CO$_2$

해설
고로가스 주성분 : N$_2$, CO, CO$_2$, H$_2$ 등이 있으며, 이 중 N$_2$가 가장 많이 함유

33 고로에서 인(P) 성분이 선철 중에 적게 유입되도록 하는 방법 중 틀린 것은?

① 급속조업을 한다.
② 노상 온도를 높인다.
③ 염기도를 높인다.
④ 장입물 중 인(P) 성분을 적게 한다.

해설
탈인 촉진시키는 방법(탈인조건)
• 강재의 양이 많고 유동성이 좋을 것
• 강재 중 P$_2$O$_5$이 낮을 것
• 강욕의 온도가 낮을 것
• 슬래그의 염기도가 높을 것
• 산화력이 클 것

34 소결기에서 연속 조업을 할 수 있는 것은?

① 드와이트 – 로이드식

② 그리나발트식

③ 로터리 킬른식

④ AIB식

해설

소결법

- 회분식 : 포트(Pot) 소결법, 그리나발트(Greenawalt) 소결법, AIB 소결법
- 연속식 : 드와이트 – 로이드(Dwight – Lloyd) 소결법

35 출선구에서 나오는 용선과 광재를 분리시키는 역할을 하는 것은?

① 출재구(Tapping Hole)

② 더미 바(Dummy Bar)

③ 스키머(Skimmer)

④ 당도(Runner)

해설

스키머(Skimmer) : 비중 차에 의해 용선 위에 떠 있는 슬래그 분리

36 산소부화에 의한 효과로 틀린 것은?

① 질소 강소에 의해 발열량을 감소시킨다.

② 바람구멍 앞의 온도가 높아진다.

③ 코크스의 연소 속도가 빠르다.

④ 출선량을 증대시킨다.

해설

산소부화 : 풍구부의 온도 보상 및 연료의 연소 효율 향상을 위해 이용하며, 풍구 앞의 온도가 높아지며, 코크스 연소 속도가 빨라 출선량을 증대시킴

37 코크스 중 회분이 많을 때 고로에서 일어나는 현상은?

① 석회석 슬래그의 양이 감소한다.

② 행잉(Hanging)을 방지한다.

③ 코크스비가 증가한다.

④ 출선량이 증가한다.

해설

회분은 SiO_2를 포함하고 있으므로 많으면 많을수록 석회석 투입량이 많아지게 되며, 코크스의 발열량 또한 그만큼 내려가 출선량도 감소하게 된다. 또한 통기성을 저해하므로 행잉의 위험이 있다.

38 코크스 중에 회분이 7%, 휘발분이 5%, 수분이 4% 있다면 고정탄소의 양은 몇 %인가?

① 54%

② 64%

③ 74%

④ 84%

해설

고정탄소 : 수분, 휘발분, 회분의 합을 100으로부터 뺀 나머지 양, $100 - (7 + 5 + 4) = 84\%$

39 생펠릿 성형기의 특징이 아닌 것은?

① 틀이 필요 없다.

② 가압을 필요로 하지 않는다.

③ 연속조 없이 불가능하다.

④ 물리적으로 원심력을 이용한다.

해설

생펠릿 제조는 경사진 디스크 또는 드럼에서 광석에 수분을 가하여 물리적 원심력을 이용하기 때문에 별도의 틀과 가압이 필요하지 않다.

40 선철 중의 탄소의 용해도를 증가시키는 원소가 아닌 것은?

① V　　　　　② Si

③ Cr　　　　　④ Mn

해설

Si는 탄소의 용해도를 낮추어 흑연으로 석출된다.

41 다음 중 수세법에 대한 설명으로 옳은 것은?

① 자철광 또는 사철광을 선광하여 맥석을 분리하는 방법

② 갈철광 등과 같이 진흙이 붙어 있는 광석을 물로 씻어서 품위를 높이는 방법

③ 중력에 의하여 큰 광석은 가라앉히고, 작은 광석은 뜨게 하여 분리하는 방법

④ 비중의 차를 이용하여 광석으로부터 맥석을 선별, 제거하거나 또는 광석 중의 유효 광물을 분리하는 방법

해설

수세법 : 갈철광 등과 같이 진흙이 붙어 있는 광석을 물로 씻어서 품위를 높이는 방법

42 고로 상부에서부터 하부로의 순서가 옳은 것은?

① 노구 → 샤프트 → 노복 → 보시 → 노상

② 노구 → 보시 → 샤프트 → 노복 → 노상

③ 노구 → 샤프트 → 보시 → 노복 → 노상

④ 노구 → 노복 → 샤프트 → 노상 → 보시

해설

고로의 구조

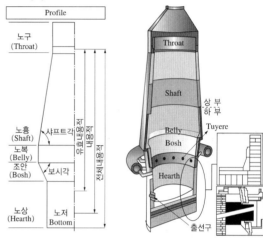

43 출선된 용선은 탕도에서 슬래그(광재)와 비중차로 분리된다. 용선과 슬래그의 각각 비중은 약 얼마인가?

① 용선 : 8.7, 슬래그 : 4.5~4.6

② 용선 : 7.9, 슬래그 : 4.0~4.1

③ 용선 : 7.5, 슬래그 : 3.6~3.7

④ 용선 : 7.0, 슬래그 : 2.6~2.7

해설

용선 7.0, 슬래그 2.6~2.7의 비중을 가진다.

44 고로 내에서 노 내벽 연와를 침식하여 노체 수명을 단축시키는 원소는?

① Zn
② P
③ Al
④ Ti

해설
노 내벽 연와를 침식하여 노체 수명을 단축시키는 원소는 Zn(아연)이다.

45 작업자의 안전심리에서 고려되는 가장 중요한 요소는?

① 지식 정도
② 안전 규칙
③ 개성과 사고력
④ 신체적 조건과 기능

해설
작업자의 안전심리에서 고려되는 중요한 요소는 개성과 사고력이다.

46 수분이나 탄산염 광석 중의 CO_2 등 제련에 방해가 되는 성분을 가열하여 추출하는 조작은?

① 단 광
② 괴 성
③ 소 결
④ 하 소

해설
건조 및 하소
• 건조 : 낮은 온도에서 광석의 물을 제거하는 공정
• 하소 : 높은 온도에서 가열에 의해 수화물, 탄산염과 같이 화학적으로 결합되어 있는 물과 이산화탄소를 제거하는 공정

47 여러 종류의 철광석을 혼합하여 적치하는 블렌딩(Blending)의 이점이 아닌 것은?

① 입도를 균일하게 한다.
② 원료의 적치 시 편석이 잘되게 한다.
③ 야드 적치 시 편석이 잘되게 한다.
④ 양이 적은 광중도 적절히 사용할 수 있다.

해설
블렌딩의 이점
• 장입 시 입도를 균일하게 조정
• 원료의 적치 시 편석이 잘 일어나도록 함
• 양이 적은 광중도 적절히 사용 가능

48 소결용 연료인 코크스의 구비 조건이 아닌 것은?

① 소결성이 좋을 것
② 발열량이 높을 것
③ 적당한 입도를 가질 것
④ 수분함량과 P, S의 양이 많을 것

해설
코크스 내 유해원소인 P과 S의 양이 적고, 적절한 수분함량을 갖추고 있어야 한다.

49 소결설비 중 윈드박스(Wind Box)의 역할은?

① 흡인장치
② 점화장치
③ 집진장치
④ 파쇄장치

해설
통기장치(Wind Box)
• 소결기 대차 위 소결 원료층을 통하여 공기를 흡인하는 상자
• 소결 대차에서 공기를 하부 방향으로 강제 흡인하는 송풍장치

50 광물을 분쇄시켜 미립자를 물에 넣고 적당한 부선제를 첨가하여 기포를 발생시켜 광물과 맥석을 분리하는 방법은?

① 부유 선광
② 자력 선광
③ 중액 선광
④ 비중 선광

해설
부유 선광 : 광물의 계면 성질을 이용하여, 표면의 친수성, 소수성의 차이를 이용하는 선별법

51 소결장치 중 드럼믹서(Drum Mixer)의 역할이 아닌 것은?

① 혼 합
② 조 립
③ 조 습
④ 파 쇄

해설
드럼믹서 : 혼합된 원료를 드럼(Drum) 내에서 혼합되게 하여 미립자가 조대한 입자에 모여들어 서로 부착되어 입도를 크게 하는 설비

52 소결원료의 배합 시 의사 입화에 대한 설명으로 틀린 것은?

① 품질이 향상된다.
② 회수율이 증가한다.
③ 생산성이 증가한다.
④ 원단위가 증가한다.

해설
의사 입화 시 통기성 향상으로 인한 회수율 및 생산성이 증가하여 원단위가 감소한다.

53 다음 중 코크스를 건류하는 과정에 발생되는 가스의 명칭은?

① BFG
② LDG
③ COG
④ LPG

해설
③ COG : 코크스로 가스
① BFG : 고로가스
② LDG : 전로가스

54 덩어리로 된 괴광에 필요한 성질에 대한 설명으로 옳은 것은?

① 다공질로 노 안에서 환원이 잘되어야 한다.

② 노에 잠입 및 감하 시에는 잘 분쇄되어야 한다.

③ 선철에 품질을 높일 수 있는 황과 인이 많아야 한다.

④ 정결제에는 알칼리류를 함유하고 있어야 하며, 열팽창 및 수축에 의한 붕괴를 일으켜야 한다.

해설
괴광에 필요한 성질
• 다공질로 노 안에서 환원이 잘되어야 한다.
• 강도가 커서 운반, 저장, 노 내 강하 도중에 분쇄되지 않아야 한다.
• 장기 저장에 의한 풍화와 열팽창 및 수축에 의한 붕괴를 일으키지 않아야 한다.

55 석탄의 분쇄 입도의 영향에 대한 설명으로 틀린 것은?(단, HGI ; Hardgrove Grindability Index 이다)

① 수분이 많으면 파쇄하기 어렵다.

② 파쇄기 급량이 많으면 조파쇄가 된다.

③ 석탄의 HGI가 작으면 파쇄하기 쉽다.

④ 분쇄 전 석탄입도가 크면 분쇄 후 입도가 크다.

해설
파쇄성(HGI ; Hardgrove Grindability Index) : 표준 석탄과 비교하여 상대적인 파쇄능을 비교 결정하는 방법으로 HGI가 작으면 파쇄하기 어렵다.

56 자용성 소결광이 고로 원료로 사용될 때 설명으로 옳은 것은?

① 피환원성이 감소한다.

② 코크스비가 저하한다.

③ 노 내 탈황률이 감소한다.

④ 이산화탄소의 발생으로 직접 환원이 잘된다.

해설
자용성 소결광 : 염기도 조절을 위해 석회석을 첨가한 소결광으로 피환원성 향상, 연료비 절감(코크스비 저하), 생산성 향상의 목적으로 사용

57 코크스로에 원료를 잠입하여 압출될 때까지 석탄이나 코크스가 노 내에 머무르는 시간을 무엇이라 하는가?

① 탄화시간

② 잠입시간

③ 압출시간

④ 방치시간

해설
탄화시간과 건류온도
• 탄화시간 : 장입에서 압출까지 석탄 코크스가 노 내에 머무는 시간
• 탄화실의 폭이 일정한 경우 탄화시간과 건류온도, 즉 노온과 일정한 관계가 있으므로 탄화시간이 결정된다.

58 집진기의 형식 중 집진효율이 가장 우수한 것은?

① 중력 집진장치

② 전기 집진장치

③ 관성력 집진장치

④ 원심력 집진장치

해설

전기집진기

• 방전 전극판(+)과 집진 전극봉(−) 간에 고압의 직류 전압을 걸어 코로나 방전을 일으키면 가스 중의 먼지 입자가 이온화되어 집진극에 달라붙는 설비

• 집진극에 부착된 분진 입자는 타격에 의한 진동으로 하부 호퍼에 모여진 후 외부로 배출되며, 집진효율이 우수하다.

59 고로 내 코크스의 역할에 해당되지 않는 것은?

① 통기성 향상

② 연소를 통한 열원제

③ 철광석의 산화반응 촉진

④ 선철, 슬래그 간의 열교환 매체

해설

코크스의 역할 : 열원, 통기성 향상, 환원제

60 고온에서 원료 중의 맥석 성분이 용체로 되어 고체 상태의 광석입자를 결합시키는 소결반응은?

① 맥석결합

② 용융결합

③ 확산결합

④ 화합결합

해설

용융결합

• 고온에서 소결한 경우로 원료 중 슬래그 성분이 용융하여 쉽게 결합

• 저융점의 슬래그 성분일수록 용융결합을 함

• 강도는 좋으나, 피환원성이 좋지 않아 기공률과 환원율 저하를 방지해야 함

01 구리를 용해할 때 흡수한 산소를 인으로 탈산시켜 산소를 0.01% 이하로 남기고 인을 0.02%로 조절한 구리는?

① 전기 구리
② 탈산 구리
③ 무산소 구리
④ 전해 인성 구리

해설
구리 내 산소가 0.02% 이하인 것을 탈산 구리, 0.01% 이하인 것을 저산소 구리, 0.001% 이하인 것을 무산소 구리라 한다.

02 알루미늄에 대한 설명으로 옳은 것은?

① 알루미늄 비중은 약 5.2이다.
② 알루미늄은 면심입방격자를 갖는다.
③ 알루미늄 열간가공 온도는 약 670℃이다.
④ 알루미늄은 대기 중에서는 내식성이 나쁘다.

해설
알루미늄의 성질
• 비중 2.7, 용융점 660℃, 내식성 우수, 산, 알칼리에 약함
• 대기 중 표면에 산화알루미늄(Al_2O_3)을 형성하여 얇은 피막으로 인해 내식성이 우수
• 산화물 피막을 형성시키기 위해 수산법, 황산법, 크롬산법을 이용함

03 분말상의 구리에 약 10% 주석 분말과 2%의 흑연 분말을 혼합하고 윤활제 또는 휘발성 물질을 가한 다음 가압성형하고 제조하여 자동차, 시계, 방적기계 등의 급유가 어려운 부분에 사용하는 합금은?

① 자마크
② 하스텔로이
③ 화이트메탈
④ 오일리스 베어링

해설
오일리스 베어링(Oilless Bearing) : 분말야금에 의해 제조된 소결 베어링 합금으로 분말상 Cu에 약 10% Sn과 2% 흑연 분말을 혼합하여 윤활제 또는 휘발성 물질을 가한 후 가압성형하여 소결한 것으로, 급유가 어려운 부분의 베어링용으로 사용한다.

04 담금질(Quenching)하여 경화된 강에 적당한 인성을 부여하기 위한 열처리는?

① 뜨임(Tempering)
② 풀림(Annealing)
③ 노멀라이징(Normalizing)
④ 심랭처리(Sub – zero Treatment)

해설
뜨임 : 담금질한 강에 인성을 부여하기 위해 A_1변태점 이하에서 공랭하는 열처리

1 ② 2 ② 3 ④ 4 ① **정답**

05 다음 중 동소변태에 대한 설명으로 틀린 것은?

① 결정격자의 변화이다.

② 동소변태에는 A₃, A₄ 변태가 있다.

③ 자기적 성질을 변화시키는 변태이다.

④ 일정한 온도에서 급격히 비연속적으로 일어난다.

해설
• 동소변태 : 같은 물질이 다른 상으로 결정구조의 변화를 가져오는 것
• 자기변태 : 원자 배열의 변화 없이 전자의 스핀 작용에 의해 자성만 변화하는 변태

06 다음 도면에 대한 설명 중 틀린 것은?

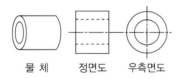

물 체   정면도   우측면도

① 원통의 투상은 치수 보조기호를 사용하여 치수 기입하면 정면도만으로도 투상이 가능하다.

② 속이 빈 원통이므로 단면을 하여 투상하면 구멍을 자세히 나타내면서 숨은선을 줄일 수 있다.

③ 좌·우측이 같은 모양이라도 좌·우측면도를 모두 그려야 한다.

④ 치수 기입 시 치수 보조기호를 생략하면 우측면도를 꼭 그려야 한다.

해설
간단한 물체는 정면도와 평면도, 또는 정면도와 우측면도의 2면도로만 나타낼 수 있다.

07 제도에 사용되는 척도의 종류 중 현척에 해당하는 것은?

① 1 : 1   ② 1 : 2

③ 2 : 1   ④ 1 : 10

해설
도면의 척도
• 현척 : 실제 사물과 동일한 크기로 그리는 것 예 1 : 1
• 축척 : 실제 사물보다 작게 그리는 경우 예 1 : 2, 1 : 5, 1 : 10
• 배척 : 실제 사물보다 크게 그리는 경우 예 2 : 1, 5 : 1, 10 : 1
• NS(None Scale) : 비례척이 아님

08 다음 그림과 같은 단면도의 종류로 옳은 것은?

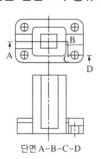

단면 A-B-C-D

① 전 단면도

② 부분 단면도

③ 계단 단면도

④ 회전 단면도

해설
계단 단면도 : 2개 이상의 절단면으로 필요한 부분을 선택하여 단면도로 그린 것으로, 절단 방향을 명확히 하기 위하여 1점쇄선으로 절단선을 표시하여야 한다.

09 미터 보통 나사를 나타내는 기호는?

① M　　　　　　② G

③ Tr　　　　　　④ UNC

> **해설**
>
> **나사의 종류**
> • G : 관용 평행 나사
> • Tr : 미터 사다리꼴 나사
> • UNC : 유니파이 보통 나사

10 그림은 3각법의 도면 배치를 나타낸 것이다. ㉠, ㉡, ㉢에 해당하는 도면의 명칭이 옳게 짝지은 것은?

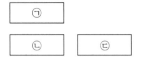

① ㉠ 정면도, ㉡ 우측면도, ㉢ 평면도

② ㉠ 정면도, ㉡ 평면도, ㉢ 우측면도

③ ㉠ 평면도, ㉡ 정면도, ㉢ 우측면도

④ ㉠ 평면도, ㉡ 우측면도, ㉢ 정면도

> **해설**
>
> **제1각법과 제3각법의 배치도**
>
>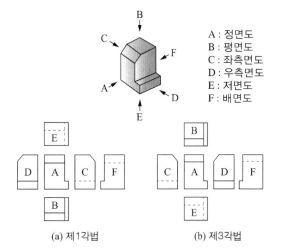
>
> A : 정면도
> B : 평면도
> C : 좌측면도
> D : 우측면도
> E : 저면도
> F : 배면도
>
> (a) 제1각법　　　(b) 제3각법

11 Al – Si계 합금으로 공정형을 나타내며, 이 합금에 금속 나트륨 등을 첨가하여 개량처리한 합금은?

① 실루민

② Y합금

③ 로엑스

④ 두랄루민

> **해설**
>
> • Al – Si : 실루민, Na을 첨가하여 개량화 처리를 실시
> • 개량화 처리 : 금속 나트륨, 수산화나트륨, 플루오린화 알칼리, 알칼리 염류 등을 용탕에 장입하면 조직이 미세화되는 처리

12 다음 비철 합금 중 비중이 가장 가벼운 것은?

① 아연(Zn) 합금

② 니켈(Ni) 합금

③ 알루미늄(Al) 합금

④ 마그네슘(Mg) 합금

> **해설**
>
> • 비중 : 물과 같은 부피를 갖는 물체와의 무게의 비
> • 각 금속별 비중
>
> | Mg | 1.74 | Ni | 8.9 | Mn | 7.43 | Al | 2.7 |
> |----|------|----|-----|----|------|----|-----|
> | Cr | 7.19 | Cu | 8.9 | Co | 8.8 | Zn | 7.1 |
> | Sn | 7.28 | Mo | 10.2 | Ag | 10.5 | Pb | 22.5 |
> | Fe | 7.86 | W | 19.2 | Au | 19.3 | | |

13 오스테나이트계 스테인리스강에 대한 설명으로 틀린 것은?

① 대표적인 합금에 18% Cr – 8% Ni강이 있다.

② Ti, V, Nb 등을 첨가하면 입계부식이 방지된다.

③ 1,100℃에서 급랭하여 용체화 처리를 하면 오스테나이트 조직이 된다.

④ 1,000℃로 가열한 후 서랭하면 $Cr_{23}C_6$ 등의 탄화물이 결정립계에 석출하여 입계부식을 방지한다.

해설
오스테나이트계 스테인리스강의 열처리
• 용체화 처리 : 1,000℃ 가열 후 Cr 탄화물을 용체화시킨 후 급랭 처리함(Cr 탄화물의 입계 부식 방지, 냉간가공 및 용접 내부응력 제거, 연성 회복 및 내식성 증가)
• 안정화 처리 : Ti, V, Nb 등을 첨가하여 입계부식을 저지하는 처리

14 면심입방격자의 단위격자에 속해 있는 원자의 수는 몇 개인가?

① 2
② 3
③ 4
④ 5

해설
면심입방격자(Face Centered Cubic) : Ag, Al, Au, Ca, Ir, Ni, Pb, Ce, Pt
• 배위수 : 12, 원자 충진율 : 74%, 단위격자 속 원자수 : 4
※ 체심입방 : 2개, 면심입방 : 4개, 조밀입방 : 2개

15 다음 중 전기저항이 0(Zero)에 가까워 에너지 손실이 거의 없기 때문에 자기부상열차, 핵자기공명 단층 영상 장치 등에 응용할 수 있는 것은?

① 제진 합금
② 초전도재료
③ 비정질 합금
④ 형상기억합금

해설
초전도재료 : 절대영도에 가까운 극저온에서 전기저항이 완전히 제로가 되는 재료

16 다음 중 탄소 함유량이 가장 낮은 순철에 해당하는 것은?

① 연 철
② 전해철
③ 해면철
④ 카르보닐철

해설
순철의 정의
• 탄소 함유량이 0.025% C 이하인 철
• 해면철(0.03% C) > 연철(0.02% C) > 카르보닐철(0.02% C) > 암코철(0.015% C) > 전해철(0.008% C)

17 구상흑연주철의 조직상 분류가 틀린 것은?

① 페라이트형

② 마텐자이트형

③ 펄라이트형

④ 시멘타이트형

해설

구상흑연주철 : 흑연을 구상화하여 균열을 억제시키고 강도 및 연성을 좋게 한 주철로 시멘타이트형, 펄라이트형, 페라이트형이 있으며, 구상화제로는 Mg, Ca, Ce, Ca – Si, Ni – Mg 등이 있다.

18 림드강에 관한 설명 중 틀린 것은?

① Fe – Mn으로 가볍게 탈산시킨 상태로 주형에 주입한다.

② 주형에 접하는 부분은 빨리 냉각되므로 순도가 높다.

③ 표면에 헤어 크랙과 응고된 상부에 수축공이 생기기 쉽다.

④ 응고가 진행되면서 용강 중에 남은 탄소와 산소의 반응에 의하여 일산화탄소가 많이 발생한다.

해설

림드강 : 미탈산된 용강을 그대로 금형에 주입하여 응고시킨 강

19 금속재료의 일반적인 설명으로 틀린 것은?

① 구리(Cu)보다 은(Ag)의 전기전도율이 크다.

② 합금이 순수한 금속보다 열전도율이 좋다.

③ 순수한 금속일수록 전기전도율이 좋다.

④ 열전도율의 단위는 J/m・s・K이다.

해설

합금의 전기전도율은 순수한 금속보다 좋다.

20 시험편에 압입 자국을 남기지 않거나 시험편이 큰 경우 재료를 파괴시키지 않고 경도를 측정하는 경도기는?

① 쇼어 경도기

② 로크웰 경도

③ 브리넬 경도기

④ 비커스 경도기

해설

쇼어 경도기의 특징

• 압입 자국이 남지 않고 시험편이 클 때 비파괴적으로 경도를 측정할 때 사용한다.

• 일정한 중량의 다이아몬드 해머를 일정한 높이에서 떨어뜨려 반발되는 높이로 경도를 측정한다.

• 쇼어 경도는 HS로 표시하며, 시험편의 탄성 여부를 알 수 있다.

• 휴대가 간편하고 완성품에 직접 측정이 가능하다.

• 시험편이 작거나 얇아도 가능하다.

• 시험 시 5회 연속으로 하여 평균값으로 결정하며, 0.5 눈금까지 판독한다.

21 그림과 같은 육각 볼트를 제작도용 약도로 그릴 때의 설명 중 옳은 것은?

① 볼트 머리의 모든 외형선은 직선으로 그린다.
② 골지름을 나타내는 선은 가는 실선으로 그린다.
③ 가려서 보이지 않는 나사부는 가는 실선으로 그린다.
④ 완전 나사부와 불완전 나사부의 경계선은 가는 실선으로 그린다.

> **해설**
> 나사의 도시 방법
> • 수나사의 바깥지름과 암나사의 안지름을 표시하는 선은 굵은 실선으로 그린다.
> • 수나사・암나사의 골을 표시하는 선은 가는 실선으로 그린다.
> • 완전 나사부와 불완전 나사부의 경계선은 굵은 실선으로 그린다.
> • 불완전 나사부의 골을 나타내는 선은 축선에 대하여 30°의 가는 실선으로 그리고, 필요에 따라 불완전 나사부의 길이를 기입한다.
> • 암나사의 단면 도시에서 드릴 구멍이 나타날 때에는 굵은 실선으로 120°가 되게 그린다.
> • 수나사와 암나사의 결합부의 단면은 수나사로 나타낸다.
> • 수나사와 암나사의 측면 도시에서 각각의 골지름은 가는 실선으로 약 3/4 원으로 그린다.

22 KS D 3503에 의한 SS330으로 표시된 재료 기호에서 330이 의미하는 것은?

① 재질 번호　　　② 재질 등급
③ 탄소 함유량　　④ 최저인장강도

> **해설**
> 금속재료의 호칭
> • 재료를 표시하는 데 대개 3단계 문자로 표시한다.
> – 첫 번째 재질의 성분을 표시하는 기호
> – 두 번째 제품의 규격을 표시하는 기호로 제품의 형상 및 용도를 표시
> – 세 번째 재료의 최저인장강도 또는 재질의 종류기호를 표시한다.
> • 강종 뒤에 숫자 세 자리 : 최저인장강도(N/mm²)
> • 강종 뒤에 숫자 두 자리+C : 탄소 함유량(%)
> • SS300 : 일반구조용 압연강재, 최저인장강도 300(N/mm²)

23 치수공차를 계산하는 식으로 옳은 것은?

① 기준치수 – 실제치수
② 실제치수 – 치수허용차
③ 허용한계치수 – 실제치수
④ 최대허용치수 – 최소허용치수

> **해설**
> 공차 = 최대허용치수 – 최소허용치수

24 가는 2점쇄선을 사용하여 나타낼 수 있는 것은?

① 치수선　　　　② 가상선
③ 외형선　　　　④ 파단선

> **해설**
> 가는 2점쇄선의 종류

용도에 의한 명칭	선의 종류		선의 용도
가상선	가는 2점 쇄선	—·· —	• 인접부분을 참고로 표시하는 데 사용한다. • 공구, 지그 등의 위치를 참고로 나타내는 데 사용한다. • 가동부분을 이동 중의 특정한 위치 또는 이동한계의 위치로 표시하는 데 사용한다. • 가공 전 또는 후의 모양을 표시하는 데 사용한다. • 되풀이하는 것을 나타내는 데 사용한다. • 도시된 단면의 앞쪽에 있는 부분을 표시하는 데 사용한다.
무게 중심선			단면의 무게중심을 연결한 선을 표시하는 데 사용한다.
광축선			렌즈를 통과하는 광축을 나타내는 선에 사용한다.

25 가공방법의 기호 중 연삭가공의 표시는?

① G ② L

③ C ④ D

가공방법의 기호

가공방법	약 호	
	I	II
선반가공	L	선 삭
드릴가공	D	드릴링
보링머신가공	B	보 링
밀링가공	M	밀 링
평삭(플레이닝)가공	P	평 삭
형삭(셰이핑)가공	SH	형 삭
브로칭가공	BR	브로칭
리머가공	FR	리 밍
연삭가공	G	연 삭
다듬질	F	다듬질
벨트연삭가공	GBL	벨트연삭
호닝가공	GH	호 닝
용 접	W	용 접
배럴연마가공	SPBR	배럴연마
버프 다듬질	SPBF	버 핑
블라스트다듬질	SB	블라스팅
랩 다듬질	FL	래 핑
줄 다듬질	FF	줄 다듬질
스크레이퍼다듬질	FS	스크레이핑
페이퍼다듬질	FCA	페이퍼다듬질
프레스가공	P	프레스
주 조	C	주 조

26 한 도면에서 두 종류 이상의 선이 같은 장소에 겹치게 되는 경우에 선의 우선순위로 옳은 것은?

① 절단선 → 숨은선 → 외형선 → 중심선 → 무게중심선

② 무게중심선 → 숨은선 → 절단선 → 중심선 → 외형선

③ 외형선 → 숨은선 → 절단선 → 중심선 → 무게중심선

④ 중심선 → 외형선 → 숨은선 → 절단선 → 무게중심선

선의 우선순위는 외형선 → 숨은선 → 절단선 → 중심선 → 무게중심선이다.

27 그림과 같이 도시되는 투상도는?

① 투시투상도

② 등각투상도

③ 축측투상도

④ 사투상도

사투상도
투상선이 투상면을 사선으로 평행하도록 무한대의 수평 시선으로 얻은 물체의 윤곽을 그리게 되면 육면체의 세 모서리는 경사축이 a각을 이루는 입체도가 되며, 이를 그린 그림을 의미한다. 45°의 경사 축으로 그린 것을 카발리에도, 60°의 경사 축으로 그린 것을 캐비닛도라고 한다.

28 고로에 사용되는 철광석의 구비 조건으로 틀린 것은?

① 성분이 균일해야 한다.

② 철 함유량이 높아야 한다.

③ 피환원성이 우수해야 한다.

④ 노 내에서 환원분화성이 좋아야 한다.

해설

철광석의 구비 조건
- 많은 철 함유량 : 철분이 많을수록 좋으며 맥석 중 산화칼슘, 산화망간의 경우 조재제와 탈황 역할을 함
- 좋은 피환원성 : 기공률이 클수록, 입도가 작을수록, 산화도가 높을수록 좋음
- 적은 유해 성분 : 황(S), 인(P), 구리(Cu), 비소(As) 등이 적을 것
- 적당한 강도와 크기 : 고열, 고압에 잘 견딜 수 있으며, 노 내 통기성, 피환원성을 고려하여 적당한 크기를 가질 것
- 많은 가채광량 및 균일한 품질, 성분 : 성분이 균일할수록 원료의 사전처리를 줄임
- 맥석의 함량이 적을 것 : 맥석 중 SiO_2, Al_2O_3 등은 조재제와 연료를 많이 사용하며, 슬래그양 증가를 가져오므로 적을수록 좋음

29 용선 중 황(S) 함량을 저하시키기 위한 조치로 틀린 것은?

① 고로 내의 노열을 높인다.

② 슬래그의 염기도를 높인다.

③ 슬래그 중 Al_2O_3 함량을 높인다.

④ 슬래그 중 MgO 함량을 높인다.

해설

탈황을 촉진시키는 방법(탈황 조건)
- 염기도가 높을 때
- 용강 온도가 높을 때
- 강재(Slag)량이 많을 때
- 강재의 유동성이 좋을 때

30 고로 노체의 건조 후 침목 및 장입원료를 노 내에 채우는 것을 무엇이라 하는가?

① 화 입   ② 지 화

③ 충 진   ④ 축 로

해설

충 진
- 노체 건조 후 장입물을 노 내로 장입하는 단계
- 충진은 화입 초기 노 내 통기성 및 노열 조기 확보, Slag 유동성 확보를 위한 Slag의 조정, 적정 Profile 확보로 가스류 안정 유지를 위해 실시
- 노 저에서 풍구선까지의 충진 : 코크스를 충분히 예열시킬 수 있는 침목적(나무)을 행함

31 고로의 노정설비 중 노 내 장입물의 레벨(Level)을 측정하는 것은?

① 사운딩(Sounding)

② 라지 벨(Large Bell)

③ 디스트리뷰터(Distributer)

④ 서지 호퍼(Surge Hopper)

해설

검측 장치(사운딩, Sounding) : 고로 내 원료의 장입 레벨을 검출하는 장치로, 측정봉식, Weigh식, 방사선식, 초음파식이 있음

32 선철 중에 Si를 높게 하기 위한 방법으로 틀린 것은?

① 염기도를 낮게 한다.

② 노상의 온도를 높게 한다.

③ 규산분이 많은 장입물을 사용한다.

④ 코크스에 대한 광석의 비율을 많게 한다.

해설

- 염기도(P') $= \dfrac{CaO}{SiO_2}$ 이므로 Si를 높게 하려면 염기도를 낮게 한다.
- 코크스에 대한 광석의 비율을 작게 하고 고온 송풍을 한다.

33 고로 휴풍 후 노정 점화를 실시하기 전에 가스 검지를 하는 이유는?

① 오염방지　　　② 폭발방지
③ 중독방지　　　④ 누수방지

해설
노정 점화를 실시하기 전 폭발방지를 위해 가스 검지를 한다.

34 고로에서 노정 압력을 제어하는 설비는?

① 셉텀 밸브(Septum Valve)
② 고글 밸브(Goggle Valve)
③ 스노트 밸브(Snort Valve)
④ 블리더 밸브(Bleeder Valve)

해설
셉텀 밸브 ≒ 에어블리더(Bleeder Valve) : 노정 압력에 의한 설비를 보호하기 위해 설치
※ 저자 의견
　문제의 정답은 ①로 출제되었지만 ①과 같이 ④도 정답이 될 수 있다.

35 슬립(Slip)이 일어나는 원인과 관련이 가장 적은 것은?

① 바람구멍에서의 통풍 불균일
② 장입물 분포의 불균일
③ 염기도의 조정 불량
④ 노벽의 이상

해설
미끄러짐(슬립, Slip) : 통기성의 차이로 가스 상승차가 생기는 것을 벤틸레이션(Ventilation)이라 하며, 이 부분에서 장입물 강하가 빨라져 크게 강하하는 상태
• 원인 : 장입물 분포 불균일, 바람구멍에서의 통풍 불균일, 노벽 이상
• 대책 : 송풍량을 감하고 온도를 높임, 슬립부의 송풍량을 감소시키고 슬립부에 코크스를 다량 장입

36 휴풍 작업상의 주의사항을 설명한 것 중 틀린 것은?

① 노정 및 가스 배관을 부압으로 하지 말 것
② 가스를 열풍 밸브로부터 송풍기 측에 역류시키지 말 것
③ 제진기의 증기를 필요 이상으로 장시간 취입하지 말 것
④ 블리더(Bleeder)가 불충분하게 열렸을 때 수봉 밸브를 닫을(잠글) 것

해설
에어 블리더가 충분하게 열렸을 때 수봉 밸브를 닫는다.

37 산업재해의 원인을 교육적, 기술적, 작업관리상의 원인으로 분류할 때 교육적 원인에 해당되는 것은?

① 작업준비가 충분하지 못할 때
② 생산방법이 적당하지 못할 때
③ 작업지시가 적당하지 못할 때
④ 안전수칙을 잘못 알고 있을 때

해설
• 기술적 원인 및 대책
　– 설계상 결함 : 설계 변경 및 반영
　– 장비의 불량 : 장비의 주기적 점검
　– 안전시설 미설치 : 안전시설 설치 및 점검
• 교육적 원인
　– 안전교육 미실시 : 안전교육 강사 양성 및 교육 교재 발굴
　– 작업태도 불량 : 작업태도 개선
　– 작업방법 불량 : 작업방법 표준화
• 관리적 원인
　– 안전관리조직 미편성 : 안전관리조직 편성
　– 적성을 고려하지 않은 작업 배치 : 적정 작업 배치
　– 작업환경 불량 : 작업환경 개선

38 선철 중 철(Fe)과 탄소(C) 이외의 원소에서 함량이 가장 많은 성분은?

① S
② Si
③ P
④ Cu

해설
선철 내 함유 원소 : Fe > C > Si > S, P, Cu

39 철분의 품위가 54.8%인 철광석으로부터 철분 94%의 선철 1톤을 제조하는 데 필요한 철광석량은 약 몇 kg인가?

① 1,075
② 1,715
③ 2,105
④ 2,715

해설
광석량 계산
(광석량) × 0.548 = 1,000kg × 0.94
광석량 = 1,715kg

40 미분탄 취입(Pulverized Coal Injection) 조업에 대한 설명으로 옳은 것은?

① 미분탄의 입도가 작을수록 연소 시간이 길어진다.
② 산소부화를 하게 되면 PCI 조업 효과가 낮아진다.
③ 미분탄 연소 분위기가 높을수록 연소 속도에 의해 연소 효율은 증가한다.
④ 휘발분이 높을수록 탄(Coal)의 열분해가 지연되어 연소 효율은 감소한다.

해설
미분탄 취입 특징
• 미분탄 연소 분위기가 높을수록 연소 속도에 의해 연소 효율 증가
• 코크스 사용비 감소
• 코크스 생산비 감소

41 제강 용선과 비교한 주물 용선의 특징으로 옳은 것은?

① 고열로 조업을 한다.
② Si의 함량이 낮다.
③ Mn의 함량이 높다.
④ 고염기도 슬래그 조업을 한다.

해설
제강 용선과 주물 용선의 조업상 비교

구 분	제강 용선(염기성 평로)	주물 용선
선철 성분	• Si : 낮다. • Mn : 높다. • S : 될 수 있는 한 적게	• Si : 높다. • Mn : 낮다. • P : 어느 정도 혼재
장입물	강의 유해 성분이 적은 것 • Mn : Mn광, 평로재 • Cu : 황산재의 사용 제한	주물의 유해 성분, 특히 Ti가 적은 것 • Mn : Mn광 사용 • Ti : 사철의 사용
조업법	• 강염기성 슬래그 • 저열 조업 • 풍량을 늘리고, 장입물 강하 시간을 빠르게 함	• 저염기도 슬래그 • 고열 조업 • 풍량을 줄이고, 장입물 강하 시간을 느리게 함

42 고로 조업 시 화입할 때나 노황이 아주 나쁠 때 코크스와 석회석만 장입하는 것은 무엇이라 하는가?

① 연장입(蓮裝入)
② 중장입(重裝入)
③ 경장입(輕裝入)
④ 공장입(空裝入)

해설
코크스에 대한 광석량
• 경장입(Light Charge) : 노황에 따라 가감되며, 광석량이 적은 경우
• 중장입(Heavy Charge) : 광석량이 많은 경우
• 공장입(Blank Charge) : 노황 조정을 위해 코크스만을 장입하는 경우
• 코크스비는 광석 중 철 함유량에 따라 변동하며, 철함유량이 높을수록 코크스비는 낮으며, 고로의 조업률은 높아짐

43 용광로의 풍구 앞 연소대에서 일어나는 반응으로 틀린 것은?

① $C + \frac{1}{2}O_2 \rightarrow CO$

② $CO + \frac{1}{2}O_2 \rightarrow CO_2$

③ $CO_2 + C \rightarrow 2CO$

④ $FeO + C \rightarrow Fe + CO$

연소대 : Race Way 부근의 반응

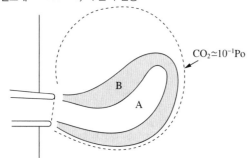

$CO_2 \simeq 10^{-1}Po$

- 영역 A : CO_2, H_2O 생성
- 영역 B : $CO_2 + C = 2CO$

$\qquad H_2O + C = H_2 + CO$

- $(SiO_2) + C = SiO + CO$

44 풍구 부분의 손상 원인이 아닌 것은?

① 풍구 주변 누수
② 강하물에 의한 마모 균열
③ 냉각배수 중 노 내 가스 혼입
④ 노정 가스 중 수소 함량 급감소

- **풍구 파손** : 풍구에의 장입물 강하에 의한 마멸과 용선 부착에 의한 파손
- **풍구 손상의 원인**
  - 장입물, 용융물 또는 장시간 사용에 따른 풍구 선단부 열화로 인한 파손
  - 냉각수 수질 저하로 인한 이물질 발생으로 내부 침식에 의한 파손
  - 냉각수 수량, 유속 저하에 의한 변형 및 용손

45 다음 중 노복(Belly) 부위에 해당되는 곳은?

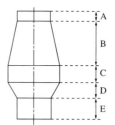

① B   ② C
③ D   ④ E

고로 본체의 구조

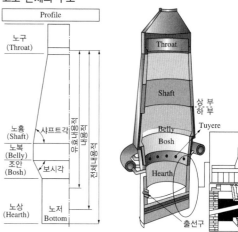

46 소결에서의 열정산 중 입열 항목에 해당되는 것은?

① 증 발   ② 하 소
③ 가스 현열   ④ 예열 공기

열정산
- **입열** : 산화철의 간접 환원열, 코크스 연소열, 열풍(송풍)의 현열, 슬래그 생성열, 장입물 중 수분의 현열 등
- **출열** : 용선 현열, 노정가스 현열, 석회석 분해열, 코크스 용해 손실, 장입물(Si, Mn, P)의 환원열, 슬래그 현열, 수분의 분해열, 연진의 현열, 냉각수가 가져가는 열량 등

47 소결 연료용 코크스를 분쇄하는 데 주로 사용되는 기기는?

① 스태커(Stacker)
② 로드 밀(Rod Mill)
③ 리클레이머(Reclaimer)
④ 트레인 호퍼(Train Hopper)

해설
미분쇄(Fine Grinding)
• 6~20mm의 것을 1mm 정도 이하로 부수는 것으로 중쇄와 분쇄 중간 산물을 포함시키는 경우도 있음
• 볼 밀(Ball Mill), 로드 밀(Rod Mill), 도광기(Stamp)

48 낙하강도지수(SI)를 구하는 식으로 옳은 것은?[단, M_1은 체가름 후의 +10.0mm인 시료의 무게(kgf), M_0는 시험 전의 시료량(kgf)이다]

① $\dfrac{M_1}{M_0} \times 100(\%)$

② $\dfrac{M_0}{M_1} \times 100(\%)$

③ $\dfrac{M_0 - M_1}{M_1} \times 100(\%)$

④ $\dfrac{M_1 - M_0}{M_0} \times 100(\%)$

해설
낙하 강도 지수(SI ; Shatter Index)
• 소결광이 낙하 시 분이 발생하기 직전까지의 소결광 강도
• 고로 장입 시 분율은 적을수록 유리
• 낙하 강도 저하 시 분 발생이 많아 통기성을 저해
• 낙하 강도 = 시험 후 +10mm 중량 / 시험 전 총중량

49 다음 중 소결기의 급광 장치에 속하지 않는 것은?

① Hopper
② Wind Box
③ Cut Gate
④ Shuttle Conveyor

해설
통기 장치(Wind Box)
• 소결기 대차 위 소결 원료층을 통하여 공기를 흡인하는 상자
• 소결 대차에서 공기를 하부 방향으로 강제 흡인하는 송풍 장치

50 소결작업에서 상부광 작용이 아닌 것은?

① 화격자의 열에 의한 휨을 방지한다.
② 화격자에 적열 소결광 용융부착을 방지한다.
③ 화격자 사이로 세립 원료가 새어 나감을 막아 준다.
④ 신원료에 의한 화격자의 구멍 막힘이 없도록 한다.

해설
상부광 : 소결기 대차 하부 면에 까는 8~15mm의 소결광
• Grate Bar에 소결광 융착을 방지
• 소결광 덩어리가 대차에서 쉽게 분리하도록 도움
• Grate Bar 사이로 세립 원료가 새어 나감을 방지
• 신원료에 의한 화격자의 구멍 막힘을 방지

51 소결공정에서 믹서(Mixer)의 역할이 아닌 것은?

① 혼 합

② 장 입

③ 조 립

④ 수분 첨가

해설
믹서는 혼합, 조립, 수분 첨가의 역할을 한다.

52 자용성 소결광은 분광에 무엇을 첨가하여 만든 소결광인가?

① 형 석

② 석회석

③ 빙정석

④ 망간광석

해설
자용성 소결광 : 염기도 조절을 위해 석회석을 첨가한 소결광으로 피환원성 향상, 연료비 절감, 생산성 향상의 목적으로 사용

53 고로 내에서 코크스의 역할이 아닌 것은?

① 산화제로서의 역할

② 연소에 따른 열원으로서의 역할

③ 고로 내의 통기를 잘하기 위한 Spacer로서의 역할

④ 선철, 슬래그에 열을 주는 열교환 매개체로서의 역할

해설
코크스의 역할
• 바람구멍 앞에서 연소하여 필요한 열량을 공급
• 고체 탄소로 철 성분을 직접 환원
• 일부 선철 중에 용해되어 선철 중 탄소함량을 높임
• 고로 안의 통기성을 좋게 하는 통로 역할
• 철의 용융점을 낮추는 역할

54 코크스의 제조 공정 순서로 옳은 것은?

① 원료 분쇄 → 압축 → 장입 → 가열 건류 → 배합 → 소화

② 원료 분쇄 → 가열 건류 → 장입 → 배합 → 압출 → 소화

③ 원료 분쇄 → 배합 → 장입 → 가열 건류 → 압출 → 소화

④ 원료 분쇄 → 장입 → 가열 건류 → 배합 → 압출 → 소화

해설
코크스 제조 공정
파쇄(3mm 이하 85~90%) → 블렌딩 빈(Blending Bin) → 믹서(Mixer) → 콜 빈(Coal Bin) → 탄화실 장입 → 건류 → 압출 → 소화 → 와프(Wharf) 적치 및 커팅

55 용광로에서 분상의 광석을 사용하지 않는 이유와 가장 관계가 없는 것은?

① 노 내의 용탕이 불량해지기 때문이다.
② 통풍의 약화 현상을 가져오기 때문이다.
③ 장입물의 강하가 불균일하기 때문이다.
④ 노정가스에 의한 미분광의 손실이 우려되기 때문이다.

해설
분광 장입 시 손실될 염려가 있으며, 통기성 악화로 행잉과 같은 현상이 발생할 수 있다.

56 배소에 대한 설명으로 틀린 것은?

① 배소시킨 광석을 배소광 또는 소광이라 한다.
② 황화광을 배소 시 황을 완전히 제거시키는 것을 완전 탈황 배소라 한다.
③ 황(S)은 환원 배소에 의해 제거되며, 철광석의 비소(As)는 산화성 분위기의 배소에서 제거된다.
④ 환원배소법은 적철광이나 갈철광을 강자성 광물화한 다음 자력 선광법을 적용하여 철광석의 품위를 올린다.

해설
배소법 : 금속 황화물을 가열하여 금속 산화물과 이산화황으로 분해시키는 작업
• 산화 배소
 – 황화광 내 황을 산화시켜 SO_2로 제거하는 방법으로 비소(As), 안티모니(Sb) 등을 휘발 제거하는 데 적용
 – 반응식 $2ZnS + 3O_2 = 2ZnO + 2SO_2$, $2PbS + 3O_2 = 2PbO + 2SO_2$
• 황산하 배소 · 황하 광석을 삼하시켜 수용성이 금속 황산열을 만들어 습식 제련하기 위한 배소
• 그 밖의 배소
 – 환원 배소 : 광석, 중간 생성물을 석탄, 고체 환원제와 같은 기체 환원제를 사용하여 저급의 산화물이나 금속으로 환원하는 것
 – 나트륨 배소 : 광석 중 유가 금속을 나트륨염으로 만들어 침출 제련하는 것

57 코크스(Coke) 중 회분(Ash)의 조성 성분에 해당되지 않는 것은?

① SiO_2
② Al_2O_3
③ Fe_2O_3
④ CO_2

해설
• 코크스 내 회분은 SiO_2, Al_2O_3, Fe_2O_3으로 이루어져 있다.
• 회분은 SiO_2를 포함하고 있으므로 많으면 많을수록 석회석 투입량이 많아지게 되며, 코크스의 발열량 또한 그만큼 내려가 출선량도 감소하게 된다. 또한 통기성을 저해하므로 행잉의 위험이 있다.

58 소결조업에서의 확산 결합에 관한 설명이 아닌 것은?

① 확산 결합은 동종광물의 재결정이 결합의 기초가 된다.
② 분광석의 입자를 미세하게 하여 원료 간의 접촉면적을 증가시키면 확산 결합이 용이해진다.
③ 자철광의 경우 발열 반응을 하므로 원자의 이동도를 증가시켜 강력한 확산 결합을 만든다.
④ 고온에서 소결이 행하여진 경우 원료 중의 슬래그 성분이 용융되어 입자가 슬래그 성분으로 견고하게 결합되는 것이다.

해설
• 확산 결합
 – 비교적 저온에서 소결이 이루어진 경우로 입자가 용융하지 않고 입자 표면 접촉부가 확산 반응으로 결합이 이루어짐
 – 피환원성은 좋으나 부서지기 쉬움
• 용융 결합
 – 고온에서 소결한 경우로 원료 중 슬래그 성분이 용융하여 쉽게 결합
 – 저융점의 슬래그 성분일수록 용융 결합을 함
 – 강도는 좋으나, 피환원성이 좋지 않아 기공률과 환원율 저하를 방지해야 함

59 생석회 사용 시 소결 조업상의 효과가 아닌 것은?

① 고층후(Deep Bed) 조업 가능
② NOx 가스 발생 감소
③ 열효율 감소로 인한 분 코크스 사용량의 증가
④ 의사 입자화 촉진 및 강도 향상으로 통기성 향상

해설
생석회 첨가 : 의사 입화 촉진, 의사 입자 강도 향상, 소결 베드(Bed) 내 의사 입자 붕괴량 감소, 환원 분화 개선 및 성분 변동을 감소

60 적열 코크스를 불활성가스로 냉각 소화하는 건식 소화(CDQ ; Coke Dry Quenching)법의 효과가 아닌 것은?

① 강도 향상
② 수분 증가
③ 현열 회수
④ 분진 감소

해설
• 수분 증가는 습식 소화작업과 관련이 있다.
• 습식 소화작업 : 압출된 적열 코크스를 소화차에 받아 소화탑으로 냉각한 후 와프(Wharf)에 배출하는 작업
• 건식 소화작업 : CDQ(Coke Dry Quenching)란 습식 소화과정에서 발생된 비산분진을 억제하여 대기환경오염을 방지하는 것으로 압출된 코크스를 Bucket으로 받아 Cooling Shaft에 장입한 후 불활성가스를 통입시켜 질식 소화시키는 방법

01 금속의 소성변형에서 마치 거울에 나타나는 상이 거울을 중심으로 하여 대칭으로 나타나는 것과 같은 현상을 나타내는 변형은?

① 쌍정변형

② 전위변형

③ 벽계변형

④ 딤플변형

해설

쌍정(Twin) : 소성변형 시 상이 거울을 중심으로 대칭으로 나타나는 것과 같은 현상으로 슬립이 일어나지 않는 금속이나 단결정에서 주로 일어난다.

02 황동의 합금 조성으로 옳은 것은?

① Cu + Ni

② Cu + Sn

③ Cu + Zn

④ Cu + Al

해설

청동은 구리와 주석의 합금이고, 황동은 구리와 아연의 합금이다.

03 용강 중에 기포나 편석은 없으나 중앙 상부에 큰 수축공이 생겨 불순물이 모이고, Fe − Si, Al분말 등의 강한 탈산제로 완전 탈산한 강은?

① 킬드강

② 캡트강

③ 림드강

④ 세미킬드강

해설

• 킬드강 : 용강 중 Fe − Si, Al분말 등 강탈산제를 첨가하여 산소가 거의 없는 완전 탈산된 강으로 기포가 없고 편석이 적은 장점이 있고, 기계적 성질이 양호하다.

• 세미킬드강 : 탈산 정도가 킬드강과 림드강의 중간 정도인 강으로 구조용강, 강판 재료에 사용된다.

• 림드강 : 미탈산된 용강을 그대로 금형에 주입하여 응고시킨 강

• 캡트강 : 용강을 주입 후 뚜껑을 씌워 내부 편석을 적게 한 강으로 내부 결함은 적으나 표면 결함이 많음

04 다음 중 산과 작용하였을 때 수소가스가 발생하기 가장 어려운 금속은?

① Ca

② Na

③ Al

④ Au

해설

금(Au)은 이온화 경향이 낮은 금속으로 수소가스가 발생하기 가장 어려운 금속이다.

이온화

• 이온화 경향이 클수록 산화되기 쉽고 전자친화력이 작다. 또한 수소 원자 위에 있는 금속은 묽은 산에 녹아 수소를 방출한다.

• K > Ca > Na > Mg > Al > Zn > Cr > Fe > Co > Ni

(암기법 : 카카나마 알아크철코니)

05 태양열 이용 장치의 적외선흡수 재료, 로켓연료 연소효율 향상에 초미립자 소재를 이용한다. 이 재료에 관한 설명 중 옳은 것은?

① 초미립자 제조는 크게 체질법과 고상법이 있다.
② 체질법을 이용하면 청정 초미립자 제조가 가능하다.
③ 고상법은 균일한 초미립자 분체를 대량 생산하는 방법으로 우수하다.
④ 초미립자의 크기는 100nm의 콜로이드(Colloid) 입자의 크기와 같은 정도의 분체라 할 수 있다.

해설
일반적으로 입자 직경이 0.1μm 이하의 입자를 초미립자라고 한다.

06 다음과 같은 제품을 3각법으로 투상한 것 중 옳은 것은?(단, 화살표 방향을 정면도로 한다)

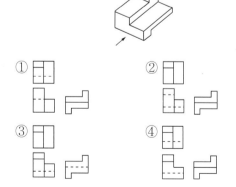

해설
제3각법의 원리
제3면각 공간 안에 물체를 각각의 면에 수직인 상태로 중앙에 놓고 '보는 위치'에서 물체 앞면의 투상면에 반사되도록 하여 처음 본 것을 정면라 하고, 각 방향으로 돌아가며 보아서 반사되도록 하여 투상도를 얻는 원리(눈 – 투상면 – 물체)

07 KS의 부문별 기호 중 기계기본, 기계요소, 공구 및 공작기계 등을 규정하고 있는 영역은?

① KS A   ② KS B
③ KS C   ④ KS D

해설
KS 규격
• KS A : 기본
• KS B : 기계
• KS C : 전기전자
• KS D : 금속

08 치수공차를 구하는 식으로 옳은 것은?

① 최대허용치수 – 기준치수
② 허용한계치수 – 기준치수
③ 최소허용치수 – 기준치수
④ 최대허용치수 – 최소허용치수

해설
공차 = 최대허용치수 – 최소허용치수

09 다음 투상도 중 물체의 높이를 알 수 없는 것은?

① 정면도
② 평면도
③ 우측면도
④ 좌측면도

해설
평면도 : 상면도라고도 하며, 물체의 위에서 내려다 본 모양을 나타낸 도면

10 물품을 그리거나 도안할 때 필요한 사항을 제도기구 없이 프리 핸드(Free Hand)로 그린 도면은?

① 전개도
② 외형도
③ 스케치도
④ 곡면선도

해설
• 전개도 : 대상물을 구성하는 평면으로 전개한 그림
• 외관도 : 대상물의 외형 및 최소한으로 필요한 치수를 나타낸 도면

11 용융금속의 냉각곡선에서 응고가 시작되는 지점은?

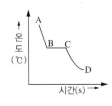

① A
② B
③ C
④ D

해설
위 냉각곡선에서 응고가 시작되는 점은 C점과 평행인 B점이다.

12 베어링(Bearing)용 합금의 구비조건에 대한 설명 중 틀린 것은?

① 마찰계수가 적고 내식성이 좋을 것
② 충분한 취성을 가지며 소착성이 클 것
③ 하중에 견디는 내압력과 저항력이 클 것
④ 주조성 및 절삭성이 우수하고 열전도율이 클 것

해설
베어링 합금
• 화이트메탈, Cu – Pb 합금, Sn 청동, Al 합금, 주철, Cd 합금, 소결 합금
• 경도와 인성, 항압력이 필요
• 하중에 잘 견디고 마찰계수가 작아야 함
• 비열 및 열전도율이 크고 주조성과 내식성 우수
• 소착(Seizing)에 대한 저항력이 커야 함

13 Al – Si계 주조용 합금은 공정점에서 조대한 육각판상 조직이 나타난다. 이 조직의 개량화를 위해 첨가하는 것이 아닌 것은?

① 금속납
② 금속나트륨
③ 수산화나트륨
④ 알칼리염류

해설
• Al – Si : 실루민, Na을 첨가하여 개량화 처리를 실시
• 개량화 처리 : 금속 나트륨, 수산화나트륨, 플루오린화 알칼리, 알칼리 염류 등을 용탕에 장입하면 조직이 미세화되는 처리

14 다음의 조직 중 경도가 가장 높은 것은?

① 시멘타이트
② 페라이트
③ 오스테나이트
④ 트루스타이트

해설
탄소강 조직의 경도는 시멘타이트 → 마텐자이트 → 트루스타이트 → 베이나이트 → 소르바이트 → 펄라이트 → 오스테나이트 → 페라이트 순이다.

15 강과 주철을 구분하는 탄소의 함유량은 약 몇 % 인가?

① 0.1
② 0.5
③ 1.0
④ 2.0

해설
강은 탄소 함유량이 2.0% C, 주철은 탄소 함유량이 2.0∼6.67% C 이다.

16 물과 같은 부피를 가진 물체의 무게와 물의 무게와의 비는?

① 비 열
② 비 중
③ 숨은열
④ 열전도율

해설
비중 : 같은 부피일 때 물의 무게에 비교한 물체의 무게

17 게이지용 강이 갖추어야 할 성질을 설명한 것 중 옳은 것은?

① 팽창계수가 보통 강보다 커야 한다.
② HRC 45 이하의 경도를 가져야 한다.
③ 시간이 지남에 따라 치수 변화가 커야 한다.
④ 담금질에 의하여 변형이나 담금질 균열이 없어야 한다.

해설
게이지용 강은 변형을 최소한 강으로 팽창계수가 작고 강도와 경도가 높아야 하며, 경년변화가 없어야 한다.

18 10∼20% Ni, 15∼30% Zn에 구리 약 70%의 합금으로 탄성재료나 화학기계용 재료로 사용되는 것은?

① 양 백
② 청 동
③ 엘린바
④ 모넬메탈

해설
Ni – Zn – Cu 첨가한 강은 양백이라고도 하며 전기저항체에 주로 사용한다.

19 스텔라이트(Stellite)에 대한 설명으로 틀린 것은?

① 열처리를 실시하여야만 충분한 경도를 갖는다.

② 주조한 상태 그대로를 연삭하여 사용하는 비철 합금이다.

③ 주요 성분은 40~55% Co, 25~33% Cr, 10~20% W, 2~5% C, 5% Fe이다.

④ 600℃ 이상에서는 고속도강보다 단단하며, 단조가 불가능하고, 충격에 의해서 쉽게 파손된다.

20 Y합금의 일종으로 Ti과 Cu를 0.2% 정도씩 첨가한 것으로 피스톤용 재료로 사용되는 합금은?

① 라우탈

② 코비탈륨

③ 두랄루민

④ 하이드로날륨

21 도면의 척도에 대한 설명 중 틀린 것은?

① 척도는 도면의 표제란에 기입한다.

② 척도에는 현척, 축척, 배척의 3종류가 있다.

③ 척도는 도형의 크기와 실물 크기와의 비율이다.

④ 도형이 치수에 비례하지 않을 때는 척도를 기입 하지 않고, 별도의 표시도 하지 않는다.

22 도면에서 Ⓐ로 표시된 해칭의 의미로 옳은 것은?

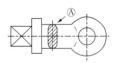

① 특수 가공 부분이다.

② 회전 단면도이다.

③ 키를 장착할 홈이다.

④ 열처리 가공 부분이다.

23 스퍼기어의 잇수가 32이고 피치원의 지름이 64일 때 이 기어의 모듈값은 얼마인가?

① 0.5

② 1

③ 2

④ 4

> **해설**
> • 피치원 지름 = 모듈(m) × 잇수
> • 모듈(m) = 64mm / 32 = 2

24 다음 중 치수보조선과 치수선의 작도 방법이 틀린 것은?

①

②

③

④

> **해설**
> 외형선, 중심선, 기준선 및 이들의 연장선을 치수보조선으로 사용한다.

25 반복 도형의 피치의 기준을 잡는 데 사용되는 선은?

① 굵은 실선

② 가는 실선

③ 가는 1점쇄선

④ 가는 2점쇄선

> **해설**

용도에 의한 명칭	선의 종류		선의 용도
피치선	가는 1점 쇄선	—·—·—·—	되풀이하는 도형의 피치를 취하는 기준을 표시하는 데 쓰인다.
가상선	가는 2점 쇄선	——··——	• 인접부분을 참고로 표시하는 데 사용한다. • 공구, 지그 등의 위치를 참고로 나타내는 데 사용한다. • 가동부분을 이동 중의 특정한 위치 또는 이동한계의 위치로 표시하는 데 사용한다. • 가공 전 또는 후의 모양을 표시하는 데 사용한다. • 되풀이하는 것을 나타내는 데 사용한다. • 도시된 단면의 앞쪽에 있는 부분을 표시하는 데 사용한다.

26 도면 치수 기입에서 반지름을 나타내는 치수 보조 기호는?

① R

② t

③ ϕ

④ SR

> **해설**
> 치수 보조기호
> • □ : 정사각형의 변   • t : 판의 두께
> • C : 45° 모따기   • SR : 구의 반지름
> • ϕ : 지름   • R : 반지름

27 가공면의 줄무늬 방향 표시기호 중 기호를 기입한 면의 중심에 대하여 대략 동심원인 경우 기입하는 기호는?

① X
② M
③ R
④ C

해설
줄무늬 방향의 기호
- X : 가공으로 생긴 선이 2방향으로 교차
- M : 가공으로 생긴 선이 다방면으로 교차 또는 방향이 없음
- R : 가공으로 생긴 선이 거의 방사상

28 다음 중 슬래그화한 성분은?

① P
② Sn
③ Cu
④ MgO

해설
CaO, MgO, SiO_2, P_2O_5 등이 여기에 속한다.

29 내용적 3,795m^3의 고로에 풍량 6,000Nm^3/min으로 송풍하여 선철을 8,160ton/d, 슬래그를 2,690ton/d 생산하였을 때의 출선비($t/d/m^3$)는 약 얼마인가?

① 0.71
② 1.80
③ 2.15
④ 2.86

해설
출선비($t/d/m^3$) : 단위 용적(m^3)당 용선 생산량(t)

$$\frac{출선량(t/d)}{내용적(m^3)} = \frac{8,160t/d}{3,795m^3} = 2.15t/d/m^3$$

30 사고예방의 5단계 순서로 옳은 것은?

① 조직 → 평가분석 → 사실의 발견 → 시정책의 적용 → 시정책의 선정
② 조직 → 평가분석 → 사실의 발견 → 시정책의 선정 → 시정책의 적용
③ 조직 → 사실의 발견 → 평가분석 → 시정책의 적용 → 시정책의 선정
④ 조직 → 사실의 발견 → 평가분석 → 시정책의 선정 → 시정책의 적용

해설
하인리히의 사고예방 대책 기본원리 5단계
- 1단계 : 조직
- 2단계 : 사실의 발견
- 3단계 : 평가분석
- 4단계 : 시정책의 선정
- 5단계 : 시정책의 적용

31 재해 누발자를 상황성과 습관성 누발자로 구분할 때 상황성 누발자에 해당되지 않는 것은?

① 작업이 어렵기 때문에
② 기계설비에 결함이 있기 때문에
③ 환경상 주의력의 집중이 혼란되기 때문에
④ 재해 경험에 의해 겁쟁이가 되거나 신경과민이 되기 때문에

해설
④는 습관성 누발자에 대한 설명이다.

32 열풍로에서 예열된 공기는 풍구를 통하여 노 내 전달하게 되는데 이때, 예열된 공기는 약 몇 ℃인가?

① 300~500

② 600~800

③ 1,100~1,300

④ 1,400~1,600

해설

열풍로 개요

- 열풍로 : 공기를 노 내에 풍구를 통하여 불어 넣기 전 1,100~1,300℃로 예열하기 위한 설비
- 일정 시간이 경과하면 축열실 온도가 낮아지므로, 다른 축열실로의 열풍으로 사용
- 열풍 사용으로 코크스 사용량을 줄이며, 연소의 속도를 높여 생산 능률이 향상
- 가동 방식 : 고로가스(BFG) 및 코크스로 가스(COG)를 연소 → 축열실 가열 → 반대 방향에서 냉풍 공급 → 축열실 열로 냉풍 가열 → 가열기와 방열기 반복 → 다른 열풍로로 교환 송풍

33 고로 내 장입물로부터의 수분제거에 대한 설명 중 틀린 것은?

① 장입원료의 수분은 기공 중에 스며든 부착수가 존재한다.

② 장입원료의 수분은 화합물 상태의 결합수 또는 결정수로 존재한다.

③ 광석에서 분리된 수증기는 코크스 중의 고정탄소와 $H_2O + C \rightarrow H_2 + CO_2$의 반응을 일으킨다.

④ 부착수는 100℃ 이상에서는 증발하며, 특히 입도가 작은 광석이 낮은 온도에서 증발하기 쉽다.

해설

광석에서 분리된 수증기는 $H_2O + C \rightarrow H_2 + CO - 28.4$로 분해된다.

34 노체의 팽창을 완화하고 가스가 새는 것을 막기 위해 설치하는 것은?

① 냉각판

② 로암(Loam)

③ 광석받침철판

④ 익스펜션(Expansion)

해설

익스펜션 조인트 : 배관의 온도 변화에 따른 팽창과 수축, 진동 및 풍압, 배관의 이동과 파손, 과도한 응력 등을 흡수하여 사고를 미연에 방지하는 설비

35 고로 조업에서 냉입사고의 원인이 아닌 것은?

① 유동성이 불량할 때

② 미분탄 등 보조연료를 다량으로 취입할 때

③ 장입물의 얹힘 및 슬립이 연속적으로 발생할 때

④ 풍구, 냉각반의 파손에 의한 노 내 침수가 일어날 때

해설

냉입 : 노상부의 열이 현저하게 저하되어 일어나는 사고로 다수의 풍구를 폐쇄시킨 후 정상 조업까지 복귀시키는 현상

- 냉입의 원인
  - 노 내 침수
  - 장시간 휴풍
  - 노황 부조 : 날파람, 노벽 탈락
  - 이상 조업 : 장입물의 평량 이상 등에 의한 열 붕괴, 휴풍 시 침수
- 대 책
  - 노 내 침수 방지 및 냉각수 점검 철저
  - 원료 품질의 급변 방지
  - 행잉의 연속 방지
  - 돌발적 장기간 휴풍 방지
  - 장입물의 대폭 평량 방지

36 노황 및 출선, 출재가 정상적이지 않아 조기 출선을 해야 하는 경우가 아닌 것은?

① 감압, 휴풍이 예상될 경우
② 노열 저하 현상이 보일 경우
③ 장입물의 하강이 느린 경우
④ 출선구가 약하고 다량의 출선에 견디지 못 할 경우

해설
조기 출선을 해야 할 경우
• 출선, 출재가 불충분할 경우
• 노황 냉기미로 풍구에 슬래그가 보일 때
• 전 출선 Tap에서 충분한 배출이 안 되어 양적인 제약이 생길 때
• 감압 휴풍이 예상될 때
• 장입물 하강이 빠를 때

38 고로는 전 높이에 걸쳐 많은 내화벽돌로 쌓여져 있다. 내화벽돌이 갖추어야 될 조건으로 틀린 것은?

① 내화도가 높아야 한다.
② 치수가 정확하여야 한다.
③ 비중이 5.0 이상으로 높아야 한다.
④ 침식과 마멸에 견딜 수 있어야 한다.

해설
고로 내화물은 부피와 비중이 작다.
고로 내화물 구비 조건
• 고온에서 용융, 연화, 휘발하지 않을 것
• 고온·고압에서 상당한 강도를 가질 것
• 열 충격이나 마모에 강할 것
• 용선·용재 및 가스에 대하여 화학적으로 안정할 것
• 적당한 열전도를 가지고 냉각 효과가 있을 것

37 파이넥스(Finex) 제선법에 대한 설명 중 틀린 것은?

① 주원료로 주로 분광을 사용한다.
② 송풍에 있어 산소를 불어 넣는다.
③ 환원 반응과 용융 기능이 분리되어 안정적인 조업에 유리하다.
④ 고로 조업과 달리 소결 공정은 생략되어 있으나 코크스 제조 공정은 필요하다.

해설
파이넥스법 : 가루 형태의 분철광석을 유동로에 투입한 후 환원 반응에 의해 철 성분을 분리하여 용융로에서 유연탄과 용해해 최종 선철을 제조하는 공법으로 코크스 제조 공정이 필요하지 않다.

39 자용성 소결광 조업에 대한 설명으로 틀린 것은?

① 노황이 안정되어 고온 송풍이 가능하다.
② 노 내 탈황률이 향상되어 선철 중의 황을 저하시킬 수 있다.
③ 소결광 중에 페이얼라이트 함유량이 많아 산화성이 크다.
④ 하소된 상태에 있으므로 노 안에서의 열량 소비가 감소된다.

해설
• 자용성 소결광 : 염기도 조절을 위해 석회석을 첨가한 소결광으로 피환원성 향상, 연료비 절감, 생산성 향상의 목적으로 사용
• 철광석의 피환원성은 기공률이 클수록, 입도가 작을수록, 산화도가 높을수록 좋아지며, 환원이 어려운 철감람석(Fayalite, Fe_2SiO_4), 타이타늄($FeO·TiO_2$) 등이 있으면 나빠진다.

40 고로 노체의 구조 중 노의 용적이 가장 큰 부분은?

① 노 흉
② 노 복
③ 조 안
④ 노 상

노복이 가장 크다.

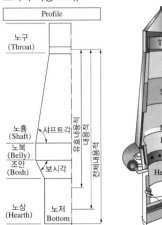
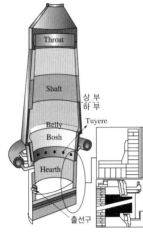

42 철분의 품위가 57.6%인 철광석으로부터 철분 94%의 선철 1톤을 제조하는 데 필요한 철광석 양은 약 몇 kg인가?

① 632
② 1,632
③ 3,127
④ 6,127

해설
광석량 계산
(광석량) × 0.576 = 1,000kg × 0.94
광석량 = 1,632kg

43 파이넥스 조업 설비 중 환원로에서의 반응이 아닌 것은?

① 부원료의 소성 반응

② $C + \frac{1}{2}O_2 \rightarrow CO$

③ $Fe + H_2S \rightarrow FeS + H_2$

④ $Fe_2O_3 + 3CO \rightarrow 2Fe + 3CO_2$

해설
유동 환원로 : 분철광석이 4개의 유동로에 장입되어 순차적으로 다음의 반응을 거치며 용융로로 이동
• 고온의 가스(CO)에 의해 건조, 예열, 환원
• $Fe + H_2S \rightarrow FeS + H_2$
• $Fe_2O_3 + 3CO \rightarrow 2Fe + 3CO_2$

41 고로에서 출선구 머드건(폐쇄기)의 성능을 향상시키기 위하여 첨가하는 원료는?

① SiC
② CaO
③ MgO
④ FeO

해설
SiC는 내식성 및 내마모성 증대효과가 있으며 자체 소결성이 없어 점토와 함께 사용한다.

44 광석의 철 품위를 높이고 광석 중의 유해 불순물인 비소(As), 황(S) 등을 제거하기 위해서 하는 것은?

① 균 광
② 단 광
③ 선 광
④ 소 광

해설
• 선광법 : 비중, 자성 등과 같은 물리적 성질, 계면의 물리 화학적 성질을 이용하여 불필요한 맥석류를 제거하여 정광을 얻는 공정
• 균광 : 광석의 품질을 균일화
• 단광 : 상온에서 압축 성형만으로 덩어리를 만들거나, 이것을 다시 구워 단단한 덩어리로 만드는 방법

45 고로에서 고압 조업의 효과가 아닌 것은?

① 연진의 저하

② 출선량 증가

③ 송풍량의 저하

④ 코크스비의 저하

해설

고압 조업의 효과
- 출선량 증가
- 연료비 저하
- 노황 안정
- 가스압 차 감소
- 노정압 발전량 증대

46 리클레이머(Reclaimer)의 기능으로 옳은 것은?

① 원료의 적치

② 원료의 불출

③ 원료의 정립

④ 원료의 입조

해설

- 리클레이머(Reclaimer) : 원료탄 또는 코크스를 야드에서 불출하여 하부에 통과하는 벨트컨베이어에 원료를 실어 주는 장비
- 언로더(Unloader) : 원료가 적재된 선박이 입하하면 원료를 배에서 불출하여 야드(Yard)로 보내는 설비
- 스태커(Stacker) : 해송 및 육송으로 수송된 광석이나 석탄, 부원료 등이 벨트컨베이어를 통해 운반되어 최종 저장 야드에 적치하는 장비

47 소결공정에서 혼합기(Drum Mixer)의 역할이 아닌 것은?

① 조 립

② 장 입

③ 혼 합

④ 수분 첨가

해설

드럼 믹서 : 혼합된 원료를 드럼(Drum) 내에서 혼합되게 하여 미립자가 조대한 입자에 모여들어 서로 부착되어 입도를 크게 하는 설비

48 용광로 제련에 사용되는 분광 원료를 괴상화하였을 때 괴상화된 원료의 구비 조건이 아닌 것은?

① 다공질로 노 안에서 산화가 잘될 것

② 가능한 한 모양이 구상화된 형태일 것

③ 오랫동안 보관하여도 풍화되지 않을 것

④ 열팽창, 수축 등에 의해 파괴되지 않을 것

해설

분광 원료를 괴상화하는 이유는 다공질로 노 안에서 피환원성을 높이기 위함이다.

49 소결공정의 일반적인 조업순서로 옳은 것은?

① 원료 절출 → 혼합 및 조립 → 원료 장입 → 점화
→ 괴성화 → 1차 파쇄 및 선별 → 냉각 → 2차
파쇄 및 선별 → 저장 후 고로 장입

② 원료 절출 → 원료 장입 → 혼합 및 조립 → 1차
파쇄 및 선별 → 점화 → 괴성화 → 냉각 → 2차
파쇄 및 선별 → 저장 후 고로 장입

③ 원료 절출 → 1차 파쇄 및 선별 → 혼합 및 조립
→ 원료 장입 → 점화 → 괴성화 → 냉각 → 2차
파쇄 및 선별 → 저장 후 고로 장입

④ 원료 절출 → 괴성화 → 1차 파쇄 및 선별 → 혼합
및 조립 → 원료 장입 → 점화 → 2차 파쇄 및
선별 → 냉각 → 저장 후 고로 장입

해설
소결 순서 : 원료 절출 → 혼합 및 조립 → 원료 장입 → 점화
→ 소결 → 1차 파쇄 → 냉각 → 2차 파쇄

50 고로용 내화물의 구비조건이 아닌 것은?

① 고온에서 용융, 휘발하지 않을 것
② 열전도가 잘 안되고 발열효과가 있을 것
③ 고온, 고압하에서 상당한 강도를 가질 것
④ 용선, 가스에 대하여 화학적으로 안정할 것

해설
고로 내화물 구비 조건
• 고온에서 용융, 연화, 휘발하지 않을 것
• 고온 · 고압에서 상당한 강도를 가질 것
• 열 충격이나 마모에 강할 것
• 용선 · 용재 및 가스에 대하여 화학적으로 안정할 것
• 적당한 열전도를 가지고 냉각 효과가 있을 것

51 다음 소결반응에 대한 설명으로 틀린 것은?

① 저온에서는 확산결합을 한다.
② 확산결합이 용융결합보다 강도가 크다.
③ 고온에서 분화방지를 위해서는 용융결합이 좋다.
④ 고온에서 슬래그 성분이 용융해서 입자가 단단해
진다.

해설
• 확산결합
- 비교적 저온에서 소결이 이루어진 경우로 입자가 용융하지
않고 입자 표면 접촉부의 확산 반응으로 결합이 이루어짐
- 피환원성은 좋으나 부서지기 쉬움
• 용융결합
- 고온에서 소결한 경우로 원료 중 슬래그 성분이 용융하여 쉽게
결합
- 저융점의 슬래그 성분일수록 용융결합을 함
- 강도는 좋으나, 피환원성이 좋지 않아 기공률과 환원율 저하
를 방지해야 함

52 소결조업의 목표인 소결광의 품질관리 기준이 아
닌 것은?

① 성 분
② 입 도
③ 연 성
④ 강 도

해설
소결광의 품질관리 기준
• 성분 : 피환원성이 높은 성분으로 제조되어야 한다.
• 입도 : 통기성을 유지하기 위해 적절한 입도를 갖추어야 한다.
• 강도 : 고로 장입 시 분율이 작도록 일정한 강도를 갖추어야
한다.

53 용제에 대한 설명으로 틀린 것은?

① 유동성을 좋게 한다.

② 슬래그의 용융점을 높인다.

③ 맥석 같은 불순물과 결합한다.

④ 슬래그를 금속으로부터 잘 분리되도록 한다.

해설
용제 : 슬래그의 생성과 용선, 슬래그의 분리를 용이하게 하고, 불순물의 제거를 돕는 역할

54 제게르 추의 번호 SK 31의 용융 연화점 온도는 몇 ℃인가?

① 1,530   ② 1,690

③ 1,730   ④ 1,850

해설
제게르 추
• 내화물, 내화도를 비교 측정하는 일종의 고온 온도계를 말한다.
• SK 31 : 1,690℃, SK 32 : 1,710℃, SK 33 : 1,730℃
• 번호가 오를수록 20℃씩 상승한다.

55 분말로 된 정광을 괴상으로 만드는 과정은?

① 하 소   ② 배 소
③ 소 결   ④ 단 광

해설
단광 : 상온에서 압축 성형만으로 덩어리를 만들거나, 이것을 다시 구워 단단한 덩어리로 만드는 방법

56 소결 원료에서 반광의 입도는 일반적으로 몇 mm 이하의 소결광인가?

① 5

② 12

③ 24

④ 48

해설
반광은 생산된 소결광 중 고로에서 사용하기에 너무 작아 다시 소결 원료로 사용하는 것으로 보통 5~6mm 이하의 소결광을 말한다.

57 소결조업에서 생석회의 역할을 설명한 것 중 틀린 것은?

① 의사 입자의 강도를 향상시킨다.

② 소결 베드 내에서의 통기성을 개선한다.

③ 소결 배합원료의 의사 입자를 촉진한다.

④ 저층 후 조업이 가능하나 분 코크스 사용량이 증가한다.

해설
생석회 첨가 : 의사 입화 촉진, 의사 입자 강도 향상, 소결 베드(Bed) 내 의사 입자 붕괴량 감소, 환원 분화 개선 및 성분 변동을 감소

58 다음 원료 중 피환원성이 가장 우수한 것은?

① 자철광

② 보통 펠릿

③ 자용성 펠릿

④ 자용성 소결광

해설
• 자용성 소결광 : 염기도 조절을 위해 석회석을 첨가한 소결광으로 피환원성 향상, 연료비 절감, 생산성 향상의 목적으로 사용
• 자용성 펠릿 : 자용성 소결광과 마찬가지로 석회석을 첨가한 펠릿으로 자용성 소결광에 비해 입도가 일정하고, 강도가 우수하여 정형화된 품질의 용선을 얻기가 용이하다.

59 함수 광물로써 산화마그네슘(MgO)을 함유하고 있으며, 고로에서 슬래그 성분 조절용으로 사용하며 광재의 유동성을 개선하고 탈황성능을 향상시키는 것은?

① 규 암

② 형 석

③ 백운석

④ 사문암

해설
사문암 : MgO 함유, 슬래그 성분 조정, 노저 보호

60 코크스의 연소실 구조에 따른 분류 중 순환식에 해당되는 것은?

① 카우퍼식

② 오토식

③ 쿠로다식

④ 월푸투식

해설
내연식 열풍로(Cowper Type) - 순환식
• 예열실과 축열실이 분리되어 있지 않고 하나의 돔 내에 위치한 열풍로
• 구조가 복잡하고 연소실과 축열실 사이 분리벽이 손상되기 쉬움

01 반자성체에 해당하는 금속은?

① 철(Fe)

② 니켈(Ni)

③ 안티모니(Sb)

④ 코발트(Co)

해설

반자성체(Diamagnetic Material)

수은, 금, 은, 비스무트, 구리, 납, 물, 아연, 안티모니와 같이 자화를 하면 외부 자기장과 반대 방향으로 자화되는 물질을 말하며, 투자율이 진공보다 낮은 재질을 말함

02 문쯔메탈(Muntz Metal)이라 하며 탈아연 부식이 발생되기 쉬운 동합금은?

① 6 - 4 황동

② 주석 청동

③ 네이벌 황동

④ 애드미럴티 황동

해설

탈아연 부식 : 6 - 4 황동에서 주로 나타나며 황동의 표면 또는 내부가 해수 혹은 부식성 물질이 있는 액체와 접촉되면 아연이 녹아 버리는 현상

03 다음 중 강괴의 탈산제로 부적합한 것은?

① Al

② Fe - Mn

③ Cu - P

④ Fe - Si

해설

킬드강 : 용강 중 Fe - Mn, Fe - Si, Al분말 등 강탈산제를 첨가하여 산소가 거의 없는 완전 탈산된 강으로 기포가 없고 편석이 적은 장점이 있고, 기계적 성질이 양호하다.

04 주철의 기계적 성질에 대한 설명 중 틀린 것은?

① 경도는 C+Si의 함유량이 많을수록 높아진다.

② 주철의 압축강도는 인장강도의 3~4배 정도이다.

③ 고C, 고Si의 크고 거친 흑연편을 함유하는 주철은 충격값이 작다.

④ 주철은 자체의 흑연이 윤활제 역할을 하며, 내마멸성이 우수하다.

해설

Si와 C가 많을수록 비중과 용융 온도는 저하하며, Si, Ni의 양이 많아질수록 고유저항은 커지며, 흑연이 많을수록 비중이 작아짐

05 강에 탄소량이 증가할수록 증가하는 것은?

① 경 도

② 연신율

③ 충격값

④ 단면수축률

해설

탄소량이 증가할수록 시멘타이트량이 많아지므로 강도와 경도가 높아진다.

06 비중 7.3, 용융점 232℃, 13℃에서 동소변태하는 금속으로 전연성이 우수하며, 의약품, 식품 등의 포장용 튜브, 식기, 장식기 등에 사용되는 것은?

① Al
② Ag
③ Ti
④ Sn

해설
주석(Sn)
원자량 118.7g/mol, 녹는점 231.93℃, 끓는점 2,602℃이다. 모든 원소 중 동위원소가 가장 많으며 전성, 연성과 내식성이 크고 쉽게 녹기 때문에 주조성이 좋아 널리 사용되는 전이후 금속이다.

07 고속도강의 대표 강종인 SKH2 텅스텐계 고속도강의 기본 조성으로 옳은 것은?

① 18% Cu – 4% Cr – 1% Sn
② 18% W – 4% Cr – 1% V
③ 18% Cr – 4% Al – 1% W
④ 18% W – 4% Cr – 1% Pb

해설
표준 고속도강의 주요 성분은 18% W – 4% Cr – 1% V이다.

08 다음의 합금원소 중 함유량이 많아지면 내마멸성을 크게 증가시키고, 적열 메짐을 방지하는 것은?

① Ni
② Mn
③ Si
④ Mo

해설
망간(Mn) : 적열취성의 원인이 되는 황(S)은 MnS의 형태로 결합하여 Slag를 형성하여 제거되고, 황의 함유량을 조절하며 절삭성을 개선시킨다.

09 금(Au)의 일반적인 성질에 대한 설명 중 옳은 것은?

① 금(Au) 내식성이 매우 나쁘다.
② 금(Au)의 순도는 캐럿(K)으로 표시한다.
③ 금(Au)은 강도, 내마멸성이 높다.
④ 금(Au) 조밀육방격자에 해당하는 금속이다.

해설
귀금속의 순도 단위로는 캐럿(K, Karat)으로 나타내며, 24진법을 사용하여 24K는 순금속, 18K의 경우 $\frac{18}{24} \times 100 = 75\%$가 포함된 것을 알 수 있다.
※ 참 고
- Au(Aurum, 금의 원자기호)
- Carat(다이아몬드 중량표시, 기호 ct)
- Karat(금의 질량표시, 기호 K)
- ct와 K는 혼용되기도 함

10 Al에 1~1.5%의 Mn을 합금한 내식성 알루미늄합금으로 가공성, 용접성이 우수하여 저장 탱크, 기름 탱크 등에 사용되는 것은?

① 알 민
② 알드리
③ 알클래드
④ 하이드로날륨

해설
가공용 알루미늄합금
- Al – Cu – Mn – Mg : 두랄루민, 시효경화성 합금, 항공기, 차체 부품으로 사용
  - 시효경화 : 용체화 처리 후 100~200℃의 온도로 유지하여 상온에서 안정한 상태로 돌아가며 시간이 지나면서 경화가 되는 현상
  - 용체화 처리 : 합금원소를 고용체 용해 온도 이상으로 가열하여 급랭시켜 과포화 고용체로 만들어 상온까지 유지하는 처리로 연화된 이후 시효에 의해 경화된다.
- Al – Mn : 알민, 가공성, 용접성 우수, 저장탱크, 기름 탱크에 사용
- Al – Mg – Si : 알드리(알드레이), 내식성 우수, 전기전도율 우수, 송전선 등에 사용
- Al – Mg : 하이드로날륨, 내식성이 우수
- 알클래드 : 고강도 합금 판재인 두랄루민의 내식성 향상을 위해 순수 Al 또는 Al합금을 피복한 것. 강도와 내식성 동시 증가

11 Ti 금속의 특징을 설명한 것 중 옳은 것은?

① Ti 및 그 합금은 비강도가 낮다.

② 저용융점 금속이며, 열전도율이 낮다.

③ 상온에서 체심입방격자의 구조를 갖는다.

④ Ti은 화학적으로 반응성이 없어 내식성이 나쁘다.

해설
타이타늄은 비중 4.5, 융점 1,800℃, 상자성체이며 매우 경도가 높고 여리다. 강도는 거의 탄소강과 같고, 비강도는 비중이 철보다 작으므로 철의 약 2배가 되고 열전도도와 열팽창률도 작은 편이다. 타이타늄의 결점은 고온에서 쉽게 산화하는 것과 값이 고가인 것이다. 타이타늄재(材)는 항공기, 우주 개발 등에 사용되는 이외에 고도의 내식재료로서 중용되고 있다.

※ 저자 의견 : ②번 선지 오류로 "열전도율이 <u>높다</u>"를 "열전도율이 <u>낮다</u>"로 수정하였습니다.

12 Al – Si계 합금에 관한 설명으로 틀린 것은?

① Si 함유량이 증가할수록 열팽창계수가 낮아진다.

② 실용 합금으로는 10~13%의 Si가 함유된 실루민이 있다.

③ 용융점이 높고 유동성이 좋지 않아 복잡한 모래형 주물에는 이용되지 않는다.

④ 개량처리를 하게 되면 용탕과 모래 수분과의 반응으로 수소를 흡수하여 기포가 발생된다.

해설
• Al – Si : 실루민, Na을 첨가하여 개량화 처리를 실시
• 개량화 처리 : 금속 나트륨, 수산화나트륨, 플루오린화 알칼리, 알칼리 염류 등을 용탕에 장입하면 조직이 미세화되는 처리
• 용융점이 낮고 유동성이 좋아 모래형 주물에 이용

13 Fe – C 평형상태도에서 레데뷰라이트의 조직은?

① 페라이트

② 페라이트 + 시멘타이트

③ 페라이트 + 오스테나이트

④ 오스테나이트 + 시멘타이트

해설
레데뷰라이트 : γ – 철 + 시멘타이트, 탄소 함유량이 2.0% C와 6.67% C의 공정주철의 조직으로 나타난다.

14 다음 중 슬립(Slip)에 대한 설명으로 틀린 것은?

① 원자 밀도가 최대인 방향으로 잘 일어난다.

② 원자 밀도가 가장 큰 격자면에서 잘 일어난다.

③ 슬립이 계속 진행하면 결정은 점점 단단해져 변형이 쉬워진다.

④ 다결정에서는 외력이 가해질 때 슬립방향이 서로 달라 간섭을 일으킨다.

해설
슬립이 일어나는 면으로 재료의 변형이 발생하며, 점점 단단해지며 변형이 어려워진다.

15 분산강화 금속 복합재료에 대한 설명으로 틀린 것은?

① 고온에서 크리프 특성이 우수하다.

② 실용 재료로는 SAP, TD Ni이 대표적이다.

③ 제조 방법은 일반적으로 단점법이 사용된다.

④ 기지 금속 중에 $0.01 \sim 0.1 \mu m$ 정도의 미세한 입자를 분산시켜 만든 재료이다.

해설

제조법으로는 혼합법, 열분해법, 내부 산화법 등이 있다.

분산강화 금속 복합재료

• 금속에 $0.01 \sim 0.1 \mu m$ 정도의 산화물을 분산시킨 재료
• 고온에서 크리프 특성이 우수, Al, Ni, Ni - Cr, Ni - Mo, Fe - Cr 등이 기지로 사용
• 저온 내열재료 SAP(Sintered Aluminium Powder Product) : Al 기지 중에 Al_2O_3의 미세 입자를 분산시킨 복합재료로 다른 Al 합금에 비해 350~550℃에서도 안정한 강도를 지님
• 고온 내열재료 TD Ni(Thoria Dispersion Strengthened Nickel) : Ni 기지 중에 ThO_2입자를 분산시킨 내열재료로 고온 안정성 우수

16 침탄, 질화 등 특수 가공할 부분을 표시할 때 나타내는 선으로 옳은 것은?

① 가는 파선

② 가는 일점쇄선

③ 가는 이점쇄선

④ 굵은 일점쇄선

해설

특수지정선

용도에 의한 명칭	선의 종류	선의 용도
특수 지정선	굵은 일점쇄선	특수한 가공을 하는 부분 등 특별한 요구 사항을 적용할 수 있는 범위를 표시하는 데 사용한다.

17 표제란에 재료를 나타내는 표시 중 밑줄 친 KS D가 의미하는 것은?

제도자	홍길동	도 명	캐스터
도 번	M20551	척 도	NS
재 질	KS D 3503 SS 330		

① KS 규격에서 기본 사항

② KS 규격에서 기계 부분

③ KS 규격에서 금속 부분

④ KS 규격에서 전기 부분

해설

KS 규격

KS A : 기본, KS B : 기계, KS C : 전기전자, KS D : 금속

18 미터나사의 표시가 "M30×2"로 되어 있을 때 2가 의미하는 것은?

① 등 급 　　　　② 리 드

③ 피 치 　　　　④ 거칠기

해설

나사의 호칭 방법

나사의 종류	나사의 호칭 (지름을 지시하는 숫자)	×	피 치
M	30	×	2

19 구멍 $\phi 42^{+0.009}_{0}$, 축 $\phi 42^{+0.009}_{-0.025}$일 때 최대 죔새는?

① 0.009 　　　　② 0.018

③ 0.025 　　　　④ 0.034

해설

최대 죔새

• 죔새가 발생하는 상황에서 구멍의 최소 허용치수와 축의 최대 허용치수와의 차
• 구멍의 아래 치수허용차와 축의 위 치수허용차와의 차
42.009 – 42.0 = 0.009

20 치수 기입을 위한 치수선과 치수보조선 위치가 가장 적합한 것은?

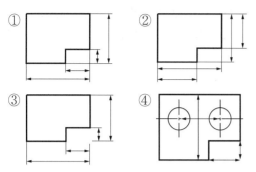

① ② ③ ④

외형선, 중심선, 기준선 및 이들의 연장선을 치수보조선으로 사용한다.

21 그림은 3각법에 의한 도면 배치를 나타낸 것이다. (ㄱ), (ㄴ), (ㄷ)에 해당하는 도면의 명칭을 옳게 짝지은 것은?

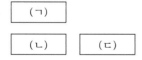

① (ㄱ) : 정면도, (ㄴ) : 좌측면도, (ㄷ) : 평면도

② (ㄱ) : 정면도, (ㄴ) : 평면도, (ㄷ) : 좌측면도

③ (ㄱ) : 평면도, (ㄴ) : 정면도, (ㄷ) : 우측면도

④ (ㄱ) : 평면도, (ㄴ) : 우측면도, (ㄷ) : 정면도

해설
정면도를 기준으로 위를 평면도, 오른쪽을 우측면도를 그린다.

22 한국산업표준에서 규정한 탄소공구강의 기호로 옳은 것은?

① SCM
② STC
③ SKH
④ SPS

해설
① SCM : 크롬 몰리브덴강
③ SKH : 고속도강
④ SPS : 스프링강

23 그림과 같은 단면도는?

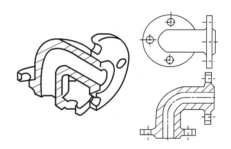

① 전단면도
② 한쪽 단면도
③ 부분 단면도
④ 회전 단면도

해설
전(온) 단면도 : 제품을 절반으로 절단하여 내부 모습을 도시하며 절단선은 나타내지 않는다.

24 다음 기호 중 치수 보조기호가 아닌 것은?

① C
② R
③ t
④ △

해설
치수 보조기호
• □ : 정사각형의 변
• t : 판의 두께
• C : 45° 모따기
• SR : 구의 반지름
• ϕ : 지름
• R : 반지름

25 금속의 가공 공정의 기호 중 스크레이핑 다듬질에 해당하는 약호는?

① FB
② FF
③ FL
④ FS

가공방법의 기호

가공방법	약 호	
	I	II
선반가공	L	선 삭
드릴가공	D	드릴링
보링머신가공	B	보 링
밀링가공	M	밀 링
평삭(플레이닝)가공	P	평 삭
형삭(셰이핑)가공	SH	형 삭
브로칭가공	BR	브로칭
리머가공	FR	리 밍
연삭가공	G	연 삭
다듬질	F	다듬질
벨트연삭가공	GBL	벨트연삭
호닝가공	GH	호 닝
용 접	W	용 접
배럴연마가공	SPBR	배럴연마
버프 다듬질	SPBF	버 핑
블라스트다듬질	SB	블라스팅
랩 다듬질	FL	래 핑
줄 다듬질	FF	줄 다듬질
스크레이퍼다듬질	FS	스크레이핑
페이퍼다듬질	FCA	페이퍼다듬질
프레스가공	P	프레스
주 조	C	주 조

26 물체를 투상면에 대하여 한쪽으로 경사지게 투상하여 입체적으로 나타내는 것으로 물체를 입체적으로 나타내기 위해 수평선에 대하여 30°, 45°, 60° 경사각을 주어 삼각자를 편리하게 사용하게 한 것은?

① 투시도
② 사투상도
③ 등각 투상도
④ 부등각 투상도

사투상도
투상선이 투상면을 사선으로 평행하도록 무한대의 수평 시선으로 얻은 물체의 윤곽을 그리게 되면 육면체의 세 모서리는 경사축이 a각을 이루는 입체도가 되며, 이를 그린 그림을 의미한다. 45°의 경사 축으로 그린 것을 카발리에도, 60°의 경사 축으로 그린 것을 캐비닛도라고 한다.

27 제도 도면에 사용되는 문자의 호칭 크기는 무엇으로 나타내는가?

① 문자의 폭
② 문자의 굵기
③ 문자의 높이
④ 문자의 경사도

도면에 사용되는 문자는 될 수 있는 대로 적게 쓰고, 기호로 나타내며, 글자의 크기는 문자의 높이로 나타낸다.

28 다음 중 코크스의 반응성을 나타내는 식으로 옳은 것은?

① $\dfrac{CO_2}{CO_2 + CO} \times 100\%$

② $\dfrac{CO}{CO_2 + CO} \times 100\%$

③ $\dfrac{CO_2 - CO}{CO} \times 100\%$

④ $\dfrac{CO}{CO_2 - CO} \times 100\%$

해설

반응성 : $C + CO \rightarrow 2CO$로 탄소 용해(용해 손실)가 일어나며, 코크스 반응성이라고 함. 흡열 반응으로 반응성이 낮은 것이 좋음
반응성 지수 $R = \{CO / (CO + CO_2)\} \times 100(\%)$

29 철광석의 필요 조건으로 틀린 것은?

① 산화도가 낮을 것
② 철 함유량이 많을 것
③ 피환원성이 좋을 것
④ 유해불순물을 적게 품을 것

해설

철광석의 구비 조건
• 많은 철 함유량 : 철분이 많을수록 좋으며 맥석 중 산화칼슘, 산화망간의 경우 조재제와 탈황 역할을 함
• 좋은 피환원성 : 기공률이 클수록, 입도가 작을수록, 산화도가 높을수록 좋음
• 적은 유해 성분 : 황(S), 인(P), 구리(Cu), 비소(As) 등이 적을 것
• 적당한 강도와 크기 : 고열, 고압에 잘 견딜 수 있으며, 노 내 통기성, 피환원성을 고려하여 적당한 크기를 가질 것
• 많은 가채량 및 균일한 품질, 성분 : 성분이 균일할수록 원료의 사전처리를 줄임
• 맥석의 함량이 적을 것 : 맥석 중 SiO_2, Al_2O_3 등은 조재제와 연료를 많이 사용하며, 슬래그양 증가를 가져오므로 적을수록 좋음

30 노의 내용적이 4,800m³, 노정압이 2.5kg/cm², 1일 출선량이 8,400t/d, 연료비는 4,600kg/T - P일 때 출선비는?

① 1.75
② 2.10
③ 3.10
④ 7.75

해설

출선비($t/d/m^3$) : 단위 용적(m³)당 용선 생산량(t)
$\dfrac{\text{출선량}(t/d)}{\text{내용적}(m^3)} = \dfrac{8,400t/d}{4,800m^3} = 1.75t/d/m^3$

31 다음 중 고로의 풍구가 파손되는 가장 큰 원인은?

① 용선이 접촉할 때
② 코크스가 접촉할 때
③ 풍구 앞의 온도가 높을 때
④ 고로 내 장입물이 슬립을 일으킬 때

해설

• 풍구 파손 : 풍구에의 장입물 강하에 의한 마멸과 용선 부착에 의한 파손
• 풍구 손상의 원인
 - 장입물, 용융물 또는 장시간 사용에 따른 풍구 선단부 열화로 인한 파손
 - 냉각수 수질 저하로 인한 이물질 발생으로 내부 침식에 의한 파손
 - 냉각수 수량, 유속 저하에 의한 변형 및 용손

32 고로의 슬래그 염기도를 1.2로 조업하려고 한다. 슬래그 중 SiO_2가 250kg이라면 석회석($CaCO_3$)은 약 얼마 정도가 필요한가?[단, 석회석($CaCO_3$) 중 유효 CaO은 56%이다]

① 415.7kg
② 435.7kg
③ 515.7kg
④ 535.7kg

해설

$$염기도 = \frac{CaO}{SiO_2} = \frac{CaCO_3 \times 0.56}{250} = 1.2$$

$CaCO_3 = 535.7kg$

33 Mn의 노 내 작용이 아닌 것은?

① 탈황작용
② 탈산작용
③ 탈탄작용
④ 슬래그의 유동성 증대

해설

망간 광석(Manganese Ore)
• 선철, 용강, 슬래그 등에서 슬래그 유동성 향상
• 탈황 및 탈산 역할

34 고로에서 코크스비를 낮추기 위한 방법이 아닌 것은?

① 송풍온도 상승
② 코크스 회분 상승
③ CO가스 이용률 향상
④ 철광석의 피환원성 증가

해설

코크스회분은 SiO_2를 포함하고 있으므로 많으면 많을수록 석회석 투입량이 많아지게 되며, 코크스의 발열량 또한 그만큼 내려가 출선량도 감소하게 된다. 또한 통기성을 저해하므로 행잉의 위험이 있다.

35 다음 중 산성 내화물의 주성분으로 옳은 것은?

① SiO_2
② MgO
③ CaO
④ Al_2O_3

해설

산성 내화물
• 규석질 : SiO_2
• 반규석질 : $SiO_2(Al_2O_3)$
• 샤모트질 : SiO_2 Al_2O_3

36 생리적 원인에 의한 재해는?

① 안전시설 불량
② 작업자의 피로
③ 작업복의 불량
④ 작업공구의 미흡

해설

작업하는 주체인 인간이 그 작업에 대한 체력의 부족, 생리 기능적인 결함 또는 피로, 수면부족, 질병 등에 의해서 재해를 발생시킨 경우에 이것을 생리적 원인에 의거한 것이라고 한다.

37 용광로 조업에서 석회과잉(Line Setting)현상의 설명 중 틀린 것은?

① 유동성이 악화된다.
② 용융온도가 상승한다.
③ 염기도가 급격히 감소한다.
④ 출선·출재가 곤란하게 된다.

해설
석회과잉 : 코크스 회분의 감소나 부정확한 석회석 양 조절로 슬래그 중의 석회분이 과잉되어 염기도가 급격하게 높아져 유동성이 떨어지고 출재가 곤란해지는 현상을 말한다. 이때는 경장입 방법을 사용하거나 고온 송풍을 해 준다.

38 휴풍 시 작업상의 주의사항을 설명한 것 중 틀린 것은?

① 노정 및 가스 배관을 부압으로 할 것
② 제진기의 증기를 필요 이상으로 장시간 취입하지 말 것
③ 가스를 열풍 밸브로부터 송풍기 측에 역류시키지 말 것
④ 송풍 직후 압력이 낮을 때 누풍을 점검하고 누풍이 있으면 수리힐 것

해설
• 노정 및 가스 배관을 감압으로 한다.
• 휴풍할 때는 노 내 용융물 배출을 최소화하여 송풍기의 바람을 서서히 낮추어서 노 내 장입물이 안착되고 고로 Gas를 안전하게 차단하고, 수리완료 후 재송풍작업이 원활하게 이루어지도록 하여야 한다.

39 다음 중 부주의가 발생하는 현상과 가장 거리가 먼 것은?

① 의식의 단절
② 의식의 우회
③ 의식의 집중화
④ 의식 수준의 저하

해설
부주의가 발생하는 심리현상
• 의식의 단절 : 무의식, 특수 질병
• 의식의 우회 : 걱정, 고뇌, 욕구불만
• 의식 수준의 저하 : 심신피로, 단순반복작업
• 의식의 과잉 : 지나친 의욕

40 고로의 장입 장치가 구비해야 할 조건으로 틀린 것은?

① 장치가 간단하여 보수하기 쉬워야 한다.
② 장치의 개폐에 따른 마모가 없어야 한다.
③ 원료를 장입할 때 가스가 새지 않아야 한다.
④ 조업속도와는 상관없이 최대한 느리게 장입되어야 한다.

해설
노정 장입 장치의 요구 조건
• 노 내 고압가스에 대한 기밀성이 뛰어날 것
• 노 내 적정한 분포의 장입물 유도해야 할 것
• 노정 장입 장치의 내구성이 좋을 것
• 보수 및 점검이 용이할 것

41 질소와 화합하여 광재의 유동성을 저해하는 원소는?

① C ② Si

③ Mn ④ Ti

해설

Ti 함량이 높을 시

슬래그에 Ti이 흡수되면, 유동성을 낮게 하여 용선과 슬래그의 분리가 어려워지고, 불용성 화합물의 형성으로 노저를 높게 한다.

42 다음 중 고로제선법의 문제점을 보완하여 저렴한 분광성, 분탄을 직접 노에 넣어 용선을 생산하는 차세대 제선법은?

① BF법 ② LD법

③ 파이넥스법 ④ 스트립 캐스팅법

해설

파이넥스법 : 가루 형태의 분철광석을 유동로에 투입한 후 환원 반응에 의해 철 성분을 분리하여 용융로에서 유연탄과 용해해 최종 선철을 제조하는 공법

43 유동로의 가스 흐름을 고르게 하여 장입물을 균일하게 유동화시키기 위하여 고속의 가스 유속이 형성되는 장치는?

① 딥 레그(Dip Leg)

② 분산판 노즐(Nozzle)

③ 차이니스 햇(Chinese Hat)

④ 가이드 파이프(Guide Pipe)

해설

유동층이란 기체를 고르게 분사하는 분산판 위에 기체에 의해 매우 격렬한 혼합을 이루는 입자층을 말하며, 이를 가능하게 하는 것을 분산판 노즐이라 한다.

44 고로 조업 시 벤틸레이션과 슬립이 일어났을 때의 대책과 관계없는 것은?

① 슬립부에 코크스를 다량 장입한다.

② 송풍량을 감하고 송풍온도를 높인다.

③ 슬립부 쪽의 바람구멍에서 송풍량을 감소시킨다.

④ 통기 저항을 크게 하고 가스 상승차가 발생하게 된다.

해설

미끄러짐(슬립, Slip) : 통기성의 차이로 가스 상승차가 생기는 것을 벤틸레이션(Ventilation)이라 하며, 이 부분에서 장입물 강하가 빨라져 크게 강하하는 상태

• 원인 : 장입물 분포 불균일, 바람구멍에서의 통풍 불균일, 노벽 이상

• 대책 : 송풍량을 감하고 온도를 높임, 슬립부의 송풍량을 감소, 슬립부에 코크스를 다량 장입

45 고로의 노체 연와(煙瓦)마모 방지 설비인 냉각반을 주로 구리를 사용하여 만드는 가장 큰 이유는?

① 열전도도가 높다.

② 주조(鑄造)하기가 용이하다.

③ 다른 금속보다 무게가 가볍다.

④ 다른 금속보다 용융점이 높다.

해설

냉각반 재질 : 구리(뛰어난 열전도율, 냉각 능력, 낮은 변형률), 주철(기계적 성질 우수, 구리에 비해 가격 저렴, 내마모성 우수)

46 소결광의 성분이 [보기]와 같을 때 염기도는?

┌ 보기 ┐
- CaO : 10.2%   - SiO₂ : 6.0%
- MgO : 2.0%   - FeO : 5.8%
└─────────┘

① 1.55
② 1.60
③ 1.65
④ 1.70

해설

염기도$(P') = \dfrac{\text{CaO}}{\text{SiO}_2} = \dfrac{10.2}{6} = 1.70$

47 석탄의 풍화에 대한 설명으로 옳은 것은?

① 온도가 높으면 풍화가 되지 않는다.
② 탄화도가 높은 석탄일수록 풍화되기 쉽다.
③ 미분은 표면적이 크기 때문에 풍화되기 쉽다.
④ 환기가 양호하면 열방산이 되지 않고, 새로운 공기가 공급되기 때문에 발열되지 않는다.

해설

석탄의 풍화 요인 : 석탄을 장기간 저장 시 대기 중 산소에 의해 풍화하며, 품질 열화 및 자연 발화하는 경우가 있음
- 석탄 자체의 성질 : 탄화도가 낮은 석탄일수록 풍화되기 쉬움
- 석탄의 입도 : 미분 표면적이 커 풍화되기 쉬움
- 분위기 입도 : 온도가 높을 시 풍화되기 쉬움
- 환기 상태 : 환기 양호 시 열 방산이 좋으나, 산소 농도가 높아져 발열하기 쉬움

48 두 광물의 비중이 중간 정도되는 비중을 갖는 액체 속에서 광물을 선별하는 선광법은?

① 자기 선광
② 부유 선광
③ 자력 선광
④ 중액 선광

해설

중액 선광 : 물 대신 두 광물의 비중이 중간 정도인 액체를 이용하는 것으로 비중이 액체보다 큰 광립은 가라앉고 작은 광립은 뜨는 선별법

49 소결기에 급광하는 원료의 소결반응을 신속하게 하기 위한 조건으로 틀린 것은?

① 폭 방향으로 연료 및 입도의 편석이 적어야 한다.
② 소결기 상층부에는 분 코크스를 증가시키는 것이 좋다.
③ 입도는 작을수록 소결시간이 단축되므로 미립이 많아야 한다.
④ 장입물 입도분포와 장입밀도에 따라 소결반응에 영향을 미치므로 통기성이 좋아야 한다.

해설

소결기의 구조는 상부에 열을 가하고, 하부에서 열을 빨아들이는 구조로 되어 있다. 따라서 하부층에 대립의 분광을, 상부층에 미립의 분탄을 배치하는 수직편석을 조장하는데, 점화로에서 상부의 착화가 유리하고 하부의 열량 과잉 방지와 통기성이 좋아지게 되어 소결회수율 및 품질이 좋아진다.

50 코크스(Coke)가 과다하게 첨가(배합)되었을 경우 일어나는 현상이 아닌 것은?

① 소결광의 생산량이 증가한다.
② 배기가스의 온도가 상승한다.
③ 화격자(Grate Bar)에 점착하기도 한다.
④ 소결광 중 FeO 성분에 함유량이 많아진다.

해설
코크스 장입량이 많아지면 연소 속도는 증가하지만, 열교환 시간이 줄어들어 소결광 생산량에 영향을 미치게 된다.

51 소결과정에 있는 장입원료를 격자면에서 장입층 표면까지 구역을 순서대로 옳게 나타낸 것은?

① 건조대 → 습원료대 → 하소대 → 소결대 → 용융대
② 습원료대 → 건조대 → 하소대 → 용융대 → 소결대
③ 건조대 → 하소대 → 습원료대 → 용융대 → 소결대
④ 습원료대 → 하소대 → 건조대 → 소결대 → 용융대

해설
소결 반응

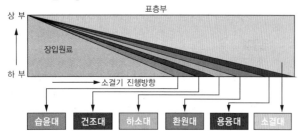

52 자철광에 해당하는 분자식은?

① Fe_2O_3
② Fe_3O_4
③ $FeCO_3$
④ $Fe_2O_3 \cdot 6H_2O$

해설
• 자철광 : Fe_3O_4
• 적철광 : Fe_2O_3
• 갈철광 : $Fe_2O_3 \cdot nH_2O$
• 능철광 : $FeCO_3$

53 다음 중 코크스로에서 발생되는 가스의 성분조성으로 가장 많은 것은?

① H_2 ② O_2
③ N_2 ④ CO

해설
COG는 일반적으로 수소 50~60%, 메탄 30%, 에틸렌 3%, 그 외 일산화탄소 7%, 질소 4% 등의 조성을 가진다.

54 제선에서 많이 쓰이는 성분조성 $CaCO_3 \cdot MgCO_3$인 부원료를 무엇이라고 하는가?

① 규 석   ② 석회석
③ 백운석   ④ 감람석

해설
백운석(Dolomite)
• $CaCO_3 \cdot MgCO_3$ 주성분으로 용강, 광재 등에 장입 시 슬래그의 유동성을 활발하게 함
• 탈황 및 탈산 역할
• MgO의 공급원, 연와 클링커(Clinker)로 사용
• 고품위강 제조 시 사용
※ 클링커(Clinker) : 용융 상태에서 굳어진 생성물

55 소결광 품질이 고로 조업에 미치는 영향을 설명한 것 중 틀린 것은?

① 낙하 정도(SI) 저하 시 노황 부조의 원인이 된다.
② 낙하 정도(SI) 저하 시 고로 내의 통기성을 저해 한다.
③ 일반적으로 피환원성이 좋은 소결광일수록 환원 시 분화가 어렵고 입자 직경이 커진다.
④ 소결광의 염기도 변동 폭이 클 경우 부원료를 직접 장입함으로써 열손실을 초래한다.

해설
환원 강도(환원 분화 지수)
• 소결광은 환원 분위기의 저온에서 분화하는 성질을 가짐
• 피환원성이 좋은 소결광일수록 분화가 용이하여 환원 강도는 저하
• 환원 분화가 적을수록 피환원성이 저하하여 연료비가 상승
• 환원 분화가 많아지면 고로 통기성 저하에 의한 노황 불안정으로 연료비가 상승
• 환원 분화를 조장하는 화합물 : 재산화 적철광(Hematite)

56 야드 설비 중 불출 설비에 해당되는 것은?

① 스태커(Stacker)
② 언로더(Unloader)
③ 리클레이머(Reclaimer)
④ 트레인 호퍼(Train Hopper)

해설
• 리클레이머(Reclaimer) : 원료탄 또는 코크스를 야드에서 불출 하여 하부에 통과하는 벨트컨베이어에 원료를 실어 주는 장비
• 언로더(Unloader) : 원료가 적재된 선박이 입하하면 원료를 배에 서 불출하여 야드(Yard)로 보내는 설비
• 스태커(Stacker) : 해송 및 육송으로 수송된 광석이나 석탄, 부원 료 등이 벨트컨베이어를 통해 운반되어 최종 저장 야드에 적치하 는 장비

57 고로 내에서 코크스(Coke)의 역할이 아닌 것은?

① 열 원
② 산화제
③ 열교환 매체
④ 통기성 유지제

해설
코크스 역할 : 환원제, 열원, 통기성 향상

58 소결광을 고로에 사용했을 때의 장점에 해당되지 않는 것은?

① 원료비 절감
② 피환원성 향상
③ 코크스연소 촉진
④ 용선성분 안정화

해설
소결(Sintering)이 필요한 이유
• 철광석 산지에서의 선광 및 파쇄, 체질로 인한 분광이 많이 발생
• 소결광의 고배합률로 적당한 성상을 가짐
• 소결광의 고배합률은 출선 능률을 향상시키며, 코크스비를 낮춤
• 석회석을 배합하여 자용성 소결광을 만들어 제선 능률을 향상
• 원료 중 비소(As), 인(P) 등의 불용 성분 제거

59 상부광이 사용되는 목적으로 틀린 것은?

① 화격자가 고온이 되도록 한다.
② 화격자 면의 통기성을 양호하게 유지한다.
③ 용융상태의 소결광이 화격자에 접착되지 않게 한다.
④ 화격자 공간으로 원료가 낙하하는 것을 방지하고 분광의 공간 메움을 방지한다.

해설
상부광 : 소결기 대차 하부 면에 까는 8~15mm의 소결광
• 화격자(Grate Bar)에 소결광 융착을 방지
• 소결광 덩어리가 대차에서 쉽게 분리하도록 도움
• 화격자(Grate Bar) 사이로 세립 원료가 새어 나감을 방지
• 신원료에 의한 화격자의 구멍 막힘을 방지

60 소결광의 환원 분화를 조장하는 화합물은?

① 페이얼라이트(Fayalite)
② 마그네타이트(Magnetite)
③ 칼슘페라이트(Calcium Ferrite)
④ 재산화 헤머타이트(Hematite)

해설
환원 분화를 조장하는 화합물 : 재산화 적철광(Hematite)

01 다음 중 베어링용 합금이 갖추어야 할 조건 중 틀린 것은?

① 마찰계수가 클 것
② 충분한 점성과 인성이 있을 것
③ 내식성 및 내소착성이 좋을 것
④ 하중에 견딜 수 있는 경도와 내압력을 가질 것

해설
베어링 합금
- 화이트메탈, Cu – Pb 합금, Sn 청동, Al 합금, 주철, Cd 합금, 소결 합금
- 경도와 인성, 항압력이 필요
- 하중에 잘 견디고 마찰계수가 작아야 함
- 비열 및 열전도율이 크고 주조성과 내식성 우수
- 소착(Seizing)에 대한 저항력이 커야 함
- 마찰계수가 적어 마모가 적어야 할 것

02 라우탈(Lautal) 합금의 특징을 설명한 것 중 틀린 것은?

① 시효성화성이 있는 합금이다.
② 규소를 첨가하여 주조성을 개선한 합금이다.
③ 주조 균열이 크므로 사형 주물에 적합하다.
④ 구리를 첨가하여 절삭성을 좋게 한 합금이다.

해설
Al – Cu – Si : 라우탈, 주조성 및 절삭성이 좋음

03 용융금속이 응고할 때 작은 결정을 만드는 핵이 생기고, 이 핵을 중심으로 금속이 나뭇가지 모양으로 발달하는 것은?

① 입상정
② 수지상정
③ 주상정
④ 등축정

해설
수지상 결정 : 생성된 핵을 중심으로 나뭇가지 모양으로 발달하여, 계속 성장하며 결정립계를 형성

04 다음의 자성재료 중 연질 자성재료에 해당되는 것은?

① 알니코
② 네오디뮴
③ 센더스트
④ 페라이드

해설
자성재료
- 경질 자성재료 : 알니코, 페라이트, 희토류계, 네오디뮴, Fe – Cr – Co계 반경질 자석, Nd 자석
- 연질 자성재료 : Si강판, 퍼멀로이, 센더스트, 알펌, 퍼멘듈, 슈퍼멘듈

05 금속을 냉간가공하면 결정입자가 미세화되어 재료가 단단해지는 현상은?

① 가공경화

② 전해경화

③ 고용경화

④ 탈탄경화

06 순철을 상온에서부터 가열하여 온도를 올릴 때 결정구조의 변화로 옳은 것은?

① BCC → FCC → HCP

② HCP → BCC → FCC

③ FCC → BCC → FCC

④ BCC → FCC → BCC

07 물과 얼음의 평형상태에서 자유도는 얼마인가?

① 0   ② 1

③ 2   ④ 3

08 열팽창계수가 상온 부근에서 매우 작아 길이의 변화가 거의 없어 측정용 표준자, 바이메탈 재료 등에 사용되는 Ni – Fe 합금은?

① 인 바   ② 인코넬

③ 두랄루민   ④ 콜슨합금

09 주철에서 Si가 첨가될 때, Si의 증가에 따른 상태도 변화로 옳은 것은?

① 공정 온도가 내려간다.

② 공석 온도가 내려간다.

③ 공정점은 고탄소 측으로 이동한다.

④ 오스테나이트에 대한 탄소 용해도가 감소한다.

10 마그네슘(Mg)의 성질을 설명한 것 중 틀린 것은?

① 용융점은 약 650℃ 정도이다.

② Cu, Al보다 열전도율은 낮으나 절삭성은 좋다.

③ 알칼리에는 부식되나 산이나 염류에는 침식되지 않는다.

④ 실용 금속 중 가장 가벼운 금속으로 비중이 약 1.74 정도이다.

해설

마그네슘의 성질
- 비중 1.74, 용융점 650℃, 조밀육방격자형
- 전기전도율은 Cu, Al보다 낮다.
- 알칼리에는 내식성이 우수하나 산이나 염수에 침식이 진행
- O_2에 대한 친화력이 커 공기 중 가열, 용해 시 폭발이 발생

11 전기전도도와 열전도가 가장 우수한 금속으로 옳은 것은?

① Au

② Pb

③ Ag

④ Pt

해설

은(Ag)

원자량 108g/mol, 녹는점 961.78℃, 끓는점 2,162℃, 밀도 10.49g/cm³이다. 회백색의 광택이 있고 공기나 물과 쉽게 반응하지 않고 빛을 잘 반사해 반짝거려 장신구를 만드는 데 많이 사용하는 귀금속으로 전기전도도가 가장 우수하다.

12 초정(Primary Crystal)이란 무엇인가?

① 냉각 시 제일 늦게 석출하는 고용체를 말한다.

② 공정반응에서 공정반응 전에 정출한 결정을 말한다.

③ 고체 상태에서 2가지 고용체가 동시에 석출하는 결정을 말한다.

④ 용액 상태에서 2가지 고용체가 동시에 정출하는 결정을 말한다.

해설

초정 : 공정반응 시 공정반응 전에 정출한 결정

13 Sn – Sb – Cu의 합금으로 주석계 화이트메탈이라고 하는 것은?

① 인코넬

② 콘스탄탄

③ 배빗메탈

④ 알클래드

해설

배빗메탈은 주석(Sn) 80~90%, 안티몬(Sb) 3~12%, 구리(Cu) 3~7%가 표준 조성이고 경도가 비교적 작기 때문에 축과의 친화력이 좋고, 국부적인 하중에 대해 쉽게 변형이 안 되며, 유막 유지가 확실하다.

14 다음 중 면심입방격자의 원자수로 옳은 것은?

① 2

② 4

③ 6

④ 12

결정구조
- 면심입방격자(Face Centered Cubic) : Ag, Al, Au, Ca, Ir, Ni, Pb, Ce
  – 배위수 : 12, 원자 충진율 : 74%, 단위격자 속 원자수 : 4
- 체심입방격자(Body Centered Cubic) : Ba, Cr, Fe, K, Li, Mo, Nb, V, Ta
  – 배위수 : 8, 원자 충진율 : 68%, 단위격자 속 원자수 : 2
- 조밀육방격자(Hexagonal Centered Cubic) : Be, Cd, Co, Mg, Zn, Ti
  – 배위수 : 12, 원자 충진율 : 74%, 단위격자 속 원자수 : 2

15 공랭식 실린더헤드(Cylinder Head) 및 피스톤 등에 사용되는 Y합금의 성분은?

① Al − Cu − Ni − Mg

② Al − Si − Na − Pb

③ Al − Cu − Pb − Co

④ Al − Mg − Fe − Cr

내열용 알루미늄합금
- Al − Cu − Ni − Mg : Y합금, 석출경화용 합금, 실린더, 피스톤, 실린더헤드 등에 사용
- Al − Ni − Mg − Si − Cu : 로엑스, 내열성 및 고온 강도가 큼
- Y합금 − Ti − Cu : 코비탈륨, Y합금에 Ti, Cu를 0.2% 정도씩 첨가한 것으로 피스톤에 사용

16 정투상도법에서 "눈 → 투상면 → 물체"의 순으로 투상할 경우의 투상법은?

① 제1각법

② 제2각법

③ 제3각법

④ 제4각법

- 제1각법의 원리 : 눈 − 물체 − 투상면
- 제3각법의 원리 : 눈 − 투상면 − 물체

17 다음 여러 가지 도형에서 생략할 수 없는 것은?

① 대칭 도형의 중심선의 한쪽

② 좌우가 유사한 물체의 한쪽

③ 길이가 긴 축의 중간 부분

④ 길이가 긴 테이퍼 축의 중간 부분

좌우가 대칭인 물체의 한쪽을 생략할 수 있다.

18 다음 중 선긋기를 올바르게 표시한 것은 어느 것인가?

선긋기는 점선이 평행한 경우 엇갈리게 배치하며, 겹치거나 방향이 바뀌는 경우에는 모든 방향을 표시할 수 있도록 긋는다.

19 동력전달 기계요소 중 회전운동을 직선운동으로 바꾸거나, 직선운동을 회전운동으로 바꿀 때 사용하는 것은?

① V벨트
② 원뿔키
③ 스플라인
④ 랙과 피니언

랙과 피니언 : 회전운동을 직선운동으로 바꾸거나, 직선운동을 회전운동으로 바꾸는 기어

피니언 기어

랙기어

20 치수기입의 요소가 아닌 것은?

① 숫자와 문자
② 부품표와 척도
③ 지시선과 인출선
④ 치수 보조기호

치수기입 요소 : 치수선, 치수 보조선, 지시선, 단말 기호, 기준 지점의 표시 및 치수 값

21 대상물의 일부를 파단한 경계 또는 일부를 떼어낸 경계를 표시하는 파단선의 선은?

① 굵은 실선
② 가는 실선
③ 가는 파선
④ 가는 1점쇄선

파단선

용도에 의한 명칭	선의 종류	선의 용도
파단선	불규칙한 파형의 가는 실선 또는 지그재그선	대상물의 일부를 파단한 경계 또는 일부를 떼어낸 경계를 표시하는 데 사용한다.

22 표면의 결 지시 방법에서 대상면에 제거가공을 하지 않는 경우 표시하는 기호는?

①   ②

③   ④

면의 지시 기호

[제거가공을 함]   [제거가공을 하지 않음]

- a : R_a(중심선 평균거칠기)의 값
- b : 가공방법, 표면처리
- c : 컷오프값, 평가길이
- d : 줄무늬방향의 기호
- e : 기계가공 공차
- f : R_a 이외의 파라미터(t_p일 때에는 파라미터/절단레벨)
- g : 표면파상도

23 도면에 표시된 기계부품 재료 기호가 SM45C일 때 45C가 의미하는 것은?

① 제조방법

② 탄소 함유량

③ 재료의 이름

④ 재료의 인장강도

해설

금속재료의 호칭

• 재료를 표시하는데 대개 3단계 문자로 표시한다.
  – 첫 번째 재질의 성분을 표시하는 기호
  – 두 번째 제품의 규격을 표시하는 기호로 제품의 형상 및 용도를 표시
  – 세 번째 재료의 최저인장강도 또는 재질의 종류기호를 표시한다.
• 강종 뒤에 숫자 세 자리 : 최저인장강도(N/mm^2)
• 강종 뒤에 숫자 두 자리＋C : 탄소 함유량(%)
• SM45C : 기계구조용 탄소강 0.45%

25 화살표 방향이 정면도라면 평면도는?

① ② ③ ④

해설

평면도 : 상면도라고도 하며, 물체의 위에서 내려다 본 모양을 나타낸 도면

24 구멍 $\phi 55^{+0.030}_{0}$ 와 축 $\phi 55^{+0.039}_{+0.020}$ 에서 최대 틈새는?

① 0.010

② 0.020

③ 0.030

④ 0.039

해설

최대 틈새＝구멍의 최대허용치수－축의 최소허용치수
　　　　＝55.030－55.020
　　　　＝0.010mm

26 유니파이 보통 나사를 표시하는 기호로 옳은 것은?

① TM

② TW

③ UNC

④ UNF

해설

나사의 종류

• TM : 30° 사다리꼴나사
• TW : 29° 사다리꼴나사
• UNC : 유니파이 보통 나사
• UNF : 유니파이 가는 나사

27 척도에 대한 설명 중 옳은 것은?

① 축척은 실물보다 확대하여 그린다.

② 배척은 실물보다 축소하여 그린다.

③ 현척은 실물의 크기와 같은 크기로 1 : 1로 표현한다.

④ 척도의 표시 방법 A : B에서 A는 물체의 실제 크기이다.

해설
도면의 척도
- 현척 : 실제 사물과 동일한 크기로 그리는 것 예 1:1
- 축척 : 실제 사물보다 작게 그리는 경우 예 1:2, 1:5, 1:10
- 배척 : 실제 사물보다 크게 그리는 경우 예 2:1, 5:1, 10:1
- NS(None Scale) : 비례척이 아님

28 고로를 4개의 층으로 나눌 때 상승 가스에 의해 장입물이 가열되어 부착 수분을 잃고 건조되는 층은?

① 예열층   ② 환원층

③ 가탄층   ④ 용해층

해설
장입물의 변화 상황
- 예열층(200~500℃) : 상승 가스에 의해 장입물이 부착 수분을 잃고 건조
- 환원층(500~800℃) : 산화철이 간접 환원되어 해면철로 변하며, 샤프트 하부에 다다를 때까지 거의 모든 산화철이 해면철로 되어 하강
- 가탄층(800~1,200℃)
  - 해면철은 일산화탄소에 의해 침탄되어 시멘타이트를 생성하고 용융점이 낮아져 규소, 인, 황이 선철 중에 들어가 선철이 된 후 용융하여 코크스 사이를 적하
  - 석회석의 분해에 의해 산화칼슘이 생기며, 불순물과 결합해 슬래그를 형성
- 용해층(1,200~1,500℃) : 선철과 슬래그가 같이 용용 상태로 되어 노상에 고이며, 선철과 슬래그의 비중 차로 2층으로 나뉘어짐

29 $CaCO_3$를 주성분으로 하는 퇴적암이고, 염기성 용제로 사용되는 것은?

① 규 석

② 석회석

③ 백운석

④ 망간광석

해설
석회석($CaCO_3$)
- CaO 60% 함유 및 불순물인 SiO_2, Al_2O_3, MgO 등이 함유
- 석회석의 용도 : 슬래그 염기도 조정, 슬래그 유동성 향상, 탈황, 탈인
- 코크스가 연소하며 발생하는 열로 산화칼슘(생석회, CaO)과 이산화탄소(CO_2)로 분해되며, 산화칼슘은 SiO_2와 반응하여 규산염 슬래그를 형성

30 고로의 어떤 부분만 통기 저항이 작아 바람이 잘 통해서 다른 부분과 가스 상승에 차가 생기는 현상은?

① 슬 립

② 석회과잉

③ 행잉드롭

④ 벤틸레이션

해설
미끄러짐(슬립, Slip) : 통기성의 차이로 가스 상승차가 생기는 것을 벤틸레이션(Ventilation)이라 하며, 이 부분에서 장입물 강하가 빨라져 크게 강하하는 상태

31 고로에 사용되는 내화재가 갖추어야 할 조건으로 틀린 것은?

① 열충격이나 마모에 강할 것

② 고온에서 용융, 연화하지 않을 것

③ 열전도도는 매우 높고, 냉각효과가 없을 것

④ 용선, 용재 및 가스에 대하여 화학적으로 안정할 것

고로 내화물 구비 조건
• 고온에서 용융, 연화, 휘발하지 않을 것
• 고온·고압에서 상당한 강도를 가질 것
• 열 충격이나 마모에 강할 것
• 용선·용재 및 가스에 대하여 화학적으로 안정할 것
• 적당한 열전도를 가지고 냉각 효과가 있을 것

32 품위 57%의 광석에서 철분 93%의 선철 1톤을 만드는 데 필요한 광석의 양은 몇 kg인가?(단, 철분이 모두 환원되어 철의 손실은 없다)

① 1,400

② 1,525

③ 1,632

④ 2,276

광석량 계산
(광석량) × 0.57 = 1,000kg × 0.93
광석량 = 1,631.5kg

33 다음 중 냄새가 나지 않고, 가장 가벼운 기체는?

① H_2S ② NH_3

③ H_2 ④ SO_2

수소는 지구상에 존재하는 가장 가벼운 원소로 무색·무미·무취의 기체이다.

34 용광로 조업 시 노 내 장입물이 강하(降下)하지 않고 정지된 상태는?

① 걸림(Hanging)

② 슬립(Slip)

③ 드롭(Drop)

④ 냉입(冷入)

걸림(행잉, Hanging) : 장입물이 용해대에서 노벽에 붙어 양쪽 벽에 걸쳐 얹혀 있는 상태

35 고로 내 열교환 및 온도변화는 상승 가스에 의한 열교환, 철 및 슬래그의 적하물과 코크스의 온도 상승 등으로 나타나고, 반응으로는 탈황반응 및 침탄반응 등이 일어나는 대(Zone)는?

① 연소대

② 적하대

③ 융착대

④ 노상대

적하대
• 용철, Slag의 용융 적하(1,400~1,500℃)
• 탈황, 탈규 반응 : 용철과 Slag는 상승 가스로부터 S, Si 흡수
• 침탄 반응 : SiO + C → Si + CO

36 다음 고로 장입물 중 환원되기 가장 쉬운 것은?

① Fe
② FeO
③ Fe_3O_4
④ Fe_2O_3

해설

종 류	Fe 함유량	특 징
적철광(Fe_2O_3), Hematite	45~65%	• 자원이 풍부하고 환원능이 우수 • 붉은색을 띠는 적갈색 • 피환원성이 가장 우수
자철광(Fe_3O_4), Magnetite	50~70%	• 불순물이 많음 • 조직이 치밀 • 배소 처리 시 균열이 발생하는 경향 • 소결용 펠릿 원료로 사용
갈철광($Fe_2O_3 \cdot nH_2O$), Limonite	35~55%	• 다량의 수분 함유 • 배소 시 다공질의 Fe_2O_3가 됨
능철광($FeCO_3$), Siderite	30~40%	• 소결 원료로 주로 사용 • 배소 시 이산화탄소(CO_2)를 방출하고 철의 성분이 높아짐

37 고로 조업 시 풍구의 파손 원인으로 틀린 것은?

① 슬립이 많을 때
② 회분이 많을 때
③ 송풍온도가 낮을 때
④ 코크스의 균열 강도가 낮을 때

해설
• 풍구 파손 : 풍구에의 장입물 강하에 의한 마멸과 용선 부착에 의한 파손
• 풍구 손상의 원인
 – 장입물, 용융물 또는 장시간 사용에 따른 풍구 선단부 열화로 인한 파손
 – 냉각수 수질 저하로 인한 이물질 발생으로 내부 침식에 의한 파손
 – 냉각수 수량, 유속 저하에 의한 변형 및 용손

38 고로의 열정산 시 입열(入熱)에 해당되는 것은?

① 코크스 발열량
② 용선 현열
③ 노가스 잠열
④ 슬래그 현열

해설
열정산
• 입열 : 산화철의 간접 환원열, 코크스 연소열, 열풍(송풍)의 현열, 슬래그 생성열, 장입물 중 수분의 현열 등
• 출열 : 용선 현열, 노정가스 현열, 석회석 분해열, 코크스 용해 손실, 장입물(Si, Mn, P)의 환원열, 슬래그 현열, 수분의 분해열, 연진의 현열, 냉각수가 가져가는 열량 등

39 고로에 사용되는 축류 송풍기의 특징을 설명한 것 중 틀린 것은?

① 풍압 변동에 대한 정풍향 운전이 용이하다.
② 바람 방향의 전환이 없어 효율이 우수하다.
③ 무겁고 크게 제작해야 하므로 설치 면적이 넓다.
④ 터보 송풍기에 비하여 압축된 유체의 통로가 단순하고 짧다.

해설
축류 송풍기는 다량의 풍량이 요구될 때 적합한 송풍기로, 큰 설비가 필요하지 않다.

40 그림과 같은 내연식 열풍로의 축열실에 해당되는 곳은?

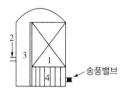

① 1   ② 2
③ 3   ④ 4

해설
내연식 열풍로(Cowper Type)

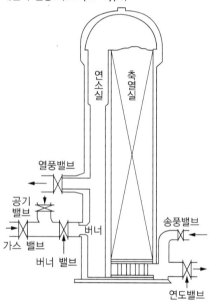

41 고로의 본체에서 C 부분의 명칭은?

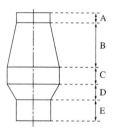

① 노흉(Shaft)   ② 노복(Belly)
③ 보시(Bosh)   ④ 노상(Hearth)

해설
고로 본체의 구조

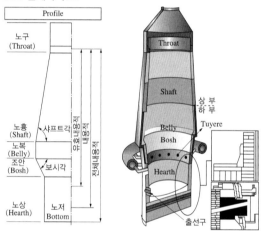

42 고로의 고압 조업이 갖는 효과가 아닌 것은?

① 연진이 감소한다.
② 출선량이 증가한다.
③ 노정 온도가 올라간다.
④ 코크스의 비가 감소한다.

해설
고압 조업의 효과
• 출선량 증가
• 연료비 저하
• 노황 안정
• 가스압 차 감소
• 노정압 발전량 증대

43 고로가스 청정설비로 노정가스의 유속을 낮추고 방향을 바꾸어 조립연진을 분리, 제거하는 설비명은?

① 백필터(Bag Filter)
② 제진기(Dust Catcher)
③ 전기집진기(Electric Precipitator)
④ 벤투리 스크러버(Venturi Scrubber)

해설
제진기 : 노정가스의 유속을 떨어뜨리고, 가스의 방향을 전환시켜 가스 중 조립 먼지를 침강시키는 설비

44 고정탄소(%)를 구하는 식으로 옳은 것은?

① 100% − [수분(%) + 회분(%) + 휘발분(%)]
② 100% − [수분(%) + 회분(%) × 휘발분(%)]
③ 100% + [수분(%) × 회분(%) × 휘발분(%)]
④ 100% + [수분(%) × 회분(%) − 휘발분(%)]

해설
고정탄소(%) = 100% − [수분(%) + 회분(%) + 휘발분(%)]

45 선철 중의 Si를 높게 하기 위한 방법이 아닌 것은?

① 염기도를 높게 한다.
② 노상 온도를 높게 한다.
③ 규산분이 많은 장입물을 사용한다.
④ 코크스에 대한 광석의 비율을 적게 하고 고온 송풍을 한다.

해설
염기도$(P') = \dfrac{CaO}{SiO_2}$ 이므로 Si를 높게 하려면 염기도를 낮게 한다.

46 풍상(Wind Box)의 구비조건을 설명한 것 중 틀린 것은?

① 흡인 용량이 충분할 것
② 재질은 열팽창이 적고 부식에 견딜 것
③ 분광이나 연진이 퇴적하지 않는 형상일 것
④ 주물 재질로 필요에 따라 자주 교체할 수 있으며, 산화성일 것

해설
풍상(Wind Box)의 구비조건
• 흡인 용량이 충분할 것
• 열팽창률이 적고, 내부식성이 뛰어날 것
• 분광이나 연진이 퇴적하지 않는 형태일 것
• 내산화성을 가질 것

47 고로 슬래그의 염기도에 큰 영향을 주는 소결광 중의 염기도를 나타낸 것으로 옳은 것은?

① $\dfrac{SiO_2}{Al_2O_3}$
② $\dfrac{Al_2O_3}{MgO}$
③ $\dfrac{SiO_2}{CaO}$
④ $\dfrac{CaO}{SiO_2}$

해설
염기도 : 염기도 변동 폭이 클수록 고로 슬래그 염기도 변동도 증가되어짐

염기도 계산식 : $\dfrac{CaO}{SiO_2}$

48 생펠릿을 조립하기 위한 조건으로 틀린 것은?

① 분 입자 간에 수분이 없어야 한다.
② 원료는 충분히 미세하여야 한다.
③ 균등하게 조립될 수 있는 전동법이어야 한다.
④ 원료분이 균일하게 가습되는 혼련법이어야 한다.

해설
생펠릿을 조립하기 위한 조건
• 분 입자 간 수분이 적당할 것
• 미세한 원료를 가질 것
• 원료분이 균일하게 가습되는 혼련법일 것
• 균등하게 조립될 수 있는 전동법일 것

49 괴상법의 종류 중 단광법(Briquetting)에 해당되지 않는 것은?

① 크루프(Krupp)법
② 다이스(Dies)법
③ 프레스(Press)법
④ 플런저(Plunger)법

해설
크루프(Krupp)법은 강철 주물을 만드는 방법이다.
단광법
• 상온에서 압축 성형만으로 덩어리를 만들거나, 이것을 다시 구워 단단한 덩어리로 만드는 방법
• 종류 : 다이스(Dise)법, 프레스(Press)법, 플런저(Plunger)법 등

50 소결기 Grate Bar 위에 깔아 주는 상부광의 기능이 아닌 것은?

① Grate Bar 막힘 방지
② 소결원료의 하부 배출 용이
③ Grate Bar 용융부착 방지
④ 배광부에서 소결광 분리 용이

해설
상부광 : 소결기 대차 하부 면에 까는 8~15mm의 소결광
• Grate Bar에 소결광 융착을 방지
• 소결광 덩어리가 대차에서 쉽게 분리하도록 도움
• Grate Bar 사이로 세립 원료가 새어 나감을 방지
• 신원료에 의한 화격자의 구멍막힘을 방지

51 소결 원료 중 조재(造滓)성분에 대한 설명으로 옳은 것은?

① Al_2O_3는 결정수를 감소시킨다.
② SiO_2는 제품의 강도를 감소시킨다.
③ MgO의 증가에 따라 생산성을 증가시킨다.
④ CaO의 증가에 따라 제품의 강도를 감소시킨다.

해설
• 생산율은 CaO, SiO_2의 증가에 따라 향상하고, Al_2O_3, MgO가 증가하면 생산성을 저해한다.
• 제품강도는 CaO, SiO_2는 증가시키고, Al_2O_3, MgO는 결정수를 저하시킨다.

52 제철원료로 사용되는 철광석의 구비조건으로 틀린 것은?

① 입도가 적당할 것
② 산화하기 쉬울 것
③ 철분 함유량이 높을 것
④ 품질 및 특성이 균일할 것

해설

철광석의 구비 조건
• 많은 철 함유량 : 철분이 많을수록 좋으며 맥석 중 산화칼슘, 산화망간의 경우 조재제와 탈황 역할을 함
• 좋은 피환원성 : 기공률이 클수록, 입도가 작을수록, 산화도가 높을수록 좋음
• 적은 유해 성분 : 황(S), 인(P), 구리(Cu), 비소(As) 등이 적을 것
• 적당한 강도와 크기 : 고열, 고압에 잘 견딜 수 있으며, 노 내 통기성, 피환원성을 고려하여 적당한 크기를 가질 것
• 많은 가채광량 및 균일한 품질, 성분 : 성분이 균일할수록 원료의 사전처리를 줄임
• 맥석의 함량이 적을 것 : 맥석 중 SiO_2, Al_2O_3 등은 조재제와 연료를 많이 사용하며, 슬래그양 증가를 가져오므로 적을수록 좋음

53 자용성 소결광이 고로 원료로 사용되는 이유에 대한 설명으로 틀린 것은?

① 노황이 안정되어 고온 송풍이 가능하다.
② 페이얼라이트(Fayalite) 함유량이 많아서 피환원성이 크다.
③ 하소(Calcination)된 상태에 있으므로 노 안에서의 열량소비가 감소된다.
④ 노 안에서 석회석의 분해에 의한 이산화탄소의 발생이 없으므로 철광석의 간접환원이 잘된다.

해설

철광석의 피환원성은 기공률이 클수록, 입도가 작을수록, 산화도가 높을수록 좋아지며, 환원이 어려운 철감람석(Fayalite, Fe_2SiO_4), 타이타늄(FeO · TiO_2) 등이 있으면 나빠진다.

54 저광조에서 소결원료가 벨트컨베이어 상에 배출되면 자동적으로 벨트컨베이어 속도를 가감하여 목표량만큼 절출하는 장치는?

① 벨트 피더(Belt Feeder)
② 테이블 피더(Table Feeder)
③ 바이브레이팅 피더(Vibrating Feeder)
④ 콘스탄트 피더 웨이어(Constant Feeder Weigher)

해설

정량 절출 장치(CFW ; Constant Feed Weigher)
소결용 원료 · 부원료를 적정 비율로 배합하기 위해 종류별로 정해진 목표치에 따라 불출량이 제어되도록 하는 계측 제어 장치

55 소결광의 낙하강도(SI)가 저하되면 발생되는 현상으로 틀린 것은?

① 노황 부조의 원인이 된다.
② 노 내 통기성이 좋아진다.
③ 분율의 발생이 증가한다.
④ 소결의 원단위 상승을 초래한다.

해설

낙하 강도 지수(SI ; Shatter Index)
• 소결광이 낙하 시 분이 발생하기 직전까지의 소결광 강도
• 고로 장입 시 분율은 작을수록 유리
• 낙하 강도 저하 시 분 발생이 많아 통기성을 저해
• 낙하 강도 = 시험 후 +10mm 중량 / 시험 전 총중량

56 소결 배합원료를 급광할 때 가장 바람직한 편석은?

① 수직 방향의 정도편석
② 폭 방향의 정도편석
③ 길이 방향의 분산편석
④ 두께 방향의 분산편석

해설

수직 편석 : 점화로에서 착화가 용이하게 상층부는 세립, 하층부는 조립으로 장입

57 드와이트 로이드식(DL) 소결기에 대한 설명으로 틀린 것은?

① 배기장치의 누풍량이 많다.
② 고로의 자동화가 가능하다.
③ 소결이 불량할 때 재점화가 가능하다.
④ 연속식이기 때문에 대량생산에 적합하다.

해설

GW식 및 DL식 비교

종류	장점	단점
GW식	• 항상 동일한 조업 상태로 작업 가능 • 배기 장치 누풍량이 적음 • 소결 냄비가 고정되어 장입 밀도에 변화 없이 조업 가능 • 1기 고장이라도 기타 소결 냄비로 조업 가능	• DL식 소결기에 비해 대량생산 부적합 • 조작이 복잡하여 많은 노력 필요
DL식	• 연속식으로 대량 생산 가능 • 인건비가 저렴 • 집진 장치 설비 용이 • 코크스 원단위 감소 • 소결광 피환원성 및 상온 강도 향상	• 배기 장치 누풍량 많음 • 소결 불량 시 재점화 불가능 • 1개소 고장 시 소결 작업 전체가 정지

58 소결조업 중 배합원료에 수분을 첨가하는 이유가 아닌 것은?

① 소결층 내의 온도 구배를 개선하기 위해서
② 배가스 온도를 상승시키기 위해서
③ 미분원료의 응집에 의한 통기성을 향상시키기 위해서
④ 소결층의 Dust 흡입 비산을 방지하기 위해서

해설

수분 첨가 : 미분 원료가 응집하여 통기성 향상, 열효율 향상, 소결층의 연진 흡입 비산 방지

59 고로에서 선철 1톤 생산하는 데 소요되는 철광석 (소결원료분광 + 괴광석)의 양은 약 얼마(톤)인가?

① 0.5~0.7
② 1.5~1.7
③ 3.0~3.2
④ 5.0~5.2

해설

• 원료비(광석비) : 고로에서 선철 1t을 생산하기 위해 소요된 주원료(철광석) 사용량($ton/t-p$)
• 선철 1t을 생산하는 데 소요되는 철광석은 1.6t 정도이다.

60 코크스로 가스 중에 함유되어 있는 성분 중 함량이 많은 것부터 적은 순서대로 나열된 것은?

① $CO > CH_4 > N_2 > H_2$
② $CH_4 > CO > H_2 > N_2$
③ $H_2 > CH_4 > CO > N_2$
④ $N_2 > CH_4 > H_2 > CO$

해설

COG(Coke Oven Gas)는 일반적으로 수소 50~60%, 메탄 30%, 에틸렌 3%, 그 외 일산화탄소 7%, 질소 4% 등의 조성을 가진다.

※ 2017년부터는 CBT(컴퓨터 기반 시험)로 진행되어 수험자의 기억에 의해 문제를 복원하였습니다. 실제 시행문제와 일부 상이할 수 있음을 알려드립니다.

01 다음 중 두랄루민과 관련이 없는 것은?

① 용체화 처리를 한다.
② 상온시효처리를 한다.
③ 알루미늄합금이다.
④ 단조경화 합금이다.

해설
- $Al-Cu-Mn-Mg$: 두랄루민, 시효경화성 합금, 항공기, 차체 부품으로 사용
- 용체화 처리 : 합금원소를 고용체 용해 온도 이상으로 가열하여 급랭시켜 과포화 고용체로 만들어 상온까지 유지하는 처리로 연화된 이후 시효에 의해 경화된다.
- 시효경화 : 용체화 처리 후 100~200℃의 온도로 유지하여 상온에서 안정한 상태로 돌아가며 시간이 지나면서 경화가 되는 현상

02 주물용 $Al-Si$ 합금 용탕에 0.01% 정도의 금속 나트륨을 넣고 주형에 용탕을 주입함으로써 조직을 미세화시키고 공정점을 이동시키는 처리는?

① 용체화 처리
② 개량 처리
③ 접종 처리
④ 구상화 처리

해설
- $Al-Si$: 실루민, Na을 첨가하여 개량화 처리를 실시
- 개량화 처리 : 금속 나트륨, 수산화나트륨, 플루오린화 알칼리, 알칼리 염류 등을 용탕에 장입하면 조직이 미세화되는 처리

03 다음 중 Mg 합금에 해당하는 것은?

① 실루민
② 문쯔메탈
③ 일렉트론
④ 배빗메탈

해설
실루민($Al-Si$), 문쯔메탈(6 : 4황동), 일렉트론($Mg-Al-Zn$), 배빗메탈($Sn-Sb-Cu$)

04 금속 간 화합물을 바르게 설명한 것은?

① 일반적으로 복잡한 결정구조를 갖는다.
② 변형하기 쉽고 인성이 크다.
③ 용해 상태에서 존재하며 전기저항이 작고 비금속 성질이 약하다.
④ 원자량의 정수비로는 절대 결합되지 않는다.

해설
금속 간 화합물 : 두 가지 금속의 원자비가 AmBn과 같이 간단한 정수비를 이루고 있으며, 한쪽 성분 금속의 원자가 공간격자 내에서 정해진 위치를 차지하며 원자 간 결합력이 크고 경도가 높고 메진 성질을 가진다. 대표적으로 Fe_3C(시멘타이트)가 있다.

05 고온에서 사용하는 내열강 재료의 구비조건에 대한 설명으로 틀린 것은?

① 기계적 성질이 우수해야 한다.
② 조직이 안정되어 있어야 한다.
③ 열팽창에 대한 변형이 커야 한다.
④ 화학적으로 안정되어 있어야 한다.

해설
내열강의 구비 조건
• 고온에서 화학적, 기계적 성질이 안정될 것
• 사용 온도에서 변태 혹은 탄화물 분해가 되지 않을 것
• 열에 의한 팽창 및 변형이 발생하지 않을 것

06 탄소가 0.50~0.70%이고, 인장강도는 590~690 MPa이며, 축, 기어, 레일, 스프링 등에 사용되는 탄소강은?

① 톰 백   ② 극연강
③ 반연강   ④ 최경강

해설
최경강 : 탄소량 0.5~0.6%가 함유된 강으로, 인장강도 70kg/mm^2 이상이며, 스프링・강선・공구 등에 사용한다.

07 Pb계 청동합금으로 주로 항공기, 자동차용의 고속 베어링으로 많이 사용되는 것은?

① 켈 밋
② 톰 백
③ Y합금
④ 스테인리스

해설
Cu계 베어링 합금 : 포금, 인청동, 납청동계의 켈밋 및 Al계 청동이 있으며, 켈밋은 주로 항공기, 자동차용 고속 베어링으로 적합

08 가공으로 내부 변형을 일으킨 결정립이 그 형태대로 내부 변형을 해방하여 가는 과정은?

① 재결정
② 회 복
③ 결정핵성장
④ 시효완료

해설
• 회복 : 가공으로 내부 변형을 일으킨 결정립이 그 형태대로 내부 변형을 해방하여 가는 과정
• 재결정 : 가공에 의해 변형된 결정입자가 새로운 결정입자로 바뀌는 과정

09 다음은 강의 심랭처리에 대한 설명이다. (A), (B)에 들어갈 용어로 옳은 것은?

> 심랭처리란, 담금질한 강을 실온 이하로 냉각하여 (A)를 (B)로 변화시키는 조작이다.

① (A) : 잔류 오스테나이트, (B) : 마텐자이트
② (A) : 마텐자이트, (B) : 베이나이트
③ (A) : 마텐자이트, (B) : 소르바이트
④ (A) : 오스테나이트, (B) : 펄라이트

해설
심랭처리 : 퀜칭 후 경도를 증가시킨 강에 시효변형을 방지하기 위하여 0℃ 이하(Sub-zero)의 온도로 냉각하여 잔류 오스테나이트를 마텐자이트로 만드는 처리

10 비중으로 중금속(Heavy Metal)을 옳게 구분한 것은?

① 비중이 약 2.0 이하인 금속

② 비중이 약 2.0 이상인 금속

③ 비중이 약 4.5 이하인 금속

④ 비중이 약 4.5 이상인 금속

해설
경금속과 중금속
비중 4.5(5)를 기준으로 이하를 경금속(Al, Mg, Ti, Be), 이상을 중금속(Cu, Fe, Pb, Ni, Sn)

11 다음 중 경질 자성재료에 해당되는 것은?

① Si 강판

② Nd 자석

③ 센더스트

④ 퍼멀로이

해설
• 경질 자성재료 : 알니코, 페라이트, 희토류계, 네오디뮴, Fe – Cr – Co계 반경질 자석, Nd 자석 등
• 연질 자성재료 : Si 강판, 퍼멀로이, 센더스트, 알펌, 퍼멘듈, 슈퍼멘듈 등

12 게이지용 공구강이 갖추어야 할 조건에 대한 설명으로 틀린 것은?

① HRC 40 이하의 경도를 가져야 한다.

② 팽창계수가 보통강보다 작아야 한다.

③ 시간이 지남에 따라 치수변화가 없어야 한다.

④ 담금질에 의한 균열이나 변형이 없어야 한다.

해설
게이지용 공구강은 내마모성 및 경도가 커야 하며, 치수를 측정하는 공구이므로 열팽창계수가 작아야 한다. 또한 담금질에 의한 변형, 균열이 적어야 하며, 내식성이 우수해야 하기 때문에 C(0.85~1.2%) – W(0.3~0.5%) – Cr(0.36~0.5%) – Mn(0.9~1.45%)의 조성을 가진다.

13 재료의 강도를 높이는 방법으로 위스커(Whisker) 섬유를 연성과 인성이 높은 금속이나 합금 중에 균일하게 배열시킨 복합재료는?

① 클래드 복합재료

② 분산강화 금속 복합재료

③ 입자강화 금속 복합재료

④ 섬유강화 금속 복합재료

해설
• 위스커 같은 섬유를 Al, Ti, Mg 등의 합금 중에 균일하게 배열시켜 복합시킨 재료
• 강화 섬유는 비금속계와 금속계로 구분
• Al 및 Al합금이 기지로 가장 많이 사용되며, Mg, Ti, Ni, Co, Pb 등이 있음
※ 제조법 : 주조법, 확산 결합법, 압출 또는 압연법 등

14 다음 중 주철에서 칠드층을 얇게 하는 원소는?

① Co

② Sn

③ Mn

④ S

• 주철에서 칠드층을 깊게 하는 원소 : S, Cr, V, Mn
• 주철에서 칠드층을 얇게 하는 원소 : Co, C

15 담금질한 강은 뜨임 온도에 의해 조직이 변화하는데, 250~400℃ 온도에서 뜨임하면 어떤 조직으로 변화하는가?

① α – 마텐자이트

② 트루스타이트

③ 소르바이트

④ 펄라이트

• 마텐자이트보다 냉각속도를 조금 적게 하였을 때 나타나는 조직으로 유랭 시 500℃ 부근에서 생기는 조직이다.
• 마텐자이트 조직을 300~400℃에서 뜨임할 때 나타나는 조직이다.

16 제도에서 치수숫자와 같이 사용하는 기호가 아닌 것은?

① ϕ ② R

③ □   ④ Y

치수숫자와 같이 사용하는 기호
• □ : 정사각형의 변
• t : 판의 두께
• C : 45° 모따기
• SR : 구의 반지름
• ϕ : 지름
• R : 반지름

17 제3각법에 따라 투상도의 배치를 설명한 것 중 옳은 것은?

① 정면도, 평면도, 우측면도 또는 좌측면도의 3면도로 나타낼 때가 많다.

② 간단한 물체는 평면도와 측면도의 2면도로만 나타낸다.

③ 평면도는 물체의 특징이 가장 잘 나타나는 면을 선정한다.

④ 물체의 오른쪽과 왼쪽이 같을 때도 우측면도, 좌측면도 모두 그린다.

제3각법 투상도 배치
• 간단한 물체는 정면도와 평면도, 또는 정면도와 우측면도의 2면도로만 나타낼 수 있다.
• 정면도는 물체의 특징이 잘 나타나는 면을 선정한다.
• 물체에 따라서 정면도 하나로 그 형태의 모든 것을 나타낼 수 있을 때에는 다른 투상도는 그리지 않아도 된다.

18 물체의 일부 생략 또는 파단면의 경계를 나타내는 선으로 자를 쓰지 않고 손으로 자유로이 긋는 선은?

① 가상선 ② 지시선

③ 절단선 ④ 파단선

파단선

용도에 의한 명칭	선의 종류	선의 용도
파단선	불규칙한 파형의 가는 실선 또는 지그재그선	대상물의 일부를 파단한 경계 또는 일부를 떼어낸 경계를 표시하는 데 사용한다.

19 다음의 현과 호에 대한 설명 중 옳은 것은?

① 호의 길이를 표시하는 치수선은 호에 평행인 직선으로 표시한다.

② 현의 길이를 표시하는 치수선은 그 현과 동심인 원호로 표시한다.

③ 원호와 현을 구별해야 할 때에는 호의 치수숫자 위에 ⌒표시를 한다.

④ 원호로 구성되는 곡선의 치수는 원호의 반지름과 그 중심 또는 원호와의 접선 위치를 기입할 필요가 없다.

• 현의 치수를 기입할 때 치수 보조선은 현에 직각 방향으로, 치수선은 평행하게 그어 기입한다.

• 호의 치수를 기입할 때 치수숫자 앞이나 위에 기호 '⌒'를 붙여 기입한다.

20 대상물의 표면으로부터 임의로 채취한 각 부분에서의 표면거칠기를 나타내는 기호가 아닌 것은?

① S_{tp} ② S_m

③ R_z ④ R_a

표면 거칠기의 종류

• 중심선 평균 거칠기(R_a) : 중심선 기준으로 위쪽과 아래쪽의 면적의 합을 측정 길이로 나눈 값

• 최대높이 거칠기(R_y) : 거칠면의 가장 높은 봉우리와 가장 낮은 골 밑과의 차이값으로 거칠기를 계산

• 10점 평균 거칠기(R_z) : 가장 높은 봉우리 5곳과 가장 낮은 골 5번째의 평균값의 차이로 거칠기를 계산

21 어떤 기어의 피치원 지름이 100mm이고, 잇수가 20개일 때 모듈은?

① 2.5

② 5

③ 50

④ 100

• 피치원 지름 = 모듈(m) × 잇수

• 모듈(m) = 100mm / 20 = 5

22 볼트를 고정하는 방법에 따라 분류할 때, 물체의 한쪽에 암나사를 깎은 다음 나사박기를 하여 죄며 너트를 사용하지 않는 볼트는?

① 관통볼트

② 기초볼트

③ 탭볼트

④ 스터드볼트

해설

① 관통볼트 : 결합하고자 하는 두 물체에 구멍을 뚫고 여기에 볼트를 관통시킨 다음 반대편에서 너트로 죈다.

② 기초볼트 : 여러 가지 모양의 원통부를 만들어 기계 구조물을 콘크리트 기초 위에 고정시키도록 하는 볼트이다.

④ 스터드볼트 : 양 끝에 나사를 깎은 머리가 없는 볼트로서 한쪽 끝은 본체에 박고 다른 끝에는 너트를 끼워 죈다.

23 다음 물체를 3각법으로 표현할 때 우측면도로 옳은 것은?(단, 화살표 방향이 정면도 방향이다)

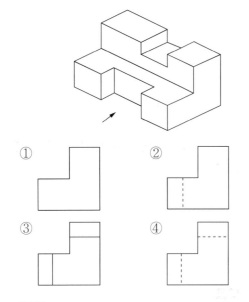

① ② ③ ④

해설

우측면도 : 물체의 우측에서 바라본 모양을 나타낸 도면

24 다음 그림 중에서 FL이 의미하는 것은?

① 밀링가공을 나타낸다.

② 래핑가공을 나타낸다.

③ 가공으로 생긴 선이 거의 동심원임을 나타낸다.

④ 가공으로 생긴 선이 2방향으로 교차하는 것을 나타낸다.

해설

가공방법의 기호

가공방법	약 호	
	I	II
선반가공	L	선 삭
드릴가공	D	드릴링
보링머신가공	B	보 링
밀링가공	M	밀 링
평삭(플레이닝)가공	P	평 삭
형삭(셰이핑)가공	SH	형 삭
브로칭가공	BR	브로칭
리머가공	FR	리 밍
연삭가공	G	연 삭
다듬질	F	다듬질
벨트연삭가공	GBL	벨트연삭
호닝가공	GH	호 닝
용 접	W	용 접
배럴연마가공	SPBR	배럴연마
버프 다듬질	SPBF	버 핑
블라스트다듬질	SB	블라스팅
랩 다듬질	FL	래 핑
줄 다듬질	FF	줄 다듬질
스크레이퍼다듬질	FS	스크레이핑
페이퍼다듬질	FCA	페이퍼다듬질
프레스가공	P	프레스
주 조	C	주 조

25 도면의 표면 거칠기 표시에서 6.3S가 뜻하는 것은?

① 최대높이 거칠기 $6.3\mu m$

② 중심선 평균 거칠기 $6.3\mu m$

③ 10점 평균 거칠기 $6.3\mu m$

④ 최소높이 거칠기 $6.3\mu m$

해설

표면 거칠기의 종류

• 중심선 평균 거칠기(R_a) : 중심선 기준으로 위쪽과 아래쪽의 면적의 합을 측정 길이로 나눈 값

• 최대높이 거칠기(R_y) : 거칠면의 가장 높은 봉우리와 가장 낮은 골 밑과의 차이값으로 거칠기를 계산

• 10점 평균 거칠기(R_z) : 가장 높은 봉우리 5곳과 가장 낮은 골 5번째의 평균값의 차이로 거칠기를 계산

26 물체의 경사면을 실제의 모양으로 나타내고자 할 경우에 그 경사면과 맞서는 위치에 물체가 보이는 부분의 전체 또는 일부분을 그려 나타내는 것은?

① 보조 투상도   ② 회전 투상도

③ 부분 투상도   ④ 국부 투상도

해설

• 부분 투상도 : 그림의 일부를 도시하는 것으로도 충분한 경우에는 필요한 부분만을 투상하여 도시한다.

• 부분 확대도 : 특정한 부분의 도형이 작아서 그 부분을 자세하게 나타낼 수 없거나 치수 기입을 할 수 없을 때에는 가는 실선으로 에워싸고 영자의 대문자로 표시함과 동시에 그 해당 부분의 가까운 곳에 확대도를 같이 나타내고, 확대를 표시하는 문자 기호와 척도를 기입한다.

• 국부 투상도 : 대상물의 구멍, 홈 등과 같이 한 부분의 모양을 도시하는 것으로 충분한 경우에는 그 필요한 부분만을 국부 투상도로 도시한다.

27 KS 부문별 분류 기호 중 전기전자 부문은?

① KS A   ② KS B

③ KS C   ④ KS D

해설

KS 규격

• KS A : 기본

• KS B : 기계

• KS C : 전기전자

• KS D : 금속

28 열풍로의 축열실 내화벽돌의 조건으로 옳은 것은?

① 비열이 낮아야 한다.

② 열전도율이 좋아야 한다.

③ 가공률이 30% 이상이어야 한다.

④ 비중이 1.0 이하이어야 한다.

해설

축열실은 열교환 작용을 하는 곳으로 열전도율이 높아야 연소된 열이 빠르게 축열될 수 있다.

29 고로 내 열수지 계산 시 출열에 해당하는 것은?

① 열풍 현열   ② 용선 현열

③ 슬래그 생성열   ④ 코크스 발열량

해설

열정산

• 입열 : 산화철의 간접 환원열, 코크스 연소열, 열풍(송풍)의 현열, 슬래그 생성열, 장입물 중 수분의 현열 등

• 출열 : 용선 현열, 노정가스 현열, 석회석 분해열, 코크스 용해 손실, 장입물(Si, Mn, P)의 환원열, 슬래그 현열, 수분의 분해열, 연진의 현열, 냉각수가 가져가는 열량 등

30 고로를 4개의 층으로 나눌 때 상승 가스에 의해 장입물이 가열되어 부착 수분을 잃고 건조되는 층은?

① 예열층   ② 환원층

③ 가탄층   ④ 용해층

해설

장입물의 변화 상황

- 예열층(200~500℃) : 상승 가스에 의해 장입물이 부착 수분을 잃고 건조
- 환원층(500~800℃) : 산화철이 간접 환원되어 해면철로 변하며, 샤프트 하부에 다다를 때까지 거의 모든 산화철이 해면철로 되어 하강
- 가탄층(800~1,200℃)
  - 해면철은 일산화탄소에 의해 침탄되어 시멘타이트를 생성하고 용융점이 낮아져 규소, 인, 황도 선철 중에 들어가 선철이 된 후 용융하여 코크스 사이를 적하
  - 석회석의 분해에 의해 산화칼슘이 생기며, 불순물과 결합해 슬래그를 형성
- 용해층(1,200~1,500℃) : 선철과 슬래그가 같이 용융 상태로 되어 노상에 고이며, 선철과 슬래그의 비중 차로 2층으로 나뉘어짐

31 고로 노 내 조업 분위기는?

① 산화성

② 환원성

③ 중성

④ 산화, 환원, 중성의 복합 분위기

해설

고로 노 내 조업 분위기는 환원성 분위기이다.

32 냉입 사고 발생의 원인으로 관계가 먼 것은?

① 풍구, 냉각반 파손으로 노 내 침수

② 날바람, 박락 등으로 노황 부조

③ 급작스런 연료 취입 증가로 노 내 열 밸런스 회복

④ 돌발 휴풍으로 장시간 휴풍 지속

해설

냉 입

- 노상부의 열이 현저하게 저하되어 일어나는 사고로 다수의 풍구를 폐쇄시킨 후 정상 조업까지 복귀시키는 현상
- 냉입의 원인
  - 노 내 침수
  - 장시간 휴풍
  - 노황 부조 : 날파람, 노벽 탈락
  - 이상 조업 : 장입물의 평량 이상 등에 의한 열 붕괴, 휴풍 시 침수

33 용광로 노선 작업 중 출선을 앞당겨 실시하는 경우에 해당되지 않는 것은?

① 장입물 하강이 빠른 경우

② 휴풍 및 감압이 예상되는 경우

③ 출선구 심도(深度)가 깊은 경우

④ 출선구가 약하고 다량의 출선량에 견디지 못하는 경우

해설

조기 출선을 해야 할 경우

- 출선, 출재가 불충분할 경우
- 노황 냉기미로 풍구에 슬래그가 보일 때
- 전 출선 Tap에서 충분한 배출이 안 되어 양적인 제약이 생길 때
- 감압 휴풍이 예상될 때
- 장입물 하강이 빠를 때

34 고로 조업 시 바람구멍의 파손 원인으로 틀린 것은?

① 슬립이 많을 때
② 회분이 많을 때
③ 송풍온도가 낮을 때
④ 코크스의 균열 강도가 낮을 때

해설
• 풍구 파손 : 풍구에의 장입물 강하에 의한 마멸과 용선 부착에 의한 파손
• 풍구 손상의 원인
 – 장입물, 용융물 또는 장시간 사용에 따른 풍구 선단부 열화로 인한 파손
 – 냉각수 수질 저하로 인한 이물질 발생으로 내부 침식에 의한 파손
 – 냉각수 수량, 유속 저하에 의한 변형 및 용손

35 용광로에 분상 원료를 사용했을 때 일어나는 현상이 아닌 것은?

① 출선량이 증가한다.
② 고로의 통풍을 해친다.
③ 연진 손실을 증가시킨다.
④ 고로 장애인 걸림이 일어난다.

해설
분상 원료를 사용하게 되면 원료 주입 시 비산 등으로 원료 손실이 발생하며, 통기성 저하에 의한 행잉(Hanging) 같은 현상으로 인하여 출선량이 감소하게 된다. 따라서 분상 원료를 펠릿과 같은 형태로 괴성화 처리를 하여 양질의 제품을 생산한다.

36 미세한 분광을 드럼 또는 디스크에서 입상화한 후 소성경화해서 얻는 괴상법은?

① A.I.B법
② 그리나발트법
③ 펠레타이징법
④ 스크레이퍼법

해설
펠레타이징
• 자철광과 적철광이 맥석과 치밀하게 혼합된 광석으로 마광 후 선광하여 고품위화
• 제조법 : 원료의 분쇄(마광) → 생펠릿 성형 → 소성

37 고로시멘트의 특징 중 틀린 것은?

① 내산성이 우수하다.
② 열에 강하다.
③ 오랫동안 강도가 크다.
④ 내화성이 우수하다.

해설
고로시멘트의 특징
• 내산성이 우수하다.
• 오랫동안 강도가 크다.
• 내화성이 우수하다.

38 폐기가스 중 CO 농도는 6% 전후로 알려져 있다. 완전연소, 즉 열효율 향상이란 측면에서 취한 조치의 내용 중 틀린 것은?

① 배합 원료의 조립 강화
② 사하분광 사용 증가
③ 적정 수분 첨가
④ 분광 증가 사용

39 코크스의 생산량을 구하는 식으로 옳은 것은?

① (Oven당 석탄의 장입량 + Coke 실수율) ÷ 압출
　　문수
② (Oven당 석탄의 장입량 − Coke 실수율) ÷ 압출
　　문수
③ (Oven당 석탄의 장입량 × Coke 실수율) × 압출
　　문수
④ (Oven당 석탄의 장입량 × Coke 실수율) ÷ 압출
　　문수

해설
코크스 생산량 : (Oven당 석탄의 장입량 × Coke 실수율) × 압출
문수

40 고로 내의 국부 관통류(Channeling)가 발생하였
을 때의 조치 방법이 아닌 것은?

① 장입물의 입도를 조정한다.
② 장입물의 분포를 조정한다.
③ 장입방법을 바꾸어 준다.
④ 일시적으로 송풍량을 증가시킨다.

해설
• 날파람(취발, Channeling) : 노 내 가스가 급작스럽게 노정 블리
　더(Bleeder)를 통해 배출되면서 장입물의 분포나 강하를 혼란시
　키는 현상
• 취발 시 송풍량을 줄여 장입물의 강하를 줄인다.

41 고로 원료의 균일성과 안정된 품질을 얻기 위해 여
러 종류의 원료를 배합하는 것을 무엇이라 하는가?

① 블렌딩(Blending)
② 워싱(Washing)
③ 정립(Sizing)
④ 선광(Dressing)

해설
블렌딩(Blending)
소결광 제조 시 야드에 적치된 광석을 불출할 때, 부분 불출로
인한 편석 방지 및 필요로 하는 원료 배합을 위하여 1차적으로
야드에 적치된 분광 및 파쇄처리된 사하분을 적당한 비율로 배합하
여 블렌딩 야드에 적치하는 공정

42 다음 중 고로 안에서 거의 환원되는 것은?

① CaO　　　　　　② Fe_2O_3
③ MgO　　　　　　④ Al_2O_3

해설
Fe_2O_3의 경우 거의 환원되며, 산화칼슘(CaO), 이산화규소(SiO_2),
산화알루미늄(Al_2O_3) 등은 슬래그화된다.

43 재해발생 형태별로 분류할 때 물건이 주체가 되어
사람이 맞은 경우의 분류 항목은?

① 협 착　　　　　　② 파 열
③ 충 돌　　　　　　④ 낙하, 비래

해설
① 협착 : 기계의 움직이는 부분 사이 또는 움직이는 부분과 고정부
　분 사이에 신체 또는 신체의 일부분이 끼이거나, 물리는 것
② 파열 : 외부에 힘이 가해져 갈라지거나 손상되는 것
③ 충돌 : 상대적으로 운동하는 두 물체가 접촉하여 강한 상호작용
　을 하는 것

44 고로의 수명을 지배하는 요인으로 옳지 못한 것은?

① 노의 설계 및 구성
② 원료 사정과 노의 조업상태는 상관없다.
③ 노체를 구성하는 내화재료의 품질과 축로 기술
④ 각종 물리적, 화학적 변화

해설
고로 수명을 지배하는 요인
• 노의 설계
• 원료의 상태
• 노의 조업 현황
• 노체를 구성하는 내화물의 품질과 축로 기술

45 고로에서 슬래그의 성분 중 가장 많은 양을 차지하는 것은?

① CaO   ② SiO_2
③ MgO   ④ Al_2O_3

해설
슬래그 : 장입물 중의 석회석이 600℃에서 분해를 시작하며 800℃에서 활발히 분해하며, 1,000℃에서 완료($CaCO_3$ → $CaO+CO_2$)
• 주성분 : 산화칼슘(CaO), 이산화규소(SiO_2), 산화알루미늄(Al_2O_3)

46 용광로의 고압 조업이 갖는 효과가 아닌 것은?

① 연진이 감소한다.
② 출선량이 증가한다.
③ 노정 온도가 올라간다.
④ 코크스의 비가 감소한다.

해설
고압 조업의 효과
• 출선량 증가
• 연료비 저하
• 노황 안정
• 가스압 차 감소
• 노정압 발전량 증대

47 고로 내에서의 코크스(Coke)의 역할을 설명한 것 중 틀린 것은?

① 철 중에 용해되어 선철을 만든다.
② 철의 용융점을 높이는 역할을 한다.
③ 고로 안의 통기성을 좋게 하기 위한 통로 역할을 한다.
④ 일산화탄소를 생성하여 철광석을 간접 환원하는 역할을 한다.

해설
코크스 역할 : 환원제, 열원, 통기성 향상

48 용광로 조업 말기에 TiO_2 장입량을 증가시키는 주된 이유는?

① 제강 취련 작업을 원활히 하기 위해서
② 용선의 유동성 향상을 위해서
③ 노저 보호를 위해서
④ 샤프트각을 크게 하기 위해서

해설
용광로 조업 말기 노저 보호를 위해 TiO_2 장입량을 증가시킨다.

49 소결기의 급광장치 종류가 아닌 것은?

① 호 퍼   ② 스크린

③ 드럼 피더   ④ 셔틀 컨베이어

해설

소결기 내 스크린은 2차 파쇄 직전 사용된다.

50 코크스의 연소실 구조에 따른 분류 중 순환식에 해당되는 것은?

① 카우퍼식   ② 오토식

③ 쿠로다식   ④ 월푸투식

해설

내연식 열풍로(Cowper Type)

• 예열실과 축열실이 분리되어 있지 않고 하나의 돔 내에 위치한 열풍로로 순환식 구조

• 구조가 복잡하고 연소실과 축열실 사이 분리벽이 손상되기 쉬움

51 드와이트 로이드식 소결기에 대한 설명으로 틀린 것은?

① 배기 장치의 누풍량이 많다.

② 고로의 자동화가 가능하다.

③ 소결이 불량할 때 재점화가 가능하다.

④ 연속식이기 때문에 대량생산에 적합하다.

해설

드와이트 로이드 소결기의 장단점

종 류	장 점	단 점
DL식	• 연속식으로 대량생산 가능 • 인건비가 저렴 • 집진 장치 설비 용이 • 코크스 원단위 감소 • 소결광 피환원성 및 상온 강도 향상	• 배기 장치 누풍량 많음 • 소결 불량 시 재점화 불가능 • 1개소 고장 시 소결 작업 전체가 정지

52 생펠릿에 강도를 주기 위해 첨가하는 물질이 아닌 것은?

① 붕 사

② 규 사

③ 벤토나이트

④ 염화나트륨

해설

생펠릿의 강도를 높이기 위해 첨가하는 것 : 생석회(CaO), 염화나트륨(NaCl), 붕사(B_2O_3), 벤토나이트 등의 첨가제

53 고로의 장입설비에서 벨리스형(Bell-less Type)의 특징을 설명한 것 중 틀린 것은?

① 대형 고로에 적합하다.

② 성형원료 장입에 최적이다.

③ 장입물 분포를 중심부까지 제어가 가능하다.

④ 장입물의 표면 형상을 바꿀 수 없어 가스 이용률은 낮다.

해설

벨리스(Bell-less Top Type) 타입

• 노정 장입 호퍼와 슈트(Chute)에 의해 원료를 장입하는 방식

• 장입물 분포 조절이 용이

• 설비비가 저렴

• 대형 고로에 적합

• 중심부까지 장입물 분포 제어 가능

54 장입물 중의 인(P)은 보시부에서 노상에 걸쳐 모두 환원되어 거의 전부가 선철 중으로 들어간다. 이때 선철 중의 인(P)을 적게 하기 위한 설명으로 틀린 것은?

① 유해방지를 위하여 장입물 중에 인(P)을 적게 하는 것이 좋다.
② 인(P)의 유해를 적게 하기 위하여 급속 조업을 한다.
③ 노상 온도를 높여 인(P)의 해를 줄인다.
④ 염기도를 높게 하여 인(P)의 해를 줄인다.

해설
선철 중의 인(P)을 적게 하기 위한 방법
• 유해방지를 위하여 장입물 중에 인(P)을 적게 한다.
• 인(P)의 유해를 적게 하기 위해 급속 조업을 한다.
• 염기도를 높게 하여 인(P)의 해를 줄인다.

55 노벽이 국부적으로 얇아져서 결국은 노 안으로부터 가스 또는 용해물이 분출하는 것을 무엇이라 하는가?

① 노상 냉각
② 노저 파손
③ 적열(Hot Spot)
④ 바람구멍류 파손

해설
• 적열 : 노벽이 국부적으로 얇아져 노 안으로부터 가스 또는 용해물이 분출하는 현상
• 대책 : 냉각판 장입, 스프레이 냉각, 바람구멍 지름 조절 및 장입물 분포 상태의 변경 등 노벽 열작용을 피해야 함

56 소성 펠릿의 특징을 설명한 것 중 옳은 것은?

① 고로 안에서 소결광보다 급격한 수축을 일으킨다.
② 분쇄한 원료로 만든 것으로 야금 반응에 민감하지 않다.
③ 입도가 일정하고 입도 편석을 일으키며, 공극률이 작다.
④ 황 성분이 적고, 그 밖에 해면철 상태를 통해 용해되므로 규소의 흡수가 적다.

해설
펠릿의 품질 특성
• 분쇄한 원료로 만들어 야금 반응에 민감
• 입도가 일정하며, 입도 편석을 일으키지 않고 공극률이 작음
• 황 성분이 적고, 해면철 상태로 용해되어 규소 흡수가 적음
• 순도가 높고 고로 안에서 반응성이 뛰어남

57 광석을 가열하여 수산화물 및 탄산염과 같이 화학적으로 결합되어 있는 H_2O와 CO_2를 제거하면서 산화광을 만드는 방법은?

① 하 소
② 분 쇄
③ 배 소
④ 선 광

해설
하소 : 높은 온도에서 가열에 의해 수화물, 탄산염과 같이 화학적으로 결합되어 있는 물과 이산화탄소를 제거하는 공정

58 펠릿 위의 소결원료 층을 통하여 공기를 흡인하는 것은?

① 쿨러(Cooler)

② 핫 스크린(Hot Screen)

③ 윈드 박스(Wind Box)

④ 콜드 크러셔(Cold Crusher)

해설
통기 장치(Wind Box)
• 소결기 대차 위 소결 원료층을 통하여 공기를 흡인하는 상자
• 소결 대차에서 공기를 하부 방향으로 강제 흡인하는 송풍 장치

59 균광의 효과로 가장 적합한 것은?

① 노황의 불안정

② 제선능률 저하

③ 코크스비 저하

④ 장입물 불균일 증가

해설
균광을 통해 코크스비가 저하되며, 품질이 균질화된다.

60 고로에서 인(P) 성분이 선철 중에 적게 유입되도록 하는 방법 중 틀린 것은?

① 급속조업을 한다.

② 노상온도를 높인다.

③ 염기도를 높인다.

④ 장입물 중 인(P) 성분을 적게 한다.

해설
탈인 촉진시키는 방법(탈인조건)
• 강재의 양이 많고 유동성이 좋을 것
• 강재 중 P_2O_5이 낮을 것
• 강욕의 온도가 낮을 것
• 슬래그의 염기도가 높을 것
• 산화력이 클 것

01 다음 중 반도체 제조용으로 사용되는 금속으로 옳은 것은?

① W, Co
② B, Mn
③ Fe, P
④ Si, Ge

해설
반도체란 도체와 부도체의 중간 정도의 성질을 가진 물질로 반도체 재료로는 인, 비소, 안티몬, 실리콘, 게르마늄, 붕소, 인듐 등이 있지만 실리콘을 주로 사용하는 이유는 고순도 제조가 가능하고 사용한계 온도가 상대적으로 높으며, 고온에서 안정한 산화막(SiO_2)를 형성하기 때문이다.

02 아공석강의 탄소 함유량(%C)으로 옳은 것은?

① 0.025~0.8% C
② 0.8~2.0% C
③ 2.0~4.3% C
④ 4.3~6.67% C

해설
탄소강의 조직에 의한 분류
• 순철 : 0.025% C 이하
• 아공석강(0.025~0.8% C 이하), 공석강(0.8% C), 과공석강(0.8~2.0% C)
• 아공정주철(2.0~4.3% C), 공정주철(4.3% C), 과공정주철(4.3~6.67% C)

03 네이벌(Naval Brass) 황동이란?

① 6 - 4황동에 주석을 약 0.75% 정도 넣은 것
② 7 - 3황동에 망간을 약 2.85% 정도 넣은 것
③ 7 - 3황동에 납을 약 3.55% 정도 넣은 것
④ 6 - 4황동에 철을 약 4.95% 정도 넣은 것

해설
네이벌 : 6 - 4황동에 Sn 1% 첨가한 강으로 판, 봉, 파이프 등에 사용

04 고온에서 사용하는 내열강 재료의 구비조건에 대한 설명으로 틀린 것은?

① 기계적 성질이 우수해야 한다.
② 조직이 안정되어 있어야 한다.
③ 열팽창에 대한 변형이 커야 한다.
④ 화학적으로 안정되어 있어야 한다.

해설
내열강의 구비 조건
• 고온에서 화학적, 기계적 성질이 안정될 것
• 사용 온도에서 변태 혹은 탄화물 분해가 되지 않을 것
• 열에 의한 팽창 및 변형이 발생하지 않을 것

05 니켈 – 크롬 합금 중 사용한도가 1,000℃까지 측정할 수 있는 합금은?

① 망가닌

② 우드메탈

③ 배빗메탈

④ 크로멜 – 알루멜

해설

Ni – Cr합금

• 니크롬(Ni – Cr – Fe) : 전열 저항성(1,100℃)

• 인코넬(Ni – Cr – Fe – Mo) : 고온용 열전쌍, 전열기 부품

• 알루멜(Ni – Al) – 크로멜(Ni – Cr) : 1,200℃ 온도측정용

06 순철에서 동소변태가 일어나는 온도는 약 몇 ℃인가?

① 210℃

② 700℃

③ 912℃

④ 1,600℃

해설

• A_0 변태 : 210℃ 시멘타이트 자기변태점

• A_1 변태 : 723℃ 철의 공석변태

• A_2 변태 : 768℃ 순철의 자기변태점

• A_3 변태 : 910℃ 철의 동소변태

• A_4 변태 : 1,400℃ 철의 동소변태

07 열처리로에 사용하는 분위기 가스 중 불활성가스로만 짝지어진 것은?

① NH_3, CO

② He, Ar

③ O_2. CH_4

④ N_2, CO_2

해설

분위기 가스의 종류

성 질	종 류
불활성가스	아르곤, 헬륨
중성 가스	질소, 건조수소, 아르곤, 헬륨
산화성 가스	산소, 수증기, 이산화탄소, 공기
환원성 가스	수소, 일산화탄소, 메탄가스, 프로판가스
탈탄성 가스	산화성 가스, DX가스
침탄성 가스	일산화탄소, 메탄(CH_4), 프로판(C_3H_8), 부탄(C_4H_{10})
질화성 가스	암모니아 가스

08 비중으로 중금속(Heavy Metal)을 옳게 구분한 것은?

① 비중이 약 2.0 이하인 금속

② 비중이 약 2.0 이상인 금속

③ 비중이 약 4.5 이하인 금속

④ 비중이 약 4.5 이상인 금속

해설

경금속과 중금속

비중 4.5(5)를 기준으로 이하를 경금속(Al, Mg, Ti, Be), 이상을 중금속(Cu, Fe, Pb, Ni, Sn)

09 용융액에서 두 개의 고체가 동시에 나오는 반응은?

① 포석 반응
② 포정 반응
③ 공석 반응
④ 공정 반응

해설
공정 반응 : 일정한 온도의 액체에서 두 종류의 고체가 동시에 정출하여 나오는 반응($L \rightarrow \alpha + \beta$)

10 응고 범위가 너무 넓거나 성분 금속 상호 간에 비중의 차가 클 때 주조 시 생기는 현상은?

① 붕 괴
② 기포 수축
③ 편 석
④ 결정핵 파괴

해설
편석(Segregation)
용강을 주형에 주입 시 주형에 가까운 쪽부터 응고가 진행되는데, 초기 응고층과 나중에 형성된 응고층의 용질 원소 농도 차에 의해 발생

11 다음 중 베어링용 합금이 아닌 것은?

① 켈 밋
② 배빗메탈
③ 뮤쯔메탈
④ 화이트메탈

해설
• 문쯔메탈 : 6 – 4황동으로 열교환기나 열간단조용으로 사용된다.
• 탈아연 부식 : 6 – 4황동에서 주로 나타나며 황동의 표면 또는 내부가 해수 혹은 부식성 물질이 있는 액체와 접촉되면 아연이 녹아 버리는 현상

12 주석을 함유한 황동의 일반적인 성질 및 합금에 관한 설명으로 옳은 것은?

① 황동에 주석을 첨가하면 탈아연 부식이 촉진된다.
② 고용한도 이상의 Sn 첨가 시 나타나는 Cu_4Sn 상은 고연성을 나타내게 한다.
③ 7 – 3황동에 1%주석을 첨가한 것이 애드미럴티(Admiralty) 황동이다.
④ 6 – 4황동에 1%주석을 첨가한 것이 플래티나이트(Platinite)이다.

해설
특수 황동의 종류
• 쾌삭황동 : 황동에 1.5~3.0% 납을 첨가하여 절삭성이 좋은 황동
• 델타메탈 : 6 – 4황동에 Fe 1~2% 첨가한 강. 강도·내산성 우수, 선박·화학기계용에 사용
• 주석황동 : 황동에 Sn 1% 첨가한 강. 탈아연 부식 방지
• 애드미럴티 황동 : 7 – 3황동에 Sn 1% 첨가한 강. 전연성 우수, 판·관·증발기 등에 사용
• 네이벌 황동 : 6 – 4황동에 Sn 1% 첨가한 강. 판, 봉, 파이프 등 사용
• 니켈황동 : Ni – Zn – Cu 첨가한 강. 양백이라고도 하며 전기저항체에 주로 사용

13 금속의 결정구조를 생각할 때 결정면과 방향을 규정하는 것과 관련이 가장 깊은 것은?

① 밀러지수
② 단싱세수
③ 가공지수
④ 전이계수

해설
밀러지수 : X, Y, Z의 3축을 어느 결정면이 끊는 절편을 원자 간격으로 측정한 수의 역수의 정수비, 면 : (XYZ), 방향 : [XYZ]으로 표시

14 오스테나이트계 스테인리스강에 첨가되는 주성분으로 옳은 것은?

① Pb – Mg

② Cu – Al

③ Cr – Ni

④ P – Sn

해설

Austenite계 스테인리스강 : 18% Cr – 8% Ni이 대표적인 강으로 비자성체에 산과 알칼리에 강하다.

16 다음 그림과 같은 단면도의 종류로 옳은 것은?

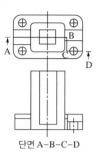

단면 A-B-C-D

① 전 단면도 　　② 부분 단면도

③ 계단 단면도 　　④ 회전 단면도

해설

계단 단면도

2개 이상의 절단면으로 필요한 부분을 선택하여 단면도로 그린 것으로, 절단 방향을 명확히 하기 위하여 1점쇄선으로 절단선을 표시하여야 한다.

15 다음 중 전기저항이 0(Zero)에 가까워 에너지 손실이 거의 없기 때문에 자기부상열차, 핵자기공명 단층 영상 장치 등에 응용할 수 있는 것은?

① 제진 합금

② 초전도재료

③ 비정질 합금

④ 형상기억합금

해설

초전도재료 : 절대영도에 가까운 극저온에서 전기저항이 완전히 0(제로)이 되는 재료

17 한 도면에서 두 종류 이상의 선이 같은 장소에 겹치게 되는 경우에 선의 우선순위로 옳은 것은?

① 절단선 → 숨은선 → 외형선 → 중심선 → 무게중심선

② 무게중심선 → 숨은선 → 절단선 → 중심선 → 외형선

③ 외형선 → 숨은선 → 절단선 → 중심선 → 무게중심선

④ 중심선 → 외형선 → 숨은선 → 절단선 → 무게중심선

18 KS의 부문별 기호 중 기계기본, 기계요소, 공구 및 공작기계 등을 규정하고 있는 영역은?

① KS A ② KS B

③ KS C ④ KS D

19 물체의 여러 면을 동시에 투상하여 입체적으로 도시하는 투상법이 아닌 것은?

① 등각투상도법

② 사투상도법

③ 정투상도법

④ 투시도법

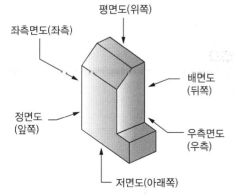
20 침탄, 질화 등 특수 가공할 부분을 표시할 때, 나타내는 선으로 옳은 것은?

① 가는 파선

② 가는 일점쇄선

③ 가는 이점쇄선

④ 굵은 일점쇄선

21 물품을 그리거나 도안할 때 필요한 사항을 제도 기구 없이 프리 핸드(Free Hand)로 그린 도면은?

① 전개도 ② 외형도

③ 스케치도 ④ 곡면선도

22 도형이 단면임을 표시하기 위하여 가는 실선으로 외형선 또는 중심선에 경사지게 일정 간격으로 긋는 선은?

① 특수선　　　　② 해칭선
③ 절단선　　　　④ 파단선

해설

해 칭

용도에 의한 명칭	선의 종류		선의 용도
해 칭	가는 실선으로 규칙적으로 줄을 늘어놓은 것	/////////	도형의 한정된 특정부분을 다른 부분과 구별하는 데 사용한다. 예를 들면 단면도의 절단된 부분을 나타낸다.

23 구멍 $\phi 42^{+0.009}_{\ \ \ \ 0}$, 축 $\phi 42^{+0.009}_{-0.025}$일 때 최대 죔새는?

① 0.009　　　　② 0.018
③ 0.025　　　　④ 0.034

해설

최대 죔새
- 죔새가 발생하는 상황에서 구멍의 최소 허용치수와 축의 최대 허용치수와의 차
- 구멍의 아래 치수허용차와 축의 위 치수허용차와의 차
  42.009 − 42.0 = 0.009

24 그림과 같은 단면도는?

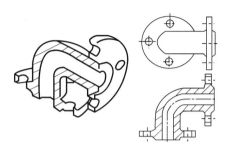

① 전단면도
② 한쪽 단면도
③ 부분 단면도
④ 회전 단면도

해설

전(온)단면도 : 제품을 절반으로 절단하여 내부 모습을 도시하며, 절단선은 나타내지 않는다.

25 동력전달 기계요소 중 회전운동을 직선운동으로 바꾸거나, 직선운동을 회전운동으로 바꿀 때 사용하는 것은?

① V벨트
② 원뿔키
③ 스플라인
④ 랙과 피니언

해설

랙과 피니언 : 회전운동을 직선운동으로 바꾸거나, 직선운동을 회전운동으로 바꾸는 기어

피니언 기어

랙기어

26 제도에 사용되는 문자의 크기는 무엇으로 나타내는가?

① 문자의 굵기
② 문자의 넓이
③ 문자의 높이
④ 문자의 장평

해설
도면에 사용되는 문자는 될 수 있는 대로 적게 쓰고, 기호로 나타내며, 글자의 크기는 문자의 높이로 나타낸다.

27 축에 풀리, 기어 등의 회전체를 고정시켜 축과 회전체가 미끄러지지 않고 회전을 정확하게 전달하는 데 사용하는 기계요소는?

① 키   ② 핀
③ 벨 트   ④ 볼 트

해설
키는 기어, 커플링, 풀리 등의 회전체를 축에 고정하여 회전체가 미끄럼 없이 동력을 전달하도록 돕는 기계요소이다.

28 다음 중 소결작업 중 입자의 일부가 용융해서 규산염과 반응하여 슬랙을 만들어 광립을 서로 결합시키는 곳은 어디인가?

① 하소대   ② 환원대
③ 연소대   ④ 건조대

해설
장입 원료와 함께 장입된 코크스는 연소되어 열이 발생한다. 분위기는 환원성으로 Fe_2O_3의 환원 반응이 일어나며 연료는 상층부에서 오는 공기의 현열과 함께 연소열에 의해 장입물을 가열시킴과 동시에 열 가스를 하층부에 공급한다.

29 Bell-Less 구동장치를 고열로부터 보호하기 위해 냉각수를 순환시키고 있는데, 정전으로 인해 순환수 펌프 가동 불능 시 구동장치를 보호하기 위한 냉각 방법은?

① 고로가스를 공급한다.
② 질소가스를 공급한다.
③ 고압 담수를 공급한다.
④ 노정 살수작업을 실시한다.

해설
펌프 가동 불능 시 질소가스를 공급한다.

30 미세한 분광을 드럼 또는 디스크에서 입상화한 후 소성경화해서 얻는 괴상법은?

① A.I.B법
② 그리나발트법
③ 펠레타이징법
④ 스크레이퍼법

해설
펠레타이징
• 자철광과 적철광이 맥석과 치밀하게 혼합된 광석으로 마광 후 선광하여 고품위화
• 제조법 : 원료의 분쇄(마광) → 생펠릿 성형 → 소성

31 펠릿의 성질을 설명한 것 중 옳은 것은?

① 입도 편석을 일으키며, 공극률이 작다.

② 고로 안에서 소결광과는 달리 급격한 수축을 일으키지 않는다.

③ 산화 배소를 받아 자철광으로 변하며, 피환원성이 없다.

④ 분쇄한 원료를 이용한 것으로 야금 반응에 민감한 물성을 갖지 않는다.

해설

펠릿의 품질 특성

• 분쇄한 원료로 만들어 야금 반응에 민감
• 입도가 일정하며, 입도 편석을 일으키지 않고 공극률이 작음
• 황 성분이 적고, 해면철 상태로 용해되어 규소 흡수가 적음
• 순도가 높고 고로 안에서 반응성이 뛰어남

32 화격자(Grate Bar)에 관한 설명으로 틀린 것은?

① 고온에서 내산화성이어야 한다.

② 고온에서 강도가 커야 한다.

③ 스테인리스강으로 제작하여 사용한다.

④ 장기간 반복가열에도 변형이 적어야 한다.

해설

• 화격자(Grate Bar) : 대차의 바닥면으로 하부 쪽으로 공기가 강제 흡인될 수 있도록 설치하는 것
• 화격자의 구비 조건
  – 고온 내산화성
  – 고온 강도
  – 반복 가열 시 변형이 적을 것

33 고로 조업 시 장입물이 노 안으로 하강함과 동시에 복잡한 변화를 받는데 그 변화의 일반적인 과정으로 옳은 것은?

① 용해 → 산화 → 예열

② 환원 → 예열 → 용해

③ 예열 → 산화 → 용해

④ 예열 → 환원 → 용해

해설

장입물의 변화 상황

• 예열층(200~500℃) : 상승 가스에 의해 장입물이 부착 수분을 잃고 건조
• 환원층(500~800℃) : 산화철이 간접 환원되어 해면철로 변하며, 샤프트 하부에 다다를 때까지 거의 모든 산화철이 해면철로 되어 하강
• 가탄층(800~1,200℃)
  – 해면철은 일산화탄소에 의해 침탄되어 시멘타이트를 생성하고 용융점이 낮아져 규소, 인, 황도 선철 중에 들어가 선철이 된 후 용융하여 코크스 사이를 적하
  – 석회석의 분해에 의해 산화칼슘이 생기며, 불순물과 결합해 슬래그를 형성
• 용해층(1,200~1,500℃) : 선철과 슬래그가 같이 용융 상태로 되어 노상에 고이며, 선철과 슬래그의 비중 차로 2층으로 나뉘어짐

34 고로 원료의 균일성과 안정된 품질을 얻기 위해 여러 종류의 원료를 배합하는 것을 무엇이라 하는가?

① 블렌딩(Blending)

② 워싱(Washing)

③ 정립(Sizing)

④ 선광(Dressing)

해설

블렌딩(Blending)

소결광 제조 시 야드에 적치된 광석을 불출할 때, 부분 불출로 인한 편석 방지 및 필요로 하는 원료 배합을 위하여 1차적으로 야드에 적치된 분광 및 파쇄 처리된 사하분을 적당한 비율로 배합하여 블렌딩 야드에 적치하는 공정

35 소결광 중 Fe_2O_3 함유량이 많을 때 산화도가 높다고 한다. 산화도가 높을수록 소결광의 성질은 어떻게 되는가?

① 산화성이 나빠진다.
② 강도가 떨어진다.
③ 환원성이 좋아진다.
④ 경도와 강도가 나빠진다.

해설
산화도가 높을수록 소결광의 환원성이 좋아진다.

36 고로의 유효 내용적을 나타낸 것은?

① 노저에서 풍구까지의 용적
② 노저에서 장입 기준선까지의 용적
③ 출선구에서 장입 기준선까지의 용적
④ 풍구 수준면에서 장입 기준선까지의 용적

해설
고로의 크기
• 전체 내용적(m^3) : 고로 장입 기준선에서 노저 바닥 연와 상단까지의 노체의 용적
• 내용적(m^3) : 고로 장입 기준선에서 출선구 내측 중심선까지의 체적, 고로의 크기 비교 시 사용
• 유효 내용적(m^3) : 고로 장입 기준선에서 풍구 중심선까지의 체적

37 고로용 철광석의 입도가 작을 경우, 고로 조업에 미치는 영향과 관련이 없는 것은?

① 통기성이 저하된다.
② 산화성이 저하된다.
③ 걸림(Hanging) 사고의 원인이 된다.
④ 가스 분포가 불균일하여 노황을 나쁘게 한다.

해설
장입 원료 취급
철광석의 괴의 크기는 5~25mm, 분은 5mm 이하로 파쇄 및 체질하며, 입도가 작을 경우 통기성 저하, 걸림, 가스 분포 불균일, 환원성 저하 등이 일어난다.

38 석탄의 풍화에 대한 설명 중 틀린 것은?

① 온도가 높으면 풍화는 크게 촉진된다.
② 미분은 표면적이 크기 때문에 풍화되기 쉽다.
③ 탄화도가 높은 석탄일수록 풍화되기 쉽다.
④ 환기가 양호하면 열방산이 많아 좋으나 새로운 공기가 공급되기 때문에 발열하기 쉬워진다.

해설
석탄의 풍화 요인 : 석탄을 장기간 저장 시 대기 중 산소에 의해 풍화하며, 품질 열화 및 자연 발화하는 경우가 있음
• 석탄 자체의 성질 : 탄화도가 낮은 석탄일수록 풍화되기 쉬움
• 석탄의 입도 : 미분은 표면적이 커 풍화되기 쉬움
• 분위기 입도 : 온도가 높을 시 풍화되기 쉬움
• 환기 상태 : 환기 양호 시 열 방산이 좋으나, 산소 농도가 높아져 발열하기 쉬움

39 고로에 사용되는 축류 송풍기의 특징을 설명한 것 중 틀린 것은?

① 풍압 변동에 대한 정풍량 운전이 용이하다.

② 바람 방향의 전환이 없어 효율이 우수하다.

③ 무겁고 크게 제작해야 하므로 설치 면적이 넓다.

④ 터보 송풍기에 비하여 압축된 유체의 통로가 단순하고 짧다.

해설
축류 송풍기는 다량의 풍량이 요구될 때 적합한 송풍기로, 큰 설비가 필요하지 않다.

40 노벽이 국부적으로 얇아져서 결국은 노 안으로부터 가스 또는 용해물이 분출하는 것을 무엇이라 하는가?

① 노상 냉각

② 노저 파손

③ 적열(Hot Spot)

④ 바람구멍류 파손

해설
• 적열 : 노벽이 국부적으로 얇아져 노 안으로부터 가스 또는 용해물이 분출하는 현상
• 대책 : 냉각판 장입, 스프레이 냉각, 바람구멍 지름 조절 및 장입물 분포 상태의 변경 등 노벽의 열작용을 피해야 함

41 소결광 중에서 철 규산염이 많을 때 소결광의 강도와 환원성은 어떻게 되는가?

① 강도는 떨어지고, 환원성도 저하한다.

② 강도는 커지고, 환원성은 저하한다.

③ 강도는 커지고, 환원성도 좋다.

④ 강도는 떨어지나 환원성은 좋다.

해설
소결광 중에 철 규산염이 많을 경우 소결광의 강도는 커지고 환원성은 저하한다.

42 광석의 입도가 작으면 소결 과정에서 통기도와 소결시간이 어떻게 변화하는가?

① 통기도는 악화되고, 소결시간이 단축된다.

② 통기도는 악화되고, 소결시간이 길어진다.

③ 통기도는 악화되고, 소결시간이 단축된다.

④ 통기도는 좋아지고, 소결시간이 길어진다.

해설
광석의 입도는 통기성과 관련이 높은데, 입도가 작으면 작을수록 공기가 통과하는 공간이 작아져 통기도는 악화되고, 그로 인해 소결시간이 길어진다.

43 냉입 사고 발생의 원인으로 관계가 먼 것은?

① 풍구, 냉각반 파손으로 노 내 침수

② 날바람, 박락 등으로 노황 부조

③ 급작스런 연료 취입 증가로 노 내 열 밸런스 회복

④ 돌발 휴풍으로 장시간 휴풍 지속

해설

냉 입
- 노상부의 열이 현저하게 저하되어 일어나는 사고로 다수의 풍구를 폐쇄시킨 후 정상 조업까지 복귀시키는 현상
- 냉입의 원인
  - 노 내 침수
  - 장시간 휴풍
  - 노황 부조 : 날파람, 노벽 탈락
  - 이상 조업 : 장입물의 평량 이상 등에 의한 열 붕괴, 휴풍 시 침수

44 개수 공사를 위해 고로의 불을 끄는 조업의 순서로 옳은 것은?

① 클리닝 조업 → 감척 종풍 조업 → 노저 출선 작업 → 주수 냉각 작업

② 클리닝 조업 → 노저 출선 작업 → 감척 종풍 조업 → 주수 냉각 작업

③ 감척 종풍 조업 → 노저 출선 작업 → 클리닝 조업 → 주수 냉각 작업

④ 감척 종풍 조업 → 주수 냉각 작업 → 클리닝 조업 → 노저 출선 작업

해설

종 풍
- 화입 이후 10~15년 경과 후 설비 갱신을 위해 고로 조업을 정지하는 것
- 종풍 전 고열 조업을 실시하여 노벽 및 노저부의 부착물을 용해, 제거하여 안정된 종풍을 위해 클리닝(Cleaning) 조업 및 감척 종풍 조업을 실시
- 남아 있는 용선을 배출시킨 뒤 노 내 장입물을 냉각
- 냉각 완료 후 Bosh부를 해체하여 잔류 내용물을 해체

45 펠레타이징법의 소성경화 작업에 사용되는 수직형 소성로의 상부층부터 하부층의 명칭으로 옳은 것은?

① 건조대 – 가열대 – 균열대 – 냉각대

② 가열대 – 건조대 – 균열대 – 냉각대

③ 건조대 – 가열대 – 냉각대 – 균열대

④ 균열대 – 건조대 – 가열대 – 냉각대

46 제강용으로 공급되는 고로 용선이 배합상 가져야 할 특징으로 옳은 것은?

① Al_2O_3는 슬래그의 유동성을 개선하므로 많아야 한다.

② 자용성 소결광은 통기성을 저해하므로 적을수록 좋다.

③ 생광석은 고품위 정립광석이 많을수록 좋다.

④ P과 As는 유용한 원소이므로 적당량 함유되면 좋다.

해설

① CaO은 슬래그의 유동성을 개선하므로 많아야 한다.
② 자용성 소결광은 통기성을 좋게 하므로 많을수록 좋다.
④ P과 As는 유해한 원소이므로 가능한 한 적을수록 좋다.

47 펠릿 위의 소결 원료층을 통하여 공기를 흡인하는 것은?

① 쿨러(Cooler)

② 핫 스크린(Hot Screen)

③ 윈드 박스(Wind Box)

④ 콜드 크러셔(Cold Crusher)

해설

통기 장치(Wind Box)
- 소결기 대차 위 소결 원료층을 통하여 공기를 흡인하는 상자
- 소결 대차에서 공기를 하부 방향으로 강제 흡인하는 송풍 장치

48 야드 설비 중 하역설비에 해당되지 않는 것은?

① Stacker
② Rod Mill
③ Train Hopper
④ Unloader

해설
로드 밀은 광석을 미분쇄하는 데 사용된다.

49 파이넥스 유동로의 환원율에 영향을 미치는 인자가 아닌 것은?

① 환원가스 성분 중 CO, H_2 농도
② 광석 1t당 환원가스 원단위
③ 유동로 압력
④ 환원가스 온도

해설
유동 환원로 : 분철광석이 4개의 유동로에 장입되어 순차적으로 다음의 반응을 거치며 용융로로 이동
• 고온의 가스(CO)에 의해 건조, 예열, 환원
• $Fe + H_2S \rightarrow FeS + H_2$
• $Fe_2O_3 + 3CO \rightarrow 2Fe + 3CO_2$

50 고로에서 인(P) 성분이 선철 중에 적게 유입되도록 하는 방법 중 틀린 것은?

① 급속조업을 한다.
② 노상온도를 높인다.
③ 염기도를 높인다.
④ 장입물 중 인(P) 성분을 적게 한다.

해설
탈인 촉진시키는 방법(탈인조건)
• 강재의 양이 많고 유동성이 좋을 것
• 강재 중 P_2O_5이 낮을 것
• 강욕의 온도가 낮을 것
• 슬래그의 염기도가 높을 것
• 산화력이 클 것

51 용광로에서 생산되는 제강용 선철과 주물용 선철의 성분상 가장 차이가 많은 원소는?

① 규소(Si)
② 황(S)
③ 타이타늄(Ti)
④ 인(P)

해설
주물 용선 : 고탄소, 고규소, 저망간

52 코크스 중 회분이 많을 때 고로에서 일어나는 현상은?

① 석회석 슬래그의 양이 감소한다.
② 행잉(Hanging)을 방지한다.
③ 코크스비가 증가한다.
④ 출선량이 증가한다.

해설
회분은 SiO_2를 포함하고 있으므로 많으면 많을수록 석회석 투입량이 많아지게 되며, 코크스의 발열량 또한 그만큼 내려가 출선량도 감소하게 된다. 또한 통기성을 저해하므로 행잉의 위험이 있다.

53 고온에서 원료 중의 액석성분이 용체로 되어 고체 상태의 광석입자를 결합시키는 소결반응은?

① 맥석결합

② 용융결합

③ 확산결합

④ 화합결합

해설

용융결합
- 고온에서 소결한 경우로 원료 중 슬래그 성분이 용융하여 쉽게 결합
- 저융점의 슬래그 성분일수록 용융결합을 함
- 강도는 좋으나, 피환원성이 좋지 않아 기공률과 환원율 저하를 방지해야 함

54 고로의 노정설비 중 노 내 장입물의 레벨(Level)을 측정하는 것은?

① 사운딩(Sounding)

② 라지 벨(Large Bell)

③ 디스트리뷰터(Distributer)

④ 서지 호퍼(Surge Hopper)

해설

검측 장치(사운딩, Sounding) : 고로 내 원료의 장입 레벨을 검출하는 장치로, 측정봉식, Weigh식, 방사선식, 초음파식이 있음

55 고로에서 노정 압력을 제어하는 설비는?

① 셉텀 밸브(Septum Valve)

② 고글 밸브(Goggle Valve)

③ 스노트 밸브(Snort Valve)

④ 바이패스 밸브(Bypass Valve)

해설

셉텀 밸브 ≒ 에어블리더(Bleeder Valve) : 노정 압력에 의한 설비를 보호하기 위해 설치

56 배소에 대한 설명으로 틀린 것은?

① 배소시킨 광석을 배소광 또는 소광이라 한다.

② 황화광을 배소 시 황을 완전히 제거시키는 것을 완전 탈황 배소라 한다.

③ 황(S)은 환원 배소에 의해 제거되며, 철광석의 비소(As)는 산화성 분위기의 배소에서 제거된다.

④ 환원배소법은 적철광이나 갈철광을 강자성 광물화한 다음 자력 선광법을 적용하여 철광석의 품위를 올린다.

해설

배소법 : 금속 황화물을 가열하여 금속 산화물과 이산화황으로 분해시키는 작업
- 산화 배소
  - 황화광 내 황을 산화시켜 SO_2로 제거하는 방법으로 비소(As), 안티모니(Sb) 등을 휘발 제거하는 데 적용
  - 반응식 $2ZnS + 3O_2 = 2ZnO + 2SO_2$, $2PbS + 3O_2 = 2PbO + 2SO_2$
- 황산화 배소 : 황화 광석을 산화시켜 수용성의 금속 한산염을 만들어 습식 제련하기 위한 배소
- 그 밖의 배소
  - 환원 배소 : 광석, 중간 생성물을 석탄, 고체 환원제와 같은 기체 환원제를 사용하여 저급의 산화물이나 금속으로 환원하는 것
  - 나트륨 배소 : 광석 중 유가 금속을 나트륨염으로 만들어 침출 제련하는 것

57 열풍로에서 예열된 공기는 풍구를 통하여 노 내 전달되는데 예열된 공기는 약 몇 ℃인가?

① 300~500℃
② 600~800℃
③ 1,100~1,300℃
④ 1,400~1,600℃

해설
열풍로 개요
- 열풍로 : 공기를 노 내에 풍구를 통하여 불어 넣기 전 1,100~1,300℃로 예열하기 위한 설비
- 일정 시간이 경과하면 축열실 온도가 낮아지므로, 다른 축열실로의 열풍으로 사용
- 열풍 사용으로 코크스 사용량을 줄이며, 연소의 속도를 높여 생산 능률이 향상
- 가동 방식 : 고로가스(BFG) 및 코크스로 가스(COG)를 연소 → 축열실 가열 → 반대 방향에서 냉풍 공급 → 축열실 열로 냉풍 가열 → 가열기와 방열기 반복 → 다른 열풍로로 교환 송풍

58 광물의 미립자를 물에 넣고 부선제를 첨가하여 많은 기포를 발생시켜 기포 표면에 필요한 광물의 입자를 붙게 하여 표면에 뜨게 하여 분리 회수하는 방법은?

① 증액선광
② 자력선광
③ 이중선광
④ 부유선광

해설
분쇄한 작은 광립을 물에 섞은 다음 적당한 부선제를 넣고 적당한 장치에 의해 많은 기포를 발생시켜서 그 기포의 표면에 특히 필요한 광물의 입자를 붙게 하고 표면으로 뜨게 하여 다른 광물이나 맥석에서 분리 회수하는 선광법이다. 즉, 광물 표면의 성질을 이용한 것이다.

59 노체의 팽창을 완화하고 가스가 새는 것을 막기 위해 설치하는 것은?

① 냉각판
② 롬(Loam)
③ 광석받침철판
④ 익스팬션(Expansion)

해설
익스팬션 조인트 : 배관의 온도 변화에 따른 팽창과 수축, 진동 및 풍압, 배관의 이동과 파손, 과도한 응력 등을 흡수하여 사고를 미연에 방지하는 설비

60 노황 및 출선, 출재가 정상적이지 않아 조기 출선을 해야 하는 경우가 아닌 것은?

① 감압, 휴풍이 예상될 경우
② 노열 저하 현상이 보일 경우
③ 장입물의 하강이 느린 경우
④ 출선구가 약하고 다량의 출선에 견디지 못 할 경우

해설
조기 출선을 해야 할 경우
- 출선, 출재가 불충분할 경우
- 노황 냉기미로 풍구에 슬래그가 보일 때
- 전 출선 Tap에서 충분한 배출이 안 되어 양적인 제약이 생길 때
- 감압, 휴풍이 예상될 때
- 장입물 하강이 빠를 때

01 반자성체에 해당하는 금속은?

① 철(Fe)　　　　② 니켈(Ni)

③ 안티몬(Sb)　　④ 코발트(Co)

해설

반자성체(Diamagnetic Material)
수은, 금, 은, 비스무트, 구리, 납, 물, 아연, 안티몬과 같이 자화를 하면 외부 자기장과 반대 방향으로 자화되는 물질을 말하며, 투자율이 진공보다 낮은 재질을 말함

02 다음 중 강괴의 탈산제로 부적합한 것은?

① Al　　　　　② Fe – Mn

③ Cu – P　　　④ Fe – Si

해설

킬드강 : 용강 중 Fe – Mn, Fe – Si, Al분말 등 강탈산제를 첨가하여 산소가 거의 없는 완전 탈산된 강으로 기포가 없고 편석이 적은 장점이 있고, 기계적 성질이 양호하다.

03 라우탈(Lautal) 합금의 특징을 설명한 것 중 틀린 것은?

① 시효경화성이 있는 합금이다.

② 규소를 첨가하여 주조성을 개선한 합금이다.

③ 주조 균열이 크므로 사형 주물에 적합하다.

④ 구리를 첨가하여 절삭성을 좋게 한 합금이다.

해설

Al – Cu – Si : 라우탈, 주조성 및 절삭성이 좋음

04 탄소 2.11%의 γ고용체와 탄소 6.68%의 시멘타이트와의 공정조직으로서 주철에서 나타나는 조직은?

① 펄라이트

② 오스테나이트

③ α고용체

④ 레데뷰라이트

해설

공정점(4.3% C, 1,130℃)
용융액으로부터 γ고용체와 시멘타이트가 동시에 정출하는 점이며, 이때의 공정물을 레데뷰라이트(Ledeburite)라고 함

05 순철을 상온에서부터 가열하여 온도를 올릴 때 결정구조의 변화로 옳은 것은?

① BCC → FCC → HCP

② HCP → BCC → FCC

③ FCC → BCC → FCC

④ BCC → FCC → BCC

해설

중요 변태점

• A_0 변태 : 210℃ 시멘타이트의 자기변태

• A_1 변태 : 723℃ 공석변태

• A_2 변태 : 768℃ 자기변태 상자성체 ↔ 강자성체로 변화

• A_3 변태 : 910℃ 동소변태 α철(BCC) ↔ γ철(FCC)로 변태

• A_4 변태 : 1,400℃ 동소변태 γ철(FCC) ↔ δ철(BCC)로 변태

06 초정(Primary Crystal)이란 무엇인가?

① 냉각 시 제일 늦게 석출하는 고용체를 말한다.
② 공정반응에서 공정반응 전에 정출한 결정을 말한다.
③ 고체 상태에서 2가지 고용체가 동시에 석출하는 결정을 말한다.
④ 용액 상태에서 2가지 고용체가 동시에 정출하는 결정을 말한다.

해설
초정 : 공정반응 시 공정반응 전에 정출한 결정

07 금속 중에 0.01~0.1μm 정도의 산화물 등 미세한 입자를 균일하게 분포시킨 금속 복합재료는 고온에서 재료의 어떤 성질을 향상시킨 것인가?

① 내식성
② 크리프
③ 피로강도
④ 전기전도도

해설
크리프시험
• 크리프 : 재료를 고온에서 내력보다 작은 응력으로 가해 주면 시간이 지나면서 변형이 진행되는 현상
• 기계 구조물, 교량 및 건축물 등 긴 시간에 걸쳐 하중을 받는 재료에 시험
• 용융점이 낮은 금속(Pb, Cu)인 순금속, 연한 합금 등은 상온에서 크리프 현상이 발생

08 Ni – Fe계 합금인 인바(Invar)는 길이 측정용 표준자, 바이메탈 VTR 헤드의 고정대 등에 사용되는데 이는 재료의 어떤 특성 때문에 사용하는가?

① 자 성
② 비 중
③ 전기저항
④ 열팽창계수

해설
불변강
인바(36% Ni 함유), 엘린바(36% Ni – 12% Cr 함유), 플래티나이트(42~46% Ni 함유), 코엘린바(Cr – Co – Ni 함유)로 탄성계수가 작고, 공기나 물속에서 부식되지 않는 특징이 있어, 정밀 계기 재료, 차, 스프링 등에 사용된다.

09 탄소강 중에 포함된 구리(Cu)의 영향으로 틀린 것은?

① 내식성을 향상시킨다.
② Ar₁의 변태점을 증가시킨다.
③ 강재 압연 시 균열의 원인이 된다.
④ 강도, 경도, 탄성한도를 증가시킨다.

해설
구리 및 구리합금의 성질
면심입방격자, 융점 1,083℃, 비중 8.9, 내식성 우수

10 재료의 강도를 이론적으로 취급할 때는 응력의 값으로서는 하중을 시편의 실제 단면적으로 나눈 값을 쓰지 않으면 안 된다. 이것을 무엇이라 부르는가?

① 진응력
② 공칭응력
③ 탄성력
④ 하중력

해설
인장시험에 있어서 하중 – 연신선도를 그릴 경우 재료는 하중의 증대와 더불어 지름이 가늘어지지만 일반적으로는 최초의 굵기로 하중을 나누어 응력을 구한다. 그러나 이것은 실제의 진응력을 나타내는 것이 아니기 때문에 연신 과정의 최소 단면적으로 그때의 하중을 나눈다. 이에 의해 구한 응력을 진응력이라 한다.

11 Fe – C 평형상태도에서 [보기]와 같은 반응식은?

┤보기├
$$\gamma(0.76\% \ C) \leftrightarrows \alpha(0.22\% \ C) + Fe_3C(6.70\% \ C)$$

① 포정반응

② 편정반응

③ 공정반응

④ 공석반응

해설
상태도에서 일어나는 불변 반응
- 공석점 : 723℃ 0.8% C $\gamma - Fe \leftrightarrow \alpha - Fe + Fe_3C$
- 공정점 : 1,130℃ 4.3% C Liquid $\leftrightarrow \gamma - Fe + Fe_3C$
- 포정점 : 1,490℃ 0.18% C Liquid $+ \delta - Fe \leftrightarrow \gamma - Fe$

12 [보기]는 강의 심랭처리에 대한 설명이다. (A), (B)에 들어갈 용어로 옳은 것은?

┤보기├
심랭처리란, 담금질한 강을 실온 이하로 냉각하여 (A)를 (B)로 변화시키는 조작이다.

① (A) : 잔류 오스테나이트, (B) : 마텐자이트

② (A) : 마텐사이드, (B) : 베이나이트

③ (A) : 마텐자이트, (B) : 소르바이트

④ (A) : 오스테나이트, (B) : 펄라이트

해설
심랭처리 : 퀜칭 후 경도를 증가시킨 강에 시효변형을 방지하기 위하여 0℃ 이하(Sub-zero)의 온도로 냉각하여 잔류 오스테나이트를 마텐자이트로 만드는 처리

13 구조용 합금강과 공구용 합금강을 나눌 때 기어, 축 등에 사용되는 구조용 합금강 재료에 해당되지 않는 것은?

① 침탄강

② 강인강

③ 질화강

④ 고속도강

해설
고속도강은 높은 속도가 요구되는 절삭공구에 사용되는 강이다.

14 열간가공을 끝맺는 온도를 무엇이라 하는가?

① 피니싱 온도

② 재결정온도

③ 변태 온도

④ 용융 온도

해설
피니싱 : 마치는 것을 의미하며 열간가공이 끝나는 것을 의미함

15 재료의 강도를 높이는 방법으로 위스커(Whisker) 섬유를 연성과 인성이 높은 금속이나 합금 중에 균일하게 배열시킨 복합재료는?

① 클래드 복합재료

② 분산강화 금속 복합재료

③ 입자강화 금속 복합재료

④ 섬유강화 금속 복합재료

해설
섬유강화 금속 복합재료(FRM ; Fiber Reinforced Metals)
- 위스커 같은 섬유를 Al, Ti, Mg 등의 합금 중에 균일하게 배열시켜 복합시킨 재료
- 강화 섬유는 비금속계와 금속계로 구분
- Al 및 Al합금이 기지로 가장 많이 사용되며, Mg, Ti, Ni, Co, Pb 등이 있음
※ 제조법 : 주조법, 확산 결합법, 압출 또는 압연법 등

16 다음 중 도면의 표제란에 표시되지 않는 것은?

① 품명, 도면 내용

② 척도, 도면 번호

③ 투상법, 도면 명칭

④ 제도자, 도면 작성일

해설

도면의 표제란

• 도면에 반드시 마련해야 할 사항으로 윤곽선, 중심마크, 표제란 등이 있다.

• 표제란을 그릴 때에는 도면의 오른쪽 아래에 설치하여 알아보기 쉽도록 한다.

• 표제란에는 도면 번호, 도명, 척도, 투상법, 작성 연월일, 제도자 이름 등을 기입한다.

17 다음 도면에서 3 – 10DRILL 깊이 12는 무엇을 의미하는가?

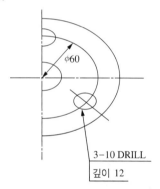

① 반지름이 3mm인 구멍이 10개이며, 깊이는 12mm이다.

② 반지름이 10mm인 구멍이 3개이며, 깊이는 12mm이다.

③ 지름이 3mm인 구멍이 12개이며, 깊이는 10mm이다.

④ 지름이 10mm인 구멍이 3개이며, 깊이는 12mm이다.

해설

도면 치수 기입방법

구멍의 개수	–	지 름	가공방법
3	–	10mm	DRILL

18 제도에서 가상선을 사용하는 경우가 아닌 것은?

① 인접 부분을 참고로 표시하는 경우

② 가공 부분을 이동 중의 특정한 위치로 표시하는 경우

③ 물체가 단면 형상임을 표시하는 경우

④ 공구, 지그 등의 위치를 참고로 나타내는 경우

해설

물체가 단면 형상임을 표시하는 경우에는 절단선이 쓰인다.

19 KS B ISO 4287 한국산업표준에서 정한 "거칠기 프로파일에서 산출한 파라미터"를 나타내는 기호는?

① R – 파라미터

② P – 파라미터

③ W – 파라미터

④ Y – 파라미터

20 도면에 기입된 구멍의 치수 ϕ50H7에서 알 수 없는 것은?

① 끼워맞춤의 종류

② 기준치수

③ 구멍의 종류

④ IT 공차등급

해설

IT기본 공차

• 기준치수가 크면 공차를 크게 적용, 정밀도는 기준치수와 비율로 표시하여 나타내는 것

• IT 01에서 IT 18까지 20등급으로 나눔

• IT 01~IT 4는 주로 게이지류, IT 5~IT 10은 끼워맞춤 부분, IT 11~IT 18은 끼워맞춤 이외의 공차에 적용

21 도면에서 중심선을 꺾어서 연결 도시한 투상도는?

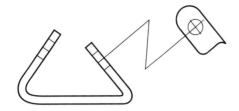

① 보조 투상도
② 국부 투상도
③ 부분 투상도
④ 회전 투상도

해설
- 부분 투상도 : 그림의 일부를 도시하는 것으로도 충분한 경우에는, 필요한 부분만을 투상하여 도시한다.
- 부분 확대도 : 특정한 부분의 도형이 작아서 그 부분을 자세하게 나타낼 수 없거나 치수 기입을 할 수 없을 때에는, 가는 실선으로 에워싸고 영자의 대문자로 표시함과 동시에 그 해당 부분의 가까운 곳에 확대도를 같이 나타내고, 확대를 표시하는 문자 기호와 척도를 기입한다.
- 국부 투상도 : 대상물의 구멍, 홈 등과 같이 한 부분의 모양을 도시하는 것으로 충분한 경우에는 그 필요한 부분만을 국부 투상도로 도시한다.

22 다음 도형에서 테이퍼 값을 구하는 식으로 옳은 것은?

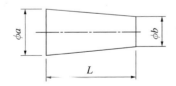

① b/a
② a/b
③ $\dfrac{a+b}{L}$
④ $\dfrac{a-b}{L}$

23 다음 도면에 대한 설명 중 틀린 것은?

물 체   정면도   우측면도

① 원통은 치수 보조기호를 사용하여 치수 기입하면 정면도만으로도 투상이 가능하다.
② 속이 빈 원통이므로 단면을 하여 투상하면 구멍을 자세히 나타내면서 숨은선을 줄일 수 있다.
③ 좌·우측이 같은 모양이라도 좌·우측면도를 모두 그려야 한다.
④ 치수 기입 시 치수 보조기호를 생략하면 우측면도를 꼭 그려야 한다.

해설
간단한 물체는 정면도와 평면도, 또는 정면도와 우측면도의 2면도로만 나타낼 수 있다.

24 다음 투상도 중 물체의 높이를 알 수 없는 것은?

① 정면도
② 평면도
③ 우측면도
④ 좌측면도

해설
평면도 : 상면도라고도 하며, 물체의 위에서 내려다 본 모양을 나타낸 도면

25 도면에서 ⒜로 표시된 해칭의 의미로 옳은 것은?

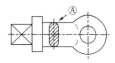

① 특수 가공 부분이다.
② 회전 단면도이다.
③ 키를 장착할 홈이다.
④ 열처리 가공 부분이다.

해설
회전 단면도 : 핸들, 벨트 풀리, 훅, 축 등의 단면을 표시할 때에는 투상면에 절단한 단면의 모양을 90° 회전하여 그리며, 해칭하여 표현한다.

26 물체를 투상면에 대하여 한쪽으로 경사지게 투상하여 입체적으로 나타내는 것으로 물체를 입체적으로 나타내기 위해 수평선에 대하여 30°, 45°, 60° 경사각을 주어 삼각자를 편리하게 사용하게 한 것은?

① 투시도
② 사투상도
③ 등각 투상도
④ 부등각 투상도

해설
사투상도
투상선이 투상면을 사선으로 평행하도록 무한대의 수평 시선으로 얻은 물체의 윤곽을 그리게 되면 육면체의 세 모서리는 경사축이 a각을 이루는 입체도가 되며, 이를 그린 그림을 의미한다. 45°의 경사축으로 그린 것을 카발리에도, 60°의 경사축으로 그린 것을 캐비닛도라고 한다.

27 나사의 도시에 대한 설명으로 옳은 것은?

① 수나사와 암나사의 골지름은 굵은 실선으로 그린다.
② 불완전 나사부의 끝 밑선은 45° 파선으로 그린다.
③ 수나사의 바깥지름과 암나사의 안지름은 굵은 실선으로 그린다.
④ 완전 나사부와 불완전 나사부의 경계선은 가는 실선으로 그린다.

해설
나사의 도시 방법
• 수나사의 바깥지름과 암나사의 안지름을 표시하는 선은 굵은 실선으로 그린다.
• 수나사·암나사의 골을 표시하는 선은 가는 실선으로 그린다.
• 완전 나사부와 불완전 나사부의 경계선은 굵은 실선으로 그린다.
• 불완전 나사부의 골을 나타내는 선은 축선에 대하여 30°의 가는 실선으로 그리고, 필요에 따라 불완전 나사부의 길이를 기입한다.
• 암나사의 단면 도시에서 드릴 구멍이 나타날 때에는 굵은 실선으로 120°가 되게 그린다.
• 수나사와 암나사의 결합부의 단면은 수나사로 나타낸다.
• 수나사와 암나사의 측면 도시에서 각각의 골지름은 가는 실선으로 약 3/4 원으로 그린다.

28 노의 내용적이 4,800m³, 노정압이 2.5kg/cm², 1일 출선량이 8,400t/d, 연료비는 4,600kg/T − P일 때 출선비는?

① 1.75
② 2.10
③ 3.10
④ 7.75

해설
출선비($t/d/\mathrm{m^3}$) : 단위 용적(m³)당 용선 생산량(t)
$$\frac{출선량(t/d)}{내용적(\mathrm{m^3})} = \frac{8,400t/d}{4,800\mathrm{m^3}} = 1.75t/d/\mathrm{m^3}$$

29 Mn의 노 내 작용이 아닌 것은?

① 탈황작용　　　　② 탈산작용
③ 탈탄작용　　　　④ 슬래그의 유동성 증대

해설
망간 광석(Manganese Ore)
• 선철, 용강, 슬래그 등에서 슬래그 유동성 향상
• 탈황 및 탈산 역할

30 소결원료에서 배합원료의 수분값의 범위(%)로 가장 적당한 것은?

① 1~2%　　　　　② 5~8%
③ 10~17%　　　　④ 20~27%

해설
소결원료에서 배합원료의 수분값의 범위는 5~8% 정도이다.

31 소결기에 급광하는 원료의 소결반응을 신속하게 하기 위한 조건으로 틀린 것은?

① 폭 방향으로 연료 및 입도의 편석이 적어야 한다.
② 소결기 상층부에는 분 코크스를 증가시키는 것이 좋다.
③ 입도는 작을수록 소결시간이 단축되므로 미립이 많아야 한다.
④ 장입물 입도분포와 장입밀도에 따라 소결반응에 영향을 미치므로 통기성이 좋아야 한다.

해설
소결기는 상부에 열을 가하고, 하부에서 열을 빨아들이는 구조로 되어 있다. 따라서 하부층에 대립의 분광을, 상부층에 미립의 분탄을 배치하는 수직편석을 조장하는데, 점화로에서 상부의 착화가 유리하고 하부의 열량 과잉 방지와 통기성이 좋아지게 되어 소결회수율 및 품질이 좋아진다.

32 상부광이 사용되는 목적으로 틀린 것은?

① 화격자가 고온이 되도록 한다.
② 화격자 면의 통기성을 양호하게 유지한다.
③ 용융상태의 소결광이 화격자에 접착되지 않게 한다.
④ 화격자 공간으로 원료가 낙하하는 것을 방지하고 분광의 공간 메움을 방지한다.

해설
상부광 : 소결기 대차 하부 면에 까는 8~15mm의 소결광
• Grate Bar에 소결광 융착을 방지
• 소결광 덩어리가 대차에서 쉽게 분리하도록 도움
• Grate Bar 사이로 세립 원료가 새어 나감을 방지
• 신원료에 의한 화격자의 구멍 막힘을 방지

33 고로를 4개의 층으로 나눌 때 상승 가스에 의해 장입물이 가열되어 부착 수분을 잃고 건조되는 층은?

① 예열층　　　　　② 환원층
③ 가탄층　　　　　④ 용해층

해설
장입물의 변화 상황
• 예열층(200~500℃) : 상승 가스에 의해 장입물이 부착 수분을 잃고 건조
• 환원층(500~800℃) : 산화철이 간접 환원되어 해면철로 변하며, 샤프트 하부에 다다를 때까지 거의 모든 산화철이 해면철로 되어 하강
• 가탄층(800~1,200℃)
　－ 해면철은 일산화탄소에 의해 침탄되어 시멘타이트를 생성하고 용융점이 낮아져 규소, 인, 황도 선철 중에 들어가 선철이 된 후 용융하여 코크스 사이를 적하
　－ 석회석의 분해에 의해 산화칼슘이 생기며, 불순물과 결합해 슬래그를 형성
• 용해층(1,200~1,500℃) : 선철과 슬래그가 같이 용융 상태로 되어 노상에 고이며, 선철과 슬래그의 비중 차로 2층으로 나뉘어짐

34 주물용 선철 성분의 특징으로 옳은 것은?

① Si, S을 모두 적게 한다.

② P, S을 모두 많게 한다.

③ Si가 적고, Mn은 많게 한다.

④ Si가 많고, Mn은 적게 한다.

해설
주물 용선 : 고탄소, 고규소, 저망간

35 용광로 조업 시 노 내 장입물이 강하(降下)하지 않고 정지된 상태는?

① 걸림(Hanging)

② 슬립(Slip)

③ 드롭(Drop)

④ 냉입(冷入)

해설
걸림(행잉, Hanging) : 장입물이 용해대에서 노벽에 붙어 양쪽 벽에 걸쳐 얹혀 있는 상태

36 고로에 사용되는 축류 송풍기의 특징을 설명한 것 중 틀린 것은?

① 풍압 변동에 대한 정풍향 운전이 용이하다.

② 바람 방향의 전환이 없어 효율이 우수하다.

③ 무겁고 크게 제작해야 하므로 설치 면적이 넓다.

④ 터보 송풍기에 비하여 압축된 유체의 통로가 단순하고 짧다.

해설
축류 송풍기는 다량의 풍량이 요구될 때 적합한 송풍기로, 큰 설비가 필요하지 않다.

37 고정탄소(%)를 구하는 식으로 옳은 것은?

① 100% − [수분(%) + 회분(%) + 휘발분(%)]

② 100% − [수분(%) + 회분(%) × 휘발분(%)]

③ 100% + [수분(%) × 회분(%) × 휘발분(%)]

④ 100% + [수분(%) × 회분(%) − 휘발분(%)]

해설
고정탄소(%) = 100% − [수분(%) + 회분(%) + 휘발분(%)]

38 고로가스 청정설비로 노정가스의 유속을 낮추고 방향을 바꾸어 조립 연진을 분리, 제거하는 설비명은?

① 백필터(Bag Filter)

② 제진기(Dust Catcher)

③ 전기집진기(Electric Precipitator)

④ 벤투리 스크러버(Venturi Scrubber)

해설
① 백필터 : 여러 개의 여과포에 배가스를 통과시켜 먼지를 제거하는 방식

③ 전기집진기 : 방전 전극을 양(+)으로 하고 집진극을 음(−)으로 하여 고전압을 가해 놓은 뒤 분진을 함유한 가스가 통과하면 분진이 양극으로 대전하여 집진극에 부착되고, 전극에 쌓인 분진은 제거하는 방식

④ 벤투리 스크러버 : 기계식으로 폐가스를 좁은 노즐(Venturi)에 통과시킨 후 고압수를 분무하여 가스 중의 분진을 포집

39 고로 조업에서 출선할 때 사용되는 스키머의 역할은?

① 용선과 슬래그를 분리하는 역할
② 용선을 레이들로 보내는 역할
③ 슬래그를 레이들에 보내는 역할
④ 슬래그를 슬래그피트(Slag Pit)로 보내는 역할

해설
스키머(Skimmer) : 비중 차에 의해 용선 위에 떠 있는 슬래그를 분리하는 설비

40 용광로 철피 적열상태를 점검하는 방법으로 옳지 않은 것은?

① 온도계로 온도 측정
② 소량의 물로 비등현상 확인
③ 조명 소등 후 철피 색상 비교
④ 신체 접촉으로 온기 확인

해설
• 적열 : 노벽이 국부적으로 얇아져 노 안으로부터 가스 또는 용해물이 분출하는 현상
• 대책 : 냉각판 장입, 스프레이 냉각, 바람구멍 지름 조절 및 장입물 분포 상태의 변경 등 노벽 열작용을 피해야 함

41 생펠릿(Pellet)을 조립하기 위한 조건으로 틀린 것은?

① 분 입자 간에 수분이 없어야 한다.
② 원료는 충분히 미세하여야 한다.
③ 원료분이 균일하게 가습되는 혼련법이어야 한다.
④ 균등하게 조립될 수 있는 전동법이어야 한다.

해설
생펠릿을 조립하기 위한 조건
• 분 입자 간 수분이 적당할 것
• 미세한 원료를 가질 것
• 원료분이 균일하게 가습되는 혼련법일 것
• 균등하게 조립될 수 있는 전동법일 것

42 고로의 어떤 부분만 통기 저항이 작아 바람이 잘 통해서 다른 부분과 가스 상승에 차가 생기는 저항은?

① 슬 립   ② 석회과잉
③ 행잉드롭   ④ 벤틸레이션

해설
미끄러짐(슬립, Slip) : 통기성의 차이로 가스 상승차가 생기는 것을 벤틸레이션(Ventilation)이라 하며, 이 부분에서 장입물 강하가 빨라져 크게 강하하는 상태

43 소결용 집진기로 사용하는 사이클론의 집진 원리는?

① 대전 이용
② 중력 침강
③ 여과 이용
④ 원심력 이용

해설
원심력에 의한 방식(Cyclone) : 함진 가스를 선회시켜 먼지에 작용하는 원심력에 의해서 입자를 가스로부터 분리

44 고로의 영역(Zone) 중 광석의 환원, 연화 융착이 거의 동시에 진행되는 영역은?

① 적하대
② 괴상대
③ 용융대
④ 융착대

융착대 : 광석 연화, 융착(1,200~1,300℃)
• FeO 간접환원(FeO + CO = Fe + CO₂)
• 용융 FeO 직접환원(FeO + C = Fe + CO)
• 환원철 : 침탄 → 융점 저하 → 용융 적하

46 고로 본체의 냉각방식 중 내부 냉각에 해당하는 것은?

① 재킷 냉각
② Stave 냉각
③ 살수냉각
④ 벽유수냉각

스테이브(Stave) 냉각기

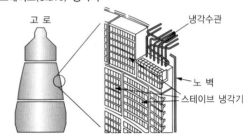

• 철피 내면에 일정한 간격으로 강관이 설치되어 냉각하는 방식
• 냉각수를 자연 순환시키는 증발 냉각 방식과 강제 순환하는 수랭식이 있음
• 냉각수 : 담수, 담수 순환수, 해수, 정수
• 재질 : 구리(뛰어난 열전도율, 냉각 능력, 낮은 변형률), 주철(기계적 성질 우수)

45 소결 배합원료를 급광할 때 가장 바람직한 편석은?

① 수직 방향의 점도편석
② 폭 방향의 점도편석
③ 길이 방향의 분산편석
④ 두께 방향의 분산편석

수직 편석 : 점화로에서 착화가 용이하게 상층부는 세립, 하층부는 조립으로 장입하는 방식으로 통기성 및 환원성이 좋아진다.

47 코크스의 연소실 구조에 따른 분류 중 순환식에 해당되는 것은?

① 카우퍼식
② 오토식
③ 쿠로다식
④ 월푸투식

내연식 열풍로(Cowper Type)
• 예열실과 축열실이 분리되어 있지 않고 하나의 돔 내에 위치한 열풍로로 순환식임
• 구조가 복잡하고 연소실과 축열실 사이 분리벽이 손상되기 쉬움

48 주물 용선을 제조할 때의 조업방법이 아닌 것은?

① 슬래그를 산성으로 한다.

② 코크스 배합비율을 높인다.

③ 노 내 장입물 강하시간을 짧게 한다.

④ 고온 조업이므로 선철 중에 들어가는 금속원소의 환원율을 높게 생각하여 광석 배합을 한다.

> **해설**
>
> 제강 용선과 주물 용선의 조업상 비교
>
> | 구 분 | 제강 용선(염기성 평로) | 주물 용선 |
> |---|---|---|
> | 선철 성분 | • Si : 낮다.
• Mn : 높다.
• S : 될 수 있는 한 적게 | • Si : 높다.
• Mn : 낮다.
• P : 어느 정도 혼재 |
> | 장입물 | 강의 유해 성분이 적은 것
• Mn : Mn광, 평로재
• Cu : 황산재의 사용 제한 | 주물의 유해 성분, 특히 Ti가 적은 것
• Mn : Mn광 사용
• Ti : 사철의 사용 |
> | 조업법 | • 강염기성 슬래그
• 저열 조업
• 풍량을 늘리고, 장입물 강하 시간을 빠르게 함 | • 저염기도 슬래그
• 고열 조업
• 풍량을 줄이고, 장입물 강하 시간을 느리게 함 |

49 소성 펠릿의 특징을 설명한 것 중 옳은 것은?

① 고로 안에서 소결광보다 급격한 수축을 일으킨다.

② 분쇄한 원료로 만든 것으로 야금 반응에 민감하지 않다.

③ 입도가 일정하고 입도 편석을 일으키며, 공극률이 작다.

④ 황 성분이 적고, 그 밖에 해면철 상태를 통해 용해되므로 규소의 흡수가 적다.

> **해설**
>
> **펠릿의 품질 특성**
> • 분쇄한 원료로 만들어 야금 반응에 민감
> • 입도가 일정하며, 입도 편석을 일으키지 않고 공극률이 작음
> • 황 성분이 적고, 해면철 상태로 용해되어 규소 흡수가 적음
> • 순도가 높고 고로 안에서 반응성이 뛰어남

50 산소부화송풍의 효과에 대한 설명으로 틀린 것은?

① 풍구 앞의 온도가 높아진다.

② 노정가스의 온도를 낮게 하고 발열량을 증가시킨다.

③ 송풍량을 증가시키는 요인이 되어 코크스비가 증가한다.

④ 코크스의 연소속도를 빠르게 하여 출선량을 증대시킨다.

> **해설**
>
> 산소부화 : 풍구부의 온도 보상 및 연료의 연소 효율 향상을 위해 이용하며, 단위풍량당 산소함유량을 증가시켜 송풍한다.

51 괴상법에 의해 만들어진 괴광에 필요한 성질을 설명한 것 중 틀린 것은?

① 다공질로 노 안에서 환원이 잘되어야 한다.

② 강도가 커서 운반, 저장, 노 내 강하 도중에 분쇄되지 않아야 한다.

③ 점결제를 사용할 때에는 고로벽을 침식시키지 않는 알칼리류를 함유하여야 한다.

④ 장기 저장에 의한 풍화와 열팽창 및 수축에 의한 붕괴를 일으키지 않아야 한다.

> **해설**
>
> **괴상화 광석이 가져야 할 성질**
> • 장시간 저장에도 풍화되지 않을 것
> • 운반 또는 노 내에서 강하할 때 부서지지 않는 강도를 가질 것
> • 금속에 유해한 불순물이나 노 벽의 내화물에 손상을 주는 성분이 포함되지 않을 것
> • 다공질로 노 내에서 환원성이 좋을 것
> • 열팽창, 수축에 따라 붕괴하지 않을 것

52 다음 드럼 피더(Drum Feeder) 중 수직방향으로는 정도 편석을 조장시키는 장치는 무엇인가?

① 호퍼(Surge Hopper)
② 경사판(Deflector Plate)
③ 게이트(Gate)
④ 절단게이트(Cut-off Gate)

해설
드럼 피더에서 수직방향으로 정도 편석을 조장시키는 장치는 경사판이다.

53 다음 중 수세법에 대한 설명으로 옳은 것은?

① 자철광 또는 사철광을 선광하여 맥석을 분리하는 방법
② 갈철광 등과 같이 진흙이 붙어 있는 광석을 물로 씻어서 품위를 높이는 방법
③ 중력에 의하여 큰 광석은 가라앉히고, 작은 광석은 뜨게 하여 분리하는 방법
④ 비중의 차를 이용하여 광석으로부터 맥석을 선별, 제거하거나 또는 광석 중의 유효 광물을 분리하는 방법

해설
수세법 : 갈철광 등과 같이 진흙이 붙어 있는 광석을 물로 씻어서 품위를 높이는 방법

54 석탄의 분쇄 입도의 영향에 대한 설명으로 틀린 것은?(단, HGI ; Hardgrove Grindability Index이다)

① 수분이 많으면 파쇄하기 어렵다.
② 파쇄기 급량이 많으면 조파쇄가 된다.
③ 석탄의 HGI가 작으면 파쇄하기 쉽다.
④ 분쇄전 석탄입도가 크면 분쇄 후 입도가 크다.

해설
파쇄성(HGI ; Hardgrove Grindability Index) : 표준 석탄과 비교하여 상대적인 파쇄능을 비교 결정하는 방법으로 HGI가 작으면 파쇄하기 어렵다.

55 미분탄 취입(Pulverized Coal Injection) 조업에 대한 설명으로 옳은 것은?

① 미분탄의 입도가 작을수록 연소 시간이 길어진다.
② 산소 부화를 하게 되면 PCI 조업 효과가 낮아진다.
③ 미분탄 연소 분위기가 높을수록 연소 속도에 의해 연소 효율은 증가한다.
④ 휘발분이 높을수록 탄(Coal)의 열분해가 지연되어 연소 효율은 감소한다.

해설
미분탄 취입 특징
• 미분탄 연소 분위기가 높을수록 연소 속도에 의해 연소 효율 증가
• 코크스 사용비 감소
• 코크스 생산비 감소

56 생석회 사용 시 소결 조업상의 효과가 아닌 것은?

① 고층 후 조업 가능
② NOx 가스 발생 감소
③ 열효율 감소로 인한 분 코크스 사용량의 증가
④ 의사 입자화 촉진 및 강도 향상으로 통기성 향상

해설
생석회 첨가 : 의사 입화 촉진, 의사 입자 강도 향상, 소결 베드(Bed) 내 의사 입자 붕괴량 감소, 환원 분화 개선 및 성분 변동을 감소

57 고로가스 청정 설비 중 건식 장비에 해당되는 것은?

① 여과식 가스청정기
② 다이센 청정기
③ 허들 와셔
④ 스프레이 와셔

해설
고로가스 청정 설비 중 건식 장비는 여과식 가스청정기이다.

58 사고예방의 5단계 순서로 옳은 것은?

① 조직 → 평가분석 → 사실의 발견 → 시정책의
    적용 → 시정책의 선정
② 조직 → 평가분석 → 사실의 발견 → 시정책의
    선정 → 시정책의 적용
③ 조직 → 사실의 발견 → 평가분석 → 시정책의
    적용 → 시정책의 선정
④ 조직 → 사실의 발견 → 평가분석 → 시정책의
    선정 → 시정책의 적용

해설
하인리히의 사고예방 대책 기본원리 5단계
• 1단계 : 조직
• 2단계 : 사실의 발견
• 3단계 : 평가분석
• 4단계 : 시정책의 선정
• 5단계 : 시정책의 적용

59 고로 내 장입물로부터의 수분 제거에 대한 설명 중 틀린 것은?

① 장입원료의 수분은 기공 중에 스며든 부착수가 존재한다.
② 장입원료의 수분은 화합물 상태의 결합수 또는 결정수로 존재한다.
③ 광석에서 분리된 수증기는 코크스 중의 고정탄소와 $H_2O + C \rightarrow H_2 + CO_2$의 반응을 일으킨다.
④ 부착수는 100℃ 이상에서는 증발하며, 특히 입도가 작은 광석이 낮은 온도에서 증발하기 쉽다.

해설
광석에서 분리된 수증기는 $H_2O + C \rightarrow H_2 + CO - 28.4$로 분해된다.

60 고로는 전 높이에 걸쳐 많은 내화벽돌로 쌓여 있다. 내화벽돌이 갖추어야 될 조건으로 틀린 것은?

① 내화도가 높아야 한다.
② 치수가 정확하여야 한다.
③ 비중이 5.0 이상으로 높아야 한다.
④ 침식과 마멸에 견딜 수 있어야 한다.

해설
고로 내화물 구비 조건
• 고온에서 용융, 연화, 휘발하지 않을 것
• 고온·고압에서 상당한 강도를 가질 것
• 열 충격이나 마모에 강할 것
• 용선·용재 및 가스에 대하여 화학적으로 안정할 것
• 적당한 열전도를 가지고 냉각 효과가 있을 것

01 금속의 소성변형에서 마치 거울에 나타나는 상이 거울을 중심으로 하여 대칭으로 나타나는 것과 같은 현상을 나타내는 변형은?

① 쌍정변형

② 전위변형

③ 벽계변형

④ 딤플변형

해설
쌍정(Twin) : 소성변형 시 상이 거울을 중심으로 대칭으로 나타나는 것과 같은 현상으로 슬립이 일어나지 않는 금속이나 단결정에서 주로 일어난다.

02 태양열 이용 장치의 적외선흡수 재료, 로켓연료 연소효율 향상에 초미립자 소재를 이용한다. 이 재료에 관한 설명 중 옳은 것은?

① 초미립자 제조는 크게 체질법과 고상법이 있다.

② 체질법을 이용하면 청정 초미립자 제조가 가능하다.

③ 고상법은 균일한 초미립자 분체를 대량 생산하는 방법으로 우수하다.

④ 초미립자의 크기는 100nm의 콜로이드(Colloid) 입자의 크기와 같은 정도의 분체라 할 수 있다.

해설
일반적으로 입자 직경이 $0.1\mu m$ 이하의 입자를 초미립자라고 한다.

03 텅스텐은 재결정에 의해 결정립 성장을 한다. 이를 방지하기 위해 처리하는 것을 무엇이라 하는가?

① 도 핑　　　　　② 아말감

③ 라이팅　　　　④ 비탈륨

해설
텅스텐의 재결정에 의한 결정립 성장을 방지하기 위해서 도핑 처리를 한다.

04 비중 7.3, 용융점 232℃, 13℃에서 동소변태하는 금속으로 전연성이 우수하며, 의약품, 식품 등의 포장용 튜브, 식기, 장식기 등에 사용되는 것은?

① Al　　　　　　② Ag

③ Ti　　　　　　④ Sn

해설
주석(Sn)
원자량 118.7g/mol, 녹는점 231.93℃, 끓는점 2,602℃이다. 모든 원소 중 동위원소가 가장 많으며 전성, 연성과 내식성이 크고 쉽게 녹기 때문에 주조성이 좋아 널리 사용되는 전이후 금속이다.

05 Fe – C 평형상태도에서 레데뷰라이트의 조직은?

① 페라이트

② 페라이트 + 시멘타이트

③ 페라이트 + 오스테나이트

④ 오스테나이트 + 시멘타이트

해설
레데뷰라이트 : γ – 철 + 시멘타이트, 탄소 함유량이 2.0% C와 6.67% C의 공정주철의 조직으로 나타난다.

06 다음의 자성재료 중 연질 자성재료에 해당되는 것은?

① 알니코
② 네오디뮴
③ 센더스트
④ 페라이트

해설

자성재료
• 경질 자성재료 : 알니코, 페라이트, 희토류계, 네오디뮴, Fe – Cr – Co계 반경질 자석, Nd 자석
• 연질 자성재료 : Si 강판, 퍼멀로이, 센더스트, 알펌, 퍼멘듈, 슈퍼멘듈

07 주철에서 Si가 첨가될 때, Si의 증가에 따른 상태도 변화로 옳은 것은?

① 공정 온도가 내려간다.
② 공석 온도가 내려간다.
③ 공정점은 고탄소 측으로 이동한다.
④ 오스테나이트에 대한 탄소 용해도가 감소한다.

해설

Si와 C가 많을수록 비중과 용융 온도는 저하하며, Si, Ni의 양이 많아질수록 고유저항은 커지며, 흑연이 많을수록 비중이 작아짐

08 다음의 금속 상태도에서 합금 m을 냉각시킬 때 m_2점에서 결정 A와 용액 E와의 양적 관계를 옳게 나타낸 것은?

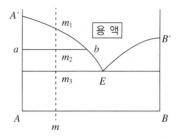

① 결정 A : 용액 $E = \overline{m_1 \cdot b} : \overline{m \cdot A'}$
② 결정 A : 용액 $E = \overline{m_1 \cdot A'} : \overline{m_1 \cdot b}$
③ 결정 A : 용액 $E = \overline{m_2 \cdot a} : \overline{m_2 \cdot b}$
④ 결정 A : 용액 $E = \overline{m_2 \cdot b} : \overline{m_2 \cdot a}$

해설

지렛대의 원리를 이용하면,
결정 A : 용액 $E = m_2 \cdot b : m_2 \cdot a$이다.

09 탄소가 0.50~0.70%이고, 인장강도는 590~690 MPa이며, 축, 기어, 레일, 스프링 등에 사용되는 탄소강은?

① 톰 백
② 극연강
③ 반연강
④ 최경강

해설

최경강 : 탄소량 0.5~0.6%가 함유된 강으로, 인장강도 70kg/mm² 이상이며, 스프링·강선·공구 등에 사용한다.

10 마그네슘 및 마그네슘 합금의 성질에 대한 설명으로 옳은 것은?

① Mg의 열전도율은 Cu와 Al보다 높다.
② Mg의 전기전도율은 Cu와 Al보다 높다.
③ Mg합금보다 Al합금의 비강도가 우수하다.
④ Mg은 알칼리에 잘 견디나 산이나 염수에는 침식된다.

해설
마그네슘의 성질
• 비중 1.74, 용융점 650℃, 조밀육방격자형
• 전기전도율은 Cu, Al보다 낮다.
• 알칼리에는 내식성이 우수하나 산이나 염수에 침식이 진행
• O_2에 대한 친화력이 커 공기 중 가열, 용해 시 폭발이 발생

11 다음 중 경질 자성재료에 해당되는 것은?

① Si 강판
② Nd 자석
③ 센더스트
④ 퍼멀로이

해설
• 경질 자성재료 : 알니코, 페라이트, 희토류계, 네오디뮴, Fe - Cr - Co계 반경질 자석, Nd 자석 등
• 연질 자성재료 : Si 강판, 퍼멀로이, 센더스트, 알펌, 퍼멘듈, 슈퍼멘듈 등

12 다음 중 초초두랄루민(ESD)의 조성으로 옳은 것은?

① Al - Si계
② Al - Mn계
③ Al - Cu - Si계
④ Al - Zn - Mg계

해설
초초두랄루민
알루미늄합금으로 ESD로 약기된다. Al - Zn - Mg계의 합금으로 열처리에 의해 알루미늄합금 중 가장 강력하게 된다. 보통 두랄루민의 주요 합금원소가 Cu인 데에 비해 Zn이 이에 대신하고 있으므로, 아연두랄루민이라고도 불린다.

13 55~60% Cu를 함유한 Ni 합금으로 열전쌍용 선의 재료로 쓰이는 것은?

① 모넬메탈
② 콘스탄탄
③ 퍼민바
④ 인코넬

해설
Ni - Cu합금
• 양백(Ni - Zn - Cu) : 장식품, 계측기
• 콘스탄탄(40% Ni - 55~60% Cu) : 열전쌍
• 모넬메탈(60% Ni) : 내식 · 내열용

10 ④ 11 ② 12 ④ 13 ② **정답**

14 다음 중 주철에서 칠드층을 얇게 하는 원소는?

① Co

② Sn

③ Mn

④ S

해설

• 주철에서 칠드층을 깊게 하는 원소 : S, Cr, V, Mn

• 주철에서 칠드층을 얇게 하는 원소 : Co, C

15 담금질한 강은 뜨임 온도에 의해 조직이 변화하는데, 250~400℃ 온도에서 뜨임하면 어떤 조직으로 변화하는가?

① α – 마텐자이트

② 트루스타이트

③ 소르바이트

④ 펄라이트

해설

• 마텐자이트보다 냉각속도를 조금 적게 하였을 때 나타나는 조직으로 유랭 시 500℃ 부근에서 생기는 조직이다.

• 마텐자이트 조직을 300~400℃에서 뜨임할 때 나타나는 조직이다.

16 반복 도형의 피치의 기준을 잡는 데 사용되는 선은?

① 굵은 실선

② 가는 실선

③ 가는 1점쇄선

④ 가는 2점쇄선

해설

용도에 의한 명칭	선의 종류		선의 용도
피치선	가는 1점 쇄선	—‥—‥—	되풀이하는 도형의 피치를 취하는 기준을 표시하는 데 쓰인다.
가상선	가는 2점 쇄선	—‥‥—	• 인접부분을 참고로 표시하는 데 사용한다. • 공구, 지그 등의 위치를 참고로 나타내는 데 사용한다. • 가동부분을 이동 중의 특정한 위치 또는 이동한계의 위치로 표시하는 데 사용한다. • 가공 전 또는 후의 모양을 표시하는 데 사용한다. • 되풀이하는 것을 나타내는 데 사용한다. • 도시된 단면의 앞쪽에 있는 부분을 표시하는 데 사용한다.

17 치수 기입을 위한 치수선과 치수보조선 위치가 가장 적합한 것은?

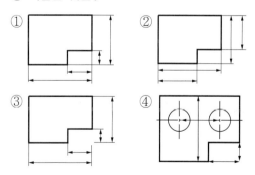

해설

외형선, 중심선, 기준선 및 이들의 연장선을 치수보조선으로 사용한다.

18 다음 여러 가지 도형에서 생략할 수 없는 것은?

① 대칭 도형의 중심선의 한쪽

② 좌우가 유사한 물체의 한쪽

③ 길이가 긴 축의 중간 부분

④ 길이가 긴 테이퍼 축의 중간 부분

해설

좌우가 대칭인 물체의 한쪽을 생략할 수 있다.

19 다음 중 물체 뒤쪽면을 수평으로 바라본 상태에서 그린 그림은?

① 배면도   ② 저면도

③ 평면도   ④ 측면도

해설

투시방향	명 칭	내 용
앞 쪽	정면도	기본이 되는 가장 주된 면으로, 물체의 앞에서 바라본 모양을 나타낸 도면
위 쪽	평면도	상면도라고도 하며, 물체의 위에서 내려다 본 모양을 나타낸 도면
우 측	우측면도	물체의 우측에서 바라본 모양을 나타낸 도면
좌 측	좌측면도	물체의 좌측에서 바라본 모양을 나타낸 도면
아래쪽	저면도	하면도라고도 하며, 물체의 아래쪽에서 바라본 모양을 나타낸 도면
뒤 쪽	배면도	물체의 뒤쪽에서 바라본 모양을 나타낸 도면을 말하며 사용하는 경우가 극히 적다.

20 동력전달 기계요소 중 회전운동을 직선운동으로 바꾸거나, 직선운동을 회전운동으로 바꿀 때 사용하는 것은?

① V벨트   ② 원뿔키

③ 스플라인   ④ 랙과 피니언

해설

랙과 피니언 : 회전운동을 직선운동으로 바꾸거나, 직선운동을 회전운동으로 바꾸는 기어

피니언 기어

랙기어

21 다음 도면의 크기가 $a = 594$, $b = 841$일 때 그림에 대한 설명으로 옳은 것은?

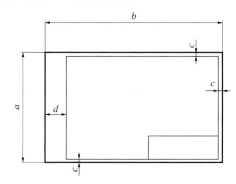

① 도면 크기의 호칭은 A0이다.

② c의 최소 크기는 10mm이다.

③ 도면을 철할 때 d의 최소 크기는 25mm이다.

④ 중심 마크와 윤곽선이 그려져 있다.

해설

도면 크기의 종류 및 윤곽의 치수

크기의 호칭			A0	A1	A2	A3	A4
도면의윤곽	$a \times b$		841 ×1,189	594 ×841	420 ×594	297 ×420	210 ×297
	c(최소)		20	20	10	10	10
	d(최소)	철하지않을 때	20	20	10	10	10
		철할 때	25	25	25	25	25

18 ② 19 ① 20 ④ 21 ③ **정답**

22 제도에서 치수 기입법에 관한 설명으로 틀린 것은?

① 치수는 가급적 정면도에 기입한다.

② 치수는 계산할 필요가 없도록 기입해야 한다.

③ 치수는 정면도, 평면도, 측면도에 골고루 기입한다.

④ 2개의 투상도에 관계되는 치수는 가급적 투상도 사이에 기입한다.

해설

치수기입원칙

• 치수는 되도록 주투상도(정면도)에 집중한다.

• 치수는 중복 기입을 피한다.

• 치수는 되도록 계산해서 구할 필요가 없도록 한다.

• 치수는 필요에 따라 기준으로 하는 점, 선 또는 면을 기준으로 하여 기입한다.

• 관련되는 치수는 되도록 한곳에 모아서 기입한다.

• 치수는 되도록 공정마다 배열을 분리하여 기입한다.

• 치수 중 참고 치수에 대하여는 치수 수치에 괄호를 붙인다.

23 제작물의 일부만을 절단하여 단면 모양이나 크기를 나타내는 단면도는?

① 온 단면도   ② 한쪽 단면도

③ 회전 단면도   ④ 부분 단면도

해설

단면도의 종류

• 부분 단면도 : 일부분을 잘라 내고 필요한 내부 모양을 그리기 위한 방법이며, 파단선을 그어서 단면 부분의 경계를 표시한다.

• 온 단면도 : 제품을 절반으로 절단하여 내부 모습을 도시하며 절단선은 나타내지 않는다.

• 한쪽(반) 단면도 : 제품을 1/4 절단하여 내부와 외부를 절반씩 보여 주는 단면도이다.

• 회전 도시 단면도 : 핸들, 벨트 풀리, 훅, 축 등의 단면을 표시할 때에는 투상면에 절단한 단면의 모양을 90° 회전하여 안이나 밖에 아래와 같이 그린다.

• 계단 단면도 : 2개 이상의 절단면으로 필요한 부분을 선택하여 단면도로 그린 것으로, 절단 방향을 명확히 하기 위하여 1점쇄선으로 절단선을 표시하여야 한다.

24 제도 용구 중 디바이더의 용도가 아닌 것은?

① 치수를 옮길 때 사용

② 원호를 그릴 때 사용

③ 선을 같은 길이로 나눌 때 사용

④ 도면을 축소하거나 확대한 치수로 복사할 때 사용

해설

디바이더 : 필요한 치수를 자의 눈금에서 따서 제도 용지에 옮기거나 선, 원주 등을 일정한 길이로 등분하는 데 사용하는 제도 용구

25 기계 제작에 필요한 예산을 산출하고, 주문품의 내용을 설명할 때 이용되는 도면은?

① 견적도   ② 설명도

③ 제작도   ④ 계획도

해설

도면의 분류(용도에 따른 분류)

• 견적도 : 제작자가 견적서에 첨부하여 주문하는 사람에게 주문품의 내용을 설명하는 도면

• 계획도 : 제작도를 작성하기 전에 만들고자 하는 제품의 계획 단계에서 사용되는 도면

• 주문도 : 주문서에 첨부하여 주문하는 사람의 요구 내용을 제작자에게 제시하는 도면

• 제작도 : 설계자의 최종 의도를 충분히 전달하여 제작에 반영하기 위해서 제품의 모양, 치수, 재질, 가공 방법 등이 나타나는 도면

• 승인도 : 제작자가 주문하는 사람 또는 다른 관계자의 검토를 거쳐 승인을 받은 도면

• 설명도 : 제작자가 고객에게 제품의 원리, 기능, 구조, 취급 방법 등을 설명하기 위해 만든 도면

• 공정도 : 제조 과정에서 지켜야 할 가공 방법, 사용 공구 및 치수 등을 상세히 나타내는 도면

• 상세도 : 기계, 건축, 교량, 선박 등의 필요한 부분을 확대하여 모양, 구조, 조립 관계 등을 상세하게 나타내는 도면

26 볼트를 고정하는 방법에 따라 분류할 때, 물체의 한쪽에 암나사를 깎은 다음 나사박기를 하여 죄며, 너트를 사용하지 않는 볼트는?

① 관통볼트
② 기초볼트
③ 탭볼트
④ 스터드볼트

해설
• 관통볼트 : 결합하고자 하는 두 물체에 구멍을 뚫고 여기에 볼트를 관통시킨 다음 반대편에서 너트로 죈다.
• 기초볼트 : 여러 가지 모양의 원통부를 만들어 기계 구조물을 콘크리트 기초 위에 고정시키도록 하는 볼트이다.
• 스터드볼트 : 양 끝에 나사를 깎은 머리가 없는 볼트로서 한쪽 끝은 본체에 박고 다른 끝에는 너트를 끼워 죈다.

27 다음 중 "C"와 "SR"에 해당되는 치수 보조기호의 설명으로 옳은 것은?

① C는 원호이며, SR은 구의 지름이다.
② C는 45° 모따기이며, SR은 구의 반지름이다.
③ C는 판의 두께이며, SR은 구의 반지름이다.
④ C는 구의 반지름이며, SR은 구의 지름이다.

해설
치수 보조기호
• □ : 정사각형의 변
• t : 판의 두께
• C : 45° 모따기
• SR : 구의 반지름
• φ : 지름
• R : 반지름

28 고로 조업에서 냉입사고의 원인이 아닌 것은?

① 유동성이 불량할 때
② 미분탄 등 보조연료를 다량으로 취입할 때
③ 장입물의 얽힘 및 슬립이 연속적으로 발생할 때
④ 풍구, 냉각반의 파손에 의한 노 내 침수가 일어날 때

해설
• 냉입 : 노상부의 열이 현저하게 저하되어 일어나는 사고로 다수의 풍구를 폐쇄시킨 후 정상 조업까지 복귀시키는 현상
• 냉입의 원인
  – 노 내 침수
  – 장시간 휴풍
  – 노황 부조 : 날파람, 노벽 탈락
  – 이상 조업 : 장입물의 평량 이상 등에 의한 열 붕괴, 휴풍 시 침수
• 대 책
  – 노 내 침수 방지 및 냉각수 점검 철저
  – 원료 품질의 급변 방지
  – 행잉의 연속 방지
  – 돌발적 장기간 휴풍 방지
  – 장입물의 대폭 평량 방지

29 용광로의 횡단면이 원형인 이유로 틀린 것은?

① 가스 상승을 균일하게 하기 위해서
② 열의 분포를 균일하게 하기 위해서
③ 열의 발산을 크게 하기 위해서
④ 장입물 강하를 균일하게 하기 위해서

해설
용광로(고로)의 단면이 원형인 이유
• 가스 상승의 균일
• 열의 분포 균일
• 장입물 강하 균일

30 자용성 소결광 조업에 대한 설명으로 틀린 것은?

① 노황이 안정되어 고온 송풍이 가능하다.

② 노 내 탈황률이 향상되어 선철 중의 황을 저하시킬 수 있다.

③ 소결광 중에 페이얼라이트 함유량이 많아 산화성이 크다.

④ 하소된 상태에 있으므로 노 안에서의 열량 소비가 감소된다.

> **해설**
> • 자용성 소결광 : 염기도 조절을 위해 석회석을 첨가한 소결광으로 피환원성 향상, 연료비 절감, 생산성 향상의 목적으로 사용
> • 철광석의 피환원성은 기공률이 클수록, 입도가 작을수록, 산화도가 높을수록 좋아지며, 환원이 어려운 철감람석(Fayalite, Fe_2SiO_4), 타이타늄($FeO \cdot TiO_2$) 등이 있으면 나빠진다.

31 코크스의 연소실 구조에 따른 분류 중 순환식에 해당되는 것은?

① 카우퍼식　　② 오토식
③ 쿠로다식　　④ 월푸투식

> **해설**
> 내연식 열풍로(Cowper Type) – 순환식
> • 예열실과 축열실이 분리되어 있지 않고 하나의 돔 내에 위치한 열풍로
> • 구조가 복잡하고 연소실과 축열실 사이 분리벽이 손상되기 쉬움

32 다음 중 산성 내화물의 주성분으로 옳은 것은?

① SiO_2　　② MgO
③ CaO　　④ Al_2O_3

> **해설**
> 산성 내화물
> • 규석질 : SiO_2
> • 반규석질 : $SiO_2(Al_2O_3)$
> • 샤모트질 : SiO_2, Al_2O_3

33 고로의 장입장치가 구비해야 할 조건으로 틀린 것은?

① 장치가 간단하여 보수하기 쉬워야 한다.

② 장치의 개폐에 따른 마모가 없어야 한다.

③ 원료를 장입할 때 가스가 새지 않아야 한다.

④ 조업속도와는 상관없이 최대한 느리게 장입되어야 한다.

> **해설**
> 노정 장입장치의 요구 조건
> • 노 내 고압가스에 대한 기밀성이 뛰어날 것
> • 노 내 적정한 분포의 장입물 유도해야 할 것
> • 노정 장입장치의 내구성이 좋을 것
> • 보수 및 점검이 용이할 것

34 야드 설비 중 불출 설비에 해당되는 것은?

① 스태커(Stacker)

② 언로더(Unloader)

③ 리클레이머(Reclaimer)

④ 트레인 호퍼(Train Hopper)

> **해설**
> • 리클레이머(Reclaimer) : 원료탄 또는 코크스를 야드에서 불출하여 하부에 통과하는 벨트컨베이어에 원료를 실어 주는 장비
> • 언로더(Unloader) : 원료가 적재된 선박이 입하하면 원료를 배에서 불출하여 야드(Yard)로 보내는 설비
> • 스태커(Stacker) : 해송 및 육송으로 수송된 광석이나 석탄, 부원료 등이 벨트컨베이어를 통해 운반되어 최종 저장 야드에 적치하는 장비

35 고로과정이 일반 야금 과정과 다른 점으로 옳지 않은 것은?

① 고로는 기화에서 소화까지 장시간 연속적으로 가동한다.

② 고로 내 가열을 받은 장입물과 고온가스 사이에 역류가 일어나 열효율이 크다.

③ 선철과 슬래그는 고체 상태로 얻어지고 비중차로써 분리한다.

④ 노 내에서 탄소는 연료 및 환원제로 이용된다.

해설

선철과 슬래그는 액체 상태로 얻어지고 비중차로 분리한다.

37 괴상법의 종류 중 단광법(Briquetting)에 해당되지 않는 것은?

① 크루프(Krupp)법

② 다이스(Dise)법

③ 프레스(Press)법

④ 플런저(Plunger)법

해설

크루프(Krupp)법은 강철 주물을 만드는 방법이다.

단광법

• 상온에서 압축 성형만으로 덩어리를 만들거나, 이것을 다시 구워 단단한 덩어리로 만드는 방법

• 종류 : 다이스(Dise)법, 프레스(Press)법, 플런저(Plunger)법 등

36 고로 내 열교환 및 온도변화는 상승 가스에 의한 열교환, 철 및 슬래그의 적하물과 코크스의 온도 상승 등으로 나타나고, 반응으로는 탈황반응 및 침탄반응 등이 일어나는 대(Zone)는?

① 연소대   ② 적하대

③ 융착대   ④ 노상대

해설

적하대 : 용철, Slag의 용융 적하(1,400~1,500℃)

• 탈황, 탈규 반응 : 용철과 Slag는 상승 가스로부터 S, Si 흡수

• 침탄 반응 : SiO + C → Si + CO

38 저광조에서 소결원료가 벨트컨베이어 상에 배출되면 자동적으로 벨트컨베이어 속도를 가감하여 목표량만큼 절출하는 장치는?

① 벨트 피더(Belt Feeder)

② 테이블 피더(Table Feeder)

③ 바이브레이팅 피더(Vibrating Feeder)

④ 콘스탄트 피더 웨이어(Constant Feeder Weigher)

해설

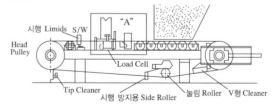

소결용 원료·부원료를 적정 비율로 배합하기 위해 종류별로 정해진 목표치에 따라 불출량이 제어되도록 하는 계측 제어 장치

39 소결성상에서 소성 시 소결 진행속도가 원만히 이루어지기 위한 조건으로 틀린 것은?

① 통기성이 좋아야 한다.

② 반광을 핵으로 화학적인 반응이 진행되어야 한다.

③ 소결대의 폭이 두터워야 한다.

④ 점화 전 부압과 점화 후 부압이 동일해야 한다.

해설
소결 진행속도가 원만히 이루어지기 위한 조건
• 통기성이 좋아야 한다.
• 반광을 핵으로 하여 화학적인 반응이 진행되어야 한다.
• 소결대의 폭이 두터워야 한다.

40 소결조업에 사용되는 용어 중 FFS가 의미하는 것은?

① 고로가스

② 코크스가스

③ 화염진행속도

④ 최고도달온도

해설
화염전진속도(FFS ; Flame Front Speed)
층후(mm) × Pallet Speed(m/min) / 유효화상길이(m)

41 소결반응에서 용융결합이란 무엇인가?

① 저온에서 소결이 행해지는 경우 입자가 기화해서 입자 표면 접촉부의 확산 반응에 의해 결합이 일어난 것

② 고온에서 소결한 경우 원료 중의 슬래그 성분이 기화해서 입자가 슬래그로 단단하게 결합한 것

③ 고온에서 소결한 경우 원료 중의 슬래그 성분이 용융해서 입자가 슬래그 성분으로 단단하게 결합한 것

④ 고온에서 소결이 행해지는 경우 입자가 용융해서 입자 표면 접촉부의 확산 반응에 의해 결합이 일어난 것

해설
용융결합
• 고온에서 소결한 경우로 원료 중 슬래그 성분이 용융하여 쉽게 결합
• 저융점의 슬래그 성분일수록 용융결합을 함
• 강도는 좋으나, 피환원성이 좋지 않아 기공률과 환원율 저하를 방지해야 함

42 철광석 중 결정수 제거와 CO_2를 제거할 목적으로 금속 원소와 산소와의 반응이 별로 일어나지 않는 온도로 작업하는 것을 무엇이라고 하는가?

① 하소(Calcination)

② 배소(Roasting)

③ 부유선광법(Flotation)

④ 비중선광법(Gravity Separation)

해설
철광석의 예비 처리
• 건조 : 낮은 온도에서 광석의 물을 제거하는 공정
• 하소 : 높은 온도에서 가열에 의해 수화물, 탄산염과 같이 화학적으로 결합되어 있는 물과 이산화탄소를 제거하는 공정
• 배소 : 용융점 이하로 가열하면서 화학 반응을 일으켜 광석의 화학 성분과 성질을 개량하고, 해로운 성분(S)을 제거하는 공정

43 야금용 및 제선용 연료의 구비조건 중 틀린 것은?

① 인(P)이 적어야 한다.

② 황(S)이 적어야 한다.

③ 회분이 많아야 한다.

④ 발열량이 커야 한다.

해설

제강 용선과 주물 용선의 조업상 비교

구 분	제강 용선(염기성 평로)	주물 용선
선철 성분	• Si : 낮다. • Mn : 높다. • S : 될 수 있는 한 적게	• Si : 높다. • Mn : 낮다. • P : 어느 정도 혼재
장입물	강의 유해 성분이 적은 것 • Mn : Mn광, 평로재 • Cu : 황산재의 사용 제한	주물의 유해 성분, 특히 Ti 가 적은 것 • Mn : Mn광 사용 • Ti : 사철의 사용
조업법	• 강염기성 슬래그 • 저열 조업 • 풍량을 늘리고, 장입물 강하 시간을 빠르게 함	• 저염기도 슬래그 • 고열 조업 • 풍량을 줄이고, 장입물 강하 시간을 느리게 함

44 코크스(Coke)가 과다하게 첨가(배합)되었을 경우 일어나는 현상이 아닌 것은?

① 소결광의 생산량이 증가한다.

② 배기가스의 온도가 상승한다.

③ 소결광 중 FeO 성분 함유량이 많아진다.

④ 화격자(Grate Bar)에 점착하기도 한다.

해설

코크스 장입량이 많아지면 연소 속도는 증가지만, 열교환 시간이 줄어들어 소결광 생산량에 영향을 미치게 된다.

45 고로의 노체 연와(煙瓦)마모 방지 설비인 냉각반을 주로 구리를 사용하여 만드는 가장 큰 이유는?

① 열전도도가 높다.

② 주조(鑄造)하기가 용이하다.

③ 다른 금속보다 무게가 가볍다.

④ 다른 금속보다 용융점이 높다.

해설

냉각반 재질 : 구리(뛰어난 열전도율, 냉각 능력, 낮은 변형률), 주철(기계적 성질 우수, 구리에 비해 가격 저렴, 내마모성 우수)

46 펠릿(Pellet)에서 생볼(Green Ball)로 만드는 조립기가 아닌 것은?

① 디스크(Disc)형

② 로드(Rod)형

③ 드럼(Drum)형

④ 팬(Pan)형

해설

펠레타이징(Pellettizing)이란 미세한 분광을 드럼(Drum) 또는 디스크(Disk), 팬(Pan)에서 입상화한 뒤에, 소성경화하여 10mm 안팎 정도의 펠릿을 얻는 괴상법으로서, 단광과 소결을 합한 방법이다.

47 소결광의 환원 분화에 대한 설명으로 틀린 것은?

① CO 가스보다는 H_2 가스의 경우에 분화가 현저히 발생한다.

② 400~700℃ 구간에서 분화가 많이 일어나며, 특히 500℃ 부근에서 현저하게 발생한다.

③ 저온환원의 경우 어느 정도 진행되면 분화는 그 이상 크게 되지 않는다.

④ 고온환원 시 환원에 의해 균열이 발생하여도 환원으로 생성된 금속철의 소결에 의해 분화가 억제된다.

해설
환원 강도(환원 분화 지수)
• 소결광은 환원 분위기의 저온에서 분화하는 성질을 가짐
• 피환원성이 좋은 소결광일수록 분화가 용이하여 환원 강도는 저하
• 환원 분화가 적을수록 피환원성이 저하하여 연료비가 상승
• 환원 분화가 많아지면 고로 통기성 저하에 의한 노황 불안정으로 연료비 상승
• 환원 분화를 조장하는 화합물 : 재산화 적철광(Hematite)

48 유동로의 가스 흐름을 고르게 하여 장입물을 균일하게 유동화시키기 위하여 고속의 가스 유속이 형성되는 장치는?

① 딥 레그(Dip Leg)

② 분산판 노즐(Nozzle)

③ 차이니스 햇(Chinese Hat)

④ 가이드 파이프(Guide Pipe)

해설
유동층이란 기체를 고르게 분사하는 분산판 위에 기체에 의해 매우 격렬한 혼합을 이루는 입자층을 말하며, 이를 가능하게 하는 것을 분산판 노즐이라 한다.

49 배합탄의 관리영역을 탄화도와 점결성 구간으로 나눌 때 탄화도를 표시하는 치수로 옳은 것은?

① 전팽창(TD)

② 휘발분(VM)

③ 유동도(MF)

④ 조직평형지수(CBI)

해설
휘발분(VM ; Volatile Matter) : 일정한 입도로 만든 일반 시료 1g을 용기에 넣어 105~106℃로 1시간 가열 후 건조할 때의 시료 감량(%)에서 수분이 없어진 값

50 폐수처리를 물리적 처리와 생물학적 처리로 나눌 때 물리적 처리에 해당되지 않는 것은?

① 자연침전   ② 자연부상

③ 입상물여과   ④ 혐기성 소화

해설
물리적 폐수처리 : 저류·스크린·파쇄·부상·침전·농축·폭기·역삼투·흡착·여과 등이 포함된다. 이 공법은 생물학적 또는 화학적 방법에 속하는 다른 공법과 선택적으로 조합되어 전체적 폐수처리 공정을 이룬다.

51 소결 조업 중 연소대 부근의 온도(℃)는?

① 800~900℃

② 900~1,000℃

③ 1,200~1,300℃

④ 1,500~1,700℃

해설
소결반응의 특징은 환원과 산화반응이 거의 동시에 일어나는 것이다. 흡인공기에 의한 코크스의 연소는 극히 협소한 연소대에서 급격히 일어나며 최고온도가 1,300℃ 정도이다.

52 생펠릿에 강도를 주기 위해 첨가하는 물질이 아닌 것은?

① 붕 사 ② 규 사

③ 벤토나이트 ④ 염화나트륨

해설

생펠릿의 강도를 높이기 위해 첨가하는 것 : 생석회(CaO), 염화나트륨(NaCl), 붕사(B_2O_3), 벤토나이트 등의 첨가제

53 용제에 대한 설명으로 틀린 것은?

① 유동성을 좋게 한다.

② 슬래그의 용융점을 높인다.

③ 슬래그를 금속으로부터 분리시킨다.

④ 산성 용제에는 규암, 규석 등이 있다.

해설

용제 : 슬래그의 생성과 용선, 슬래그의 분리를 용이하게 하고, 불순물의 제거를 돕는 역할

54 안전 보호구의 용도가 옳게 짝지어진 것은?

① 두부에 대한 보호구 – 안전각반

② 얼굴에 대한 보호구 – 절연장갑

③ 추락방지를 위한 보호구 – 안전대

④ 손에 대한 보호구 – 보안면

해설

안전 보호구

종 류	사용목적
안전모	비래 또는 낙하하는 물건에 대한 위험성 방지
안전화	물품이 발등에 떨어지거나 작업자가 미끄러짐을 방지
안전장갑	감전 또는 각종 유해물로부터의 예방
보안경	유해광선 및 외부 물질에 의한 안구 보호
보안면	열, 불꽃, 화학약품 등의 비산으로부터 안면 보호
안전대	작업자의 추락 방지

55 석탄(유연탄)을 대기 중에서 장기간 방치하면 산화 현상이 일어난다. 석탄의 산화와 관계가 없는 것은?

① 석탄이 산화되면 온도가 상승한다.

② 석탄이 산화하면 석탄성분 중 점결력이 감소한다.

③ 석탄이 발열하면 발화한다.

④ 석탄 성분 중 휘발분이 증가한다.

해설

석탄이 산화되면 온도가 상승하고 점결력이 감소하며 산화 시 발열될 경우 발화의 위험성이 있다.

56 소결의 일반적인 공정 순서로 옳은 것은?

① 혼합 및 조립 → 원료장입 → 소결 → 점화 → 냉각

② 혼합 및 조립 → 원료장입 → 점화 → 소결 → 냉각

③ 원료장입 → 혼합 및 조립 → 소결 → 점화 → 냉각

④ 원료장입 → 점화 → 혼합 및 조립 → 소결 → 냉각

해설

소결광은 원료, 연료, 부원료 등을 잘 배합한 후 소결기에 원료를 장입하여 가열 후 소결한 뒤, 냉각기로 냉각 후 파쇄하여 제작한다.

52 ② 53 ② 54 ③ 55 ④ 56 ② **정답**

57 DL식 소결법의 효과에 대한 설명으로 틀린 것은?

① 코크스 원단위 증가

② 생산성 향상

③ 피환원성 향상

④ 상온강도 향상

해설

GW식과 DL식의 비교

종 류	장 점	단 점
GW식	• 항상 동일한 조업 상태로 작업 가능 • 배기 장치 누풍량이 적음 • 소결 냄비가 고정되어 장입 밀도에 변화없이 조업 가능 • 1기 고장이라도 기타 소결 냄비로 조업 가능	• DL식 소결기에 비해 대량생산 부적합 • 조작이 복잡하여 많은 노력 필요
DL식	• 연속식으로 대량생산 가능 • 인건비가 저렴 • 집진 장치 설비 용이 • 코크스 원단위 감소 • 소결광 피환원성 및 상온강도 향상	• 배기 장치 누풍량 많음 • 소결 불량 시 재점화 불가능 • 1개소 고장 시 소결 작업 전체가 정지

58 다음 설명 중 소결성이 좋은 원료라고 볼 수 없는 것은?

① 생산성이 높은 원료

② 분율이 높은 소결광을 제조할 수 있는 원료

③ 강도가 높은 소결광을 제조할 수 있는 원료

④ 적은 원료로서 소결광을 제조할 수 있는 원료

해설

고로 장입 시 분율은 적을수록 유리하다.

59 일반적으로 철이 산화될 때 산소와 닿는 가장 바깥쪽 표면에 생기는 것은?

① FeO

② Fe_2O_3

③ Fe_3O_4

④ FeS_2

해설

가장 바깥쪽 표면에 생기는 층은 Fe_2O_3이며, 가장 많은 양을 차지하는 층은 FeO이다.

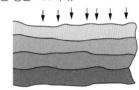

Fe_2O_3(적철광, 2%)
Fe_3O_4(자철광, 3%)
FeO(갈철광, 95%)
Fe(지철)

60 고로 상부에서부터 하부로의 순서가 옳은 것은?

① 노구 → 샤프트 → 노복 → 보시 → 노상

② 노구 → 보시 → 샤프트 → 노복 → 노상

③ 노구 → 샤프트 → 보시 → 노복 → 노상

④ 노구 → 노복 → 샤프트 → 노상 → 보시

해설

고로의 구조

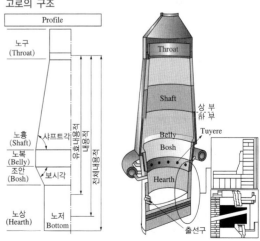

01
4% Cu, 2% Ni 및 5% Mg이 첨가된 알루미늄합금으로 내연기관용 피스톤이나 실린더헤드 등에 사용되는 재료는?

① Y합금
② 라우탈(Lautal)
③ 알클래드(Alclad)
④ 하이드로날륨(Hydronalium)

해설
Al − Cu − Ni − Mg
• Y합금, 석출경화용 합금
• 용도 : 실린더, 피스톤, 실린더헤드 등

02
기체 급랭법의 일종으로 금속을 기체 상태로 한 후에 급랭하는 방법으로 제조되는 합금으로서 대표적인 방법은 진공 종착법이나 스퍼터링법 등이 있다. 이러한 방법으로 제조되는 합금은?

① 제진 합금
② 초전도 합금
③ 비정질 합금
④ 형상기억합금

해설
비정질 합금
• 금속을 용해 후 고속 급랭시켜 원자가 규칙적으로 배열되지 못하고 액체 상태로 응고되어 금속이 되는 것
• 제조법 : 기체 급랭법(진공 증착법, 스퍼터링법), 액체 급랭법(단롤법, 쌍롤법, 원심 급랭법, 분무법)

03
구리를 용해할 때 흡수한 산소를 인으로 탈산시켜 산소를 0.01% 이하로 남기고 인을 0.02%로 조절한 구리는?

① 전기 구리
② 탈산 구리
③ 무산소 구리
④ 전해 인성 구리

해설
구리 내 산소가 0.02% 이하인 것을 탈산 구리, 0.01% 이하인 것을 저산소 구리, 0.001% 이하인 것을 무산소 구리라 한다.

04
분말상의 구리에 약 10% 주석 분말과 2%의 흑연 분말을 혼합하고 윤활제 또는 휘발성 물질을 가한 다음 가압성형하고 제조하여 자동차, 시계, 방적기계 등의 급유가 어려운 부분에 사용하는 합금은?

① 자마크
② 하스텔로이
③ 화이트메탈
④ 오일리스 베어링

해설
오일리스 베어링(Oilless Bearing) : 분말야금에 의해 제조된 소결 베어링 합금으로 분말상 Cu에 약 10% Sn과 2% 흑연 분말을 혼합하여 윤활제 또는 휘발성 물질을 가한 후 가압성형하여 소결한 것으로 급유가 어려운 부분의 베어링용으로 사용

05 다음 중 큐리점이란?

① 동소변태점

② 결정격자가 변하는 점

③ 자기변태가 일어나는 온도

④ 입방격자가 변하는 점

해설

큐리점 : Fe₃C상태도에서 자기변태가 일어나는 온도를 뜻한다.

06 용강 중에 기포나 편석은 없으나 중앙 상부에 큰 수축공이 생겨 불순물이 모이고, Fe – Si, Al분말 등의 강한 탈산제로 완전 탈산한 강은?

① 킬드강   ② 캡트강

③ 림드강   ④ 세미킬드강

해설

① 킬드강 : 용강 중 Fe – Si, Al분말 등 강탈산제를 첨가하여 산소가 거의 없는 완전 탈산된 강으로 기포가 없고 편석이 적은 장점이 있고, 기계적 성질이 양호하다.

② 캡트강 : 용강을 주입 후 뚜껑을 씌워 내부 편석을 적게 한 강으로 내부 결함은 적으나 표면 결함이 많음

③ 림드강 : 미탈산된 용강을 그대로 금형에 주입하여 응고시킨 강

④ 세미킬드강 : 탈산 정도가 킬드강과 림드강의 중간 정도인 강으로, 구조용강, 강판 재료에 사용된다.

07 Al – Si계 주조용 합금은 공정점에서 조대한 육각 판상 조직이 나타난다. 이 조직의 개량화를 위해 첨가하는 것이 아닌 것은?

① 금속납   ② 금속나트륨

③ 수산화나트륨   ④ 알칼리염류

해설

• Al – Si : 실루민, Na을 첨가하여 개량화 처리를 실시

• 개량화 처리 : 금속 나트륨, 수산화나트륨, 플루오린화 알칼리, 알칼리 염류 등을 용탕에 장입하면 조직이 미세화되는 처리

08 주철의 기계적 성질에 대한 설명 중 틀린 것은?

① 경도는 C + Si의 함유량이 많을수록 높아진다.

② 주철의 압축강도는 인장강도의 3~4배 정도이다.

③ 고 C, 고 Si의 크고 거친 흑연편을 함유하는 주철은 충격값이 작다.

④ 주철은 자체의 흑연이 윤활제 역할을 하며, 내마멸성이 우수하다.

해설

Si와 C가 많을수록 비중과 용융 온도는 저하하며, Si, Ni의 양이 많아질수록 고유저항은 커지며, 흑연이 많을수록 비중이 작아짐

09 금(Au)의 일반적인 성질에 대한 설명 중 옳은 것은?

① 금(Au)은 내식성이 매우 나쁘다.

② 금(Au)의 순도는 캐럿(K)으로 표시한다.

③ 금(Au)은 강도, 내마멸성이 높다.

④ 금(Au)은 조밀육방격자에 해당하는 금속이다.

해설

귀금속의 순도 단위로는 캐럿(K, Karat)으로 나타내며, 24진법을 사용하여 24K는 순금속, 18K의 경우 $\frac{18}{24} \times 100 = 75\%$가 포함된 것을 알 수 있다.

※ 참 고

• Au(Aurum, 금의 원자기호)

• Carat(다이아몬드 중량표시, 기호 ct)

• Karat(금의 질량표시, 기호 K)

• ct와 K는 혼용되기도 함

10 금속을 냉간가공하면 결정입자가 미세화되어 재료가 단단해지는 현상은?

① 가공경화

② 전해경화

③ 고용경화

④ 탈탄경화

해설
금속의 강화 기구
- 결정립 미세화에 의한 강화 : 소성변형이 일어나는 과정 시 슬립(전위의 이동)이 일어나며, 미세한 결정을 갖는 재료는 굵은 결정립보다 전위가 이동하는 데 방해하는 결정립계가 더 많으므로 더 단단하고 강하다.
- 고용체 강화 : 침입형 혹은 치환형 고용체가 이종 원소로 들어가며 기본 원자에 격자 변형률을 주므로 전위가 움직이기 어려워져 강도와 경도가 증가하게 된다.
- 변형강화 : 가공경화라고도 하며, 변형이 증가(가공이 증가)할수록 금속의 전위 밀도가 높아지며 강화된다.

11 열팽창계수가 상온 부근에서 매우 작아 길이의 변화가 거의 없어 측정용 표준자, 바이메탈 재료 등에 사용되는 Ni – Fe 합금은?

① 인 바

② 인코넬

③ 두랄루민

④ 콜슨합금

해설
불변강 : 인바(36% Ni 함유), 엘린바(36% Ni – 12% Cr 함유), 플래티나이트(42~46% Ni 함유), 코엘린바(Cr – Co – Ni 함유)로 탄성계수가 작고, 공기나 물속에서 부식되지 않는 특징이 있어, 정밀계기 재료, 차, 스프링 등에 사용된다.

12 다음 중 면심입방격자의 원자수로 옳은 것은?

① 2   ② 4

③ 6   ④ 12

해설
결정구조
- 면심입방격자(Face Centered Cubic) : Ag, Al, Au, Ca, Ir, Ni, Pb, Ce
  - 배위수 : 12, 원자 충진율 : 74%, 단위격자 속 원자수 : 4
- 체심입방격자(Body Centered Cubic) : Ba, Cr, Fe, K, Li, Mo, Nb, V, Ta
  - 배위수 : 8, 원자 충진율 : 68%, 단위격자 속 원자수 : 2
- 조밀육방격자(Hexagonal Centered Cubic) : Be, Cd, Co, Mg, Zn, Ti
  - 배위수 : 12, 원자 충진율 : 74%, 단위격자 속 원자수 : 2

13 공구용 재료로서 구비해야 할 조건이 아닌 것은?

① 강인성이 커야 한다.

② 내마멸성이 작아야 한다.

③ 열처리와 공작이 용이해야 한다.

④ 상온과 고온에서의 경도가 높아야 한다.

해설
공구용 재료는 강인성과 내마모성이 커야 하며, 경도와 강도가 높아야 한다.

14 다음 중 슬립(Slip)에 대한 설명으로 틀린 것은?

① 원자 밀도가 가장 큰 격자면에서 잘 일어난다.

② 원자 밀도가 최대인 방향으로 잘 일어난다.

③ 슬립이 계속 진행하면 결정은 점점 단단해져서 변형이 쉬워진다.

④ 다결정에서는 외력이 가해질 때 슬립방향이 서로 달라 간섭을 일으킨다.

해설

슬립이 일어나는 면으로 재료의 변형이 발생하기 때문에 결정의 단단함과 거리가 멀다.

15 강에서 상온 메짐(취성)의 원인이 되는 원소는?

① P   ② S

③ Mn   ④ Cu

해설

- 인(P) : Fe과 결합하여 Fe_3P를 형성하며 결정 입자 조대화를 촉진하여 다소 인장강도, 경도를 증가시키지만 연신율을 감소시키고, 상온에서 충격값을 저하시켜 상온 메짐의 원인
- 탄소(C) : 탄소량의 증가에 따라 인성, 충격치, 비중, 열전도율, 열팽창 계수는 감소, 전기저항, 비열, 항자력, 경도, 강도는 증가
- 황(S) : FeS로 결합되면, 융접이 낮아지며, 고온에서 취약하고 가공 시 파괴의 원인이 된다. 또한 적열취성의 원인이다.
- 규소(Si) : 선철 원료 및 탈산제(Fe − Si)로 많이 사용되며 유동성, 주조성이 양호하고 경도 및 인장강도, 탄성 한계를 높이며 연신율, 충격값을 감소
- 망간(Mn) : 적열취성의 원인이 되는 황(S)은 MnS의 형태로 결합하여 Slag를 형성하여 제거되고, 황의 함유량을 조절하며 절삭성을 개선

16 다음 가공방법의 기호와 그 의미의 연결이 틀린 것은?

① C − 주조

② L − 선삭

③ G − 연삭

④ FF − 소성가공

해설

가공방법의 기호

가공방법	약 호	
	I	II
선반가공	L	선 삭
드릴가공	D	드릴링
보링머신가공	B	보 링
밀링가공	M	밀 링
평삭(플레이닝)가공	P	평 삭
형삭(셰이핑)가공	SH	형 삭
브로칭가공	BR	브로칭
리머가공	FR	리 밍
연삭가공	G	연 삭
다듬질	F	다듬질
벨트연삭가공	GBL	벨트연삭
호닝가공	GH	호 닝
용 접	W	용 접
배럴연마가공	SPBR	배럴연마
버프 다듬질	SPBF	버 핑
블라스트다듬질	SB	블라스팅
랩 다듬질	FL	래 핑
줄 다듬질	FF	줄 다듬질
스크레이퍼다듬질	FS	스크레이핑
페이퍼다듬질	FCA	페이퍼다듬질
프레스가공	P	프레스
주 조	C	주 조

17 끼워맞춤에 관한 설명으로 옳은 것은?

① 최대 죔새는 구멍의 최대 허용 치수에서 축의 최소 허용 치수를 뺀 치수이다.

② 최소 죔새는 구멍의 최소 허용 치수에서 축의 최대 허용 치수를 뺀 치수이다.

③ 구멍의 최소 치수가 축의 최대 치수보다 작은 경우 헐거운 끼워맞춤이 된다.

④ 구멍과 축의 끼워맞춤에서 틈새가 없이 죔새만 있으면 억지 끼워맞춤이 된다.

해설

끼워맞춤의 종류
• 헐거운 끼워맞춤 : 구멍이 축보다 클 경우
• 중간 끼워맞춤 : 구멍과 축이 같을 경우
• 억지 끼워맞춤 : 축이 구멍보다 클 경우

18 제도에 사용되는 척도의 종류 중 현척에 해당하는 것은?

① 1 : 1

② 1 : 2

③ 2 : 1

④ 1 : 10

해설

도면의 척도
• 현척 : 실제 사물과 동일한 크기로 그리는 것 예 1 : 1
• 축척 : 실제 사물보다 작게 그리는 경우 예 1 : 2, 1 : 5, 1 : 10
• 배척 : 실제 사물보다 크게 그리는 경우 예 2 : 1, 5 : 1, 10 : 1
• NS(None Scale) : 비례척이 아님

19 그림과 같은 육각 볼트를 제작도용 약도로 그릴 때의 설명 중 옳은 것은?

① 볼트 머리의 모든 외형선은 직선으로 그린다.

② 골지름을 나타내는 선은 가는 실선으로 그린다.

③ 가려서 보이지 않는 나사부는 가는 실선으로 그린다.

④ 완전 나사부와 불완전 나사부의 경계선은 가는 실선으로 그린다.

해설

나사의 도시 방법
• 수나사의 바깥지름과 암나사의 안지름을 표시하는 선은 굵은 실선으로 그린다.
• 수나사·암나사의 골을 표시하는 선은 가는 실선으로 그린다.
• 완전 나사부와 불완전 나사부의 경계선은 굵은 실선으로 그린다.
• 불완전 나사부의 골을 나타내는 선은 축선에 대하여 30°의 가는 실선으로 그리고, 필요에 따라 불완전 나사부의 길이를 기입한다.
• 암나사의 단면 도시에서 드릴 구멍이 나타날 때에는 굵은 실선으로 120°가 되게 그린다.
• 수나사와 암나사의 결합부의 단면은 수나사로 나타낸다.
• 수나사와 암나사의 측면 도시에서 각각의 골지름은 가는 실선으로 약 3/4 원으로 그린다.

20 다음 중 "보링" 가공법의 기호로 옳은 것은?

① B   ② D
③ M   ④ L

가공방법의 기호

가공방법	약 호	
	I	II
선반가공	L	선 삭
드릴가공	D	드릴링
보링머신가공	B	보 링
밀링가공	M	밀 링
평삭(플레이닝)가공	P	평 삭
형삭(셰이핑)가공	SH	형 삭
브로칭가공	BR	브로칭
리머가공	FR	리 밍
연삭가공	G	연 삭
다듬질	F	다듬질
벨트연삭가공	GBL	벨트연삭
호닝가공	GH	호 닝
용 접	W	용 접
배럴연마가공	SPBR	배럴연마
버프 다듬질	SPBF	버 핑
블라스트다듬질	SB	블라스팅
랩 다듬질	FL	래 핑
줄 다듬질	FF	줄 다듬질
스크레이퍼다듬질	FS	스크레이핑
페이퍼다듬질	FCA	페이퍼다듬질
프레스가공	P	프레스
주 조	C	주 조

21 가공면의 줄무늬 방향 표시기호 중 기호를 기입한 면의 중심에 대하여 대략 동심원인 경우 기입하는 기호는?

① X   ② M
③ R   ④ C

줄무늬 방향의 기호
• X : 가공으로 생긴 선이 2방향으로 교차
• M : 가공으로 생긴 선이 다방면으로 교차 또는 방향이 없음
• R : 가공으로 생긴 선이 거의 방사상

22 표제란에 재료를 나타내는 표시 중 밑줄 친 KS D가 의미하는 것은?

제도자	홍길동	도 명	캐스터
도 번	M20551	척 도	NS
재 질	KS D 3503 SS 330		

① KS 규격에서 기본 사항
② KS 규격에서 기계 부분
③ KS 규격에서 금속 부분
④ KS 규격에서 전기 부분

KS 규격
• KS A : 기본
• KS B : 기계
• KS C : 전기전자
• KS D : 금속

23 그림은 3각법에 의한 도면 배치를 나타낸 것이다. (ㄱ), (ㄴ), (ㄷ)에 해당하는 도면의 명칭을 옳게 짝지은 것은?

```
        ┌───────┐
        │  (ㄱ)  │
        └───────┘
┌───────┐ ┌───────┐
│  (ㄴ)  │ │  (ㄷ)  │
└───────┘ └───────┘
```

① (ㄱ) : 정면도, (ㄴ) : 좌측면도, (ㄷ) : 평면도
② (ㄱ) : 정면도, (ㄴ) : 평면도, (ㄷ) : 좌측면도
③ (ㄱ) : 평면도, (ㄴ) : 정면도, (ㄷ) : 우측면도
④ (ㄱ) : 평면도, (ㄴ) : 우측면도, (ㄷ) : 정면도

해설
정면도를 기준으로 위를 평면도, 오른쪽을 우측면도를 그린다.

24 투명이나 반투명 플라스틱 얇은 판에 여러 가지 크기의 원, 타원 등의 기본도형, 문자, 숫자 등을 뚫어 놓아 원하는 모양으로 정확하게 그릴 수 있는 것은?

① 형 판 ② 축척자
③ 삼각자 ④ 디바이더

해설
형판 : 숫자, 도형 등을 그리기 위해 플라스틱 등의 제품에 해당 도형의 크기대로 구멍을 파서, 정확하고 능률적이게 그릴 수 있게 만든 판

25 치수기입의 요소가 아닌 것은?

① 숫자와 문자
② 부품표와 척도
③ 지시선과 인출선
④ 치수보조기호

해설
치수기입 요소 : 치수선, 치수 보조선, 지시선, 단말 기호, 기준 지점의 표시 및 치수값

26 표면의 결 지시 방법에서 대상면에 제거가공을 하지 않는 경우 표시하는 기호는?

①   ②
③   ④

해설
면의 지시 기호

[제거가공을 함]   [제거가공을 하지 않음]

- a : R_a(중심선 평균거칠기)의 값
- b : 가공방법, 표면처리
- c : 컷오프값, 평가길이
- d : 줄무늬방향의 기호
- e : 기계가공 공차
- f : R_a 이외의 파라미터(t_p일 때에는 파라미터/절단레벨)
- g : 표면파상도

27 리드가 12mm인 3줄 나사의 피치는 몇 mm인가?

① 3
② 4
③ 5
④ 6

해설
- 나사의 피치 : 나사산과 나사산 사이의 거리
- 나사의 리드 : 나사를 360° 회전시켰을 때 상하방향으로 이동한 거리
  L(리드) = n(줄수) × P(피치)
  12mm = 3줄 × P
  P = 4mm

28 출선구에서 나오는 용선과 광재를 분리시키는 역할을 하는 것은?

① 출재구(Tapping Hole)
② 더미 바(Dummy Bar)
③ 스키머(Skimmer)
④ 당도(Runner)

해설
스키머(Skimmer) : 비중 차에 의해 용선 위에 떠 있는 슬래그를 분리하는 설비

29 출선된 용선은 탕도에서 슬래그(광재)와 비중차로 분리된다. 용선과 슬래그의 각각 비중은 약 얼마인가?

① 용선 : 8.7, 슬래그 : 4.5~4.6
② 용선 : 7.9, 슬래그 : 4.0~4.1
③ 용선 : 7.5, 슬래그 : 3.6~3.7
④ 용선 : 7.0, 슬래그 : 2.6~2.7

해설
용선 7.0, 슬래그 2.6~2.7의 비중을 가진다.

30 여러 종류의 철광석을 혼합하여 적치하는 블렌딩(Blending)의 이점이 아닌 것은?

① 입도를 균일하게 한다.
② 원료의 적치 시 편석이 잘되게 한다.
③ 야드 적치 시 편석이 잘되게 한다.
④ 양이 적은 광중도 적절히 사용할 수 있다.

해설
블렌딩의 이점
• 장입 시 입도를 균일하게 조정
• 원료의 적치 시 편석이 잘 일어나도록 함
• 양이 적은 광중도 적절히 사용 가능

31 노 내 장입물의 분포상태를 변경하는 방법이 아닌 것은?

① 장입선의 두께
② 층두께의 변경
③ 용선차의 변경
④ 장입순서의 변경

해설
• 용선차의 기능
 – 전로에 공급하는 용선을 보온, 저장, 운반하는 기능
 – 용선차 내에서 용선의 온도가 8℃/h로 하강하며, 30시간 정도 저장이 가능
• 용선차의 특징
 – 레이들 및 혼선로에 비해 건설비가 저렴
 – 부착금속이 되는 선철 손실이 적음
 – 성분 조정 및 탈황, 탈인 처리가 가능
 – 용선 장입 및 출강이 하나의 입구로 가능

32 용선 중 황(S) 함량을 저하시키기 위한 조치를 틀린 것은?

① 고로 내의 노열을 높인다.
② 슬래그의 염기도를 높인다.
③ 슬래그 중 Al_2O_3 함량을 높인다.
④ 슬래그 중 MgO 함량을 높인다.

해설
탈황 촉진시키는 방법(탈황 조건)
• 염기도가 높을 때
• 용강 온도가 높을 때
• 강재(Slag)량이 많을 때
• 강재의 유동성이 좋을 때

33 용광로에서 분상의 광석을 사용하지 않는 이유와 가장 관계가 없는 것은?

① 노 내의 용탕이 불량해지기 때문이다.
② 통풍의 약화 현상을 가져오기 때문이다.
③ 장입물의 강하가 불균일하기 때문이다.
④ 노정가스에 의한 미분광의 손실이 우려되기 때문이다.

해설
분광 장입 시 손실될 염려가 있으며, 통기성 악화로 행잉과 같은 현상이 발생할 수 있다.

34 고로 휴풍 후 노정 점화를 실시하기 전에 가스 검지를 하는 이유는?

① 오염방지
② 폭발방지
③ 중독방지
④ 누수방지

해설
노정 점화를 실시하기 전 폭발 방지를 위해 가스 검지를 한다.

35 재해 누발자를 상황성과 습관성 누발자로 구분할 때 상황성 누발자에 해당되지 않는 것은?

① 작업이 어렵기 때문에
② 기계설비에 결함이 있기 때문에
③ 환경상 주의력의 집중이 혼란되기 때문에
④ 재해 경험에 의해 겁쟁이가 되거나 신경과민이 되기 때문에

해설
④는 습관성 누발자에 대한 설명이다.

36 고로에서 출선구 머드건(폐쇄기)의 성능을 향상시키기 위하여 첨가하는 원료는?

① SiC
② CaO
③ MgO
④ FeO

해설
SiC는 내식성 및 내마모성 증대효과가 있으며 자체소결성이 없어 점토와 함께 사용한다.

37 용광로 제련에 사용되는 분광 원료를 괴상화하였을 때 괴상화된 원료의 구비 조건이 아닌 것은?

① 다공질로 노 안에서 산화가 잘될 것
② 가능한 한 모양이 구상화된 형태일 것
③ 오랫동안 보관하여도 풍화되지 않을 것
④ 열팽창, 수축 등에 의해 파괴되지 않을 것

해설
분광 원료를 괴상화하는 이유는 다공질로 노 안에서 피환원성을 높이기 위함이다.

38 소결기 중 원료를 담아 소결이 이루어지는 설비인 Pallet에 설치된 Grate Bar의 구비조건이 아닌 것은?

① 고온 강도가 높을 것
② 고온 내산화성이 좋을 것
③ 열적 변형 균열이 적을 것
④ 소결광과의 부착성이 좋을 것

해설
• 화격자(Grate Bar) : 대차의 바닥면으로 하부 쪽으로 공기가 강제 흡입될 수 있도록 설치하는 것
• 화격자의 구비조건
 – 고온 내산화성
 – 고온 강도
 – 반복 가열 시 변형이 적을 것

39 용광로 조업에서 석회화(Line Setting)현상의 설명 중 틀린 것은?

① 유동성이 악화된다.
② 용융온도가 상승한다.
③ 염기도가 급격히 감소한다.
④ 출선·출재가 곤란하게 된다.

해설
석회 과잉 : 코크스 회분의 감소나 부정확한 석회석 양 조절로 슬래그 중의 석회분이 과잉되어 염기도가 급격하게 높아져 유동성이 떨어지고 출재가 곤란해지는 현상을 말한다. 이때는 경장입 방법을 사용하거나 고온 송풍을 해 준다.

40 유동로의 가스 흐름을 고르게 하여 장입물을 균일하게 유동화시키기 위하여 고속의 가스 유속이 형성되는 장치는?

① 딥 레그(Dip Leg)
② 분산판 노즐(Nozzle)
③ 차이니스 햇(Chinese Hat)
④ 가이드 파이프(Guide Pipe)

해설
유동층이란 기체를 고르게 분사하는 분산판 위에 기체에 의해 매우 격렬한 혼합을 이루는 입자층을 말하며, 이를 가능하게 하는 것을 분산판 노즐이라 한다.

41 고로에 사용되는 내화재가 갖추어야 할 조건으로 틀린 것은?

① 열충격이나 마모에 강할 것
② 고온에서 용융, 연화하지 않을 것
③ 열전도도는 매우 높고, 냉각효과가 없을 것
④ 용선, 용재 및 가스에 대하여 화학적으로 안정할 것

해설
고로 내화물 구비 조건
• 고온에서 용융, 연화, 휘발하지 않을 것
• 고온·고압에서 상당한 강도를 가질 것
• 열 충격이나 마모에 강할 것
• 용선·용재 및 가스에 대하여 화학적으로 안정할 것
• 적당한 열전도를 가지고 냉각 효과가 있을 것

42 고로의 고압 조업이 갖는 효과가 아닌 것은?

① 연진이 감소한다.

② 출선량이 증가한다.

③ 노정 온도가 올라간다.

④ 코크스의 비가 감소한다.

고압 조업의 효과
• 출선량 증가
• 연료비 저하
• 노황 안정
• 가스압 차 감소
• 노정압 발전량 증대

43 풍상(Wind Box)의 구비조건을 설명한 것 중 틀린 것은?

① 흡인용량이 충분할 것

② 재질은 열팽창이 적고 부식에 견딜 것

③ 분광이나 연진이 퇴적하지 않는 형상일 것

④ 주물 재질로 필요에 따라 자주 교체할 수 있으며, 산화성일 것

풍상(Wind Box)의 구비조건
• 흡인용량이 충분할 것
• 열팽창률이 작고, 내부식성이 뛰어날 것
• 분광이나 연진이 퇴적하지 않는 형태일 것
• 내산화성을 가질 것

44 자철광 1,500g을 자력 선별하여 725g의 정강 산물을 얻었다면 선광비는 얼마인가?

① 0.48 ② 1.07

③ 2.07 ④ 2.48

1,500 / 725 = 2.068
약 2.07

45 고로의 풍구로부터 들어오는 압풍에 의하여 생기는 풍구 앞의 공간을 무엇이라고 하는가?

① 행잉(Hanging)

② 레이스 웨이(Race Way)

③ 플러딩(Flooding)

④ 슬로핑(Slopping)

노상(Hearth)
• 노의 최하부이며, 출선구, 풍구가 설치되어 있는 곳
• 용선, 슬래그를 일시 저장하며, 생성된 용선과 슬래그를 배출시키는 출선구가 설치
• 출선 후 어느 정도 용융물이 남아 있도록 만들며, 노 내 열량을 보유, 노 저 연와에 적열(균열) 현상이 일어나지 않도록 제작
• 풍 구
  – 열풍로의 열풍을 일정한 압력으로 고로에 송입하는 장치
  – 연소대(레이스 웨이, Race Way) : 풍구에서 들어온 열풍이 노 내를 강하하여 내려오는 코크스를 연소시켜 환원 가스를 발생시키는 영역

46 정상적인 조업일 때 노정가스 성분 중 가장 적게 함유되어 있는 것은?

① H_2 ② N_2

③ CO ④ CO_2

노정가스 성분 : CO, CO_2, H_2, N_2가 있으며, 이 중 H_2가 가장 적다.

47 괴상법의 종류 중 단광법에 해당되지 않는 것은?

① 크루프(Krupp)법

② 다이스(Dise)법

③ 프레스(Press)법

④ 플런저(Plunger)법

해설

크루프(Krupp)법은 강철 주물을 만드는 방법이다.

단광법

• 상온에서 압축 성형만으로 덩어리를 만들거나, 이것을 다시 구워 단단한 덩어리로 만드는 방법

• 종류 : 다이스(Dise)법, 프레스(Press)법, 플런저(Plunger)법 등

48 코크스의 강도는 어떤 강도를 측정한 것인가?

① 충격강도

② 압축강도

③ 인장강도

④ 내압강도

해설

코크스 : 선철 t당 사용량(코크스비)이 고로 성적의 표시 기준으로, 수분 관리에 중성자 수분계를 이용하여 1회 장입 시마다 측정하여 관리, 입도 50mm 전후이며, 드럼 회전 강도로 강도 측정 시 강도가 낮으면 분 코크스 발생이 쉽고 행잉, 슬립의 원인이 됨

49 제선작업 중 산소가 결핍되어 있는 장소에서 사용할 수 있는 가장 적합한 마스크는?

① 송기 마스크   ② 방진 마스크

③ 방독 마스크   ④ 위생 마스크

해설

보건 보호구

귀마개/귀덮개	소음에 의한 청력장해 방지
방진 마스크	분진의 흡입으로 인한 장해 발생으로부터 보호
방독 마스크	유해가스, 증기 등의 흡입으로 인한 장해 발생으로부터 보호
방열복	고열 작업에 의한 화상 및 열중증 방지

50 광석의 철 품위를 높이고 광석 중의 유해 불순물인 비소(As), 황(S) 등을 제거하기 위해서 하는 것은?

① 균 광   ② 단 광

③ 선 광   ④ 소 광

해설

품위 향상법 : 선광(Dressing), 배소(Roasting), 침출(Leaching)

51 폐기가스 중 CO 농도는 6% 전후로 알려져 있다. 완전연소, 즉 열효율 향상이란 측면에서 취한 조치의 내용 중 틀린 것은?

① 배합원료의 조립 강화

② 사하분광 사용 증가

③ 적정 수분 첨가

④ 분광 증가 사용

해설

열효율 향상 조건 : 배합원료의 조립 강화, 사하분광 사용 증가, 적정 수분 첨가

52 소결 원료 중 조재(造滓)성분에 대한 설명으로 옳은 것은?

① Al_2O_3는 결정수를 감소시킨다.
② SiO_2는 제품의 강도를 감소시킨다.
③ MgO의 증가에 따라 생산성을 증가시킨다.
④ CaO의 증가에 따라 제품의 강도를 감소시킨다.

해설
• 생산율은 CaO, SiO_2의 증가에 따라 향상하고, Al_2O_3, MgO가 증가하면 생산성을 저해한다.
• 제품 강도는 CaO, SiO_2는 증가시키고 Al_2O_3, MgO는 결정수를 저하시킨다.

53 소결기의 속도를 $P.S$, 장입층후를 h, 스탠드의 길이를 L이라고 할 때, 화염진행속도를 나타내는 식으로 옳은 것은?

① $\dfrac{P.S \times h}{L}$　② $\dfrac{L \times h}{P.S}$

③ $\dfrac{L}{P.S \times h}$　④ $\dfrac{P.S \times L}{h}$

해설
화염전진속도(FFS ; Flame Front Speed)
층후(mm) × Pallet Speed(m/min) / 유효 화상 길이(m)

54 철광석의 피환원성에 대한 설명 중 틀린 것은?

① 산화도가 높은 것이 좋다.
② 기공률이 클수록 환원이 잘된다.
③ 다른 환원조건이 같으면 입도가 작을수록 좋다.
④ 페이얼라이트(Fayalite)는 환원성을 좋게 한다.

해설
철광석의 피환원성 : 기공률이 클수록, 입도가 작을수록, 산화도가 높을수록 좋음

55 배소광과 비교한 소결광의 특징이 아닌 것은?

① 충진 밀도가 크다.
② 기공도가 크다.
③ 빠른 기체속도에 의해 날아가기 쉽다.
④ 분말 형태의 일반 배소광보다 부피가 작다.

해설
• 배소광 : 분광
• 소결광 : 괴광
• 빠른 기체속도에 의해 날아가기 쉬운 것은 배소광에 해당된다.

56 철광석의 피환원성을 좋게 하는 것이 아닌 것은?

① 기공률을 크게 한다.
② 산화도를 높게 한다.
③ 강도를 크게 한다.
④ 입도를 작게 한다.

해설
철광석의 피환원성은 기공률이 클수록, 입도가 작을수록, 산화도가 높을수록 좋아지며, 환원이 어려운 철감람석(Fayalite, Fe_2SiO_4), 타이타늄($FeO \cdot TiO_2$) 등이 있으면 나빠진다.

57 고로에 장입되는 소결광으로 출선비를 향상시키는 데 유용한 자용성 소결광은 어떤 성분이 가장 많이 들어간 것인가?

① SiO_2

② Al_2O_3

③ CaO

④ TiO_2

해설
자용성 소결광 : 염기도 조절을 위해 석회석을 첨가한 소결광으로 피환원성 향상, 연료비 절감, 생산성 향상의 목적으로 사용

58 소결설비에서 점화로의 기능에 대한 설명으로 옳은 것은?

① 장입된 원료 표면에 착화하는 장치이다.

② 소결설비의 가열로에 점화하는 장치이다.

③ 소결설비의 보열로에 점화하는 장치이다.

④ 소결원료에 착화하는 장치이다.

해설
점화로 : 장입 표면이 점화 직후 전체에 걸쳐 균일하게 가열하게 하는 역할을 하는 장치. 착화 방식에 따라 반사식 점화로와 직화식 점화로로 구분된다.

59 조기 출선을 해야 할 경우에 해당되지 않는 것은?

① 출선, 출재가 불충분할 때

② 감압 휴풍이 예상될 때

③ 장입물의 하강이 느릴 때

④ 노황 냉기미로 풍구에 슬래그가 보일 때

해설
조기 출선을 해야 할 경우
• 출선, 출재가 불충분할 경우
• 노황 냉기미로 풍구에 슬래그가 보일 때
• 전 출선 Tap에서 충분한 배출이 안 되어 양적인 제약이 생길 때
• 감압 휴풍이 예상될 때
• 장입물 하강이 빠를 때

60 다음 중 코크스를 건류하는 과정에 발생되는 가스의 명칭은?

① BFG

② LDG

③ COG

④ LPG

해설
③ COG : 코크스로 가스
① BFG : 고로가스
② LDG : 전로가스

01

용탕을 금속 주형에 주입 후 응고할 때, 주형의 면에서 중심 방향으로 성장하는 나란하고 가느다란 기둥 모양의 결정을 무엇이라고 하는가?

① 단결정
② 다결정
③ 주상 결정
④ 크리스탈 결정

해설

- 결정 입자의 미세도 : 응고 시 결정핵이 생성되는 속도와 결정핵의 성장 속도에 의해 결정되며, 주상 결정과 입상 결정 입자가 있음
- 주상 결정 : 용융 금속이 응고하며 결정이 성장할 때 온도가 높은 방향으로 길게 뻗은 조직, $G \geqq V_m$
- 입상 결정 : 용융 금속이 응고하며 용융점이 내부로 전달하는 속도가 더 클 때 수지 상정이 성장하며 입상정을 형성, $G < V_m$
- 여기서, G : 결정입자의 성장 속도
  V_m : 용융점이 내부로 전달되는 속도

02

다음 중 황동 합금에 해당되는 것은?

① 질화강
② 톰 백
③ 스텔라이트
④ 화이트메탈

해설

황동은 Cu와 Zn의 합금으로 Zn의 함유량에 따라 α상 또는 $\alpha + \beta$상으로 구분되며 α상은 면심입방격자이며 β상은 체심입방격자를 가지고 있다. 황동의 종류로는 톰백(8~20% Zn), 7:3황동(30% Zn), 6:4황동(40% Zn) 등이 있으며 7:3황동은 전연성이 크고 강도가 좋으며, 6:4황동은 열간가공이 가능하고 기계적 성질이 우수한 특징이 있다.

03

탄성한도와 항복점이 높고, 충격이나 반복응력에 대해 잘 견디어 낼 수 있으며 고탄소강을 목적에 맞게 담금질, 뜨임을 하거나 경강선, 피아노선 등을 냉간가공하여 탄성한도를 높인 강은?

① 스프링강
② 베어링강
③ 쾌삭강
④ 영구자석강

해설

스프링강 : 탄성한도와 항복점이 높고 충격이나 반복응력에 잘 견디는 성질이 요구되며 탄소를 0.5~1.0% 함유한 고탄소강을 사용한다. 담금질과 뜨임을 하거나 경강선, 피아노선을 냉간가공하여 경화시켜 탄성한도를 높여 사용한다.

04

고체 상태에서 하나의 원소가 온도에 따라 그 금속을 구성하고 있는 원자의 배열이 변하여 두 가지 이상의 결정구조를 가지는 것은?

① 전 위
② 동소체
③ 고용체
④ 재결정

해설

동소변태 : 동일한 원소가 원자배열이나 결합방식이 바뀌는 변태로 격자변태라고도 한다.
- 일정한 온도에서 비연속적이고 급격히 일어남
- Ce(세륨), Bi(비스무트) 등은 일정압력에서 동소변태가 일어남

05 내마멸용으로 사용되는 애시큘러주철의 기지(바탕)조직은?

① 베이나이트 ② 소르바이트

③ 마텐자이트 ④ 오스테나이트

해설
애시큘러주철(Acicular Cast Iron)
보통 주철 + 0.5~4.0% Ni, 1.0~ 1.5% Mo + 소량의 Cu, Cr
• 강인하며 내마멸성이 우수하다.
• 소형 엔진의 크랭크축, 캠축, 실린더 압연용 롤 등의 재료로 사용한다.
• 흑연이 보통 주철과 같은 편상 흑연이나 조직의 바탕이 침상조직이다.

06 주철의 조직을 C와 Si의 함유량과 조직의 관계로 나타낸 것은?

① 하드 필드강
② 마우러 조직도
③ 불스 아이
④ 미하나이트주철

해설
마우러 조직도 : C, Si량과 조직의 관계를 나타낸 조직도

07 다음 중 고투자율의 자성합금은?

① 화이트메탈(White Metal)
② 바이탈륨(Vitallium)
③ 하스텔로이(Hastelloy)
④ 퍼멀로이(Permalloy)

해설
• 경질 자성재료 : 알니코, 페라이트, 희토류계, 네오디뮴, Fe-Cr-Co계 반경질 자석, Nd 자석 등
• 연질 자성재료 : Si강판, 퍼멀로이, 센더스트, 알펌, 퍼멘듈, 슈퍼멘듈 등

08 황이 적은 선철을 용해하여 주입 전에 Mg, Ce, Ca 등을 첨가하여 제조한 주철은?

① 구상흑연주철
② 칠드주철
③ 흑심가단주철
④ 미하나이트주철

해설
구상흑연주철 : 흑연을 구상화하여 균열을 억제시키고 강도 및 연성을 좋게 한 주철로 시멘타이트형, 펄라이트형, 페라이트형이 있으며, 구상화제로는 Mg, Ca, Ce, Ca-Si, Ni-Mg 등이 있다.

09 고강도 Al 합금인 초초두랄루민의 합금에 대한 설명으로 틀린 것은?

① Al 합금 중에서 최저의 강도를 갖는다.
② 초초두랄루민을 ESD 합금이라 한다.
③ 자연균열을 일으키는 경향이 있어 Cr 또는 Mn을 첨가하여 억제시킨다.
④ 성분 조성은 Al - 1.5~2.5% Cu - 7~9% Zn - 1.2~1.8% Mg - 0.3%~0.5% Mn - 0.1~0.4% Cr이다.

해설
알루미늄합금이며 ESD로 약기된다. Al-Zn-Mg계의 합금으로 열처리에 의해 알루미늄합금 중 가장 강력하게 된다. 보통 두랄루민의 주요 합금원소가 Cu인 데 비해 Zn이 이를 대신하고 있으므로, 아연두랄루민이라고도 불린다.

10 현미경 조직 검사를 할 때 관찰이 용이하도록 평활한 측정면을 만드는 작업이 아닌 것은?

① 거친 연마

② 미세 연마

③ 광택 연마

④ 마모 연마

해설
채취한 시험편은 한쪽 면을 연마하여 현미경으로 볼 수 있도록 한다. 시험편은 평면가공 → 거친 연마 → 중간 연마 → 광택(미세) 연마 순으로 한다.

11 과랭(Super Cooling)에 대한 설명으로 옳은 것은?

① 실내온도에서 용융 상태인 금속이다.

② 고온에서도 고체 상태인 금속이다.

③ 금속이 응고점보다 낮은 온도에서 용해되는 것이다.

④ 응고점보다 낮은 온도에서 응고가 시작되는 현상이다.

해설
과랭 : 응고점보다 낮은 온도가 되어야 응고 시작

12 저용융점 합금의 용융 온도는 약 몇 ℃ 이하인가?

① 250℃ 이하

② 450℃ 이하

③ 550℃ 이하

④ 650℃ 이하

해설
저용융점 합금 : 250℃ 이하에서 용융점을 가지는 합금

13 특수강에서 다음 금속이 미치는 영향으로 틀린 것은?

① Si : 전자기적 성질을 개선한다.

② Cr : 내마멸성을 증가시킨다.

③ Mo : 뜨임메짐을 방지한다.

④ Ni : 탄화물을 만든다.

해설
니켈(Ni)의 영향 : 오스테나이트 구역 확대 원소로 내식, 내산성이 증가하며, 시멘타이트를 불안정하게 만들어 흑연화를 촉진시킨다.

정답 10 ④ 11 ④ 12 ① 13 ④

14 담금질(Quenching)하여 경화된 강에 적당한 인성을 부여하기 위한 열처리는?

① 뜨임(Tempering)
② 풀림(Annealing)
③ 노멀라이징(Normalizing)
④ 심랭처리(Sub-zero Treatment)

해설
뜨임 : 담금질한 강에 인성을 부여하기 위해 A_1 변태점 이하에서 공랭하는 열처리

15 다음 중 전기저항이 0(Zero)에 가까워 에너지 손실이 거의 없기 때문에 자기부상열차, 핵자기공명 단층 영상 장치 등에 응용할 수 있는 것은?

① 제진 합금
② 초전도재료
③ 비정질 합금
④ 형상기억합금

해설
초전도재료 : 절대영도에 가까운 극저온에서 전기저항이 완전히 제로가 되는 재료

16 치수공차를 계산하는 식으로 옳은 것은?

① 기준치수 – 실제치수
② 실제치수 – 치수허용차
③ 허용한계치수 – 실제치수
④ 최대허용치수 – 최소허용치수

해설
공차 = 최대허용치수 – 최소허용치수

17 도면의 척도에 대한 설명 중 틀린 것은?

① 척도는 도면의 표제란에 기입한다.
② 척도에는 현척, 축척, 배척의 3종류가 있다.
③ 척도는 도형의 크기와 실물 크기와의 비율이다.
④ 도형이 치수에 비례하지 않을 때는 척도를 기입하지 않고, 별도의 표시도 하지 않는다.

해설
도면의 척도
• 현척 : 실제 사물과 동일한 크기로 그리는 것 예 1 : 1
• 축척 : 실제 사물보다 작게 그리는 경우 예 1 : 2, 1 : 5, 1 : 10
• 배척 : 실제 사물보다 크게 그리는 경우 예 2 : 1, 5 : 1, 10 : 1
• NS(None Scale) : 비례척이 아님
• 비례척이 아닐 경우에는 치수 밑에 밑줄을 그어 표시하거나 '비례가 아님' 또는 'NS'로 기입한다.

18 금속의 가공 공정의 기호 중 스크레이핑 다듬질에 해당하는 약호는?

① FB

② FF

③ FL

④ FS

가공방법의 기호

가공방법	약 호	
	I	II
선반가공	L	선 삭
드릴가공	D	드릴링
보링머신가공	B	보 링
밀링가공	M	밀 링
평삭(플레이닝)가공	P	평 삭
형삭(셰이핑)가공	SH	형 삭
브로칭가공	BR	브로칭
리머가공	FR	리 밍
연삭가공	G	연 삭
다듬질	F	다듬질
벨트연삭가공	GBL	벨트연삭
호닝가공	GH	호 닝
용 접	W	용 접
배럴연마가공	SPBR	배럴연마
버프 다듬질	SPBF	버 핑
블라스트다듬질	SB	블라스팅
랩 다듬질	FL	래 핑
줄 다듬질	FF	줄 다듬질
스크레이퍼다듬질	FS	스크레이핑
페이퍼다듬질	FCA	페이퍼다듬질
프레스가공	P	프레스
주 조	C	주 조

19 도면에서와 같이 절단 평면과 원뿔의 밑면이 이루는 각이 원뿔의 모선과 밑면이 이루는 각보다 작은 경우 이때의 단면은?

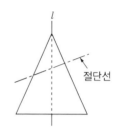

① 원

② 타 원

③ 원 뿔

④ 포물선

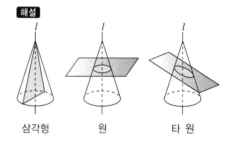

삼각형　　　원　　　타 원

20 유니파이 보통나사를 표시하는 기호로 옳은 것은?

① TM

② TW

③ UNC

④ UNF

나사의 종류

• TM : 30° 사다리꼴나사

• TW : 29° 사다리꼴나사

• UNC : 유니파이 보통나사

• UNF : 유니파이 가는나사

21 도면의 척도를 "NS"로 표시하는 경우는?

① 그림의 형태가 척도에 비례하지 않을 때
② 척도가 두 배일 때
③ 축척임을 나타낼 때
④ 배척임을 나타낼 때

해설

NS(None Scale)는 비례척이 아닐 때 표시하는 척도이다.
도면의 척도
• 현척 : 실제 사물과 동일한 크기로 그리는 것 예 1 : 1
• 축척 : 실제 사물보다 작게 그리는 경우 예 1 : 2, 1 : 5, 1 : 10
• 배척 : 실제 사물보다 크게 그리는 경우 예 2 : 1, 5 : 1, 10 : 1

22 다음 그림에서 A 부분이 지시하는 표시로 옳은 것은?

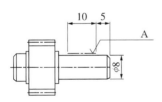

① 평면의 표시법
② 특정 모양 부분의 표시
③ 특수 가공 부분의 표시
④ 가공 전과 후의 모양표시

해설

특수 지정선

용도에 의한 명칭	선의 종류	선의 용도
특수 지정선	굵은 일점쇄선	특수한 가공을 하는 부분 등 특별한 요구사항을 적용할 수 있는 범위를 표시하는 데 사용한다.

23 도면의 크기에 대한 설명으로 틀린 것은?

① 제도 용지의 세로와 가로의 비는 1 : 2이다.
② 제도 용지의 크기는 A열 용지 사용이 원칙이다.
③ 도면의 크기는 사용하는 제도 용지의 크기로 나타낸다.
④ 큰 도면을 접을 때는 앞면에 표제란이 보이도록 A4의 크기로 접는다.

해설

제도 용지의 가로와 세로의 비는 $1 : \sqrt{2}$ 이다.

24 가공제품을 끼워 맞춰 조립할 때 구멍 최소치수가 축의 최대치수보다 큰 경우로 항상 틈새가 생기는 끼워맞춤은?

① 헐거운 끼워맞춤
② 억지 끼워맞춤
③ 중간 끼워맞춤
④ 복합 끼워맞춤

해설

헐거운 끼워맞춤 : 구멍의 치수 > 축의 치수

25 구멍의 최대허용치수 50.025mm, 최소허용치수 50.000mm, 축의 최대허용치수 50.000mm, 최소허용치수 49.950mm일 때 최대틈새는?

① 0.025mm   ② 0.050mm
③ 0.075mm   ④ 0.015mm

해설

최대틈새 = 구멍의 최대허용치수 − 축의 최소허용치수
= 50.025 − 49.950
= 0.075mm

26 다음 중 가는 실선의 용도가 아닌 것은?

① 치수를 기입하기 위하여 사용하는 선

② 치수를 기입하기 위하여 도형에서 인출하는 선

③ 지시, 기호 등을 나타내기 위하여 사용하는 선

④ 형상의 부분 생략, 부분 단면의 경계를 나타내는 선

해설

가는 실선의 용도

용도에 의한 명칭	선의 종류	선의 용도
치수선	가는 실선	치수를 기입하기 위하여 쓰인다.
치수 보조선		치수를 기입하기 위하여 도형으로부터 끌어내는 데 쓰인다.
지시선		기술·기호 등을 표시하기 위하여 끌어들이는 데 쓰인다.
회전 단면선		도형 내에 그 부분의 끊은 곳을 90° 회전하여 표시하는 데 쓰인다.
중심선		도형의 중심선을 간략하게 표시하는 데 쓰인다.
수준면선		수면, 유면 등의 위치를 표시하는 데 쓰인다.
특수한 용도의 선		• 외형선 및 숨은선의 연장을 표시하는 데 사용한다. • 평면이란 것을 나타내는 데 사용한다. • 위치를 명시하는 데 사용한다.

27 다음의 현과 호에 대한 설명 중 옳은 것은?

① 호의 길이를 표시하는 치수선은 호에 평행인 직선으로 표시한다.

② 현의 길이를 표시하는 치수선은 그 현과 동심인 원호로 표시한다.

③ 원호와 현을 구별해야 할 때에는 호의 치수숫자 위에 ⌒표시를 한다.

④ 원호로 구성되는 곡선의 치수는 원호의 반지름과 그 중심 또는 원호와의 접선 위치를 기입할 필요가 없다.

해설

현의 치수를 기입할 때 치수 보조선은 현에 직각 방향으로, 치수선은 평행하게 그어 기입한다.

28 코크스제조에서 사용되지 않는 것은?

① 머드건

② 균열 강도

③ 낙하시험

④ 텀블러 지수

해설

• 코크스 관리 항목 : 균열 강도, 낙하시험, 텀블러 지수
• 폐쇄기 : 머드건을 이용하여 내화재로 출선구를 막는 설비
   ※ 머드건 : 출선 완료 후 선회, 경동하여 머드재로 충진하는 설비

29 소량으로도 인체에 가장 치명적인 것은?

① CO   ② Na_2CO_3

③ H_2O ④ CO_2

해설

일산화탄소는 무색무취의 기체로서 산소가 부족한 상태에서 석탄이나 석유 등 연료가 탈 때 발생한다. 사람의 폐로 들어가면 혈액 중의 헤모글로빈과 결합하여 산소 공급을 가로막아 심한 경우 사망에 이르게 한다.

30 재해발생의 원인을 관리적 원인과 기술적 원인으로 분류할 때 관리적 원인에 해당되지 않는 것은?

① 노동의욕의 침체
② 안전기준의 불명확
③ 점검보존의 불충분
④ 안전관리조직의 결함

해설

점검보존의 불충분은 기술적 원인에 해당된다.

31 드와이트 – 로이드(Dwight Lloyd) 소결기에 대한 설명으로 틀린 것은?

① 소결 불량 시 재점화가 불가능하다.
② 방진장치 설치가 용이하다.
③ 연속식이기 때문에 대량생산에 적합하다.
④ 1개소의 고장으로는 기계 전체에 영향을 미치지 않는다.

해설

드와이트 로이드 소결기의 장단점

종 류	장 점	단 점
DL식	• 연속식으로 대량생산 가능 • 인건비가 저렴 • 집진장치 설비 용이 • 코크스 원단위 감소 • 소결광 피환원성 및 상온강도 향상	• 배기 장치 누풍량 많음 • 소결 불량 시 재점화 불가능 • 1개소 고장 시 소결 작업 전체가 정지

32 적은 열소비량으로 소결이 잘되는 장점이 있어 소결용 또는 펠릿 원료로 적합한 광석은?

① 능철광
② 적철광
③ 자철광
④ 갈철광

해설

자철광

종 류	Fe 함유량	특 징
자철광(Fe_3O_4), Magnetite	50~70%	• 불순물이 많음 • 조직이 치밀 • 배소 처리 시 균열이 발생하는 경향 • 소결용 펠릿 원료로 사용

33 고로 노체냉각 방식 중 고압 조업하에서 가스 실(Seal)면에서 유리하며 연와가 마모될 때 평활하게 되는 장점이 있어 차츰 많이 채용되고 있는 냉각방식은?

① 살수식
② 냉각반식
③ 재킷(Jacket)식
④ 스테이브(Stave) 냉각방식

해설
냉각반 냉각기(Cooling Plate)

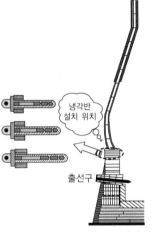

냉각반 설치 위치

출선구

• 내화벽돌 내부에 냉각기를 넣어 냉각하는 방식
• 냉각수 : 담수, 담수 순환수, 해수
• 재질 : 순동

34 고로설비 중 주상설비에 해당되지 않는 것은?

① 출선구 개공기
② 탄화실
③ 주상 집진기
④ 출재구 폐쇄기

해설
탄화실은 소결기의 설비이다.

35 소결에 사용되는 배합수분을 결정하는 데 고려하지 않아도 되는 것은?

① 원료의 열량
② 원료의 입도
③ 원료의 통기도
④ 풍압 및 온도

해설
수분 첨가 : 미분 원료가 응집하여 통기성 향상, 열효율 향상, 소결 층의 연진 흡입 비산 방지

36 고로에서 요구되는 소결광의 적정입도(mm) 범위는?

① 1~5
② 5~50
③ 50~80
④ 80~150

해설
소결광(Sinter Ore) : 분광을 고로에 사용하기 적합하게 소성 과정을 거쳐 생산되는 광석, 5~50mm의 입도를 가짐

37 생펠릿 성형기의 특징이 아닌 것은?

① 틀이 필요 없다.
② 가압을 필요로 하지 않는다.
③ 연속조 없이 불가능하다.
④ 물리적으로 원심력을 이용한다.

해설
생펠릿 제조는 경사진 디스크 또는 드럼에서 광석에 수분을 가하여 물리적 원심력을 이용하기 때문에 별도의 틀과 가압이 필요하지 않다.

38 고로 내에서 노 내벽 연와를 침식하여 노체 수명을 단축시키는 원소는?

① Zn
② P
③ Al
④ Ti

39 코크스로에 원료를 잠입하여 압출될 때까지 석탄이나 코크스가 노 내에 머무르는 시간을 무엇이라 하는가?

① 탄화시간
② 장입시간
③ 압출시간
④ 방치시간

해설
탄화시간과 건류온도
• 탄화시간 : 장입에서 압출까지 석탄 코크스가 노 내에 머무는 시간
• 탄화실의 폭이 일정한 경우 탄화시간과 건류온도, 즉 노온과 일정한 관계가 있으므로, 탄화시간이 결정된다.

40 휴풍 작업상의 주의사항을 설명한 것 중 틀린 것은?

① 노정 및 가스 배관을 부압으로 하지 말 것
② 가스를 열풍 밸브로부터 송풍기 측에 역류시키지 말 것
③ 제진기의 증기를 필요 이상으로 장시간 취입하지 말 것
④ Bleeder가 불충분하게 열렸을 때 수봉 밸브를 닫을(잠글) 것

해설
에어 블리더가 충분하게 열렸을 때 수봉 밸브를 닫는다.

41 고로 조업 시 화입할 때나 노황이 아주 나쁠 때 코크스와 석회석만 장입하는 것은 무엇이라 하는가?

① 연장입(蓮裝入)
② 중장입(重裝入)
③ 경장입(輕裝入)
④ 공장입(空裝入)

해설
코크스에 대한 평식량
• 경장입(Light Charge) : 노황에 따라 가감되며, 광석량이 적은 경우
• 중장입(Heavy Charge) : 광석량이 많은 경우
• 공장입(Blank Charge) : 노황 조정을 위해 코크스만 장입하는 경우
• 코크스비는 광석 중 철 함유량에 따라 변동하며, 철 함유량이 높을수록 코크스비는 낮으며, 고로의 조업률은 높아짐

42 고로 내에서 코크스의 역할이 아닌 것은?

① 산화제로서의 역할

② 연소에 따른 열원으로서의 역할

③ 고로 내의 통기를 잘하기 위한 Spacer로서의 역할

④ 선철, 슬래그에 열을 주는 열교환 매개체로서의 역할

해설

코크스의 역할

• 바람구멍 앞에서 연소하여 필요한 열량을 공급

• 고체 탄소로 철 성분을 직접 환원

• 일부 선철 중에 용해되어 선철 중 탄소함량을 높임

• 고로 안의 통기성을 좋게 하는 통로 역할

• 철의 용융점을 낮추는 역할

43 파이넥스(Finex) 제선법에 대한 설명 중 틀린 것은?

① 주원료로 주로 분광을 사용한다.

② 송풍에 있어 산소를 불어 넣는다.

③ 환원 반응과 용융 기능이 분리되어 안정적인 조업에 유리하다.

④ 고로 조업과 달리 소결 공정은 생략되어 있으나 코크스 제조 공정은 필요하다.

해설

파이넥스법 : 가루 형태의 분철광석을 유동로에 투입한 후 환원 반응에 의해 철 성분을 분리하여 용융로에서 유연탄과 용해해 최종 선철을 제조하는 공법으로 코크스 제조 공정이 필요하지 않다.

44 다음 설비 중 장입물 분포를 제어하는 데 이용되는 설비는?

① 수평 사운드

② 가스 샘플러

③ 무버블 아머

④ 노정 살수장치

해설

무버블 아머(Movable Armour)

베리어블 아머(Variable Armour) 또는 아머 플레이트(Armour Plate)라고도 하며, 레벨에서 낙하하는 원료의 낙하 위치를 변경시키는 장치

45 소결공정의 일반적인 조업순서로 옳은 것은?

① 원료 절출 → 혼합 및 조립 → 원료 장입 → 점화 → 괴성화 → 1차 파쇄 및 선별 → 냉각 → 2차 파쇄 및 선별 → 저장 후 고로 장입

② 원료 절출 → 원료 장입 → 혼합 및 조립 → 1차 파쇄 및 선별 → 점화 → 괴성화 → 냉각 → 2차 파쇄 및 선별 → 저장 후 고로 장입

③ 원료 절출 → 1차 파쇄 및 선별 → 혼합 및 조립 → 원료 장입 → 점화 → 괴성화 → 냉각 → 2차 파쇄 및 선별 → 저장 후 고로 장입

④ 원료 절출 → 괴성화 → 1차 파쇄 및 선별 → 혼합 및 조립 → 원료 장입 → 점화 → 2차 파쇄 및 선별 → 냉각 → 저장 후 고로 장입

해설

소결 순서 : 원료 절출 → 혼합 및 조립 → 원료 장입 → 점화 → 소결 → 1차 파쇄 → 냉각 → 2차 파쇄

46 제게르 추의 번호 SK 31의 용융 연화점 온도는 몇 ℃인가?

① 1,530 　　　② 1,690

③ 1,730 　　　④ 1,850

해설
제게르 추
내화물, 내화도를 비교 측정하는 일종의 고온 온도계를 말한다.
• SK 31 : 1,690℃, SK 32 : 1,710℃, SK 33 : 1,730℃
• 번호가 오를수록 20℃씩 상승한다.

47 함수 광물로써 산화마그네슘(MgO)을 함유하고 있으며, 고로에서 슬래그 성분 조절용으로 사용하며 광재의 유동성을 개선하고 탈황성능을 향상시키는 것은?

① 규 암 　　　② 형 석

③ 백운석 　　　④ 사문암

해설
사문암 : MgO 함유, 슬래그 성분 조정, 노저 보호

48 고로의 슬래그 염기도를 1.2로 조업하려고 한다. 슬래그중 SiO₂가 250kg이라면 석회석(CaCO₃)은 약 얼마 정도가 필요한가?[단, 석회석(CaCO₃) 중 유효 CaO은 56%이다]

① 415.7kg 　　　② 435.7kg

③ 515.7kg 　　　④ 535.7kg

해설
$$염기도 = \frac{CaO}{SiO_2} = \frac{CaCO_3 \times 0.56}{250} = 1.2$$

$CaCO_3 = 535.7kg$

49 석탄의 풍화에 대한 설명으로 옳은 것은?

① 온도가 높으면 풍화가 되지 않는다.

② 탄화도가 높은 석탄일수록 풍화되기 쉽다.

③ 미분은 표면적이 크기 때문에 풍화되기 쉽다.

④ 환기가 양호하면 열방산이 되지 않고, 새로운 공기가 공급되기 때문에 발열되지 않는다.

해설
석탄의 풍화 요인 : 석탄을 장기간 저장 시 대기 중 산소에 의해 풍화하며, 품질 열화 및 자연 발화하는 경우가 있음
• 석탄 자체의 성질 : 탄화도가 낮은 석탄일수록 풍화되기 쉬움
• 석탄의 입도 : 미분 표면적이 커 풍화되기 쉬움
• 분위기 입도 : 온도가 높을 시 풍화되기 쉬움
• 환기 상태 : 환기 양호 시 열 방산이 좋으나, 산소 농도가 높아져 발열하기 쉬움

50 고로에서 주물용선과 관련이 가장 깊은 원소는?

① Cu

② Si

③ Al

④ Sn

해설
주물용선 : 고탄소, 고규소, 저망간

51 소결광 품질이 고로 조업에 미치는 영향을 설명한 것 중 틀린 것은?

① 낙하 정도(SI) 저하 시 노황 부조의 원인이 된다.
② 낙하 정도(SI) 저하 시 고로 내의 통기성을 저해한다.
③ 일반적으로 피환원성이 좋은 소결광일수록 환원 시 분화가 어렵고 입자 직경이 커진다.
④ 소결광의 염기도 변동 폭이 클 경우 부원료를 직접 장입함으로써 열손실을 초래한다.

해설
환원 강도(환원 분화 지수)
• 소결광은 환원 분위기의 저온에서 분화하는 성질을 가짐
• 피환원성이 좋은 소결광일수록 분화가 용이하여 환원 강도는 저하
• 환원 분화가 적을수록 피환원성이 저하하여 연료비가 상승
• 환원 분화가 많아지면 고로 통기성 저하에 의한 노황 불안정으로 연료비 상승
• 환원 분화를 조장하는 화합물 : 재산화 적철광(Hematite)

52 야드 설비 중 불출 설비에 해당되는 것은?

① 스태커(Stacker)
② 언로더(Unloader)
③ 리클레이머(Reclaimer)
④ 트레인 호퍼(Train Hopper)

해설
• 리클레이머(Reclaimer) : 원료탄 또는 코크스를 야드에서 불출하여 하부에 통과하는 벨트컨베이어에 원료를 실어 주는 장비
• 언로더(Unloader) : 원료가 적재된 선박이 입하하면 원료를 배에서 불출하여 야드(Yard)로 보내는 설비
• 스태커(Stacker) : 해송 및 육송으로 수송된 광석이나 석탄, 부원료 등이 벨트컨베이어를 통해 운반되어 최종 저장 야드에 적치하는 장비

53 고로의 어떤 부분만 통기 저항이 작아 바람이 잘 통해서 다른 부분과 가스 상승에 차가 생기는 현상은?

① 슬 립
② 석회과잉
③ 행잉드롭
④ 벤틸레이션

해설
미끄러짐(슬립, Slip) : 통기성의 차이로 가스 상승차가 생기는 것을 벤틸레이션(Ventilation)이라 하며, 이 부분에서 장입물 강하가 빨라져 크게 강하하는 상태

54 소결용 코크스를 다른 소결원료보다 세립으로 하는 조업상 중요한 이유는?

① 수분의 첨가율 상승
② 성분의 조정
③ 강도의 증가
④ 적절한 열분포

해설
분코크스의 입도는 배합 원료의 통기성을 크게 좌우하며 연소과정 또는 최고 도달 온도 등에도 영향을 끼치기 때문에 균일한 입도가 요구된다.

55 소결기 Grate Bar 위에 깔아 주는 상부광의 기능이 아닌 것은?

① Grate Bar 막힘 방지
② 소결원료의 하부 배출용이
③ Grate Bar 용융부착 방지
④ 배광부에서 소결광 분리용이

해설
상부광 : 소결기 대차 하부 면에 까는 8~15mm의 소결광
• Grate Bar에 소결광 융착을 방지
• 소결광 덩어리가 대차에서 쉽게 분리하도록 도움
• Grate Bar 사이로 세립 원료가 새어 나감을 방지
• 신원료에 의한 화격자의 구멍 막힘을 방지

56 소결광의 낙하강도(SI)가 저하되면 발생되는 현상으로 틀린 것은?

① 노황부조의 원인이 된다.
② 노 내 통기성이 좋아진다.
③ 분율의 발생이 증가한다.
④ 소결의 원단위 상승을 초래한다.

해설

낙하 강도 지수(SI ; Shatter Index)
· 소결광이 낙하 시 분이 발생하기 직전까지의 소결광 강도
· 고로 장입 시 분율은 작을수록 유리
· 낙하 강도 저하 시 분 발생이 많아 통기성을 저해
· 낙하 강도 = 시험 후 +10mm 중량 / 시험 전 총중량

57 다음 중 코크스로 가스(COG)의 발열량은 약 몇 $kcal/Nm^3$인가?

① 850   ② 4,750
③ 7,500   ④ 9,500

해설

코크스로 가스(COG)의 발열량은 4,750kcal/Nm^3이다.

58 냉입 사고 발생의 원인으로 관계가 먼 것은?

① 풍구, 냉각반 파손으로 노 내 침수
② 날바람, 박락 등으로 노황 부조
③ 급작스런 연료 취입증가로 노 내 열 밸런스 회복
④ 돌발 휴풍으로 장시간 휴풍 지속

해설

냉 입
· 노상부의 열이 현저하게 저하되어 일어나는 사고로 다수의 풍구를 폐쇄시킨 후 정상 조업까지 복귀시키는 현상
· 냉입의 원인
  - 노 내 침수
  - 장시간 휴풍
  - 노황 부조 : 날파람, 노벽 탈락
  - 이상 조업 : 장입물의 평량 이상 등에 의한 열 붕괴, 휴풍 시 침수

59 고로 노 내 조업 분위기는?

① 산화성
② 환원성
③ 중 성
④ 산화, 환원, 중성의 복합 분위기

해설

고로 노 내 조업 분위기는 환원성이다.

60 고로 내의 국부 관통류(Channeling)가 발생하였을 때의 조치 방법이 아닌 것은?

① 장입물의 입도를 조정한다.
② 장입물의 분포를 조정한다.
③ 장입방법을 바꾸어 준다.
④ 일시적으로 송풍량을 증가시킨다.

해설

· 날파람(취발, Channeling) : 노 내 가스가 급작스럽게 노정 블리더(Bleeder)를 통해 배출되면서 장입물의 분포나 강하를 혼란시키는 현상
· 취발 시 송풍량을 줄여 장입물의 강하를 줄인다.

01 주물용 Al-Si 합금 용탕에 0.01% 정도의 금속 나트륨을 넣고 주형에 용탕을 주입함으로써 주직을 미세화시키고 공정점을 이동시키는 처리는?

① 용체화 처리

② 개량 처리

③ 접종 처리

④ 구상화 처리

해설
• Al-Si(실루민) : Na을 첨가하여 개량화 처리를 실시
• 개량화 처리 : 금속 나트륨, 수산화나트륨, 플루오린화 알칼리, 알칼리 염류 등을 용탕에 장입하면 조직이 미세화되는 처리

02 금속 중에 0.01~0.1μm 정도의 산화물 등 미세한 입자를 균일하게 분포시킨 금속 복합재료는 고온에서 재료의 어떤 성질을 향상시킨 것인가?

① 내식성

② 크리프

③ 피로강도

④ 전기전도도

해설
크리프시험
• 크리프 : 재료를 고온에서 내력보다 작은 응력으로 가해 주면 시간이 지나면서 변형이 진행되는 현상
• 기계 구조물, 교량 및 건축물 등 긴 시간에 걸쳐 하중을 받는 재료에 시험
• 용융점이 낮은 금속(Pb, Cu)인 순금속, 연한 합금 등은 상온에서 크리프 현상이 발생

03 강괴의 종류에 해당되지 않는 것은?

① 쾌삭강

② 캡트강

③ 킬드강

④ 림드강

해설
• 강괴 : 제강 작업 후 내열주철로 만들어진 금형에 주입하여 응고시킨 것
• 킬드강 : 용강 중 Fe-Si, Al분말 등 강탈산제를 첨가하여 산소가 거의 없는 완전 탈산된 강으로 기포가 없고 편석이 적은 장점이 있고, 기계적 성질이 양호하다.
• 세미킬드강 : 탈산 정도가 킬드강과 림드강의 중간 정도인 강으로, 구조용강, 강판 재료에 사용된다.
• 림드강 : 미탈산된 용강을 그대로 금형에 주입하여 응고시킨 강
• 캡트강 : 용강을 주입 후 뚜껑을 씌워 내부 편석을 적게 한 강으로 내부 결함은 적으나 표면 결함이 많음

04 다음 중 슬립(Slip)에 대한 설명으로 틀린 것은?

① 원자 밀도가 가장 큰 격자면에서 잘 일어난다.

② 원자 밀도가 최대인 방향으로 잘 일어난다.

③ 슬립이 계속 진행하면 결정은 점점 단단해져서 변형이 쉬워진다.

④ 다결정에서는 외력이 가해질 때 슬립방향이 서로 달라 간섭을 일으킨다.

해설
슬립은 미끄러짐이 일어나는 면으로 재료의 변형이 발생하기 때문에 결정의 단단함과 거리가 멀다.

05 탄소가 0.50~0.70%이고, 인장강도는 590~690 MPa이며, 축, 기어, 레일, 스프링 등에 사용되는 탄소강은?

① 톰백
② 극연강
③ 반연강
④ 최경강

해설
최경강
탄소량 0.5~0.6%가 함유된 강으로, 인장강도 70kg/mm² 이상이며, 스프링·강선·공구 등에 사용한다.

06 저용융점 합금의 용융 온도는 약 몇 ℃ 이하인가?

① 250℃ 이하
② 450℃ 이하
③ 550℃ 이하
④ 650℃ 이하

해설
저용융점 합금
250℃ 이하에서 용융점을 가지는 합금

07 용융 금속을 주형에 주입할 때 응고하는 과정을 설명한 것으로 틀린 것은?

① 나뭇가지 모양으로 응고하는 것을 수지상정이라 한다.
② 핵 생성 속도가 핵 성장 속도보다 빠르면 입자가 미세해진다.
③ 주형에 접한 부분이 빠른 속도로 응고하고 차차 내부로 가면서 천천히 응고한다.
④ 주상 결정 입자 조직이 생성된 주물에서는 주상 결정립 내 부분에 불순물이 집중하므로 메짐이 생긴다.

해설
• 수지상 결정 : 생성된 핵을 중심으로 나뭇가지 모양으로 발달하여, 계속 성장하며 결정립계를 형성
• 결정 입자의 미세도 : 응고 시 결정핵이 생성되는 속도와 결정핵의 성장 속도에 의해 결정되며, 주상 결정과 입상 결정 입자가 있음
• 주상 결정 : 용융 금속이 응고하며 결정이 성장할 때 온도가 높은 방향으로 길게 뻗은 조직, $G \geq V_m$
• 입상 결정 : 용융 금속이 응고하며 용융점이 내부로 전달하는 속도가 더 클 때 수지 상정이 성장하며 입상정을 형성, $G < V_m$
• 여기서, G : 결정 입자의 성장 속도
　　　　　V_m : 용융점이 내부로 전달되는 속도)

08 금속의 결정구조를 생각할 때 결정면과 방향을 규정하는 것과 관련이 가장 깊은 것은?

① 밀러지수
② 탄성계수
③ 가공지수
④ 전이계수

해설
밀러지수
X, Y, Z의 3축을 어느 결정면이 끊는 절편을 원자 간격으로 측정한 수의 역수의 정수비, 면 : (XYZ), 방향 : [XYZ]으로 표시

09 문쯔메탈(Muntz Metal)이라 하며, 탈아연 부식이 발생되기 쉬운 동합금은?

① 6-4 황동 ② 주석 청동
③ 네이벌 황동 ④ 애드미럴티 황동

해설

탈아연 부식

6-4 황동에서 주로 나타나며 황동의 표면 또는 내부가 해수 혹은 부식성 물질이 있는 액체와 접촉되면 아연이 녹아 버리는 현상

10 비중 7.3, 용융점 232℃, 13℃에서 동소변태하는 금속으로 전연성이 우수하며, 의약품, 식품 등의 포장용 튜브, 식기, 장식기 등에 사용되는 것은?

① Al ② Ag
③ Ti ④ Sn

해설

주석(Sn)

원자량 118.7g/mol, 녹는점 231.93℃, 끓는점 2,602℃이다. 모든 원소 중 동위원소가 가장 많으며 전성, 연성과 내식성이 크고 쉽게 녹기 때문에 주조성이 좋아 널리 사용되는 전이후 금속이다.

11 Ti 금속의 특징을 설명한 것 중 옳은 것은?

① Ti 및 그 합금은 비강도가 낮다.
② 저용융점 금속이며, 열전도율이 높다.
③ 상온에서 체심입방격자의 구조를 갖는다.
④ Ti은 화학적으로 반응성이 없어 내식성이 나쁘다.

해설

타이타늄은 비중 4.5, 융점 1,800℃, 상자성체이며 경도가 매우 높고 여리다. 강도는 거의 탄소강과 같고, 비강도는 비중이 철보다 작으므로 철의 약 2배가 되고 열전도도와 열팽창률도 작은 편이다. 타이타늄의 결점은 고온에서 쉽게 산화하는 것과 값이 고가인 것이다. 타이타늄재(材)는 항공기, 우주 개발 등에 사용되는 이외에 고도의 내식재료로서 중용되고 있다.

12 분산강화 금속 복합재료에 대한 설명으로 틀린 것은?

① 고온에서 크리프 특성이 우수하다.
② 실용 재료로는 SAP, TD Ni이 대표적이다.
③ 제조 방법은 일반적으로 단점법이 사용된다.
④ 기지 금속 중에 0.01~0.1μm 정도의 미세한 입자를 분산시켜 만든 재료이다.

해설

제조법 : 혼합법, 열분해법, 내부 산화법 등

분산강화 금속 복합재료

• 금속에 0.01~0.1μm 정도의 산화물을 분산시킨 재료
• 고온에서 크리프 특성이 우수, Al, Ni, Ni-Cr, Ni-Mo, Fe-Cr 등이 기지로 사용
• 저온 내열재료 SAP(Sintered Aluminium Powder Product) : Al 기지 중에 Al₂O₃의 미세 입자를 분산시킨 복합재료로 다른 Al 합금에 비해 350~550℃에서도 안정한 강도를 지님
• 고온 내열재료 TD Ni(Thoria Dispersion Strengthened Nickel) : Ni 기지 중에 ThO₂ 입자를 분산시킨 내열재료로 고온 안정성 우수

13 초정(Primary Crystal)이란 무엇인가?

① 냉각 시 제일 늦게 석출하는 고용체를 말한다.
② 공정반응에서 공정반응 전에 정출한 결정을 말한다.
③ 고체 상태에서 2가지 고용체가 동시에 석출하는 결정을 말한다.
④ 용액 상태에서 2가지 고용체가 동시에 정출하는 결정을 말한다.

해설

초정 : 공정반응 시 공정반응 전에 정출한 결정

14 다음 중 면심입방격자의 원자수로 옳은 것은?

① 2
② 4
③ 6
④ 12

결정구조
- 면심입방격자(Face Centered Cubic) : Ag, Al, Au, Ca, Ir, Ni, Pb, Ce
  - 배위수 : 12, 원자 충진율 : 74%, 단위격자 속 원자수 : 4
- 체심입방격자(Body Centered Cubic) : Ba, Cr, Fe, K, Li, Mo, Nb, V, Ta
  - 배위수 : 8, 원자 충진율 : 68%, 단위격자 속 원자수 : 2
- 조밀육방격자(Hexagonal Centered Cubic) : Be, Cd, Co, Mg, Zn, Ti
  - 배위수 : 12, 원자 충진율 : 74%, 단위격자 속 원자수 : 2

15 열간가공을 끝맺는 온도를 무엇이라 하는가?

① 피니싱 온도
② 재결정 온도
③ 변태 온도
④ 용융 온도

피니싱 : 마치는 것을 의미하며 열간가공이 끝나는 것을 의미함

16 다음 중 도면의 표제란에 표시되지 않는 것은?

① 품명, 도면 내용
② 척도, 도면 번호
③ 투상법, 도면 명칭
④ 제도자, 도면 작성일

도면의 표제란
- 도면에 반드시 마련해야 할 사항으로 윤곽선, 중심마크, 표제란 등이 있다.
- 표제란을 그릴 때에는 도면의 오른쪽 아래에 설치하여 알아보기 쉽도록 한다.
- 표제란에는 도면 번호, 도명, 척도, 투상법, 작성 연월일, 제도자 이름 등을 기입한다.

17 수면이나 유면 등의 위치를 나타내는 수준면선의 종류는?

① 파 선
② 가는 실선
③ 굵은 실선
④ 일점쇄선

용도에 의한 명칭	선의 종류	선의 용도
치수선	가는 실선	치수를 기입하기 위하여 쓰인다.
치수 보조선		치수를 기입하기 위하여 도형으로부터 끌어내는 데 쓰인다.
지시선		기술·기호 등을 표시하기 위하여 끌어들이는 데 쓰인다.
회전 단면선		도형 내에 그 부분의 끊은 곳을 90° 회전하여 표시하는 데 쓰인다.
중심선		도형의 중심선을 간략하게 표시하는 데 쓰인다.
수준면선		수면, 유면 등의 위치를 표시하는 데 쓰인다.

18 침탄, 질화 등 특수 가공할 부분을 표시할 때, 나타내는 선으로 옳은 것은?

① 가는 파선
② 가는 일점쇄선
③ 가는 이점쇄선
④ 굵은 일점쇄선

해설

용도에 의한 명칭	선의 종류	선의 용도
특수 지정선	굵은 일점 쇄선	특수한 가공을 하는 부분 등 특별한 요구사항을 적용할 수 있는 범위를 표시하는 데 사용한다.

19 한국산업표준에서 규정한 탄소공구강의 기호로 옳은 것은?

① SCM
② STC
③ SKH
④ SPS

해설
① SCM : 크롬 몰리브덴강
③ SKH : 고속도강
④ SPS : 스프링강

20 다음 기호 중 치수 보조기호가 아닌 것은?

① C
② R
③ t
④ △

해설
치수 보조기호
• □ : 정사각형의 변
• t : 판의 두께
• C : 45° 모따기
• SR : 구의 반지름
• ϕ : 지름
• R : 반지름

21 물체를 투상면에 대하여 한쪽으로 경사지게 투상하여 입체적으로 나타내는 것으로 물체를 입체적으로 나타내기 위해 수평선에 대하여 30°, 45°, 60° 경사각을 주어 삼각자를 편리하게 사용하게 한 것은?

① 투시도
② 사투상도
③ 등각투상도
④ 부등각투상도

해설
사투상도
투상선이 투상면을 사선으로 평행하도록 무한대의 수평 시선으로 얻은 물체의 윤곽을 그리게 되면 육면체의 세 모서리는 경사축이 a각을 이루는 입체도가 되며, 이를 그린 그림을 의미한다. 45°의 경사 축으로 그린 것을 카발리에도, 60°의 경사 축으로 그린 것을 캐비닛도라고 한다.

22 대상물의 표면으로부터 임의로 채취한 각 부분에서의 표면 거칠기를 나타내는 기호가 아닌 것은?

① S_{tp}
② S_m
③ R_z
④ R_a

해설
표면 거칠기의 종류
• 중심선 평균 거칠기(R_a) : 중심선을 기준으로 하여 위쪽 면적과 아래쪽 면적을 합하고 이를 측정 길이로 나눈 값
• 최대 높이 거칠기(R_y) : 거칠기 면의 가장 높은 봉우리와 가장 낮은 골밑의 차
• 10점 평균 거칠기(R_z) : 가장 높은 봉우리 5곳과 가장 낮은 골 5곳을 모두 더한 값에 5를 나눈 평균값

23 제도 용구 중 디바이더의 용도가 아닌 것은?

① 치수를 옮길 때 사용

② 원호를 그릴 때 사용

③ 선을 같은 길이로 나눌 때 사용

④ 도면을 축소하거나 확대한 치수로 복사할 때 사용

해설
디바이더
필요한 치수를 자의 눈금에서 따서 제도용지에 옮기거나 선, 원주 등을 일정한 길이로 등분하는 데 사용하는 제도 용구

24 볼트를 고정하는 방법에 따라 분류할 때, 물체의 한쪽에 암나사를 깎은 다음 나사박기를 하여 죄며 너트를 사용하지 않는 볼트는?

① 관통 볼트   ② 기초 볼트

③ 탭 볼트   ④ 스터드 볼트

해설
① 관통 볼트 : 결합하고자 하는 두 물체에 구멍을 뚫고 여기에 볼트를 관통시킨 다음 반대편에서 너트로 죈다.
② 기초 볼트 : 여러 가지 모양의 원통부를 만들어 기계 구조물을 콘크리트 기초 위에 고정시키도록 하는 볼트이다.
④ 스터드 볼트 : 양 끝에 나사를 깎은 머리가 없는 볼트로서 한쪽 끝은 본체에 박고 다른 끝에는 너트를 끼워 죈다.

25 리드가 12mm인 3줄 나사의 피치는 몇 mm인가?

① 3   ② 4

③ 5   ④ 6

해설
• 나사의 피치 : 나사산과 나사산 사이의 거리
• 나사의 리드 : 나사를 360° 회전시켰을 때 상하방향으로 이동한 거리

L(리드) $= n$(줄수) $\times P$(피치)

$12\text{mm} = 3 \times P$

피치 $= 4\text{mm}$

26 가공면의 줄무늬 방향 표시기호 중 기호를 기입한 면의 중심에 대하여 대략 동심원인 경우 기입하는 기호는?

① X

② M

③ R

④ C

해설
줄무늬 방향의 기호
• X : 가공으로 생긴 선이 2방향으로 교차
• M : 가공으로 생긴 선이 다방면으로 교차 또는 방향이 없음
• R : 가공으로 생긴 선이 거의 방사상

27 다음의 현과 호에 대한 설명 중 옳은 것은?

① 호의 길이를 표시하는 치수선은 호에 평행인 직선으로 표시한다.

② 현의 길이를 표시하는 치수선은 그 현과 동심인 원호로 표시한다.

③ 원호와 현을 구별해야 할 때에는 호의 치수숫자 위에 ⌒표시를 한다.

④ 원호로 구성되는 곡선의 치수는 원호의 반지름과 그 중심 또는 원호와의 접선 위치를 기입할 필요가 없다.

해설
현의 치수를 기입할 때 치수 보조선은 현에 직각 방향으로, 치수선은 평행하게 그어 기입한다.

28 일일 생산량이 $8,300t/d$인 고로에서 연료로 코크스 $3,700$ton, 오일 200ton을 사용하고 있다. 이 고로의 출선비($t/d/m^3$)는?(단, 고로의 내용적은 $3,900m^3$이다)

① 약 1.76
② 약 2.13
③ 약 3.76
④ 약 4.13

해설
출선비($t/d/m^3$) : 단위 용적(m^3)당 용선 생산량(t)

$$\frac{출선량(t/d)}{내용적(m^3)} = \frac{8,300}{3,900} ≒ 2.13$$

29 코크스의 강도는 어떤 강도를 측정한 것인가?

① 충격강도
② 압축강도
③ 인장강도
④ 내압강도

해설
코크스
선철 t당 사용량(코크스비)이 고로 성적의 표시 기준으로, 수분 관리에 중성자 수분계를 이용하여 1회 장입 시마다 측정하여 관리, 입도 50mm 전후이며, 회전시험, 낙하시험 등의 강도 측정 시 강도가 낮으면 분 코크스 발생이 쉽고 행잉, 슬립의 원인이 됨

30 송풍량이 $1,680m^3$이고 노정가스 중 N_2가 57%일 때 노정가스량은 약 몇 m^3인가?(단, 공기 중의 산소는 21%이다)

① 1,212
② 2,172
③ 2,328
④ 2,545

해설
$$가스발생량 = \frac{1,680 \times 0.79}{0.57} = 2,328$$

31 고로조업 시 바람구멍의 파손 원인으로 틀린 것은?

① 슬립이 많을 때
② 회분이 많을 때
③ 송풍온도가 낮을 때
④ 코크스의 균열강도가 낮을 때

해설
• 풍구 파손 : 풍구에의 장입물 강하에 의한 마멸과 용선 부착에 의한 파손
• 풍구 손상의 원인
 – 장입물, 용융물 또는 장시간 사용에 따른 풍구 선단부 열화로 인한 파손
 – 냉각수 수질 저하로 인한 이물질 발생으로 내부 침식에 의한 파손
 – 냉각수 수량, 유속 저하에 의한 변형 및 용손

32 선철 중의 Si를 높게 하기 위한 방법이 아닌 것은?

① 염기도를 높게 한다.
② 노상 온도를 높게 한다.
③ 규산분이 장입물을 사용한다.
④ 코크스에 대한 광석의 비율을 적게 하고 고온 송풍을 한다.

해설
염기도(P') = $\frac{CaO}{SiO_2}$이므로 Si를 높게 하려면 염기도를 낮게 한다.

33 용광로에 분상 원료를 사용했을 때 일어나는 현상이 아닌 것은?

① 출선량이 증가한다.
② 고로의 통풍을 해친다.
③ 연진 손실을 증가시킨다.
④ 고로 장애인 걸림이 일어난다.

해설
분상 원료를 사용하게 되면 원료 주입 시 비산 등으로 원료 손실이 발생하며, 통기성 저하에 의한 행잉(Hanging) 같은 현상으로 인하여 출선량이 감소하게 된다. 따라서 분상 원료를 펠릿과 같은 형태로 괴성화 처리를 하여 양질의 제품을 생산한다.

34 고로에서 슬래그의 성분 중 가장 많은 양을 차지하는 것은?

① CaO   ② SiO$_2$
③ MgO   ④ Al$_2$O$_3$

해설
슬래그 : 장입물 중의 석회석이 600℃에서 분해를 시작해 800℃에서 활발히 분해하며, 1,000℃에서 완료(CaCO$_3$ → CaO + CO$_2$)
• 주성분 : 산화칼슘(CaO), 이산화규소(SiO$_2$), 산화알루미늄 (Al$_2$O$_3$)

35 고로의 영역(Zone) 중 광석의 환원, 연화 융착이 거의 동시에 진행되는 영역은?

① 적하대   ② 괴상대
③ 용융대   ④ 융착대

해설
융착대 : 광석 연화, 융착(1,200~1,300℃)
• FeO 간접환원(FeO + CO → Fe + CO$_2$)
• 용융 FeO 직접환원(FeO + C → Fe + CO)
• 환원철 : 침탄 → 융점 저하 → 용융 적하

36 용광로의 고압 조업이 갖는 효과가 아닌 것은?

① 연진이 감소한다.
② 출선량이 증가한다.
③ 노정 온도가 올라간다.
④ 코크스의 비가 감소한다.

해설
고압 조업의 효과
• 출선량 증가
• 연료비 저하
• 노황 안정
• 가스압 차 감소
• 노정압 발전량 증대

37 고로의 장입설비에서 벨리스형(Bell-less Type)의 특징을 설명한 것 중 틀린 것은?

① 대형 고로에 적합하다.
② 성형원료 장입에 최적이다.
③ 장입물 분포를 중심부까지 제어가 가능하다.
④ 장입물의 표면 형상을 바꿀 수 없어 가스 이용률은 낮다.

해설
벨리스(Bell-less Top Type) 타입
• 노정 장입 호퍼와 슈트(Chute)에 의해 원료를 장입하는 방식
• 장입물 분포 조절이 용이
• 설비비가 저렴
• 대형 고로에 적합
• 중심부까지 장입물 분포 제어 가능

38 용제에 대한 설명으로 틀린 것은?

① 유동성을 좋게 한다.
② 슬래그의 용융점을 높인다.
③ 슬래그를 금속으로부터 분리시킨다.
④ 산성 용제에는 규암, 규석 등이 있다.

해설
용제 : 슬래그의 생성과 용선, 슬래그의 분리를 용이하게 하고,
불순물의 제거를 돕는 역할

39 열풍로에서 나온 열풍을 고로 내에 송입하는 부분의 명칭은?

① 노 상 　　　　② 장입구
③ 풍 구 　　　　④ 출재구

해설
풍 구
• 열풍로의 열풍을 일정한 압력으로 고로에 송입하는 장치
• 연소대(레이스 웨이, Race Way) : 풍구에서 들어온 열풍이 노
　내를 강하하여 내려오는 코크스를 연소시켜 환원 가스를 발생시
　키는 영역

40 제강용으로 공급되는 고로 용선이 배합상 가져야 할 특징으로 옳은 것은?

① Al_2O_3는 슬래그의 유동성을 개선하므로 많아야 한다.
② 자용성 소결광은 통기성을 저해하므로 적을수록 좋다.
③ 생광석을 고품위 정립광석이 많을수록 좋다.
④ P과 As는 유용한 원소이므로 적당량 함유되면 좋다.

해설
① CaO은 슬래그의 유동성을 개선하므로 많아야 한다.
② 자용성 소결광은 통기성을 좋게 하므로 많을수록 좋다.
④ P과 As는 유해한 원소이므로 가능한 한 적을수록 좋다.

41 조기 출선을 해야 할 경우에 해당되지 않는 것은?

① 출선, 출재가 불충분할 때
② 감압 휴풍이 예상될 때
③ 장입물의 하강이 느릴 때
④ 노황 냉기미로 풍구에 슬래그가 보일 때

해설
조기 출선을 해야 할 경우
• 출선, 출재가 불충분할 경우
• 노황 냉기미로 풍구에 슬래그가 보일 때
• 전 출선 Tap에서 충분한 배출이 안 되어 양적인 제약이 생길 때
• 감압 휴풍이 예상될 때
• 장입물 하강이 빠를 때

42 고로의 열수지 항목 중 입열 항목에 해당되는 것은?

① 슬래그 현열
② 열풍 현열
③ 노정가스의 현열
④ 산화철 환원열

해설

열정산
- 입열 : 산화철의 간접 환원열, 코크스 연소열, 열풍(송풍)의 현열, 슬래그 생성열, 장입물 중 수분의 현열 등
- 출열 : 용선 현열, 노정가스 현열, 석회석 분해열, 코크스 용해 손실, 장입물(Si, Mn, P)의 환원열, 슬래그 현열, 수분의 분해열, 연진의 현열, 냉각수가 가져가는 열량 등

43 코크스(Coke)의 고로 내 역할로 맞지 않는 것은?

① 탈 탄
② 열 원
③ 환원제
④ 통기성 향상

해설

코크스의 역할
- 바람구멍 앞에서 연소하여 필요한 열량을 공급
- 고체 탄소로 철 성분을 직접 환원
- 일부 선철 중에 용해되어 선철 중 탄소함량을 높임
- 고로 안의 통기성을 좋게 하는 통로 역할
- 철의 용융점을 낮추는 역할

44 다음 철광석 중 결정수 등의 함유 수분이 높은 철광석은?

① 자철광　　　② 갈철광
③ 적철광　　　④ 능철광

해설

- 갈철광은 결정수를 포함하고 있는 철광석이다.
- 적철광 : Fe_2O_3, 자철광 : Fe_3O_4, 갈철광 : $Fe_2O_3 \cdot nH_2O$, 능철광 : $FeCO_3$

45 균광의 효과로 가장 적합한 것은?

① 노황의 불안정
② 제선 능률 저하
③ 코크스비 저하
④ 장입물 불균일 향상

해설

균광을 통해 코크스비가 저하되며, 품질이 균질화된다.

46 고로 상부에서부터 하부로의 순서가 옳은 것은?

① 노구 → 샤프트 → 노복 → 보시 → 노상
② 노구 → 보시 → 샤프트 → 노복 → 노상
③ 노구 → 샤프트 → 보시 → 노복 → 노상
④ 노구 → 노복 → 샤프트 → 노상 → 보시

해설

고로의 구조

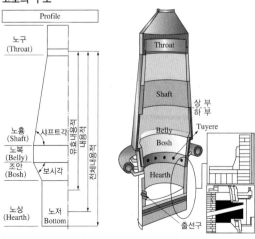

47 고로 내에서 노 내벽 연와를 침식하여 노체 수명을 단축시키는 원소는?

① Zn

② P

③ Al

④ Ti

해설

노 내벽 연와를 침식하여 노체 수명을 단축시키는 원소는 Zn(아연)이다.

48 수분이나 탄산염 광석 중의 CO_2 등 제련에 방해가 되는 성분을 가열하여 추출하는 조작은?

① 단 광   ② 괴 성

③ 소 결   ④ 하 소

해설

건조 및 하소

• 건조 : 낮은 온도에서 광석의 물을 제거하는 공정

• 하소 : 높은 온도에서 가열에 의해 수화물, 탄산염과 같이 화학적으로 결합되어 있는 물과 이산화탄소를 제거하는 공정

49 소결장치 중 드럼믹서(Drum Mixer)의 역할이 아닌 것은?

① 혼 합   ② 조 립

③ 조 습   ④ 파 쇄

해설

드럼믹서

혼합된 원료를 드럼(Drum) 내에서 혼합되게 하여 미립자가 조대한 입자에 모여들어 서로 부착되어 입도를 크게 하는 설비

50 덩어리로 된 괴광에 필요한 성질에 대한 설명으로 옳은 것은?

① 다공질로 노 안에서 환원이 잘되어야 한다.

② 노에 잠입 및 감하 시에는 잘 분쇄되어야 한다.

③ 선철에 품질을 높일 수 있는 황과 인이 많아야 한다.

④ 정결제에는 알칼리류를 함유하고 있어야 하며, 열팽창 및 수축에 의한 붕괴를 일으켜야 한다.

해설

괴광에 필요한 성질

• 다공질로 노 안에서 환원이 잘되어야 한다.

• 강도가 커서 운반, 저장, 노 내 강하 도중에 분쇄되지 않아야 한다.

• 장기 저장에 의한 풍화와 열팽창 및 수축에 의한 붕괴를 일으키지 않아야 한다.

51 집진기의 형식 중 집진효율이 가장 우수한 것은?

① 중력 집진장치

② 전기 집진장치

③ 관성력 집진장치

④ 원심력 집진장치

해설

전기 집진기

• 방전 전극판(+)과 집진 전극봉(-) 간에 고압의 직류 전압을 걸어 코로나 방전을 일으키면 가스 중의 먼지 입자가 이온화되어 집진극에 달라붙는 설비

• 집진극에 부착된 분진 입자는 타격에 의한 진동으로 하부 호퍼에 모여진 후 외부로 배출되며, 집진효율이 우수하다.

52 고온에서 원료 중의 맥석 성분이 용체로 되어 고체 상태의 광석입자를 결합시키는 소결반응은?

① 맥석결합

② 용융결합

③ 확산결합

④ 화합결합

해설

용융결합
- 고온에서 소결한 경우로 원료 중 슬래그 성분이 용융하여 쉽게 결합
- 저용점의 슬래그 성분일수록 용융결합을 함
- 강도는 좋으나, 피환원성이 좋지 않아 기공률과 환원율 저하를 방지해야 함

54 낙하강도지수(SI)를 구하는 식으로 옳은 것은?[단, M_1은 체가름 후의 +10.0mm인 시료의 무게(kgf), M_0는 시험 전의 시료량(kgf)이다]

① $\dfrac{M_1}{M_0} \times 100$

② $\dfrac{M_0}{M_1} \times 100$

③ $\dfrac{M_0 - M_1}{M_1} \times 100$

④ $\dfrac{M_1 - M_0}{M_0} \times 100$

해설

낙하강도지수(SI ; Shatter Index)
- 소결광이 낙하 시 분이 발생하기 직전까지의 소결광 강도
- 고로 장입 시 분율은 적을수록 유리
- 낙하 강도 저하 시 분 발생이 많아 통기성을 저해
- 낙하 강도 = 시험 후 +10mm 중량 / 시험 전 총중량

53 자용성 소결광은 분광에 무엇을 첨가하여 만든 소결광인가?

① 형 석

② 석회석

③ 빙정석

④ 망간광석

해설

자용성 소결광
염기도 조절을 위해 석회석을 첨가한 소결광으로 피환원성 향상, 연료비 절감, 생산성 향상의 목적으로 사용

55 코크스의 제조공정 순서로 옳은 것은?

① 원료 분쇄 → 압축 → 장입 → 가열 건류 → 배합 → 소화

② 원료 분쇄 → 가열 건류 → 장입 → 배합 → 압출 → 소화

③ 원료 분쇄 → 배합 → 장입 → 가열 건류 → 압출 → 소화

④ 원료 분쇄 → 장입 → 가열 건류 → 배합 → 압출 → 소화

해설

코크스 제조공정
파쇄(3mm 이하 85~90%) → 블렌딩 빈(Blending Bin) → 믹서 (Mixer) → 콜 빈(Coal Bin) → 탄화실 장입 → 건류 → 압출 → 소화 → 와프(Wharf) 적치 및 커팅

56 생석회 사용 시 소결 조업상의 효과가 아닌 것은?

① 고층 후 조업 가능

② NOx 가스 발생 감소

③ 열효율 감소로 인한 분 코크스 사용량의 증가

④ 의사 입자화 촉진 및 강도 향상으로 통기성 향상

생석회 첨가
의사 입화 촉진, 의사 입자 강도 향상, 소결 베드(Bed) 내 의사 입자 붕괴량 감소, 환원 분화 개선 및 성분 변동을 감소

57 적열 코크스를 불활성가스로 냉각 소화하는 건식 소화(CDQ ; Coke Dry Quenching)법의 효과가 아닌 것은?

① 강도 향상

② 수분 증가

③ 현열 회수

④ 분진 감소

수분 증가는 습식 소화작업과 관련이 있다.
습식과 건식 소화작업
• 습식 소화작업 : 압출된 적열 코크스를 소화차에 받아 소화탑으로 냉각한 후 와프(Wharf)에 배출하는 작업
• 건식 소화작업 : CDQ(Coke Dry Quenching)란 습식 소화과정에서 발생된 비산분진을 억제하여 대기환경오염을 방지하는 것으로 압출된 코크스를 Bucket을 받아 Cooling Shaft에 장입한 후 불활성가스를 통입시켜 질식 소화시키는 방법

58 소결광의 환원 분화를 조장하는 화합물은?

① 페이얼라이트(Fayalite)

② 마그네타이트(Magnetite)

③ 칼슘페라이트(Calcium Ferrite)

④ 재산화 헤머타이트(Hematite)

환원 분화를 조장하는 화합물 : 재산화 적철광(Hematite)

59 야드 설비 중 불출 설비에 해당되는 것은?

① 스태커(Stacker)

② 언로더(Unloader)

③ 리클레이머(Reclaimer)

④ 트레인 호퍼(Train Hopper)

• 리클레이머(Reclaimer) : 원료탄 또는 코크스를 야드에서 불출하여 하부에 통과하는 벨트컨베이어에 원료를 실어 주는 장비
• 스태커(Stacker) : 해송 및 육송으로 수송된 광석이나 석탄, 부원료 등이 벨트컨베이어를 통해 운반되어 최종 저장 야드에 적치하는 장비
• 언로더(Unloader) : 원료가 적재된 선박이 입하하면 원료를 배에서 불출하여 야드(Yard)로 보내는 설비

60 코크스로 가스 중에 함유되어 있는 성분 중 함량이 많은 것부터 적은 순서대로 나열된 것은?

① $CO > CH_4 > N_2 > H_2$

② $CH_4 > CO > H_2 > N_2$

③ $H_2 > CH_4 > CO > N_2$

④ $N_2 > CH_4 > H_2 > CO$

COG(Coke Oven Gas)는 일반적으로 수소 50~60%, 메탄 30%, 에틸렌 3%, 그 외 일산화탄소 7%, 질소 4% 등의 조성을 가진다.

01 금속재료를 냉간 가공하면 다각형의 결정입자 가공방향으로 늘어나면서 격자가 변형되어 갖게 되는 성질은?

① 질량성   ② 이방성

③ 단결정성   ④ 가공저항성

해설
- 이방성 : 측정된 물성이 결정 방향에 따라 달라질 때
- 등방성 : 측정된 물성이 방향과 관계없이 일정할 때

02 Fe-C계 평형상태도에서 A_{cm}선이란?

① α고용체의 용해도선이다.

② δ고용체의 정출완료선이다.

③ γ고용체로부터 Fe_3C의 석출 개시선이다.

④ 펄라이트(Pearlite)의 석출선이다.

해설
A_{cm}선이란 γ고용체로부터 Fe_3C의 석출 개시선을 의미한다.

03 황(S)이 적은 선철을 용해하여 구상흑연주철을 제조할 때 많이 사용되는 흑연구상화제는?

① Zn   ② Mg

③ Pb   ④ Mn

해설
구상흑연주철의 구상화는 마카세(Mg, Ca, Ce)로 암기하도록 한다.

04 탄소강에 함유된 원소가 철강에 미치는 영향으로 옳은 것은?

① S : 저온메짐의 원인이 된다.

② Si : 연신율 및 충격값을 감소시킨다.

③ Cu : 부식에 대한 저항을 감소시킨다.

④ P : 적열메짐의 원인이 된다.

해설
각종 취성에 대한 설명
- 규소(Si) : 선철 원료 및 탈산제(Fe-Si)로 많이 사용하고, 유동성, 주조성이 양호하다. 경도 및 인장강도, 탄성 한계를 높이며 연신율, 충격값을 감소시킨다.
- 황(S) : FeS로 결합되면, 융접이 낮아지며 고온에서 취약하고 가공 시 파괴의 원인이 된다. 또한 적열취성의 원인이 된다.
- 인(P) : Fe과 결합하여 Fe_3P를 형성하며 결정 입자 조대화를 촉진한다. 약간의 인장강도, 경도를 증가시키지만 연신율을 감소시키고, 상온에서 충격값을 저하시켜 상온 메짐의 원인이 된다.

05 전자석이나 자극의 철심에 사용되는 것은 순철이나, 자심은 교류 자기장에만 사용되는 예가 많으므로 이력손실, 항자력 등이 적은 동시에 맴돌이 전류 손실이 적어야 한다. 이때 사용되는 강은?

① Si강

② Mn강

③ Ni강

④ Pb강

해설
연질 자성 재료는 보자력이 작고 미세한 외부 자기장의 변화에도 크게 자화되는 특성을 가지는 재료로 전동기, 변압기의 자심으로 이용되며, Si 강판, 퍼멀로이, 센더스트, 알펌, 퍼멘듈, 수퍼멘듈 등이 있다.

06 55~60% Cu를 함유한 Ni 합금으로 열전쌍용 선의 재료로 쓰이는 것은?

① 모넬 메탈
② 콘스탄탄
③ 퍼민바
④ 인코넬

해설

Ni-Cu 합금
• 양백(Ni-Zn-Cu) : 장식품, 계측기
• 콘스탄탄(40% Ni-55~60% Cu) : 열전쌍
• 모넬 메탈(60% Ni) : 내식 내열용

07 매크로(Macro) 조직에 대한 설명 중 틀린 것은?

① 육안으로 관찰한 조직을 말한다.
② 10배 이내의 확대경을 사용한다.
③ 마이크로(μm)단위 이하의 아주 미세한 결정을 관찰한 것이다.
④ 조직의 분포상태, 모양, 크기 또는 편석의 유무로 내부 결함을 판정한다.

해설

매크로 조직 검사 : 재료를 직접 육안으로 관찰하거나 저배율(10배 이하)의 확대경을 사용하여 재료의 결함 및 품질 상태를 판단하는 검사로, 염산 수용액을 사용하여 75~80℃에서 적당 시간 부식 후 알칼리 용액으로 중화시켜 건조 후 조직을 검사하는 방법

08 [보기]에서 설명하는 합금 원소는?

┌보기┐
담금질 깊이를 깊게 하고, 크리프 저항과 내식성을 증가시킨다. 또한 뜨임 메짐을 방지한다. W과 거의 비슷한 작용을 하나, 효과는 W의 2배이다.
└────┘

① Ni   ② Cr
③ Mo   ④ Si

해설

Mo(몰리브데넘) : 페라이트 중 조직을 강화하는 능력이 Cr, Ni보다 크고, 크리프 강도를 높이는 데 사용한다. 또한 뜨임 메짐을 방지하고 열처리 효과를 깊게 한다.

09 가공으로 내부 변형을 일으킨 결정립이 그 형태대로 내부 변형을 해방하여 가는 과정은?

① 재결정
② 회 복
③ 결정핵성장
④ 시효완료

해설

• 회복 : 가공으로 내부 변형을 일으킨 결정립이 그 형태대로 내부 변형을 해방하여 가는 과정
• 재결정 : 가공에 의해 변형된 결정입자가 새로운 결정입자로 바뀌는 과정

10 다음은 강의 심랭처리에 대한 설명이다. (A), (B)에 들어갈 용어로 옳은 것은?

심랭처리란, 담금질한 강을 실온 이하로 냉각하여 (A)를 (B)로 변화시키는 조작이다.

① (A) : 잔류 오스테나이트, (B) : 마텐자이트
② (A) : 마텐자이트, (B) : 베이나이트
③ (A) : 마텐자이트, (B) : 소바이트
④ (A) : 오스테나이트, (B) : 펄라이트

해설
심랭처리 : 퀜칭 후 경도를 증가시킨 강에 시효변형을 방지하기 위하여 0℃ 이하(Sub-zero)의 온도로 냉각하여 잔류 오스테나이트를 마텐자이트로 만드는 처리

11 36% Ni에 약 12% Cr이 함유된 Fe합금으로 온도의 변화에 따른 탄성률 변화가 거의 없으며 지진계의 부품, 고급시계 재료로 사용되는 합금은?

① 인바(Invar)
② 코엘린바(Coelinvar)
③ 엘린바(Elinvar)
④ 슈퍼인바(Superinvar)

해설
불변강은 탄성계수가 매우 낮은 금속으로 인바, 엘린바 등이 있으며, 엘린바의 경우 36% Ni + 12% Cr 나머지 철로 된 합금이며, 인바의 경우 36% Ni + 0.3% Co + 0.4% Mn 나머지 철로 된 합금이다.

12 재료의 강도를 이론적으로 취급할 때는 응력의 값으로서는 하중을 시편의 실제 단면적으로 나눈 값을 쓰지 않으면 안 된다. 이것을 무엇이라 부르는가?

① 진응력   ② 공칭응력
③ 탄성력   ④ 하중력

해설
인장시험에 있어서 하중-연신선도를 그릴 경우 재료는 하중의 증대와 더불어 지름이 가늘어지지만 일반적으로는 최초의 굵기로 하중을 나누어 응력을 구한다. 그러나 이것은 실제의 진응력을 나타내는 것이 아니기 때문에 연신 과정의 최소 단면적으로 그때의 하중을 나눈다. 이에 의해 구한 응력을 진응력이라 한다.

13 구조용 합금강과 공구용 합금강을 나눌 때 기어, 축 등에 사용되는 구조용 합금강 재료에 해당되지 않는 것은?

① 침탄강   ② 강인강
③ 질화강   ④ 고속도강

해설
고속도강은 높은 속도가 요구되는 절삭공구에 사용되는 강이다.

14 Fe-C 평형상태도에서 레데뷰라이트의 조직은?

① 페라이트
② 페라이트 + 시멘타이트
③ 페라이트 + 오스테나이트
④ 오스테나이트 + 시멘타이트

해설
레데뷰라이트 : γ-철 + 시멘타이트, 탄소 함유량이 2.0% C와 6.67% C의 공정 주철의 조직으로 나타난다.

15 텅스텐은 재결정에 의해 결정립 성장을 한다. 이를 방지하기 위해 처리하는 것을 무엇이라 하는가?

① 도 핑
② 아말감
③ 라이팅
④ 비탈리움

해설

텅스텐의 재결정에 의한 결정립 성장을 방지하기 위해서 도핑 처리를 한다.

16 다음 중 치수기입의 기본원칙에 대한 설명으로 틀린 것은?

① 치수는 계산할 필요가 없도록 기입해야 한다.
② 치수는 될 수 있는 한 주투상도에 기입해야 한다.
③ 구멍의 치수기입에서 관통 구멍이 원형으로 표시된 투상도에는 그 깊이를 기입한다.
④ 도면에 길이의 크기와 자세 및 위치를 명확하게 표시해야 한다.

해설

관통 구멍이 반복되어 있는 경우에는 구멍의 지름과 개수를 기입한다.

치수기입원칙

• 치수는 되도록 주투상도(정면도)에 집중한다.
• 치수는 중복 기입을 피한다.
• 치수는 되도록 계산해서 구할 필요가 없도록 한다.
• 치수는 필요에 따라 기준으로 하는 점, 선 또는 면을 기준으로 하여 기입한다.
• 관련되는 치수는 되도록 한 곳에 모아서 기입한다.
• 치수는 되도록 공정마다 배열을 분리하여 기입한다.
• 치수 중 참고 치수에 대하여는 치수 수치에 괄호를 붙인다.

17 물품을 구성하는 각 부품에 대하여 상세하게 나타내는 도면으로 이 도면에 의해 부품이 실제로 제작되는 도면은?

① 상세도
② 부품도
③ 공정도
④ 스케치도

해설

도면의 분류(내용에 따른 분류)

• 부품도 : 물품을 구성하는 각 부품에 대하여 제작에 필요한 모든 정보를 가장 상세하게 나타내는 도면
• 조립도 : 기계나 구조물의 전체적인 조립상태를 나타내는 도면
• 부분 조립도 : 규모가 크거나 구조가 복잡한 대상물을 몇 개의 부분으로 나누어 나타낸 도면

18 다음 중 도면의 표제란에 표시되지 않는 것은?

① 품명, 도면 내용
② 척도, 도면 번호
③ 투상법, 도면 명칭
④ 제도자, 도면 작성일

해설

도면의 표제란

• 도면에 반드시 마련해야 할 사항으로 윤곽선, 중심마크, 표제란 등이 있다.
• 표제란을 그릴 때에는 도면의 오른쪽 아래에 설치하여 알아보기 쉽도록 한다.
• 표제란에는 도면 번호, 도명, 척도, 투상법, 작성 연월일, 제도자 이름 등을 기입한다.

19 치수기입의 원칙에 대한 설명으로 옳은 것은?

① 치수가 중복되는 경우 중복하여 기입한다.

② 치수는 계산을 할 수 있도록 기입하여야 한다.

③ 치수는 가능한 한 보조 투상도에 기입하여야 한다.

④ 치수는 대상물의 크기, 자세 및 위치를 명확하게 표시해야 한다.

해설
치수기입원칙
• 치수는 되도록 주투상도(정면도)에 집중한다.
• 치수는 중복 기입을 피한다.
• 치수는 되도록 계산해서 구할 필요가 없도록 한다.
• 치수는 필요에 따라 기준으로 하는 점, 선 또는 면을 기준으로 하여 기입한다.
• 관련되는 치수는 되도록 한 곳에 모아서 기입한다.
• 치수는 되도록 공정마다 배열을 분리하여 기입한다.
• 치수 중 참고 치수에 대하여는 치수 수치에 괄호를 붙인다.

20 제품의 사용목적에 따라 실용상 허용할 수 있는 범위의 차를 무엇이라 하는가?

① 공 차   ② 틈 새
③ 데이텀   ④ 끼워맞춤

해설
공차 = 최대허용치수 − 최소허용치수

21 회주철을 표시하는 기호로 옳은 것은?

① SC360   ② SS330
③ GC250   ④ BMC270

해설
GC : 회주철, SS : 일반구조용 압연강재, SC : 탄소주강품, BMC : 흑심가단주철

22 대상물의 표면으로부터 임의로 채취한 각 부분에서의 표면 거칠기를 나타내는 파라미터인 10점 평균 거칠기 기호로 옳은 것은?

① R_y ② R_a
③ R_z ④ R_x

해설
표면 거칠기의 종류
• 10점 평균 거칠기(R_z) : 가장 높은 봉우리 5곳과 가장 낮은 골 5번째의 평균값의 차이로 거칠기를 계산
• 중심선 평균 거칠기(R_a) : 중심선 기준으로 위쪽과 아래쪽의 면적의 합을 측정 길이로 나눈 값
• 최대 높이 거칠기(R_y) : 거칠면의 가장 높은 봉우리와 가장 낮은 골밑의 차이값으로 거칠기를 계산

23 투상도의 선정 방법으로 틀린 것은?

① 숨은선이 적은 쪽으로 투상한다.

② 물체의 오른쪽과 왼쪽이 대칭일 때에는 좌측면도는 생략할 수 있다.

③ 물체의 길이가 길 때, 정면도와 평면도만으로 표시할 수 있을 경우에는 측면도를 생략한다.

④ 물체의 모양과 특징을 가장 잘 나타낼 수 있는 면을 평면도로 선정한다.

해설
물체의 모양과 특징을 가장 잘 나타낼 수 있는 면을 정면도로 선정한다.

24 모따기의 각도가 45°일 때의 모따기 기호는?

① ϕ ② R

③ C   ④ t

해설

치수 보조기호의 종류
- □ : 정사각형의 변
- t : 판의 두께
- C : 45° 모따기
- SR : 구의 반지름
- ( ) : 참고치수

25 나사의 종류 중 미터 사다리꼴 나사를 나타내는 기호는?

① Tr   ② PT

③ UNC   ④ UNF

해설

나사의 기호
- Tr : 미터 사다리꼴 나사
- UNC : 유니파이 보통 나사
- PT : 테이퍼 나사
- UNF : 유니파이 가는 나사

26 간단한 기계 장치부를 스케치하려고 할 때 측정 용구에 해당되지 않는 것은?

① 정 반   ② 스패너

③ 각도기   ④ 버니어 캘리퍼스

해설

스패너는 체결용 공구이다.

27 가공에 의한 컷의 줄무늬 방향이 기호를 기입한 그림의 투영면에 비스듬하게 2방향으로 교차할 때 도시하는 기호는?

① X   ② =

③ M   ④ C

해설

줄무늬 방향의 기호
- = : 가공으로 생긴 앞줄의 방향이 기호를 기입한 그림의 투상면에 평형
- M : 가공으로 생긴 선이 다방면으로 교차 또는 방향이 없음
- C : 가공으로 생긴 선이 거의 동심원

28 코크스의 연소실 구조에 따른 분류 중 순환식에 해당되는 것은?

① 카우퍼식

② 오토식

③ 쿠로다식

④ 월푸투식

해설

내연식 열풍로(카우퍼식, Cowper Type) – 순환식
- 예열실과 축열실이 분리되어 있지 않고 하나의 돔 내에 위치한 열풍로
- 구조가 복잡하고 연소실과 축열실 사이 분리벽이 손상되기 쉬움

29 고로 노체의 건조 후 침목 및 장입원료를 노 내에 채우는 것을 무엇이라 하는가?

① 화 입
② 지 화
③ 충 진
④ 축 로

해설

충 진
• 노체 건조 후 장입물을 노 내로 장입하는 단계
• 충진은 화입 초기 노 내 통기성 및 노열 조기 확보, Slag 유동성 확보를 위한 Slag의 조정, 적정 Profile 확보로 가스류 안정 유지를 위해 실시
• 노 저에서 풍구선까지의 충진 : 코크스를 충분히 예열시킬 수 있는 침목적(나무)을 행함

30 고로에서 노정 압력을 제어하는 설비는?

① 셉텀 밸브(Scptum Valve)
② 고글 밸브(Goggle Valve)
③ 스노트 밸브(Snort Valve)
④ 바이패스 밸브(By-pass Valve)

해설

셉텀 밸브 ≒ 에어블리더(Bleeder Valve) : 노정 압력에 의한 설비를 보호하기 위해 설치

31 풍구 부분의 손상원인이 아닌 것은?

① 풍구 주변 누수
② 강하물에 의한 마모 균열
③ 냉각배수 중 노내가스 혼입
④ 노정가스 중 수소함량 급감소

해설

풍구 파손 : 풍구에의 장입물 강하에 의한 마멸과 용선 부착에 의한 파손

풍구 손상의 원인
• 장입물, 용융물 또는 장시간 사용에 따른 풍구 선단부 열화로 인한 파손
• 냉각수 수질 저하로 인한 이물질 발생으로 내부 침식에 의한 파손
• 냉각수 수량, 유속 저하에 의한 변형 및 용손

32 소결원료에서 배합원료의 수분 값의 범위(%)로 가장 적당한 것은?

① 1~2%
② 5~8%
③ 10~17%
④ 20~27%

해설

소결원료에서 배합원료의 수분 값의 범위는 5~8% 정도이다.

33 상부광이 사용되는 목적으로 틀린 것은?

① 화격자가 고온이 되도록 한다.

② 화격자 면의 통기성을 양호하게 유지한다.

③ 용융상태의 소결광이 화격자에 접착되지 않게 한다.

④ 화격자 공간으로 원료가 낙하하는 것을 방지하고 분광의 공간 메움을 방지한다.

> **해설**
> **상부광** : 소결기 대차 하부 면에 까는 8~15mm의 소결광
> • 화격자(Gate Bar)에 소결광 융착을 방지
> • 소결광 덩어리가 대차에서 쉽게 분리하도록 도움
> • 화격자(Gate Bar) 사이로 세립 원료가 새어 나감을 방지
> • 신원료에 의한 화격자의 구멍 막힘 방지

34 용광로 철피 적열상태를 점검하는 방법으로 옳지 않은 것은?

① 온도계로 온도 측정

② 소량의 물로 비등현상 확인

③ 조명 소등 후 철피 색상 비교

④ 신체 접촉으로 온기 확인

> **해설**
> • 적열 : 노벽이 국부적으로 얇아져 노 안으로부터 가스 또는 용해물이 분출하는 현상
> • 대책 : 냉각판 장입, 스프레이 냉각, 바람 구멍 지름 조절 및 장입물 분포 상태의 변경 등 노벽 열작용을 피해야 함

35 소결 시 조재성분에 대한 설명으로 옳은 것은?

① CaO의 증가에 따라 생산율을 증가시킨다.

② CaO은 제품의 강도를 감소시킨다.

③ Al_2O_3의 결정수를 증가시킨다.

④ Al_2O_3 증가에 따라 코크스량을 감소시킨다.

> **해설**
> • 생산율은 CaO, SiO_2의 증가에 따라 향상하고, Al_2O_3, MgO가 증가하면 생산성을 저해한다.
> • 제품강도는 CaO, SiO_2는 증가시키고, Al_2O_3, MgO는 결정수를 저하시킨다.

36 자용성 소결광 조업에 대한 설명으로 틀린 것은?

① 노황이 안정되어 고온 송풍이 가능하다.

② 노 내 탈황률이 향상되어 선철 중의 황을 저하시킬 수 있다.

③ 소결광 중에 페이얼라이트 함유량이 많아 산화성이 크다.

④ 하소된 상태에 있으므로 노 안에서의 열량 소비가 감소된다.

> **해설**
> • 자용성 소결광 : 염기도 조절을 위해 석회석을 첨가한 소결광으로 피환원성 향상, 연료비 절감, 생산성 향상의 목적으로 사용
> • 철광석의 피환원성은 기공률이 클수록, 입도가 작을수록, 산화도가 높을수록 좋아지며, 환원이 어려운 철감람석(Fayalite, Fe_2SiO_4), 타이타늄($FeO \cdot TiO_2$) 등이 있으면 나빠진다.

37 소결조업에 사용되는 용어 중 FFS가 의미하는 것은?

① 고로 가스 ② 코크스 가스

③ 화염진행속도 ④ 최고도달온도

> **해설**
> **화염전진속도(FFS ; Flame Front Speed)**
> 층후(mm) × Pallet Speed(m/min) / 유효화상길이(m)

38 고로의 풍구로부터 들어오는 압풍에 의하여 생기는 풍구앞의 공간을 무엇이라고 하는가?

① 행잉(Hanging)
② 레이스 웨이(Race Way)
③ 플러딩(Flooding)
④ 슬로핑(Slopping)

해설
노상(Hearth)
• 노의 최하부이며, 출선구, 풍구가 설치되어 있는 곳
• 용선, 슬래그를 일시 저장하며, 생성된 용선과 슬래그를 배출시키는 출선구가 설치
• 출선 후 어느 정도 용융물이 남아 있도록 만들며, 노 내 열량을 보유, 노 저 연와에 적열(균열) 현상이 일어나지 않도록 제작
• 풍 구
 − 열풍로의 열풍을 일정한 압력으로 고로에 송입하는 장치
 − 연소대(레이스 웨이, Race Way) : 풍구에서 들어온 열풍이 노 내를 강하하여 내려오는 코크스를 연소시켜 환원 가스를 발생시키는 영역

39 정상적인 조업일 때 노정가스 성분 중 가장 적게 함유되어 있는 것은?

① H₂
② N₂
③ CO
④ CO₂

해설
노정가스 성분 : CO, CO₂, H₂, N₂가 있으며, 이 중 H₂가 가장 적다.

40 광석의 철 품위를 높이고 광석 중의 유해 물순불인 비소(As), 황(S) 등을 제거하기 위해서 하는 것은?

① 균 광
② 단 광
③ 선 광
④ 소 광

해설
품위 향상법 : 선광(Dressing), 배소(Roasting), 침출(Leaching)

41 고로가스 청정설비로 노정가스의 유속을 낮추고 방향을 바꾸어 조립연진을 분리, 제거하는 설비명은?

① 백필터(Bag Filter)
② 제진기(Dust Catcher)
③ 전기집진기(Electric Precipitator)
④ 벤투리 스크러버(Venturi Scrubber)

해설
① 백필터 : 여러 개의 여과포에 배가스를 통과시켜 먼지를 제거하는 방식
③ 전기집진기 : 방전 전극을 양(+)으로 하고 집진극을 음(−)으로 하여 고전압을 가해 놓은 뒤 분진을 함유한 가스가 통과하면 분진이 양극으로 대전하여 집진극에 부착되고, 전극에 쌓인 분진은 제거하는 방식
④ 벤투리 스크러버 : 기계식으로 폐가스를 좁은 노즐(Venturi)에 통과시킨 후 고압수를 분무하여 가스 중의 분진을 포집

42 고로를 4개의 층으로 나눌 때 산화철이 간접 환원되어 해면철로 변하며, 샤프트 하부에 다다를 때까지 산화철이 해면철로 하강되는 부분은?

① 예열층
② 환원층
③ 가탄층
④ 용해층

해설
장입물의 변화 상황
• 예열층(200~500℃) : 상승 가스에 의해 장입물이 부착 수분을 잃고 건조하는 층
• 환원층(500~800℃) : 산화철이 간접 환원되어 해면철로 변하며, 샤프트 하부에 다다를 때까지 거의 모든 산화철이 해면철로 되어 하강하는 층
• 가탄층(800~1,200℃)
 − 해면설은 일신화단소에 의해 침탄되어 시멘타이트를 생성하고 용융점이 낮아져 규소, 인, 황도 선철 중에 들어가 선철이 된 후 용융하여 코크스 사이를 적하하는 층
 − 석회석의 분해에 의해 산화칼슘이 생기며, 불순물과 결합해 슬래그를 형성
• 용해층(1,200~1,500℃) : 선철과 슬래그가 같이 용융 상태로 되어 노상에 고이며, 선철과 슬래그의 비중 차로 2층으로 나뉘어짐

43 고로의 생산물인 선철을 파면에 의해 분류할 때 이에 해당되지 않는 것은?

① 백선철
② 은선철
③ 반선철
④ 회선철

선철의 파면에 의한 분류 : 백선철, 반선철, 회선철

44 소결반응에서 용융 결합이란 무엇인가?

① 저온에서 소결이 행해지는 경우 입자가 기화해서 입자 표면 접촉부의 확산 반응에 의해 결합이 일어난 것
② 고온에서 소결한 경우 원료 중의 슬래그 성분이 기화해서 입자가 슬래그로 단단하게 결합한 것
③ 고온에서 소결한 경우 원료 중의 슬래그 성분이 용융해서 입자가 슬래그 성분으로 단단하게 결합한 것
④ 고온에서 소결이 행해지는 경우 입자가 용융해서 입자 표면 접촉부의 확산 반응에 의해 결합이 일어난 것

용융 결합
• 고온에서 소결한 경우로 원료 중 슬래그 성분이 용융하여 쉽게 결합
• 저융점의 슬래그 성분일수록 용융 결합을 함
• 강도는 좋으나, 피환원성이 좋지 않아 기공률과 환원율 저하를 방지해야 함

45 다음 중 소결기의 급광장치에 속하지 않는 것은?

① Hopper
② Wind Box
③ Cut Gate
④ Shuttle Conveyor

Wind Box는 통기장치이다.

46 고로 슬래그의 염기도에 큰 영향을 주는 소결광중의 염기도를 나타낸 것으로 옳은 것은?

① SiO_2/Al_2O_3
② Al_2O_3/MgO
③ SiO_2/CaO
④ CaO/SiO_2

염기도 : 염기도 변동 폭이 클수록 고로 슬래그 염기도 변동도 증가한다.

염기도 계산식 : $\dfrac{CaO}{SiO_2}$

47 제선작업 중 산소가 결핍되어 있는 장소에서 사용할 수 있는 가장 적합한 마스크는?

① 송기마스크
② 방진마스크
③ 방독마스크
④ 위생마스크

보건 보호구의 종류

귀마개/귀덮개	소음에 의한 청력장해 방지
방진마스크	분진의 흡입으로 인한 장해 발생으로부터 보호
방독마스크	유해가스, 증기 등의 흡입으로 인한 장해 발생으로부터 보호
방열복	고열 작업에 의한 화상 및 열중증 방지

48 용광로에 분상 원료를 사용했을 때 일어나는 현상이 아닌 것은?

① 출선량이 증가한다.
② 고로의 통풍을 해친다.
③ 연진 손실을 증가시킨다.
④ 고로 장애인 걸림이 일어난다.

해설
분상 원료를 사용하게 되면 원료 주입 시 비산 등으로 원료 손실이 발생하며, 통기성 저하에 의한 행잉(Hanging) 같은 현상으로 인하여 출선량이 감소하게 된다. 따라서 분상 원료를 펠릿과 같은 형태로 괴성화처리를 하여 양질의 제품을 생산한다.

49 소결광의 환원 분화에 대한 설명으로 틀린 것은?

① CO 가스보다는 H_2 가스의 경우에 분화가 현저히 발생한다.
② 400~700℃ 구간에서 분화가 많이 일어나며, 특히 500℃ 부근에서 현저하게 발생한다.
③ 저온환원의 경우 어느 정도 진행되면 분화는 그 이상 크게 되지 않는다.
④ 고온환원 시 환원에 의해 균열이 발생하여도 환원으로 생성된 금속철의 소결에 의해 분화가 억제된다.

해설
환원 강도(환원 분화 지수)
• 소결광은 환원 분위기의 저온에서 분화하는 성질을 가짐
• 피환원성이 좋은 소결광 일수록 분화가 용이하여 환원 강도는 저하
• 환원 분화가 적을수록 피환원성이 저하하여 연료비가 상승
• 환원 분화가 많아지면 고로 통기성 저하에 의한 노황 불안정으로 연료비 상승
• 환원 분화를 조장하는 화합물 : 재산화 적철광(Hematite)

50 고로 내의 국부 관통류(Channeling)가 발생하였을 때의 조치 방법이 아닌 것은?

① 장입물의 입도를 조정한다.
② 장입물의 분포를 조정한다.
③ 장입방법을 바꾸어 준다.
④ 일시적으로 송풍량을 증가시킨다.

해설
날파람(취발, Channeling)
• 노 내 가스가 급작스럽게 노정 블리더(Bleeder)를 통해 배출되면서 장입물의 분포나 강하를 혼란시키는 현상이다.
• 취발 시 송풍량을 줄여 장입물의 강하를 줄인다.

51 재해발생 형태별로 분류할 때 물건이 주체가 되어 사람이 맞은 경우의 분류 항목은?

① 협 착
② 파 열
③ 충 돌
④ 낙하, 비래

해설
① 협착 : 기계의 움직이는 부분 사이 또는 움직이는 부분과 고정부분 사이에 신체 또는 신체의 일부분이 끼이거나 물리는 것
② 파열 : 외부에 힘이 가해져 갈라지거나 손상되는 것
③ 충돌 : 상대적으로 운동하는 두 물체가 접촉하여 강한 상호작용을 하는 것

52 유동로의 가스흐름을 고르게 하여 장입물을 균일하게 유동화시키기 위하여 고속의 가스 유속이 형성되는 장치는?

① 딥 레그(Dip Leg)
② 분산판 노즐(Nozzle)
③ 차이니스 햇(Chinese Hat)
④ 가이드 파이프(Guide Pipe)

해설
유동층이란 기체를 고르게 분사하는 분산판 위에 기체에 의해 매우 격렬한 혼합을 이루는 입자층을 말하며, 이를 가능하게 하는 것을 분산판 노즐이라 한다.

53 폐수처리를 물리적 처리와 생물학적 처리로 나눌 때 물리적 처리에 해당되지 않는 것은?

① 자연침전
② 자연부상
③ 입상물여과
④ 혐기성소화

해설
물리적 폐수처리 : 저류·스크린·파쇄·부상·침전·농축·폭기·역삼투·흡착·여과 등이 포함된다. 이 공법은 생물학적 또는 화학적 방법에 속하는 다른 공법과 선택적으로 조합되어 전체적 폐수처리공정을 이룬다.

54 배소광과 비교한 소결광의 특징이 아닌 것은?

① 충진 밀도가 크다.
② 기공도가 크다.
③ 빠른 기체속도에 의해 날아가기 쉽다.
④ 분말 형태의 일반 배소광보다 부피가 작다.

해설
빠른 기체속도에 의해 날아가기 쉬운 것은 배소광에 해당된다.
• 배소광 : 분광
• 소결광 : 괴광

55 다음 설명 중 소결성이 좋은 원료라고 볼 수 없는 것은?

① 생산성이 높은 원료
② 분율이 높은 소결광을 제조할 수 있는 원료
③ 강도가 높은 소결광을 제조할 수 있는 원료
④ 적은 원료로서 소결광을 제조할 수 있는 원료

해설
고로 장입 시 분율은 적을수록 유리하다.

56 균광의 효과로 가장 적합한 것은?

① 노황의 불안정
② 제선능률 저하
③ 코크스비 저하
④ 장입물 불균일 향상

해설
균광을 통해 코크스비가 저하되며, 품질이 균질화된다.

57 석탄의 분쇄 입도의 영향에 대한 설명으로 틀린 것은?(단, HGI ; Hardgrove Grindability Index이다)

① 수분이 많으면 파쇄하기 어렵다.

② 파쇄기 급량이 많으면 조파쇄가 된다.

③ 석탄의 HGI가 작으면 파쇄하기 쉽다.

④ 분쇄 전 석탄입도가 크면 분쇄 후 입도가 크다.

해설

파쇄성(HGI ; Hardgrove Grindability Index) : 표준 석탄과 비교하여 상대적인 파쇄능을 비교 결정하는 방법으로 HGI가 작으면 파쇄하기 어렵다.

58 고온에서 원료 중의 액석성분이 용체로 되어 고체 상태의 광석입자를 결합시키는 소결반응은?

① 맥석결합

② 용융결합

③ 확산결합

④ 화힙결합

해설

용융결합

• 고온에서 소결한 경우로 원료 중 슬래그 성분이 용융하여 쉽게 결합

• 저용점의 슬래그 성분일수록 용융결합을 함

• 강도는 좋으나, 피환원성이 좋지 않아 기공률과 환원율 저하를 방지해야 함

59 적열 코크스를 불활성가스로 냉각소화하는 건식소화(CDQ ; Coke Dry Quenching)법의 효과가 아닌 것은?

① 강도 향상

② 수분 증가

③ 현열 회수

④ 분진 감소

해설

수분 증가는 습식 소화작업과 관련이 있다.

• 습식소화작업 : 압출된 적열 코크스를 소화차에 받아 소화탑으로 냉각한 후 와프(Wharf)에 배출하는 작업

• 건식소화작업 : CDQ(Coke Dry Quenching)란 습식소화과정에서 발생된 비산분진을 억제하여 대기 환경오염을 방지하는 것으로 압출된 코크스를 Bucket에 받아 Cooling Shaft에 장입 후 불활성 가스를 통입시켜 질식 소화시키는 방법

60 함수 광물로써 산화마그네슘(MgO)을 함유하고 있으며, 고로에서 슬래그 성분 조절용으로 사용하며 광재의 유동성을 개선하고 탈황성능을 향상시키는 것은?

① 규 암

② 형 석

③ 백운석

④ 사문암

해설

부원료의 종류 및 용도

종 류	용 도
석회석	슬래그 조재제, 탈황 작용
망간 광석	탈황, 강재의 인성 향상
규 석	슬래그 성분 조정
백운석	슬래그 성분 조정
사문암	MgO 함유, 슬래그 성분 조정, 노저 보호

01 용탕을 금속 주형에 주입 후 응고할 때, 주형의 면에서 중심 방향으로 성장하는 나란하고 가느다란 기둥 모양의 결정을 무엇이라고 하는가?

① 단결정
② 다결정
③ 주상 결정
④ 크리스탈 결정

해설

결정 입자의 미세도는 응고 시 결정핵이 생성되는 속도와 결정핵의 성장 속도에 의해 결정되며, 주상 결정과 입상 결정이 있다.
- 주상 결정 : 용융 금속이 응고하며 결정이 성장할 때 온도가 높은 방향으로 길게 뻗은 조직이다.
  $G \geqq V_m$
- 입상 결정 : 용융 금속이 응고하며 용융점이 내부로 전달하는 속도가 더 클 때 수지 상정이 성장하며 입상정을 형성한다.
  $G < V_m$
- 여기서, G : 결정입자의 성장 속도
  V_m : 용융점이 내부로 전달되는 속도)

02 주물용 Al-Si 합금 용탕에 0.01% 정도의 금속나트륨을 넣고 주형에 용탕을 주입함으로써 조직을 미세화시키고 공정점을 이동시키는 처리는?

① 용체화처리
② 개량처리
③ 접종처리
④ 구상화처리

해설

개량화처리 : 금속나트륨, 수산화나트륨, 플루오린화 알칼리, 알칼리 염류 등을 용탕에 장입하면 조직이 미세화되는 처리
예 실루민 : Al-Si계 합금으로, Na을 첨가하여 개량화처리를 실시한 것이다.

03 다음 중 황동 합금은?

① 질화강
② 톰 백
③ 스텔라이트
④ 화이트 메탈

해설

황동은 Cu와 Zn의 합금으로 Zn의 함유량에 따라 α상 또는 $\alpha + \beta$상으로 구분되며 α상은 면심입방격자, β상은 체심입방격자를 가지고 있다.
황동의 종류
- 7 : 3 황동(30% Zn) : 전연성이 크고 강도가 좋음
- 6 : 4 황동(40% Zn) : 열간 가공이 가능하고 기계적 성질이 우수함
- 톰백(8~20% Zn) 등

04 다음의 금속 상태도에서 합금 m을 냉각시킬 때, m_2점에서 결정 A와 용액 E의 양적 관계를 옳게 나타낸 것은?

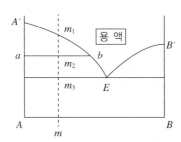

① 결정 A : 용액 $E = \overline{m_1 \cdot b} : \overline{m \cdot A'}$
② 결정 A : 용액 $E = \overline{m_1 \cdot A'} : \overline{m_1 \cdot b}$
③ 결정 A : 용액 $E = \overline{m_2 \cdot a} : \overline{m_2 \cdot b}$
④ 결정 A : 용액 $E = \overline{m_2 \cdot b} : \overline{m_2 \cdot a}$

해설

지렛대의 원리를 이용하면,
결정 A : 용액 $E = \overline{m_2 \cdot b} : \overline{m_2 \cdot a}$이다.

1 ③ 2 ② 3 ② 4 ④ **정답**

05 구상흑연주철품의 기호 표시로 옳은 것은?

① WMC 490
② BMC 340
③ GCD 450
④ PMC 490

> **해설**
> 구상흑연주철은 GCD로 표시하며, 450은 인장강도를 나타낸다.

06 고체 상태에서 하나의 원소가 온도에 따라 그 금속을 구성하고 있는 원자의 배열이 변하여 두 가지 이상의 결정 구조를 가지는 것은?

① 전 위
② 동소체
③ 고용체
④ 재결정

> **해설**
> **동소변태**
> • 동일한 원소가 원자 배열이나 결합방식이 바뀌는 변태로 격자변태라고도 한다.
> • 일정한 온도에서 비연속적이고 급격히 일어난다.
> • Ce(세륨), Bi(비스무트) 등은 일정 압력에서 동소변태가 일어난다.

07 니켈-크롬 합금 중 온도측정용으로 1,000℃까지 측정할 수 있는 합금은?

① 망가닌
② 우드메탈
③ 배빗메탈
④ 크로멜-알루멜

> **해설**
> **니켈-크롬 합금(Ni-Cr합금)의 종류**
> • 니크롬(Ni-Cr-Fe) : 전열 저항성(1,100℃)
> • 인코넬(Ni-Cr-Fe-Mo) : 고온용 열전쌍, 전열기 부품
> • 알루멜(Ni-Al)-크로멜(Ni-Cr) : 온도측정용(1,200℃)

08 탄소강 중에 포함된 구리(Cu)의 영향으로 틀린 것은?

① 내식성을 향상시킨다.
② Ar_1의 변태점을 증가시킨다.
③ 강재 압연 시 균열의 원인이 된다.
④ 강도, 경도, 탄성한도를 증가시킨다.

> **해설**
> **구리 및 구리 합금의 성질**
> • 면심입방격자, 융점 1,083℃, 비중 8.9
> • 내식성이 우수하며, 기계적 성질을 향상시킨다.
> • 압연 시 균열의 원인이 된다.

09 마그네슘에 대한 설명 중 틀린 것은?

① 고온에서 발화되기 쉽고, 분말은 폭발하기 쉽다.
② 해수에 대한 내식성이 좋다.
③ 비중이 1.74, 용융점이 650℃인 조밀육방격자이다.
④ 경합금 재료로 좋으며 마그네슘 합금은 절삭성이 좋다.

> **해설**
> **마그네슘의 성질**
> • 비중 1.74, 용융점 650℃, 조밀육방격자형
> • 전기 전도율은 Cu, Al보다 낮다.
> • 알칼리에는 내식성이 우수하나 산이나 염수에 침식이 진행된다.
> • O_2에 대한 친화력이 커 공기 중 가열, 용해 시 폭발이 발생한다.

10 금속 결함 중 체적 결함에 해당하는 것은?

① 전 위
② 수축공
③ 결정립계 경계
④ 침입형 불순물 원자

해설

금속 결함의 종류
- 전위 : 정상 위치에 있던 원자들이 이동하여, 비정상적인 위치에서 새로운 배열을 하는 결함(칼날 전위, 나선 전위, 혼합 전위)
- 점 결함 : 공공(Vacancy, 대표적인 점 결함), 자기 침입형 점 결함
- 계면 결함 : 결정립계, 쌍정립계, 적층 결함, 상계면 등
- 체적 결함 : 기포, 균열, 외부 함유물, 다른 상 등

11 만능 재료시험기로 인장 시험을 할 때, 값을 구할 수 없는 금속의 기계적 성질은?

① 인장강도
② 항복강도
③ 충격값
④ 연신율

해설

만능 시험기로 할 수 있는 시험 : 인장 시험, 압축 시험, 굽힘 시험

12 Pb계 청동 합금으로 주로 항공기, 자동차용의 고속 베어링으로 많이 사용되는 것은?

① 켈 밋
② 톰 백
③ Y합금
④ 스테인리스

해설

Cu계 베어링 합금에는 포금, 인청동, 납청동계의 켈밋 및 Al계 청동이 있다. 이 중 켈밋은 주로 항공기, 자동차용 고속베어링에 적합하다.

13 열처리로에 사용하는 분위기 가스 중 불활성 가스로만 짝지어진 것은?

① NH_3, CO
② He, Ar
③ O_2, CH_4
④ N_2, CO_2

해설

분위기 가스의 종류

성 질	종 류
불활성 가스	아르곤, 헬륨
중성 가스	질소, 건조수소, 아르곤, 헬륨
산화성 가스	산소, 수증기, 이산화탄소, 공기
환원성 가스	수소, 일산화탄소, 메탄가스, 프로판가스
탈탄성 가스	산화성 가스, DX가스
침탄성 가스	일산화탄소, 메탄(CH_4), 프로판(C_3H_8), 부탄(C_4H_{10})
질화성 가스	암모니아가스

14 다음은 강의 심랭 처리에 대한 설명이다. A, B에 들어갈 용어로 옳은 것은?

> 심랭 처리란 담금질한 강을 실온 이하로 냉각하여 (A)를 (B)로 변화시키는 조작이다.

① A : 잔류 오스테나이트, B : 마텐자이트
② A : 마텐자이트, B : 베이나이트
③ A : 마텐자이트, B : 소르바이트
④ A : 오스테나이트, B : 펄라이트

해설

심랭 처리
퀜칭 후 경도를 증가시킨 강에 시효변형을 방지하기 위하여 0℃ 이하(Sub-zero)의 온도로 냉각하여 잔류 오스테나이트를 마텐자이트로 만드는 처리

15 제도에서 치수 숫자와 같이 사용하는 기호가 아닌 것은?

① ϕ　　　　　② R

③ □　　　　　④ Y

치수 숫자와 같이 사용하는 기호
• □ : 정사각형의 변
• t : 판의 두께
• C : 45° 모따기
• SR : 구의 반지름
• ϕ : 지름
• R : 반지름

16 제3각법에 따라 투상도의 배치를 설명한 것 중 옳은 것은?

① 정면도, 평면도, 우측면도 또는 좌측면도의 3면도로 나타낼 때가 많다.
② 간단한 물체는 평면도와 측면도의 2면도로만 나타낸다.
③ 평면도는 물체의 특징이 가장 잘 나타나는 면을 선정한다.
④ 물체의 오른쪽과 왼쪽이 같을 때도 우측면도, 좌측면도를 모두 그린다.

② 간단한 물체는 정면도와 평면도 또는 정면도와 우측면도의 2면도로만 나타낼 수 있다.
③ 정면도는 물체의 특징이 잘 나타나는 면을 선정한다.
④ 물체에 따라서 정면도 하나로 그 형태의 모든 것을 나타낼 수 있을 때는 다른 투상도는 그리지 않아도 된다.

17 리드가 12mm인 3줄 나사의 피치는?

① 3mm　　　　　② 4mm

③ 5mm　　　　　④ 6mm

• 나사의 피치 : 나사산과 나사산 사이의 거리
• 나사의 리드 : 나사를 360° 회전시켰을 때 상하 방향으로 이동한 거리

$L(리드) = n(줄수) \times P(피치)$

$12mm = 3 \times P$

$P = 4mm$

18 대상물의 일부를 파단한 경계 또는 일부를 떼어 낸 경계를 표시하는 파단선의 종류는?

① 가는 실선
② 굵은 실선
③ 가는 파선
④ 굵은 1점쇄선

파단선

용도에 의한 명칭	선의 종류		선의 용도
파단선	불규칙한 파형의 가는 실선 또는 지그재그선	〜〜〜	대상물의 일부를 파단한 경계 또는 일부를 떼어낸 경계를 표시하는 데 사용한다.

19 축에 풀리, 기어 등의 회전체를 고정시켜 축과 회전체가 미끄러지지 않고 회전을 정확하게 전달하는 데 사용하는 기계요소는?

① 키
② 핀
③ 벨트
④ 볼트

해설

키는 기어, 커플링, 풀리 등의 회전체를 축에 고정하여 회전체가 미끄럼 없이 동력을 전달하도록 돕는 기계요소이다.

20 대상물의 표면으로부터 임의로 채취한 각 부분에서의 표면 거칠기를 나타내는 기호가 아닌 것은?

① S_{tp} ② S_m
③ R_z ④ R_a

해설

표면 거칠기의 종류
• 중심선 평균 거칠기(R_a) : 중심선 기준으로 위쪽과 아래쪽의 면적의 합을 측정 길이로 나눈 값
• 최대높이 거칠기(R_y) : 거친 면의 가장 높은 봉우리와 가장 낮은 골 밑의 차이로 거칠기를 계산한 값
• 10점 평균 거칠기(R_z) : 가장 높은 봉우리 5곳과 가장 낮은 골 5번째의 평균값의 차이로 거칠기를 계산한 값

21 다음 그림에서 A 부분이 지시하는 표시로 옳은 것은?

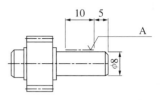

① 평면의 표시법
② 특정 모양 부분의 표시
③ 특수 가공 부분의 표시
④ 가공 전과 후의 모양 표시

해설

특수지정선

용도에 의한 명칭	선의 종류		선의 용도
특수 지정선	굵은 일점쇄선	—‧—‧—	특수한 가공을 하는 부분 등 특별한 요구사항을 적용할 수 있는 범위를 표시하는 데 사용한다.

22 볼트를 고정하는 방법에 따라 분류할 때, 물체의 한쪽에 암나사를 깎은 다음 나사박기를 하여 죄며 너트를 사용하지 않는 볼트는?

① 관통 볼트   ② 기초 볼트
③ 탭 볼트   ④ 스터드 볼트

해설

① 관통 볼트 : 결합하고자 하는 두 물체에 구멍을 뚫고 여기에 볼트를 관통시킨 다음 반대편에서 너트로 죈다.
② 기초 볼트 : 여러 가지 모양의 원통부를 만들어 기계 구조물을 콘크리트 기초 위에 고정시키는 볼트이다.
④ 스터드 볼트 : 양 끝에 나사를 깎은 머리가 없는 볼트로서 한쪽 끝은 본체에 박고 다른 끝에는 너트를 끼워 죈다.

23 다음 그림에서 치수 20, 26에 들어가야 하는 치수 보조기호로 옳은 것은?

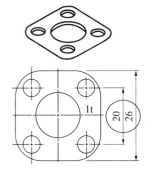

① S

② □

③ t

④ ( )

치수 보조기호
- □ : 정사각형의 변
- C : 45° 모따기
- φ : 지름
- t : 판의 두께
- SR : 구의 반지름
- R : 반지름

24 정면, 평면, 측면을 하나의 투상도에서 동시에 볼 수 있도록 그린 것으로, 직육면체 투상도의 경우 직각으로 만나는 3개의 모서리가 각각 120°를 이루는 투상법은?

① 등각 투상도법

② 사투상도법

③ 부등각 투상도법

④ 정투상도법

등각 투상도
정면, 평면, 측면을 하나의 투상면 위에 동시에 볼 수 있도록 두 개의 옆면 모서리가 수평선과 30°가 되게 하여, 이 세 축이 120°의 등각이 되도록 입체도로 투상한 것

25 다음 그림 중에서 FL이 의미하는 것은?

① 밀링가공을 나타낸다.

② 래핑가공을 나타낸다.

③ 가공으로 생긴 선이 거의 동심원임을 나타낸다.

④ 가공으로 생긴 선이 2방향으로 교차하는 것을 나타낸다.

가공방법의 기호

가공방법	약 호	
	I	II
선반가공	L	선 삭
드릴가공	D	드릴링
보링머신가공	B	보 링
밀링가공	M	밀 링
평삭(플레이닝)가공	P	평 삭
형삭(셰이핑)가공	SH	형 삭
브로칭가공	BR	브로칭
리머가공	FR	리 밍
연삭가공	G	연 삭
다듬질	F	다듬질
벨트연삭가공	GBL	벨트연삭
호닝가공	GH	호 닝
용 접	W	용 접
배럴연마가공	SPBR	배럴연마
버프 다듬질	SPBF	버 핑
블라스트다듬질	SB	블라스팅
랩 다듬질	FL	래 핑
줄 다듬질	FF	줄 다듬질
스크레이퍼다듬질	FS	스크레이핑
페이퍼다듬질	FCA	페이퍼다듬질
프레스가공	P	프레스
주 조	C	주 조

26 다음 그림과 같은 투상도는?

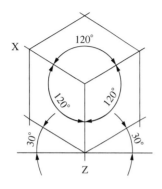

① 사투상도
② 투시 투상도
③ 등각 투상도
④ 부등각 투상도

등각 투상도 : 정면, 평면, 측면을 하나의 투상면 위에 동시에 볼 수 있도록 두 개의 옆면 모서리가 수평선과 30°가 되게 하여 이 세 축이 120°의 등각이 되도록 입체도로 투상한 것이다.

27 다음 도면에서 잘못된 치수선은?

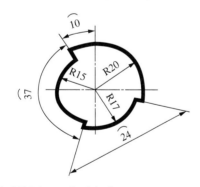

① 반지름(R) 20의 치수선
② 반지름(R) 15의 치수선
③ 원호(⌒) 37의 치수선
④ 원호(⌒) 24의 치수선

치수선을 평행하게 긋는 것은 현의 치수 표시법이다.

28 열풍로의 축열실 내화벽돌의 조건으로 옳은 것은?

① 비열이 낮아야 한다.
② 열전도율이 좋아야 한다.
③ 가공률이 30% 이상이어야 한다.
④ 비중이 1.0 이하이어야 한다.

축열실은 열교환 작용을 하는 곳으로 열전도율이 높아야 연소된 열이 빠르게 축열될 수 있다.

29 고정탄소(%)를 구하는 식으로 옳은 것은?

① 고정탄소(%) = 100% − [수분(%) + 회분(%) + 휘발분(%)]
② 고정탄소(%) = 100% + [수분(%) × 회분(%) × 휘발분(%)]
③ 고정탄소(%) = 100% − [수분(%) + 회분(%) × 휘발분(%)]
④ 고정탄소(%) = 100% + [수분(%) × 회분(%) − 휘발분(%)]

고정탄소(%) = 100% − [수분(%) + 회분(%) + 휘발분(%)]

30 고로가스 청정설비로 노정 가스의 유속을 낮추고 방향을 바꾸어 조립 연진을 분리·제거하는 설비 명은?

① 백 필터(Bag Filter)

② 제진기(Dust Catcher)

③ 전기 집진기(Electric Precipitator)

④ 벤투리 스크러버(Venturi Scrubber)

해설

① 백 필터 : 여러 개의 여과포에 배가스를 통과시켜 먼지를 제거하는 방식

③ 전기 집진기 : 방전 전극을 양(+)으로 하고 집진극을 음(−)으로 하여 고전압을 가해 놓은 뒤 분진을 함유한 가스가 통과하면 분진이 양극으로 대전하여 집진극에 부착되고, 전극에 쌓인 분진은 제거하는 방식

④ 벤투리 스크러버 : 기계식으로 폐가스를 좁은 노즐(Venturi)에 통과시킨 후 고압수를 분무하여 가스 중의 분진을 포집하는 방식

31 고로 내 열수지 계산 시 출열에 해당하는 것은?

① 열풍 현열

② 용선 현열

③ 슬래그 생성열

④ 코크스 발열량

해설

열정산

• 입열 : 산화철의 간접 환원열, 코크스 연소열, 열풍(송풍)의 현열, 슬래그 생성열, 장입물 중 수분의 현열 등

• 출열 : 용선 현열, 노정 가스 현열, 석회석 분해열, 코크스 용해 손실, 장입물(Si, Mn, P)의 환원열, 슬래그 현열, 수분의 분해열, 연진의 현열, 냉각수가 가져가는 열량 등

32 선철 중에 Si를 높이는 조치 방법이 아닌 것은?

① SiO_2의 투입량을 늘린다.

② 염기도를 낮게 한다.

③ 노상의 온도를 높게 한다.

④ 일정 코크스량에 대하여 광석 장입량을 많게 한다.

해설

선철 중 Si를 높이는 조치 방법

• 염기도$(P') = \dfrac{CaO}{SiO_2}$이므로 SiO_2 장입량을 늘려 염기도를 낮게 한다.

• 코크스에 대한 광석의 비율을 적게 하고 고온 송풍을 한다.

33 고로 조업에서 출선할 때 사용되는 스키머의 역할은?

① 용선과 슬래그를 분리하는 역할

② 용선을 레이들로 보내는 역할

③ 슬래그를 레이들에 보내는 역할

④ 슬래그를 슬래그 피트(Slag Pit)로 보내는 역할

해설

스키머(Skimmer)는 비중 차에 의해 용선 위에 떠 있는 슬래그를 분리한다.

34 정상적인 조업일 때 노정 가스 성분 중 가장 적게 함유된 것은?

① H_2

② N_2

③ CO

④ CO_2

해설

노정 가스 성분으로 CO, CO_2, H_2, N_2가 있으며, 이 중 H_2가 가장 적다.

35 선철 중의 P을 적게 하기 위한 사항으로 옳은 것은?

① 노상 온도를 낮춘다.

② 염기도를 낮게 한다.

③ 속도 늦은 조업을 실시한다.

④ 장입물 중 P 함유량이 많은 것을 선정한다.

> **해설**
> **탈인을 유리하게 하는 조건**
> • 염기도(CaO/SiO₂)가 높을 것(Ca양이 많아야 함)
> • 용강 온도가 높지 않을 것(높을 경우 탄소에 의한 복인이 발생)
> • 슬래그 중 FeO양이 많고, P₂O₅양이 적을 것
> • Si, Mn, Cr 등 동일 온도 구역에서 산화 원소(P)가 적을 것
> • 슬래그 유동성이 좋을 것(형석 투입)

36 고로 조업 시 바람구멍의 파손 원인으로 틀린 것은?

① 슬립이 많을 때

② 회분이 많을 때

③ 송풍온도가 낮을 때

④ 코크스의 균열 강도가 낮을 때

> **해설**
> **풍구 손상의 원인**
> • 장입물, 용융물 또는 장시간 사용에 따른 풍구 선단부 열화로 인한 파손
> • 냉각수 수질 저하로 인한 이물질 발생으로 인한 내부 침식에 따른 파손
> • 냉각수 수량, 유속 저하에 의한 변형 및 용손

37 Bell-Less 구동장치를 고열로부터 보호하기 위해 냉각수를 순환시키고 있는데, 정전으로 인해 순환수 펌프 가동 불능 시 구동장치를 보호하기 위한 냉각 방법은?

① 고로가스를 공급한다.

② 질소가스를 공급한다.

③ 고압 담수를 공급한다.

④ 노정 살수 작업을 실시한다.

> **해설**
> 펌프 가동 불능 시 실소가스를 공급한다.

38 산소 부화 조업의 효과가 아닌 것은?

① 바람구멍 앞의 온도가 높아진다.

② 고로의 높이를 낮추며, 저로법을 적용할 수 있다.

③ 코크스 연소속도가 빨라지고 출선량이 증대된다.

④ 노정 가스의 온도가 높아지고 질소량이 증가된다.

> **해설**
> **복합 송풍** : 조습 송풍, 산소 부화 송풍, 연료 첨가 송풍 등
> • 조습 송풍 : 공기 내 습분의 조절이 노황 안정에 영향을 미쳐 공기 중 수증기를 첨가하여 송풍
> • 산소 부화 : 풍구부의 온도 보상 및 연료의 연소 효율 향상을 위해 이용
> • 연료 취입 : 조습 송풍 시 풍구 입구의 온도가 낮아져 증기 취입 대신 연료를 취입(타르, 천연가스, COG, 미분탄)하는 방법

39 합금철을 만들기 위한 장치와 그 제조방법이 옳게 연결된 것은?

① Thermit-산소 취정
② 고로-탄소 환원
③ 전로-전해 환원
④ 전기로-진공 탈탄

해설
합금철을 만드는 원리는 광석을 환원제(코크스, 석탄)로 산소를 제거하여 금속을 얻는 것으로 공정상 철광석을 코크스로 환원하는 고로의 원리와 동일하다. 그러나 전기로가 개발된 후 합금철은 거의 전기로에서 제조되고 있다.

40 용광로에 분상 원료를 사용했을 때 일어나는 현상이 아닌 것은?

① 출선량이 증가한다.
② 고로의 통풍을 해친다.
③ 연진 손실을 증가시킨다.
④ 고로 장애인 걸림이 일어난다.

해설
분상 원료를 사용하면 원료 주입 시 비산 등으로 원료 손실이 발생하며, 통기성 저하에 의한 행잉(Hanging) 같은 현상으로 인하여 출선량이 감소한다. 따라서 분상 원료는 펠릿과 같은 형태로 괴성화 처리를 하여 양질의 제품을 생산한다.

41 선철 중에 많이 함유되면 유동성을 나쁘게 하고 노상 부착물을 형성시키므로 특별히 관리하여야 할 원소 성분은?

① Ti   ② C
③ P   ④ Si

해설
Ti 함량이 높으면 슬래그의 유동성이 저하되고 용선과 슬래그의 분리가 어려워지며 불용성 화합물을 형성할 수 있다.

42 펠릿의 성질에 대한 설명으로 옳은 것은?

① 입도 편석을 일으키며, 공극률이 작다.
② 고로 안에서 소결광과는 달리 급격한 수축을 일으키지 않는다.
③ 산화 배소를 받아 자철광으로 변하며, 피환원성이 없다.
④ 분쇄한 원료를 이용한 것으로 야금 반응에 민감한 물성을 갖지 않는다.

해설
펠릿의 품질 특성
• 분쇄한 원료로 만들어 야금 반응에 민감하다.
• 입도가 일정하며, 입도 편석을 일으키지 않고 공극률이 작다.
• 황 성분이 적고, 해면철 상태로 용해되어 규소 흡수가 적다.
• 순도가 높고 고로 안에서 반응성이 뛰어나다.

43 용제에 대한 설명으로 틀린 것은?

① 슬래그의 용융점을 높인다.
② 맥석 같은 불순물과 결합한다.
③ 유동성을 좋게 한다.
④ 슬래그를 금속으로부터 잘 분리되도록 한다.

해설
용제는 슬래그의 생성과 용선, 슬래그의 분리를 용이하게 하고, 불순물의 제거를 돕는 역할을 한다.

44 배소에 의해 제거되는 성분이 아닌 것은?

① 수 분
② 탄 소
③ 비 소
④ 이산화탄소

배소법 : 금속 황화물을 가열하여 금속 산화물과 이산화황으로 분해시키는 작업
- 산화 배소 : 황화광 내 황을 산화시켜 SO_2로 제거하는 방법으로 비소(As), 안티모니(Sb) 등을 휘발 제거하는 데 적용
- 황산화 배소 : 황화 광석을 산화시켜 수용성의 금속 환산염을 만들어, 습식 제련하기 위한 배소
- 그 밖의 배소
  - 환원 배소 : 광석, 중간 생성물을 석탄, 고체 환원제와 같은 기체 환원제를 이용하여 저급의 산화물이나 금속으로 환원하는 것
  - 나트륨 배소 : 광석 중 유가 금속을 나트륨염으로 만들어 침출 제련하는 것

45 소결광의 환원 분화에 대한 설명으로 틀린 것은?

① CO 가스보다는 H_2 가스의 경우에 분화가 현저히 발생한다.
② 400~700℃ 구간에서 분화가 많이 일어나며, 특히 500℃ 부근에서 현저하게 발생한다.
③ 저온환원의 경우 어느 정도 진행되면 분화는 그 이상 크게 되지 않는다.
④ 고온환원 시 환원에 의해 균열이 발생하여도 환원으로 생성된 금속철의 소결에 의해 분화가 억제된다.

환원 강도(환원 분화 지수)
- 소결광은 환원 분위기의 저온에서 분화하는 성질을 가짐
- 피환원성이 좋은 소결광일수록 분화가 용이하여 환원 강도 저하
- 환원 분화가 적을수록 피환원성이 저하하여 연료비 상승
- 환원 분화가 많아지면 고로 통기성 저하에 의한 노황 불안정으로 연료비 상승
- 환원 분화를 조장하는 화합물 : 재산화 적철광(Hematite)

46 함수 광물로서 산화마그네슘(MgO)을 함유하고 있으며, 고로에서 슬래그 성분 조절용으로 사용하며 광재의 유동성을 개선하고 탈황 성능을 향상시키는 것은?

① 규 암
② 형 석
③ 백운석
④ 사문암

부원료의 종류 및 용도

종 류	용 도
석회석	슬래그 조재제, 탈황 작용
망간 광석	탈황, 강재의 인성 향상
규 석	슬래그 성분 조정
백운석	슬래그 성분 조정
사문암	MgO 함유, 슬래그 성분 조정, 노저 보호

47 고로가스(BFG)의 발열량은 약 몇 kcal/Nm^3인가?

① 850
② 1,200
③ 2,500
④ 4,500

고로에서 발생하는 가스는 CO 20~40%, CO_2 18~23%, H_2 2~5%, N_2 50% 이상을 함유하며 발열량은 약 750kcal/Nm^3로 선지 중 가장 근접한 ①이 정답이다.

48 유동로의 가스 흐름을 고르게 하여 장입물을 균일하게 유동화시키기 위하여 고속의 가스 유속이 형성되는 장치는?

① 딥 레그(Dip Leg)

② 분산판 노즐(Nozzle)

③ 차이니즈 햇(Chinese Hat)

④ 가이드 파이프(Guide Pipe)

해설

유동층이란 기체를 고르게 분사하는 분산판 위의 기체에 의해 매우 격렬한 혼합을 이루는 입자층으로, 이를 가능하게 하는 것은 분산판 노즐이다.

49 배합탄의 관리영역을 탄화도와 점결성 구간으로 나눌 때, 탄화도를 표시하는 치수로 옳은 것은?

① 전팽창(TD)　　　② 휘발분(VM)

③ 유동도(MF)　　　④ 조직평형지수(CBI)

해설

② 휘발분(VM ; Volatile Matter) : 일정한 입도로 만든 일반 시료 1g을 용기에 넣어 105~106℃로 1시간 가열 후 건조할 때의 시료 감량(%)에서 수분이 없어진 값

① 전팽창(TD ; Total Dilation) : 석탄의 점결성을 나타내는 지수로 연화-용융 과정에서 팽창, 수축 정도를 나타내는 것

50 고로 내에서 코크스(Coke)의 역할을 설명한 것 중 틀린 것은?

① 철 중에 용해되어 선철을 만든다.

② 철의 용융점을 높이는 역할을 한다.

③ 고로 안의 통기성을 좋게 하기 위한 통로 역할을 한다.

④ 일산화탄소를 생성하여 철광석을 간접 환원하는 역할을 한다.

해설

코크스의 역할 : 환원제, 열원, 통기성 향상

51 다음 중 소결광 품질향상을 위한 대책에 해당하지 않는 것은?

① 분화 방지

② 사전처리 강화

③ 소결 통기성 증대

④ 유효 슬래그 감소

해설

유효 슬래그는 소결광의 재결정화를 통해 강인한 조직을 만든다.

52 폐수처리를 물리적 처리와 생물학적 처리로 나눌 때, 물리적 처리가 아닌 것은?

① 자연침전　　　② 자연부상

③ 입상물 여과　　④ 혐기성 소화

해설

물리적 폐수처리의 종류로는 저류·스크린·파쇄·부상·침전·농축·폭기·역삼투·흡착·여과 등이 있다. 이 공법은 생물학적 또는 화학적 방법에 속하는 다른 공법과 선택적으로 조합되어 전체적 폐수처리 공정을 이룬다.

53 배소광과 비교한 소결광의 특징이 아닌 것은?

① 충진 밀도가 크다.
② 기공도가 크다.
③ 빠른 기체속도에 의해 날아가기 쉽다.
④ 분말 형태의 일반 배소광보다 부피가 작다.

해설
배소광은 분광이고, 소결광은 괴광이므로 빠른 기체속도에 의해 날아가기 쉬운 것은 배소광이다.

54 소결조업 중 배합 원료에 수분을 첨가하는 이유가 아닌 것은?

① 소결층 내의 온도 구배를 개선하기 위해서
② 배가스 온도를 상승시키기 위해서
③ 미분 원료의 응집에 의한 통기성 향상을 위해서
④ 소결층의 Dust 흡입·비산을 방지하기 위해서

해설
배합 원료에 수분을 첨가하는 목적
• 미분 원료 응집에 따른 통기성 향상
• 열효율 향상
• 소결층의 연진 흡입·비산 방지

55 소결광의 낙하 강도 지수(SI)를 구하는 시험방법으로 옳은 것은?

① 2m 높이에서 4회 낙하시킨 후 입도가 +10mm인 시료 무게의 시험 전 시료 무게에 대한 백분율로 표시
② 4m 높이에서 2회 낙하시킨 후 입도가 +10mm인 시료 무게의 시험 전 시료 무게에 대한 백분율로 표시
③ 5m 높이에서 6회 낙하시킨 후 입도가 +10mm인 시료 무게의 시험 전 시료 무게에 대한 백분율로 표시
④ 6m 높이에서 5회 낙하시킨 후 입도가 +10mm인 시료 무게의 시험 전 시료 무게에 대한 백분율로 표시

해설
낙하 강도 지수(SI ; Shatter Index)
• 소결광 낙하 시 분이 발생하기 직전까지의 소결광 강도
• 고로 장입 시 분율은 적을수록 유리
• 낙하 강도 저하 시 분 발생이 많아 통기성을 저해
• 낙하 강도 = 시험 후 +10mm 중량/시험 전 총중량

56 다음은 소결 장입층의 통기도를 구하는 식이다. 층의 가스류 흐름 상태를 나타내는 값인 n의 평균값이 얼마일 때 통기도가 가장 좋은가?(단, F : 표준 상태의 유량, h : 장입층의 높이, A : 흡인 면적, s : 부압)

$$P = F/A(h/s)^n$$

① 0.2   ② 0.4
③ 0.6   ④ 1.2

해설
n값은 평균값이 0.6 정도일 때 가장 우수하다.

57 소결기의 급광장치에 속하지 않는 것은?

① Hopper ② Wind Box
③ Cut Gate ④ Shuttle Conveyor

해설

풍상(Wind Box)은 통기장치다.

58 DL(드와이트-로이드)식 소결기의 특징을 설명한 것 중 옳은 것은?

① 기계 부분의 손상과 마멸이 거의 없다.
② 연속식이 아니므로 소량 생산에 적합하다.
③ 소결이 불량할 때 재점화가 불가능하다.
④ 1개소의 기계 고장이 있어도 기타 소결 냄비로 조업이 가능하다.

해설

GW식 소결기와 DL식 소결기의 비교

종류	장점	단점
GW식	• 항상 동일한 조업 상태로 작업 가능 • 배기 장치 누풍량이 적음 • 소결 냄비가 고정되어 장입 밀도에 변화 없이 조업 가능 • 1기 고장이라도 기타 소결 냄비로 조업 가능	• DL식 소결기에 비해 대량 생산 부적합 • 조직이 복잡하여 많은 노력 필요
DL식	• 연속식으로 대량 생산 가능 • 인건비가 저렴 • 집진 장치 설비 용이 • 코크스 원단위 감소 • 소결광 피환원성 및 상온 강도 향상	• 배기 장치 누풍량 많음 • 소결 불량 시 재점화 불가능 • 1개소 고장 시 소결 작업 전체가 정지

59 코크스(Coke) 중 회분(Ash)의 조성 성분이 아닌 것은?

① SiO_2
② Al_2O_3
③ Fe_2O_3
④ CO_2

해설

코크스 내 회분은 SiO_2, Al_2O_3, Fe_2O_3로 이루어져 있다. 회분은 SiO_2를 포함하고 있어 많으면 많을수록 석회석 투입량이 많아지며, 코크스의 발열량도 그만큼 내려가 출선량도 감소하게 된다. 또한 통기성을 저해하므로 행잉의 위험이 있다.

60 적열 코크스를 불활성가스로 냉각 소화하는 건식 소화(CDQ ; Coke Dry Quenching)법의 효과가 아닌 것은?

① 강도 향상 ② 수분 증가
③ 현열 회수 ④ 분진 감소

해설

수분 증가는 습식 소화작업과 관련이 있다.

습식 소화작업

압출된 적열 코크스를 소화차에 받아 소화탑으로 냉각한 후 와프(Wharf)에 배출하는 작업

건식 소화작업(CDQ ; Coke Dry Quenching)

압출된 코크스를 Bucket으로 받아 Cooling Shaft에 장입한 후 불활성 가스를 통입시켜 질식 소화시키는 방법으로, 습식 소화 과정에서 발생한 비산 분진을 억제하여 대기 환경오염을 방지한다.

01

Bell-Less 구동장치를 고열로부터 보호하기 위해 냉각수를 순환시키고 있는데, 정전으로 인해 순환수 펌프 가동 불능 시 구동장치를 보호하기 위한 냉각 방법은?

① 질소가스를 공급한다.
② 고로가스를 공급한다.
③ 고압 담수를 공급한다.
④ 노정 살수작업을 실시한다.

해설
펌프 가동 불능 시 질소가스를 공급한다.

02

출선 시 용선과 같이 배출되는 슬래그를 분리하는 장치는?

① 해머(Hammer)
② 스키머(Skimmer)
③ 머드 건(Mud Gun)
④ 무버블 아머(Movable Armour)

해설
스키머(Skimmer) : 비중 차에 의해 용선 위에 떠 있는 슬래그를 분리한다.

03

유동로의 가스 흐름을 고르게 하여 장입물을 균일하게 유동화시키기 위하여 고속의 가스 유속이 형성되는 장치는?

① 딥 레그(Dip Leg)
② 차이니스 햇(Chinese Hat)
③ 분산판 노즐(Nozzle)
④ 가이드 파이프(Guide Pipe)

해설
유동층이란 기체를 고르게 분사하는 분산판 위에 기체에 의해 매우 격렬한 혼합을 이루는 입자층을 말하며, 이를 가능하게 하는 것을 분산판 노즐이라 한다.

04

배합탄의 관리영역을 탄화도와 점결성 구간으로 나눌 때 탄화도를 표시하는 치수로 옳은 것은?

① 전팽창(TD)   ② 조직평형지수(CBI)
③ 유동도(MF)   ④ 휘발분(VM)

해설
- 휘발분(VM ; Volatile Matter) : 일정한 입도로 만든 일반 시료 1g을 용기에 넣어 105~106℃로 1시간 가열 후 건조할 때의 시료 감량(%)에서 수분이 없어진 값
- 전팽창(TD ; Total Dilatation) : 석탄의 점결성을 나타내는 지수로 연화-용융 과정에서 팽창, 수축의 정도를 나타내는 것

05 석탄(유연탄)을 대기 중에서 장기간 방치하면 산화 현상이 일어난다. 석탄의 산화와 관계가 없는 것은?

① 석탄이 산화되면 온도가 상승한다.
② 석탄이 산화하면 석탄성분 중 점결력이 감소한다.
③ 석탄성분 중 휘발분이 증가한다.
④ 석탄이 발열하면 발화한다.

해설

석탄이 산화되면 온도가 상승하고 점결력이 감소하며 산화 시 발열될 경우 발화의 위험성이 있다.

06 고로 상부에서부터 하부로의 순서가 옳은 것은?

① 노구 → 샤프트 → 보시 → 노복 → 노상
② 노구 → 보시 → 샤프트 → 노복 → 노상
③ 노구 → 샤프트 → 노복 → 보시 → 노상
④ 노구 → 노복 → 샤프트 → 노상 → 보시

해설

고로의 구조

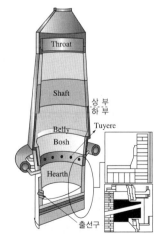

07 다음의 조직 중 경도가 가장 높은 것은?

① 마텐자이트   ② 펄라이트
③ 페라이트   ④ 오스테나이트

해설

탄소강 조직의 경도는 시멘타이트 → 마텐자이트 → 트루스타이트 → 베이나이트 → 소르바이트 → 펄라이트 → 오스테나이트 → 페라이트 순이다.

08 용선 중 황(S) 함량을 저하시키기 위한 조치를 틀린 것은?

① 고로 내의 노열을 높인다.
② 슬래그의 염기도를 높인다.
③ 슬래그 중 MgO 함량을 높인다.
④ 슬래그 중 Al_2O_3 함량을 높인다.

해설

탈황 촉진시키는 방법(탈황 조건)
• 염기도가 높을 때
• 용강 온도가 높을 때
• 강재(Slag)량이 많을 때
• 강재의 유동성이 좋을 때

09 고로 조업 시 화입할 때나 노황이 아주 나쁠 때 코크스와 석회석만 장입하는 것을 무엇이라 하는가?

① 연장입(蓮装入)
② 중장입(重装入)
③ 공장입(空装入)
④ 경장입(輕装入)

해설

코크스에 대한 광석량
- 공장입(Blank Charge) : 노황 조정을 위해 코크스만을 장입하는 경우
- 경장입(Light Charge) : 노황에 따라 가감되며, 광석량이 적은 경우
- 중장입(Heavy Charge) : 광석량이 많은 경우
- 코크스비는 광석 중 철 함유량에 따라 변동하며, 철 함유량이 높을수록 코크스비는 낮으며, 고로의 조업률은 높아짐

10 철분의 품위가 54.8%인 철광석으로부터 철분 94%의 선철 1ton을 제조하는 데 필요한 철광석량은 약 몇 kg인가?

① 1,075
② 2,715
③ 2,105
④ 1,715

해설

광석량 계산

(광석량) × 0.548 = 1,000kg × 0.94

광석량 = 1,715kg

11 다음 비철 합금 중 비중이 가장 가벼운 것은?

① 아연(Zn) 합금
② 니켈(Ni) 합금
③ 마그네슘(Mg) 합금
④ 알루미늄(Al) 합금

해설

- 비중 : 물과 같은 부피를 갖는 물체와의 무게 비
- 각 금속별 비중

Mg	1.74	Ni	8.9	Mn	7.43	Al	2.7
Cr	7.19	Cu	8.9	Co	8.8	Zn	7.1
Sn	7.28	Mo	10.2	Ag	10.5	Pb	22.5
Fe	7.86	W	19.2	Au	19.3		

12 담금질(Quenching)하여 경화된 강에 적당한 인성을 부여하기 위한 열처리는?

① 풀림(Annealing)
② 뜨임(Tempering)
③ 노멀라이징(Normalizing)
④ 심랭처리(Sub-zero Treatment)

해설

뜨임 : 담금질한 강에 인성을 부여하기 위해 A_1 변태점 이하에서 공랭하는 열처리

13 소결 원료에서 반광의 입도는 일반적으로 몇 mm 이하의 소결광인가?

① 24
② 12
③ 5
④ 48

해설

반광은 생산된 소결광 중 고로에서 사용하기에 너무 작아 다시 소결 원료로 사용하는 것으로 보통 5~6mm 이하의 소결광을 말한다.

14 비중 7.3, 용융점 232℃, 13℃에서 동소변태하는 금속으로 전연성이 우수하며, 의약품, 식품 등의 포장용 튜브, 식기, 장식기 등에 사용되는 것은?

① Al

② Sn

③ Ti

④ Ag

해설

주석(Sn)

원자량 118.7g/mol, 녹는점 231.93℃, 끓는점 2,602℃이다. 모든 원소 중 동위원소가 가장 많으며 전성, 연성과 내식성이 크고 쉽게 녹기 때문에 주조성이 좋아 널리 사용되는 전이후 금속이다.

15 고로의 노정설비 중 노 내 장입물의 레벨(Level)을 측정하는 것은?

① 라지 벨(Large Bell)

② 사운딩(Sounding)

③ 디스트리뷰터(Distributer)

④ 서지 호퍼(Surge Hopper)

해설

검측 장치(사운딩, Sounding) : 고로 내 원료의 장입 레벨을 검출하는 장치로, 측정봉식, Weigh식, 방사선식, 초음파식이 있다.

16 열풍로에서 예열된 공기는 풍구를 통하여 노 내 전달하게 되는데 예열된 공기는 약 몇 ℃인가?

① 1,100~1,300

② 600~800

③ 300~500

④ 1,400~1,600

해설

열풍로

공기를 노 내에 풍구를 통하여 불어 넣기 전 1,100~1,300℃로 예열하기 위한 설비이다.

17 다음 도면을 이용하여 공작물을 완성할 수 없는 이유는?

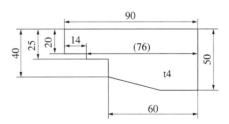

① 치수 20과 25 사이의 5의 치수가 없기 때문에

② 공작물 하단의 경사진 각도 치수가 없기 때문에

③ 공작물의 두께 치수가 없기 때문에

④ 공작물의 외형 크기 치수가 없기 때문에

해설

공작물 하단의 경사진 각도 및 치수가 없으므로 완성이 불가능하다.

18 제도에서 치수 숫자와 같이 사용하는 기호가 아닌 것은?

① ϕ
② Y
③ □
④ R

치수 숫자와 같이 사용하는 기호
- □ : 정사각형의 변
- t : 판의 두께
- C : 45° 모따기
- SR : 구의 반지름
- ϕ : 지름
- R : 반지름

19 투상선이 투상면에 대하여 수직으로 투상되며, 물체의 모양과 크기를 가장 정확하게 나타낼 수 있는 투상법은?

① 등각투상법
② 사투상법
③ 정투상법
④ 부등각투상법

정투상도
투상선이 평행하게 물체를 지나 투상면에 수직으로 닿고 투상된 물체가 투상면에 나란히기 때문에 어떤 물체의 형상도 정확하게 표현할 수 있다.

20 물체의 일부 생략 또는 파단면의 경계를 나타내는 선으로 자를 쓰지 않고 손으로 자유로이 긋는 선은?

① 가상산
② 지시선
③ 파단선
④ 절단선

파단선

용도에 의한 명칭	선의 종류	선의 용도
파단선	불규칙한 파형의 가는 실선 또는 지그재그선	대상물의 일부를 파단한 경계 또는 일부를 떼어낸 경계를 표시하는 데 사용한다.

21 대상물의 표면으로부터 임의로 채취한 각 부분에서의 표면거칠기를 나타내는 기호가 아닌 것은?

① S_m
② S_{tp}
③ R_z
④ R_a

표면거칠기의 종류
- 중심선 평균 거칠기(R_a) : 중심선 기준으로 위쪽과 아래쪽의 면적의 합을 측정 길이로 나눈 값
- 최대높이 거칠기(R_y) : 거칠면의 가장 높은 봉우리와 가장 낮은 골 밑의 차이값으로 거칠기를 계산
- 10점 평균거칠기(R_z) : 가장 높은 봉우리 5곳과 가장 낮은 골 5번째의 평균값의 차이로 거칠기를 계산

22 동력전달 기계요소 중 회전운동을 직선운동으로 바꾸거나, 직선운동을 회전운동으로 바꿀 때 사용하는 것은?

① V벨트   ② 랙과 피니언

③ 스플라인   ④ 원뿔키

> **해설**
> 랙과 피니언 : 회전운동을 직선운동으로 바꾸거나, 직선운동을 회전운동으로 바꾸는 기어

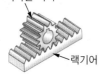

피니언 기어

랙기어

23 소결광의 환원 분화를 조장하는 화합물은?

① 페이얼라이트(Fayalite)

② 마그네타이트(Magnetite)

③ 재산화 헤머타이트(Hematite)

④ 칼슘 페라이트(Calcium Ferrite)

> **해설**
> 환원 분화를 조장하는 화합물 : 재산화 적철광(Hematite)

24 상부광이 사용되는 목적으로 틀린 것은?

① 화격자 면의 통기성을 양호하게 유지한다.

② 화격자가 고온이 되도록 한다.

③ 용융상태의 소결광이 화격자에 접착되지 않게 한다.

④ 화격자 공간으로 원료가 낙하하는 것을 방지하고 분광의 공간 메움을 방지한다.

> **해설**
> 화격자는 고온 강도 및 내산화성이 좋아야 한다.
> **상부광** : 소결기 대차 하부 면에 까는 8~15mm의 소결광
> • 화격자(Grate Bar)에 소결광 융착을 방지
> • 소결광 덩어리가 대차에서 쉽게 분리하도록 도움
> • 화격자(Gate Bar) 사이로 세립 원료가 새어 나감을 방지
> • 신원료에 의한 화격자의 구멍 막힘을 방지

25 고로 조업 시 벤틸레이션과 슬립이 일어났을 때의 대책과 관계없는 것은?

① 슬립부에 코크스를 다량 장입한다.

② 송풍량을 감하고 송풍온도를 높인다.

③ 통기 저항을 크게 하고 가스 상승차가 발생하게 된다.

④ 슬립부 쪽의 바람구멍에서 송풍량을 감소시킨다.

> **해설**
> **미끄러짐(슬립, Slip)** : 통기성의 차이로 가스 상승차가 생기는 것을 벤틸레이션(Ventilation)이라 하며, 이 부분에서 장입물 강하가 빨라져 크게 강하하는 상태
> • 원인 : 장입물 분포 불균일, 바람 구멍에서의 통풍 불균일, 노벽 이상
> • 대책 : 송풍량을 감하고 온도를 높임, 슬립부의 송풍량을 감소, 슬립부에 코크스를 다량 장입

26 치수 기입을 위한 치수선과 치수보조선 위치가 가장 적합한 것은?

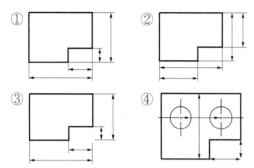

해설
외형선, 중심선, 기준선 및 이들의 연장선을 치수보조선으로 사용한다.

27 다음 중 슬립(Slip)에 대한 설명으로 틀린 것은?

① 원자 밀도가 최대인 방향으로 잘 일어난다.
② 원자 밀도가 가장 큰 격자면에서 잘 일어난다.
③ 다결정에서는 외력이 가해질 때 슬립방향이 서로 달라 간섭을 일으킨다.
④ 슬립이 계속 진행하면 결정은 점점 단단해져 변형이 쉬워진다.

해설
슬립이 일어나는 면으로 재료의 변형이 발생하기 때문에 결정의 단단함과 거리가 멀다.

28 Al에 1~1.5%의 Mn을 합금한 내식성 알루미늄 합금으로 가공성, 용접성이 우수하여 저장 탱크, 기름 탱크 등에 사용되는 것은?

① 알클래드　　　　② 알드리
③ 알 민　　　　　　④ 하이드로날륨

해설
가공용 알루미늄 합금
• Al–Cu–Mn–Mg : 두랄루민, 시효경화성 합금, 항공기, 차체 부품으로 사용
• Al–Mn : 알민, 가공성, 용접성 우수, 저장 탱크, 기름 탱크에 사용
• Al–Mg–Si : 알드리(알드레이), 내식성 우수, 전기전도율 우수, 송전선 등에 사용
• Al–Mg : 하이드로날륨, 내식성이 우수
• 알클래드 : 고강도 합금 판재인 두랄루민의 내식성 향상을 위해 순수 Al 또는 Al합금을 피복한 것. 강도와 내식성 동시 증가

29 Fe–C 평형상태도에서 레데뷰라이트의 조직은?

① 페라이트
② 페라이트 + 시멘타이트
③ 오스테나이트 + 시멘타이트
④ 페라이트 + 오스테나이트

해설
레데뷰라이트 : γ–철 + 시멘타이트, 탄소 함유량이 2.0% C와 6.67% C의 공정 주철의 조직으로 나타난다.

30 10~20% Ni, 15~30% Zn에 구리 약 70%의 합금으로 탄성재료나 화학기계용 재료로 사용되는 것은?

① 엘린바
② 청 동
③ 양 백
④ 모넬메탈

해설
Ni-Zn-Cu 첨가한 강은 양백이라고도 하며 전기저항체에 주로 사용한다.

31 다음 중 산과 작용하였을 때 수소가스가 발생하기 가장 어려운 금속은?

① Ca
② Au
③ Al
④ Na

해설
금(Au)은 이온화 경향이 낮은 금속으로 수소가스가 발생하기 가장 어려운 금속이다.
이온화
• 이온화 경향이 클수록 산화되기 쉽고 전자친화력이 작다. 또한 수소 원자 위에 있는 금속은 묽은 산에 녹아 수소를 방출한다.
• K > Ca > Na > Mg > Al > Zn > Cr > Fe > Co > Ni
　(암기법 : 카카나마 알아크철코니)

32 비철금속에 대한 비파괴검사 방법 중 열영향 부위에 발생한 표면 균열을 검사하기에 가장 적절한 검사 방법은?

① 초음파탐상검사
② 방사선투과검사
③ 침투탐상검사
④ 수침음파탐상검사

해설
비파괴검사의 분류
• 내부결함검사 : 방사선(RT), 초음파(UT)
• 표면결함검사 : 침투(PT), 자기(MT), 육안(VT), 와전류(ET)
• 관통결함검사 : 누설(LT)

33 다음 중 초음파탐상시험 방법이 아닌 것은?

① 침적법
② 투과법
③ 공진법
④ 펄스반사법

해설
초음파의 진행 원리에 따른 분류
• 펄스파법(반사법) : 초음파를 수 초 이하로 입사시켜 저면 혹은 불연속부에서의 반사 신호를 수신하여 위치 및 크기를 알아보는 방법
• 투과법 : 2개의 송·수신 탐촉자를 이용하여 송신된 신호가 시험체를 통과한 후 수신되는 과정에 의해 초음파의 감쇠효과로부터 불연속부의 크기를 알아보는 방법
• 공진법 : 시험체의 고유 진동수와 초음파의 진동수가 일치할 때 생기는 공진 현상을 이용하여 시험체의 두께 측정에 주로 적용하는 방법

34 육각 볼트와 너트의 그림에서 볼트의 길이를 나타내는 것은?

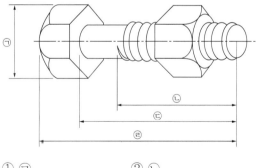

① ㉠
② ㉡
③ ㉢
④ ㉣

해설
볼트의 길이는 실제로 구멍에 들어갈 수 있는 길이이기 때문에 볼트 머리를 제외한 전체 길이로 나타낸다.

35 KS D 3503 SS330에서 330이 의미하는 것은?

① KS 분류번호

② 재질을 나타내는 기호

③ 재료의 최저인장강도

④ 제품의 형상별 종류나 용도

해설

금속재료의 호칭

- 재료를 표시하는데, 대개 3단계 문자로 표시한다.
  - 첫 번째 재질의 성분을 표시하는 기호
  - 두 번째 제품의 규격을 표시하는 기호로 제품의 형상 및 용도를 표시
  - 세 번째 재료의 최저인장강도 또는 재질의 종류기호를 표시
- 강종 뒤에 숫자 세 자리 : 최저인장강도(N/mm^2)
- 강종 뒤에 숫자 두 자리＋C : 탄소 함유량(%)

36 다음 중 치수 기입의 기본원칙에 대한 설명으로 틀린 것은?

① 치수는 계산할 필요 없도록 기입해야 한다.

② 치수는 될 수 있는 한 주투상도에 기입해야 한다.

③ 도면에 길이의 크기와 자세 및 위치를 명확하게 표시해야 한다.

④ 구멍의 치수 기입에서 관통 구멍이 원형으로 표시된 투상도에는 그 깊이를 기입한다.

해설

관통 구멍이 반복되어 있는 경우에는 구멍의 지름과 개수를 기입한다.

치수 기입원칙

- 치수는 되도록 주투상도(정면도)에 집중한다.
- 치수는 중복 기입을 피한다.
- 치수는 되도록 계산해서 구할 필요가 없도록 한다.
- 치수는 필요에 따라 기준으로 하는 점, 선 또는 면을 기준으로 하여 기입한다.
- 관련되는 치수는 되도록 한곳에 모아서 기입한다.
- 치수는 되도록 공정마다 배열을 분리하여 기입한다.
- 치수 중 참고 치수에 대하여는 치수 수치에 괄호를 붙인다.

37 리드가 12mm인 3줄 나사의 피치는 몇 mm인가?

① 3 ② 6

③ 5 ④ 4

해설

- 나사의 피치 : 나사산과 나사산 사이의 거리
- 나사의 리드 : 나사를 360° 회전시켰을 때 상하방향으로 이동한 거리

$L(리드) = n(줄수) \times P(피치)$

$12mm = 3줄 \times P$

$P = 4mm$

38 핀, 볼트와 너트 등의 표준 부품을 사용한 조립도를 보고 각각의 부품도를 제작하려 한다. 이때 표준 부품을 나타내는 방법으로 옳은 것은?

① 간략도를 부품도에 그린다.

② 부품도를 반드시 작도한다.

③ 간략도를 조립도에 그린다.

④ 부품도는 그리지 않고 호칭법으로 표시해서 부품표에 기입한다.

해설

핀, 볼트, 너트 등의 표준 부품은 규격에 맞게 제작되어 나오기 때문에 굳이 도면에 그릴 필요가 없다.

39 도면에서 치수선이 잘못된 것은?

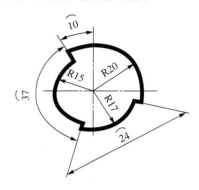

① 반지름(R) 20의 치수선
② 반지름(R) 15의 치수선
③ 원호(⌒) 24의 치수선
④ 원호(⌒) 37의 치수선

해설
치수선을 평행하게 긋는 것은 현의 치수 표시법이다.

40 표면의 결 도시기호에서 가공에 의한 커터의 줄무늬 방향이 여러 방향으로 교차 또는 무방향을 나타내는 기호는?

① X   ② M
③ C   ④ R

해설

기 호	뜻	모 양
M	가공으로 생긴 선이 다방면으로 교차 또는 방향이 없음	[줄무늬 무늬] ⊽M

41 배소에 대한 설명으로 틀린 것은?

① 배소시킨 광석을 배소광 또는 소광이라 한다.
② 황화광을 배소 시 황을 완전히 제거시키는 것을 완전 탈황 배소라 한다.
③ 환원배소법은 적철광이나 갈철광을 강자성 광물화한 다음 자력 선광법을 적용하여 철광석의 품위를 올린다.
④ 황(S)은 환원 배소에 의해 제거되며, 철광석의 비소(As)는 산화성 분위기의 배소에서 제거된다.

해설
배소법 : 금속 황화물을 가열하여 금속 산화물과 이산화황으로 분해시키는 작업
• 산화 배소 : 황화광 내 황을 산화시켜 SO_2로 제거하는 방법으로 비소(As), 안티모니(Sb) 등을 휘발 제거하는 데 적용
• 황산화 배소 : 황화 광석을 산화시켜 수용성의 금속 환산염을 만들어, 습식 제련하기 위한 배소
• 그 밖의 배소
 − 환원 배소 : 광석, 중간 생성물을 석탄, 고체 환원제와 같은 기체 환원제를 사용하여 저급의 산화물이나 금속으로 환원하는 것
 − 나트륨 배소 : 광석 중 유가 금속을 나트륨염으로 만들어 침출 제련하는 것

42 용광로 조업에서 석회과잉(Line Setting)현상의 설명 중 틀린 것은?

① 유동성이 악화된다.
② 용융온도가 상승한다.
③ 출선·출재가 곤란하게 된다.
④ 염기도가 급격히 감소한다.

해설
석회과잉 : 코크스 회분의 감소나 부정확한 석회석 양 조절로 슬래그 중의 석회분이 과잉되어 염기도가 급격히 높아져 유동성이 떨어지고 출재가 곤란해지는 현상을 말한다. 이때는 경장입 방법을 사용하거나 고온 송풍을 해 준다.

43 펠릿의 성질에 대한 설명으로 옳은 것은?

① 입도 편석을 일으키며, 공극률이 작다.

② 산화 배소를 받아 자철광으로 변하며, 피환원성이 없다.

③ 고로 안에서 소결광과는 달리 급격한 수축을 일으키지 않는다.

④ 분쇄한 원료를 이용한 것으로 야금 반응에 민감한 물성을 갖지 않는다.

해설
펠릿의 품질 특성
• 분쇄한 원료로 만들어 야금 반응에 민감하다.
• 입도가 일정하며, 입도 편석을 일으키지 않고 공극률이 작다.
• 황 성분이 적고, 해면철 상태로 용해되어 규소 흡수가 적다.
• 순도가 높고 고로 안에서 반응성이 뛰어나다.

44 코크스(Coke)가 과다하게 첨가(배합)되었을 경우 일어나는 현상이 아닌 것은?

① 배기가스의 온도가 상승한다.

② 소결광의 생산량이 증가한다.

③ 화격자(Grate Bar)에 점착하기도 한다.

④ 소결광 중 FeO 성분에 함유량이 많아진다.

해설
코크스 장입량이 많아지면 연소 속도는 증가하지만, 열교환 시간이 줄어들어 소결광 생산량에 영향을 미치게 된다.

45 풍상(Wind Box)의 구비조건을 설명한 것 중 틀린 것은?

① 주물 재질로 필요에 따라 자주 교체할 수 있으며, 산화성일 것

② 재질은 열팽창이 적고 부식에 견딜 것

③ 분광이나 연진이 퇴적하지 않는 형상일 것

④ 흡인 용량이 충분할 것

해설
풍상(Wind Box)의 구비조건
• 흡인 용량이 충분할 것
• 열팽창율이 적고, 내부식성이 뛰어날 것
• 분광이나 연진이 퇴적하지 않는 형태일 것
• 내산화성을 가질 것

46 코크스로 가스 중에 함유되어 있는 성분 중 함량이 많은 것부터 적은 순서대로 나열된 것은?

① $CO > CH_4 > N_2 > H_2$

② $CH_4 > CO > H_2 > N_2$

③ $N_2 > CH_4 > H_2 > CO$

④ $H_2 > CH_4 > CO > N_2$

해설
COG(Coke Oven Gas)는 일반적으로 수소 50~60%, 메탄 30%, 에틸렌 3%, 그 외 일산화탄소 7%, 질소 4% 등의 조성을 가진다.

47 고로 내 열수지 계산 시 출열에 해당하는 것은?

① 용선 현열   ② 열풍 현열

③ 슬래그 생성열   ④ 코크스 발열량

해설
열정산
- 입열 : 산화철의 간접 환원열, 코크스 연소열, 열풍(송풍)의 현열, 슬래그 생성열, 장입물 중 수분의 현열 등
- 출열 : 용선 현열, 노정가스 현열, 석회석 분해열, 코크스 용해 손실, 장입물(Si, Mn, P)의 환원열, 슬래그 현열, 수분의 분해열, 연진의 현열, 냉각수가 가져가는 열량 등

48 재해발생 형태별로 분류할 때 물건이 주체가 되어 사람이 맞은 경우의 분류 항목은?

① 협 착   ② 낙하, 비해

③ 충 돌   ④ 파 열

해설
① 협착 : 기계의 움직이는 부분 사이 또는 움직이는 부분과 고정 부분 사이에 신체 또는 신체의 일부분이 끼이거나, 물리는 것
③ 충돌 : 상대적으로 운동하는 두 물체가 접촉하여 강한 상호작용 을 하는 것
④ 파열 : 외부에 힘이 가해져 갈라지거나 손상되는 것

49 재해발생의 원인을 관리적 원인과 기술적 원인으로 분류할 때 관리적 원인에 해당되지 않는 것은?

① 점검보존의 불충분

② 안전기준의 불명확

③ 노동의욕의 침체

④ 안전관리조직의 결함

해설
점검보존의 불충분은 기술적 원인에 해당된다.

50 드와이트-로이드(Dwight Lloyd) 소결기에 대한 설명으로 틀린 것은?

① 소결 불량 시 재점화가 가능하다.

② 방진장치 설치가 용이하다.

③ 1개소의 고장으로는 기계 전체에 영향을 미치 지 않는다.

④ 연속식이기 때문에 대량생산에 적합하다.

해설
드와이트-로이드 소결기의 장단점

종 류	장 점	단 점
DL식	• 연속식으로 대량생산 가능 • 인건비가 저렴 • 집진장치 설비 용이 • 코크스 원단위 감소 • 소결광 피환원성 및 상온 강도 향상	• 배기장치 누풍량 많음 • 소결 불량 시 재점화 불 가능 • 1개소 고장 시 소결 작 업 전체가 정지

51 여러 종류의 철광석을 혼합하여 적치하는 블렌딩 (Blending)의 이점이 아닌 것은?

① 입도를 균일하게 한다.

② 야드 적치 시 편석이 잘되게 한다.

③ 원료의 적치 시 편석이 잘되게 한다.

④ 양이 적은 광중도 적절히 사용할 수 있다.

해설
블렌딩의 이점
- 장입 시 입도를 균일하게 조정
- 원료의 적치 시 편석이 잘 일어나도록 함
- 양이 적은 광중도 적절히 사용 가능

52 휴풍 작업상의 주의사항을 설명한 것 중 틀린 것은?

① 노정 및 가스 배관을 부압으로 하지 말 것
② 가스를 열풍 밸브로부터 송풍기측에 역류시키지 말 것
③ 블리더(Bleeder)가 불충분하게 열렸을 때 수봉 밸브를 닫을(잠글) 것
④ 제진기의 증기를 필요 이상으로 장시간 취입하지 말 것

해설
에어 브리더가 충분하게 열렸을 때 수봉 밸브를 닫는다.

53 코크스의 제조공정 순서로 옳은 것은?

① 원료 분쇄 → 압축 → 장입 → 가열 건류 → 배합 → 소화
② 원료 분쇄 → 가열 건류 → 장입 → 배합 → 압출 → 소화
③ 원료 분쇄 → 장입 → 가열 건류 → 배합 → 압출 → 소화
④ 원료 분쇄 → 배합 → 장입 → 가열 건류 → 압출 → 소화

해설
코크스 제조공정
파쇄(3mm 이하 85~90%) → 블렌딩 빈(Blending Bin) → 믹서(Mixer) → 콜 빈(Coal Bin) → 탄화실 장입 → 건류 → 압출 → 소화 → 와프(Wharf) 적치 및 커팅

54 적열 코크스를 불활성가스로 냉각 소화하는 건식 소화(CDQ ; Coke Dry Quenching)법의 효과가 아닌 것은?

① 수분 증가
② 강도 향상
③ 현열 회수
④ 분진 감소

해설
수분 증가는 습식 소화작업과 관련이 있다.
습식과 건식 소화작업
• 습식 소화작업 : 압출된 적열 코크스를 소화차에 받아 소화탑으로 냉각한 후 와프(Wharf)에 배출하는 작업
• 건식 소화작업(CDQ ; Coke Dry Quenching) : 압출된 코크스를 Bucket으로 받아 Cooling Shaft에 장입한 후 불활성가스를 통입시켜 질식 소화시키는 방법으로, 습식 소화과정에서 발생한 비산 분진을 억제하여 대기환경 오염을 방지한다.

55 내용적 3,795m³의 고로에 풍량 6,000Nm³/min으로 송풍하여 선철을 8,160ton/d, 슬래그를 2,690ton/d 생산하였을 때의 출선비($t/d/m^3$)는 약 얼마인가?

① 2.15
② 1.80
③ 0.71
④ 2.86

해설
출선비($t/d/m^3$) : 단위 용적(m³)당 용선 생산량(t)
$$\frac{출선량(t/d)}{내용적(m^3)} = \frac{8,160t/d}{3,795m^3} = 2.15t/d/m^3$$

56 고로 내 장입물로부터의 수분제거에 대한 설명 중 틀린 것은?

① 장입원료의 수분은 기공 중에 스며든 부착수가 존재한다.

② 광석에서 분리된 수증기는 코크스 중의 고정탄소와 $H_2O + C \rightarrow H_2 + CO_2$의 반응을 일으킨다.

③ 장입원료의 수분은 화합물 상태의 결합수 또는 결정수로 존재한다.

④ 부착수는 100℃ 이상에서는 증발하며, 특히 입도가 작은 광석이 낮은 온도에서 증발하기 쉽다.

해설
광석에서 분리된 수증기는 $H_2O + C \rightarrow H_2 + CO_2 - 28.4$로 분해된다.

57 냉입 사고 발생의 원인으로 관계가 먼 것은?

① 풍구, 냉각반 파손으로 노 내 침수

② 날바람, 박락 등으로 노황 부조

③ 돌발 휴풍으로 장시간 휴풍 지속

④ 급작스러운 연료 취입 증가로 노 내 열 밸런스 회복

해설
냉 입
• 노상부의 열이 현저하게 저하되어 일어나는 사고로 다수의 풍구를 폐쇄시킨 후 정상 조업까지 복귀시키는 현상
• 냉입의 원인
 − 노 내 침수
 − 장시간 휴풍
 − 노황 부조 : 날파람, 노벽 탈락
 − 이상 조업 : 장입물의 평량 이상 등에 의한 열 붕괴, 휴풍 시 침수

58 용광로에 분상 원료를 사용했을 때 일어나는 현상이 아닌 것은?

① 고로의 통풍을 해친다.

② 출선량이 증가한다.

③ 연진 손실을 증가시킨다.

④ 고로 장애인 걸림이 일어난다.

해설
분상 원료를 사용하게 되면 원료 주입 시 비산 등으로 원료 손실이 발생하며, 통기성 저하에 의한 행잉(Hanging) 같은 현상으로 인하여 출선량이 감소하게 된다. 따라서 분상 원료를 펠릿과 같은 형태로 괴성화 처리를 하여 양질의 제품을 생산한다.

59 고로에서 슬래그의 성분 중 가장 많은 양을 차지하는 것은?

① MgO   ② SiO_2

③ CaO   ④ Al_2O_3

해설
슬래그
• 장입물 중의 석회석이 600℃에서 분해를 시작하며 800℃에서 활발히 분해하며, 1,000℃에서 완료($CaCO_3 \rightarrow CaO + CO_2$)
• 주성분 : 산화칼슘(CaO), 이산화규소(SiO_2), 산화알루미늄(Al_2O_3)

60 코크스의 연소실 구조에 따른 분류 중 순환식에 해당되는 것은?

① 쿠로다식   ② 오토식

③ 카우퍼식   ④ 월푸투식

해설
내연식 열풍로(Cowper Type)
• 예열실과 축열실이 분리되어 있지 않고 하나의 돔 내에 위치한 열풍로 순환식 구조
• 구조가 복잡하고 연소실과 축열실 사이 분리벽이 손상되기 쉬움

01 금속의 소성변형에서 마치 거울에 나타나는 상이 거울을 중심으로 하여 대칭으로 나타나는 것과 같은 현상을 나타내는 변형은?

① 벽계변형　　　　② 전위변형

③ 쌍정변형　　　　④ 딤플변형

해설
쌍정(Twin) : 소성변형 시 상이 거울을 중심으로 대칭으로 나타나는 것과 같은 현상으로 슬립이 일어나지 않는 금속이나 단결정에서 주로 일어난다.

02 Fe-C 평형상태도에서 보기와 같은 반응식은?

┌ 보기 ─────────────────────┐
　$\gamma(0.76\%\ C) \rightleftharpoons \alpha\ (0.22\%\ C) + Fe_3C(6.70\%\ C)$
└────────────────────────────┘

① 포정반응　　　　② 편정반응

③ 공석반응　　　　④ 공정반응

해설
상태도에서 일어나는 불변 반응
• 공석점(723℃) : $\gamma - Fe \Leftrightarrow \alpha - Fe + Fe_3C$
• 공정점(1,130℃) : $Liquid \Leftrightarrow \gamma - Fe + Fe_3C$
• 포정점(1,490℃) : $Liquid + \delta - Fe \Leftrightarrow \gamma - Fe$

03 오스테나이트계 스테인리스강에 첨가되는 주성분으로 옳은 것은?

① Pb-Mg　　　　② Cr-Ni

③ Cu-Al　　　　④ P-Sn

해설
Austenite계 스테인리스강 : 18% Cr-8% Ni이 대표적인 강이다. 비자성체이며, 산과 알칼리에 강하다.

04 다음 중 베어링용 합금이 아닌 것은?

① 문쯔메탈　　　　② 배빗메탈

③ 켈 밋　　　　④ 화이트메탈

해설
• 문쯔메탈 : 6-4황동으로 열교환기 또는 열간 단조용으로 사용된다.
• 탈아연 부식 : 6-4황동에서 주로 나타나며 황동의 표면 또는 내부가 해수 혹은 부식성 물질이 있는 액체와 접촉하면 아연이 녹아버리는 현상이다.

05 순철에서 동소변태가 일어나는 온도는 약 몇 ℃인가?

① 210℃　　　　② 700℃

③ 1,600℃　　　　④ 912℃

해설
중요 변태점
• A_0 변태(210℃) : 시멘타이트 자기변태
• A_1 상태(723℃) : 철의 공석변태
• A_2 변태(768℃) : 순철의 자기변태
• A_3 변태(910℃) : 철의 동소변태
• A_4 변태(1,400℃) : 철의 동소변태

1 ③　2 ③　3 ②　4 ①　5 ④　**정답**

06 네이벌(Naval Brass)황동이란?

① 7-3황동에 납을 약 3.55% 정도 넣은 것

② 7-3황동에 망간을 약 2.85% 정도 넣은 것

③ 6-4황동에 주석을 약 0.75% 정도 넣은 것

④ 6-4황동에 철을 약 4.95% 정도 넣은 것

해설
네이벌황동 : 6-4황동에 Sn 1% 첨가한 강으로 판, 봉, 파이프 등에 사용된다.

07 담금질한 강은 뜨임 온도에 의해 조직이 변화하는데 250~400℃ 온도에서 뜨임하면 어떤 조직으로 변화하는가?

① 트루스타이트

② α-마텐자이트

③ 소르바이트

④ 펄라이트

해설
트루스타이트
• 마텐자이트보다 냉각속도를 조금 적게 하였을 때 나타나는 조직으로 유랭 시 500℃ 부근에서 생기는 조직이다.
• 마텐자이트 조직을 300~400℃에서 뜨임할 때 나타나는 조직이다.

08 다음 중 경질 자성재료에 해당되는 것은?

① Si 강판

② 센더스트

③ Nd 자석

④ 퍼멀로이

해설
• 경질 자성재료 : 알니코, 페라이트, 희토류계, 네오디뮴, Fe-Cr-Co계 반경질 자석, Nd 자석 등
• 연질 자성재료 : Si 강판, 퍼멀로이, 센더스트, 알펌, 퍼멘듈, 슈퍼멘듈 등

09 다음은 강의 심랭처리에 대한 설명이다. (A), (B)에 들어갈 용어로 옳은 것은?

> 심랭처리란, 담금질한 강을 실온 이하로 냉각하여 (A)를 (B)로 변화시키는 조작이다.

① (A) : 오스테나이트, (B) : 펄라이트

② (A) : 마텐자이트, (B) : 베이나이트

③ (A) : 마텐자이트, (B) : 소르바이트

④ (A) : 잔류 오스테나이트, (B) : 마텐자이트

해설
심랭처리 : 퀜칭 후 경도를 증가시킨 강에 시효변형을 방지하기 위하여 0℃ 이하(Sub-zero)의 온도로 냉각하여 잔류 오스테나이트를 마텐자이트로 만드는 처리

10 다음 중 Mg 합금에 해당하는 것은?

① 일렉트론

② 문쯔메탈

③ 실루민

④ 배빗메탈

해설
① 일렉트론(Mg-Al-Zn)
② 문쯔메탈(6-4황동)
③ 실루민(Al-Si)
④ 배빗메탈(Sn-Sb-Cu)

11 다음 중 두랄루민과 관련이 없는 것은?

① 용체화 처리를 한다.

② 단조경화 합금이다.

③ 알루미늄 합금이다.

④ 상온시효처리를 한다.

해설
- Al-Cu-Mn-Mg(두랄루민) : 시효경화성 합금이며 항공기, 차체 부품으로 사용한다.
- 용체화 처리 : 합금원소를 고용체 용해 온도 이상으로 가열하여 급랭시켜 과포화 고용체로 만들어 상온까지 유지하는 처리로, 연화된 이후 시효에 의해 경화된다.
- 시효경화 : 용체화 처리 후 100~200℃의 온도로 유지하여 상온에서 안정한 상태로 돌아가며 시간이 지나면서 경화되는 현상이다.

12 Sn-Sb-Cu의 합금으로 주석계 화이트메탈이라고 하는 것은?

① 배빗메탈　　　　② 콘스탄탄

③ 인코넬　　　　　④ 알클래드

해설
배빗메탈 : 주석(Sn) 80~90%, 안티몬(Sb) 3~12%, 구리(Cu) 3~7%가 표준 조성이고 경도가 비교적 작기 때문에 축과의 친화력이 좋다. 국부적인 하중에 대해 쉽게 변형이 안 되며, 유막 유지가 확실하다.

13 열팽창계수가 상온 부근에서 매우 작아 길이의 변화가 거의 없어 측정용 표준자, 바이메탈 재료 등에 사용되는 Ni-Fe 합금은?

① 두랄루민　　　　② 인코넬

③ 인 바　　　　　④ 콜슨합금

해설
불변강 : 인바(36% Ni 함유), 엘린바(36% Ni-12% Cr 함유), 플래티나이트(42~46% Ni 함유), 코엘린바(Cr-Co-Ni 함유)로 탄성계수가 작고, 공기나 물속에서 부식되지 않아 정밀 계기 재료, 차, 스프링 등에 사용된다.

14 다음 중 베어링용 합금이 갖추어야 할 조건 중 틀린 것은?

① 내식성 및 내소착성이 좋을 것

② 충분한 점성과 인성이 있을 것

③ 마찰계수가 클 것

④ 하중에 견딜 수 있는 경도와 내압력을 가질 것

해설
베어링 합금
- 화이트 메탈, Cu-Pb 합금, Sn 청동, Al 합금, 주철, Cd 합금, 소결 합금
- 경도와 인성, 항압력이 필요
- 하중에 잘 견디고 마찰계수가 작아야 함
- 비열 및 열전도율이 크고 주조성과 내식성 우수
- 소착(Seizing)에 대한 저항력이 커야 함
- 마찰계수가 적어 마모가 적어야 할 것

15 Fe-C 평형상태도에서 레데뷰라이트의 조직은?

① 페라이트

② 페라이트 + 시멘타이트

③ 오스테나이트 + 시멘타이트

④ 페라이트 + 오스테나이트

해설
레데뷰라이트 : γ - 철 + 시멘타이트, 탄소 함유량이 2.0% C와 6.67% C의 공정 주철의 조직으로 나타난다.

16 Al-Si계 합금에 관한 설명으로 틀린 것은?

① Si 함유량이 증가할수록 열팽창계수가 낮아진다.

② 실용 합금으로는 10~13%의 Si가 함유된 실루민이 있다.

③ 개량처리를 하게 되면 용탕과 모래 수분과의 반응으로 수소를 흡수하여 기포가 발생된다.

④ 용융점이 높고 유동성이 좋지 않아 복잡한 모래형 주물에는 이용되지 않는다.

해설
- Al-Si(실루민) : Na을 첨가하여 개량화 처리를 실시
- 개량화 처리 : 금속 나트륨, 수산화나트륨, 플루오린화 알칼리, 알칼리 염류 등을 용탕에 장입하면 조직이 미세화되는 처리
- 용융점이 낮고 유동성이 좋아 모래형 주물에 이용

17 물체를 투상면에 대하여 한쪽으로 경사지게 투상하여 입체적으로 나타내는 것으로 물체를 입체적으로 나타내기 위해 수평선에 대하여 30°, 45°, 60° 경사각을 주어 삼각자를 편리하게 사용하게 한 것은?

① 투시도　　　　② 등각 투상도

③ 사투상도　　　④ 부등각 투상도

해설
사투상도 : 투상선이 투상면을 사선으로 평행하도록 무한대의 수평 시선으로 얻은 물체의 윤곽을 그리게 되면 육면체의 세 모서리는 경사축이 a각을 이루는 입체도가 되며, 이를 그린 그림을 의미한다. 45°의 경사 축으로 그린 것을 카발리에도, 60°의 경사 축으로 그린 것을 캐비닛도라고 한다.

18 다음 도형에서 테이퍼 값을 구하는 식으로 옳은 것은?

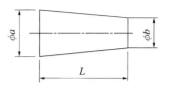

① $\dfrac{b}{a}$　　　　② $\dfrac{a-b}{L}$

③ $\dfrac{a+b}{L}$　　　④ $\dfrac{a}{b}$

19 도면에서 중심선을 꺾어서 연결 도시한 투상도는?

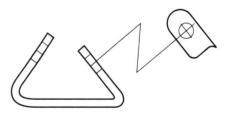

① 부분 투상도　　② 국부 투상도

③ 보조 투상도　　④ 회전 투상도

해설
- 부분 투상도 : 그림의 일부를 도시하는 것으로도 충분한 경우에는 필요한 부분만을 투상하여 도시한다.
- 부분 확대도 : 특정한 부분의 도형이 작아서 그 부분을 자세하게 나타낼 수 없거나 치수 기입을 할 수 없을 때에는 가는 실선으로 에워싸고 영자의 대문자로 표시함과 동시에 그 해당 부분의 가까운 곳에 확대도를 같이 나타내고, 확대를 표시하는 문자 기호와 척도를 기입한다.
- 국부 투상도 : 대상물의 구멍, 홈 등과 같이 한 부분의 모양을 도시하는 것으로 충분한 경우에는 그 필요한 부분만을 국부 투상도로 도시한다.

20 다음 도면에서 3-10DRILL 깊이 12는 무엇을 의미하는가?

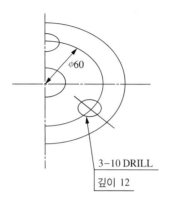

$\phi 60$

3-10 DRILL
깊이 12

① 지름이 10mm인 구멍이 3개이며, 깊이는 12mm이다.
② 반지름이 10mm인 구멍이 3개이며, 깊이는 12mm이다.
③ 지름이 3mm인 구멍이 12개이며, 깊이는 10mm이다.
④ 반지름이 3mm인 구멍이 10개이며, 깊이는 12mm이다.

도면치수 기입방법

구멍의 개수	–	지 름	가공방법
3	–	10	DRILL

21 그림과 같은 단면도는?

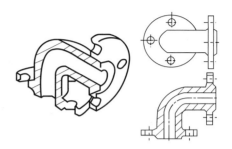

① 부분 단면도
② 한쪽 단면도
③ 전단면도
④ 회전 단면도

전(온) 단면도 : 제품을 절반으로 절단하여 내부 모습을 도시하며, 절단선은 나타내지 않는다.

22 구멍 $\phi 42^{+0.009}_{0}$, 축 $\phi 42^{+0.009}_{-0.025}$일 때 최대 죔새(억지끼워맞춤)는?

① 0.034
② 0.018
③ 0.025
④ 0.009

최대 죔새(억지끼워맞춤)
• 죔새가 발생하는 상황에서 구멍의 최소 허용치수와 축의 최대 허용치수와의 차
• 구멍의 아래 치수허용차와 축의 위 치수허용차와의 차
∴ 42.009 − 42.0 = 0.009

23 침탄, 질화 등 특수 가공할 부분을 표시할 때, 나타내는 선으로 옳은 것은?

① 가는 파선
② 굵은 일점쇄선
③ 가는 이점쇄선
④ 가는 일점쇄선

특수 지정선

용도에 의한 명칭	선의 종류		선의 용도
특수 지정선	굵은 일점쇄선	—·—·—	특수한 가공을 하는 부분 등 특별한 요구사항을 적용할 수 있는 범위를 표시하는 데 사용한다.

24 KS 부문별 분류 기호 중 전기 부문은?

① KS A   ② KS B
③ KS C   ④ KS D

KS 규격
• KS A : 기본
• KS B : 기계
• KS C : 전기전자
• KS D : 금속

25 다음 그림 중에서 FL이 의미하는 것은?

① 래핑가공을 나타낸다.
② 밀링가공을 나타낸다.
③ 가공으로 생긴 선이 거의 동심원임을 나타낸다.
④ 가공으로 생긴 선이 2방향으로 교차하는 것을 나타낸다.

가공방법의 기호

가공방법	약 호	
	I	II
선반가공	L	선 삭
드릴가공	D	드릴링
보링머신가공	B	보 링
밀링가공	M	밀 링
평삭(플레이닝)가공	P	평 삭
형삭(셰이핑)가공	SH	형 삭
브로칭가공	BR	브로칭
리머가공	FR	리 밍
연삭가공	G	연 삭
다듬질	F	다듬질
벨트연삭가공	GBL	벨트연삭
호닝가공	GH	호 닝
용 접	W	용 접
배럴연마가공	SPBR	배럴연마
버프 다듬질	SPBF	버 핑
블라스트다듬질	SB	블라스팅
랩 다듬질	FL	래 핑
줄 다듬질	FF	줄 다듬질
스크레이퍼다듬질	FS	스크레이핑
페이퍼다듬질	FCA	페이퍼다듬질
프레스가공	P	프레스
주 조	C	주 조

26 어떤 기어의 피치원 지름이 100mm이고, 잇수가 20개일 때 모듈은?

① 2.5 ② 5
③ 50 ④ 100

해설
• 피치원 지름 = 모듈(m) × 잇수
• 모듈(m) = 100mm / 20 = 5

27 제도에서 치수숫자와 같이 사용하는 기호가 아닌 것은?

① ϕ ② Y
③ □ ④ R

해설
치수숫자와 같이 사용하는 기호
• □ : 정사각형의 변
• t : 판의 두께
• C : 45° 모따기
• SR : 구의 반지름
• ϕ : 지름
• R : 반지름

28 동력전달 기계요소 중 회전운동을 직선운동으로 바꾸거나, 직선운동을 회전운동으로 바꿀 때 사용하는 것은?

① V벨트 ② 원뿔키
③ 랙과 피니언 ④ 스플라인

해설
랙과 피니언 : 회전운동을 직선운동으로 바꾸거나, 직선운동을 회전운동으로 바꾸는 기어

피니언 기어

랙기어

29 고로는 전 높이에 걸쳐 많은 내화벽돌로 쌓여져 있다. 내화벽돌이 갖추어야 될 조건으로 틀린 것은?

① 내화도가 높아야 한다.
② 비중이 5.0 이상으로 높아야 한다.
③ 치수가 정확하여야 한다.
④ 침식과 마멸에 견딜 수 있어야 한다.

해설
고로 내화물은 부피와 비중이 작다.
고로 내화물 구비 조건
• 고온에서 용융, 연화, 휘발하지 않을 것(내화도가 높다)
• 고온·고압에서 상당한 강도를 가질 것
• 열 충격이나 마모에 강할 것
• 용선·용재 및 가스에 대하여 화학적으로 안정할 것
• 적당한 열전도를 가지고 냉각 효과가 있을 것

30 다음 중 수세법에 대한 설명으로 옳은 것은?

① 자철광 또는 사철광을 선광하여 맥석을 분리하는 방법
② 비중의 차를 이용하여 광석으로부터 맥석을 선별, 제거하거나 또는 광석 중의 유효 광물을 분리하는 방법
③ 중력에 의하여 큰 광석은 가라앉고, 작은 광석은 뜨게 하여 분리하는 방법
④ 갈철광 등과 같이 진흙이 붙어 있는 광석을 물로 씻어서 품위를 높이는 방법

해설
수세법 : 갈철광 등과 같이 진흙이 붙어 있는 광석을 물로 씻어서 품위를 높이는 방법

31 코크스의 연소실 구조에 따른 분류 중 순환식에 해당되는 것은?

① 월푸투식   ② 오토식

③ 쿠로다식   ④ 카우퍼식

해설
내연식 열풍로(Cowper Type, 순환식)
• 예열실과 축열실이 분리되어 있지 않고 하나의 돔 내에 위치한 열풍로
• 구조가 복잡하고 연소실과 축열실 사이 분리벽이 손상되기 쉬움

32 고로가스 청정설비로 노정가스의 유속을 낮추고 방향을 바꾸어 조립연진을 분리, 제거하는 설비명은?

① 백필터(Bag Filter)

② 전기집진기(Electric Precipitator)

③ 제진기(Dust Catcher)

④ 벤투리 스크러버(Venturi Scrubber)

해설
① 백필터 : 여러 개의 여과포에 배가스를 통과시켜 민지를 제거하는 방식
② 전기집진기 : 방전 전극을 양(+)으로 하고 집진극을 음(-)으로 하여 고전압을 가해 놓은 뒤 분진을 함유한 가스가 통과하면 분진이 양극으로 대전하여 집진극에 부착되고, 전극에 쌓인 분진은 제거하는 방식
④ 벤투리 스크러버 : 기계식으로 폐가스를 좁은 노즐(Venturi)에 통과시킨 후 고압수를 분무하여 가스 중의 분진을 포집

33 상부광이 사용되는 목적으로 틀린 것은?

① 용융상태의 소결광이 화격자에 접착되지 않게 한다.

② 화격자 면의 통기성을 양호하게 유지한다.

③ 화격자가 고온이 되도록 한다.

④ 화격자 공간으로 원료가 낙하하는 것을 방지하고 분광의 공간 메움을 방지한다.

해설
화격자는 고온 강도 및 내산화성이 좋아야 한다.
상부광 : 소결기 대차 하부 면에 까는 8~15mm의 소결광
• 화격자(Grate Bar)에 소결광 융착을 방지
• 소결광 덩어리가 대차에서 쉽게 분리하도록 도움
• 화격자(Grate Bar) 사이로 세립 원료가 새어 나감을 방지
• 신원료에 의한 화격자의 구멍 막힘이 방지

34 노의 내용적이 4,800m³, 노정압이 2.5kg/cm², 1일 출선량이 8,400t/d, 연료비가 4,600kg/T-P일 때 출선비는?

① 1.75   ② 2.10

③ 3.10   ④ 7.75

해설
출선비($t/d/m^3$) : 단위 용적(m^3)당 용선 생산량(t)
$$\frac{출선량(t/d)}{내용적(m^3)} = \frac{8,400t/d}{4,800m^3} = 1.75t/d/m^3$$

35 배소에 대한 설명으로 틀린 것은?

① 배소시킨 광석을 배소광 또는 소광이라 한다.

② 황화광을 배소 시 황을 완전히 제거시키는 것을 완전 탈황 배소라 한다.

③ 환원 배소법은 적철광이나 갈철광을 강자성 광물화한 다음 자력 선광법을 적용하여 철광석의 품위를 올린다.

④ 황(S)은 환원 배소에 의해 제거되며, 철광석의 비소(As)는 산화성 분위기의 배소에서 제거된다.

> **해설**
> **배소법** : 금속 황화물을 가열하여 금속 산화물과 이산화황으로 분해시키는 작업
> • 산화 배소 : 황화광 내 황을 산화시켜 SO_2로 제거하는 방법으로 비소(As), 안티모니(Sb) 등을 휘발 제거하는 데 적용
> • 황산화 배소 : 황화 광석을 산화시켜 수용성의 금속 환산염을 만들어, 습식 제련하기 위한 배소
> • 그 밖의 배소
> – 환원 배소 : 광석, 중간 생성물을 석탄, 고체 환원제와 같은 기체 환원제를 사용하여 저급의 산화물이나 금속으로 환원하는 것
> – 나트륨 배소 : 광석 중 유가 금속을 나트륨염으로 만들어 침출 제련하는 것

36 고로의 노정설비 중 노 내 장입물의 레벨(Level)을 측정하는 것은?

① 디스트리뷰터(Distributer)

② 라지 벨(Large Bell)

③ 사운딩(Sounding)

④ 서지 호퍼(Surge Hopper)

> **해설**
> **검측 장치(사운딩, Sounding)** : 고로 내 원료의 장입 레벨을 검출하는 장치로, 측정봉식, Weigh식, 방사선식, 초음파식이 있음

37 고로에서 인(P) 성분이 선철 중에 적게 유입되도록 하는 방법 중 틀린 것은?

① 급속조업을 한다.

② 장입물 중 인(P) 성분을 적게 한다.

③ 염기도를 높인다.

④ 노상 온도를 높인다.

> **해설**
> **탈인을 촉진시키는 방법(탈인조건)**
> • 강재의 양이 많고 유동성이 좋을 것
> • 강재 중 P_2O_5이 낮을 것
> • 강욕의 온도가 낮을 것
> • 슬래그의 염기도가 높을 것
> • 산화력이 클 것

38 소결광 중에서 철 규산염이 많을 때 소결광의 강도와 환원성은 어떻게 되는가?

① 강도는 커지고, 환원성은 저하한다.

② 강도는 떨어지고, 환원성도 저하한다.

③ 강도는 커지고, 환원성도 좋다.

④ 강도는 떨어지나 환원성은 좋다.

> **해설**
> 소결광 중에 철 규산염이 많을 경우 소결광의 강도는 커지고 환원성은 저하한다.

39 고로 원료의 균일성과 안정된 품질을 얻기 위해 여러 종류의 원료를 배합하는 것을 무엇이라 하는가?

① 정립(Sizing)

② 워싱(Washing)

③ 블렌딩(Blending)

④ 선광(Dressing)

> **해설**
> **블렌딩(Blending)** : 소결광 제조 시 야드에 적치된 광석을 불출할 때, 부분 불출로 인한 편석 방지 및 필요로 하는 원료 배합을 위하여 1차적으로 야드에 적치된 분광 및 파쇄처리된 사하분을 적당한 비율로 배합하여 블렌딩 야드에 적치하는 공정

40 냉입 사고 발생의 원인으로 관계가 먼 것은?

① 풍구, 냉각반 파손으로 노 내 침수
② 급작스런 연료 취입증가로 노 내 열 밸런스 회복
③ 날바람, 박락 등으로 노황 부조
④ 돌발 휴풍으로 장시간 휴풍 지속

해설
냉입
• 노상부의 열이 현저하게 저하되어 일어나는 사고로 다수의 풍구를 폐쇄시킨 후 정상 조업까지 복귀시키는 현상
• 냉입의 원인
 – 노 내 침수
 – 장시간 휴풍
 – 노황 부조 : 날파람, 노벽 탈락
 – 이상 조업 : 장입물의 평량 이상 등에 의한 열 붕괴, 휴풍 시 침수

41 고로를 4개의 층으로 나눌 때 상승 가스에 의해 장입물이 가열되어 부착 수분을 잃고 건조되는 층은?

① 용해층   ② 환원층
③ 가탄층   ④ 예열층

해설
장입물의 변화 상황
• 예열층(200~500℃) : 상승 가스에 의해 장입물이 부착 수분을 잃고 건조하는 층
• 환원층(500~800℃) : 산화철이 간접 환원되어 해면철로 변하며, 샤프트 하부에 다다를 때까지 거의 모든 산화철이 해면철로 되어 하강하는 층
• 가탄층(800~1,200℃)
 – 해면철은 일산화탄소에 의해 침탄되어 시멘타이트를 생성하고 용융점이 낮아져 규소, 인, 황도 선철 중에 들어가 선철이 된 후 용융하여 코크스 사이를 적하
 – 석회석의 분해에 의해 산화칼슘이 생기며, 불순물과 결합해 슬래그를 형성
• 용해층(1,200~1,500℃) : 선철과 슬래그가 같이 용융 상태로 되어 노상에 고이며, 선철과 슬래그의 비중 차로 2층으로 나뉘어짐

42 고로 슬래그의 염기도에 큰 영향을 주는 소결광 중의 염기도를 나타낸 것으로 옳은 것은?

① $\dfrac{SiO_2}{Al_2O_3}$ ② $\dfrac{CaO}{SiO_2}$

③ $\dfrac{SiO_2}{CaO}$ ④ $\dfrac{Al_2O_3}{MGO}$

해설
염기도 : 염기도 변동 폭이 클수록 고로 슬래그 염기도 변동도 증가되어짐

염기도 계산식 : $\dfrac{CaO}{SiO_2}$

43 고로의 열정산 시 입열(入熱)에 해당되는 것은?

① 슬래그 현열
② 용선 현열
③ 노가스 잠열
④ 코크스 발열량

해설
열정산
• 입열 : 산화철의 간접 환원열, 코크스 연소열, 열풍(송풍)의 현열, 슬래그 생성열, 장입물 중 수분의 현열 등
• 출열 : 용선 현열, 노정가스 현열, 석회석 분해열, 코크스 용해 손실, 장입물(Si, Mn, P)의 환원열, 슬래그 현열, 수분의 분해열, 연진의 현열, 냉각수가 가져가는 열량 등

44 고로 조업 시 풍구의 파손 원인으로 틀린 것은?

① 슬립이 많을 때

② 송풍온도가 낮을 때

③ 회분이 많을 때

④ 코크스의 균열 강도가 낮을 때

해설

풍구 손상의 원인

• 장입물, 용융물 또는 장시간 사용에 따른 풍구 선단부 열화로 인한 파손

• 냉각수 수질 저하로 인한 이물질 발생으로 내부 침식에 의한 파손

• 냉각수 수량, 유속 저하에 의한 변형 및 용손

45 품위 57%의 광석에서 철분 93%의 선철 1톤을 만드는 데 필요한 광석의 양은 몇 kg인가?(단, 철분이 모두 환원되어 철의 손실은 없다)

① 1,400kg   ② 1,525kg

③ 1,632kg   ④ 2,276kg

해설

광석량 계산

(광석량) × 0.57 = 1,000kg × 0.93

광석량 = 1,631.5kg

46 고로에 사용되는 내화재가 갖추어야 할 조건으로 틀린 것은?

① 열전도도는 매우 높고, 냉각효과가 없을 것

② 고온에서 용융, 연화하지 않을 것

③ 열충격이나 마모에 강할 것

④ 용선, 용재 및 가스에 대하여 화학적으로 안정할 것

해설

고로 내화물 구비 조건

• 고온에서 용융, 연화, 휘발하지 않을 것

• 고온·고압에서 상당한 강도를 가질 것

• 열 충격이나 마모에 강할 것

• 용선·용재 및 가스에 대하여 화학적으로 안정할 것

• 적당한 열전도를 가지고 냉각 효과가 있을 것

47 야드 설비 중 불출 설비에 해당되는 것은?

① 스태커(Stacker)

② 리클레이머(Reclaimer)

③ 언로더(Unloader)

④ 트레인 호퍼(Train Hopper)

해설

② 리클레이머(Reclaimer) : 원료탄 또는 코크스를 야드에서 불출하여 하부에 통과하는 벨트컨베이어에 원료를 실어주는 장비

① 스태커(Stacker) : 해송 및 육송으로 수송된 광석이나 석탄, 부원료 등이 벨트컨베이어를 통해 운반되어 최종 저장 야드에 적치하는 장비

③ 언로더(Unloader) : 원료가 적재된 선박이 입하하면 원료를 배에서 불출하여 야드로 보내는 설비

48 고로 내에서 코크스(Coke)의 역할이 아닌 것은?

① 열 원   ② 열교환 매체

③ 산화제   ④ 통기성 유지제

해설

코크스의 역할 : 환원제, 열원, 통기성 향상

49 코크스(Coke)가 과다하게 첨가(배합)되었을 경우 일어나는 현상이 아닌 것은?

① 소결광 중 FeO 성분에 함유량이 많아진다.
② 배기가스의 온도가 상승한다.
③ 화격자(Grate Bar)에 점착하기도 한다.
④ 소결광의 생산량이 증가한다.

해설
코크스 장입량이 많아지면 연소 속도는 증가하지만, 열교환 시간이 줄어들어 소결광 생산량에 영향을 미치게 된다.

50 철광석의 필요조건이 틀린 것은?

① 철 함유량이 많을 것
② 산화도가 낮을 것
③ 피환원성이 좋을 것
④ 유해불순물을 적게 품을 것

해설
철광석의 구비 조건
• 많은 철 함유량 : 철분이 많을수록 좋으며 맥석 중 산화칼슘, 산화망간의 경우 조재제와 탈황 역할을 함
• 좋은 피환원성 : 기공률이 클수록, 입도가 작을수록, 산화도가 높을수록 좋음
• 적은 유해 성분 : 황(S), 인(P), 구리(Cu), 비소(As) 등이 적을 것
• 적당한 강도와 크기 : 고열 · 고압에 잘 견딜 수 있으며, 노 내 통기성 · 피환원성을 고려하여 적당한 크기를 가질 것
• 많은 가채광량 및 균일한 품질, 성분 : 성분이 균일할수록 원료의 사전처리를 줄임
• 맥석의 함량이 적을 것 : 맥석 중 SiO_2, Al_2O_3 등은 조재제와 연료를 많이 사용하며, 슬래그량 증가를 가져오므로 적을수록 좋음

51 다음 중 조업 과정에서 발생하는 부생가스가 아닌 것은?

① NOx
② COG
③ BFG
④ LDG

해설
② COG : 코크스로 가스
③ BFG : 고로 가스
④ LDG : 전로 가스

52 괴광을 1차 처리하여 적정 규격으로 생산한 광석으로 스크린 선별 처리 후 고로 및 소결용 원료로 사용하는 것은?

① 괴 광
② 정 광
③ 분 광
④ 사하분광

해설
② 정광(SL) : 광산에서 괴광을 1차 처리하여 적정 규격으로 생산한 광석으로 스크린 선별 처리 후 고로 및 소결용 원료로 사용
① 괴광(ROM) : 광산에서 채광된 덩어리 상태의 괴광석으로 크러셔 파쇄 및 스크린 선별 처리 후 고로 및 소결용 원료로 사용
③ 분광(F) : 정광을 생산하는 과정에서 발생된 작은 입도의 광석으로 배합 후 소결용 원료로 사용
④ 사하분광(U) : 괴광 및 정광을 선별, 파쇄 처리하여 고로용 정립광을 생성하는 과정에서 스크린 하부로 발생하는 분철광석으로 배합 후 소결용 원료로 사용

53 코크스가 고로 내에서 하는 역할이 아닌 것은?

① 풍구 앞에서 연소하여 제선에 필요한 열원으로서의 역할

② 광석에 들어 있는 맥석 성분과 결합하여 슬래그의 용융점을 낮추는 역할

③ 철 중에 용해되어 선철을 만들고, 철의 용융점을 낮추는 역할

④ 고로 안의 통기성을 좋게 하기 위한 공간(통로) 역할

해설
코크스는 광석 중 Fe과 결합하여 철의 용융점을 낮추는 역할을 한다.

54 고로의 풍구 중심선에서부터 장입 기준선까지의 높이를 무엇이라고 하는가?

① 고로 높이
② 실효 높이
③ 유효 높이
④ 내용적 높이

해설
• 유효 높이 : 노저에서 장입 기준선까지의 높이
• 실효 높이 : 바람구멍(풍구) 중심선에서 장입 기준선까지의 높이
• 전체 높이 : 노저에서 노구까지의 높이

55 용선과 슬래그를 저장하는 부분으로 코크스의 연소량을 결정하는 중요한 부분은?

① 노 구
② 노 복
③ 노 상
④ 보 시

해설
노상 : 용선과 슬래그를 저장하는 부분으로 1회의 출선량과 일부의 슬래그를 충분히 저장할 수 있는 용적이 필요하다.

56 고로 상부에 거대한 철 구조물로 원료의 장입 장치와 고로 가스의 배출 장치로 이루어진 것은?

① 노정장치
② 노 복
③ 보시부
④ 샤프트

해설
고로 노정장치 : 고로의 상부에 거대한 철 구조물이 놓이게 되는데, 원료의 장입과 고로 가스의 배출을 위해 만든 장치이다.

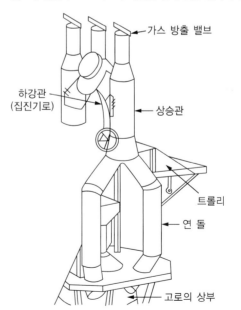

57 장입 장치의 요구조건으로 옳지 않은 것은?

① 원료를 균일하게 장입해야 한다.

② 장입방법은 고정되어 변경되어서는 안 된다.

③ 조업 속도에 따라 충분한 장입 속도를 가져야 한다.

④ 장치가 간단하고 보수가 쉽고, 장기적으로 안정하여야 한다.

해설

장입 장치 요구조건
- 원료를 장입할 때 가스가 새지 않도록 해야 하며, 장치의 개폐에 따른 마모를 방지해야 한다.
- 원료를 균일하게 장입하며, 장입방법을 자유로이 바꿀 수 있어야 한다.
- 조업 속도에 따라서 충분한 장입 속도를 가져야 한다.
- 장치가 간단하여 보수하기 쉽고, 장기적으로 안정하여야 한다.

59 고온에서 원료 중의 액석성분이 용체로 되어 고체 상태의 광석입자를 결합시키는 소결반응은?

① 맥석결합

② 용융결합

③ 확산결합

④ 화합결합

해설

용융결합
- 고온에서 소결한 경우로 원료 중 슬래그 성분이 용융하여 쉽게 결합
- 저융점의 슬래그 성분일수록 용융결합을 함
- 강도는 좋으나, 피환원성이 좋지 않아 기공률과 환원율 저하를 방지해야 함

58 축류 송풍기에 대한 설명으로 옳은 것은?

① 중형 이하의 고로에 사용된다.

② 축 위에 여러 개의 회전 날개를 붙인 것이다.

③ 풍량 범위가 넓어 광범위한 송풍에 사용된다.

④ 고속 회전에 적합하기, 가볍고 작게 제작할 수 있다.

해설

축류 송풍기는 터보 송풍기에 비하여 압축된 유체의 통로가 단순하고 짧으며, 갑작스런 바람의 방향 전환이 없으므로 효율이 좋아 대형 고로에 사용된다.

60 사고예방의 5단계 순서로 옳은 것은?

① 조직 → 평가분석 → 사실의 발견 → 시정책의 적용 → 시정책의 선정

② 조직 → 평가분석 → 사실의 발견 → 시정책의 선정 → 시정책의 적용

③ 조직 → 사실의 발견 → 평가분석 → 시정책의 선정 → 시정책의 적용

④ 조직 → 사실의 발견 → 평가분석 → 시정책의 적용 → 시정책의 선정

해설

하인리히의 사고예방 대책 기본원리 5단계
- 1단계 : 조직
- 2단계 : 사실의 발견
- 3단계 : 평가분석
- 4단계 : 시정책의 선정
- 5단계 : 시정책의 적용

실기(필답형)

01 실기(필답형)

※ 실기 필답형 문제는 수험자의 기억에 의해 복원된 것입니다. 실제 시행문제와 상이할 수 있음을 알려 드립니다.

합 / 격 / 포 / 인 / 트

제선 실기 필답형 시험의 경우 연·원료 처리, 소결광 제조, 코크스 제조, 고로 작업에서 80% 이상이 실제와 유사한 형태로 출제될 가능성이 높으며, 그 외 단원 및 각 단원별 'NCS'로 표시되어 있는 문제는 2020년부터 적용되는 새로운 영역과 출제방식으로 문제를 재구성하여 정리하였다. 출제 문제의 모든 부분은 핵심이론별로 정리되어 있고, 해설의 경우 주관식으로 작성되는 부분이므로 답을 참고하여 관련 이론에서 보충 공부를 할 수 있도록 한다.

제1절 　제선 연·원료

1 　제선 연·원료의 개요

01 고로에 가장 많이 장입되는 철광석을 쓰시오.

정답

적철광

해설 철광석의 종류에는 자철광, 적철광, 갈철광, 능철광이 있으며, 이 중 피환원성 및 품위가 좋은 적철광이 주로 사용된다.

02 고로 원료 중에서 피환원성이 가장 좋은 철광석을 쓰시오.

정답

적철광(Fe_2O_3)

해설 적철광 : 자원이 풍부하고 환원능이 우수, 붉은색을 띠는 적갈색, 피환원성이 가장 우수

03 적철광과 자철광의 화학식을 쓰시오.

정답

- 적철광 : Fe_2O_3
- 자철광 : Fe_3O_4

해설 철광석의 종류

종 류	Fe 함유량	특 징
적철광(Fe_2O_3), Hematite	45~65%	• 자원이 풍부하고 환원능이 우수 • 붉은색을 띠는 적갈색 • 피환원성이 가장 우수
자철광(Fe_3O_4), Magnetite	50~70%	• 불순물이 많음 • 조직이 치밀하며, 강자성체 • 배소 처리 시 균열 발생하는 경향 • 소결용 펠릿 원료로 사용
갈철광($Fe_2O_3 \cdot nH_2O$), Limonite	35~55%	• 다량의 수분 함유 • 배소 시 다공질의 Fe_2O_3가 됨
능철광($FeCO_3$), Siderite	30~40%	• 소결 원료로 주로 사용 • 배소 시 이산화탄소(CO_2)를 방출하고 철의 성분이 높아짐

04 철광석이 갖추어야 할 필요 조건을 쓰시오.

정답

- 철 함유량이 높을 것
- 유해 불순물을 적게 함유할 것
- 피환원성이 좋을 것
- 상당한 강도를 가질 것
- 가채광량이 많고 성분이 균일할 것

해설 고로 내 반응은 산화철 상태의 철광석으로부터 산소를 분리하여 선철을 만드는 환원반응이므로 피환원성이 우수하며, 품위(철 함유량)가 높고, 불순물의 함량은 적으며, 일정한 강도를 갖는 것이 좋다.

05 철광석 중 Ti이 많이 함유되어 있을 때 영향을 쓰시오.

정답

- 슬래그의 유동성 저하
- 용선과 슬래그의 분리가 어려워짐
- 불용성 화합물 형성

해설 슬래그에 Ti이 흡수되면, 유동성을 낮게 하여 용선과 슬래그의 분리가 어려워지고, 불용성 화합물로 인해 점조층을 형성하여 노저를 높게 한다.

06 철광석을 파쇄 및 채질하여 입도가 약 8~30mm가 되는 자연광석의 명칭을 쓰시오.

정답

정립광(정광)

해설
- 괴광(Run of Mine) : 광산에서 채광되어 가공하지 않은 크기 200mm 전후 상태의 광석
- 정립광(Sized Ore) : 괴광을 1차 파쇄하여 8~30mm 이하로 만든 광석
- 분광(Fine Ore) : 8mm 이하의 철광석
- 소결광(Sinter Ore) : 분광을 고로에 사용하기 적합하게 소성 과정을 거쳐 생산되는 광석으로 5~50mm의 입도를 가짐
- 펠릿(Pellet) : 미분의 철광석을 1,200~1,300℃로 가열하여 입도 6~18mm 정도의 구상으로 제조한 후 고로에 직접 장입할 수 있도록 한 것

07 Al_2O_3가 많을 때 사용하는 조재제로 Si가 주원료인 것은?

정답

규 사

---

2 **제선 연 · 원료 처리 설비**

NCS

01 야드를 효과적으로 관리하기 위한 다음 설비들의 역할을 쓰시오.

컨베이어, 트리퍼, 스태커, 리클레이머

정답

- 컨베이어(Conveyor) : 원료를 목적 장소까지 이송하는 설비
- 트리퍼(Tripper) : 수송물을 벨트컨베이어에서 빼내는 장치
- 스태커(Stacker) : 해송 및 육송으로 수송된 광석이나 석탄, 부원료 등이 벨트컨베이어를 통해 운반되어 최종 저장 야드에 적치하는 장비
- 리클레이머(Reclaimer) : 원료탄 또는 코크스를 야드에서 불출하여 하부에 통과하는 벨트컨베이어에 원료를 실어 주는 장비

해설 선박에 있는 원료를 야드로 이송시키기까지 언로더, 스태커, 리클레이머의 주설비뿐만 아니라 컨베이어, 트리퍼와 같은 부설비가 사용된다.

02 배에 있는 원료를 야드로 이송시키는 설비의 명칭을 쓰시오.

정답

Unloader(언로더)

해설
- 언로더 : 선박으로 운송되어 온 제철 원료를 하역하여 벨트컨베이어로 이송하는 설비
- 스태커 : 해상 또는 육상으로 운송되어 온 연·원료를 벨트컨베이어를 통해 야드에 적치하는 설비
- 리클레이머 : 소결 및 코크스 제조공장의 소요 시점에 맞추어 연·원료가 적치된 야드에서 연·원료를 불출하는 설비로, 불출된 연·원료는 벨트컨베이어를 통해 해당 공장으로 이송됨

03 야드에 원료를 적치하는 것을 무엇이라 하는가?

정답

스태커(Stacker), 저장 벙커(Bunker)

해설
스태커 : 해상 또는 육상으로 운송되어 온 연·원료를 벨트컨베이어를 통해 야드에 적치하는 설비

04 수입된 원료를 벨트컨베이어를 통하여 야드에 적치하는 설비 명칭은?

정답

스태커(Stacker)

해설
스태커 : 해상 또는 육상으로 운송되어 온 연·원료를 벨트컨베이어를 통해 야드에 적치하는 설비

05 원료 불출기에서 광석이나 석탄을 퍼 올려 벨트컨베이어에 실어 주는 장치의 명칭을 쓰시오.

정답

리클레이머

해설
리클레이머 : 소결 및 코크스 제조공장의 소요 시점에 맞추어 연·원료가 적치된 야드에서 연·원료를 불출하는 설비로, 불출된 연·원료는 벨트컨베이어를 통해 해당 공장으로 이송됨

NCS
06 철광석을 수입하여 소결공장에 보내기 전에 파쇄하는 목적 2가지를 쓰시오.

정답
- 원료비용 절감
- 고로 노 내 통기성 향상
- 소결광 생산성 향상

해설
광석을 적정 입도로 만들어 통기성을 확보해 환원성을 좋게 하기 위하여 파쇄한다

07 철광석의 예비처리 공정에서 블렌딩은 어떤 작업인지 쓰시오.

정답
원료 야드에 적치된 소결 원료들을 입도 편석, 성분 편석 등이 없도록 혼합 적치하는 것이다.

해설 블렌딩 설비 : 정량 절출 장치, 스태커, 리클레이머

NCS
08 야드에 적치된 연·원료를 블렌딩(Blending)하는 목적을 3가지 쓰고, 여기에 사용되는 설비를 2가지만 쓰시오.

정답
- 블렌딩(Blending) 목적 : 소결 원료의 성분 안정화, 입도 균일화, 양이 적은 광종도 적절히 사용 가능, 소결 Ore Bin의 활용도 향상
- 사용되는 설비명 : 정량 절출 설비, 스태커, 리클레이머

해설 블렌딩(Blending)
- 소결광 제조 시 야드에 적치된 광석을 불출할 때, 부분 불출로 인한 편석 방지 및 필요로 하는 원료 배합을 위하여 1차적으로 야드에 적치된 분광 및 파쇄 처리된 사하분을 적당한 비율로 배합하여 블렌딩 야드에 적치하는 공정
- 블렌딩 설비 : 정량 절출 장치, 스태커, 리클레이머
- 블렌딩의 이점
  - 장입 시 입도를 균일하게 조정
  - 원료의 적치 시 편석이 잘 일어나도록 함
  - 양이 적은 광종도 적절히 사용 가능

---

09 원료에 수분 함량을 측정하는 기기의 명칭을 쓰시오.

정답
적외선 수분계, 중성자 수분계

해설 시료에 적외선을 조사시킨 후 그 반사광, 투과광을 측정하여 시료 중 수분을 측정

---

10 벨트컨베이어(Belt Conveyor)의 연결 방법을 쓰시오.

정답
- 트리퍼(Tripper)에 의한 방법
- 슈트(Chute)에 의한 방법
- Feeder Conveyor에 의한 방법

해설
- 슈트 : 상부 라인의 수송물을 하부 라인으로 이어 주는 설비
- 트리퍼 : 수송물을 벨트컨베이어에서 빼내는 설비
- Feeder Conveyor : 호퍼에 있는 수송물을 컨베이어에 장입하는 설비

NCS

11 원료 이송 설비(Belt Conveyor)를 점검하고자 할 때, '기계'와 '벨트컨베이어'의 점검 항목을 각각 3가지 쓰시오.

> • 기계 점검
> • 벨트컨베이어 점검

정답

- 기계 점검 항목 : 감속기의 유량, 전동기 체인 이완, 베어링, 롤러
- 벨트컨베이어 점검 항목 : 벨트, 기름에 의한 주의, 벨트의 길들임, 변곡부의 길들임

해설 벨트컨베이어는 일상점검은 물론 정기적인 점검을 실시하되 그 기록을 유지하여야 하며, 설비에 따라 다르나 일반적인 것 가운데 주요한 것을 든다면 정답 항목을 점검한다.

NCS

12 벨트컨베이어의 사행 원인 및 조치사항을 3가지씩 서술하시오.

정답

- 사행 원인 : 컨베이어 프레임의 Bending, 원료 편심 적재, 롤러와 풀리 표면의 더스트 부착, 리턴(캐리어)롤러의 직각도 불량
- 조치 사항
  - Belt 장력을 조정한다.
  - 풀리의 Take-up을 조정한다.
  - 자동조심 Return Roller의 기능 여부를 확인한다.
  - 광석이 편적되어 수송되는지 확인한다.

해설 벨트컨베이어에 롤러 이탈 및 원료 편심 적재 등의 문제가 발생하면 벨트가 롤러에 이탈하는 사행이 발생한다.

13 그림과 같이 원료탄을 회전시켜서 파쇄하는 설비는?

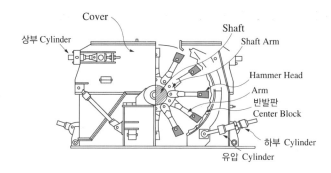

정답

파쇄기

14 제선 연·원료 처리 중 선광법을 두 가지 쓰시오.

정답
• 자력선광
• 비중선광
• 부유선광

제2절 **소결광 제조**

1 소결광 제조 개요

01 소결광 제조용으로 사용되는 주원료와 연료를 쓰시오.

정답
• 주원료 : 분광석
• 연료 : 분코크스

해설
• 주원료 : 분철광석(적철광, 자철광, 갈철광, 능철광 사용)
• 부원료 : 염기도 조정 및 결합제로 사용(석회석, 규사, 생석회, 백운석, 사문암, 망간광)
• 잡원료 : 고로 분진, 전로 분진, 밀 스케일, 미니 펠릿 등
• 연료 : 분코크스, 무연탄

02 제철소 내에 부산물 중에서 소결원료로 이용되는 것을 2가지만 쓰시오.

정답

산화철, 철 분진(고로 더스트, 전로 더스트)

해설
- 원료 : 분광, 고로 더스트, 전로 더스트, 밀 스케일, 산화철 등
- 부원료 : 분석회석, 규석, 사문암 등
- 연료 : 분코크스, 분탄

03 소결성이 좋은 원료란 무엇인가?

정답
- 생산성이 높은 원료
- 강도가 높고 분율이 낮은 소결광을 제조할 수 있는 원료
- 적은 연료로 소결할 수 있는 원료

해설
분광을 직접 고로에 장입하게 되면 피환원성은 좋을 수 있으나 통기성 불량 및 원료 비산 등의 문제가 발생한다. 따라서 일정한 품위와 입도를 갖추어 이런 문제를 해결할 수 있도록 소결작업을 해야 하며, 투입되는 연료가 적고, 파손되지 않을 정도의 강도를 갖출 수 있는 원료가 좋은 원료라고 할 수 있다.

04 소결광의 원료를 쓰시오.

정답

분철광석(분광)

해설
- 원료 : 분광, 고로 더스트, 전로 더스트, 밀 스케일, 산화철 등
- 부원료 : 분석회석, 규석, 사문암 등
- 연료 : 분코크스, 분탄

05 소결광의 원료를 2가지 이상 쓰시오.

정답

분광석, 소결분광, 산화철(Mill Scale), 철분진(Iron Dust)

해설
- 원료 : 분광, 고로 더스트, 전로 더스트, 밀 스케일, 산화철 등
- 부원료 : 분석회석, 규석, 사문암 등
- 연료 : 분코크스, 분탄

06 소결광의 적정입도를 쓰시오.

정답

5~50mm

해설
- 소결광 : 5~50mm
- 분광 : 8mm 이하
- 코크스 : 25~75mm
- 정립광 : 8~30mm
- 펠릿 : 6~18mm
- 분코크스(미분탄) : 1~3mm

07 정립광의 적정입도를 쓰시오.

정답

8~30mm

해설
- 소결광 : 5~50mm
- 분광 : 8mm 이하
- 코크스 : 25~75mm
- 정립광 : 8~30mm
- 펠릿 : 6~18mm
- 분코크스(미분탄) : 1~3mm

08 미분탄의 입도를 쓰시오.

정답

1~3mm

해설
- 소결광 : 5~50mm
- 분광 : 8mm 이하
- 코크스 : 25~75mm
- 정립광 : 8~30mm
- 펠릿 : 6~18mm
- 분코크스(미분탄) : 1~3mm

09 소결 배합 원료 중 분코크스의 평균 입도를 쓰시오.

정답

1~3mm

해설
- 소결광 : 5~50mm
- 분광 : 8mm 이하
- 코크스 : 25~75mm
- 정립광 : 8~30mm
- 펠릿 : 6~18mm
- 분코크스(미분탄) : 1~3mm

10 펠레타이징 소결법에서 미분광의 점결제로 사용되는 원료명을 쓰시오.

정답

벤토나이트

해설 백색, 회색, 담갈색, 담녹색 등을 띠고 있으며, 주물형의 결합제, 미분광의 원료 혼입제 등으로 사용한다.

11 소결 연료로 사용되는 분코크스가 요구되는 성질을 쓰시오.

정답
- 회분, 휘발분이 적을 것
- 고정탄소가 높을 것
- 최고 도달 온도가 높고, 그 온도 지속시 간이 길 것

해설 분코크스는 고정탄소가 주성분이고, 회분, 휘발분을 약간 함유하고 있다.

12 자용성 소결광의 장점을 쓰시오.

정답

석회분이 광석과 충분히 혼합되어 있고, 맥석과 Slag생성 반응을 일으킨다. 피환원성이 좋다.

해설 철광석 내 CaO(용제)을 함유하고 있으므로 피환원성이 좋아지고, 투입되는 석회석의 양을 줄일 수 있다.

13 자용성 소결광의 정의를 쓰시오.

정답

분철광석과 석회석 또는 염기성 물질을 포함한 광석을 첨가하여 함께 소결시킨 것

해설 자용성 소결광 : 염기도 조절을 위해 석회석을 첨가한 소결광으로 피환원성 향상, 연료비 절감, 생산성 향상의 목적으로 사용

14 염기도를 화학식으로 쓰시오.

정답

$$염기도 = \frac{CaO}{SiO_2}$$

해설 염기도 : 슬래그 성분상의 목표로 성질을 나타내는 계수

$$염기도(P) = \frac{염기성\ 성분}{산성\ 성분} = \frac{CaO + MgO + FeO + MnO}{SiO_2 + Al_2O_3}$$

$$염기도(P') = \frac{CaO}{SiO_2}$$

15 고로 용선 및 슬래그를 분석한 결과가 다음과 같을 때, 염기도를 구하시오.

- 용선 : Fe 93%, C 4%, Si 1%, Mn 0.5%, S 0.02%, Ca 0.002%, 기타 나머지 성분
- 슬래그 : SiO₂ 40.98%, CaO 51.72%, 기타 나머지 성분

정답

염기도 = 1.26

해설 염기도 : 슬래그 성분상의 목표로 성질을 나타내는 계수

$$염기도(P) = \frac{염기성\ 성분}{산성\ 성분} = \frac{CaO + MgO + FeO + MnO}{SiO_2 + Al_2O_3}$$

$$염기도(P') = \frac{CaO}{SiO_2} = \frac{51.72}{40.98} ≒ 1.26$$

16 철광석에 CaO을 함유한 광석의 명칭을 쓰시오.

정답

자용광(Self-fluxing Ore)

해설 **자용성 소결광** : 염기도 조절을 위해 석회석을 첨가한 소결광으로 피환원성 향상, 연료비 절감, 생산성 향상의 목적으로 사용

17 소결광이 천연광보다 피환원성이 우수한 이유는?

정답

다공성이기 때문

해설 소결광은 마치 현무암처럼 무수히 많은 기공을 가지고 있어 환원반응을 일으키기에 유리한 구조로 되어 있다.

18 소결광을 생산하는 원료탄을 쓰시오.

정답

약점결탄, 강점결탄

해설 점결성의 정도에 따라 원료탄의 강도가 높은 것을 강점결탄, 낮은 것을 약점결탄이라고 한다.

19 소결광의 생산성과 강도를 증가시키는 조재 성분을 [보기]에서 2가지를 골라 쓰시오.

┌─ 보기 ├───

CaO, MgO, SiO₂, Al₂O₃

정답

CaO, SiO₂

해설 • 소결광의 강도를 높이기 위해 첨가하는 것 : 생석회(CaO), 염화나트륨(NaCl), 붕사(B₂O₃), 벤토나이트, 실리카(SiO₂) 등의 첨가제를 투입
• 소결광 강도 측정 방법 : 낙하강도 측정법, 회전강도 측정법

20 소결광에서 Fayalite가 피환원성에 미치는 악영향을 쓰시오.

정답

치밀 조직으로 기공률이 낮아 피환원성을 나쁘게 한다.

해설 Fayalite(Fe₂SiO₄)는 석회석 양이 적을 경우 생성되며, 피환원성이 낮다.

21 소결광의 소결 정도를 결정하는 원료의 조건 2가지를 쓰시오.

정답

- 분코크스의 배합량
- 원료층의 두께
- 장입밀도
- 원료의 이동속도

해설 소결광은 입도가 균일하여 고로 내 환원이 유리한 광석으로 이를 위해 분코크스의 배합량이나 원료의 이동속도, 원료층의 두께 등의 조건을 조정하여 균질한 제품이 나오도록 한다.

22 소결 원료로 사용되는 반광이 무엇인지 쓰시오.

정답

생산된 소결광 중 고로에서 사용하기에 부적합한 작은 입도를 가진 소결광을 말한다.

해설 반광은 생산된 소결광 중 고로에서 사용하기에 너무 작아 다시 소결 원료로 사용하는 것으로 보통 5~6mm 이하의 소결광을 말한다.

NCS

23 소결광의 품질관리와 관련 있는 항목을 2가지만 쓰시오.

정답

- 입도(평균입도, 분율)
- 상온강도(SI ; Shatter Index)
- 환원 분화 지수(RDI ; Reduction Degradation Index)
- 피환원율(RI ; Reducibility Index)

해설 고로 품질에 영향을 미치는 소결광의 요소

- 낙하 강도 지수(상온강도, SI ; Shatter Index)
  - 소결광이 낙하 시 분이 발생하기 직전까지의 소결광 강도
  - 고로 장입 시 분율은 작을수록 유리
  - 낙하 강도 저하 시 분 발생이 많아 통기성을 저해
  - 낙하 강도 = 시험 후 +10mm 중량 / 시험 전 총중량
- 입도 및 분율 : 노 내 통기성 및 가스 분포에 영향
- 환원 강도(환원 분화 지수, RDI ; Reduction Degradation Index)
  - 소결광은 환원 분위기의 저온에서 분화하는 성질을 가짐
  - 피환원성이 좋은 소결광일수록 분화가 용이하여 환원 강도는 저하
  - 환원 분화가 적을수록 피환원성이 저하하여 연료비가 상승
  - 환원 분화가 많아지면 고로 통기성 저하에 의한 노황 불안정으로 연료비 상승
  - 환원 분화를 조장하는 화합물 : 재산화 적철광(Hematite)
- 염기도 : 염기도 변동 폭이 클수록 고로 슬래그 염기도 변동도 증가함

  $$염기도\ 계산식 = \frac{CaO}{SiO_2}$$

- 피환원율(RI ; Reducibility Index) : 소결광의 피환원성을 나타내는 지수

24 소결광의 기계적 품질을 측정하는 지수 중 SI(Shatter Index)의 의미를 쓰시오.

정답

소결광의 낙하강도 지수

해설
- 낙하강도(SI ; Shatter Index)
- 회전강도(TI ; Tumbler Index)

25 소결광이 고로 내 500~700℃의 저온 지역에서 환원·분화되는 것을 나타내는 용어는?

정답

저온 환원분화지수

(RDI ; Reduction Degradation Index)

해설
환원강도(환원분화지수, RDI ; Reduction Degradation Index)
- 소결광은 환원 분위기의 저온에서 분화하는 성질을 가짐
- 피환원성이 좋은 소결광일수록 분화가 용이하여 환원 강도는 저하
- 환원분화가 적을수록 피환원성이 저하하여 연료비가 상승
- 환원분화가 많아지면 고로 통기성 저하에 의한 노황 불안정으로 연료비 상승
- 환원분화를 조장하는 화합물 : 재산화 적철광(Hematite)

26 소결광 전문 용어인 FFS는 무엇을 의미하는가?

정답

화염전진속도

(FFS ; Flame Front Speed)

해설
화염전진속도(FFS ; Flame Front Speed)
층후(mm)×Pallet Speed(m/min) / 유효 화상 길이(m)

27 소결 조업에서 화염전진속도(Flame Front Speed)를 계산하는 식을 쓰시오.

층후(mm), 대차속도(m/min), 유효 화상 길이(m)

정답

$$\frac{층후(mm) \times 대차속도(m/min)}{유효\ 화상\ 길이(m)}$$

해설
화염전진속도(FFS ; Flame Front Speed)
- 소결기에 장입된 원료표면에 착화된 화염이 하부로 타들어가는 속도
- $\dfrac{층후(mm) \times Pallet\ Speed(m/min)}{유효\ 화상\ 길이(m)}$

28 다음은 소결 원료 입도를 나타낸 것이다. 어떤 편석인지 명칭을 쓰시오.

C형

소결 원료 입도 구분

구 분		특 징
S형		• 핵입자 : 코크스 • 부착층 : 미분 철광석, 반광, 석회석 등 • S형 입자 증가 시 열교환 시간이 늦어져 연소 시간이 늘어나며, 열 패턴(Heat Pattern)을 불균일화시킴
C형		• 핵입자 : Ore, 반광 • 부착층 : 미분 철광석, 반광, 석회석 등 • 미분 코크스 부착으로 인한 연소 표면적 증가 • 연소 속도가 증가하며, 열교환 시간이 감소 • C형 입자 증가 시 소결 Bed 내 열 패턴(Heat Pattern)을 균일화시킴
P형		• 철광석, 반광, 석회석 등의 미분이 혼합된 입자 • 코크스 연소성 악화로 인해 열 패턴(Heat Pattern)의 불균일 발생 • 의사 입자 중 가장 불량한 입도

29 소결광 제조 시 저온 환원 분화지수에서 수분의 역할 두 가지를 쓰시오.

• 통기성 향상
• 혼합과 조립
• 열효율 향상

• 수분 첨가의 역할
 – 통기성 향상 : 원료에 적정의 수분을 첨가하면 물의 표면 장력에 의해 미분 원료가 응집하거나 조립 원료에 부착하여 원료 입자 사이의 공극률을 증가시켜 통기성을 향상시킨다.
 – 열효율 향상 : 수분을 첨가하지 않은 경우 소결대에서의 최고 온도가 떨어지고 배가스온도가 상승하여 열효율이 나쁘게 되며 소결광 품질을 저하시킨다.
• 소결층의 연진 흡인과 비산을 방지함

2 소결광 제조 공정

01 소결작업의 순서를 쓰시오.

정답

원료절출 → 혼합 및 조립 → 원료장입 →
점화 → 소결 → 배광 → 냉각 → 파쇄

해설

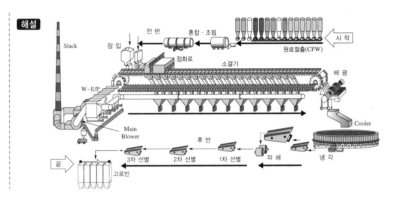

02 소결공정에서 원료를 자동으로 목표 절출량에 맞게 절출하는 장치의 명칭을 쓰시오.

정답

정량절출장치
(CFW ; Constant Feed Weigher)

해설 벨트컨베이어로 이송된 주원료 및 부원료를 목표 성분 및 품질에 따라 적정 배합
비율로 절출하는 설비

03 각종 소결 원료를 혼합, 조립하는 장치의 명칭을 쓰시오.

정답

믹서, 혼합기

해설 원료의 배합 상태는 소결 조업 및 품질에 큰 영향을 미치므로 소결기에 장입하기
전 믹서(Mixer)를 통해 충분한 혼합 및 조립을 거친다.

04 다음은 제선 원료의 사전처리와 관련이 있는 것으로 해당 작업명과 (가)의 설비명을 쓰시오.

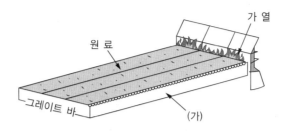

정답

• 작업명 : 소결작업
• (가)의 설비명 : 소결대차, 소결기

해설 점화 설비 중 대차(Pallet)

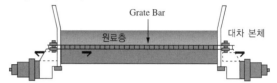

• 배합 원료를 담는 용기로 양측에 레일 위를 주행할 수 있도록 바퀴가 있으며, 대차 하부에는 통기 장치가 설치되어 있음
• 상부광 : 소결기 대차 하부 면에 깔아 주는 8~15mm의 소결광
  – Grate Bar에 소결광 융착을 방지
  – 소결광 덩어리가 대차에서 쉽게 분리하도록 도움
  – Grate Bar 사이로 세립 원료가 새어 나감을 방지
  – 신원료에 의한 화격자의 구멍 막힘을 방지

05 소결 조업에 있어 수분의 역할을 2가지만 쓰시오.

정답

• 혼합과 조립을 한다.
• 통기성을 향상시킨다.
• 열의 매개체 역할을 한다.

해설 소결 과정 중 원료 절출 후 혼합·배합 과정에서 수분이 첨가되며, 미분 원료가 응집되어 통기성이 향상되고, 온도 구배를 통해 열효율을 높이며, 분광의 흡인과 비산을 방지한다.

06 소결광 제조 시 배합 원료를 소결기에 장입할 때 바람직한 편석은 무엇인지 쓰시오.

정답

수직편석

해설 소결기의 구조는 상부에 열을 가하고, 하부에서 열을 빨아들이는 구조로 되어 있다. 따라서 하부층에 조립의 분광을, 상부층에 미립의 분광을 배치하고 상층부에 코크스 함유율을 높게 하며 석회석은 상하 균등하게 하거나 상층부에 많게 하는 수직편석을 조장한다. 수직편석은 점화로에서 상부의 착화를 유리하게 하고 하부의 열량 과잉 방지와 통기성을 높여서 소결회수율 및 품질을 좋게 할 수 있다.

07 소결광 제조 시 배합 원료를 소결기에 장입할 때 바람직하지 못한 편석은 무엇인가?

정답

수평편석(폭 방향의 편석)

해설 폭 방향 편석 시 소결속도가 불량하게 되어 생산성이 감소한다.

08 소결광 제조 시 배합 원료에 대한 수직편석 장입의 효과를 쓰시오.

정답

착화와 통기성이 향상되고 그레이트 바를 보호하며 회수율이 향상된다.

해설 소결기의 구조는 상부에 열을 가하고, 하부에서 열을 빨아들이는 구조로 되어 있다. 따라서 하부층에 조립의 분광을, 상부층에 미립의 분광을 배치하고 상층부에 코크스 함유율을 높게 하며 석회석은 상하 균등하게 하거나 상층부에 많게 하는 수직편석을 조장한다. 수직편석은 점화로에서 상부의 착화를 유리하게 하고 하부의 열량 과잉을 방지하며 통기성을 높여서 소결회수율 및 품질을 좋게 할 수 있다.

09 소결광 제조를 위한 소결기 장입 시 바람직한 편석요령을 쓰시오.

정답

세립분광은 상층부, 조립분광은 하층부

해설 수직편석 : 점화로에서 착화가 용이하게 상층부는 세립(미립), 하층부는 조립(대립)으로 장입

NCS

10 소결 원료를 소결기에 장입할 때 수직편석을 조장하기 위해 상층부와 하층부에 각각 어떻게 장입해야 하는지 쓰시오.

정답

- 상층부 : 미립 원료 장입
- 하층부 : 대립 원료 장입

해설 수직편석 : 점화로에서 착화가 용이하게 상층부는 세립(미립), 하층부는 조립(대립)으로 장입

NCS

11 소결 원료의 입도가 조립화되거나 미립화되었을 때 문제점을 쓰시오.

정답

- 입도의 조립화 : 성품 소결광의 강도가 저하되고, 품질이 악화됨
- 입도의 미립화 : 통기성 저하로 생산성 저하 및 품질 악화

해설 입도가 크면 낙하 시 소결광의 무게로 파손될 가능성이 크며, 이로 인해 품질이 악화되며, 입도가 작으면 통기성이 불량하여 2차 환원이 잘 이루어지지 않아 생산성과 품질이 악화된다.

12 소결 원료는 통기성 및 생산성을 좋게 하기 위해 수평 방향의 편석(폭 방향 편석)을 지양하고, 수직편석을 하는데, 폭 방향 편석을 발생시키는 원인을 2가지 쓰시오.

정답
- 급광 서지 호퍼에서의 편석
- 배사판에서의 광석 부착

해설 편석을 발생시키는 요인
- 입도가 클수록 경사면을 굴러 하층에 쌓임
- 입자가 구상일수록 하층에 쌓이며, 요철이 많을수록 상층에 쌓임
- 수분 및 부착력이 클수록 점성이 커서 상층에 쌓임
- 배사판의 경사도가 작을수록 편석의 정도가 크게 됨

13 그림은 소결원료의 편석장입을 위해 사용하는 설비이다. 각각의 설비명을 적고 간단히 설명하시오.

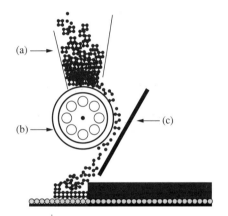

정답
(a) 설비명 : 서지 호퍼(Surge Hopper)
　　설명 : 혼합기(Mixer)에서 배합된 원료를 소결기 대차에 장입시키기 위한 호퍼
(b) 설비명 : 원료장입기(드럼피더, Drum Feeder)
　　설명 : 배합 원료를 대차에 일정한 층후로 균일하게 연속적으로 장입하기 위한 설비
(c) 설비명 : 배사판(Deflector)
　　설명 : 배합 원료가 배사판을 흘러가면서 마찰 및 원료 입도의 크기에 따라 수직편석이 이루어지게 하는 설비

해설
- 서지 호퍼(Surge Hopper) : 혼합기(Mixer)에서 배합된 원료를 소결기 대차(Pallet)에 장입시키기 위한 호퍼로 소결기 주행 속도 변경에 대응하도록 배합 원료를 일시 저장하는 저광 역할
- 드럼 피더(Drum Feeder) : 서지 호퍼에 저광된 배합 원료를 드럼 회전에 따라 일정한 두께에 적정 속도로 소결기에 장입시키는 기기
- 배사판(Deflector) : 배사판과 원료와의 마찰 및 원료 입도의 크기에 따른 낙하거리 차이로 굵은 입자는 대차 하부, 가는 입자는 대차 상부에 장입하게 되는 수직편석을 이루어지게 하는 설비

14 소결연료의 연소를 촉진시키며 소결 생산성과 품질에 가장 큰 영향을 미치는 요인은 무엇인가?

정답

통기도

해설 고로 내에서는 2차 환원에 의한 용선 생성반응이 중요한데, 2차 환원을 발생하는 환원제는 CO 가스이며, 이 가스가 상부로 상승하기 위해선 소결광, 코크스 등의 입도가 매우 중요하다.

15 소결기에 상부광을 깔아 주는 이유를 쓰시오.

정답

• 통기성 양호
• 그레이트 바의 수명연장
• 적열소결광 융착 방지 등

해설 상부광 : 소결기 대차 하부면에 까는 8~15mm의 소결광
• Grate Bar에 소결광 융착을 방지
• 소결광 덩어리가 대차에서 쉽게 분리하도록 도움
• Grate Bar 사이로 세립 원료가 새어 나감을 방지
• 신원료에 의한 화격자의 구멍 막힘을 방지

16 소결 배합 원료 중 분코크스의 입도가 굵으면 조업상 일어나는 현상을 2가지만 쓰시오.

정답

• Grate Bar에 광석이 용착된다.
• 적열층이 두꺼워진다.
• Wind Box의 온도가 상승한다.

해설 분코크스가 조립일 경우 소결광의 품질에 문제가 생기고, 그레이트 바에 적열 현상으로 설비에도 문제가 발생한다. 미립일 경우 열단위량이 감소하고 원단위가 상승한다.

17 소결 상부광 입도가 점점 굵어지고 있다. 어디를 점검하여야 하는가?

정답

그레이트 바

해설 화격자(Grate Bar) : 대차의 바닥면으로 하부 쪽으로 공기가 강제 흡인될 수 있도록 설치하는 것으로 고온 강도 및 내산화성이 좋아야 함

18 소결 조업에서 고온에서 용융된 맥석이 용재가 되어 고체상태의 철광석을 결합시키는 것을 무엇이라 하는가?

정답

용융결합

해설 • 확산결합
   – 비교적 저온에서 소결이 이루어진 경우로 입자가 용융하지 않고 입자 표면 접촉부의 확산 반응으로 결합이 이루어짐
   – 피환원성은 좋으나 부서지기 쉬움
• 용융결합
   – 고온에서 소결한 경우로 원료 중 슬래그 성분이 용융하여 쉽게 결합함
   – 저융점의 슬래그 성분일수록 용융결합이 용이함
   – 강도는 좋으나, 피환원성이 좋지 않아 기공률과 환원율 저하를 방지해야 함

19 소결 조업에서 철광석을 결합하는 방법 2가지를 쓰시오.

정답

확산결합, 용융결합

해설 • 확산결합
  – 비교적 저온에서 소결이 이루어진 경우로 입자가 용융하지 않고 입자 표면 접촉부의 확산 반응으로 결합이 이루어짐
  – 피환원성은 좋으나 부서지기 쉬움
• 용융결합
  – 고온에서 소결한 경우로 원료 중 슬래그 성분이 용융하여 쉽게 결합함
  – 저융점의 슬래그 성분일수록 용융결합이 용이함
  – 강도는 좋으나, 피환원성이 좋지 않아 기공률과 환원율 저하를 방지해야 함

NCS

20 소결광을 직접 살수하여 냉각 시 문제점을 3가지 쓰시오.

정답

• 급랭에 의한 소결광의 분화
• 성품광 중에 미세 소결광의 부착
• 수증기 및 미세 소결광 비산
• 소결광 파쇄

해설 소결광에 살수를 하여 냉각시키면, 급격한 온도 차에 의해 분화 및 파쇄가 발생하여, 생산성이 문제가 된다.

NCS

21 다음은 소결과 관련된 설비의 그림이다. 설비명과 기능을 설명하시오.

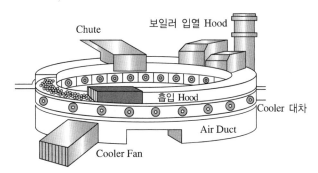

정답

• 설비명 : 냉각기(Cooler)
• 기능 : 1차 파쇄된 소결광의 온도를 벨트 컨베이어 보호를 위해 100℃ 이하로 급랭하는 설비

해설 **냉각기(Cooler)** : 대기, 공기를 강제 흡인 · 송풍하여 핫 크러셔에서 파쇄된 소결광을 냉각하는 설비

22 펠레타이징법의 조립기에서 만들어진 반제품의 구형 광석의 명칭을 쓰시오.

정답
생펠릿

해설 생펠릿을 소성하게 되면 고로의 원료로 사용 가능한 펠릿이 된다.

23 가루 철광석을 고로에 장입하기 전에 고로조업에 적합하게 덩어리로 만든 광석(단광)의 명칭을 2가지 쓰시오.

정답
소결광, 펠릿(Pellet)

해설 단광 : 상온에서 압축 성형만으로 덩어리를 만들거나, 이것을 다시 구워 단단한 덩어리로 만드는 방법

NCS
24 괴상화된 광석(단광)이 갖추어야 할 성질을 3가지 쓰시오.

정답
• 장시간의 저장에도 풍화되지 않을 것
• 적당한 강도를 가질 것
• 유해한 불순물과 같은 성분이 포함되어 있지 않을 것
• 환원성이 좋을 것
• 열팽창, 수축에 강할 것

해설 괴상화 광석이 가져야 할 성질
• 장시간 저장에도 풍화되지 않을 것
• 운반 또는 노 내에서 강하할 때 부서지지 않는 강도를 가질 것
• 금속에 유해한 불순물이나 노 벽의 내화물에 손상을 주는 성분이 포함되지 않을 것
• 다공질로 노 내에서 환원성이 좋을 것
• 열팽창, 수축에 따라 붕괴하지 않을 것

25 미세한 철광석분을 입도 6~18mm 정도의 구상으로 제조하여 괴성화한 것의 명칭을 쓰시오.

정답
펠릿

해설 펠릿의 품질 특성
• 분쇄한 원료로 만들어 야금 반응에 민감
• 입도가 일정하고, 입도 편석을 일으키지 않고, 공극률이 적음
• 황 성분이 적고, 해면철 상태로 용해되어 규소 흡수가 적음
• 순도가 높고 고로 안에서 반응성이 뛰어남

26 펠레타이징의 조립기에서 만들어진 반제품인 구형의 광석을 가열 소성하는 노의 형식을 2가지만 쓰시오.

정답
로터리 킬른, 샤프트 킬른

해설 생펠릿을 가열하여 결합시키는 공정을 소성이라고 하며, 형태에 따라 직립로(샤프트 킬른), 격자 원통식로(로터리 킬른), 격자식로로 나뉜다.

27 펠레타이징에서 분쇄에 사용되는 설비 명칭은?

정답

Ball Mill, Rod Mill

해설
- 조쇄 : 조 크러셔(Jaw Crusher), 자이러토리 크러셔(Gyratory Crusher)
- 중쇄 : 콘 크러셔(Con Crusher), 사이먼드 디스크 크러셔, 임팩트 크러셔
- 분쇄 : 볼밀(Ball Mill), 로드밀(Rod Mill), 도광기(Stamp)

28 제철공정에서 많이 사용되는 연속식 소결기명을 쓰시오.

정답

DL소결기(드와이트 로이드식)

해설 드와이트-로이드식(DL식, Dwight Lloyd Machine) 소결기의 장점
- 연속식으로 대량생산 가능
- 인건비가 저렴
- 집진장치 설비 용이
- 코크스 원단위 감소
- 소결광 피환원성 및 상온강도 향상

29 소결광 제조 시 사용되는 소결기의 종류를 2가지만 쓰시오.

정답
- DL식(Dwight Lloyd식)
- GW식(Greenawalt식)

해설
- 그리나발트(GW)식 : 단속식(Batch Process)으로 소결 원료 장입 및 점화차의 전복 등 시간적 손실이 많아 거의 사용하지 않음
- 드와이트 로이드(DL)식 : 연속식 소결기로 대량생산 및 조업 자동제어가 가능하여 많이 사용

30 DL식 소결기의 장점을 쓰시오.

정답
- 연속식이기 때문에 대량생산에 적합
- 고로의 자동화 가능
- 인건비가 절약
- 집진장치 설치가 용이

해설 드와이트 로이드식(DL) 소결기의 장점
- 연속식으로 대량생산 가능
- 인건비가 저렴
- 집진장치 설비 용이
- 코크스 원단위 감소
- 소결광 피환원성 및 상온강도 향상

31 그림은 특정 소결 설비의 개략도이다. 이 설비의 명칭을 쓰고 이 설비의 장점을 2가지만 쓰시오.

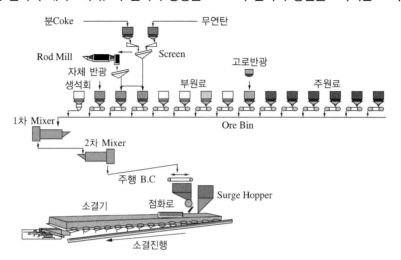

정답

- 설비 명칭 : 드와이트 로이드식(DL) 소결기
- 장 점
  - 대량생산 가능
  - 고도의 자동화 가능
  - 인건비 절약
  - 방진장치 설치가 용이

해설 드와이트 로이드식(DL) 소결기의 장점
- 연속식으로 대량생산 가능
- 인건비가 저렴
- 집진장치 설비 용이
- 코크스 원단위 감소
- 소결광 피환원성 및 상온강도 향상

NCS
32 드와이트 로이드(DL)식 소결기의 장점과 단점을 3가지 쓰시오.

정답

- 장 점
  - 연속식으로 대량생산에 적합
  - 적은 인건비
  - 자동화
  - 방진(집진)설비 설치 용이
- 단 점
  - 배기장치 누풍량이 많음
  - 전력 소모량이 많음
  - 소결불량 시 재점화가 안 됨
  - 일부 고장 시 설비 전체가 정지될 수 있음
  - 기계장치의 손상 및 마모 발생

해설 그리나발트식(GW식) 소결기와 드와이트 로이드식(DL식) 소결기 비교

종 류	장 점	단 점
GW식	• 항상 동일한 조업 상태로 작업 가능 • 배기장치 누풍량이 적음 • 소결 냄비가 고정되어 장입 밀도에 변화 없이 조업 가능 • 1기 고장이라도 기타 소결 냄비로 조업 가능	• DL식 소결기에 비해 대량생산 부적합 • 조직이 복잡하여 많은 노력 필요
DL식	• 연속식으로 대량 생산 가능 • 인건비가 저렴 • 집진장치 설비 용이 • 코크스 원단위 감소 • 소결광 피환원성 및 상온강도 향상	• 배기장치 누풍량 많음 • 소결 불량 시 재점화 불가능 • 1개소 고장 시 소결 작업 전체가 정지

33 소결기의 펠릿(Pellet) 간의 간격을 조절하는 장치를 쓰시오.

정답

정전조정장치

34 소결 점화로용 연료가 가장 많이 사용되는 가스를 쓰시오.

정답

COG, Mixed Gas(COG + BFG)

해설 • 코크스로 가스(COG ; Coke Oven Gas)
• 고로가스(BFG ; Blast Furnace Gas)
• 혼합 가스(BFG + COG)

35 소결공장의 전기 집진 장치의 장점을 쓰시오.

정답

• 동력비가 적게 든다.
• 보수 유지비가 저렴하다.
• 집진 효율이 높다.
• 입력 손실이 적다.

해설 전기 집진기
• 방전 전극판(+)과 집진 전극봉(−) 간에 고압의 직류전압을 걸게 되면 연진은 코로나 방전을 일으키게 되고, 이때 이온화된 연진을 집진극에 달라붙도록 하여 집진하는 설비
• 집진극에 부착된 분진 입자는 타격에 의한 진동으로 하부 호퍼에 모여진 후 외부로 배출

36 철광석을 선광할 때 가장 많이 사용하는 방법을 쓰시오.

정답

자력 선광법

해설 자력 선광법 : 광물이 강자성을 지닐 때 강력한 자석으로 분리하는 방법으로 건식과 습식으로 나뉜다.

37 전 처리작업 중 선광법의 종류를 3가지만 쓰시오.

정답

자력 선광, 부유 선광, 비중 선광

해설 • 자력 선광 : 광물이 일정한 강자성을 지닐 때 투전율이 다른 광물의 거동을 이용하는 선광법
• 비중 선광 : 물속에서 광물입자의 낙하 운동이나 흐름 등의 차이를 이용하는 선광법
• 부유 선광 : 광물 표면의 성질의 차이를 이용하는 선광법

1 코크스 제조 개요

01 코크스가 갖추어야 할 성질을 쓰시오.

정답

- 견고하여 운반 취급 중이나 고로 안에서 분쇄되지 않아야 한다.
- 입도가 적당하고 여러 가지 성질이 균일해야 한다.
- 다공질로 표면적이 크고 풍구부에서 거의 전부가 급속히 연소해야 한다.
- 수분, 회분이 적고 고정탄소가 많아야 한다.
- 인, 황 등의 유해성분이 적어야 한다.

해설 코크스

- 코크스의 역할
  - 바람구멍 앞에서 연소하여 필요한 열량을 공급
  - 고체 탄소로 철 성분을 직접 환원
  - 일부 선철 중에 용해되어 선철 중 탄소함량을 높임
  - 고로 안의 통기성을 좋게 하는 통로 역할
  - 철의 용융점을 낮추는 역할
- 코크스의 성질
  - 견고하여 운반 및 취급 중에 고로 안에서 분쇄되지 않을 것
  - 다공질로 표면적이 크고, 바람구멍부에서 거의 전부가 급속 연소될 것
  - 입도가 적당하고 그 밖의 성질이 모두 균일할 것
  - 인, 황 등의 유해성분이 적을 것

02 고로 내에서 코크스의 역할을 3가지만 쓰시오.

정답

열원, 환원제, 통기성 향상, 용선의 용융점 저하

해설 코크스의 역할

- 바람구멍 앞에서 연소하여 필요한 열량을 공급
- 고체 탄소로 철 성분을 직접 환원
- 일부 선철 중에 용해되어 선철 중 탄소함량을 높임
- 고로 안의 통기성을 좋게 하는 통로 역할
- 철의 용융점을 낮추는 역할

03 코크스 제조 시 대표적인 원료탄의 명칭을 쓰시오.

정답

유연탄, 역청탄, 점결탄

해설

- 역청탄 : 유리광택이 있는 석탄, 특유의 악취가 나며, 탄소 함유량 80~90%, 제철용 코크스, 도시가스로 이용
- 점결탄 : 역청탄(유연탄)이 점결하여 괴상의 코크스가 되는 석탄

04 코크스 제조에서 비점결탄에 점결제를 첨가하여 괴상화된 탄을 무엇이라 하는가?

정답

성형탄(Briquette Coal)

해설 • 역청탄(유연탄)이 점결해서 괴상의 코크스가 되는데, 이러한 석탄을 점결탄이라고 한다.
• 점결하지 않은 탄을 비점결탄이라고 하며 원료탄은 코크스화성, 점착성을 가지고 있고, 휘발분, 회분이 적은 강점결탄이어야 한다.
• 비점결탄은 점결제를 첨가시킨 후 압축, 성형하여 성형탄을 만든다.

05 코크스 원료로 사용하는 석탄의 주성분을 2가지 쓰시오.

정답

탄소, 휘발분, 회분

해설 원료탄은 고정탄소가 대부분을 차지하고, 미량의 휘발분, 회분을 가지고 있다.

06 코크스에서 함량이 가장 많은 성분을 쓰시오.

정답

고정탄소

해설 코크스는 유연탄을 건류하여 만든다.

07 고로에 장입하는 코크스의 적당한 입도 범위를 쓰시오.

정답

25~75mm

해설 • 소결광 : 5~50mm   • 정립광 : 8~30mm
• 분광 : 8mm 이하   • 펠릿 : 6~18mm
• 코크스 : 25~75mm   • 분코크스(미분탄) : 1~3mm

08 코크스로 가스의 조성 성분 중에서 가장 높은 성분명을 쓰시오.

정답

수소(H_2)

해설 COG는 일반적으로 수소 50~60%, 메탄 30%, 에틸렌 3%, 그 외 일산화탄소 7%, 질소 4% 등의 조성을 가진다.

09 코크스 원료탄을 가열하면 타르와 함께 발생하는 분해가스 두 가지를 쓰시오.

정답

- 일산화탄소
- 메 탄
- 에틸렌
- 나프탈렌
- 암모니아
- 유화수소

해설 일산화탄소, 메탄, 에틸렌 외에 나프탈렌, 암모니아, 유화수소 등도 발생한다.

10 코크스 제조 공정의 부산물의 종류를 쓰시오.

정답

COG, 타르(Tar)

해설 석탄은 고온 건류하면 코크스 외에 다양한 가스 및 타르 등이 생성된다.

11 코크스 노 내 원료탄 대비 타르 회수율은?

정답

4~5%

해설 석탄은 고온 건류함으로써 얻어지는 타르는 4~5% 정도이며, 공업적으로 다방면에 활용되고 있다.

12 CR과 PCR의 뜻을 쓰시오.

정답

- CR(kg/$t-p$) : 코크스비를 의미하며 선철(Pig Iron) 1ton 생산하는 데 필요한 Coke량(kg)을 말한다.
- PCR(kg/$t-p$) : 광석비를 의미하며 선철(Pig Iron) 1ton 생산하는 데 필요한 Coal량(kg)을 말한다.

13 코크스로 조성가스 성분 1% 이상인 것만 3가지 쓰시오.

정답

H_2, CH_4, CO, N_2, CO_2

2 코크스 제조 설비

01 코크스 오븐(Oven)의 노체(노온)관리 목적을 2가지만 쓰시오.

정답

- 고로 조업 안정
- 코크스로 수명연장
- 코크스 제조 열 원단위 절감
- 코크스 노체 수명연장
- 코크스 품질 확보
- 코크스 생산량 증가
- 배출가스 환경공해 방지

02 다음은 코크스 오븐(Oven)의 구조에 대한 그림이다. (가)와 (나)의 명칭을 쓰고, 역할을 간단히 설명하시오.

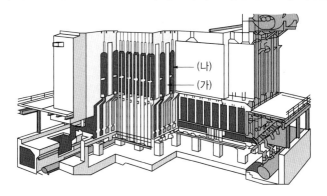

(나)
(가)

정답

(가) 설비명 : 탄화실
역할 : 원료탄을 장입하여 건류시키는 곳
(나) 설비명 : 연소실
역할 : Gas를 연소시켜 발생되는 열을 벽면을 통하여 탄화실에 전달하여 필요한 열량을 공급하는 곳

해설
- 탄화실 : 원료탄을 장입하여 건류시키는 곳
- 연소실 : Gas를 연소시켜 발생되는 열을 벽면을 통하여 탄화실에 전달하는 곳
- 축열실 : 연소된 고온의 폐가스가 통과하며 쌓여 있는 연와와 열교환이 이루어지는 곳

03 코크스로를 구성하는 주요실 3개의 명칭을 쓰시오.

정답

연소실, 축열실, 탄화실

해설 • 탄화실 : 원료탄을 장입하여 건류시키는 곳
• 연소실 : Gas를 연소시켜 발생되는 열을 벽면을 통하여 탄화실에 전달하는 곳
• 축열실 : 연소된 고온의 폐가스가 통과하며 쌓여 있는 연와와 열교환이 이루어지는 곳

04 다음 중 설명에 맞는 설비를 쓰시오.

(가) 연소 후 발생한 폐가스의 열을 재사용하기 위하여 저장하는 설비이다.
(나) 연료가스를 이용하여 탄화실을 가열하는 설비이다.
(다) 원료탄이 장입되어 건류가 일어나 코크스가 제조되는 설비이다.

정답

(가) 축열실, (나) 연소실, (다) 탄화실

해설 • 탄화실 : 원료탄을 장입하여 건류시키는 곳
• 연소실 : Gas를 연소시켜 발생되는 열을 벽면을 통하여 탄화실에 전달하는 곳
• 축열실 : 연소된 고온의 폐가스가 통과하며 쌓여 있는 연와와 열교환이 이루어지는 곳

05 코크스로 내부 구조 중 원료탄이 장입되는 곳의 명칭은?

정답

탄화실

해설 원료탄을 장입하여 건류시키는 곳

06 코크스로 탄화실 내 모르타르(Mortar)를 스프레이(Spray)하는 목적을 1가지만 쓰시오.

정답

코크스 노벽 Sealing, 노에서 벽 측으로 가스 누기 방지, 불필요한 에어가 체임버(Chamber)에 흡입되는 것 방지

해설 탄화실은 원료탄을 장입하여 건류하는 곳으로서 노에서 벽으로의 가스 누출 방지와 노벽 보호를 위해 모르타르를 부착한다.

07 코크스로 Coal Tower에서 탄을 받아 탄화실로 이동시켜 장입하는 설비의 명칭은?

정답

장입차

해설 석탄 야드에서 석탄을 받아 코크스로의 탄화실에 장입하는 설비

08 코크스 오븐(탄화실)에 원료탄을 장입하는 설비와 건류와 완료된 코크스를 탄화실로부터 밀어내는 설비를 각각 쓰시오.

정답

• 장입 설비 : 장입차
• 배출 설비 : 압출기(Pusher Car)

해설

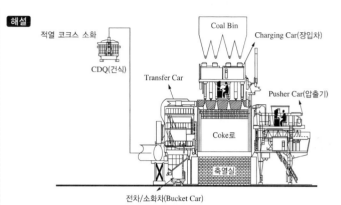

코크스로의 탄화실에 원료를 장입하는 설비를 장입차라고 하며, 완성된 코크스를 배출하는 설비를 압출기라고 한다.

09 코크스 오븐 도어에서 가스 유출을 방지해 주는 장비명칭을 쓰시오.

정답

가스유량 제어장치

해설 **가스유량 제어장치** : 압력 센서를 이용하여 유입, 유출 밸브를 조절함으로써 가스의 유량을 정밀하게 제어하여 가스 유출을 방지해 주는 설비

10 코크스로 탄화실 온도를 측정하는 기기의 명칭을 쓰시오.

정답

파이로미터

해설 고온계(Pyrometer)는 코크스로의 높은 온도를 측정하기 위해 사용되는 온도계이며 탄화실에서 압출 후 노 하부 위로부터 400~500mm와 코크스 레벨 상부에서 아래로 400~500mm 지점을 장입구를 통해 측정한다.

3 코크스 제조 공정

NCS

01 석탄의 코크스 괴성화 과정을 [보기]에서 골라 순서대로 (   )에 알맞은 것을 쓰시오.

┌ 보기┐

수축, 팽창, 고화, 용융

연화 → (가) → (나) → (다) → (라) → 코크스 괴

정답

(가) 용융, (나) 팽창, (다) 수축, (라) 고화

해설 석탄을 공기가 차단된 상태에서 높은 온도로 가열하면 연속적인 단계, 즉 연화, 팽창, 수축, 고화 단계로 변하며, 이를 통해 석탄의 점결성을 평가할 수 있다.

02 고로 조업에서 코크스 대용으로 열풍과 함께 취입하는 원료 두 가지를 쓰시오.

정답

미분탄, 중유, 천연가스, COG, 타르

해설 노의 온도를 적절하고 균일하게 유지하고 생산성을 높이기 위해 미분탄, 중유, 천연가스 등을 투입한다.

03 코크스를 제조하는 과정에 발생하는 가스의 명칭과 고로에서 발생하는 가스의 명칭을 영문 약자로 각각 쓰시오.

정답

• 코크스로 가스 : COG

• 고로가스 : BFG

해설 • 코크스로 가스(COG)
• 고로가스(BFG)
• 전로가스(LDG)
• 파이넥스 가스(FOG)
• 혼합 가스(Mix Gas)

NCS

04 코크스로에 사용하는 가스 2가지와 소비열량을 저감하는 방법 3가지를 쓰시오.

정답

• 코크스로에 사용하는 가스 : COG, BFG, 혼합 가스(BFG + COG)

• 소비열량을 저감하는 방법 : Coal 입도 및 수분 관리, 정량불출 관리, 오불출 방지, 적정 공기비 관리, 압출 스케줄 준수, 문당 장입량 관리, 목표 노온 유지

해설 코크스 오븐의 연소 방식은 COG 연소와 혼합 가스 연소로 구분되어 각기 다른 연소 시스템을 갖추고 있다. 발열량이 높은 코크스로 가스(COG), 발열량이 낮은 고로가스(BFG) 또는 이것과 코크스로 가스를 혼합한 가스를 사용한다.

05 코크스로의 '엔드 플루(End Flue)'에 대하여 설명하시오.

정답
엔드 플루는 전체 오븐에서 온도가 급격히 변화하는 곳으로 외기 온도와 연소실 온도가 부딪혀 열 손실이 크고, 온도가 급격히 하락하기 쉬운 부분이다.

해설 엔드 플루 : 전체 오븐에서 온도가 급격히 변화하는 곳이며, 오븐 조업 진행에 따라 도어 장·탈착에 의한 탄화실 연와의 충격과 매직 손상, 가스 누출, 에어 흡입 등이 가장 심한 곳이다.

06 적열 코크스를 소화탑에서 냉각시키는 냉각방법의 종류를 2가지만 쓰시오.

정답
- 수랭법(습식법)
- 건식소화법(CDQ법)

해설
- 습식소화작업 : 압출된 적열 코크스를 소화차에 받아 소화탑에서 냉각한 후 와프(Wharf)에 배출하는 작업
- 건식소화작업 : CDQ(Coke Dry Quenching)란 습식소화 과정에서 발생된 비산분진을 억제하고 대기환경오염을 방지하기 위해 압출된 코크스를 Bucket에 받아 Cooling Shaft에 장입 후 불활성 가스를 투입시켜 질식소화시키는 작업

07 코크스의 현열 회수를 위하여 적열 코크스에 불활성 가스를 이용하여 냉각시키는 방법을 쓰시오.

정답
건식소화법

해설 건식소화작업(CDQ ; Coke Dry Quenching) : 습식소화 과정에서 발생된 비산분진을 억제하여 대기환경오염을 방지하는 작업으로 압출된 코크스를 Bucket에 받아 Cooling Shaft에 장입 후 불활성 가스를 투입시켜 질식소화시키는 방법이다.

08 CDQ(Coke Dry Quenching)의 원리를 쓰고, CDQ의 효과 2가지를 쓰시오.

정답
- 원리 : 코크스의 현열 회수를 위하여 적열 코크스에 불활성 가스를 이용하여 냉각
- 효과 : 열회수, 강도 유지, 크기 균일

해설 건식소화작업(CDQ ; Coke Dry Quenching) : 습식소화 과정에서 발생된 비산분진을 억제하여 대기환경오염을 방지하는 작업으로 압출된 코크스를 Bucket에 받아 Cooling Shaft에 장입 후 불활성 가스를 투입시켜 질식소화시키는 방법이다.

09 코크스로에서 배출된 적열탄은 어디로 운반되는지 쓰시오.

정답
소화탑

해설 압출된 적열 코크스를 소화차에 받아 소화탑으로 냉각한 후 와프(Wharf)에 배출한다.

10 코크스로에서 소화탑의 기능을 쓰시오.

정답

적열 코크스에 물을 뿌려 냉각

해설 소화 방법에는 건식소화방법과 습식소화방법이 있다. 그중 소화탑으로 냉각하는 방식은 습식소화방법을 말한다.

11 그림은 코크스로의 개략도이다. 그림에서 A, B부분의 명칭을 각각 쓰시오.

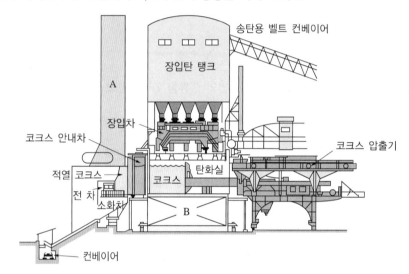

정답

A : 소화탑
B : 축열실

해설
- 소화탑 : 적열 코크스를 냉각시키기 위해 물을 뿌려주는 설비
- 탄화실 : 원료탄을 장입하여 건류시키는 곳
- 연소실 : Gas를 연소시켜 발생되는 열을 벽면을 통하여 탄화실에 전달하여 필요한 열량을 공급하는 곳
- 축열실 : 열교환 작용을 하는 곳으로 연소된 고온의 폐가스가 통과하며 쌓여 있는 연와와 열교환이 이루어짐

12 다음 [보기] 중 코크스로 내 열정산에서 입열에 해당되는 것 3개를 찾아 쓰시오.

┌─ 보기 ───
생성가스의 현열, 코크스의 현열, 장입탄의 현열, 장입탄의 총수분 현열, 타르의 현열, 연료가스의 현열, 폐가스의 현열
──

정답

- 장입탄의 현열
- 장입탄의 총수분 현열
- 연료가스의 현열

해설 열정산
- 입열 : 산화칠의 긴접 환인열, 코크스 연소열, 열풍(송풍)이 현열, 슬래그 색성열, 장입물 중 수분의 현열 등
- 출열 : 용선 현열, 노정가스 현열, 석회석 분해열, 코크스 용해 손실, 장입물(Si, Mn, P)의 환원열, 슬래그 현열, 수분의 분해열, 연진의 현열, 냉각수가 가져가는 열량 등

13 고로 내에서 코크스의 기능을 2가지만 쓰시오.

정답
- 열 원
- 환원제
- 열교환 매체
- 통기성 향상
- 통액성 향상

해설 코크스는 고로 내에서 철광석을 용융시키는 데 필요한 열원의 역할뿐만 아니라, 산화철 상태의 철광석을 환원하는 환원제의 역할, CO의 흐름을 원활하게 하여 간접환원을 일으킬 수 있는 통기성을 향상시키는 역할을 한다.

14 고로에 장입되는 코크스의 품질조건을 2가지만 쓰시오.

정답
- 적정 강도와 입도를 가질 것
- 유황분과 회분이 낮을 것

해설 코크스는 파손 방지 및 통기성 유지를 위한 적정 강도와 입도를 가져야 하고, 회분이 낮아야 한다.

15 코크스를 일정 조건에서 CO_2와 반응시킨 후의 강도를 무엇이라 하는가?

정답
열간 강도

해설
- 냉간 강도 : 코크스를 드럼에서 수회 회전한 후 일정 입도의 코크스 무게비로 측정
- 열간 강도 : 코크스를 일정 온도의 CO_2 분위기에서 반응시킨 후, 드럼에서 회전시켜 일정 입도의 무게비로 측정

16 코크스 강도를 측정하기 위한 시험법을 2가지 쓰시오.

정답
- 회전 강도 시험법
- 낙하 강도 시험법

해설 코크스의 강도를 알기 위한 시험에는 회전 강도 시험과 낙하 강도 시험이 있으며, 회전 강도 시험에는 드럼, 텀블러 시험법이 있다.

17 코크스 품질표시법에서 중요시되는 것으로 원시료에 대한 가산 백분율로 나타내는 강도를 무엇이라 하는가?

정답
회전 강도

해설 회전 강도 : 드럼에 넣고 규정의 속도와 규정 회전수만큼 소정의 체질을 하여 각 입도의 중량을 측정하고 원시료에 대한 가산 백분율로 표기한다.

1 고로 작업 개요

01 고로(BF)의 용량(능력)은 어떻게 나타내는가?

정답

내용적 $1m^3$당 1일 출선량

해설 고로의 생산 능력 : 1일 출선량(ton/day)

02 고로 내 철광석이 용선으로 치환되는 주요 반응은?

정답

환원반응

해설 환원반응 : 산화철 상태의 철광석(Fe_2O_3)으로부터 산소를 분리하여 선철을 만드는 것

NCS

03 고로 내에서 가탄층, 용해층, 환원층의 온도구간을 [보기]에서 골라 쓰시오.

┌보기┐
500~800℃, 800~1,200℃, 1,200~1,500℃
└───┘

정답

• 가탄층 : 800~1,200℃

• 용해층 : 1,200~1,500℃

• 환원층 : 500~800℃

해설 고로 내 장입물의 변화 상황
  • 예열층(200~500℃) : 상승 가스에 의해 장입물이 부착 수분을 잃고 건조하는 층
  • 환원층(500~800℃) : 산화철이 간접 환원되어 해면철로 변하며, 샤프트 하부에 다다를 때까지 거의 모든 산화철이 해면철로 되어 하강하는 층
  • 가탄층(800~1,200℃)
    − 해면철은 일산화탄소에 의해 침탄되어 시멘타이트를 생성하고 용융점이 낮아져 규소, 인, 황이 선철 중에 들어가 선철이 된 후 용융하여 코크스 사이를 적하하는 층
    − 석회석의 분해에 의해 산화칼슘이 생기며, 불순물과 결합해 슬래그를 형성
  • 용해층(1,200~1,500℃) : 선철과 슬래그가 같이 용융 상태로 되어 노상에 고이며, 선철과 슬래그의 비중 차로 2층으로 나뉘어짐

04 고로제선법의 생산성 향상과 연료비 저감을 위한 특수 송풍법을 2가지 쓰시오.

정답

• 산소부화송풍

• 고압송풍

• 조습송풍

• 연료취입송풍

해설 특수 송풍법 : 산소부화송풍, 고온송풍, 고압조업, 조습송풍, 보조연료취입송풍

05 고로조업에서 고압조업을 하는 이유 2가지를 쓰시오.

정답

• 출선량 증가
• 연료비 저하
• 노황의 안정
• 가스압력 손실 감소

해설 고압조업 : 노정의 압력을 올려 노 내 가스의 유속을 낮추고, 송풍량을 증가하여 생산량을 증가하는 방법

NCS

06 고로에서의 노황을 판단할 수 있는 방법을 쓰시오.

정답

• 장입물 분포 및 가스류의 판단
• 슬래그에 의한 판단
• 풍구 내부 관측에 의한 판단
• 선철 표면에 의한 판단
• 용선 흐름에 의한 판단
• 노정 가스에 의한 판단

해설 노황 : 가동하고 있는 노의 상황

---

07 고로 초기 조업에서 조업개시를 위해 노 내에 불을 붙이는 작업을 무엇이라 하는지 쓰시오.

정답

화입작업

해설
• 화입 : 신로 축조 후 첫 조업개시를 위해 노 내 불을 붙이는 작업
• 송풍 : 열풍기를 통해 고온의 공기를 고로 안에 강제적으로 불어 넣는 것
• 휴풍 : 송풍기에서 보내는 바람을 차단하여 고로 내 송풍을 일시 중단하는 것
• 종풍 : 고로조업 종료를 위해 노 내의 불을 끄는 작업

---

08 고로조업을 종료하기 위하여 노 내의 불을 끄는 작업을 무엇이라 하는지 쓰시오.

정답

종풍조업

해설 종 풍
• 화입 이후 10∼15년 경과 후 설비 갱신을 위해 고로조업을 정지하는 것
• 종풍 전 고역주업을 실시하여 노벽 및 노저부의 부착물을 용해, 제거한 후 안정된 종풍을 위해 클리닝(Cleaning) 조업 및 감척 종풍조업을 실시
• 남아 있는 용선을 배출시킨 뒤 노 내 장입물을 냉각
• 냉각 완료 후 보시(Bosh)부를 해체하여 잔류 내용물을 해체

09 종풍조업의 4단계를 [보기]에서 골라 순서대로 쓰시오.

┌─ 보기 ┐

노저 출선 작업, 주수 냉각 작업, 클리닝 조업, 감척 종풍조업

정답

클리닝 조업 → 감척 종풍조업 → 노저 출선 작업 → 주수 냉각 작업

해설
- 종풍 전 고열조업을 실시하여 노벽 및 노저부의 부착물을 용해, 제거한 후 안정된 종풍을 위해 클리닝(Cleaning) 조업 및 감척 종풍조업을 실시
- 남아 있는 용선을 배출시킨 뒤 노 내 장입물을 냉각
- 냉각 완료 후 Bosh부를 해체하여 잔류 내용물을 해체

10 고로 감척 종풍조업의 목적을 2가지만 쓰시오.

정답
- 냉각 소요시간 단축
- 해체 및 운반비용 감소
- 종풍조업용 코크스 사용량 감소

해설
종풍 전 고열조업을 실시하여 노벽 및 노저부의 부착물을 용해, 제거한 후 안정된 종풍을 위해 클리닝(Cleaning) 조업 및 감척 종풍조업을 실시

11 고로 종풍조업과 관련한 클리닝(Cleaning) 조업의 정의를 쓰시오.

정답
감척조업이 완료되어 종풍 후 통상의 출선구로 배출될 수 없는 노저부의 용융물을 노외로 배출시키는 작업

해설
종풍 전 고열조업을 실시하여 노벽 및 노저부의 부착물을 용해, 제거한 후 안정된 종풍을 위해 클리닝(Cleaning) 조업 및 감척 종풍조업을 실시

12 고로 조업을 10~15년 정도 경과하면 재설비의 갱신을 위해 종풍을 하여 고로 조업을 정지하게 된다. 종풍 1주일 전부터는 슬래그의 염기도는 낮추고, 노 내의 부착물을 용해하여 노저 출산을 원활히 하여 노저 해체 시 공사 물량을 감소하게 하는 조업을 실시하게 되는데, 이를 무엇이라고 하는지 쓰시오.

정답
클리닝 조업

해설
종풍 전 고열조업을 실시하여 노벽 및 노저부의 부착물을 용해, 제거한 후 안정된 종풍을 위해 클리닝(Cleaning) 소업 및 감척 송풍조업을 실시

13 고로에서 출선되는 용선의 온도는 대략 몇 ℃ 정도인가?

정답
1,400~1,500℃

해설 용선은 용강의 온도보다 조금 낮아 1,400~1,500℃ 정도를 유지한다.

14 고로에서 발생하는 가스의 주성분을 3가지 쓰시오.

정답
N_2, CO, CO_2, H_2

해설 고로가스에는 N_2, CO, CO_2, H_2가 함유되어 있으며, 이 중 N_2의 함유량이 가장 많다.

NCS
15 고로 내 취입할 수 있는 연료의 종류를 3가지 쓰시오.

정답
타르, COG, 미분탄, 중유, 천연가스 등

해설 **연료 취입** : 조습송풍 시 풍구 입구의 온도가 낮아지므로 증기 취입 대신 연료(타르, 천연가스, COG, 미분탄 등)를 첨가하여 취입한다.

16 고로법의 문제점을 보완한 신 제철법으로 분광석과 분탄을 이용하여 용융로에서 용선을 생산하는 방식으로 한국에서 상용화한 제철법의 명칭을 쓰시오.

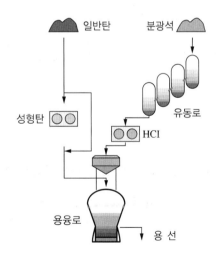

정답
파이넥스법

해설 분광과 분탄의 중간 가공처리과정이 없어 설비 투자비도 적고, 제조원가도 절감하며, 환경오염물질 배출도 줄일 수 있다.

17 제선 공정에서 사용하는 원료비란 무엇인지 쓰시오.

정답

선철 1ton을 생산하는 데 소요되는 원료
량(철광석량)

해설 원료비(광석비) : 고로에서 선철 1ton을 생산하기 위해 소요된 주원료(철광석) 사용량
$(kg/t-p)$

18 고로의 원료배합에서 필요에 따라 일정량의 코크스에 대하여 광석비를 증감하게 되는데 다음 장입방법에 대하여
설명하시오.

> ㄱ. 중장입 :
> ㄴ. 경장입 :
> ㄷ. 공장입 :

정답

ㄱ. 중장입 : 광석량이 많은 경우의 장입
ㄴ. 경장입 : 광석량이 적은 경우의 장입
ㄷ. 공장입 : 코크스만 장입

해설
- 중장입 : 코크스에 대한 광석량은 O/C로 표시하며 이 비는 노황에 따라 가감되는데
광석량이 많은 경우의 장입
- 경장입 : 코크스에 대한 광석량은 O/C로 표시하며 이 비는 노황에 따라 가감되는데
광석량이 적은 경우의 장입
- 공장입 : 노황 조정을 위해 코크스만을 장입하는 경우

19 고로에서 사용하는 코크스비와 철광석비의 의미를 각각 쓰시오.

정답

- 코크스비 : 고로에서 선철 1t을 생산하
는 데 소요된 코크스 사용량$(kg/t-p)$
- 광석비 : 고로에서 선철 1t을 생산하기
위해 소요된 철광석 사용량$(kg/t-p)$

해설
- 선철 t당 소요 원료량을 각각 원료비(광석비), 코크스비, 석회석, 잡원료비라고
부름
- 코크스비는 광석 중 철 함유량에 따라 변동하며, 철 함유량이 높을수록 코크스비는
낮으며, 고로의 조업률은 높아짐

20 고로 내 장입되는 원료의 분포를 적절하게 조정하는 이유는 무엇을 좋게 하기 위한 것인지 2가지만 쓰시오.

정답

- 통기성
- 환원성
- 열교환성

해설 원료 및 연료의 수직편석 등으로 통기성을 좋게 하고 원활한 환원반응을 만들어내기
위해 장입물 분포를 조정한다.

21 고로의 생산능력을 나타내는 출선비가 무엇인지 쓰시오.

정답

노 내용적 1m³당 1일 출선량($t/d/\text{m}^3$)

해설 고로에서 하루에 생산하는 용선량을 고로의 내용적으로 나눈 것

$$\frac{\text{출선량}(t/d)}{\text{내용적}(\text{m}^3)}$$

22 조업결과가 다음과 같을 때 출선비를 구하시오.

> 조업결과 : 내용적 4,000m³, 노정압 2.5km/cm², 1일 출선량 8,400t/d, 연료비 480kg

정답

$$\frac{\text{출선량}}{\text{내용적}} = \frac{8,400t/d}{4,000\text{m}^3} = 2.1$$

23 고로의 유효내용적을 설명하시오.

정답

풍구에서 장입기준선까지의 내용적

해설
- 전용적 : 노 바닥에서부터 노구까지의 용적
- 내용적 : 출선구로부터 장입기준선까지의 용적
- 유효내용적 : 풍구 수준면에서부터 장입기준선까지의 용적

24 고로장입 시 표면 착화를 잘되게 하려면 코크스 입도분포는 어떻게 이루어져야 하는가?

정답

하층부에는 적게, 상층부에는 많게 수직편석이 되도록 장입한다.

해설 표면 착화가 잘되려면 통기성을 고려하여 수직편석이 되도록 장입한다.

25 출선구 파손의 원인을 두 가지 쓰시오.

정답
- 출선구 위치 및 각도 불량
- 머드재 및 재질 불량
- 출선구 냉각반 파손
- 출선 시 개공불량

② 고로 조업

01 COG가 의미하는 것은?

정답

코크스 오븐 가스(Coke Oven Gas)

해설
- 코크스로 가스(COG)
- 고로가스(BFG)
- 전로가스(LDG)
- 파이넥스 가스(FOG)
- 혼합 가스(Mix Gas)

02 제철소 내의 부생가스인 COG와 BFG의 명칭을 각각 쓰시오.

정답

코크스로 가스, 고로가스

해설
- 코크스로 가스(COG)
- 고로가스(BFG)
- 전로가스(LDG)
- 파이넥스 가스(FOG)
- 혼합 가스(Mix Gas)

03 제철소에서 발생하는 COG의 명칭을 쓰고 COG 정제 중 발생하는 유용 부산물을 2가지만 쓰시오.

정답

가. COG 명칭 : 코크스 오븐 가스(Coke
　　　Oven Gas)
나. 유용 부산물 : 타르(Tar), 조경유

해설
석탄을 고온 건류하면 타르, 조경유와 같은 부산물이 발생하고, COG에 섞이게
되며, 이를 정제하여 소결 점화로나, 고로의 연료 취입 설비에 사용하게 된다.

04 고로가스(BFG) 중에서 가장 많이 함유되어 있는 가스의 명칭을 쓰시오.

정답

질 소

해설
고로가스에는 N_2, CO, CO_2, H_2가 함유되어 있으며, 이 중 N_2의 함유량이 가장
많다.

05 고로에 석회석을 장입하는 이유를 쓰시오.

정답

염기성 Slag 형성

해설
- 코크스의 회분과 철광석의 맥석과 함께 좋은 슬래그를 만든다.
- 슬래그 염기도를 조정하고, 탈황효과가 있다.

06 고로에서 용제의 역할을 2가지만 쓰시오.

정답
- 슬래그의 용융점을 낮춘다.
- 유동성을 좋게 한다.
- 맥석 같은 불순물을 결합한다.
- 슬래그를 만든다.

해설
고로에는 석회석이 용제로 사용된다.

07 고로 상부에서 일어나는 반응은 직접환원과 간접환원 중 어떠한 반응인지 쓰시오.

정답

간접환원

해설
직접환원은 레이스웨이가 있는 고로 하부에서, 간접환원은 고로 상부에서 일어난다.

08 고로 내 철광석이 용선으로 치환되는 주요 반응의 명칭을 쓰고 대표적인 화학반응식을 1가지만 쓰시오.

정답
- 직접환원 : $FeO + C \rightarrow Fe + CO$
- 간접환원 : $FeO + CO \rightarrow Fe + CO_2$

해설
- 직접환원 : 고로 하부에서 발생하며, 산화철과 코크스 중 탄소(C)와 반응하여 일산화탄소(CO)를 발생시키는 흡열반응을 일으킨다.
- 간접환원 : 고로 상부에서 발생하며, 산화철과 일산화탄소(CO)가 반응하여 이산화탄소(CO_2)를 발생시키는 발열반응을 일으킨다.

09 그림에서 A부분은 풍구로부터 취입된 고온의 열풍이 노 내 코크스를 연소시켜서 환원가스를 발생시키며, 고로 내에서 가장 온도가 높고 활성화된 영역이다. A부분의 명칭을 쓰고, A부분에서 발생하는 화학 반응식을 2가지만 쓰시오.

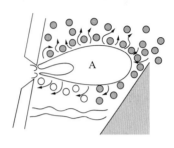

정답

- 명칭 : 연소대(레이스웨이)
- 화학반응식
  - $O_2 + C \rightarrow CO_2$
  - $CO_2 + C \rightarrow 2CO$
  - $H_2O + C \rightarrow H_2 + CO$

해설 연소대 : 레이스웨이 부근의 반응을 말하며, 풍구로부터 취입된 고온(1,000℃)의 열풍으로 코크스를 연소시키는 부분이 최고 2,000℃까지 온도가 올라가며, 간접환원에 필요한 환원가스(일산화탄소, CO가스)를 발생시킨다.

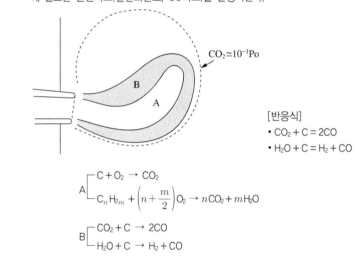

[반응식]
- $CO_2 + C = 2CO$
- $H_2O + C = H_2 + CO$

$$A \begin{cases} C + O_2 \rightarrow CO_2 \\ C_nH_{2m} + \left(n + \dfrac{m}{2}\right)O_2 \rightarrow nCO_2 + mH_2O \end{cases}$$

$$B \begin{cases} CO_2 + C \rightarrow 2CO \\ H_2O + C \rightarrow H_2 + CO \end{cases}$$

10 고로 송풍량과 노정가스 중 질소 가스 함유량이 [보기]와 같을 때 노정가스량을 구하시오.

⎡보기⎤

송풍량 : 1,567m³, 노정가스 질소 가스 함유량 : 57%

정답

가스량 : 2,171.8m³

해설 송풍가스 질소량 = 노정가스 질소량
송풍가스량 × 질소구성비 = 노정가스량 × 질소구성비
1,567m³ × 0.79 = 노정가스량 × 0.57
노정가스량 = (1,567m³ × 0.79) / 0.57 ≒ 2,171.8

11 고로의 통기성을 향상시킬 수 있는 장입방법을 쓰시오.

정답

- 수평편석을 방지하고 수직편석을 장려
- 상부광 층후를 적정하게 유지
- DF(Drum Feeder)에 부착광의 발생으로 인한 편석 방지
- DF 게이트를 적정하게 유지
- 적정 수분 유지

해설 원연료의 적당한 강도와 크기를 유지해야 하며, 수분을 첨가하면 미분 원료가 응집하여 통기성이 향상된다. 또한 소결광 제조 시 수직편석을 장려하며, DF의 반사판에 부착광이 발생하지 않도록 유의한다.

12 고로용 철광석의 입도가 너무 작으면 어떤 문제가 발생되는지 쓰시오.

정답

통기성 저하, 생산성 저하

해설 철광석의 입도가 작으면, 통기성 저하가 발생하여 환원반응이 활발하게 일어나기 어렵다.

13 송풍을 개시할 때 방풍밸브(Snort Valve)를 1/2만 닫는 이유를 쓰시오.

정답

열풍밸브 보호

해설 방풍밸브(Snort Valve)는 열풍로까지의 송풍관에 설치해 돌발사고 시 송풍되는 공기를 대기로 방산하기 위해 사용한다.

14 고로 냉각수로 사용하는 것은 무엇인가?

정답

해수, 담수, 담수순환수

해설 고로의 냉각수 : 해수가 쓰이기도 하나 설비보전 및 환경보호를 목적으로 최근에는 수질 개선을 통한 담수, 담수순환수도 사용된다.

15 층후를 높여 조업할 때의 효과를 쓰시오.

정답

- 열효율 향상
- 통기성 저하
- 소결광 품질 및 회수율 향상

해설 층후 조절 : 대차에 장입된 원료층이 폭방향으로 일정한 두께를 갖도록 표면을 깎아줌으로써 품질 향상 및 실수율이 향상된다.

16 수처리 설비에서 이온교환 수지는 무엇과 반응하여 재생되는가?

정답
물

17 고로 노정 온도가 상승되고 있을 때 그 원인을 2가지만 쓰시오.

정답
• 가스 상승 불균일
• 광석량이 적을 때

해설 광석량에 비해 코크스 장입량이 많을 때 혹은 가스 상승이 불균일할 때 노정 온도가 상승된다.

18 고로 노 내 침수 노황 불량 등의 원인으로 노저부 용융물의 유동성이 극히 나빠지거나 굳어지는 사고를 무엇이라 하는지 쓰시오.

정답
냉 입

해설 • 냉입 : 노상에 고여 있는 용선 및 슬래그의 온도가 낮아지면서 유동성이 나빠져 출선과 출재가 불가능하게 되는 현상
• 슬립 : 장입물이 순차적으로 미끄러지는 현상으로 차회 장입한 장입물과의 거리가 1m 이상인 경우
• 행잉(걸림) : 노 내 장입물의 강하가 30분 이상 정지되는 현상으로 취발의 원인이 됨
• 체킹(내림) : 걸림현상 시 송풍압을 급격히 저하시켜 장입물을 떨어뜨리는 작업
• Channeling(취발, 날파람) : 노 내 가스가 압력상승으로 급작스럽게 노정 블리더를 통해 배출되는 현상으로 통기성이 불량할 때 발생
• 노벽 탈락 : 노벽에 부착된 부착물이 떨어지는 현상

19 다음에 설명하는 고로에서 이상상태의 명칭을 쓰시오.

노상부의 열이 현저하게 저하되어 일어나는 사고로 정상조업의 출선작업이 불가능한 상태로 풍구, 냉각반 등 냉각장치 파손으로 인해 노 내에 침수되는 경우에 발생할 수 있다.

정답
냉 입

해설 냉입 : 노상에 고여 있는 용선 및 슬래그의 온도가 낮아지면서 유동성이 나빠져 출선과 출재가 불가능하게 되는 현상

20 냉입의 원인 및 대책을 3가지 쓰시오.

정답

- 원인 : 노 내 침수, 노황 부조, 이상 조업, 장시간 휴풍
- 대책 : 행잉의 연속 방지, 노 내 침수 방지, 장기간 휴풍 방지, 장입물 평량 방지, 원료 품질 급변 방지

해설 **냉입** : 노상부의 열이 현저하게 저하되어 일어나는 사고로 다수의 풍구를 폐쇄시킨 후 정상 조업까지 복귀시키는 현상

- 냉입의 원인
  - 노 내 침수
  - 장시간 휴풍
  - 노황 부조 : 날파람, 노벽 탈락
  - 이상 조업 : 장입물의 평량 이상 등에 의한 열 붕괴, 휴풍 시 침수
- 대 책
  - 노 내 침수 방지 및 냉각수 점검 철저
  - 원료 품질의 급변 방지
  - 행잉의 연속 방지
  - 돌발적 장기간 휴풍 방지
  - 장입물의 대폭 평량 방지

21 고로 내의 가스가 안정되게 상부로 빠져나가지 못하고 고로 내부에 30분 이상 정체되면서 장입물 강하를 정지시키는 현상이 무엇인지 쓰시오.

정답
엉힘(행잉, 걸림)

해설 **엉힘(행잉, 걸림)** : 노 내 장입물의 강하가 30분 이상 정지되는 현상

22 행잉(Hanging)의 원인을 3가지 쓰시오.

정답
장입물 분포 불량, 노 내 온도 저하, 분광 과다

해설 **걸림(행잉, Hanging)** : 장입물이 용해대에서 노벽에 붙어 양쪽 벽에 걸쳐 엉혀 있는 상태

- 원인 : 코크스 부족, 회분 및 분코크스 양이 많을 때, 염기도 조정 불량, 노벽 이상, 고로의 급열 및 급랭
- 대책 : 광석 장입량의 장소 및 석회석 양 조절, 송풍량과 온도 조절, 장입물 입도 분포 적정화
- 행잉 드롭(Hanging Drop) : 행잉 중에 있던 장입물이 급격히 낙하하는 것
- 내림(Checking) : 걸림 현상 시 장입물을 급강하시키는 작업

23 고로에서 노황 불안정으로 발생하는 행잉에 대해서 설명하시오.

정답

고로 내의 통기성 불량으로 노 내 Gas의 압력이 상승하여 강하하는 장입물의 중량보다도 커질 경우 장입물 강하가 정지하는 현상

해설 걸림(행잉, Hanging)
- 장입물이 용해대에서 노벽에 붙어 양쪽 벽에 걸쳐 얹혀 있는 상태
- 원인 : 코크스 부족, 회분 및 분코크스 양이 많을 때, 염기도 조정 불량, 노벽 이상, 고로의 급열 및 급랭
- 대책 : 광석 장입량의 장소 및 석회석 양 조절, 송풍량과 온도 조절, 장입물 입도 분포 적정화
- 행잉 드롭(Hanging Drop) : 행잉 중에 있던 장입물이 급격히 낙하하는 것
- 내림(Checking) : 걸림 현상 시 장입물을 급강하시키는 작업

24 고로에서 장입물이 강하하지 않을 때는 어떤 조치를 해야 하는가?

정답

선재 유동성 개선, 송풍량과 온도 조절, 정립 강화

해설 걸림(행잉, Hanging) : 장입물이 용해대에서 노벽에 붙어 양쪽 벽에 걸쳐 얹혀 있는 상태
- 원인 : 코크스 부족, 회분 및 분코크스 양이 많을 때, 염기도 조정 불량, 노벽 이상, 고로의 급열 및 급랭
- 대책 : 광석 장입량의 장소 및 석회석 양 조절, 송풍량과 온도 조절, 장입물 입도 분포 적정화
- 행잉 드롭(Hanging Drop) : 행잉 중에 있던 장입물이 급격히 낙하하는 것
- 내림(Checking) : 걸림 현상 시 장입물을 급강하시키는 작업

25 고로 내 장입물이 안정하게 강하되지 못하고, 순식간에 고로 하부로 내려앉는 현상이 무엇인지 쓰시오.

정답
슬 립

해설 슬립 : 장입물이 순차적으로 미끄러지는 현상으로 차회 장입한 장입물과의 거리가 1m 이상인 경우

26 고로 내 통기성 저하, 풍압 상승 등 노황 상태의 불량과 장입물의 품질상태에 따라 고로 내에서 장입물의 레벨이 순간적으로 저하하는 현상을 무엇이라고 하는지 쓰시오.

정답
슬립(Slip)

해설 슬립(Slip) : 장입물이 순차적으로 미끄러지는 현상으로 차회 장입한 장입물과의 거리가 1m 이상인 경우

27 고로 내에서 슬립이 발생하는 원인을 3가지만 쓰시오.

정답

장입물 분포 불량, 분광의 과다, 조기에 슬래그화 하는 광석의 다량 사용, 노 내 열 부족

해설 미끄러짐(슬립, Slip)
- 통기성의 차이로 가스 상승차가 생기는 것을 벤틸레이션(Ventilation)이라 하며, 이 부분에서 장입물 강하가 빨라져 크게 강하하는 상태
- 원인 : 장입물 분포 불균일, 바람구멍에서의 통풍 불균일, 노벽 이상
- 대책 : 송풍량을 감하고 온도를 높임, 슬립부의 송풍량을 감소, 슬립부에 코크스를 다량 장입

28 고로에서 PCI는 무엇인가?

정답

미분탄 취입설비(Pulverized Coal Inject-ion)

해설 고로조업의 능률향상을 위한 방법의 일종으로 열풍과 미분탄을 노 내에 동시에 취입시켜 코크스 사용비와 생산비를 낮추는 조업

29 다음이 설명하는 연·원료의 명칭을 쓰시오.

이것은 고로에서 보조연료로 취입하는 것으로 고가의 코크스를 저가의 무연탄으로 대체하는 것이다. 이것은 노저부 풍구를 통해 취입할 수 있도록 −200mesh가 80% 이상 되게 파쇄하여 사용한다.

정답

미분탄

해설 고로조업의 능률 향상을 위한 방법의 일종으로 열풍과 미분탄을 노 내에 동시에 취입시켜 코크스 사용비와 생산비를 낮춘다.

30 고로 미분탄 제조과정 중 폭발을 방지하기 위한 제어 장치의 명칭을 쓰시오.

정답

Halon System(폭발 방지 장치)

해설 미분탄 폭발제어 장치로서 Halon Gas가 이용된다.

31 고로 내에서 코크스가 쌓여 있는 고로 하부의 중심부를 무엇이라고 하는지 쓰시오.

정답

노 심

해설 노의 중심부에 있는 코크스는 공기와 접촉하지 않고 침탄에 의해서만 소비하게 되고, 이 코크스를 노심이라고 한다.

32 고로 내에서 용해대 이하의 공간에 잔존하여 연소하지 않고 노심을 형성하는 코크스를 무엇이라 하는지 쓰시오.

정답

베드 코크스(Bed Coke)

해설 Bed Coke는 노심을 확보하기 위하여 고로 화입 시 노상 부피의 1/3을 별도로 장입한다.

33 고로 주수 냉각 시 폭발사고 방지를 위해 어떤 조치가 필요한가?

정답

노 내압 상승, 스프레이 실시

해설 주수 냉각 시 노 내 압력은 외부공기의 흡입으로 인한 노 내 가스 폭발을 방지하기 위하여 노 내압을 정압으로 유지하여야 한다.

NCS
34 고로 내 조기 출선해야 하는 경우를 2가지 쓰시오.

정답

- 출선, 출재가 불충분할 경우
- 감압 휴풍이 예상될 때
- 장입물 하강이 빠를 때
- 풍구에 슬래그가 보일 때

해설 조기 출선을 해야 할 경우
- 출선, 출재가 불충분할 경우
- 노황 냉기미로 풍구에 슬래그가 보일 때
- 전 출선 Tap에서 충분한 배출이 안 되어 양적인 제약이 생길 때
- 감압 휴풍이 예상될 때
- 장입물 하강이 빠를 때

35 출선구의 자파의 대책을 쓰시오.

정답

- 심도를 길게 한다.
- Mud 재질을 좋게 한다.

해설
- 자파 : 충진 직후 또는 정상 개공 전에 출선구 자체의 내압을 견디지 못하여 스스로 파손되는 현상
- 대책 : 출선구 위치 및 각도를 일정하게 유지, 양질의 머드재 사용, 머드건 정비, 슬래그 과다 출재 지양, 고염기도 조업

36 고로 공장의 성에너지 설비의 명칭을 쓰시오.

정답

- 노정압 발전기
- 열풍로 폐열회수 설비
- 노정 BFG 회수 설비

해설 **열풍로 배열회수 장치** : 열풍로 연소 가스 열을 회수하는 성에너지 설비

37 용탕을 보온하기 위하여 무엇을 사용하는가?

정답

왕겨, 탄화 왕겨

해설 용선의 응고방지 및 보온을 위해 왕겨 또는 탄화 왕겨를 덮어 준다.

---

38 주물용 선철을 제조할 때 어떤 조건에서 조업하여야 하는지 2가지 쓰시오.

정답

• 슬래그를 산성으로 한다.
• 코크스 배합 비율을 높인다.
• 송풍량을 줄여 노 안 장입물의 강하 시간을 길게 한다.

해설 주물용 선철은 제강용 선철에 비해 규소 함유량이 높고, 황 함유량이 낮은 것이 좋다. 망간과 인은 유동성을 좋게 하므로 어느 정도는 허용된다.

---

39 고로 조업에서 코크스와 석회석만을 장입하는 것을 무엇이라 하는가?

정답

Blank Charge

해설 Extra Charge : 노열 확보 및 노 내 통기성 개선을 목적으로 코크스만을 추가 장입하는 것, Blank Charge라고도 한다.

---

40 고로조업 후 가장 양호한 슬래그의 색깔을 쓰시오.

정답

회 색

해설 슬래그
• 판정 항목 : 유동성, 색깔, 파면, 성분
• 이산화규소가 많을 경우 : 점성이 크고 유동성이 나쁘며, 파면은 유리 모양
• 적절한 슬래그 : 색은 회색이며 유동성이 좋고, 파면은 암석 모양
• 고염기도 슬래그의 색은 흰색이며, 냉각 후 부서짐

---

41 슬래그로 제조되는 부산물의 종류를 쓰시오.

정답

• 비 료
• 자갈대용
• 고로시멘트
• 슬래그벽돌

해설 슬래그 처리 과정에서 서랭시키면 암석 형태의 괴재 슬래그가 만들어지며 도로 포장용 골재로 사용되고, 수중에서 급랭시키면 수재 슬래그가 만들어지며 시멘트 제조에 사용된다.

42 고로에서 출재된 수재 슬래그(Slag)의 용도를 2가지 쓰시오.

정답

시멘트, 비료

해설 슬래그 처리 과정에서 서랭시키면 암석 형태의 괴재 슬래그가 만들어지며 도로 포장용 골재로 사용되고, 수중에서 급랭시키면 수재 슬래그가 만들어지며 시멘트 제조에 사용된다.

43 고로의 정청 설비중 물과 혼합된 Sludge를 분리하는 곳은 어느 곳인가?

정답

농축조

44 노 내 침수, 노황 불량으로 발생하는 사고를 적으시오.

정답

냉 입

해설 냉입 : 노상부의 열이 현저하게 저하되어 용선 및 슬래그가 밖으로 배출되지 않는 사고로 다수의 풍구를 폐쇄시킨 후 정상 조업까지 복귀시키는 현상
- 냉입의 원인
  - 노 내 침수
  - 장시간 휴풍
  - 노황 부조 : 날파람, 노벽탈락
  - 이상 조업 : 장입물의 평량 이상 등에 의한 열 붕괴, 휴풍 시 침수
- 대 책
  - 노 내 침수 방지 및 냉각수 점검 철저
  - 원료 품질의 급변 방지
  - 행잉의 연속 방지
  - 돌발적 장기간 휴풍 방지
  - 장입물의 대폭 평량 방지

45 노저 파손원인 두 가지를 쓰시오.

정답

- 노저의 내화물 침식
- 노저 철판의 냉각 불충분

해설 노저 용손 : 노상부의 벽돌이 국부적으로 많이 용해·손실되어 철피를 파괴하며 용선, 용재를 분출하는 현상

3 고로 설비

NCS

01 다음은 벨트컨베이어와 관련된 설비들에 대한 설명이다. 설명하는 설비를 [보기]에서 골라 짝지으시오.

> • 벨트 및 운반물의 동하중을 지지해 주는 설비
> • 드라이브 풀리의 감긴 각도를 증대시켜 동력 전달 효율을 높여 주는 설비
> • 벨트에 장력을 주어 회전력을 유지시켜 주는 설비

┌ 보기 ┐
스너브 풀리(Snub Pulley), 텐션 풀리(Tension Pulley), 리턴 롤러(Return Roller)

정답

• 벨트 및 운반물의 동하중을 지지해 주는 설비 : 리턴 롤러(Return Roller)
• 드라이브 풀리의 감긴 각도를 증대시켜 동력 전달 효율을 높여 주는 설비 : 스너브 풀리(Snub Pulley)
• 벨트에 장력을 주어 회전력을 유지시켜 주는 설비 : 텐션 풀리(Tension Pulley)

해설 벨트컨베이어 관련 설비 용어

• 드라이브 풀리(Drive Pulley) : 벨트를 구동시키는 역할을 하며 모터에 연결되어 있는 풀리
• 헤드 풀리(Head Pulley) : 운반물 방출 부분에 있는 풀리
• 테일 풀리(Tail Pulley) : 운반물 적재 부분에 있는 풀리
• 스너브 풀리(Snub Pulley) : 벨트의 드라이브 풀리 감긴 각도를 증대시켜 동력전달 효율을 높여 줌
• 벤드 풀리(Bend Pulley) : 벨트의 진행 방향을 바꿈
• 벨트 클리너(Belt Cleaner), 스크레이퍼(Scraper) : 벨트 표면에 부착된 운반물 제거
• 테이크업 풀리(Take-up Pulley) : 벨트에 장력을 주고 신율을 잡기 위한 긴장 장치
• 캐리어(Carrier) 롤러, 리턴 롤러(Return Roller) : 벨트 및 운반물의 동하중을 지지하는 기본적인 성능을 지님

02 고로(BF)의 형식을 쓰시오.

정답

• 철피식   • 철대식
• 자립식   • 철주철피식

해설 고로의 노체, 노정 장입 장치 등의 하중을 지지하는 방식은 철대식, 철피식, 자립식, 철골철피식(철주철피식)으로 나뉜다.

03 고로의 노재 각부 명칭을 [보기]와 같이 나눌 때 노 바닥에서부터 장입선 기준선까지의 각부 명칭을 순서대로 쓰시오.

> **┤보기├**
>
> 노구(Throat), 노상(Hearth), 샤프트(Shaft), 노복(Belly), 보시(Bosh)

정답

노상, 보시, 노복, 샤프트, 노구

해설

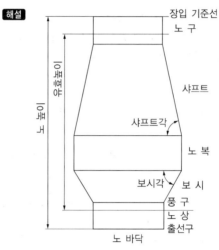

고로 본체
- 노구(Throat) : 고로 본체 제일 윗부분의 원료가 장입되는 곳
- 샤프트(Shaft, 노흉) : 노구부 하단에서 노복 상단까지의 구역으로 상부에서 하부로 내려오면서 넓어지는 형상
- 노복(Belly) : 고로에서 장입물의 열팽창으로 체적이 가장 큰 부분
- 보시(Bosh, 조안) : 노흉, 노복으로부터 강하된 장입물이 용해되어 용적이 수축하는 부분
- 노상(Hearth) : 노의 최하부이며, 출선구, 풍구가 설치되어 있는 곳

NCS

04 고로의 유효높이, 실효높이, 전체높이와 유효용적, 내용적, 전내용적을 각각 설명하시오.

정답
- 유효높이 : 노저에서 장입 기준선까지의 높이
- 실효높이 : 바람구멍(풍구) 중심선에서 장입 기준선까지의 높이
- 전체높이 : 노저에서 노구까지의 높이
- 유효용적 : 바람구멍(풍구) 중심선에서 장입 기준선까지의 용적
- 내용적 : 노저에서 장입 기준선까지의 용적
- 전내용적 : 노저에서 노구까지의 용적

05 고로의 가스흐름을 검지하게 되는 부위를 쓰시오.

정답

노구(Throat)

해설 노구 지름은 가스의 유속과 관계가 있으므로 연진을 줄이기 위해 유속을 알맞게 조절하며, 노구 지름이 너무 크면 장입물이 고로의 단면에 균일하게 분포되지 않을 수도 있다.

06 장입물이 최초로 투입되는 위치의 명칭을 쓰시오.

정답

노구(Throat)

해설 노구(Throat)
- 고로 본체 제일 윗부분의 원료가 장입되는 곳
- 높이 1.5~2.0m, 노 구경 10~10.5m 정도의 크기를 가짐
- 노구 지름은 가스의 유속과 관계가 있으며, 연진을 줄이기 위해 유속을 알맞게 조절
- 노구 지름이 너무 크면 장입물이 고로의 단면에 불균일하게 분포

07 고로의 노구 지름이 너무 클 경우 발생하는 현상을 쓰시오.

정답

장입물의 불균일 분포

해설 노구(Throat)
- 고로 본체 제일 윗부분의 원료가 장입되는 곳
- 높이 1.5~2.0m, 노 구경 10~10.5m 정도의 크기를 가짐
- 노구 지름은 가스의 유속과 관계가 있으며, 연진을 줄이기 위해 유속을 알맞게 조절
- 노구 지름이 너무 크면 장입물이 고로의 단면에 불균일하게 분포

08 고로 노정 장치에는 어떤 형식이 있는지 쓰시오.

정답

벨 타입, 벨리스 타입

해설
- 2벨(2 Bell Valve Seal Type) 타입 : 노정에 있는 상종과 하종, 2개의 종을 통해 원료를 장입하는 방식
- 벨리스(Bell-less Top Type) 타입
  - 노정 장입 호퍼와 슈트(Chute)에 의해 원료를 장입하는 방식
  - 장입물 분포 조절이 용이
  - 설비비가 저렴
  - 대형 고로에 적합
  - 중심부까지 장입물 분포 세어 가능

09 고로 노정에서 장입물 분포를 제어하는 장치의 명칭을 쓰시오.

정답

무버블 아머(Movable Armour)

해설 무버블 아머(Movable Armour) : 베리어블 아머(Variable Armour) 또는 아머 플레이트(Armour Plate)라고도 하며, 노 내에 배치되어 대벨에서 낙하하는 원료의 낙하 위치를 변경시키는 장치

10 장입물 분포를 측정하는 설비의 명칭을 쓰시오.

정답

프로필 미터(Profile Meter)

해설 장입물 표면 형상을 반경 방향으로 측정하는 계측기이다.

11 노정장입장치 중 선회 슈트의 적당한 경동 범위를 쓰시오.

정답

30~60°

12 고로 노정에서 장입물 분포를 제어하는 장치의 명칭을 쓰시오.

정답

벨리스(Bell-less), 노정장입장치

해설 종래 벨 타입에서는 Movable Armour에서 장입물 분포를 제어했으나, 벨리스 타입에서는 벨리스, 노정장입장치, 프로필 미터를 통해 장입물 분포를 제어한다.

NCS
13 기존의 벨 타입(Bell Type) 고로에 비해 벨리스 타입(Bell-less Type) 장입 설비의 장점을 쓰시오.

정답

• 노 중심까지 자유롭게 제어가 가능
• 특정 장소에 특정 원료 사용 가능
• 대형 고로에 적합
• 펠릿 사용 가능
• 설비의 경량화

해설 벨리스(Bell-less Top Type) 타입
• 노정 장입 호퍼와 슈트(Chute)에 의해 원료를 장입하는 방식
• 장입물 분포 조절이 용이
• 설비비가 저렴
• 대형 고로에 적합
• 중심부까지 장입물 분포 제어 가능

14 고로 노정 장입장치의 구비조건을 2가지만 쓰시오.

정답
- 고압가스에 대한 기밀 유지가 가능할 것
- 장입물의 적정한 분포가 유지 가능할 것
- 내구성이 있을 것
- 보수 점검이 용이할 것

해설 노정 장입장치 : 호퍼에 저장된 연·원료를 적정하게 분포하기 위한 설비

15 노정에 장입되는 장입물의 강하 상태를 측정하는 계측기는 어느 것인가?

정답
사운딩(Sounding)

해설 노 내 장입물의 레벨을 측정하는 설비로 노정 부근에 설치되어 있다.

16 장입물의 강하 상태를 측정하는 사운딩(Sounding)이 설치되는 위치를 2가지 쓰시오.

정답
노정, 노구

해설 사운딩(Sounding) : 고로 내 장입물 높이를 측정하기 위한 장치로 노정과 노구부에 있음

17 고로 내 장입되는 원료의 분포를 적절하게 조정하는 이유는 무엇을 좋게 하기 위한 것인지 2가지만 쓰시오.

정답
- 통기성
- 환원성
- 열교환성

해설 원료 및 연료의 수직편석 등으로 통기성을 좋게 하고 원활한 환원반응을 만들어내기 위해 장입물 분포를 조정한다.

18 고로 열풍 본관에 설치된 에이 블리더의 역할을 쓰시오.

정답
고로 휴풍 시 고로가스가 열풍 본관으로 역류하는 것을 방지한다.

해설
- 가스가 열풍 본관으로 역류하여 폭발하는 것을 방지하기 위해 설치
- Channeling(취발, 날파람) : 노 내 가스가 압력상승으로 급작스럽게 노정 블리더를 통해 배출되는 현상으로 통기성이 불량할 때 발생한다.

19 고로에서 셉텀 밸브(Septum Valve)의 역할을 쓰시오.

정답
노정압 제어

해설 셉텀 밸브(Septum Valve) ≒ 에어블리더(Bleeder Valve)

20 고로에서 샤프트각의 범위를 쓰시오.

정답
$80\sim87°$

해설 강하를 쉽게 하고 상승 가스에 의한 환원이 손쉽게 이루어지도록 하기 위해 샤프트 각을 둔다.

21 샤프트 온도계의 설치 위치와 그 용도를 쓰시오.

정답
샤프트 하부와 벨리(Belly) 상부에 노고 및 원주방향으로 설치되어 있으며, 열부하 분포를 측정한다.

해설 **샤프트(Shaft) 온도 관리** : 샤프트부에는 연와 내부의 냉각반 선단선에 맞추어 원주방향으로 열전대가 삽입되어 온도를 관리

22 출선 시 용선에 직접 접촉하여 온도를 측정하는 기기를 쓰시오.

정답
열전대(Thermocouple)

해설 **열전대(Thermocouple)** : 제베크효과를 이용하여 넓은 범위의 온도를 측정하기 위해 두 종류의 금속으로 만든 장치로 내구성이 좋아 극한 상황에서 많이 이용된다.

23 고로 본체에서 직경이 가장 큰 부분의 명칭을 쓰시오.

정답

노 복

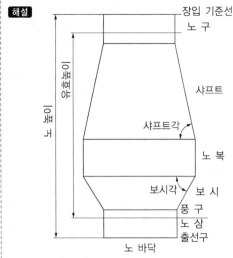

해설

노복(Belly)
• 고로에서 장입물의 열팽창으로 체적이 가장 큰 부분
• 노상의 지름과 보시 각도에 따라 노복의 지름이 결정

24 고로 노체 부분 중 연와 침식이 가장 심한 부분의 명칭을 쓰시오.

정답

보시(= 조안)

해설 송풍관으로부터 공기를 공급받아 온도가 제일 높아지고, 그로 인해 연화 침식이 고로 내에서 가장 심하다.

25 고로에서 가장 온도가 높고 냉각관으로 냉각시켜야 할 부분은 어느 곳인가?

정답

풍구 바로 위(보시, 조안)

해설 보시(Bosh, 조안)
• 노복 하단부에서 노상 상단부까지의 구간
• 노흉, 노복으로부터 강하된 장입물이 용해되어 용적이 수축하는 부분
• 하부 직경이 상부 직경보다 80~84° 정도 작게 형성
  ※ 보시각은 종래에는 70° 정도였으나 점차 증가하여 현재는 80° 이상으로 한다.
• 노상부의 송풍관 공기 공급으로 연와 침식이 가장 심한 부분으로 냉각 설비 필수

26 고로에서 보시각의 범위를 쓰시오.

정답

70~84°

해설 보시(Bosh, 조안)
- 노복 하단부에서 노상 상단부까지의 구간
- 노흉, 노복으로부터 강하된 장입물이 용해되어 용적이 수축하는 부분
- 하부 직경이 상부 직경보다 80~84° 정도 작게 형성
  ※ 보시각은 종래에는 70° 정도였으나 점차 증가하여 현재는 80° 이상으로 한다.
- 노상부의 송풍관 공기 공급으로 연와 침식이 가장 심한 부분으로 냉각 설비 필수

27 보시각이 주어지는 이유를 쓰시오.

정답

고로 내의 장입물이 용융되기 시작해서 체적이 감소하기 때문에

해설 장입물의 용적 축소와 강하 속도를 낮추어 반응이 충분히 이루어지도록 하기 위해 보시각을 주며, 70~84° 정도이다.
※ 보시각은 종래에는 70° 정도였으나 점차 증가하여 현재는 80° 이상으로 한다.

28 고로에서 노복의 지름을 정하는 기준을 쓰시오.

정답

보시의 각도와 높이

해설 노복(Belly)
- 고로에서 장입물의 열팽창으로 체적이 가장 큰 부분
- 노상의 지름과 보시 각도에 따라 노복의 지름이 결정

29 노상에서 탄소함량이 높은 연와를 사용하는 목적을 쓰시오.

정답

- 노형과 노벽의 수명 향상
- 사용기간을 길게 하기 위해

해설 고온에서 잘 견디므로 열전도율이 양호하다.

30 노 내 온도를 관찰하는 곳은 어느 곳인가?

정답

풍구, 바람구멍(Tuyere)

해설 풍구는 열풍을 공급하는 설비로 노 내 온도를 통해 상황 관찰도 가능하다.

31 고로에서 사용하는 풍구의 재질을 쓰시오.

정답

순동(Cu)

해설 순동을 사용하는 이유
- 열전도율 우수
- 내식성 우수

32 다음은 고로설비와 관련된 그림이다. (가)의 설비명과 기능을 쓰시오.

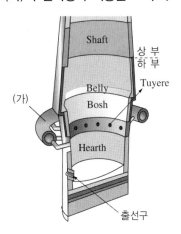

정답
- 설비명 : 열풍환상관
- 기능 : 풍구로 열풍 공급

해설 **열풍환상관** : 열풍로에서 생성된 열풍을 풍구를 통해 고로 내로 공급시켜 주기 위한 설비

33 고로 노체 온도계의 명칭을 쓰시오.

정답

존 대

해설
- 존대(Probe) : 고로 내에 삽입해서 노 내의 온도, 가스조성의 측정
- Cross Sonde : 장입물 표면에서 상승하는 가스의 온도
- Shaft Sonde : 온도, 압력, 노 내 가스 분석

34 조업 중 정전이 되었을 때 MCC에 비상 전원을 연결해 주는 장치의 명칭을 쓰시오.

정답

무정전 전원 공급장치(UPS)

35 고로 수명을 지배하는 요인을 쓰시오.

정답

- 노의 설계
- 원료의 상태
- 노의 조업 현황
- 노체를 구성하는 내화물의 품질과 축로 기술

36 고로에서 냉각반을 설치하는 목적을 2가지만 쓰시오.

정답

내화물 보호, 벽체 탈락으로부터 풍구 보호, 장입물 강하 안정

해설 냉각반 냉각기(Cooling Plate)
- 내화벽돌 내부에 냉각기를 넣어 냉각하는 방식
- 냉각수 : 담수, 담수 순환수, 해수
- 재질 : 순동

37 출선구 외부로부터 노 내 용융물이 존재하는 지점까지의 노벽 두께의 명칭을 쓰시오.

정답

노상벽(Hearth Wall), 노저 측벽

해설 출선구는 노저, 노상 부근에 존재하며, 이 지점의 노벽 두께를 노상벽, 노저 측벽이라고 한다.

38 다음은 열풍구 관련 설비 그림이다. (가)와 (나)의 설비명은?

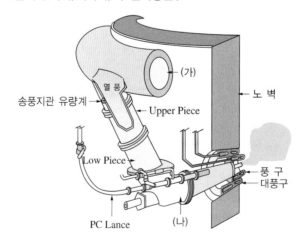

정답

(가) 환상관, (나) 블로 파이프

39 출선구 외부로부터 노 내 용융물이 존재하는 지점까지의 노벽의 두께 명칭을 쓰시오.

정답

노저 측벽

40 고로 송풍량과 노정가스 중 질소가스 함유량이 [보기]와 같을 때 노정가스량을 구하시오.

보기

송풍량 : 1,567m^3, 노정가스 질소가스 함유량 : 57%

정답

2,171.8m^3

해설 송풍가스 질소량 = 노정가스 질소량
송풍가스량 × 질소구성비 = 노정가스량 × 질소구성비
1,567m^3 × 0.79 = 노정가스량 × 0.57
노정가스량 = (1,567m^3 × 0.79)/0.57 ≒ 2,171.8

41 고로에서 용선을 개공방법을 쓰시오.

정답

금봉개공, 일발(비트)개공, 산소개공

42 다음 [보기] 중 고로 열정산에서 입열에 해당되는 것 3개를 찾아 쓰시오.

보기

용선 현열, 열풍 현열, 슬래그 현열, 노정가스 현열, 슬래그 생성열, 간접 환원열

정답

열풍 현열, 슬래그 생성열, 간접 환원열

43 고로 설비 중 출선구로부터 용선이 있는 곳까지의 높이를 무엇이라 하는가?

정답

출선구 심도

4 고로 부대설비

01 예열실과 축열실이 하나의 돔 내에 위치한 열풍로의 형식을 쓰시오.

정답

내연식 열풍로

해설 • 내연식 열풍로(Cowper Type)
  – 예열실과 축열실이 분리되어 있지 않고 하나의 돔 내에 위치한 열풍로
  – 구조가 복잡하고 연소실과 축열실 사이 분리벽이 손상되기 쉬움
• 외연식 열풍로(Kopper Type)
  – 축열실과 연소실이 독립되어 있는 열풍로
  – 온도 차에 의한 균열 문제가 없어 고온 송풍 가능

02 축열실과 예열실이 분리된 열풍로의 형식을 쓰시오.

정답

외연식 열풍로

해설 외연식 열풍로(Kopper Type)
• 축열실과 연소실이 독립되어 있는 열풍로
• 온도차에 의한 균열 문제가 없어 고온 송풍 가능

NCS
03 그림과 같은 열풍로의 형식을 쓰고 (가)의 설비명을 쓰시오.

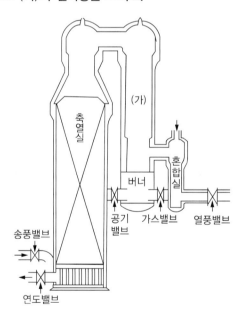

정답

• 열풍로 형식 : 외연식 열풍로
• (가)의 설비명 : 연소실

해설 • 내연식 열풍로(Cowper Type)
  – 예열실과 축열실이 분리되어 있지 않고 하나의 돔 내에 위치한 열풍로
  – 구조가 복잡하고 연소실과 축열실 사이 분리벽이 손상되기 쉬움
• 외연식 열풍로(Kopper Type)
  – 축열실과 연소실이 독립되어 있는 열풍로
  – 온도 차에 의한 균열 문제가 없어 고온 송풍 가능

04 폐가스의 열을 회수하여 연소용 에어 가스를 예열시켜 열효율을 증대하는 설비의 명칭을 쓰시오.

정답
축열실

해설 축열실 내에는 고온의 내화벽돌이 존재하며, 이를 통과하면서 연소용 가스를 예열시키는 구조로 되어 있다.

NCS
05 열풍로에서 사용하는 기체연료의 장점을 2가지만 쓰시오.

정답
• 연소효율이 우수하다.
• 점화 및 소화가 간단하다.
• 연소의 조절이 용이하다.

해설 열풍로에서 사용하는 기체연료에는 BFG(고로가스)와 COG(코크스로 가스)가 있다.

06 출선된 용선이 대탕도에서 분리되어 레이들 또는 토페도카까지 유도하는 탕도의 명칭을 쓰시오.

정답
용선탕도, 소탕도

해설 고로 조업이 끝나면 용선은 대탕도에 출선되고, 비중 차에 의해 떠 있는 슬래그를 스키머를 통해 대탕도에서 분리 후, 용선은 용선탕도(소탕도)를 통해 토페도카(Torpedo Ladle Car)로 이동하고, 슬래그는 슬래그 탕도로 보내져 괴재 및 수재로 처리된다.

07 다음 탕도의 평면도와 설명을 보고 탕도의 명칭을 쓰시오.

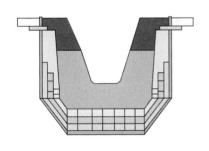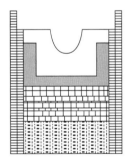

• 출선구에서 배출되는 용융물을 스키머로 용선과 슬래그로 분리시키는 탕도 : (가)
• 스키머에서 분리된 용선을 레이들까지 유도하는 탕도 : (나)

정답
(가) 대탕도
(나) 용선탕도

해설 • 대탕도 : 출선구에서 배출되는 용융물을 스키머로 용선과 슬래그로 분리
• 용선탕도 및 경주통(소탕도) : 대탕도에서 분리된 용선을 레이들까지 유도하는 탕도

08 슬래그 처리방법 2가지를 쓰시오.

정답

수재(수처리재), 괴재(괴처리재)

해설 슬래그 처리 과정에서 서랭시키면 암석 형태의 괴재 슬래그가 만들어지며 도로 포장용 골재로 사용되고, 수중에서 급랭시키면 수재 슬래그가 만들어지며 시멘트 제조에 사용된다.

09 용선과 슬래그가 분리되는 위치의 명칭을 쓰시오.

정답

대탕도 내

해설 탕도 : 출선된 용선을 토페도 레이들로 유도하는 설비
• 대탕도 : 출선구에서 배출되는 용융물을 스키머로 용선과 슬래그로 분리
• 용선 탕도 및 경주통(소탕도) : 대탕도에서 분리된 용선을 레이들까지 유도하는 탕도
• 슬래그 탕도 : 슬래그가 이동하는 탕도
• 스키머(Skimmer) : 비중차에 의해 용선 위에 떠 있는 슬래그 분리

10 그림은 고로의 대탕도를 나타낸 개략도이다. A, B, C의 명칭을 적으시오.

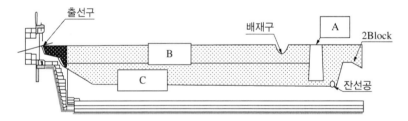

정답

• A : 스키머
• B : Slag Zone 또는 슬래그
• C : Metal Zone 또는 용선

해설 탕도 : 출선된 용선을 토페도 레이들로 유도하는 설비
• 대탕도 : 출선구에서 배출되는 용융물을 스키머로 용선과 슬래그로 분리
• 용선 탕도 및 경주통(소탕도) : 대탕도에서 분리된 용선을 레이들까지 유도하는 탕도
• 슬래그 탕도 : 슬래그가 이동하는 탕도
• 스키머(Skimmer) : 비중차에 의해 용선 위에 떠 있는 슬래그 분리

11 주상 설비 중 보트모양으로 좌우로 경동할 수 있으며, 용선 탕도를 거친 용선을 용선운반차에 수선하는 역할을 하는 설비의 명칭을 쓰시오.

정답

경주통

해설 경주통 : 용선 탕도 마지막 부근에 위치하며, 용선운반차에 좌우로 경동하며 용선을 수선하는 설비

12 고로 주상에서 스키머의 역할을 쓰시오.

정답
용선과 슬래그를 비중 차로 분리

해설 고로 조업이 끝나면 용선은 대탕도에 출선되고, 비중차에 의해 떠 있는 슬래그를 스키머를 통해 대탕도에서 분리 후, 용선은 용선탕도(소탕도)를 통해 토페도카로 이동하고, 슬래그는 슬래그 탕도로 보내져 괴재 및 수재로 처리된다.

13 주상탈규제를 쓰시오.

정답
산소, 밀스케일

해설 탈규 처리에 따라 강의 품질 향상 및 생산원가 저감 등을 이룰 수 있는데, 일반적으로 탈규 작업은 혼선차에서 탈규제를 취입하는 방법과, 고로 주상에서 산소 및 밀스케일 등의 탈규제를 투입하는 방법이 있다.

NCS
14 다음 그림이 가리키는 주상설비명과 그 역할을 쓰시오.

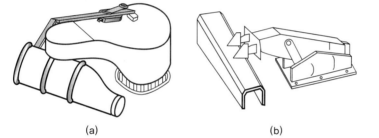 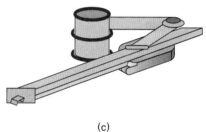

(a)　　　　　　　　　(b)　　　　　　　　　(c)

정답
(a) : 머드건, 출선구를 적기에 폐쇄시키는 설비
(b) : 스플래시 커버, 탕도에 커버를 덮어 용선의 보온과 분진을 방지하는 설비
(c) : 개공기, 출선구를 적기에 개공하는 설비

해설
- 개공기(Tap Hole Opener) : 고로 내 용선을 에어 모터, 해머 등을 이용하여 출선하는 설비
- 폐쇄기 : 머드건을 이용하여 내화재로 출선구를 막는 설비
  - 머드건 : 출선 완료 후 선회, 경동하여 머드재로 충진하는 설비
  - 머드재 : 출선구 내부에 충진 후 경화시키는 재료

15 Tap Hole Opener의 명칭을 쓰시오.

정답
개공기

해설
- 개공기(Tap Hole Opener) : 고로 내 용선을 에어 모터, 해머 등을 이용하여 출선하는 설비
- 폐쇄기 : 머드건을 이용하여 내화재로 출선구를 막는 설비
  - 머드건 : 출선 완료 후 선회, 경동하여 머드재로 충진하는 설비
  - 머드재 : 출선구 내부에 충진 후 경화시키는 재료

16 고로설비 중 머드건의 세 가지 동작을 쓰시오.

정답

선회, 경동, 충진

해설 머드건은 머드재의 충진과 선회, 경동을 통해 출선구를 폐쇄하도록 용이하게 설계되어 있다.

• 폐쇄 작업
  - 출선구 폐쇄 : 머드건(Mud Gun)을 이용하여 폐쇄
  - 머드건의 동작 : 선회, 경동, 충진 운동
  - 출선구 폐쇄 시기 : 출선 종료 시 배출 용선량이 줄고 노 내 풍압에 의해 가스 잔량 슬래그 비산이 발생했을 때
  - 출선구 폐쇄 실패 시 : 감풍 또는 휴풍을 실시

17 출선구를 막는 설비의 명칭을 쓰시오.

정답

머드건(Mud Gun)

해설 **폐쇄기** : 머드건을 이용하여 내화재로 출선구를 막는 설비
• 머드건 : 출선 완료 후 선회, 경동하여 머드재로 충진하는 설비
• 머드재 : 출선구 내부에 충진 후 경화시키는 재료

18 Mud재에 요구되는 성질을 쓰시오.

정답

• 충진성
• 조기 소결성
• 개공성
• 내식성
• 작업성
• 용선 및 용재에 대한 저항성

해설 소요 시간 내 소결이 되어야 하고, 과소결이 되지 않아야 하며, 작업성이 용이해야 한다.

19 출선구의 폐쇄 시기를 결정하는 요인을 2가지만 쓰시오.

정답

• 출선 가스의 분출 상태
• 레이들이 부족할 때

해설 **폐쇄 작업**
• 출선구 폐쇄 : 머드건(Mud Gun)을 이용하여 폐쇄
• 머드건의 동작 : 선회, 경동, 충진 운동
• 출선구 폐쇄 시기 : 출선 종료 시 배출 용선량이 줄고 노 내 풍압에 의해 가스 잔량 슬래그 비산이 발생했을 때
• 출선구 폐쇄 실패 시 : 감풍 또는 휴풍을 실시

20 출선구 외부로부터 노 내 용융물이 존재하는 지점까지의 노벽 두께의 명칭을 쓰시오.

정답

노저 측벽

해설 **노저 측벽** : 노체의 외벽 부분으로, 출선구의 최외부 부분부터 노 내 용융물이 있는 곳까지의 부분을 말한다.

보급수
(순수)
드럼
상부 배관
하강관
냉각기
하부 배관
단계 급수 배관
배수
급수 펌프
배수
급수 펌프
배수
급수 펌프
배수

(a) 스테이브 냉각식 (b) 냉각반 냉각식 (c) 살수 냉각식 (d) 재킷 냉각식

[노체 냉각방식의 종류]

21 출선구 개공 후 탕도에 커버를 덮어서 용선이나 슬래그의 비산을 방지하는 설비를 쓰시오.

정답

스플래시 커버(Splash Cover)

해설 **스플래시 커버(Splash Cover)** : 취입 작업 중 발생하는 용선 및 Slag의 비산 방지를 위하여 TLC 개구부를 덮을 수 있도록 제작된 원형의 Cover로서 가운데는 Lance가 승・하강할 수 있는 Hole과 하부는 부정형 내화물인 Castable이 취부되어 있다.

개공기

고 로

Splash Cover

출선구

용선탕도
탈규

대탕도

Mud Gun

Slag 탕도

경주통

용선 Ladle

22 고로에서 생산된 용선을 사용하여 연속적으로 냉선을 제조하는 설비의 명칭을 쓰시오.

정답

주선기

해설 **주선기** : 용선을 형선으로 만드는 기계로 수백 개의 몰드(금형)를 연결해 이를 연속적으로 회전시키면서 용선을 주입하고 분수로 냉각한 후 형선을 만든다.

23 폐수가 가장 먼저 모이는 장소의 명칭을 쓰시오.

정답

조정조

NCS

24 고로 더스트(Dust)를 처리하는 가스 청정 설비의 설비명을 3가지 쓰시오.

정답

- 제진기(Dust Catcher)
- 벤투리 스크러버(Venturi Scrubber)
- 전기집진기(Electrostatic Precipitator)
- 비숍 스크러버

해설 가스 청정 순서
제진기, 1, 2차 벤투리 스크러버, 전기집진기 또는 제진기 → 벤투리 스크러버 → 전기집진기 또는 제진기 → 1차 벤투리 스크러버 → 2차 벤투리 스크러버

NCS

25 고로 가스 청정 설비인 백필터, 벤투리 스크러버, 전기집진기를 설명하시오.

정답

- 백필터 : 섬유로 된 여과포(자루) 사이로 분진(Dust)이 포함된 가스를 통과하게 하여 분진을 여과포에서 포집하는 방식
- 벤투리 스크러버 : 가스 배출관의 일부를 좁게 하여 가스 유속을 증가시켜 분무함으로써, 비중이 크게 된 분진을 침강시켜 포집하는 설비
- 전기집진기 : 방전 전극판(+)과 집진 전극봉(−) 간에 고압의 직류 전압을 걸어 코로나 방전을 일으켜 먼지를 집진극에 달라붙게 하는 설비

해설

- 벤투리 스크러버 : 가스 배출관의 일부를 좁게 하여 가스 유속을 증가시킨 후 분무함으로써 비중이 크게 된 분진을 침강시켜 포집하는 습식 집진 설비
- 전기집진기
  - 방전 전극판(+)과 집진 전극봉(−) 간에 고압의 직류 전압을 걸게 되면 연진은 코로나 방전을 일으키게 되고 이때 이온화된 연진을 집진극에 달라붙도록 하여 집진하는 설비
  - 집진극에 부착된 분진 입자는 타격에 의한 진동으로 하부 호퍼에 모아진 후 외부로 배출
- 비숍 스크러버(Bischoff Scrubber) 운전 : 분진 함량이 높은 고로가스(BFG ; Blast Furnace Gas)를 연료로 사용하도록 가스에 혼입된 분진을 지정된 청정도로 제거하는 습식 청정 설비로 1단 스크러버와 2단 스크러버로 구성

26 습식 제진기 장치의 명칭을 쓰시오.

정답

벤투리 스크러버

해설 벤투리 스크러버 : 가스 배출관의 일부를 좁게 하여 가스 유속을 증가시킨 후 분무함으로써 비중이 크게 된 분진을 침강시켜 포집하는 습식 집진 설비

27 고로조업 중 발생되는 분진을 가스배출관 내에 설치된 방전판에 코로나 방전에 의해 흡착하여 제거하는 집진기의 명칭을 쓰시오.

정답

전기집진기

해설 전기집진기
- 방전 전극판(+)과 집진 전극봉(−) 간에 고압의 직류전압을 걸게 되면 연진은 코로나 방전을 일으키게 되고 이때 이온화된 연진을 집진극에 달라붙도록 하여 집진하는 설비
- 집진극에 부착된 분진 입자는 타격에 의한 진동으로 하부 호퍼에 모아진 후 외부로 배출

28 고로의 가스청정설비 중 노정가스의 유속을 낮추고 방향을 바꾸어 조립의 연진을 분리 침강시키는 장치의 명칭을 쓰시오.

정답

제진기

해설 고로 Gas(BFG) 중의 Dust를 중력 침강식으로 제진하는 장치

29 Dust 배출장치에 2종 Damper를 설치하는 목적을 쓰시오.

정답

누풍을 방지

30 고로에서 배출되는 에너지를 노정압을 이용하여 전기에너지로 변환시켜 주는 장치는 무엇인가?

정답

TRT(Top-pressure Recovery Turbine)

31 야드(Yard)장 슬래그를 냉각시킬 때 해수를 사용하지 않는 이유를 쓰시오.

정답
- 환경보전
- 설비보호
- 시멘트 품질향상

해설 냉각 시 환경보전 및 설비보호의 이유로 담수 및 담수를 연수화하여 사용한다.

01 전로 산소 랜스에 지금이 다량으로 부착되어 정상조업에 문제가 발생되었을 때 조치방법을 쓰시오.

정답
지금 절단 후 랜스 교체

해설 지금 : 강재 및 강욕 등이 비산하여 랜스 및 노체 등에 붙어, 굳어 있는 형태로
가급적 제거해 준다.

02 랜스의 재질을 순동으로 사용하는 이유 2가지 쓰시오.

정답
• 열전도율 우수
• 내식성 우수

해설 순동은 녹는점이 낮아 취련 중 랜스가 녹을 수도 있다는 생각을 할 수도 있으나,
열전도성이 좋아 내부에 흐르는 냉각수로 인한 냉각 효과가 우수하므로 랜스의
용융을 방지할 수 있고 노 내의 화학 반응에 의한 침식에 잘 견딜 수 있으므로
노즐에 많이 쓰인다.

03 안전점검은 설비의 불안전한 상태나 인간의 불안전한 행동에서 발생하는 결함을 발견하고 그에 대한 대책을 수립하는
행동이다. 점검 주기에 따른 안전점검의 종류를 2가지만 쓰시오.

정답
• 일상점검 : 운전이나 사용 중 또는 그 전후에 오감에 의하거나 점검기구를 이용한 외관검사, 일상 급유 및 간단한
조정 등을 지칭한다.
• 정기점검 : 1개월, 6개월, 1년 또는 2년 등 일정한 기간을 정해서 외관검사, 기능점검 및 각 부분을 분해해서 정밀검사를
실시하여 이상 발견에 노력하는 것이다.
• 임시점검 : 1개월 이상 사용하지 않았던 설비를 사용할 때는 사용을 개시하기 전에 점검을 실시할 필요가 있으며
또 일정 규모 이상의 폭풍이나 지진이 있었던 뒤 등에는 임시점검을 실시한다.
• 특별점검 : 점검주기에 의한 것이 아닌 수시점검 또는 부정기적인 점검을 말하는 것으로 설비를 처음 사용하는 경우,
설비를 분해 및 개조 또는 수리를 하였을 경우, 설비를 장시간 정지하였을 경우, 폭풍이나 호우・지진 등이 발생한
뒤 작업을 다시 시작할 때 등에 있어서 안전 담당자 등이 설비의 이상 유무를 체크하기 위하여 실시하는 점검이다.

NCS
04 매뉴얼을 활용한 설비 점검 시 참고하는 국제표준의 약어와 명칭을 쓰시오.

정답
ISO(국제표준화기구)

NCS

05 매뉴얼을 활용한 설비 점검 시 참고하는 한국산업표준(KS) 중 다음 기호가 나타내는 부문을 쓰시오.

KS B, KS C, KS D

정답
- KS B : 기계
- KS C : 전기전자
- KS D : 금속

NCS

06 상이한 두 종류의 금속선으로 폐회로를 만들고, 접점 간의 온도 차에 의해 기전력을 발생시키는 장치로 열전 온도계에 이용되는 이 원리를 무엇이라 하는지 쓰시오.

정답
열전쌍

07 설비에 사용되는 윤활유의 역할을 3가지 쓰시오.

정답
- 감마작용
- 냉각작용
- 응력 분산작용

해설 감마작용(마모의 감소), 냉각작용, 응력 분산작용, 밀봉작용, 부식방지작용, 세정작용, 방청작용

08 윤활제의 급유방식 중 윤활유를 사용 후 폐기하지 않고, 반복하여 마찰면에 공급하는 급유방식을 무엇이라고 하는지 쓰시오.

정답
순환 급유법

해설 비순환 급유법 : 기계 구조상 순환 급유를 사용할 수 없거나 윤활제의 열화가 심할 우려가 있는 경우에 사용하는 방식으로 사용 후 폐기 처리한다.

NCS

09 설비 중 작업자가 진단이 가능한 이상 현상을 2가지 쓰시오.

정답
기계적 풀림, 언밸런스, 편심, 공진

10 시험장 내에서 상사가 되어 실시하는 개발교육의 형태로 일상업무를 통해 지식과 기능 및 문제해결 능력을 교육하는 훈련의 명칭을 쓰시오.

> **정답**
> OJT

제6절 **환경 안전 관리**

01 전로 용수로 사용한 물을 재활용하기 위하여 냉각, 청정처리하는 설비의 명칭은?

> **정답**
> 냉각탑

NCS
02 제강 작업에서 쓰이는 안전보호구를 3가지 쓰시오.

> **정답**
> 방진 마스크, 방열복, 방열두건, 방열장갑, 안전모, 안전화, 보안경, 안전장갑, 안전대

NCS
03 산업안전 및 보건의 기준을 확립하고 그 책임의 소재를 명확하게 하여 산업재해를 예방하고 쾌적한 작업환경을 조성함으로써 근로자의 안전과 보건을 유지 및 증진함을 목적으로 제정된 법명을 쓰시오.

> **정답**
> 산업안전보건법

NCS
04 대기오염으로 인한 국민건강 및 환경상의 위해를 예방하고 대기환경을 적정하고 지속 가능하게 관리·보전함으로써 모든 국민이 건강하고 쾌적한 환경에서 생활할 수 있게 할 목적으로 제정된 법명을 쓰시오.

> **정답**
> 대기환경보전법

05 중대재해 발생 시 관할 지방노동관서의 장에게 보고할 내용을 쓰시오.

정답

• 발생개요 및 피해상황
• 조치 및 전망
• 그 밖의 중요한 사항

06 다음 ( ) 안에 들어갈 내용을 [보기]에서 찾아 쓰시오.

중대재해란 사망자가 1명 이상 발생한 재해 또는 (㉠) 이상의 요양이 필요한 부상자가 동시에 2명 이상 발생한 재해 또는 부상자 또는 직업성 질병자가 동시에 (㉡) 이상 발생한 재해

─┤보기├─

3개월, 6개월, 9개월, 2명, 5명, 10명

정답

㉠ 3개월
㉡ 10명

07 일산화탄소 누출 시 대처방법을 쓰시오.

정답

• 점화원을 차단할 것
• 누출을 중지시킬 수 있는 경우는 누출을 중지시킬 것
• 가스가 흩어질 때까지 지역을 격리시킬 것
• 밀폐된 공간은 환기시킬 것
• 흡연 등을 금할 것

08 화학물질 및 화학물질을 함유한 제제의 대상화학물질, 대상화학물질의 명칭, 구성 성분의 명칭 및 함유량, 안전·보건상의 취급 주의사항 등이 기입되어 있으며, 사업주가 작성, 비치 또는 게시하여야 하는 자료의 명칭을 쓰시오.

정답

물질안전보건자료(MSDS)

09 공정안전관리(PSM)의 공정안전보고서에 포함되는 주요 내용 4가지를 쓰시오.

정답

- 비상조치계획
- 공정위험성 평가서
- 공정안전 자료
- 안전운전 계획

10 화재의 종류를 4가지로 나누고, 각각의 명칭을 쓰시오.

정답

- A급 화재 : 일반화재
- B급 화재 : 유류화재
- C급 화재 : 전기화재
- D급 화재 : 금속화재

11 하인리히의 재해예방의 4가지 원칙을 쓰시오.

정답

- 손실 우연의 원칙
- 원인 계기의 원칙
- 예방 가능의 원칙
- 대책 선정의 원칙

12 하인리히의 도미노 5단계 이론 중 재해 발생을 사전에 예방하기 위해 제거해 줘야 하는 단계를 쓰시오.

정답

3단계 : 불안전한 행동 및 불안전한 상태

13 하인리히의 사고예방 대책 기본원리 5단계를 쓰시오.

정답
- 조 직
- 사실의 발견
- 평가분석
- 시정책의 선정
- 시정책의 적용

14 무재해 운동의 3대 원칙을 쓰시오.

정답
- 무의 원칙
- 안전제일의 원칙
- 참여의 원칙

15 위험 예지 훈련의 4단계를 쓰시오.

정답
- 현상파악
- 본질추구
- 대책수립
- 목표설정

16 재해를 발생 형태별로 분류할 때 다음 [보기]에서 골라 번호를 쓰시오.

┌─ 보기 ───┐
│ ① 추락   ② 전도   ③ 충돌 │
└───┘

가. 사람이 건축물, 비계, 기계, 사다리, 계단, 경사면 등에서 떨어지는 경우
나. 사람이 정지물에 부딪힌 경우
다. 사람이 평면상으로 넘어지는 경우(과속, 미끄러짐 포함)

정답
가 – ① 추락, 나 – ③ 충돌, 다 – ② 전도

17 제선공장에서 필요한 안전교육과 설명이 다음과 같을 때 교육에 해당하는 설명을 짝지어 선으로 연결하시오.

지식 교육 ◦	◦ 시범, 견학, 실습, 현장체험을 통한 경험의 체득과 이해
기능 교육 ◦	◦ 강의 및 시청각 교육을 통한 전달과 이해
태도 교육 ◦	◦ 작업동작 지도, 생활 지도 등을 통한 압전의 습관화, 생활화

정답

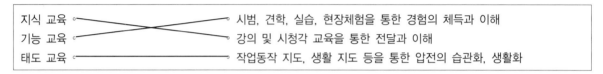

지식 교육	시범, 견학, 실습, 현장체험을 통한 경험의 체득과 이해
기능 교육	강의 및 시청각 교육을 통한 전달과 이해
태도 교육	작업동작 지도, 생활 지도 등을 통한 압전의 습관화, 생활화

18 제선공장에서 산업재해 발생의 빈도를 확인하기 위해 도수율을 사용하려고 한다. 도수율을 구하는 계산식을 쓰시오.

정답

도수율 : 100만 근로시간당 재해발생건수 비율 = (재해건수/연 근로시간수)×1,000,000

19 사고의 간접 원인과 내용을 바르게 연결하시오.

기술적 원인 ◦	◦ 인원 배치 부적절
교육적 원인 ◦	◦ 안전의식 부족
작업 관리적 원인 ◦	◦ 구조, 재료의 부적합

정답

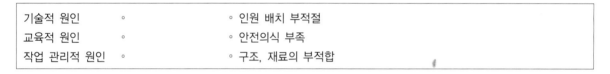

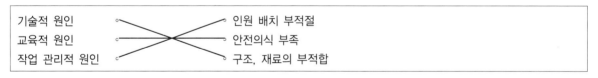

기술적 원인	인원 배치 부적절
교육적 원인	안전의식 부족
작업 관리적 원인	구조, 재료의 부적합

교육은 우리 자신의 무지를 점차 발견해 가는 과정이다.

– 윌 듀란트 –

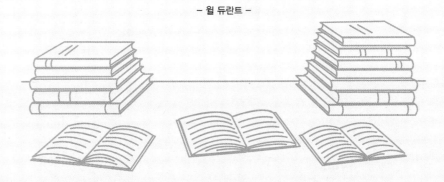

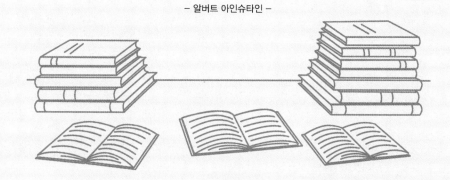

교육이란 사람이 학교에서 배운 것을 잊어버린 후에 남은 것을 말한다.

– 알버트 아인슈타인 –

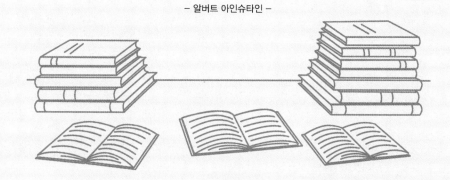

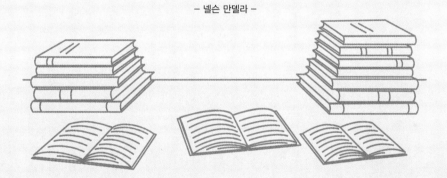

우리 인생의 가장 큰 영광은 결코 넘어지지 않는 데 있는 것이 아니라

넘어질 때마다 일어서는 데 있다.

- 넬슨 만델라 -

참 / 고 / 문 / 헌

- 고등학교 제선·제강, 교육부, 국민대학교 생산기술연구소, 2014

- 공업계고등학교 제선, 홍익대학교 중화학 공업연구소

- 공업계고등학교 제선제강실습, 홍익대학교 중화학 공업연구소, 1987

- 금속 제련, 문교부, 1984

- 금속 제조, 교육과학기술부, 2012

- 제선전문실습, 포항제철공업고등학교, 1984

- 제철일반, 서울교과서, 전우안, 한득헌, 허대영, 2014

- 철강용어사전, 철강금속신문 철강용어사전 편찬위원회, 2015

Win-Q 제선기능사 필기 + 실기

개정5판1쇄 발행	2025년 01월 10일 (인쇄 2024년 07월 29일)
초 판 발 행	2020년 01월 10일 (인쇄 2019년 11월 18일)
발 행 인	박영일
책 임 편 집	이해욱
편 저	권유현, 박한혁, 우재동, 조영욱
편 집 진 행	윤진영, 김달해, 이정현
표지디자인	권은경, 길전홍선
편집디자인	정경일
발 행 처	(주)시대고시기획
출 판 등 록	제10-1521호
주 소	서울시 마포구 큰우물로 75 [도화동 538 성지 B/D] 9F
전 화	1600-3600
팩 스	02-701-8823
홈 페 이 지	www.sdedu.co.kr

I S B N	979-11-383-7479-8 (13550)
정 가	28,000원

TECH BIBLE

한눈에 이해할 수 있도록
체계적으로 정리한 핵심이론

철저한 시험유형 파악으로
만든 필수확인문제

국가직·지방직 등
최신 기출문제와 상세 해설

기술직 공무원 건축계획
별판 | 30,000원

기술직 공무원 전기이론
별판 | 23,000원

기술직 공무원 전기기기
별판 | 23,000원

기술직 공무원 생물
별판 | 20,000원

기술직 공무원 임업경영
별판 | 20,000원

기술직 공무원 조림
별판 | 20,000원

※도서의 이미지와 가격은 변경될 수 있습니다.